確かな力が身につく
JavaScript「超」入門

著=狩野祐東

本書に関するお問い合わせ

この度は小社書籍をご購入いただき誠にありがとうございます。小社では本書の内容に関するご質問を受け付けております。本書を読み進めていただきます中でご不明な箇所がございましたらお問い合わせください。なお、お問い合わせに関しましては下記のガイドラインを設けております。恐れ入りますが、ご質問の際は最初に下記ガイドラインをご確認ください。

ご質問の前に

小社 Web サイトで「正誤表」をご確認ください。最新の正誤情報を下記の Web ページに掲載しております。

▶ **本書サポートページ**
URL http://isbn.sbcr.jp/83584/

上記ページの「正誤情報」のリンクをクリックしてください。なお、正誤情報がない場合、リンクをクリックすることはできません。

ご質問の際の注意点

- ご質問はメール、または郵便など、必ず文書にてお願いいたします。お電話では承っておりません。
- ご質問は本書の記述に関することのみとさせていただいております。従いまして、○○ページの○○行目というように記述箇所をはっきりお書き添えください。記述箇所が明記されていない場合、ご質問を承れないことがございます。
- 小社出版物の著作権は著者に帰属いたします。従いまして、ご質問に関する回答も基本的に著者に確認の上回答いたしております。これに伴い返信は数日ないしそれ以上かかる場合がございます。あらかじめご了承ください。

ご質問送付先

ご質問については下記のいずれかの方法をご利用ください。

▶ **Webページより**

上記のサポートページ内にある「この商品に関する問い合わせはこちら」をクリックすると、メールフォームが開きます。要綱に従って質問内容を記入の上、送信ボタンを押してください。

▶ **郵送**

郵送の場合は下記までお願いいたします。

〒106-0032
東京都港区六本木2-4-5
SBクリエイティブ　読者サポート係

- 本書内に記載されている会社名、商品名、製品名などは一般に各社の登録商標または商標です。本書中では®、™マークは明記しておりません。
- 本書の出版にあたっては正確な記述に努めましたが、本書の内容に基づく運用結果について、著者およびSBクリエイティブ株式会社は一切の責任を負いかねますのでご了承ください。

©2015 Sukeharu Kano　本書の内容は著作権法上の保護を受けています。著作権者・出版権者の文書による許諾を得ずに、本書の一部または全部を無断で複写・複製・転載することは禁じられております。

はじめに

　この本を手に取っている皆さんは、JavaScriptに何らかの興味があるのでしょう。そして、JavaScriptは、「Webサイトで使えるプログラミング言語だ」というくらいのイメージはお持ちだと思います。

　そのとおり。JavaScriptはWebサイトで使えるプログラミング言語です。

　それでは、JavaScriptでプログラミングをすると、どういうことができるのでしょう？　JavaScriptには大きく分けて2つの機能が備わっています。1つは、HTMLやCSSをリアルタイムに書き換える機能。この機能により、ブラウザに表示されているWebページの内容を書き換えることができます。ユーザーの操作に反応するUI（ユーザーインターフェース）には、主にこの機能が使われています。そしてもう1つは非同期通信（Ajax）と呼ばれる、WebページとWebサーバーの間でデータを送受信する機能です。再読み込みせずに新しいデータを取得できるため、ページに掲載されているコンテンツを即座に更新することができます。

　この2大機能を駆使して、組み合わせて、多くのWebサイトが作られています。高機能化が進む現代のWebサイトにとって、JavaScriptは「なくてはならないもの」といってよく、その重要性は今後ますます高まっていくでしょう。取り組む価値は十分すぎるほどあります。

　本書は、プログラミングが初めての方や、本職がプログラマーでないWebデザイナー、マークアップエンジニアなどの方が楽しく、じっくり取り組みながら、一番大事な基礎の部分をしっかりと理解して、ずっと役立つ知識が得られるように書かれています。そのために、JavaScriptの機能を紹介することはもちろん、プログラミングをするときの考え方にも重点を置いて、丁寧な解説を心がけました。また、紹介するテクニックがどんなところで使われるのかが想像しやすいように、できるだけ実際の利用場面に即したサンプルを取り上げました。将来の応用につながる基礎力が、この一冊で身につけられると自負しています。

　本書の執筆にあたり、多くの方々の協力を賜りました。特に、サンプルで使用する写真を快く提供してくださった船着慎一氏、最後まで粘り強く、細部に至るまで磨きあげ、まとめあげてくださったSBクリエイティブの新井あすか、友保健太両氏に、心より御礼申し上げます。サンプルデザイン、校正その他全面的に協力してくれた妻さやかに感謝します。

　そしてなにより、読者の皆さん、ありがとうございます。本は読まれて完成するので、まだ道半ば。初めてのプログラミングに挑む方、仕事のプロジェクトに生かす方、Webサービスで新規事業の創出を考えている方、皆さんのお役に立てれば光栄です。

狩野祐東

Chapter 1 イントロダクション

1-1 これからJavaScriptを始める皆さんへ ·· 2

1-2 JavaScript ってどういうもの？ ·· 5
　　　　Note これだけは知っておきたい！　HTMLとCSSの基礎用語 ················ 10

1-3 JavaScriptの「プログラミング」と動作の仕組み ··· 13

1-4 各章の概要 ·· 16

1-5 用意するツール ·· 20
　　　　Note Webページだけじゃない！　いろいろなところで使われ始めたJavaScript ······ 22

1-6 サンプルデータのダウンロード ·· 23

1-7 テンプレートを準備して、いざ出発！ ··· 25
　　　　Note 実習用テンプレートの特徴 ·· 28
　　　　Note プログラミングの「考え方」を身につけよう ································· 30

Chapter 2 アウトプットの基本

2-1 コンソールにアウトプット
　　　　開発ツールを使ってみよう ·· 32
　　　　　Step1 開発ツールを開く、閉じる ·· 32

	Step2	コンソールを使ってみよう	36
		Note エラーを恐れないで！	37
		上達のポイント！ プログラムの入力ミスを減らすには	38
	Step3	さらに続けてみよう	39
		Note なぜシングルクォートで囲むことにしているの？	43

2-2 JavaScriptはどこに書く？
<script>タグとJavaScriptの記述場所 … 44

	Step1	HTMLにJavaScriptを直接記述する	44
		Note IEで警告が出るときは	45
		Note <script>にtype属性を含める必要はない	46
	Step2	JavaScriptファイルを読み込む	47
		Note ファイルの文字コード形式は「UTF-8」に	47

2-3 ダイアログボックスを表示する
window.alert() … 50

	Step1	アラートダイアログボックスを表示する	50
		上達のポイント！ alertメソッドのパラメータは数式でもOK	51

2-4 HTMLを書き換える
要素を取得する・コンテンツを書き換える … 53

	Step1	要素を取得する	53
		Note プログラムの書き順	54
	Step2	取得した要素のコンテンツを書き換える	56
		上達のポイント！ 「書き換えたい文字列」に数式を指定してみよう	57
		Note Elementオブジェクト	59
		Note オブジェクトのまとめ	59
		Note HTMLを書き換える、もう1つの方法	60

Chapter 3 JavaScriptの文法と基本的な機能

3-1 確認ダイアログボックスを表示する
条件分岐(if) … 62

	Step1	確認ダイアログボックスを使ってみよう	62
		Note 戻り値・返り値	64

		Step2	クリックされたボタンでメッセージを変える	65
			Note JavaScriptの仕様	68

3-2 入力内容に応じて動作を変更する
変数
　　　　　　　　　　　　　　　　　　　　　　　　　　　　　　　　69

		Step1	クリックされたボタンの結果を変数に保存する	69
			Note 代入演算子（＝）	72
			Note 変数名をつけるときの実践的なルール	75
			上達のポイント！ 変数名を変えてみよう	77
		Step2	変数に保存された内容で動作を切り替える	77
			Note ===は「比較演算子」	79

3-3 動作のバリエーションを増やす
条件分岐（else if）
　　　　　　　　　　　　　　　　　　　　　　　　　　　　　　　　80

		Step1	noかどうかを判断する	80

3-4 数当てゲーム
比較演算子、データ型
　　　　　　　　　　　　　　　　　　　　　　　　　　　　　　　　83

		Step1	さまざまな比較演算子を使用する	83
			Note データとデータ型〜parseIntメソッドの役割〜	88

3-5 時間で異なるメッセージを表示する
論理演算子
　　　　　　　　　　　　　　　　　　　　　　　　　　　　　　　　90

		Step1	2つ以上の条件式で1つの条件を作る	90
			Note 「｜」の入力の仕方	91

3-6 1枚、2枚、3枚…と出力する
繰り返し（for）
　　　　　　　　　　　　　　　　　　　　　　　　　　　　　　　　95

		Step1	繰り返しを試してみよう	95
			Note ところで、なぜ変数名がiなの？	99
		Step2	文字列同士を連結する	99

3-7 コンソールでモンスターを倒せ！
繰り返し（while）
　　　　　　　　　　　　　　　　　　　　　　　　　　　　　　　　102

		Step1	whileを使ってみよう	102
		Step2	繰り返しの回数をカウントする	107
			Note 無限ループに気をつけて！	108

3-8 税込価格を計算する
ファンクション ... 110
- **Step1** ファンクションを作る・呼び出す ... 110
  - **Note** ファンクションを変数に代入 ... 115
- **Step2** HTMLに出力する ... 116

3-9 FizzBuzz
算術演算子 ... 119
- **Step1** 処理の流れを考えてファンクションを作る ... 119
- **Step2** 30までの数でFizzBuzz ... 122

3-10 項目をリスト表示する
配列 ... 124
- **Step1** 配列を作成する ... 124
- **Step2** 配列の各項目をすべて読み取る ... 128
- **Step3** 項目を追加する ... 130
- **Step4** 項目をHTMLに書き出す ... 131

3-11 アイテムの価格と在庫を表示する
オブジェクト ... 135
- **Step1** 本のデータを登録する ... 135
  - **Note** ところで、これまでに出てきたオブジェクトとの関係は？ ... 141
- **Step2** すべてのプロパティを読み取る ... 142
  - **Note** コメントアウトって？ ... 142
- **Step3** HTMLに出力する ... 145
  - **Note** 整形するならCSSも追加しよう ... 145
  - **Note** どちらを選べばいいの！？　配列vsオブジェクト ... 146

Chapter 4 インプットとデータの加工

4-1 フォームの入力内容を取得する
入力内容の取得とイベント ... 150
- **Step1** まずはイベントをテスト ... 150

| | Step2 | 入力内容を読み取って出力 | 154 |

4-2 わかりやすく日時を表示する
Dateオブジェクト … 160

	Step1	年月日と日時を表示する	160
		Note オブジェクトには初期化するものとしないものがある	165
	Step2	12時間時計にしてみよう	166

4-3 「0」をつけて桁数を合わせる
数字を文字列に変換 … 169

	Step1	ファンクションを作成する	169
	Step2	曲目リストに番号をつける	174
		Note 配列が長すぎるときは改行してOK	175
		Note 文字列データとStringオブジェクト	177
		Note ちょっと休憩 JavaScriptとJava	177

4-4 小数点第○位で切り捨てる
Mathオブジェクト … 178

| | Step1 | 四則演算以外の計算をする | 178 |
| | | Note Math.randomはどこに行った？ | 184 |

Chapter 5 一歩進んだテクニック

5-1 カウントダウンタイマー
時間の計算とタイマー … 186

	Step1	残り時間を計算するファンクションを作る	186
		Note なぜ秒を計算するときも切り捨てたの？	192
	Step2	1秒ごとに再計算する	193
		Note なぜ実行するファンクションに( )をつけてはいけないの？	196
	Step3	応用例：表示の仕方を変えてみよう	197
		Note 余裕があればCSSの追加も	198

5-2 プルダウンメニューで指定ページへ
URLの操作、ブール属性の設定 … 200

Step1	選んだタイミングでページを移動する	200
Note	プルダウンメニューのHTML	201
Step2	最初に選択されている項目を切り替える	203
Note	selected属性	204
Note	`<html>`タグのlang属性	205
Note	ブール属性って何？	207
Note	switch文	210

5-3 アンケートへの回答は一度だけ
クッキー（Cookie） ……………………………………………………………… 212

Step1	クッキーの読み・書き・削除	212
Note	ライブラリって何？　オープンソースって何？	214
Note	`<button>`タグ	216

5-4 イメージの切り替え
サムネイルのクリックによる画像の切り替え ……………………………… 219

| Step1 | 新しいHTMLの属性を使用する | 219 |
| Step2 | 画像を切り替える | 225 |

5-5 スライドショー
ここまでの知識を総動員 ……………………………………………………… 227

Step1	ボタンクリックで画像を切り替える	227
Step2	何枚目の画像か表示する	232
Note	画像をプリロードする	235
Note	DOM操作とは？	236

Chapter 6　jQuery入門

6-1 開閉するナビゲーションメニュー
要素の取得とclass属性の追加・削除 ………………………………………… 238

Step1	jQueryの基本を押さえよう	238
Note	jQueryを使う場合はインターネットに接続できる環境で	242
Note	バージョン番号に気をつけて！	244
Note	トラバーサルとは？	248

ix

6-2 ボックスを開く・たたむ
アニメーション ... 249
- **Step1** アニメーション機能を使う ... 249
  - 上達のポイント！ アニメーションの速度を変更してみよう ... 253
  - Note アクセシビリティを高めるには ... 253
  - Note jQueryのバージョン ... 254

6-3 空き席状況をチェック
AjaxとJSON ... 255
- **Step1** Ajaxとデータの活用 ... 255
  - Note Ajaxはローカル環境では動作しないブラウザがあるので注意！ ... 259
  - 上達のポイント！ data-jsonを書き換えてみよう ... 264
  - Note Ajaxの注意と応用 ... 264

Chapter 7 外部データを活用したアプリケーションに挑戦！

7-1 最新記事一覧を表示する
RSSフィードの取得と解析 ... 268
- **Step1** RSSフィードを取得する ... 268
  - Note コンソールにうまく表示されないときは ... 271
  - Note 利用できるWebサーバーがないときは ... 273
- **Step2** 記事タイトルを表示する ... 274
- **Step3** 更新日付を表示する ... 279

7-2 Web APIを使ってみよう
Instagram APIを利用したフォトギャラリー ... 282
- Note サンプルの動作確認は以下のURLで ... 282
- **Step1** 事前の準備 ... 283
- **Step2** データをダウンロードする ... 289
- **Step3** 画像を表示する ... 293
  - Note レスポンシブWebデザインためのCSSテクニック ... 295
- **Step4** ページネーションを組み込む ... 299
  - 上達のポイント！ ローディングサインをつける ... 303

Chapter 1

イントロダクション

JavaScriptプログラミングに取り組む前に、頭の準備体操をしましょう。ここでは、JavaScriptにはどんな特徴があるのか、どういうところで使われているのか、というようなことを紹介します。
また、プログラミングの基本的な考え方や、JavaScriptのプログラミングを理解するうえで必要となる、HTMLとCSSの基本的な用語、本書で使用する実習用テンプレートについても触れていきます。

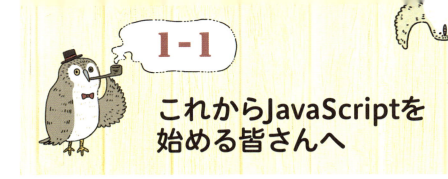

1-1 これからJavaScriptを始める皆さんへ

JavaScriptは、とってもポピュラーなプログラミング言語です。

もともとはブラウザやHTMLページを操作するためのプログラミング言語として、1995年に誕生しました。誕生以来ずっと、よく使われるプログラミング言語ですが、特にここ数年は「新しくオープンしたWebサイトで、使っていないところはないのではないか？」と思えるくらい、広く普及しています。

最近のWebサイトはどこも複雑化、高機能化していて、単なる「HTMLとCSSと画像でできたページ」ではなく、アニメーションしたり、検索結果をリアルタイムに表示したりするケースも非常に多くなっています。そうした機能を持っているWebサイトには、必ずJavaScriptで書かれたプログラムが組み込まれています。皆さんもどれかは一度は使ったことがあるであろう、Google MapsやTwitter、Facebookといったサイトは「JavaScriptのかたまり」といっていいほど、JavaScriptのプログラムが使われています。それだけではありません。通常のWebサイトでもよく見かける「ドロップダウンリスト」や画像を切り替える「スライドショー」など、ページのちょっとした動きのあるパーツも、JavaScriptで作られています。非常に多くのWebサイトでJavaScriptが使われていることがわかりますね。

Fig　Twitter、Facebook、Instagramのような、無限にスクロールするページはJavaScriptで作られている

Fig　ドロップダウンリストもJavaScriptで作られている

 ## JavaScriptはこわくない

　「HTMLやCSSはなんとかなったけど、JavaScriptはプログラミング言語でしょ？　ちょっとこわいなあ」と思っている方も多いようです。確かに、HTMLやCSSと比べるとJavaScriptは少しとっつきにくく感じるかもしれません。

　でも、JavaScriptはHTMLやCSS並みに「入門のハードルが低い」プログラミング言語だといえます。特殊な開発環境を用意する必要はなく、もちろん無料で使えます。また、広く普及していることから「勉強したことがムダになる」心配もありません。そして「Webページを操作する」ための言語なので、JavaScriptプログラムの実行結果はいつも使っているブラウザに表示され、わかりやすいという利点があります。JavaScriptは、プログラミング初心者にぴったりの言語なのです。

 ## 本書の対象読者

本書は、次のような方にお勧めします。

▶ もちろん、JavaScriptを学習したい方
▶ JavaScriptが初めてで、プログラミング自体も初めての方
▶ 以前JavaScriptに挑戦してみたが、挫折してしまった方

　ただし、HTMLとCSSは知っていて、ある程度は書ける方が対象です。といっても、高度な知識やプロ並みのテクニックは必要ありません。後で説明しますが、JavaScriptは主にHTMLや

CSSを操作するために使います。そのため、プログラムを書くときや、すでに書かれているプログラムを理解するためには、HTMLやCSSの知識がどうしても必要になります。

必要なもの

　JavaScriptでプログラムを書くのに特別な環境を用意する必要はありません。WindowsでもMacでもよいので1台のパソコン——ブラウザとテキストエディタがインストールされているもの——さえあればすぐに始めることができます。

本書の目標

　次節からさっそく本題に入っていきますが、その前に皆さんと目標を共有したいと思います。本書では、

JavaScriptで書かれたプログラムを理解することができて
既存のプログラムを少しアレンジして、新しいプログラムを作ることができて
いざとなったら自分でゼロから書ける

ことを目指します。
　なお、1つだけ注意点があります。本書では、難しい専門用語はできるだけ使わないようにしていますが、それでも専門用語を使わなくては説明できないこともたくさんあります。多少の専門用語は避けられないものと思って取り組んでください。もちろん、そのような用語を使うときはしっかり解説します。
　また、本書で取り上げるサンプルは、主に文法や考え方を理解しやすいように、わかりやすさを優先して作られています。そのため、コピー＆ペーストしたらすぐに使えるようなサンプルはあまりありません。ですが「急がば回れ」ということわざもあるように、本書でJavaScriptの基本を押さえて、考え方を理解することで、実際のWebサイトへの組み込みに生かせる知識を着実に身につけることができるでしょう。

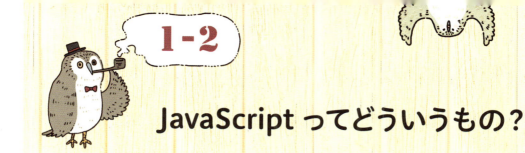

JavaScript ってどういうもの？

いきなり結論からいきましょう。JavaScriptは

ブラウザを操作するためのプログラミング言語

で、

HTMLやCSSだけではできないことをする

ために使います。

「ブラウザを操作する」ってどういうこと？

　JavaScriptは、一般的なブラウザである、Chrome、Firefox、Internet Explorer（以下IE）／Edge、Safariなどで実行することができるプログラミング言語です。JavaScriptで何かプログラムを書いておけば、ブラウザはその命令どおりの処理をしてくれるのです。

　さて、ここでブラウザの機能について少し考えてみましょう。

　ブラウザの最も重要な役割は、Webページを表示することです。Webページは、HTMLとCSS、数点の画像などで作られています。HTMLとCSSの役割はだいたいイメージできますね。HTMLはページのコンテンツ――表示するテキストや画像――を記述するもの、CSSはそのHTMLにスタイル情報を提供してレイアウトやデザインを決めるものです。

Fig　HTMLにはコンテンツが記述されていて、CSSはそれにスタイルを提供する

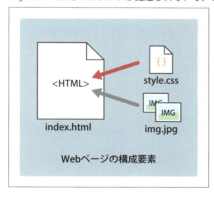

このHTMLとCSSには——普段はあまり意識しないかもしれませんが——重要な特徴があります。それは、一度ブラウザに読み込まれたらもう変化しないということです。つまり、次のページに行こうとしないかぎり、基本的にブラウザは同じものをずっと表示し続けます。ウィンドウ幅に合わせて伸縮するレイアウトのサイトや、画面サイズに合わせてレイアウトを大きく変えるレスポンシブWebデザインで作られたWebページもありますが、この場合もHTMLやCSSは、初めに読み込まれたときから変わることはありません。HTMLとCSSは不変で、静止したデータといえます。
　JavaScriptを使うと、これら静止したデータであるHTMLやCSSを、その場でリアルタイムに書き換えて、一部のコンテンツを入れ替えたり、画像のスライドショーのような動きをつけたりすることができます。

Fig　JavaScriptによって、HTMLやCSSを書き換えることができる

本来HTMLやCSSは書き換えることができないが…　　　　　JavaScriptを使えば書き換えることが可能

具体的な「書き換え」の例

　実際にHTMLやCSSを書き換える例を見てみましょう。HTMLの書き換えには、大きく分けて次の4パターンがあります。

パターン1　タグに囲まれたテキストを書き換える

　次の図のように、タグに囲まれたテキスト（コンテンツ）を書き換えることができます。

Fig　JavaScriptによって`<p>`のテキスト（コンテンツ）を書き換え

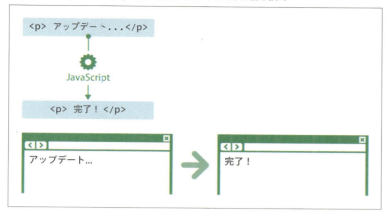

パターン 2　要素を追加・削除する

あるHTML要素（タグとその中身）に新たな要素を追加したり、すでにある要素を削除したりできます。たとえば、箇条書きリスト`<ul>`の中に`<li>`を追加したり、すでにある`<li>`を削除したりすることができます。

Fig　JavaScriptによって`<li>`を追加

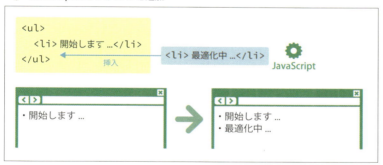

パターン 3　タグの属性の値を変更する

class属性、id属性、href属性、src属性など、HTMLタグにはさまざまな属性が含まれますが、JavaScriptはこれらの属性の値を変更することができます。

Fig　JavaScriptによってsrc属性の値を変更

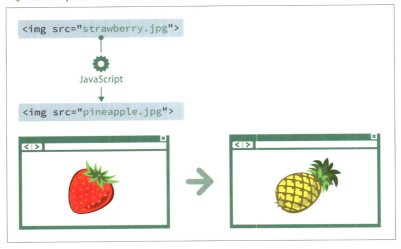

　ここまでの3パターンは、HTMLに対して行うことができる操作です。JavaScriptはさらにCSSの値を書き換えることもできます。

パターン4　CSSの値を変更する

　CSSの値を変更することにより、テキスト色や背景画像などを変えることができます。

Fig　JavaScriptによって`<body>`の背景色を変更

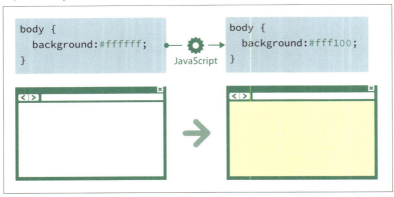

　そして、これがとても大事なのですが、これら4つのパターンでHTMLやCSSが書き換えられると、その変更がブラウザの表示に即座に反映されます。しかも、画面が描き替わるのは変更があった箇所だけで、ページ全体の再読み込みは発生せず、待ち時間もありません。これにより、単なる「ホームページ」ではない、より「アプリ」らしい動きのWebページを作ることができます。

「HTMLやCSSだけではできないことをする」ってどういうこと？

　ここまで、本来は一度読み込まれたら変わらないHTMLやCSSでも、JavaScriptを使えば書き換えられることを紹介してきました。これ以外にも、JavaScriptにできることはたくさんあります。その例をいくつか紹介します。
　Webサイトを見ていると、ときどき小さなウィンドウが開くことがあります。これは「ダイアログボックス」と呼ばれています。ダイアログボックスはJavaScriptを使って表示します。

Fig　ダイアログボックス

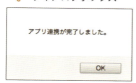

　HTMLやCSSを書き換えたり、ダイアログボックスを出したりするのは、JavaScriptを使って何らかの情報をWebページに出力・表示する「アウトプット」の処理といえます。
　それとは逆に、JavaScriptでHTMLから情報を読み取ることもできます。たとえば、JavaScriptを使って、フォームに入力された内容や、あるタグに囲まれたテキストを読み取ることができます。これらはWebページから情報を取得する「インプット」の処理といえます。

Fig　フォームに入力された内容の読み取り

　ここまでの話をまとめましょう。JavaScriptの最も基本的で、かつ重要な役割は次の2点です。

▶ **ブラウザに表示されているHTMLやCSSを書き換える**
▶ **ブラウザに表示されているHTMLやCSSから情報を読み取る**

　この2つの役割はとても大事なので頭に入れておいてくださいね。
　この本を通して学ぶのは、JavaScriptを使ってHTMLやCSSをいろいろな方法で書き換えて、ページのコンテンツを変えたり、動きをつけたりする方法です。実際にサンプルプログラムを作りながら、JavaScriptの動作を体感しましょう。

これだけは知っておきたい！　HTMLとCSSの基礎用語

ここまで見てきたとおり、JavaScriptはHTMLやCSSを書き換えたり、逆に情報を読み取ったりと、相互に密接な関係にあります。そのため、JavaScriptのプログラムを書くには、HTMLの構造をきちんと把握しておく必要があります。

ここでは、今後よく出てくる、HTMLタグやCSSの各部の名称と基本的な用語についてまとめておきます。

● HTMLタグの書式と各部の名称

HTMLは、テキストや画像などの「コンテンツ」を、タグで意味づけします。タグにはいろいろな種類があって、コンテンツの意味によって使い分けます。ここではJavaScriptを学習するうえで大切な、タグの各部の名称と役割を確認しておきます。

Fig　HTMLタグの書式と各部の名称

小なり記号（<）と大なり記号（>）で囲まれている部分が「タグ」です。多くのタグは、開始タグと終了タグで要素の内容（コンテンツ）を囲むようになっています。「タグ」というときは、この開始タグと終了タグを合わせたものを指し、そこに含まれるコンテンツは指しません。コンテンツを含む全体を指すときは「要素」といいます。

JavaScriptを使ったHTMLの操作では、タグには触れずにコンテンツ部分だけを書き換えるケースと、要素全体をプログラムで生成して別の要素に挿入する、またはすでにある要素をHTMLから削除するケースの2つがよくあります。

また、開始タグに含まれる「属性」と「属性値」は、タグにオプション的な情報を追加するのに使われます。JavaScriptでは、タグの属性値を書き換えることもよくあります。

● 空要素

タグの中には、終了タグを持たないものもあります。こうしたタグを「空要素（からようそ）」といいます。代表的な空要素は、`<img>`タグ、`<input>`タグです。

いままでXHTML1.0書式でHTMLを書いていた方も多いと思います。XHTML1.0書式では、空要素を閉じる「>」の前にスラッシュ（/）を書く必要がありましたが、HTML5書式では不要です。本書ではスラッシュを省略しています。

Fig　HTML5では空要素を閉じる「>」の前のスラッシュ(/)は不要

```
XHTML1.0
<img src="image.png" />
                     └─ HTML5 では不要

HTML5
<img src="image.png">
```

● 要素と要素の関係

　HTMLドキュメントは複数の要素で構成されます。ある要素の中に別の要素が含まれることもあり、そうした要素間で階層構造ができています。ここでは要素間の階層関係を示す用語を紹介します。

・親要素と子要素

　ある要素から見てすぐ上の階層にある要素を「親要素」、ある要素から見てすぐ下の階層にある要素を「子要素」といいます。

Fig　親要素・子要素の関係

```
親要素 ── <div>
子要素 ──    <p>FOLLOW US!</p>
         </div>
```

・祖先要素と子孫要素

　ある要素から見て自分より上の階層にある要素を「祖先要素」、下の階層にある要素を「子孫要素」といいます。

Fig　祖先要素・子孫要素の関係

・兄弟要素
　共通する親要素を持つ要素を「兄弟要素」といいます。兄弟要素のうち、先に出てくる要素を「兄要素」、後に出てくる要素を「弟要素」といいます。

Fig　兄弟要素・兄要素・弟要素の関係

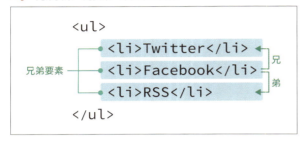

　JavaScriptでHTML/CSSを書き換える際、たとえば、ある<a>タグ（a要素）がクリックされたときに、その親要素のCSSを書き換えて背景色を変更する、などの操作をすることがあります。そのため、HTMLの階層関係を把握しておくことはとても重要です。階層関係を示す用語はプログラムの説明の中でも出てきますので覚えておきましょう。

● CSSの書式と各部の名称
　HTMLに比べるとCSSはシンプルで、重要な用語も多くありません。JavaScriptでCSSを操作するのは、ほとんどがプロパティ値を変えるときだけです。JavaScriptを学習するうえでは、用語はセレクタ、プロパティ、プロパティ値を覚えておけば十分です。

Fig　CSSの書式と各部の名称

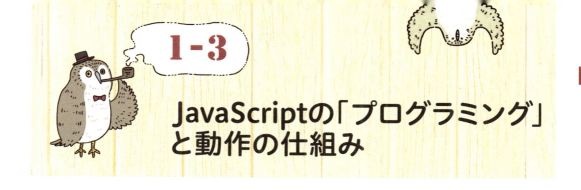

1-3 JavaScriptの「プログラミング」と動作の仕組み

ここまで、JavaScriptは次のようなプログラミング言語であることを説明してきました。

- ▶ ブラウザで実行され、ブラウザを操作することができる
- ▶ HTMLやCSSにはできないことをするために使う
- ▶ HTMLやCSSをリアルタイムに書き換えることができる 最重要

　ブラウザを操作したり、HTMLやCSSを書き換えたりするには、JavaScriptでプログラムを書く必要があります。実際にプログラムを書く前に、そもそもJavaScriptのプログラミングではどんなことをするのかを見てみましょう。

 ## イメージしてみよう〜インプット→加工→アウトプット

　プログラムで何をするのか、JavaScriptの書き方がわからなくてもかまいませんから、まずはイメージしてみましょう。たとえば、ショッピングサイトのお会計ページで、品物の数量を変えると小計の金額が変わるようにしたいとします。品物の単価は`<td>`タグで、小計は`<span>`タグで囲まれていることにしましょう。

Fig　お会計ページのイメージ

　さて、数量を変えたら小計が書き換わるようにするためには、何をする必要があるでしょうか？
　まず、品物の単価を知る必要があります。それには単価欄の金額を取ってくるとしましょう（とりあえず¥マークやカンマなどの記号は無視します）。数量は、プルダウンメニューで設定されている値を取ってくることにします。

Fig 単価と数量を取ってくる

単価と数量を取ってきたら、それらを掛け合わせて金額（小計）を出します。

Fig 小計を計算する

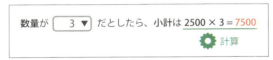

計算が終わったら、小計の金額を新たに計算した額で書き換えれば完了です。

Fig 計算結果で小計を書き換える

ここまでの処理をまとめると、次の4つのステップに分けられます。

① 品物の単価をHTMLの中から取ってくる
② 設定されている数量をプルダウンメニューから取ってくる
③ 単価×数量を計算する
④ 計算結果でHTMLの一部を書き換える

　このうち、①と②は「取ってくる」ステップです。小計を再計算するために必要な、材料となるデータを取得します。このステップは、処理に必要なデータを取ってくる「インプット（入力）」のステージということができます。
　次の③で、取ってきたデータを掛け算しています。インプットされた値を「加工」して、出した

い結果を得るステージです。

　最後の ❹ で、計算結果をページに表示するためにHTMLの一部を書き換えます。これは「アウトプット（出力）」のステージです。

　このインプット→加工→アウトプットという流れは、ほとんどすべてのJavaScriptプログラムに共通する処理の流れです。お決まりのパターンといってよいでしょう。

Fig　プログラムの大きな流れ

いつそれをする？〜イベント

　「インプット→加工→アウトプット」という、ほぼすべてのプログラムに共通する基本的な処理の流れがあることを説明しました。

　それでは、いつ、その処理をすればよいでしょうか？

　お会計ページの例の場合は、「数量が変更されたとき」ですね。数量が変更されたことをきっかけに、先ほどの処理を実行するようにしておけば、ユーザーが何度数量を変更しても、そのつど小計が計算され、表示が描き替わります。

　この、いつ処理をするかを決めるきっかけを、JavaScriptでは「イベント」と呼んでいます。

Fig　処理をスタートさせる「イベント」

　「インプット→加工→アウトプット」の流れに「イベント」をつけ加えたもの。これがJavaScriptプログラムの全体像です。JavaScriptでプログラミングをするときは、ほぼ常に、インプット、加工、アウトプット、イベントの4つのステージで必要な処理を書いていくことになります。プログラムを書く前には、これら4つのステージで何をすればよいのか、頭の中でイメージしておくことが大事です。

1-4 各章の概要

　本書は、サンプルを作りながらJavaScriptを学習する実習形式になっています。
　よく使う機能や文法から順番に紹介しているので、JavaScriptが初めてで、ほかのプログラミング言語も知らないという方は、本書の実習を最初から順番どおりに進めていってください。プログラミングに少し慣れている方は、必要なところだけピックアップして実習していただいてもかまいません。
　ただ、順番にといっても、一つひとつのサンプルを完璧に理解してから次に進む必要はありません。プログラミングの習得にはそれなりのペースと勢いも大事ですし、考えてもわからないときもあります。サンプルを作ってもよく理解できなかったら、思い切って次に進みましょう。実習を進めるうちに、「ああ、あれはそういうことだったのか」と、以前のプログラムの内容がわかることもよくあります。

 1章

　本章です。これから実習を始めるにあたり、JavaScriptプログラミングの大枠を少しでもつかんでおくためのイントロダクションです。

 2章

　この章では、JavaScriptでプログラムを書くために最低限知っておくべき書式のルールと、JavaScriptでできるアウトプットを紹介します。JavaScriptのアウトプットには大きく分けて3種類あります。コンソールにテキストを書き出す、ダイアログボックスを表示する、HTMLやCSSを書き換える、の3種類です。これらをひととおり試してみましょう。この章で学習するアウトプットの基本は、その後のすべてのサンプルで使用するのでとても重要です。

Fig 2-3「ダイアログボックスを表示する」

 3章

　JavaScriptはプログラミング"言語"と呼ばれるだけあって、文法があって、単語があります。プログラムを書くためには、JavaScriptの文法と単語を理解しておく必要があります。この章では主に「文法」を学習します。状況によって動作を変える条件文、同じ処理を何度も行う繰り返し文をはじめ、自由自在にプログラムを書くための基礎知識を紹介します。なお、「単語」については特別な章を設けたりはせず、原則として最初に出てきたときに意味と用法を説明しています。

Fig 3-10「項目をリスト表示する」

 4章

　何か意味のあるプログラムを作るには、アウトプットだけでなくインプット（材料となるデータ）も欠かせません。この章では、さまざまなデータを取ってくるインプットの方法と、データを加工するのに使ういくつかの機能に焦点を当てます。フォームに入力された値を読み取ったり、日時を調べたりして、その内容を加工します。

Fig 4-1「フォームの入力内容を取得する」

 5章

　この章では、2〜4章までの知識を組み合わせて、バリエーションに富んだプログラムを作っていきます。URLやクッキーの操作など、4章までとは少し毛色の異なるインプット／アウトプットの処理にも取り組みます。

Fig 5-5「スライドショー」

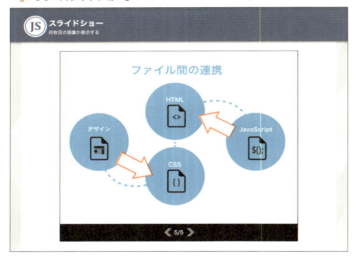

 6章

　フォームの入力内容を取得したり、HTMLやCSSを書き換えたりするインプット／アウトプットの処理は、ほぼすべてのJavaScriptプログラムに出てきます。こうした、よく使われる定型的な処理をより書きやすくしてくれるライブラリ*がjQueryです。jQueryは多くのWebサイトで使

＊ プログラミングをより書きやすくするための補助ツールのことです。

18

われている定番中の定番ライブラリで、知っておいて損はありません。この章では、基本的な
jQueryの使い方を紹介します。

Fig　6-3「空き席状況をチェック」

 7章

　これまでに学んだ知識を総動員して、より実践的な応用例に挑戦します。Ajaxを使ったデータ
の取得、より高度なデータの加工から、ほかのサイトが公開している機能を利用したWebページ
の作成まで、チャレンジしてみましょう。少し難しいと感じたら、そのときはまた時間をおいて、
もう一度取り組んでみるとよいでしょう。

Fig　7-2「Web APIを使ってみよう」

用意するツール

　JavaScriptプログラミングに必要な道具は、ブラウザとテキストエディタだけです。どちらもOSにプリインストールされているので、何も準備しなくてもすぐにプログラミングを始めることができます。でも、特にテキストエディタについては、プログラミング言語の記述に特化した専用のものを用意したほうがよいでしょう。ここでは、お勧めのブラウザ、テキストエディタを紹介しますので、必要に応じてソフトのダウンロード、インストールを行ってください。

 ## ブラウザ

　ブラウザは、主要なもの（Chrome、Firefox、IE/Edge、Safari）であればどれを使ってもかまいません。ただし、各ブラウザともできるだけ新しいバージョンにすることをお勧めします。
　なお、OSはWindowsでもMacでも大丈夫です。

 ## テキストエディタ

　JavaScriptやHTMLなどのファイルを編集するには、プログラム開発に特化したテキストエディタを用意しましょう。無料でダウンロードできるものも多数あります。Windowsに付属しているメモ帳でJavaScriptプログラムを編集すると、まれに誤動作を引き起こすことがあるのでお勧めしません。
　使用するテキストエディタには、コードの色分け（シンタックスハイライト）機能[*]があるものを選びましょう。また、プログラムを途中まで書いたら続きの候補を提示してくれる、入力補完（コードヒント）機能があればなお便利です。

---

[*] 書かれたプログラムのことを「コード」、「ソースコード」と呼ぶことがあります。

Fig 色分けされたコードの例

Fig コードヒントの例

🍃 お勧めのテキストエディタ

▶ Brackets (Windows/Mac) – 無料

アドビが主宰するオープンソースのテキストエディタです。コードを編集するとリアルタイムでブラウザに変更内容が表示される、ライブプレビュー機能を搭載しています。ひととおりの機能が初めから備わっているので、初心者でも使いやすい高機能テキストエディタです。

URL http://brackets.io

▶ mi (Mac) – 無料

機能が必要十分で多すぎず、初心者にはとっつきやすいテキストエディタです。

URL http://mimikaki.net

▶ サクラエディタ（Windows）- 無料

　開発者に人気のエディタで高いカスタマイズ性があります。ただ、標準ではコードの色分け機能なども自分でカスタマイズする必要があり、かなり上級者向きのテキストエディタです。

URL　http://sakura-editor.sourceforge.net

▶ Sublime Text（Windows/Mac）- 有料

　Web開発者に人気の高機能テキストエディタです。プラグインで機能を拡張できるのが特徴です。HTML/CSS/JavaScriptを書くぶんには初心者でもすんなり使えますが、日本語の扱いが少し苦手です。

URL　http://www.sublimetext.com

▶ Adobe Dreamweaver（Windows/Mac）- 有料

　有名なWebサイト開発環境です。サイト管理機能、ライブプレビュー機能を搭載しているなど、非常に高機能です。アドビのほかのソフトとの連携にも優れています。

URL　http://www.adobe.com/jp/products/dreamweaver.html

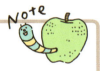

 **Webページだけじゃない！
いろいろなところで使われ始めたJavaScript**

　ここで紹介したテキストエディタのうち、Bracketsは、デスクトップアプリケーションでありながら、実はJavaScriptでプログラミングされています。JavaScriptは、ブラウザのWebページを操作するだけでなく、こうしたネイティブアプリケーションの開発にも使われ始めています。

　また、Webサイト・Webアプリケーションの開発にも変化が訪れています。node.jsという、JavaScriptプログラムを実行できるWebサーバーソフトウェアが登場したことにより、通常はPHPやRubyなどのプログラミング言語が使われるサーバー側プログラムの開発にも、JavaScriptが使えるようになってきています。JavaScriptの守備範囲はどんどん広がっているのですね。

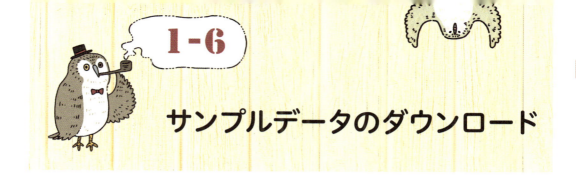

1-6 サンプルデータのダウンロード

　本書を読み進める前にサンプルデータをダウンロードしましょう。次のURLからダウンロードできます。ダウンロードしたZIPファイルを解凍して、好きなフォルダに保存しておいてください。

▶ **本書のサポートページ**
URL http://isbn.sbcr.jp/83584/

　ZIPファイルを解凍すると「book-js」フォルダができます。このフォルダの基本的な構成は次図のとおりです。「book-js」フォルダには、各節で作成するサンプルの完成品が含まれています。また「practice」フォルダは、サンプルの実習をするときに使用します。本章「実習をするときは」（p.29）も併せてご覧ください。

Fig　サンプルデータの基本的な構成

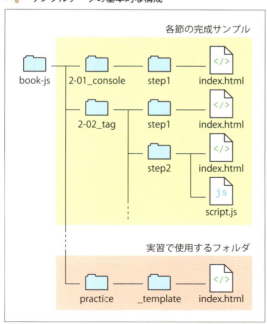

とにかく書いてみてください！

　プログラミング上達のコツは、とにかく書いてみることです。ダウンロードしたサンプルを開いてみるだけでなく、まずはソースコードを丸写しでよいので実際に書いてみてください。自分で書くことで、HTMLとJavaScriptの関係が把握できたり、そのプログラムで何をしようとしているのか理解できることがあります。

　少し慣れてきたら、＜上達のポイント＞に書かれていることも試してみましょう。作ったサンプルに少し手を加えて動作を変えるなどのチャレンジができます。

Fig　上達のポイント

alertメソッドのパラメータは数式でもOK

Console.logメソッド同様、alertメソッドの()内を数式にすれば、計算結果を表示してくれます。プログラム内のパラメータを数式に書き換えてみましょう。

 ## 書いてみたけれど動かないときは…

　プログラムを書いてみたけれど動かない、というときは、ダウンロードした完成サンプルと見比べてみてください。プログラムは日本語ではなく、英数字に加えて記号もたくさん出てくるので、どうしても書き間違えることがあります。これは初心者だけでなく、経験者であっても同じです。しかも、間違えた箇所はなかなか見つからないものです。焦らずじっくり取り組んでみてください。やる気がなくなりそうになったら……　次のサンプルに移ってしまいましょう。じっくり取り組みつつ、できなくてもあまり気にしない、というのが大事です。

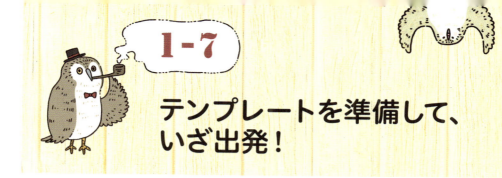

1-7 テンプレートを準備して、いざ出発！

　Webページを作るには、HTMLもCSSも書かなくてはなりません。さらに画像も用意しないといけないときがあります。でも、せっかくJavaScriptをマスターしようとしているのだから、できるだけJavaScriptに集中したいですよね。

　そのため、本書ではJavaScriptに関係あること以外は毎回書かないですむように、実習用のテンプレートを用意しています。

実習用テンプレート

　実習用テンプレートは、ダウンロードしたサンプルデータの「practice/_template」フォルダに含まれています。また、テンプレートで使用するCSSファイルや画像ファイルなどは、「_common」フォルダに含まれています。

　実習用テンプレートのindex.html、style.cssは次のようになっています。

実習用テンプレートのHTMLファイル

　すべてのサンプルで共通して使用するHTMLファイルのソースコードは次のようになっています。実習をする際には、このファイルを編集して、HTMLタグやJavaScriptプログラムなどを追加します。

practice/_template/index.html　HTML

```
01 <!doctype html>
02 <html>
03 <head>
04 <meta charset="UTF-8">
05 <meta name="viewport" content="width=device-width,initial-scale=1">
06 <meta http-equiv="x-ua-compatible" content="IE=edge">
07 <title>template</title>
08 <link href="../../_common/css/style.css" rel="stylesheet" type="text/css">
09 </head>
```

```
10 <body>
11 <header>
12 <div class="header-contents">
13 <h1>タイトル</h1>
14 <h2>サブタイトル</h2>
15 </div><!-- /.header-contents -->
16 </header>
17 <div class="main-wrapper">
18 <section>
19                           ── 必要であればここにHTMLを書く
20 </section>
21 </div><!-- /.main-wrapper -->
22 <footer>JavaScript Samples</footer> ── </body>の直前にJavaScriptを書く
23 </body>
24 </html>
```

実習用テンプレートのCSSファイル

「_common/css」フォルダにあるstyle.cssは、実習用テンプレート（index.html）のスタイルを定義しています。index.htmlと違って、実習中にstyle.cssを編集することはありません。

_common/css/style.css

```css
01 @charset "UTF-8";
02 /* CSS Document */
03 body{
04   margin: 0;
05   padding: 0;
06   font-family: "ヒラギノ角ゴ ProN W3", "Hiragino Kaku Gothic ProN", "メイリオ", Meiryo, Osaka, "MS Pゴシック", "MS PGothic", sans-serif;
07   background-image: url(../images/body-bg.png);
08 }
09 html, body {
10   height: 100%;
11 }
12 header{
13   width: 100%;
14   background-color: #23628f;
15   background-image: url(../images/header-bg.png);
16   background-position: 50% 50%;
17   border-top: #20567d 10px solid;
18   box-shadow: 0px 3px 5px 0px rgba(0, 0, 0, 0.5);
19   position: relative;
20   z-index: 10;
21 }
```

```css
22 .header-contents{
23   box-sizing:border-box;
24   max-width: 960px;
25   margin: 0 auto;
26   min-height: 100px;
27   background-image: url(../images/header-logo.png);
28   background-repeat: no-repeat;
29   background-position: 10px 50%;
30 }
31 .header-contents h1,
32 .header-contents h2{
33   margin: 0;
34   color: #fff;
35   line-height: 1;
36 }
37 .header-contents h1{
38   padding: 30px 0 10px 85px;
39   font-size: 24px;
40 }
41 .header-contents h2{
42   padding: 0 0 0 85px;
43   font-size: 14px;
44   font-weight: normal;
45 }
46 .main-wrapper{
47   position: relative;
48   box-sizing:border-box;
49   max-width: 960px;
50   margin: 0 auto;
51   padding:30px 30px;
52   background-color: #fff;
53   border-left: #dadada 1px solid;
54   border-right: #dadada 1px solid;
55   min-height: 80%;
56   min-height: calc(100% - 200px);
57 }
58 footer{
59   box-sizing:border-box;
60   max-width: 960px;
61   margin: 0 auto 10px auto;
62   padding:15px 30px;
63   background-color: #23628f;
64   border: #dadada 1px solid;
65   border-radius: 0 0 10px 10px;
66   color: #fff;
67   font-size: 12px;
```

```
68    text-align: right;
69 }
70 a{
71    color: #5e78c1;
72    text-decoration: none;
73 }
74 a:hover{
75    color: #b04188;
76    text-decoration: underline;
77 }
78
79 @media (max-width: 600px){
80    header{
81      background-position: 32% 50%;
82      border-top: #20567d 5px solid;
83    }
84    .header-contents{
85      min-height: 60px;
86      background-size: 40px 40px;
87      background-position: 10px 50%;
88    }
89    .header-contents h1{
90      padding: 15px 0 5px 55px;
91      font-size: 16px;
92    }
93    .header-contents h2{
94      padding: 0 0 0 55px;
95      font-size: 12px;
96    }
97 }
```

★

実習用テンプレートの特徴

　本書の実習では、JavaScriptのプログラム以外に、HTMLを追加する場合があります。そのときは`<section>`から`</section>`までの間に必要なHTMLを書きます。`<section>`タグは、「コンテンツのひとまとまり、グループ」を意味するHTML5の新しいタグです。表示上は`<div>`タグと変わりありません。もちろんCSSで見た目を操作することもできます。

　実習用テンプレートはレスポンシブになっているため、スマートフォンなどで閲覧したり、ブラウザのウィンドウ幅を600ピクセル以下にしたりするとレイアウトが切り替わります。index.html、style.cssの★印のところに、レスポンシブに対応するためのソースコードが書かれています。

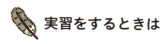 実習をするときは

　実習で新しくサンプルを作るときは、サンプルデータの「practice」フォルダに含まれる「_template」フォルダをコピーしてからフォルダ名を変更するようにしてください。実習では、コピーしたフォルダに含まれる「index.html」を主に編集します。実習内容によっては、このindex.html以外に、外部JavaScriptファイルなどを作ることもあります。そうした追加の作業がある場合は、そのつど説明します。また、画像などを使用する実習の場合は、各節の完成サンプルからコピーしてください。

Fig　各節の実習を始めるときは「_template」フォルダをコピーする

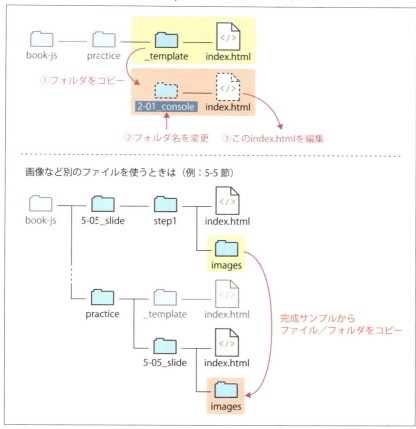

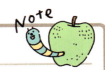

プログラミングの「考え方」を身につけよう

　Webは移り変わりの激しい世界で、少し前にはやっていたものがいまでは話題にもならなくなることがよくあります。Webサイト・Webアプリケーションの開発も同じで、よく使われていた手法・テクニックがいまではあまり使われなくなっていたり、人気だったツールがほかのものにとって変わったり、ということがよく起きます。JavaScriptも例外ではありません。そのときどきによって「こういうプログラミングの仕方がかっこいいよね」といわれるテクニックが変わることがあります。

　本書は「最新で」「はやりで」「高度な」開発手法を習得するための本ではありません。プログラミング経験がない方でも無理なく習得できて、しかもそうそう変わることのない、基本的な文法や機能を紹介しています。基本的な知識がしっかりしていれば、いくらトレンドが移り変わっても心配はいりません。

　そして何より、プログラミングをするときの基本的な「考え方」を身につけましょう。

　そのために、各サンプルの最初にある「ここでやること」を確認して、プログラムを書く前に、どんな処理をするのか想像してみましょう。ちょうど、この章の1-3節で取り上げたような、「どうしたら実現できそうか」を考えてみるのです。もし答えがわからなくてもあまり気にせず、先に進んでかまいません。少しでもイメージしてみることが大事です。

Fig 「ここでやること」を確認して、プログラミングの処理を想像してみよう

　「こうしたらできそうだな」とイメージして、そのとおりに動くプログラムが書けるようになってくると、プログラミングがどんどん楽しくなります。また、このイメージする作業を繰り返すうちに、何をすればよいか、そのためにはどんな機能を使えばよいかが徐々にわかってきます。

　それでは、始めましょう！

Chapter 2

アウトプットの基本

1章で、プログラミングには大きく分けてインプット（入力）と加工、それにアウトプット（出力）があることを説明しました。アウトプットはさらに、出力する場所によっておおよそ3種類に分類できます。この章では、JavaScriptプログラムの基礎的な文法を学習しながら、基本のアウトプットを試してみることにします。

2-1 コンソールにアウトプット
開発ツールを使ってみよう

JavaScriptからテキストなどをアウトプットできる場所の1つに「コンソール」があります。コンソールはJavaScriptのプログラムがうまく動いているかどうかを確かめるための道具です。ここではJavaScriptでコードを書きながら、開発ツールの基本的な使い方にも慣れていきましょう。

▼ ここでやること

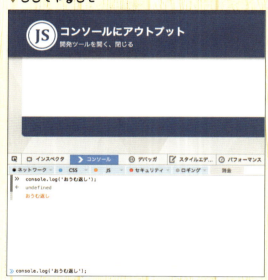

ブラウザの開発ツールを開く方法と、コンソールの使い方や役割をマスターしましょう。

 開発ツールを開く、閉じる

　最近の主要なブラウザには「開発ツール」と呼ばれるWebサイト制作に便利な道具が用意されていて、コンソールはその中に含まれています。まずは開発ツールを開いてみましょう。開発ツールには、ブラウザによって「デベロッパーツール」や「Webインスペクタ」など異なる名前がついていますが、本書では「開発ツール」という名前で統一して呼ぶことにします。

　実習にあたり、サンプルデータの「practice」フォルダの中にある「_template」フォルダをコピーし、新しくできたフォルダの名前を「2-01_console」とします。作成したフォルダの中にある「index.html」をブラウザで開いてから、次のとおりに操作します。

🍃 Firefoxの開発ツールを開く

メニュー❶を開き、[開発ツール]❷をクリックします。続けて[開発ツールを表示]❸を選ぶと開発ツールが開きます。コンソールを使う場合は、開発ツールの[コンソール]❹をクリックします。

Fig　Firefoxの開発ツールとコンソール

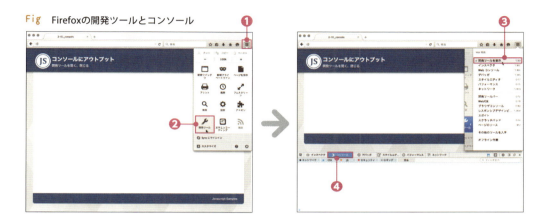

🍃 Chromeの開発ツールを開く

[Google Chromeの設定]❶をクリックするとメニューが表示されます。[その他のツール]―[デベロッパーツール]❷を選ぶと開発ツールが開きます。コンソールを使う場合は、開発ツールの[Console]❸をクリックします。

Fig　Chromeの開発ツールとコンソール

🍃 Edge/IEの開発ツールを開く

[ツール]❶をクリックしてメニューを開き、[F12 開発者ツール]❷をクリックします。Edgeの開発ツールは別ウィンドウで開きます。IEの開発ツールは、デフォルトではウィンドウ下部に開きます。コンソールを使う場合は、開発ツールの[コンソール]❸をクリックします。

Fig　Edgeの開発ツールとコンソール

🍃 Safariの開発ツールを開く

　Safariでは最初に一度だけ環境設定を変更する必要があります。［Safari］メニューをクリックして［環境設定］❶を選びます。［環境設定］ダイアログの［詳細］❷をクリックして、［メニューバーに"開発"メニューを表示］❸にチェックをつけます。これでダイアログを閉じます。

Fig　Safariの環境設定

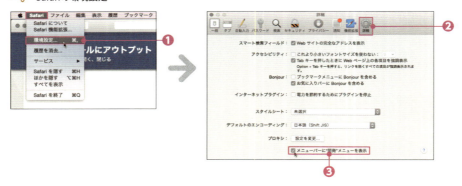

　［開発］メニューをクリックして［Webインスペクタを表示］❹を選ぶと開発ツールが開きます。コンソールを使う場合は、開発ツールの［コンソール］❺をクリックします。

Fig　Safariの開発ツールとコンソール

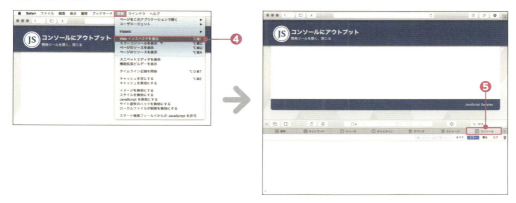

🌿 開発ツールを閉じる

どのブラウザでも、開発ツールを閉じるときは ⊠ をクリックします。

Fig　開発ツールを閉じる

Firefox　　　　　　　　　Chrome　　　　　　　　　Edge/IE　　　　　　　　　Safari

 解　説

🪶 3種類のアウトプット

JavaScriptからテキストなどをアウトプットできる場所は、特殊なものを除くと、大きく分けて次の3種類があります。

🌿 1. コンソールへのアウトプット

JavaScriptプログラムからブラウザのコンソールにテキストや数字を出力することができます。コンソールへのアウトプットは、実際にWebサイトを公開する前に、プログラムの動作をテストするのに使われます。詳しくは次のStep2以降で説明します。

2. ダイアログボックスへのアウトプット

　JavaScriptを使ってダイアログボックスを表示させ、そこにテキストや数字を出力することができます。実際のWebサイトではあまり使われる機会がありませんが、手軽に使えるため本書では主にプログラミングの学習用に使います。2-3節のサンプルや3章で使用しています。

3. HTMLやCSSへのアウトプット

　JavaScriptによってHTMLやCSSを操作して、タグに囲まれたテキストを書き換えたり、新たな要素を挿入したりすることができます。柔軟な操作が可能で、本番のWebサイト、Webアプリケーションではもっぱらこの機能が使われています。2-4節のサンプルや、3-8節以降のサンプルで使用します。また、6章で紹介するjQueryは、HTMLやCSSの操作に特化したライブラリです。

　また、document.write()という命令を使ってHTMLに直接テキストを書き込む方法もあります。これについては2-4節のNoteで取り上げます。

step 2 コンソールを使ってみよう

　コンソールに直接JavaScriptでプログラムを書いてみます。開発ツールのコンソールを開き、▷または≫の横に次のコードを入力してください。

```
console.log('おうむ返し');
```

　「おうむ返し」というテキスト以外は、記号やスペースも含め、すべて半角で入力します。入力し終わったら Enter (Macは return) キーを押します。

Fig　開発ツールのコンソールにプログラムを入力して、Enter キーを押す

　コンソールに次の図のように表示されれば成功です。

Fig コンソールにプログラムの実行結果が表示される

 エラーを恐れないで！

　プログラムの書き間違いに気づかずに Enter キーを押すと、次の図のようにテキストが赤く表示されることがあります。これは「プログラムに間違いがあるから実行できませんでした」とブラウザが教えてくれているのです。

Fig エラーの例

テキストの終わりに「'」を入力し忘れている

　エラーが出るとドキッとしますが、あまり恐れないでください。誰でも間違えることはありますし、エラーが起きてもブラウザが壊れることはありません。
　エラーメッセージの中に「syntax（文法という意味）」という言葉が入っているときは、プログラムのどこかを書き間違えています。もう一度気をつけて書き直せばうまくいくはずです。

   解　説

 コンソールの表示内容と`console.log()`

　1行だけのプログラムですが、初めてのJavaScriptを書きました。
　ブラウザの開発ツールに含まれるコンソールには、プログラムの実行結果を表示したり、エラーメッセージを表示したりする機能があります。
　今回のように、コンソールに直接プログラムを書くと、 Enter キーを押した瞬間にそのプログラ

ムが実行されます。今回のプログラムを実行すると、次の3行が表示されます（ブラウザによって表示順序は異なります）。

> 1 console.log('おうむ返し') ── 実行されたプログラム
> 2 undefined ── 実行されたプログラムのリターンですが、いまは気にしないでください
> 3 おうむ返し ── プログラムの実行結果

このうち、3の「おうむ返し」が、書いたプログラムが実行された結果です。つまり、「console.log('おうむ返し');」を実行すると、コンソールに「おうむ返し」と表示されるのです。

console.log()

console.logは、()内に指定したテキストや、数式の計算結果などをコンソールにアウトプットする機能です。今回のように、テキストをそのままコンソールに出力する場合は、そのテキストをシングルクォート(')またはダブルクォート(")で囲みます。本書では原則としてシングルクォートを使います。

> 書式　コンソールにアウトプットする
> console.log(出力したいテキストや計算式など)

プログラムの入力ミスを減らすには

先ほど書いたプログラムには、カッコやシングルクォート(')が出てきました。プログラミングでは、日本語で通常の文章を書くときにはそれほど頻繁に使わない記号がたくさん出てきます。慣れないうちは書き間違いやすく、特に閉じカッコやシングルクォートを忘れがちです。記号を1つ忘れたり、違う場所に入力してしまったりするだけで、プログラムは動かなくなってしまいます。

入力ミスを減らすために、プログラムは前から順に書くのではなく、対応するカッコや記号類を先に書くようにしましょう。

先ほどのプログラムの例でいうと、まず、以下のように()の中身は記述せずに、始めカッコに続けて閉じカッコを書いてしまいます。最後のセミコロン(;)も忘れずに書いてください。

```
console.log();
```

次はシングルクォートを2つ書きます。

```
console.log('');
```

最後にシングルクォートの間に出力したいテキストを入力して Enter キーを押します。

```
console.log('おうむ返し');
```

さらに続けてみよう

さて、もう少しコンソールを使ってみましょう。次のプログラムを入力して Enter キーを押してください。

```
console.log(2+3);
```

コンソールには「5」と表示されるはずです。これは、()内の数式を計算した結果が出力されているのです。

Fig　コンソールに2+3の結果が表示される

+を-にすれば引き算もできます。次のプログラムの答えは……88ですね。

```
console.log(123-35);
```

Fig　コンソールに123-35の結果が表示される

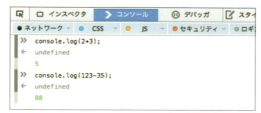

console.logは、()内のテキストを出力するだけでなく、計算もしてくれることがわかりました。

JavaScriptの基本文法
何かを実行させたいときは「○○は××しなさい」と命令する

　JavaScriptにかぎらず、プログラムの基本は、コンピュータ（JavaScriptの場合はブラウザ）に対して「××しなさい」と命令することです。ただし、ブラウザに対して漠然と「××しなさい」と命令しても何もしてくれません。「誰」が××するのかを同時に指示する必要があります。

　実習で書いた「console.log();」の場合、「誰」にあたる部分がconsole、「××しなさい」にあたる部分がlog()です。また、「××しなさい」だけでは「何を××すればよいの？」と逆に聞き返されそうな場面もありそうです。そのとき「何を」にあたる部分は、()の中に含めます。

　今回のプログラムを多少無理やりでも日本語に置き換えると、次のようになります。

Fig　console.log('おうむ返し')を日本語に置き換えると図の赤字のようになる

```
consoleは          'おうむ返し'を        logしなさい
console.log('おうむ返し')
```

　JavaScriptでブラウザに何かを実行させたいときは、このように「○○は△△を××しなさい」や、もう少し単純に「○○は××しなさい」と書きます。このような命令の中で、

- 「○○は」にあたる部分を**オブジェクト**
- 「××しなさい」にあたる部分を**メソッド**
- 「△△を」にあたる部分を**パラメータ**

といいます。

Fig　今回のプログラムのオブジェクト、メソッド、パラメータ

🍃 consoleは「オブジェクト」〜指示を出す相手

オブジェクトは、 基本文法 の「○○は××しなさい」でいえば、○○にあたる部分です。

ここでブラウザの画面を思い浮かべてください。ウィンドウ、戻るボタン、アドレスバー、コンソール……　さまざまなパーツで構成されていますね。こうしたパーツの多くは、JavaScriptから操作したり、状態を読み取ったりできるようになっています。ブラウザのパーツのうちJavaScriptから操作できるものは「オブジェクト」と呼ばれていて、それぞれに名前（オブジェクト名）がついています。たとえば、コンソールにはconsoleというオブジェクト名がついています。

JavaScriptから操作できるパーツに何かをさせたいときは、まず、どのパーツに実行させるかをオブジェクト名で指定します。

ちなみに、ブラウザにはconsoleオブジェクト以外にも、windowオブジェクト、documentオブジェクトなどがあります。今後の実習でいろいろなオブジェクトを使っていきます。

Fig　ブラウザのオブジェクト

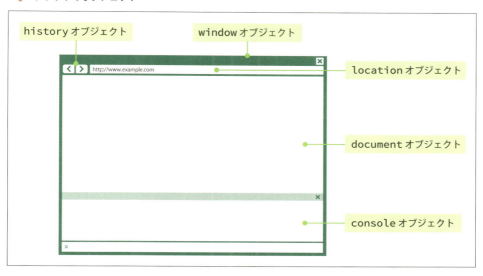

🍃 log()は「メソッド」〜オブジェクトにさせたいことを指示する

オブジェクトに続くドット(.)の後に書いたlog()は「メソッド」と呼ばれています。

メソッドは、オブジェクトに対して「××しなさい」と、具体的な実行内容を指示する部分です。たとえば、consoleオブジェクトのlog()は、「()内のテキストや数式の計算結果をコンソールに出力しなさい」という指示です。

それぞれのオブジェクトには、使えるメソッドがあらかじめ用意されています。たとえばconsoleオブジェクトには、次のようなメソッドが用意されています。

Fig　consoleオブジェクトで使用できるメソッドの例

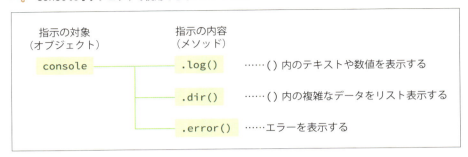

もう1つ重要な点として、メソッドには必ず最後に()がつきます。JavaScriptにおいては、この()が、「××しなさい」の「しなさい」を意味しています。

()内は「パラメータ」――指示に必要な情報

メソッドの最後につく()の中に、実習では'おうむ返し'というテキストや、簡単な数式を書きました。こういったメソッドの()内に含めるものを「パラメータ」といいます。

たとえば、実習で使用したconsoleオブジェクトのlogメソッドは「出力しなさい」という指示ですが、それだけでは「何」を出力すればよいのかわかりません。logメソッドの()内に含まれるパラメータは、その「何」にあたるものです。 基本文法 でいえば「△△を」の部分です。

そのほかのJavaScriptの文法で必要な知識

ここまでJavaScriptの基本文法を紹介してきましたが、あと2点だけ、シングルクォート(')と行の最後のセミコロン(;)についても説明します。

シングルクォート(')の役割

ここまで、console.logを使うと、()内に書かれたパラメータがコンソールに出力されることを紹介してきました。そのパラメータがテキストで、コンソールにそっくりそのまま出力させたいときは、テキストの前後にシングルクォート(')をつけて囲みます。このシングルクォートで囲んだテキストは、「文字列」(1文字以上の文字の連なり)として扱われます。console.logの場合、パラメータが文字列であれば、それがコンソールにそのまま出力されます。

シングルクォートの代わりにダブルクォート(")を使うこともできます。シングルクォートでもダブルクォートでも役割はまったく変わりません。ただ、プログラムの書きやすさの点から、本書では原則としてシングルクォートを使用します。

シングルクォートで囲まない場合

一方、「2+3」などのように、( )内のパラメータをシングルクォートで囲まない場合もありました。シングルクォートで囲まない場合、それは「文字列以外の何か」であることを示しています。「2+3」であれば、それは「数式」として扱われます。そして、パラメータに書かれた内容は計算されてから、その結果がコンソールに出力されます。

Table シングルクォートで囲むかどうかでパラメータの扱いが変わる

プログラム	認識	出力
console.log('フライ返し');	文字列として認識される	フライ返し
console.log(16+15);	数式として認識される	31
console.log('16+15');	文字列として認識される	16+15

セミコロン (;)の役割

セミコロン(;)は、プログラムの文章の終わりを示します。日本語の「。」と同じです。

なぜシングルクォートで囲むことにしているの？

もし仮に、ある文字列にダブルクォート(")が含まれている場合、全体はシングルクォート(')で囲まなければなりません。反対に、その文字列にシングルクォートが含まれている場合、全体はダブルクォートで囲まなければなりません。文字列中に出てくる文字と、文字列を囲むクォート（シングルクォートもしくはダブルクォート）が同じだと、どこからどこまでが本当の文字列なのか、JavaScriptが判断できなくなってしまうからです。

文字列にダブルクォートが含まれる確率と、シングルクォートが含まれる確率を考えたら、おそらくダブルクォートが含まれていることのほうが多いだろうと考えて、本書では原則として文字列はシングルクォートで囲んでいるのです。

Fig もし文字列が「続行するときは"C"キーを押してください」だったら、全体はシングルクォートで囲まなければならない

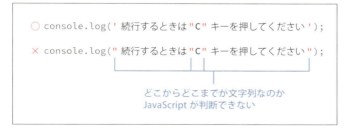

JavaScriptはどこに書く？
<script>タグとJavaScriptの記述場所

前の2-1節ではプログラムをコンソールに直接書いていました。しかし、実際のWebサイトで、ユーザーにコンソールを使わせることはありませんね。Webサイトで動くJavaScriptは、コンソールとは別のところに書きます。コンソール以外にJavaScriptプログラムを書く場所を知っておきましょう。

▼ ここでやること

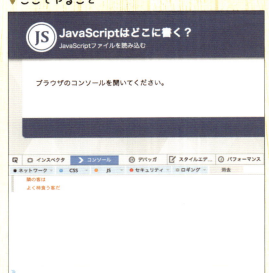

JavaScriptは、HTMLドキュメントの中に直接書く場合と、専用のファイルを用意する場合の、2つのパターンがあります。両方とも試してみましょう。

 ## HTMLにJavaScriptを直接記述する

　実習にあたり、サンプルデータの「practice」フォルダの中にある「_template」フォルダをコピーし、新しくできたフォルダの名前を「2-02_tag」とします。
　新しくできたフォルダの中にあるindex.htmlをテキストエディタで開いてください。そして、次のプログラムを記述します。

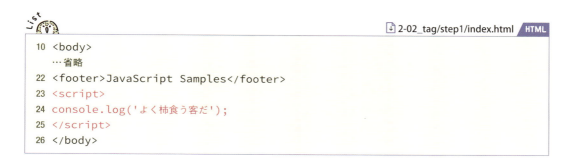

```html
10 <body>
   …省略
22 <footer>JavaScript Samples</footer>
23 <script>
24 console.log('よく柿食う客だ');
25 </script>
26 </body>
```

プログラムが記述できたらindex.htmlを保存します。そしてブラウザのコンソールを開き、index.htmlをブラウザで開いてください。`console.log`メソッドのパラメータ`'よく柿食う客だ'`が出力されるはずです。

Fig　index.htmlに記述したJavaScriptの実行結果がコンソールに出力される

IEで警告が出るときは

　IEでHTMLファイルを開くと、図のような警告が出る場合があります。そのときは［ブロックされているコンテンツを許可］をクリックしてください。

Fig　このような警告が出たら［ブロックされているコンテンツを許可］をクリック

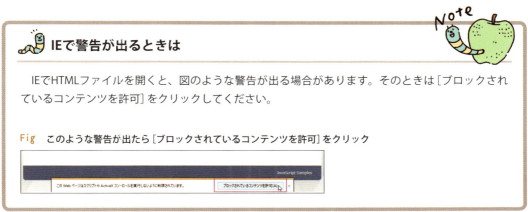

 解説

 HTMLドキュメントに直接JavaScriptを書く方法

　HTMLドキュメント内に\<script\>、\</script\>を追加すれば、その中にJavaScriptを直接書くことができます。

　\<script\>タグは、\<head\>〜\</head\>内、または\<body\>〜\</body\>内のどこにでも追加できます。一般的には\</body\>終了タグの直前に追加します。

書式　\<script\>タグを書く場所

```
<body>
…省略
<script>
ここにJavaScriptを書く
</script>
</body>
```

 \<script\>にtype属性を含める必要はない

　\<script\>にはtype属性が必要なのでは？と思われている方もいらっしゃるかもしれません。HTML5では\<script\>にtype属性を含める必要がなくなりました。

Fig　HTML5では\<script\>のtype属性は不要

```
                          ─── HTML5 では不要
<script type="text/javascript">
   console.log('よく柿食う客だ');
</script>
```

Step 2 JavaScriptファイルを読み込む

JavaScriptプログラムを専用のファイルに書いておいて、それをHTMLファイルに読み込ませることもできます。今回は、index.htmlにscript.jsを読み込ませるようにしてみましょう。まずはindex.htmlを編集します。

2-02_tag/step2/index.html HTML

```html
10 <body>
   …省略
22 <footer>JavaScript Samples</footer>
23 <script src="script.js"></script>
24 <script>
25 console.log('よく柿食う客だ');
26 </script>
27 </body>
```

次に、テキストエディタで新規ファイルを作成し、そこに以下のプログラムを書きます。それが終わったら、index.htmlと同じ場所に「script.js」という名前でファイルを保存します。

2-02_tag/step2/script.js JavaScript

```javascript
01 // 外部JavaScriptファイル
02 /*
03 外部JavaScriptファイルは
04 読み込まれたらすぐに実行されます。
05 */
06 console.log('隣の客は');
```

ファイルの文字コード形式は「UTF-8」に

Webサイトに使用するHTML、CSS、JavaScriptファイルを作成する際は、必ず文字コード形式を「UTF-8」にしてください。特にJavaScriptは、文字コード形式がUTF-8でないと正しく動作しない場合があります。

本書で紹介しているテキストエディタ 1-5「用意するツール」➡p.20 のうち、Brackets、mi、Sublime Text、Dreamweaverは、新規ファイルをUTF-8形式で作成してくれます。サクラエディタの場合は、ファイルを保存するダイアログで「文字コードセット」から［UTF-8］を選んで保存してください。

編集が終わったらindex.htmlをブラウザで開き、コンソールを表示します。コンソールには「隣の客はよく柿食う客だ」と表示されます。

Fig　外部ファイルに記述したJavaScriptの実行結果がコンソールに出力される

script.jsには6行も書きましたが、5行目までは「コメント文」と呼ばれるもので、プログラムを後から見返すときのためのメモや説明です。コメント文はJavaScriptの実行時には無視されるので、基本的に何を書いても大丈夫です。

「//」を書いておくと、その1行だけがコメントになります。複数行のコメントを残したいときは、始めに「/*」、終わりに「*/」を書きます。その間に挟まれた部分がすべてコメントになります。複数行コメントのほうはCSSのコメントと同じなので、親しみやすいかもしれません。

書式　コメント文

```
//単一行コメント
/*
複数行にまたがる
コメント
*/
```

外部JavaScriptファイルの読み込み

　HTMLに外部JavaScriptファイルを読み込むときも<script>タグを使います。<script>タグにsrc属性を追加して、そこに外部JavaScriptファイルへのパスを指定します。相対パスで指定する場合は、HTMLファイルからのパスにします。

　なお、外部JavaScriptファイルを読み込む場合は、<script>開始タグと</script>終了タグの間には何も書きません。ただし、</script>終了タグは忘れずに書いてください。

> **書式** 外部JavaScriptファイルを読み込む
>
> ```
> <script src="HTMLファイルからのパス"></script>
> ```

外部JavaScriptファイルの拡張子と文字コード

　外部JavaScriptファイルの拡張子は「.js」です。また、ファイルの文字コードは必ずUTF-8にしてください。UTF-8以外の文字コードではプログラムが動作しないこともあります。

JavaScriptが実行される順序

　実習で書いたプログラムのとおり、HTML内にJavaScriptを直接記述する方法と、外部JavaScriptファイルを用意して読み込む方法を、両方同時に使用することができます。

　JavaScriptは、<script>タグ内に直接プログラムが書かれているか、外部ファイルが読み込まれるかにかかわらず、HTMLの上のほうに書かれている<script>から順に実行されます。

JavaScriptは外部ファイルに書くのが一般的

　HTMLとJavaScriptのプログラムを別々にしておいたほうが管理がしやすいことから、実際のWebサイトではできるだけ外部JavaScriptファイルを作成したほうがよいでしょう。ただ、学習の際にはHTMLとJavaScriptが一覧できたほうがわかりやすいので、本書のサンプルでは原則として<script>タグ内にJavaScriptを記述しています。

2-3 ダイアログボックスを表示する
window.alert()

コンソールに続いて紹介する2つ目のアウトプットは、ダイアログボックスへのアウトプットです。使い方は`console.log`とほとんど変わらず、簡単です。

▼ここでやること

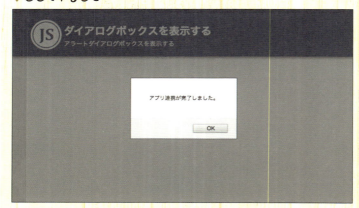

ダイアログボックスを表示して、テキストを出力してみましょう。

 アラートダイアログボックスを表示する

今回もサンプルデータの「_template」フォルダをコピーしてから作業を始めます。新しくできたフォルダの名前は「2-03_alert」とします。index.htmlを編集して、`</body>`終了タグの直前に`<script>`タグとJavaScriptプログラムを書きます。

 2-03_alert/step1/index.html HTML

```html
10 <body>
   …省略
22 <footer>JavaScript Samples</footer>
23 <script>
24 window.alert('アプリ連携が完了しました。');
25 </script>
26 </body>
```

編集が終わったらindex.htmlを保存します。index.htmlをブラウザで開くと、アラートダイアログボックスが表示されます。［OK］ボタンをクリックするとダイアログボックスが閉じます。

Fig　アラートダイアログボックスが表示される

alertメソッドのパラメータは数式でもOK

console.logメソッド同様、alertメソッドの()内を数式にすれば、計算結果を表示してくれます。プログラム内のパラメータを数式に書き換えてみましょう。

アラートダイアログボックス

コンソールに文字列などをアウトプットするには、consoleオブジェクトのlogメソッドを使うのでしたね。一方、アラートダイアログボックスを表示し、そこに()内の文字列を出力するには、windowオブジェクトのalertメソッドを使います。

書式　アラートダイアログボックスを表示する

```
window.alert(出力したいテキストや計算式など)
```

ここで気をつけておきたいのは、alertはwindowオブジェクトに用意されているメソッドだということです。同じように、logはconsoleオブジェクトに用意されているメソッドなので、

windowオブジェクトに対してlogメソッドを実行せよと指示したり、consoleオブジェクトに対してalertメソッドを実行せよと指示したりすることはできません。

次のようなプログラムはエラーになり実行できない

× `window.log('アプリ連携が完了しました。');`
× `console.alert('おうむ返し');`

 ## インプット→加工→アウトプットの視点で見ると…

2-1節のlogメソッド、2-2節のalertメソッドともに、アウトプットのメソッドです。ところで、1章では次のように説明していました。

インプット→加工→アウトプットという流れは、ほとんどすべてのJavaScriptプログラムに共通する処理の流れです 1-3「JavaScriptの「プログラミング」と動作の仕組み」→p.13 。

これまでのプログラムでは、インプットや加工は特に出てきていないように見えるかもしれません。でも実は、いままで見てきた短いプログラムにも、インプットと加工が含まれているのです。

logメソッド、alertメソッドともに、( )内にパラメータを指定しておかないとアウトプットするものがありません。アウトプットの前に、アウトプットするものをインプットしておく必要があります。logメソッド、alertメソッドの場合、( )内に含めるパラメータがインプットの役割を果たしています。

それでは加工は？　パラメータが文字列の場合は、特に何もせずそのまま出力することになるので、加工らしい加工はありません。しかし、パラメータが数式の場合、自動的に計算されてからその結果が出力されます。この自動的に計算される部分が、インプットに対する加工のプロセスに該当します。

Fig　短いプログラムでも、インプット→加工→アウトプットはある

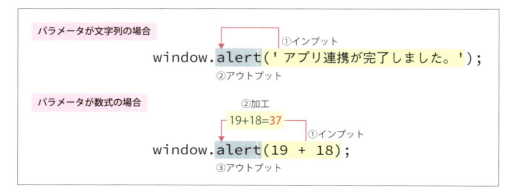

2-4

HTMLを書き換える
要素を取得する・コンテンツを書き換える

JavaScriptでできるアウトプットの3つ目は、表示されているHTMLの書き換えです。コンソールやダイアログボックスは、公開するWebサイトやWebアプリケーションで使用することはまれです。JavaScriptではほとんどの場合、今回紹介するHTMLの書き換えを行います。実践的で非常に重要な、ぜひとも使いこなしたいテクニックです。

▼ここでやること

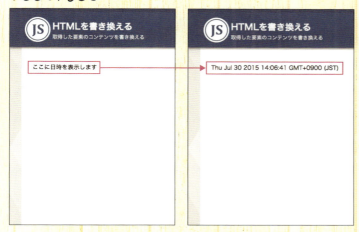

HTMLの中の「ここに日付を表示します」と書かれている部分のテキストを、現在の日時で書き換えます。

要素を取得する

今回のサンプルは、2段階の処理を行います。

1. 書き換えたい部分のHTMLタグとそのコンテンツ、つまり要素を取得する
2. 取得した要素のコンテンツを書き換える

それぞれの操作がわかりやすいように、要素を取得する部分とコンテンツを書き換える部分に分けてプログラムを書きます。

のHTMLに書かれた要素をJavaScriptで取得するには、いくつかの方法があります。今回はそのうち最も簡単な、特定のid属性を持つ要素を取得する方法を使います。今回は、id属性が"choice"になっている要素（<p id="choice">）を取得します。正しく要素が取得できるかどうかを確認するために、まずは取得した要素をコンソールに出力してみます。

サンプルデータの「_template」フォルダをコピーして、新しくできたフォルダの名前を「2-04_html」とします。index.htmlを編集します。今回はJavaScriptだけでなくHTMLも書き換えます。

2-04_html/step1/index.html　HTML

```
10 <body>
   …省略
18 <section>
19   <p id="choice">ここに日時を表示します</p>
20 </section>
21 </div><!-- /.main-wrapper -->
22 <footer>JavaScript Samples</footer>
23 <script>
24 console.log(document.getElementById('choice'));
25 </script>
26 </body>
```

プログラムの書き順

プログラムが少し長いですね。途中で間違えないために、次の順番で書くとよいでしょう。まず、

```
console.log();
```

を書き、次に、

```
console.log(document.getElementById());
```

と書きます。最後にgetElementById()の()内にパラメータを追加してできあがりです。

```
console.log(document.getElementById('choice'));
```

編集が終わったらindex.htmlを保存し、コンソールを開いて確認します。コンソールに表示されているHTMLタグとそのコンテンツが取得できた要素です。「<p id="choice">ここに日時を表示します</p>」と表示されていれば成功です。

Fig　HTMLから取得した要素（HTMLタグとそのコンテンツ）がコンソールに出力される

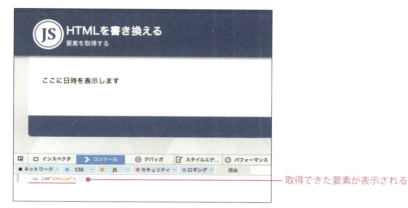

※Firefoxの場合、要素のコンテンツを見るには右側の □ をクリックします

documentオブジェクトのgetElementByIdメソッド

consoleオブジェクト、windowオブジェクトに続き、新たにdocumentオブジェクトがお目見えです。documentオブジェクトには、ブラウザに表示されているHTMLや、それに関連するCSSを操作するための機能が多数用意されています。今回使用したgetElementByIdメソッドは、( )内に指定されたid名を持つ要素を丸ごと取得します。id名は文字列で指定する必要があるので、シングルクォート(')で囲みます。

書式　特定のid名を持つ要素を取得する

```
document.getElementById(id名)
```

JavaScriptはアルファベットの大文字・小文字を区別する

JavaScriptはアルファベットの大文字・小文字を区別します。つまり、EとeやBとb、Iとiは

別の文字として認識されます。そのため、大文字と小文字を正確に区別して書かないとプログラム
は動いてくれません。この先の実習でもアルファベットの大文字が出てくることがあるので、その
ときも注意して書きましょう。

`document.getElementById()`の正しい書き方、間違った書き方

- ○ `document.getElementById('choice')`
- × `document.getelementbyid('choice')`
- × `Document.getElementById('choice')`

Step 2 取得した要素のコンテンツを書き換える

Step1で、HTMLの要素がきちんと取得できることが確認できました。今度は、取得した要素の
コンテンツを実際に書き換えてみましょう。Step1で編集したコードの一部を使い回せます。
「`console.log(`」と「`);`」を削除して、それから足りない部分を追加するとよいでしょう。

  2-04_html/step2/index.html HTML

```
23 <script>
24 document.getElementById('choice').textContent = new Date();
25 </script>
```

ブラウザで確認すると、期待していたのと少し違う見え方かもしれませんが、現在の日時が表示
されます。

Fig テキストが現在の日時に書き換えられた

「`new Date()`」の意味は、後で詳しく取り上げますが、いまのところは「現在の日時を取得する」機
能だと考えてください 4-2「わかりやすく日時を表示する」➡p.160 。日時は国際規格で定められたフォー

56

マットで取得されます。

Fig　日時の読み方

※標準時より9時間早い日本時間であることを示している

　解　説

 要素のコンテンツを書き換える**textContent**

　取得したHTMLの要素のコンテンツ──つまり開始タグと終了タグに囲まれた部分──を書き換えるには、次のように記述します。

書式　取得した要素のコンテンツを書き換える

```
document.getElementById(id名).textContent = 書き換えたい文字列;
```

　今回は「書き換えたい文字列」を現在日時にしましたが、通常のテキスト（文字列）で書き換えたい場合はシングルクォート（'）で囲みます。

コンテンツを文字列で書き換える例

```
document.getElementById('choice').textContent = '通知を受け取りますか？';
```

「書き換えたい文字列」に数式を指定してみよう

　シングルクォートで囲まずに数式を書くと、計算結果が表示されます。「=」の右側をいろいろ書き換えてみましょう。

要素のコンテンツを読み取る

　取得したHTMLの要素のコンテンツを書き換えるのではなく、読み取ることもできます。それには、「`document.getElementById('choice').textContent`」だけを書きます。次のようなプログラムを、実習で作成したサンプルに追加してみましょう。取得した要素のコンテンツだけがコンソールに出力されるはずです。

取得した要素のコンテンツを読み取ってコンソールに出力する

```
23 <script>
24 document.getElementById('choice').textContent = new Date();
25 console.log(document.getElementById('choice').textContent);
26 </script>
```

Fig　取得した要素のコンテンツがコンソールに出力される

 ## textContentは「プロパティ」〜オブジェクトの状態を表す

　windowやdocumentなど、すべてのオブジェクトは、メソッド以外に「プロパティ」を持っています。オブジェクトのプロパティとは、そのオブジェクトの状態を表すものです。もう少しイメージしやすくすると、

- ○○オブジェクトの□□は☆☆である
- ○○オブジェクトの□□を☆☆にする

と言い表せるようなものがあるとき、□□を「プロパティ」、☆☆を「プロパティの値」といいます。プロパティの値は一般的に、読み取りと書き換えが可能です[*]。

　さて、textContentは「`document.getElementById('choice')`」で取得した要素の「コンテンツ」を表すプロパティです。実習で書いたプログラム

```
24 document.getElementById('choice').textContent = new Date();
```

---

[*] 中には読み取り専用のプロパティもあります。

58

を、先ほどの文章に当てはめてみると、

  `<p id="choice"></p>`のtextContentをnew Date()にする

ということになります。`<p id="choice"></p>`のtextContentプロパティを書き換えているわけです。

Elementオブジェクト

「document.getElementById(id名)」で取得した要素は、Elementオブジェクトという、これまた独自のメソッドとプロパティを持つオブジェクトとして扱われます。textContentは、Elementオブジェクトのプロパティの一種なのです。

オブジェクトのまとめ

JavaScriptのプログラムを書いたり、ソースコードを読んだりするには「オブジェクト」がどういうものかを理解しておくのがとても大事です。そこで、ここまでに出てきた話を整理しておきましょう。

ブラウザを構成するパーツや表示しているHTMLドキュメント、またこれは後で詳しく説明しますが、今回使用した「日付」やこれまでに何度か出てきている「文字列」などのデータは、JavaScriptでは「オブジェクト」として扱われます。

オブジェクトにはwindowオブジェクト、consoleオブジェクト、documentオブジェクトなどがあり、それぞれが固有の

▶ **メソッド（オブジェクトに××しなさいと指示する）**
▶ **プロパティ（オブジェクトの状態を表す）**

を持っています。

このうち、メソッドには必ず後ろに()がつきます。メソッドによっては、()内にパラメータを含めることができるものもあります。

また、プロパティは、その値を読み取ったり、書き換えたりすることができます。

忘れてしまってもう一度復習したいと思ったときは、**JavaScriptの基本文法「何かを実行させたいときは「○○は××しなさい」と命令する」**➡p.40　**「textContentは「プロパティ」～オブジェクトの状態を表す」**➡p.58 などを参照してください。

HTMLを書き換える、もう1つの方法

　オブジェクトの解説を読んでお腹いっぱいになった方、お疲れさまです。いまから紹介する内容はそれほど重要でないので、読み飛ばしてもかまいません。

　HTMLの書き換えには、今回の実習で使用した「要素を取得して、そのコンテンツを書き換える」というやり方だけでなく、もう1つまったく別の方法があります。documentオブジェクトのwriteメソッドを使う方法です。今回の実習で作成したサンプルをwriteメソッドで書き換えると、次のようになります。

● `document.write`メソッドを使用した例

2-04_html/extra/index.html　HTML

```html
10 <body>
   …省略
18 <section>
19   <p id="choice">
20     <script>
21     document.write(new Date());
22     </script>
23   </p>
24 </section>
25 </div><!-- /.main-wrapper -->
26 <footer>JavaScript Samples</footer>
27 </body>
```

　このソースコードは、`<script>`タグを書く場所がこれまでと違います。writeメソッドを使う場合は、`</body>`の直前ではなく、まさに書き換えたいところ、今回の実習を例にすれば`<p id="choice">`と`</p>`の間に書きます。

　writeメソッドは()内で指定された文字列などを、その場に出力するメソッドです。JavaScriptが誕生したごく初期からあるメソッドで、過去には広く使われていました。プログラムも、実習で書いたものよりも簡単そうに見えます。

　ですが、今後はwriteメソッドは原則として使わないでください。理由はいくつかありますが、ひとつには、現代的な、JavaScriptでたくさんの処理をするWebサイト・アプリケーションでwriteメソッドを使うと、思いもよらぬ動作を引き起こすことがあるからです。また、まさに書き換えたい場所に書かなければいけないため柔軟性がなく、複雑な処理をしづらいという欠点もあります。

Chapter 3
JavaScriptの文法と基本的な機能

言語には、必ず「文法」と「単語」があります。JavaScriptも例外ではありません。この章では、主にJavaScriptの「文法」に焦点を当てます。条件によって処理を振り分けるif文や、同じ処理を何度も繰り返すfor文・while文の書き方と使い方をはじめ、JavaScriptのプログラミングに欠かせない重要な機能の数々を取り上げます。

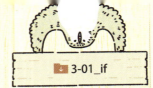

3-1 確認ダイアログボックスを表示する
条件分岐（if）

「もし～なら」「もし～でないなら」というように、ある条件が成り立つかどうかで動作を変えるのがif文です。今回のサンプルでは、クリックされたのが［OK］なのか、それとも［キャンセル］なのかを判断して、その後の動作を変えるのにif文を使います。正しいif文を書くためには「条件」を設定する必要があります。この条件の設定に必要なブール値（true/false）について理解してから、実際にif文を書くことにします。

▼ ここでやること

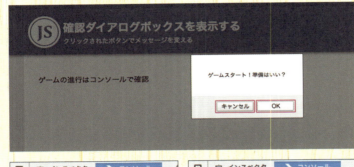

［キャンセル］をクリックしたとき

［OK］をクリックしたとき

> 確認ダイアログボックスのボタンのうち、［OK］をクリックしたときと［キャンセル］をクリックしたときでそれぞれ別のメッセージをコンソールに出力するようにします。

step 1　確認ダイアログボックスを使ってみよう

　実際にif文を書く前に、確認ダイアログボックスがどのようなものなのか見てみましょう。サンプルデータの「_template」フォルダをコピーしてから作業を始めます。新しくできたフォルダの名前は「3-01_if」とします。index.htmlに次のプログラムを書きます。

```
22  <footer>JavaScript Samples</footer>
23  <script>
24  console.log(wirdow.confirm('ゲームスタート！準備はいい？'));
25  </script>
26  </body>
```

　ブラウザのコンソールを開いてから、index.htmlを確認します。確認ダイアログボックスが表示されます。そのダイアログボックスの[OK]をクリックするとtrueが、[キャンセル]のときはfalseが、コンソールに表示されます。もう一度確認したいときはページを再読み込みします。

Fig　確認ダイアログボックスが表示される

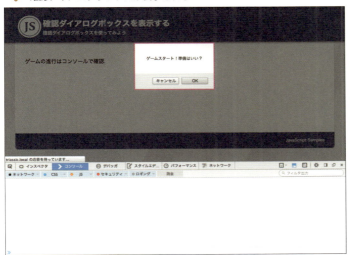

　確認ダイアログボックスを表示するには、windowオブジェクトのconfirmメソッドを使います。使い方はalertメソッドとほとんど同じで、()内にダイアログウィンドウに表示したいメッセージを入れておきます。

書式　確認ダイアログボックスを表示する

```
window.confirm(メッセージ)
```

リターン

windowオブジェクトのconfirmメソッドには、alertメソッドにはない特徴的な機能があります。それは、ダイアログを表示するだけでなく**リターン**を返してくる、ということです。「リターンを返す」とは、そのメソッドが実行結果を報告してくるようなものだと考えてください。

confirmメソッドの役目は「ダイアログを出し、ユーザーに[OK]か[キャンセル]をクリックさせる」ことです。ユーザーがどちらかのボタンをクリックしたときに、confirmメソッドの役目は終了します。役目が終了するときに、confirmメソッドはリターンとしてtrueまたはfalseという値を返してきます。これが実行結果の報告です。

リターンが返ってくると、もともとは「`window.confirm('ゲームスタート！準備はいい？')`」と書かれていた部分が、リターンで返ってきた値（trueまたはfalse）に置き換わります。つまり、結果的に「`console.log(true);`」または「`console.log(false);`」と書いていたのと同じ動作をすることになります。

Fig リターンがあるメソッドのイメージ

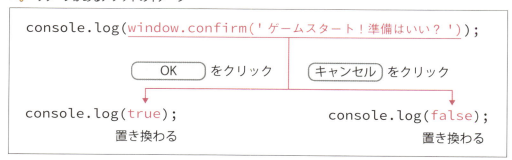

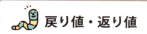

戻り値・返り値

メソッドのリターンは、日本語では「戻り値」もしくは「返り値」と呼ばれていますが、プログラムの動作がわかりやすいように、本書では「リターン」と呼んでいます。

 **trueとfalse**

　confirmメソッドのリターンの値は、必ずtrueかfalseのいずれかです。trueは「真（成り立つ）」、falseは「偽（成り立たない）」という意味を持ちます。このtrue、falseの両方を合わせてブール値（またはブーリアン値）といいます。次のStepで使用するif文や、繰り返し文（後で紹介します）など、条件によって動作が変わるものはほぼすべて、このブール値がtrueなのか、falseなのかを判断して、次に実行する処理を決定します。とても重要な値なので覚えておきましょう。

Step 2　クリックされたボタンでメッセージを変える

　confirmメソッドが、クリックされたボタンによってtrueもしくはfalseを返してくることを説明しました。この返ってきたブール値を材料にしてその後の処理を振り分けましょう。この処理の振り分けに、if文を使います。

　確認ダイアログボックスの[OK]がクリックされたときは、コンソールに「ゲームを開始します。」と出力します（もちろん、本当にゲームが始まるわけではありません）。また、[キャンセル]がクリックされたときは「ゲームを終了します。」と出力します。

　作業中のindex.htmlを、次のように書き換えてください。

 　3-01_if/step2/index.html　HTML

```
23 <script>
24 if(window.confirm('ゲームスタート！準備はいい？')){
25   console.log('ゲームを開始します。');
26 } else {
27   console.log('ゲームを終了します。');
28 }
29 </script>
```

　index.htmlをブラウザで開き、確認ダイアログボックスの[OK]をクリックすると、コンソールに「ゲームを開始します。」と出力されます。[キャンセル]をクリックすると「ゲームを終了します。」と出力されます。もう一度確認したいときはページを再読み込みします。

Fig　クリックされたボタンによって出力されるメッセージが変わる

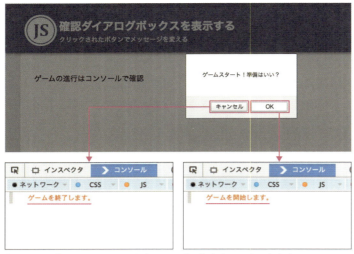

［キャンセル］をクリックしたとき　　［OK］をクリックしたとき

if文は、( )内がtrueのとき、その次の{ ～ }に書かれたプログラムを実行します。また、( )内がfalseのとき、else以降の{ ～ }に書かれたプログラムを実行します。

書式　if文

```
if(条件式) {
    条件式がtrueになる(成り立つ)ときに実行する処理
} else {
    条件式がfalseになる(成り立たない)ときに実行する処理
}
```

　少し詳しく見てみましょう。まずは( )内にtrueと書かれていたときの動作を確認します。一時的に、index.htmlのプログラムを次のように書き換えてみてください。

```
24    if(true){
```

　すると、何度再読み込みして試しても必ず上の{ ～ }が実行され、コンソールには常に「ゲームを開始します。」と出力されます。

Fig　()内を「true」に書き換えたとき

```
if(true){
    console.log('ゲームを開始します。');     ←ここが実行される
} else {
    console.log('ゲームを終了します。');     ←ここは実行されない
}
```

　次に()内をfalseに書き換えてみます。今度は必ず下、else以降の{ ～ }が実行され、コンソールには常に「ゲームを終了します。」と出力されます。

Fig　()内を「false」に書き換えたとき

```
if(false){
    console.log('ゲームを開始します。');     ←ここは実行されない
} else {
    console.log('ゲームを終了します。');     ←ここが実行される
}
```

　もちろん、()内に初めからtrueやfalseを書いてしまうと、処理は分岐されません。しかし、実習のように「window.confirm('ゲームスタート！準備はいい？')」と書いておけば、ユーザーが[OK]をクリックするか、[キャンセル]をクリックするかによって、if文の()内にtrueが入るか、falseが入るかが変わってきます（confirmメソッドは、実行結果の報告としてtrueかfalseを返してくることを思い出してください）。条件の結果が変化すれば、実行されるプログラムも変わります。そのため、if文を使いこなせるようになると、状況に応じて動作を自在に変えることができるようになります。
　なお、if文の()内に含めるものを「条件式」といいます。条件式にはいろいろなバリエーションがあります。本書でもif文は何度も出てくるので、条件式の作り方はそのつど説明します。いまのところ、「()内がtrueなら上の{ ～ }を実行する、falseならelse以降の{ ～ }を実行する」ことを覚えておいてください。

🍃 else以降は省略することもできる

　if文は、()内がtrueのときだけ何か実行して、falseのときは何もしないようにもできます。falseのときに何も実行することがなければ、else以降を省略できます。

Fig　条件がfalseのときにすることがなければ、else以降は省略可

```
if(window.confirm('...')){
  console.log('ゲームを開始します。');
} else {
  console.log('ゲームを終了します。');
}
```
省略可

　今回の実習で作成したサンプルの場合、else以降を省略すると、［OK］がクリックされたときの動作は変わりませんが、［キャンセル］がクリックされたときはコンソールに何も出力されなくなります。

JavaScriptの仕様

　ブラウザにはいろいろな種類があるのはご存じのとおりです。ユーザーがどんなブラウザを使っていても、Webサイトは同じように見えて、同じように動作するのが理想ですね。そこで、ブラウザ間の動作の違いをなくすために、HTMLやCSSには標準規格が定められています。同じように、JavaScriptにも標準規格があります。2011年以降に登場したブラウザ（IE9以降）はこれらの標準規格に準拠して作られているので、どれもほぼ同じように動作します。

　JavaScriptの標準規格は、書式・文法などの基本的な言語仕様を標準化団体Ecma International（エクマ・インターナショナル）が定め、ブラウザやHTMLを操作するためのオブジェクトやメソッド・プロパティの名称や動作の仕様をWeb技術の標準化団体W3Cが定めています。

　JavaScriptは、正式には「ECMAScript」といい、このECMAScriptの基本的な言語仕様が「ECMA-262」という規格文書で定められています。現在、ECMA-262の最新版は2015年6月に公開されたバージョン6（ECMAScript 2015）で、大規模な開発に便利な機能が追加されています。

▶ Standard ECMA-262
　URL　http://www.ecma-international.org/publications/standards/Ecma-262.htm

　また、ブラウザやHTMLを操作するためのオブジェクトやメソッドなどの仕様は、HTMLの最新バージョンである「HTML5」規格文書の中で定められています。

▶ HTML5 W3C Recommendation
　URL　http://www.w3.org/TR/html5/

3-2 入力内容に応じて動作を変更する
変数

「プロンプト」と呼ばれる、テキストフィールドを持つダイアログボックスを表示します。プロンプトはユーザーが入力したテキストをリターンとして返してくるので、今回はそのリターンをいったん保存します。保存したテキストがもし「yes」なら（つまり入力されたテキストがyesなら）別のダイアログボックスを表示し、それ以外なら何もしません。
データの保存には、変数という新しく紹介する機能を使います。変数はプログラミングでよく使う、とても大事な機能のひとつです。

▼ここでやること

ページが読み込まれると同時にプロンプトが開きます。ユーザーが「yes」と入力して［OK］をクリックしたときだけ、別のダイアログボックスを表示します。

クリックされたボタンの結果を変数に保存する

今回は2回に分けて作業をします。まずは、プロンプトを表示させて、ユーザーが入力したテキストを変数に保存するところまでのプログラムを書きましょう。いつもどおり「_template」フォルダをコピーして、新しくできたフォルダの名前は「3-02_var」とします。index.htmlを編集します。

```
10  <body>
    …省略
23  <script>
24  var answer = window.prompt('ヘルプを見ますか？');
25  console.log(answer);
26  </script>
27  </body>
```

　ブラウザのコンソールを開いてから、index.htmlを確認します。テキストフィールドのあるダイアログボックス（プロンプト）が表示されます。このテキストフィールドに何か入力して［OK］をクリックすると、入力したテキストと同じものがコンソールに表示されます。

Fig　プロンプトにテキストを入力して［OK］をクリックすると、そのテキストがコンソールに表示される

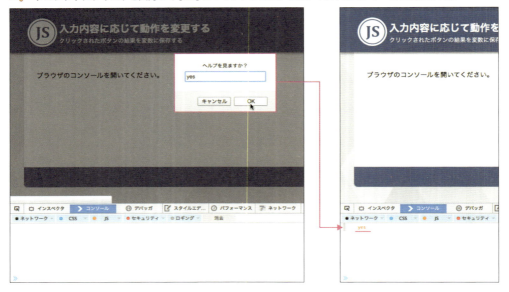

　プログラムの1行目でもう変数を使用しているのですが、それは後で詳しく解説するとして、先にpromptメソッドの説明をしておきます。promptは、alert、confirmと同じくwindowオブジェクトのメソッドです。( )内のテキスト、もしくは数式の計算結果などのメッセージがダイアログボックスに表示されるところも同じです。

　プロンプトの場合、［OK］をクリックしたときだけ、テキストフィールドに入力された内容がリターンとして返ってきます。

| 書式 | プロンプトを表示する |

```
window.prompt(メッセージ)
```

 変数とは

　前節3-1では、confirmメソッドのリターンをそのままif文の条件式に使っていました。得られたデータ（confirmメソッドの場合はtrueかfalse）をその場ですぐに利用する場合はそれでよいのですが、ときにはそうしたデータを後の処理で使いたいこともあります。

　ある行で得られたデータ——今回の実習でいえばpromptメソッドのリターンの内容——を次の行以降でも使いたい場合は、そのデータを保存しておく必要があります。その、保存のために使うのが「変数」です。

　変数の使い方にはパターンがあります。

1. 変数を「定義する」
2. 変数にデータを「代入する」
3-a. 変数からデータを「読み出す」
3-b. 変数のデータを「書き換える」

　3-a と 3-b は順序が入れ替わることがあり、3-b は一度もしないようなプログラムもありますが、だいたいこの順序で処理をします。

1 変数を「定義する」

　何かデータを保存したいときは、まず変数を定義します。実習で書いたプログラムでは、次の部分で変数を定義しています。

```
var answer
```

　このコードの場合、「answerという名前の変数」を定義していることになります。varに続けて半角スペース、その後に変数の名前（変数名）を書けば、その変数名を持つ変数が定義できます。変数名のつけ方にに多少の条件はありますが、自分で好きにつけることができます。今回の変数名「answer」も、筆者が好きにつけた名前なので、何か別のものに変えてもかまいません。

2 変数にデータを「代入する」

　変数の定義をしたら、次はその変数に保存しておきたいデータを入れます。この、データを入れることを「代入する」といいます（この「代入する」という言い方と意味は覚えておいてください）。

　代入するときは、変数名に続けてイコール（=）、さらにその右側に保存しておきたいデータを書きます。イコールの前後の半角スペースはあってもなくてもかまいませんが、本書のサンプルではソースコードを読みやすくするために入れてあります。

変数にデータを代入するところ

```
var answer = window.prompt('ヘルプを見ますか？');
```

　上のコードのように書くと、変数answerに、「window.prompt('ヘルプを見ますか？')」が代入されます。promptメソッドにはリターンがあるので、結果的に変数answerには、プロンプトに入力されたテキストが代入されることになります。

Fig　変数answerに代入されるデータのイメージ

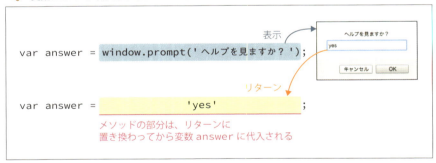

　なお、今回の実習のプログラムでは、1の「定義する」と2の「代入する」を1行で行っています。そうせずに、先に変数の定義だけしておいて、後からデータを代入することもあります。変数の定義と代入を別の行で行う方法については後ほど触れます　3-4「数当てゲーム」→p.83。

代入演算子（=）

　「=」は、右側のデータを左側の変数やプロパティなどに代入する役割をする記号で、「代入演算子」と呼ばれています。代入演算子という言葉は忘れてもかまいませんが、「=」が常に「右側のデータを左側に代入する」ということは覚えておきましょう。

Fig 代入演算子（=）の役割

```
  左         右
answer = 'yes';
     ↑代入

                                      左              右
document.getElementById('choice').textContent = new Date();
                                                ↑代入
```

3-a 変数からデータを「読み出す」

　変数に保存したデータを読み出すときは、定義した変数名をそのまま書くだけです。今回の実習のプログラムでは、console.log()の()内に変数名を書いて、保存したデータを読み出しています。

```
console.log(answer);
```

3-b 変数のデータを「書き換える」

　一度定義してデータを代入した変数であっても、何度でもデータを書き換えることができます。変数のデータを書き換えるには、 **2** の「代入する」と同じことをするだけです。たとえば、次のプログラムは、いったん「yes」を代入した変数answerの中身を、後から「no」に書き換えています。試してみたいときは、実習で作成したindex.htmlのプログラムを書き換えてみてください。

変数のデータの書き換え

```
<script>
var answer = 'yes';
console.log(answer);
answer = 'no';  ←── ここで変数のデータを書き換え
console.log(answer);
</script>
```

　console.logメソッドで同じ変数answerをアウトプットしているのに、1回目はyes、2回目はnoと表示されます。変数answerのデータが書き換わったからです。

3-2 入力内容に応じて動作を変更する

Fig　プログラムの実行結果

変数の寿命

　変数はJavaScriptにデータを覚えさせておくためのものですが、JavaScriptが変数を覚えていられるのは「そのページが表示されている間」だけです。つまり、リンクをクリックして次のページに行ったり、ウィンドウを閉じたり、ブラウザを終了したりすれば変数はクリアされ、保存されていたデータを再び使うことはできません。

変数名のつけ方

変数名の条件

　多少の条件があるものの、変数名は自分で好きにつけられるということを先に説明しました。変数名には、英単語だけではなく、日本語の漢字やカタカナ、ひらがなも使えます（ただし、日本語を使うことはお勧めしません）。

　自由とはいえども、次の条件があります。

1. 文字か、アンダースコア（ _ ）、ダラーマーク（ $ ）、数字が使用可能。その他の記号（「 - 」や「 = 」など）は使えない
2. 1文字目に数字は使えない
3. 予約語は使えない

　このうち、3の予約語とは、JavaScript言語自体ですでに使われているか、または将来使われる可能性のある単語のことで、次のものがあります。

74

Table 予約語一覧

break	case	catch	class	continue	debugger	default
delete	do	else	enum	export	extends	finally
for	function	if	implements	import	in	instanceof
interface	let	new	package	private	protected	public
return	static	super	switch	this	throw	try
typeof	var	void	while	with	yield	

これらの条件を満たす、つけてよい変数名とそうでない例を挙げておきます。

Table 変数名の例

つけてよい変数名	備考
myName	予約語も特殊な記号も含まれていない
_style	アンダースコア（_）は使える
$element	ダラーマーク（$）は使える
item1	1文字目でなければ数字は使える
doAction	予約語（do）が含まれているがそのものではない

つけてはいけない変数名	備考
1oclock	1文字目が数字
css-style	-は使用できない
&parameter	&は使用できない
do	予約語

アルファベットの大文字・小文字を区別する

2-4節でも説明したとおり、JavaScriptはアルファベットの大文字・小文字を区別します。オブジェクトやメソッド、プロパティなどの大文字・小文字を間違えるとプログラムが動作しなくなりますが、変数名の場合は違う変数として扱われます。たとえば、変数「myPhone」と、変数「myphone」は、違う変数として定義されてしまいます。

変数名をつけるときの実践的なルール

変数名は自由につけられますが、適当につけてもよいというわけではありません。今日書いたコードを数日後、数週間後に見直す、あるいはほかの人が手を加える、というようなケースを考え

て、その変数が何のデータを保存しているのか、一目でわかりやすい名前をつけるよう心がけましょう。「どのような変数名が一目でわかるのか？」と思われるかもしれませんが、たくさん変数名をつけているうちに慣れてきます。まずは、次に挙げるルールを守って、一貫性のある名づけをしましょう。

● **1文字の変数名にはしない**

　aやxなど、1文字だけの変数名をつけるのは、理由がないかぎりやめましょう。何のための変数だったか、後でわからなくなります[*]。

1文字の変数名は理由がないかぎりつけない

```
var a = 1;
var b = 14;
```

● **変数名は英単語でつける**

　変数名は原則として英単語で、変数が保存しているデータの中身がわかるような名前にします。誰でも知っているような簡単な単語がベターです。たとえば次のようなものです。

▶ 合計金額を保存する変数なら➡`total, sum`
▶ 電話番号なら➡`tel, phone`
▶ 住所なら➡`address`

　もし、複数の単語を使う変数名をつける場合は、1つ目の単語をすべて小文字にし、2つ目以降の単語の頭文字を大文字にします。

複数の単語を使う変数名の例

```
myPhone
myAddress
addressBook
```

　なお、英単語が思いつかなくて困っても、英語辞書を引くのはお勧めしません。難解な単語をつけがちだったり、辞書で引いても意味を忘れてしまったり、「一目でわかりやすい名前」にならないことが多いからです。変数名に英単語をつけるには、次のようなものを参考にするとよいでしょう。

▶ **日常英会話の本など**
▶ **Excelなど表計算ソフトの関数一覧ヘルプ**

---

[*] 例外的に、繰り返し文（p.99）やファンクション（p.113）の中でのみ使用する一時的な変数には、1文字だけ、あるいは非常に短い名前をつけることがあります。

Fig　Excelの関数名を名づけのヒントにする

 変数名を変えてみよう

　今回の実習で書いたプログラムの変数名を好きにつけ替えてみて、正しく動くか確認してみましょう。変数を定義するときだけでなく、呼び出すときの変数名も変えることをお忘れなく。

Step 2　変数に保存された内容で動作を切り替える

　Step1で、プロンプトに入力されたテキストを変数answerに保存するところまでできました。続いて、その変数に保存されているのが「yes」ならアラートダイアログボックスを表示し、それ以外であれば何もしないようにします。3-1節で使用したif文を使いますが、そのときと今回とではif文の条件の書き方が変わります。Step1で作業したindex.htmlにプログラムを追加します。「console.log(answer);」は削除してください。

  3-02_var/step2/index.html　HTML

```
23 <script>
24 var answer = window.prompt('ヘルプを見ますか？');
25 if(answer === 'yes') {
26   window.alert('タップでジャンプ、障害物をよけます。');
27 }
28 </script>
```

ブラウザで確認してみましょう。プロンプトに「yes」と入力してから［OK］をクリックすると、次にアラートダイアログボックスが表示されます。「yes」以外を入力する、または［キャンセル］をクリックしたときはプロンプトが閉じるだけで何も起こりません。

Fig 「yes」と入力して［OK］をクリックするとアラートダイアログボックスが表示される

 条件式の書き方

　if文は、()内の条件式がtrueになったとき、続く{ ～ }内の処理を実行するというのを思い出してください。今回は、変数answerに保存されているデータが'yes'のときだけコンソールにテキストを出力したいのだから、

変数answerに保存されているデータが'yes'のとき、if文の()内の条件式がtrueになる

ような条件式を書けばよいですね。
　変数に保存されているデータが、ある特定の値（ここでは'yes'）であるかどうかを判断するには、イコール3つの「===」を使った条件式を書きます。
　===は、「左側と右側は同じか？」という意味の条件式を作るための記号です（記号のことをプログラミング用語で「演算子」といいます）。左側と右側が同じであればその条件式の評価結果はtrue、違えばfalseになります。今回のif文に書いた条件式を確認しましょう。

```
25  if(answer === 'yes') {
```

　この場合、左側の「変数answerに代入されているデータ」が、右側の「'yes'」と同じであれば、if文の()内がtrue、そうでなければfalseになります。つまり、プロンプトでユーザーが

「yes」と入力していればtrue、それ以外のものを入力するか、［キャンセル］をクリックした場合はfalseになる、というわけです*。

===は「比較演算子」

　===のように、その記号の左側と右側を比較するものは「比較演算子」と呼ばれています。===の場合は左右が同じであれば評価結果がtrueになります。ほかにも、左右が違えばtrueになるちょっとへそまがりな演算子など、比較演算子は数種類用意されています。===以外の比較演算子は3-4節で紹介します。

　なお、今回の比較演算子===も代入演算子（=）もイコール記号を使いますが、===に代入の機能はありません。また、=に比較の機能もありません。この2つはまったく違うものなので注意しましょう。

間違えやすい記述例。これでは左側のaと右側のbを比較してくれないので思ったとおりの動作をしない

```
if(a = b) {
  console.log('aとbは同じ！');
}
```

- ==演算子もあるけれど……

　「===」よりイコールが1つ少ない「==」演算子もあります。役割はほとんど同じで、==も、左側と右側が同じかどうかを調べ、同じならtrue、同じでなければfalseになる演算子です。以前は===でなく==が一般に広く使われていたので、過去に書かれたプログラムで見かけることがあるかもしれません。

　===と==の違いをきちんと理解するには、データ型 3-4 Note「データとデータ型〜parseIntメソッドの役割〜」→p.88 に対する知識が必要なのですが、次のように考えてください。

- ▶ 「===」は、左と右がどう見ても同じでないかぎり、全体の評価結果をtrueにしない（データ型を変換しないで左右を比べる）
- ▶ 「==」は、左と右がなんとかして同じものに見えないか、JavaScriptが試行錯誤して比べる（データ型を変換して、できるだけ評価結果がtrueになるようにする）

　ただし、==は「何をもって同じとするか」の基準を正確に把握していないとたまに予想外の動作をすることがあり、最近では使われる機会が減りました。これから書くプログラムには原則として使わないようにしてください。

＊ ちなみに［キャンセル］をクリックした場合は、変数answerには空の文字列（文字数が0個の文字列）が代入されます。

3-3 動作のバリエーションを増やす
条件分岐（else if）

3-2節のサンプルを改造して、動作のバリエーションを増やします。2つのif文（つまり、2つの条件式）を使って、動作のバリエーションを3つに増やしてみましょう。最初に変数answerに保存されているデータが'yes'かどうかを調べる部分は前節と同じですが、それがfalseになった場合、もう一度if文で、今度はデータが'no'かどうかをチェックします。

▼ ここでやること

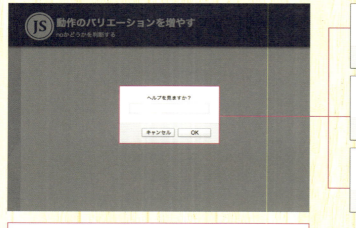
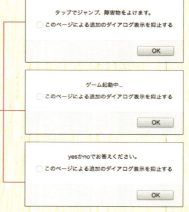

プロンプトに入力されたテキストが「yes」か「no」かそれ以外かで処理を振り分け、異なるメッセージのダイアログボックスを表示します。

 ## noかどうかを判断する

　3-2節のプログラムを編集してif文を増やし、変数answerに保存されたデータが'yes'かどうかに加え、'no'かどうかも判断し、ダイアログボックスを表示します。また、データが'yes'でも'no'でもないときにもダイアログボックスを表示します。前節で作成したindex.htmlを引き続き編集しましょう。この実習は1ステップのみです。

📥 3-03_elseif/index.html HTML

```
23 <script>
24 var answer = window.prompt('ヘルプを見ますか？');
25 if(answer === 'yes') {
26   window.alert('タップでジャンプ、障害物をよけます。');
27 } else if(answer === 'no') {
28   window.alert('ゲーム起動中...');
29 } else {
30   window.alert('yesかnoでお答えください。');
31 }
32 </script>
```

ブラウザで確認してみましょう。プロンプトが表示されたら、いろいろなテキストを入力して試してみてください。いくら待ってもゲームが起動しないのは悔しいところです。

Fig　プロンプトに入力された文字が「yes」か「no」かそれ以外かによって表示されるメッセージが変わる

 else if

if文の条件式がfalseになると、else以降が実行されます。これは3-1節で実習したとおりですが、elseの後ろにまた別のif文をつけ加えることができます。今回のif文がどのように処理されるのか見てみましょう。

今回のif文（{ ～ }内の処理は省略）

```
if(❶answer === 'yes') {
  処理Ⅰ...
} else if(❷answer === 'no') {
  処理Ⅱ...
} else {❸
  処理Ⅲ...
}
```

　まず❶の条件式が評価されます*。変数answerに保存されているデータが'yes'かどうかを判断して、その評価結果がtrueであれば続く{ ～ }の処理Ⅰが実行されます。falseであればelse以降に進みます。ここにもifがあって、今度は❷の条件式が評価されます。❷の条件式にはどう書かれているでしょう？　変数answerに保存されているデータが'no'であれば、評価結果がtrueになりますね。ということで、❷の条件式がtrueなら、処理Ⅱが実行されます。falseなら次のelse以降に進みますが、もうif文はないので、処理Ⅲが実行されます。

　今回は2つのif文で3種類の処理を振り分けています。if文は好きなだけ追加することができ、いくらでも処理を振り分けることができます。

---

* if文を使って変数に保存されている値や、オブジェクトのプロパティの値などを調べることを「評価する」といいます。「調べる」「確認する」「チェックする」などと読み替えてもかまいません。

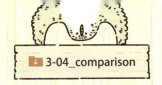

数当てゲーム
比較演算子、データ型

数当てゲームを作ってみましょう。ユーザーが入力した数字が、あらかじめ用意しておいた答えと比べて同じなのか、大きいのか、小さいのかを判断します。3-2節、3-3節で書いたif文からさらに一歩進んで、数字の大小を比較する条件式を作ります。

▼ ここでやること

ユーザーが入力した数字と、あらかじめ用意しておいた答えを比べて、その数字が答えより大きいか小さいかを判断してダイアログボックスを表示します。

 さまざまな比較演算子を使用する

プロンプトに数字を入力してもらい、その数字が答えより大きいか小さいかを判断します。入力された数字と答えが、

- 同じであれば「あたり！」
- 数字より答えのほうが大きければ「残念でした！もっと大きい」
- 数字より答えのほうが小さければ「残念でした！もっと小さい」

と書かれたダイアログボックスを表示します。

前節同様、この実習も1ステップで完成します。「_template」フォルダをコピーして、新しくで

きたフォルダの名前は「3-04_comparison」とします。少しでもサンプルを面白くするために、まずは実習のポイントからは少し外れたプログラムを2行、index.htmlに書いてください。

📥 3-04_comparison/step1/index.html HTML

```html
10 <body>
   …省略
22 <footer>JavaScript Samples</footer>
23 <script>
24 var number = Math.floor(Math.random() * 6);
25 var answer = parseInt(window.prompt('数当てゲーム。0〜5の数字を入力してね。'));
26 </script>
27 </body>
```

書いたプログラムを簡単に説明しておきましょう。24行目では、ランダムで0〜5までの整数を生成して、それを変数numberに代入しています。つまり、変数numberには、0、1、2、3、4、5のいずれかの数字が保存されていることになります。ここでは、Math.randomは、ランダムな数字を発生させるメソッドだということだけ押さえておけば十分です 4-4 Note「Math.randomはどこに行った？」➡p.184 。

25行目では、プロンプトを表示して、入力されたテキストを変数answerに代入しています。ただし、入力されたテキストをそのままanswerに代入するのではなく、parseIntメソッドを使っていったん整数に変換してから代入しています。

書式 文字列を整数に変換する

parseInt(変換したい文字列)

ここまでのプログラムで、整数が保存されている2つの変数numberとanswerができています。これから、この2つの変数に保存された値を比較します。やや長いif文なので注意して書きましょう。

📥 3-04_comparison/step1/index.html HTML

```html
23 <script>
24 var number = Math.floor(Math.random() * 5);
25 var answer = parseInt(window.prompt('数当てゲーム。0〜5の数字を入力してね。'));
26 var message;
27 if(answer === number) {
28   message = 'あたり！';
29 } else if(answer < number) {
```

```
30    message = '残念でした！もっと大きい';
31  } else if(answer > number) {
32    message = '残念でした！もっと小さい';
33  } else {
34    message = '0〜5の数字を入力してね。';
35  }
36  window.alert(message);
37  </script>
```

　これで完成です。index.htmlをブラウザで開くとプロンプトが表示されます。数字を入力して［OK］をクリックすると、「あたり！」とか「残念でした！もっと大きい」などと書かれたアラートダイアログボックスが表示されます。

Fig　0〜5までの数字を入力して、答えとして用意された数字をあてる

　if文と条件式の解説をする前に、今回の変数の定義について少し説明します。
　いままでの実習では、変数を定義すると同時にデータを代入していました。今回は、先に変数messageを定義だけしておいて、データの代入は後から行っています。変数を定義しているのは26行目の「var message;」です。
　varに続けて変数名、そのすぐ後に終了のセミコロンを書くと、データを代入せずに変数の定義だけをすることができます。変数に初期値のようなものがない場合や、今回のようにif文などで代入されるデータが変わる場合には、先に変数の定義だけをすることがあります。

書式　変数だけを定義する

```
var 変数名;
```

 解　説

 3種類の条件式

　今回のif文はちょっと長かったですね。ifとelse ifを合わせて3つ、条件式も同じ数だけ出てきます。今回出てきた条件式を中心に見ていくことにしましょう。どの条件式も、変数answerと変数numberを比較しています。確認しておくと、変数answerにはプロンプトに入力されたテキストが整数に変換されたものが、変数numberには0〜5のいずれかの整数が、それぞれ保存されています。

🍃 if(answer === number) {

　最初の条件式では「===」を使っています。これは3-2節で実習した比較演算子です。変数answerと変数numberに保存されているデータが同じならばこの条件式がtrueになり、変数messageに「あたり！」という文字列が代入されます。同じでなければ、次のif文に移ります。

🍃 else if(answer < number) {

　2番目の条件式では、小なり記号（<）の左側と右側を比較しています。「<」は、左側が右側よりも小さいかどうかを評価する記号です。左側が右側よりも小さければ評価結果はtrue、左側が右側以上であればfalseになります。左側が右側 "以上" でfalseになるので、左右が同じ場合はfalseになります[*]。

　実習に即して考えると、次のようになります。

- ▶ answerが3、numberが5の場合、条件式が(3 < 5)となりtrue
- ▶ answerが4、numberが1の場合、条件式が(4 < 1)となりfalse

　この条件式がtrueになったときは、変数messageに「残念でした！もっと大きい」という文字列が代入されます。

🍃 else if(answer > number) {

　3番目の条件式では、大なり記号（>）で左側と右側を比較しています。もう予想がつくと思いますが、左側が右側より大きければtrue、左側が右側以下であればfalseになります。実習のとおり考えてみると、次のようになるのがわかります。

---

[*] ただし、今回の実習で書いたプログラムに関していえば、左側と右側が同じ場合は最初の条件式でtrueになるため、2番目の条件式まで処理がやってきません（評価されません）。

- answerが3、numberが5の場合、条件式が(3 > 5)となりfalse
- answerが4、numberが1の場合、条件式が(4 > 1)となりtrue

そして、この条件式がtrueになったときは、変数messageに「残念でした！もっと小さい」という文字列が代入されます。

🌿 ===以外の比較演算子

今回の実習では3種類の記号「===」「<」「>」を使いました。3つとも、記号の左側と右側を比較しているという点では同じなので、まとめて「比較演算子」と呼ばれています。if文や、この後に出てくる繰り返し文の条件式を作るために使われます。比較演算子は、今回使用した3つ以外にもあって、どれもよく使うので一覧にしておきます。すべての比較演算子をいま覚えておく必要はありませんが、後で「これはどう書くのだったかな？」と思ったら、ここに戻ってきてください。

Table　比較演算子一覧（左側をa、右側をbとする）

演算子	意味	trueになる例
a === b	aとbが**同じ**ときtrue	'シェア' === 'シェア' 3 + 6 === 9
a !== b	aとbが**同じでない**ときtrue	'エジプトの首都' !== 'カイロ' 40 + 6 !== 42
a < b	aがbより**小さい**ときtrue	7 * 52 < 365
a <= b	aがb**以下**のときtrue	3 * 5 <= 21 3 * 7 <= 21
a > b	aがbより**大きい**ときtrue	15 * 4 > 45
a >= b	aがb**以上**のときtrue	4 * 60 >= 180 1 + 2 >= 3

なお、「aがb以下」の「<=」は、これで1つの演算子です。記号の順序をひっくり返して「=<」としてはいけません。演算子として認識されなくなるので、プログラムが動かなくなります。間違いやすいので注意しましょう。同様に、「aがb以上」の「>=」も、「=>」としてはいけません。

🌿 最後のelseは？

ここまでに出てきた3つの条件式のすべてがfalseになると、最後のelseの{ ～ }内の処理が実行されます。そうなるのはどういうケースが考えられるでしょう？

変数messageに代入する文字列を見れば想像がつくかもしれませんが、3つの条件式がすべてfalseになるのは、プロンプトに数字以外のものが入力されたときです。

Fig　数字でなくテキストが入力されると、3つの条件式がすべてfalseになる

```
プロンプトに「ゲームで遊ぶ」と入力されたとしたら？

if(answer === number) {
   ...      false
} else if(answer < number) {
   ...            false
} else if(answer > number) {
   ...            false
} else {
   message = '0〜5の数字を入力してね。';
} ここが実行される
```

データとデータ型 〜parseIntメソッドの役割〜

　ここでは、実習で使ったparseIntというメソッドが何の役に立っているのか、という話をします。どういうふうに使ったのか思い出しましょう。プロンプトに入力された内容を変数answerに代入する前に、整数に変換しています。

```
25  var answer = parseInt(window.prompt('数当てゲーム。0〜5の数字を入力してね。'));
```

　parseIntは()内のパラメータを「整数に変換するよう努力する」メソッドです。この"努力する"というところがミソで、変換できないもの――たとえば、プロンプトに「コンピュータよ、変換してみろ！」という文章が入力されている場合――は、数値には変換されません[*]。
　プロンプトに入力されたテキストは、それが仮に「3」であっても、数値ではなく「文字」として認識されます。
　ただ、その後の処理で、変数answerと変数numberの大小を比較するので、そのままだと困ります。両方の変数に保存されているのが「数値」でないと大小を比較できないからです。そこで、parseIntメソッドを使ってプロンプトの入力内容を整数に変換したのです。変数answerの値が数値（整数）であれば、数値と数値の比較ができるようになります。

● データ型

　このように、データによっては「できないこと」があります。
　JavaScriptで扱うデータは、文字列の場合もあれば数値の場合もあります。trueとfalseのブー

---

[*] 正確にはNaNという特殊な数値に変換されます。NaNは「Not a Number」の略で、ほかの数と大小を比較したり、足し算などの計算をしたりすることはできません。

ル値も、また別の種類のデータです。こうした、文字列や数値、ブール値といったデータの種類のことを「データ型」といいます。

　データの種類、つまりデータ型によって、できることが違ってきます。たとえば、次のような例があります。

- **数値と数値では、足し算などいろいろな計算ができるが、文字列ではできない**
- **数値と数値では、大小を比較することはできるが、文字列ではできない**
- **文字列と文字列はくっつけることができるが、数値と数値ではできない**
  3-6「1枚、2枚、3枚…と出力する」➡p.95

　今回のように、変数と変数を組み合わせて何か操作をするようなときで、そのままではやりたい操作ができない場合にはデータ型を変換します。そのようなときは「データ型が違うから変換するのだな」と、思い出してください。

● そもそも「データ」って何？

　本書でもすでに「データ」という言葉が何度も出てきています。ところで、そもそもデータとは何を指すのでしょう？

　一般的にいえば、コンピュータが扱えるものすべてがデータです。画像はデータです。テキストもデータです。プログラムのソースコードもデータです。もっというと、JavaScriptやCSSなどの「ファイル」もデータです。ただ、そのような定義で「データ」という言葉を理解しようとすると、あまりに漠然としすぎてとりとめがなくなってしまいます。本書では、JavaScriptの学習がしやすくなるという意味も含めて、データを次のように"狭く"定義します。

「変数やプロパティに代入することができて、メソッドのパラメータになることができるもの」

　どんなものをデータと呼ぶか呼ばないかがわかるよう、いくつか例を挙げます。

- **変数answerに代入される「値」はデータです。**
- **オブジェクト、メソッド、プロパティなどは(本書では)データとは呼びません。**
- **また、変数そのものは(本書では)データとは呼びません。**
- **もし「変数answerのデータが……」などと書いてある場合、その文章に出てくる"データ"は、変数answerそのものでなく、変数answerに代入されている値のほうを指しています。**

3-5 時間で異なるメッセージを表示する
論理演算子

ここまでのif文では、「○○が△△だったら」や「××が□□より大きかったら」というかたちの条件式を書いてきました。それでは、「時刻が19時以降で、かつ21時より前」とか、「9時台、もしくは15時台」というような条件式はどうやって書けばよいでしょう？
今回は、新しく紹介する方法で、2つ以上の条件式からなる1つの条件を設定して、ページを開いたときの時間によって異なるメッセージを表示させてみます。

▼ ここでやること

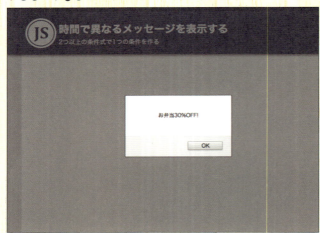

ページを開いた時間によって、異なるメッセージのアラートダイアログボックスを表示します。

step1 2つ以上の条件式で1つの条件を作る

　ページを開いたときにアラートダイアログボックスを表示しますが、ただ表示するのではなく、そのときの時間によってメッセージを切り替えます。メッセージの内容と、切り替える条件は次のようにします。

- ▶ 19時以降21時までは「お弁当30%OFF」
- ▶ 9時台または15時台なら「お弁当1個買ったら1個おまけ！」
- ▶ それ以外なら「お弁当はいかがですか」

Fig　ページを開いた時間と表示するメッセージ

それではプログラムを書きます。「_template」フォルダをコピーして、新しくできたフォルダの名前は「3-05_logical」としてから始めてください。

3-05_logical/index.html　HTML

```
10 <body>
   …省略
22 <footer>JavaScript Samples</footer>
23 <script>
24 var hour = new Date().getHours();
25
26 if(hour >= 19 && hour < 21) {
27   window.alert('お弁当30%OFF!');
28 } else if(hour === 9 || hour === 15) {
29   window.alert('お弁当1個買ったら1個おまけ！');
30 } else {
31   window.alert('お弁当はいかがですか');
32 }
33 </script>
34 </body>
```

「|」の入力の仕方

プログラムの2番目のif文では、「|」(バーティカルバー) を2つ続けて入力します。「|」は、日本語キーボードでは shift + ¥ キーを押せば入力できます。

ブラウザでindex.htmlを開いて確認すると、アラートダイアログボックスが表示されます。ページを開いた時間によってダイアログボックスのメッセージが変わります。

Fig ページを開いた時刻によってアラートダイアログボックスのメッセージが変わる

19時以降21時まで

9時または15時

それ以外の時間

　ページを開いたときの時刻を取得するために、2-4節でも使用した「new Date()」を使用しています。また、それに続けて「.getHours()」というメソッドも使っています。このメソッドについては後で詳しく説明しますが、ここではページを開いた「時」を24時間時計で取得して、変数hourに代入していると考えてください 4-2「わかりやすく日時を表示する」➡p.160 。

　つまり、この変数hourには、ページを開いた時刻によって0〜23までの整数が代入されているのです。このことを頭に入れておいて、次の解説に進んでください。

 解　説

 複数の条件式を使って1つの条件を作る

&&演算子

　まず、お弁当が30%OFFになる条件を思い出しましょう。これは時刻が19時以降21時までということになっています。つまり、変数hourに保存されている値が次の条件を満たすときです。

　　変数hourの値が　19以上　かつ　21より小さい

　この条件が成り立つかどうかを調べているif文を見てみましょう。プログラムの最初のif文、26行目がそれにあたります。

```
26  if(hour >= 19 && hour < 21) {
```

　&&は、「左側の条件式がtrue、かつ右側の条件式もtrue」になるとき、全体の評価結果がtrueになります。ここで使用している>=や<は、3-4節で紹介した比較演算子です 3-4 Table「比較演算子一覧」➡p.87 。

　この&&より左側の条件式は「hour >= 19」となっています。つまり、「変数hourに保存されている値が19以上のとき」trueになります。

92

また、&&より右側の条件式は「hour < 21」です。こちらは、「変数hourが21より小さいとき」trueになります。この2つの条件式が両方ともtrueになるとき、全体の評価結果がtrueになって、続く{ ~ }が実行されます。よって、ページを開いたときの時刻が19時以降で21時より前であれば、「お弁当30%OFF」と書かれたダイアログボックスが表示されます。

書式　&&演算子

条件式1　&&　条件式2

||演算子

　次に、お弁当を1個買ったら1個おまけになる条件を考えます。これは時刻が9時もしくは15時のときです。つまり、変数hourの値が次の条件を満たすときです。

変数hourの値が　9　もしくは　15

この条件が成り立つかどうかを調べているif文は、28行目のelse以降のif文です。

```
28  } else if(hour === 9 || hour === 15) {
```

　||は、「左側の条件式、もしくは右側の条件式、少なくともどちらか片方がtrue」になるとき、全体の評価結果がtrueになります。この28行目のif文の場合、変数hourに保存されている値が「9もしくは15」のときにtrueになるのです。そして、全体の評価結果がtrueになれば続く{ ~ }が実行され、「お弁当1個買ったら1個おまけ！」と書かれたダイアログボックスが表示されます。

書式　||演算子

条件式1　||　条件式2

　なお、||は、左側、右側の条件式がともにtrueの場合でも、評価結果がtrueになります。逆に考えれば、||は「左側、右側の条件式がともにfalse」のときだけ、全体の評価結果がfalseになります。どんなときにtrueになるのか、あるいはならない(falseになる)のかイメージしづらいかもしれませんので、条件のパターンを挙げておきます。

Table　左側・右側の条件式のtrue/falseの組み合わせと、||の評価結果

左側	右側	||の評価結果
true	true	true
true	false	true
false	true	true
false	false	false

🌿 &&や||は「論理演算子」

&&や||は「論理演算子」と呼ばれています（比較演算子と同様、名前を覚える必要はありません）。論理演算子にはもう1つ、!演算子があります。

> **書式**　!演算子
>
> !条件式

ある条件式の前に「!」がついている場合、その条件式の評価結果がfalseのとき、trueになります 7-2 Step4「ページネーションを組み込む」→p.299 。

Table　論理演算子一覧（aもbも条件式）

演算子	意味
a && b	aとbが**両方true**のとき、全体の評価結果がtrue
a || b	aかbの**少なくともどちらか1つ**がtrueのとき、全体の評価結果がtrue
!a	aが**trueでない**とき、評価結果がtrue

1枚、2枚、3枚…と出力する
繰り返し（for）

この実習では「繰り返し」を紹介します。繰り返しとは、同じような処理をひたすらコンピュータにさせることで、JavaScriptにはそのための文法が用意されています。繰り返しにはいくつかの方法がありますが、今回はそのうちのひとつ、for文を使用します。

▼ここでやること

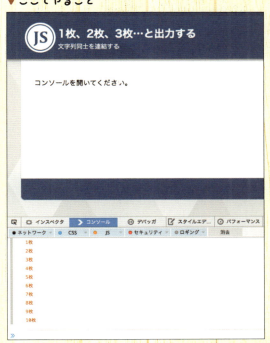

コンソールに、「1枚」「2枚」「3枚」…と「10枚」まで連続して出力します。

 繰り返しを試してみよう

「繰り返し」がどんなものであるかを把握するために、まずはコンソールに1～10の数字を連続で出力してみます。もちろん、次のようにconsole.logメソッドを10回書いてもできてしまうわけですが……。

```html
<script>
console.log(1);
console.log(2);
console.log(3);
console.log(4);
console.log(5);
console.log(6);
console.log(7);
console.log(8);
console.log(9);
console.log(10);
</script>
```

でも、同じような内容をいちいち書くのはちょっとめんどくさいですね。こういうときは繰り返しの登場です。まずは次のように書いてみてください。「_template」フォルダをコピーして、新しくできたフォルダの名前は「3-06_for」としてから始めます。

3-06_for/step1/index.html

```html
10 <body>
   …省略
22 <footer>JavaScript Samples</footer>
23 <script>
24 for(var i = 1; i <= 10; i = i + 1) {
25   console.log(i);
26 }
27 </script>
```

ブラウザでコンソールを開き、index.htmlを確認します。1〜10の数字が出力されています。

Fig コンソールに1〜10の数字が出力される

何が起こったかわかりましたか？　for(〜)のところの意味がよくわからなくても、console.log(i);が10回繰り返し実行されたことは想像がつくのではないでしょうか。

 繰り返しのfor文

for文は、指定した回数だけ、{ 〜 }内に書かれた処理を繰り返し実行します。繰り返し回数の指定はforに続く()の中で行っているのですが、先に書式の説明をしておきます。for文の()内には、次の図にあるとおり、❶[初期化]、❷[繰り返し条件]、❸[実行後の処理]を、セミコロン(;)で区切ってこの順番で書きます。

Fig　for文の書式と基本構造

```
for ( var i = 1 ; i <= 10 ; i = i + 1 ) {
    console.log(i);
}
```
❶初期化　❷繰り返し条件　❸実行後の処理
❹実行内容

for文には、「10回」とか「100回」とか、繰り返しの回数そのものを直接指定できるわけではありません。❶、❷、❸をうまく使って、繰り返す条件を設定する必要があります。

まず❶[初期化]ですが、ここに書かれたものは、実際に繰り返しが始まる前に一度だけ実行されます。実習では次のように書きました。

```
var i = 1
```

この処理自体は簡単ですね。変数iを定義して、1を代入しています。この変数iは、繰り返しの条件で重要な役割を果たします。for文の一般的な使用方法として、❶[初期化]の部分には、このように変数を定義して、繰り返す前の最初の値を代入しておくことがほとんどです。

その次の❷[繰り返し条件]の部分には、❹を実行するかどうかの判断条件が書かれています。実習では次のようになっています。

```
i <= 10
```

つまり、変数iに保存されている値が10以下ならこの条件式がtrueになり、❹が実行されます。変数iが10より大きければfalseになるので、❹は実行されなくなります（<=については 3-4 Table「比較演算子一覧」➡p.87 を参照してください）。繰り返しが一度も起こっていない段階では変数iには1が代入されているので、❹が実行されます。

最後の❸[実行後の処理]の部分は、❹の実行後、次の繰り返しが始まる前に毎回実行されます。実習ではこう書いていますね。

```
i = i + 1
```

「変数iに1を足して変数iに代入」しています。ということは、最初の繰り返しが始まる前は1だった変数iが、繰り返しが終わると1+1=2になります。このように、❸は一般的に、❶で初期化した変数の数値を足したり引いたりして変化させるのに使います。

ここまでで、1回目の繰り返しが終了しました。そして、2回目は、

1. 繰り返しをするかどうか❷の条件式で判断する
2. ❷の条件がtrueなら❹が実行される
3. ❹の実行が完了したら❸が実行される

……というふうに続きます。

実習では、繰り返すたびに変数iの値が1ずつ増えていき、そのうち11になるときがやってきます。そうなると、❷の条件を満たさなくなるので、その段階で繰り返しが終了します。結果的に10回繰り返すことになるわけです。

Fig 繰り返しの回数と変数iの変化

```
for(var i=1; i<=10; i=i+1) {
  console.log(i);
}
```

回数	i	i<=10	繰り返し後
1	1	true	i=2
2	2	true	i=3
…			
10	10	true	i=11
11	11	false	終了

変数iを{ ～ }内で活用

繰り返しの回数を制御するために使用した変数iですが、これを{ ～ }内で利用すれば、実行するたびに少しずつ違った処理をさせることができます。

実習では、console.log()のパラメータに、変数iを指定しています。「console.log(i);」のようにしておけば、1回目の繰り返しのときは1が、2回目の繰り返しのときは2が、コンソールに出力されることになります。繰り返しのために定義した変数を{ ～ }内で利用するのは非常によく使うテクニックです。覚えておきましょう。

ところで、なぜ変数名がiなの？

「変数名をつけるときの実践的なルール」(p.75)で「1文字の変数名はつけないように」と言っておきながら、変数名をiにしました。これは、プログラミングの慣習として、繰り返しの制御に使う変数の変数名は「i」にすることが多いからです。変数名なのでもちろん自由につけてかまわないのですが、繰り返しに関しては原則として「i」にしましょう。

Step 2 文字列同士を連結する

Step1のコードを2箇所変更します。for文の[実行後の処理]の部分を、別の書き方に変えてみましょう。また、コンソールに出力している1 ～ 10の数字の後ろに「枚」とつけて、あたかもチケットか何かをカウントしているような雰囲気にします。どちらも繰り返し文の動作に直接関係するものではありませんが、重要な機能なのでここで取り上げます。

  3-06_for/step2/index.html　HTML

```
23  <script>
24  for(var i = 1; i <= 10; i++) {
25      console.log(i + '枚');
26  }
27  </script>
```

ブラウザでindex.htmlを開いてコンソールを確認すると、「1枚、2枚、3枚……」と出力されるようになります。

Fig　コンソールに1枚、2枚、……10枚と出力される

解　説

++演算子

　今回書き換えたのは2箇所、for文の[実行後の処理]の部分と、コンソールへの出力に「枚」を足す処理です。この2つは互いに関連性のない処理ですが、どちらもよく使う大事な機能です。

　まず、[実行後の処理]の書き換えについて見ていきましょう。書き換える前と後で、繰り返しの動作は変わったでしょうか？　「枚」が追加されたことを除けば変わっていないはずです。[実行後の処理]を書き換える前と後で、実際に処理されている内容は変わっていません。

書き換え前と書き換え後

　実習で書いているfor文の[実行後の処理]は、書き換える前は「変数iに1を足して変数iに代入」していました。つまり変数iは、for文が繰り返すたびに1ずつ増えていたわけです。今回の書き換えでもそれは変わらず、繰り返すたびに変数iの数値が1ずつ増えています。

　ここまで、+記号を特に説明なく使ってきたので何をいまさらという感じもしますが、この記号は「足し算」を意味します。

書式　足し算をする

100

そして今回書き換えたのは、+が2つ連続した++です。これはその前か後ろに書かれた変数に「1を足す」という演算子です。インクリメント（増加）と呼ばれています。

> **書式** 変数に1を足す
>
> 変数++
> ++変数

++の前に変数を書くのと後ろに書くのとでは、厳密には動作に違いがあるのですが、どちらもほぼ同じだと思っていてかまいません。

 ## 文字列連結

+には、数字と数字を足し合わせるのに加えて、もう1つ別の機能があります。文字列と文字列をくっつけて、新しい文字列を作る機能です。こうした、文字列と文字列をくっつけることを「文字列連結」といいます。

今回、logメソッドのパラメータは次のように書きました。

```
console.log(i + '枚');
```

すると、変数iの値（1、2、3…）と「枚」が連結されて、このように出力されます。

```
1枚 ●────── 1回目の繰り返し
2枚 ●────── 2回目の繰り返し
3枚 ●────── 3回目の繰り返し
…省略
```

+は、その前と後ろが数値のときだけ、足し算として機能します。それ以外の場合は文字列連結として機能します。感覚的に「これとこれは足せないよな」と思うもの同士を+で繋げた場合は、すべて文字列連結になると考えてよいでしょう。

Table 足し算と文字列連結の例

プログラム	+の機能	結果
`console.log(16 + 70);`	足し算	86
`console.log(name + 'さん');`	文字列連結	田中さん[*1]
`console.log((16 + 70) + '個');`	足し算、文字列連結	86個[*2]

[*1] nameは変数で、'田中'が代入されている場合
[*2] ()内の数式は先に計算される

3-7 コンソールでモンスターを倒せ！
繰り返し（while）

今回はゲームっぽいサンプルを作ってみましょう。体力100のモンスターが登場して、勇者（あなた）と戦います。勇者の攻撃力は1回につき30以下で、モンスターの体力が0になるまで繰り返し戦い続けます。戦場はコンソール。えっ、地味？ 確かに。でも勇者はforだけでなくwhileもマスターして、プログラミング経験値をアップさせるのです！
前節ではfor文を使用しました。この実習ではもうひとつの繰り返し、while文を使用します。

▼ ここでやること

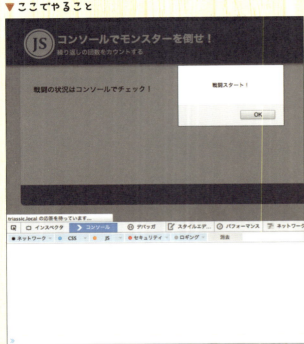

> ページを読み込むとアラートダイアログボックスが出て、モンスターとの戦いが始まります。戦いの状況はコンソールに表示されます。

step 1　whileを使ってみよう

これから作るゲームのルールを説明しておきます。

1. 体力100のモンスターがいて、あなたはそいつを倒さなければならない
2. あなたの攻撃力は1回につき30以下、毎回ランダムで決定する
3. あなたの攻撃力の数値だけ、モンスターの体力を減らす
4. モンスターの体力が0以下になるまで、2と3を繰り返す

このルールを実現するにはどうすればよいか、プログラムを書く前にまず考えてみましょう。

まず、モンスターの体力を保存しておく変数を定義して、そこに100を代入します。ここまではよいでしょう。

次からが繰り返しです。まず、あなたの攻撃力として30以下の整数をランダムで決めて、それをモンスターの体力とは別の変数に保存します。そして、モンスターの体力が0以下になるまで、「モンスターの体力 - あなたの攻撃力」を繰り返します。

プログラムの概要は理解できましたか？　それでは実際に書いてみましょう。「_template」フォルダをコピーして、新しくできたフォルダの名前は「3-07_while」としてから始めます。モンスターの体力を変数enemy、あなたの毎回の攻撃力を変数attackとします。まずは繰り返しの前まで書きます。

 3-07_while/step1/index.html　HTML

```
10 <body>
   …省略
22 <footer>JavaScript Samples</footer>
23 <script>
24 var enemy = 100;
25 var attack;
26
27 window.alert('戦闘スタート！');
28 </script>
29 </body>
```

それでは次に、繰り返しと、戦いが終了したときのメッセージを出力するところまで書きます。

 3-07_while/step1/index.html　HTML

```
23 <script>
24 var enemy = 100;
25 var attack;
26
27 window.alert('戦闘スタート！');
28 while(enemy > 0) {
29     attack = Math.floor(Math.random() * 30)+1;
```

3-7 コンソールでモンスターを倒せ！

103

```
30      console.log('モンスターに' + attack + 'のダメージ！');
31      enemy = enemy - attack;
32    }
33    console.log('モンスターを倒した！');
34  </script>
```

　これで完成です。ブラウザでコンソールを開き、index.htmlを確認します。初めにアラートダイアログボックスが表示され、［OK］をクリックすると戦闘が開始します。戦況はコンソールに出力されます。最後に「モンスターを倒した！」と出力されれば、おめでとう。ゲーム終了です。

Fig　コンソールにモンスターとの戦闘が表示される

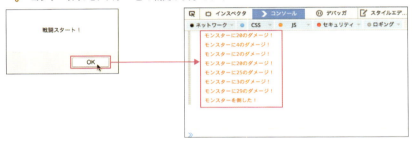

　変数attackには、繰り返すたびに毎回ランダムで30以下の整数を代入しています。ランダムな整数を作る部分は3-4節で使用したものと同じです。

解説

while文

　前節のfor文でも触れましたが、同じような処理を何度も実行するのが「繰り返し」です。コンソールの出力を見ていればおおよその想像はつくかと思いますが、while文も「繰り返し」の一種で、何かを何度も実行しています。
　それでは、while文の概要と書式を説明します。while文は、()内の条件式がtrueであるかぎり、{ ～ }内の処理を繰り返し実行します。

> **書式** while文
>
> ```
> while(条件式) {
>    //ここが繰り返し実行される
> }
> ```

今回の実習では、while文の条件式を次のようにしています。

```
28  while(enemy > 0) {
```

この条件式は、変数enemyが0より大きいときtrueになります。つまり、モンスターの体力が0より大きければ、{ ～ }内の処理が繰り返し実行されることになります。

それでは次に、{ ～ }内の処理を見てみましょう。29行目は先ほど軽く説明したように、変数attackに0 ～ 30の数値を代入しています。30行目は戦況報告です。次のようになっています。

```
30  console.log('モンスターに' + attack + 'のダメージ！');
```

前節で紹介した文字列連結を使って、戦況報告メッセージをコンソールに出力しています。「モンスターに」という文字列に続けて、変数attackに代入されている数値を、さらに「のダメージ！」をくっつけています。たとえば、その回のあなたの攻撃力が20であれば、「モンスターに20のダメージ！」と出力されます。

さて、この繰り返し処理で一番大事なのが31行目です。

```
31  enemy = enemy - attack;
```

ここで、変数enemyに保存されている数値から、変数attackに保存されている数値を引いて、変数enemyに代入し直しています。たとえば、初回の繰り返しであなたの攻撃力が20であれば、100-20=80が、変数enemyに代入されることになります。-記号は初めて出てきますが、これは引き算の記号です。

ここまでで、繰り返し1回ぶんの処理が終了です。すると、while文の最初に戻って、もう一度条件式が評価されます。モンスターの残り体力が80であれば、条件式がtrueになって2回目の戦いに突入、ということになります。

変数enemyの値は減る一方なので、いつかは0以下になります。そうしたら繰り返しが終了して、while文の下にある「console.log('モンスターを倒した！');」が実行されます。

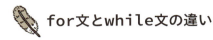
for文とwhile文の違い

前節のfor文を使用した実習と、今回のwhile文を使用した実習は、どちらも繰り返し処理をしていることに変わりはありません。しかし、実は重要な違いがあります。それは何だと思いますか？

その違いとは、「繰り返しの回数が初めから決まっているかどうか」です。

for文を使用した前節の実習では、繰り返しが始まる前から「10回繰り返す」ことが確定していました。

3-6節の実習では、10回繰り返すことが条件式と変数iから明らか

```
for(var i = 1; i <= 10; i++) {
…省略
}
```

それに対して、今回の実習では、最後まで繰り返す回数が確定しません。変数attackが毎回ランダムで決まるので、その回の攻撃でモンスターに30のダメージを与えることもあれば、0のときもあります。そうなると、いつ体力（変数enemy）が0以下になるのかわかりません。繰り返しが終了する、つまりwhileの()内の条件式がfalseになるまでに、一体何回繰り返し処理が実行されることになるのか、終わってみるまでわからないのです。

Fig attackの数値によって繰り返し回数が変化する

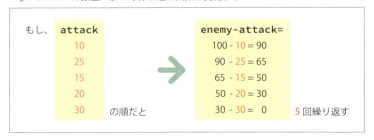

実習のプログラムのとおり、for文は、繰り返しの回数があらかじめ確定しているときに使いやすく書きやすいのに対して、while文は、繰り返しの回数が事前には確定していないときに使いやすいといえます。

step 2 繰り返しの回数をカウントする

それでは今回のサンプルの仕上げをしましょう。モンスターを倒したときに出力される最後のメッセージに、何回で倒したか、その回数を含めるようにプログラムを改造します。そのほかに、新しく-=演算子も使ってみます。

3-07_while/step2/index.html HTML

```
23 <script>
24 var enemy = 100;
25 var attack;
26 var count = 0;
27
28 window.alert('戦闘スタート！');
29 while(enemy > 0) {
30    attack = Math.floor(Math.random() * 30)+1;
31    console.log('モンスターに' + attack + 'のダメージ！');
32    enemy -= attack;
33    count++;
34 }
35 console.log(count + '回でモンスターを倒した！');
36 </script>
```

ブラウザで確認すると、戦闘が終了した最後のメッセージで「○回でモンスターを倒した！」と表示されるようになります。

Fig モンスターを倒すまでに何回かかったかが表示されるようになる

繰り返した回数をカウントするために変数countを新たに定義して、最初に0を代入します。その後は、while文の繰り返し処理のたびに「count++;」が実行され1ずつ増えていくので、繰り返した回数がわかるようになります。

 解説

 -=演算子

繰り返し回数のカウント以外に、今回の実習ではいままでのプログラムを一部書き換えました。

書き換え前と書き換え後

```
enemy = enemy - attack;  ➡  enemy -= attack;
```

プログラムの動作そのものは変わっていません。変数enemyに保存されている数値から変数attackに保存されている数値を引いて、新しい値をenemyに再び代入しています。

今回使用した-=は、左の数値から右の数値を引くという意味の演算子です。変数enemyの値が100、変数attackが20だとしたら、100-20=80の「80」が、enemyに代入されることになります。

書式 -=演算子

左の数値 -= 右の数値

-=演算子を使うと、単純に入力する文字数を減らすことができるため、キーの打ち間違いによるミスも減ります。慣れないうちはわざわざ使わなくてもよい演算子ですが、ほかの人が書いたプログラムでよく見かけるかもしれません。

この実習までに、+、-、++、そしてこの-=と、計算をするためのいくつかの演算子を紹介してきました。計算のための演算子は、後ほど3-9節でまとめて紹介します。

 無限ループに気をつけて！

for文もwhile文も、条件式がtrueになるかぎり、延々と繰り返し処理を実行し続けます。もし、プログラムを打ち間違えるか考え違いをして、常にtrueにしかならない条件式を書いてしまうと大変です。繰り返し処理が止まらなくなるため、ブラウザが一切の反応を受けつけなくなることがあります。

たとえば、次の例は3-6節のプログラムですが、「i++」と書くべきところをうっかり「i+1」と書いてしまっただけで、簡単に「永久繰り返し」になってしまいます。

108

「永久繰り返し」の実現例（チャレンジャー以外は試さないで！）

```
for(var i = 1; i >= 10; i+1) {
  console.log(i + '枚');
}
```

　この、永久繰り返しは「無限ループ」と呼ばれていますが、運がよければ次のようなダイアログが出て止めることができます。しかし、そのままブラウザがうんともすんとも言わなくなることもあります。

Fig　無限ループを止められるダイアログ（画面はFirefoxの例）

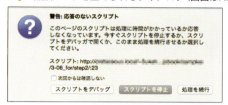

　無限ループには気をつけましょう……と言うは易し。プログラムを開発しているときにはちょっとしたミスや間違いで簡単に陥る、「気をつけていても掛かる罠」です。
　ブラウザが反応しなくなったときは、強制終了するしかありません。ということで、繰り返しをいろいろ試してみる前に、せめて強制終了の方法だけは覚えておきましょう。Windowsなら Ctrl + Alt + Delete キーを押してタスクマネージャーを開き、Macなら command + option + esc キーを押します。ウィンドウが開いたら、止まってしまったブラウザを選択して［タスクの終了］または［強制終了］をクリックします。

Fig　強制終了のウィンドウ

Windows - タスクマネージャー　　　　　　　　Mac - アプリケーションの強制終了

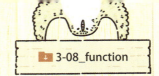

3-8 税込価格を計算する
ファンクション

8000円のコーヒーメーカーがあるとします。これをECサイトで販売するために、消費税込みの価格を計算して、HTMLページに表示します。この実習では、ファンクション（function）の作成と利用の方法を紹介します。

▼ ここでやること

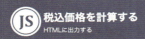

消費税込みの価格を計算して、HTMLページに表示します。

step 1 ファンクションを作る・呼び出す

　ファンクションとは、よく行う処理を1つにまとめた小さなサブプログラム（プログラム内のミニプログラム）で、使いたいときに呼び出して利用します。なお、ファンクションは日本語では「関数」と訳されますが、本書では英語のまま「ファンクション」と呼ぶことにします。

　それでは、ファンクションを作成してみましょう。「_template」フォルダをコピーして、新しくできたフォルダの名前は「3-08_function」としてから始めます。これから作成するファンクションは、本体価格に消費税（8％）を掛けて、税込合計金額を算出してくれるミニプログラムです。ファンクションには自由に名前をつけることができるので、今回はtotalにします。

```
10 <body>
   …省略
22 <footer>JavaScript Samples</footer>
23 <script>
24 var total = function(price) {
25   var tax = 0.08;
26   return price + price * tax;
27 }
28 </script>
```

これで税込金額を算出する**total**ファンクションが作成できました。index.htmlをブラウザで開いて表示を確認すると……　あれ、HTMLにも、コンソールにも、何も変化はありません。それもそのはず、ファンクションは呼び出さないと何も実行してくれないのです。そこで、ファンクションを呼び出してみましょう。8000円のコーヒーメーカーの税込金額をファンクションに計算させて、その結果をコンソールに出力します。

```
23 <script>
24 var total = function(price) {
25   var tax = 0.08;
26   return price + price * tax;
27 }
28
29 console.log('コーヒーメーカーの値段は' + total(8000) + '円（税込）です。');
30 </script>
```

これでブラウザのコンソールを開き、index.htmlを確認します。コンソールに「コーヒーメーカーの値段は8640円（税込）です。」と表示されるようになりましたね。「8640」の部分が、**total**ファンクションが計算した結果です。

Fig　コンソールに8000円のコーヒーメーカーの税込金額が表示される

 解説

 ファンクションの基本的な考え方

　ファンクションとは、( )内のパラメータを受け取り、何らかの加工をして、その結果を呼び出し元に返すものです。実習で作成したtotalファンクションでは、コーヒーメーカーの本体価格をパラメータとして受け取り、その消費税を計算して、税込合計金額を呼び出し元に返しています。

Fig　ファンクションの基本的な処理の流れ

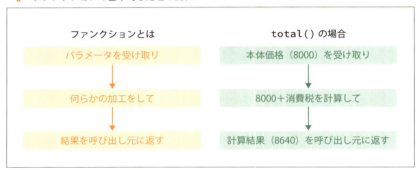

　1章で、JavaScriptのプログラムは、「インプット→加工→アウトプット」だという話をしました。どこかからデータを取得して、加工して、その結果をHTMLなどに出力する。これまでに作ってきた実習サンプルもおおむねその処理の流れに沿っているものばかりです。
　そして、いま扱っているファンクションも、この「インプット→加工→アウトプット」そのものだといえます。ファンクションの基本は、インプットのデータを受け取って、何らかの加工をし、アウトプットをリターンで返すという、JavaScriptプログラムの基本が詰まった、小型の入出力マシーンなのです。

 ファンクションの呼び出し

　それでは、ファンクションを作成して、実際にそれを呼び出して利用する方法を説明します。
　まずはファンクションを呼び出す方法から見ていきます。呼び出し方は簡単です。

書式　ファンクションを呼び出す

```
ファンクション名(要求されたパラメータ)
```

今回の実習では、totalという名前のファンクションを作成しているため、呼び出すときはtotal()と書きます。また、()内にはファンクションが要求するパラメータを含めます。totalファンクションは本体価格を要求するので、コーヒーメーカーの値段である「8000」を含めます。つまり、total(8000)と書けばよいことになりますね。そして、ファンクションからリターンが返ってきたら、呼び出した部分がそのリターンに置き換わります。

Fig　ファンクションの呼び出しとリターン

```
var total = function(price) {
    var tax = 0.08;
    return price + price * tax;
}

console.log(' コーヒーメーカーの値段は '+total(8000)+' 円（税込）です。');
```

8000　パラメータ
8640　リターン

最終的に、「コーヒーメーカーの値段は8640円（税込）です。」とコンソールに表示されることになります。呼び出した部分がファンクションのリターンに置き換わる動作は、リターンのあるメソッドと同じです　3-1「確認ダイアログボックスを表示する」➡p.62　。

 ## ファンクションの作成

それでは、実習で書いたプログラムについて解説しながらファンクションの作成方法を紹介します。ファンクションの基本的な書式は次のとおりです。

書式　ファンクションの作成

```
var ファンクション名 = function(要求するパラメータ) {
    具体的な処理内容
};
```

ファンクション名のところには、呼び出すときに必要なファンクション名をつけます。変数名を自由につけてもよいように、ファンクション名も自由につけることができます。使ってはいけない

文字や単語などの制限も変数名と同じです。詳しくは 3-2 解説「変数名のつけ方」➡p.74 を参照してください。

　functionの後ろの()内には、ファンクションを呼び出すときのパラメータを代入しておく変数名を入れます。実習で書いたプログラムでは、ここがpriceになっています。ファンクションを呼び出すときに渡されたパラメータは、この変数priceに代入されます。

　このパラメータpriceは、functionの()に続く{～}の中でだけ有効な変数として機能します。

Fig　パラメータpriceの有効範囲

```
var total=function(price) {
    price はこの中でだけ使える
}
```

🍃 ファンクションは呼び出す前に定義する

　プログラムを書く順序の話ですが、「var ファンクション名 = function() {」で始まるファンクションの定義は、そのファンクションを呼び出すより前に書きます。ファンクションの定義と呼び出しの順序を逆にしてしまうとエラーが出て実行されません。

Fig　ファンクションを呼び出した後に定義してはダメ

```
var total=function(price) {
    ...
}                                    ○ ファンクションは
                                       呼び出す前に定義

console.log('コーヒーメーカーの値段は '+total(8000)+'円（税込）です。');

var total=function(price) {
    ...
}                                    ✕ 後ろに書いてはダメ
```

ファンクションを変数に代入

　少し高度な話題になりますが、この実習で紹介したファンクションの作成の書式は「(名前のない)ファンクションを作成して、変数に代入する」ようになっています。JavaScriptではこの方法を知っていると柔軟にプログラムが書けるようになり、後々(本書をクリアした後も)大いに役に立ちます。

　ちなみに、さらに高度なことを言うと、ファンクションが変数に代入できるということは、すなわち、JavaScriptはファンクションを文字列や数値などと同じく「データ」として扱っていることになります。つまり、ファンクションは、データ型の一種といえます。

　ファンクションがデータ型の一種だということに気づくと、変数に代入できて、オブジェクトのプロパティに代入できて……　と、プログラムの書き方が非常に柔軟になります。本書ではそこまで高度な書き方を扱いませんが、皆さんが実践的なプログラムが書けるようになったあかつきには、この特性——ファンクションがデータとして扱えること——が役立つときがきっと来ます。

{ ～ }の中身

　それでは、ファンクションの核となる部分、実際に加工をして結果を出力する{ ～ }の中を見てみましょう。まず、変数taxを定義して、そこに0.08を代入しています。この0.08は消費税率です。

```
25  var tax = 0.08;
```

その次の行にはreturnと書かれています。

```
26  return price + price * tax;
```

　returnは、「リターンする(返す)」という意味の命令で、その右側のデータ——実習では「price + price * tax」——を、呼び出し元に返します。また、return命令が実行されると、ファンクションの処理はそこで終了します。

　リターンする中身(returnの右側)も簡単に説明しておきましょう。この数式で税込合計金額を計算しています。

```
price + price * tax
```

　*は「掛ける」記号です。なお、JavaScriptは、掛け算・割り算を、足し算・引き算よりも優先して計算します。これは算数と同じルールです。

step 2 HTMLに出力する

それでは、税込合計価格をHTMLに出力してみることにしましょう。2-4節で実習した方法を使用します。まず、index.htmlの`<section>`～`</section>`内に、`<p>`タグを追加します。追加した`<p>`にはid属性「output」も追加します。

3-08_function/step2/index.html HTML

```
18 <section>
19   <p id="output"></p>
20 </section>
```

いま追加した`<p>`と`</p>`の間にテキストを出力できるよう、プログラムを追加します。要素のコンテンツを書き換えるにはどうすればよいでしょう？ 2-4節のプログラムを見直しながら、書けそうな人は書いてみてください。

3-08_function/step2/index.html HTML

```
23 <script>
24 var total = function(price) {
25   var tax = 0.08;
26   return price + price * tax;
27 }
28
29 console.log('コーヒーメーカーの値段は' + total(8000) + '円(税込)です。');
30 document.getElementById('output').textContent = 'コーヒーメーカーの値段は' + total(8000) + '円(税込)です。';
31 </script>
```

index.htmlをブラウザで開いて確認します。HTMLのページ内に表示されて、少しだけ本物っぽくなった気がします。コンソールに表示するより気分がいいですよね。

Fig ブラウザウィンドウに8000円のコーヒーメーカーの税込金額が表示される

ファンクションを作るメリット

　HTMLにテキストを出力する方法は2-4節の実習ですでに取り上げているので、よくわからなかったという方は復習してみてください。ここでは、なぜファンクションを作るのか、そのメリットを説明します。

メリット 1　使いたいとき、どこからでも、何度でも呼び出せる

　ファンクションは、呼び出して初めて実行されます。しかも何度でも呼び出せるので、必要なときに必要なだけ再利用できます。実際、今回はわざとStep1で書いた`console.log`を消さなかったため、HTMLだけでなくコンソールにも同じものが表示されています。ということで、`total`ファンクションは2回呼び出されているのです。

Fig　totalファンクションは2回呼び出されている

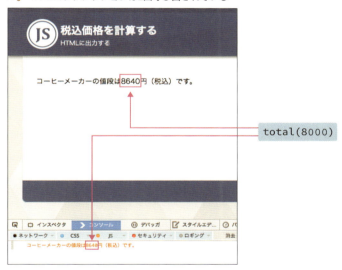

メリット 2　パラメータを変えれば、同じ加工処理を別のデータに適用できる

　いまは8000円のコーヒーメーカーしか販売していませんが、たとえば将来200円のコーヒーフィルターと1000円のコーヒー豆を一緒に販売することになっても大丈夫。消費税の計算は`total`ファンクションがしてくれます。パラメータを変えて呼び出せば、違う価格の税込合計金額も簡単に表示できます。実際のコードの例は次のとおりです。

> 3-08_function/extra/index.html HTML

```
18  <section>
19    <p id="output"></p>
20    <p id="output2"></p>
21    <p id="output3"></p>
22  </section>
    …省略
25  <script>
    …省略
32  document.getElementById('output').textContent = 'コーヒーメーカーの値段は' + total(8000) + '円(税込)です。';
33  document.getElementById('output2').textContent = 'コーヒーフィルターの値段は' + total(200) + '円(税込)です。';
34  document.getElementById('output3').textContent = 'コーヒー豆の値段は' + total(1000) + '円(税込)です。';
35  </script>
```

Fig　パラメータを変えてtotalファンクションを呼び出せば、それぞれの税込価格を計算してくれる

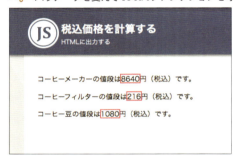

メリット3　処理をまとめられる

　税込合計金額を算出するプログラムがファンクション1つにまとまるので、税率が変わっても修正はファンクションの中の1箇所を書き換えるだけですみます。ファンクションを呼び出す側はそのままで、すべての品目の税込金額を変えられます。

税率が変わったら変数taxの値を書き換えるだけ

```
23  <script>
24  var total = function(price) {
25    var tax = 0.08;
26    return price + price * tax;
27  }
    …省略
31  </script>
```

FizzBuzz
算術演算子

FizzBuzzというゲームをプログラムで実現してみましょう。これまでも+、-、*と、計算のための記号をあまり詳しく説明せずに使ってきましたが、この実習でも新たに割り算の余りを算出する%記号を使います。

▼ ここでやること

「1、2、Fizz、4、Buzz…」と、FizzBuzzのルールどおりにテキストをコンソールに出力します。

 ## Step 1 処理の流れを考えてファンクションを作る

　FizzBuzzとは、何人かで組になって、「1」「2」と順番に数字を言っていき、3で割り切れる数字のときは「Fizz!」、5で割り切れるときは「Buzz!」、3でも5でも割り切れるときは「FizzBuzz!」と叫ぶゲームです。今回は1から30までの数をFizzBuzzします。

このプログラムは2ステップで作っていきます。まずは、パラメータで数を1つ渡すと、FizzBuzzのルールに従って答えを返すファンクションを作ります。どうやって実現するか、プログラムを書かずにまずは頭で（日本語で）考えてみてください。

難しく考えなくて大丈夫です。答えは1つだけではありませんが、ここではごくストレートな、簡単な方法を紹介します。

次のような動作をするファンクションを作ります。

パラメータとして渡された数値が、

1. 3でも5でも割り切れる場合は「FizzBuzz!」をリターンとして返す
2. それ以外で、3で割り切れる場合は「Fizz!」をリターンとして返す
3. それ以外で、5で割り切れる場合は「Buzz!」をリターンとして返す
4. それ以外（3でも5でも割り切れない場合）は渡された数値をそのままリターンとして返す

この順序で数値を評価すればよいはずです。割り算の余りの計算以外は、いままでの実習で使ってきた機能で実現できます。何を使うでしょう？ ファンクションを作るのだからfunctionは使いますね。あとは、条件を評価するのだからif文ですね。割り切れるかどうかは「3や5で割った余りが0になるか」で調べます。

では実際にプログラムを書いていきましょう。「_template」フォルダをコピーして、新しくできたフォルダの名前は「3-09_fizzbuzz」としてから始めます。

List 3-09_fizzbuzz/step1/index.html HTML

```
10 <body>
   …省略
22 <footer>JavaScript Samples</footer>
23 <script>
24 var fizzbuzz = function(num) {
25   if(num % 3 === 0 && num % 5 === 0) {
26     return 'FizzBuzz!';
27   } else if(num % 3 === 0) {
28     return 'Fizz!';
29   } else if(num % 5 === 0) {
30     return 'Buzz!';
31   } else {
32     return num;
33   }
34 }
35 </script>
36 </body>
```

fizzbuzzファンクションができました。ファンクションが思ったとおりに動くかテストしてみましょう。ファンクション定義の後ろに次のコードを追加します。前節の解説でも説明しましたが、ファンクションの呼び出しはファンクション定義よりも後ろに書くことをお忘れなく。

3-09_fizzbuzz/step1/index.html　HTML

```
35 console.log(fizzbuzz(1));
36 </script>
37 </body>
```

ブラウザでコンソールを開き、index.htmlを開いて確認すると、コンソールに1と表示されます。fizzbuzz()の()内の数値を変えて、ファンクションがうまく動いているかどうか試してみてください。

Fig　ファンクションに数値を渡すと、FizzBuzzのルールどおりにテキストが出力される

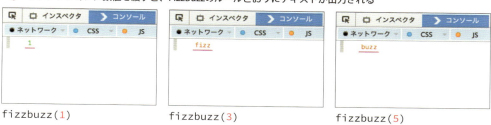

fizzbuzz(1)　　　　　　fizzbuzz(3)　　　　　　fizzbuzz(5)

解　説

 if文の処理の流れをおさらい

今回書いたif文の処理の流れはわかりましたか？　プログラムを書く前に紹介した処理手順そのままなので、1行1行、解読してみてください。

3-5節の解説で説明したとおり、if文は条件式がtrueになったらその後のif文には進みません 3-5 解説「||演算子」→p.93 。この特性を生かして、最初に「3で割っても5で割っても余りが0」かどうかを調べたのです。

たとえばパラメータで渡された値が3でも5でも割り切れる15だった場合、最初のif文でtrueになります。そのため、2番目の

```
27 } else if(num % 3 === 0) {
```

や、3番目の

```
29  } else if(num % 5 === 0) {
```

が評価されることはありません。もし、if文の順序を入れ替えて、先に2番目や3番目の条件式を評価してしまうと、3でも5でも割り切れる数（たとえば15）はうまく評価できなくなります。

 ## %演算子

条件式で使っている%記号は、算数には出てきませんが、JavaScriptでは割り算の余りを求める記号です。

書式	a÷bの余りを求める
`a % b`	

計算に関係のある演算子一覧

今回の%や、これまでに使ってきた+、-、*など、四則演算（足す、引く、掛ける、割る）をはじめとする基本的な計算は、記号だけでできるようになっています。計算に関係のある演算子はどれもよく使うので、ここで一覧表にまとめておきます。

Table 計算に関係のある主な演算子

演算子	意味
a + b	a+b
a - b	a-b
a * b	a×b
a / b	a÷b
a % b	a÷bの余り
a++ または ++a	a+1

演算子	意味
a-- または --a	a-1
a += b	a+bしてaに代入
a -= b	a-bしてaに代入
a *= b	a×bしてaに代入
a /= b	a÷bしてaに代入
a %= b	a÷bの余りをaに代入

 ## Step 2 30までの数でFizzBuzz

Step1でfizzbuzzファンクションができました。console.logメソッドを使って、1つの数値を渡すとゲームのルールどおりにリターンしてくれることも確認しましたね。それでは今度は、

1から30までの数字を連続で評価し、コンソールに出力してみます。

　何度でもファンクションを呼び出せるのは前節で説明したとおりです。パラメータとして渡す数値を1ずつ増やして30回ファンクションを呼び出したらうまくいきそうです。何を使いますか？　そう、`for`文ですね。`fizzbuzz`ファンクションの後ろのプログラムを編集します。

3-09_arithmetic/step2/index.html HTML

```
23 <script>
24 var fizzbuzz = function(num) {
   …省略
34 }
35 for(var i = 1; i <= 30; i++) {
36   console.log(fizzbuzz(i));
37 }
38 </script>
```

index.htmlをブラウザで開くと、コンソールには次の図のように表示されるはずです。

Fig　1から30までの数字でFizzBuzzができた

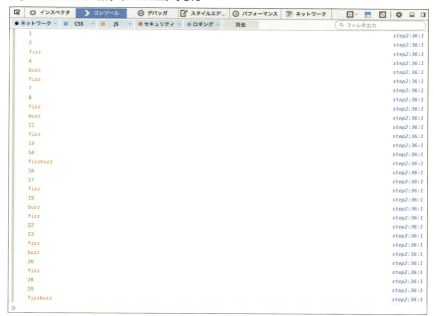

このように繰り返し文の中からファンクションを呼び出すのはよく用いられるテクニックです。お決まりのパターンといってよいでしょう。

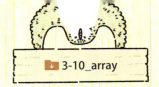

3-10 項目をリスト表示する
配列

<ul>～</ul>の中に<li>を追加して、「やることリスト」を表示します。変数に代入する「データ」として、いままでに文字列、数値、ブール値などを使ってきましたが、今回は新しいデータの種類として「配列」を紹介します。これまで使用してきた各種データは、変数1つにつき1つのデータを保存できるだけでした。配列を使うと、複数のデータを1つにまとめてグループ化することができます。

▼ ここでやること

リストを出力します。

step 1 配列を作成する

　これまでに使ってきた文字列や数値は感覚的にも理解しやすいデータといえますが、配列はそれらに比べると少し理解しづらいかもしれません。そこで、理屈より先にまずプログラムを書いてみましょう。配列を作成して、それを変数todoに代入します。「_template」フォルダをコピーして、新しくできたフォルダの名前は「3-10_array」としてから始めます。

```
10 <body>
   …省略
22 <footer>JavaScript Samples</footer>
23 <script>
24 var todo = ['デザインカンプ作成', 'データ整理', '勉強会申し込み', '牛乳買う'];
25 </script>
26 </body>
```

24行目にある、[〜]が配列です。

ただ、これだけでは変数todoに配列を代入しただけです。ブラウザが何か表示してくれるような処理は書かれていません。そこで次のようにして、配列の最初の項目をコンソールに出力してみます。

```
23 <script>
24 var todo = ['デザインカンプ作成', 'データ整理', '勉強会申し込み', '牛乳買う'];
25 console.log(todo[0]);
26 </script>
```

ブラウザでコンソールを開き、index.htmlを開くと、コンソールに「デザインカンプ作成」と表示されています。

Fig　コンソールに配列の最初の項目が表示された

todo[0]の、0のところを別の数字にして、動作を確認してみてください。1〜3までの数字であれば[〜]のテキストのどれかが表示されますが、4以上だと「undefined」になります。undefinedとは「定義されていない」という意味で、配列に該当するデータがないことを示しています。

Fig　todo[4]として確認したところ。undefinedと表示される

解説

　会社や学校に行くとき、財布、ハンカチ、筆記用具、ノートPC……と複数の荷物を持ち運ぶときはカバンに入れて持ち歩きますよね。配列はデータ界のカバンのようなもので、複数のデータを1つにまとめて管理するのに使われます。

　複数のデータ——今回の実習ではやることリストの項目——を配列でまとめておけば、1つの変数に代入することができます。もし配列を使わずに、各項目を1つずつ変数に代入していこうとすると、やることが増えるにつれて変数の数も膨大になり、収拾がつかなくなることは容易に想像できます。でも配列を使えば、やることリストがいくら増えても使う変数は1つだけ。データの管理が容易になります。

Fig　いちいち変数を作っていくと大変なことになる

配列の作り方

配列を作成するには角カッコ（[ ]）を使います。一般的には作った配列を変数に保存しておくので、通常は次のような書式になります。

書式 項目数が0個の配列を作成して変数に保存する
```
var 変数名 = [];
```

これによって、データの項目数が0個の配列ができます。空のカバンがあるように、項目数が0個の配列（空の配列といいます）も作ることができます。配列には後からデータを追加することができるので、初めが0個でも心配いりません。

今回の実習のように、いくつかのデータを初めから登録しておく場合は、それぞれのデータをカンマで区切って[ ]内に入れます。最後のデータの後ろにカンマを入れてはいけないことに注意してください。また、1つの配列に登録できるデータの個数に制限はありません。

書式 1個以上のデータを持つ配列を作成する
```
var 変数名 = [データ0, データ1, データ2, ..., データX];
```

配列からデータを読み取る

さて、せっかく配列を作ったのですから、そこからデータを読み取れなくてはなりません。たとえば、実習で作成した配列todoからデータを読み取るには次のようにします。

書式 配列todoのデータを読み取る
```
todo[インデックス番号]
```

インデックス番号とは何でしょうか。配列に登録されているデータには、最初のものから順に0、1、2……と番号がつきます。この番号のことを「インデックス番号」、または「インデックス」といいます。配列todoの場合、インデックス0番は'デザインカンプ作成'、1番は'データ整理'……となります。

注意しなければならないのは、最初のデータのインデックス番号が「0番」だということです。1番ではありません。また、登録されているデータ数よりも大きいインデックス番号を指定すると「データが未登録ですよ」という意味で、undefinedというデータが返ってきます。

3-10 項目をリスト表示する

127

Fig　インデックス番号

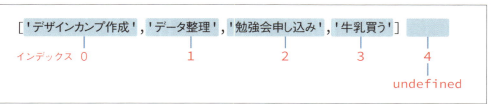

配列の各項目をすべて読み取る

　ここまで、配列の作成とデータの基本的な読み取り方法を説明してきました。次は登録されているデータをすべて読み取って、コンソールに出力してみます。配列のデータの読み取りには繰り返しのfor文を使用します。

```
23  <script>
24  var todo = ['デザインカンプ作成', 'データ整理', '勉強会申し込み', '牛乳買う'];
25  for (var i = 0; i < todo.length; i++) {
26    console.log(todo[i]);
27  }
28  </script>
```

　index.htmlをブラウザで開いてコンソールを確認すると、配列に登録されているすべてのデータが出力されています。

Fig　コンソールに配列のすべての項目が表示される

 解　説

 すべての項目を読み取る

　配列に登録されているデータを読み取るにはインデックス番号を使いますが、このインデックス番号は、0から始まって1、2、3……というように順序よく並んでいます。1ずつ増えていくという規則性があることから、繰り返し文と相性がよいといえます。変数iを定義して0を代入し、iに1ずつ足しながら繰り返しつつ、そのiを配列のインデックス番号として使えば、データをすべて読み取ることができます。

　「データをすべて」と言いましたが、そのためには「配列の終わりまで読み取ったら繰り返しを終了」したいですね。配列には、繰り返しの終了を判断するのに使える便利な機能が用意されています。それがlengthプロパティです。lengthプロパティは、その配列に登録されているデータの個数を表します。たとえば、実習で作成した配列todoの場合、

```
todo.length
```

とすると、4がリターンとして返ってきます。

　先ほどの繰り返しの話に戻ると、「変数iがtodo.lengthより小さければ繰り返す」という条件にしておけば、データの個数ぶん読み取ったら繰り返しが終了します。「変数iがtodo.length以下ならば」でないことに注意です。インデックス番号は0から始まるので、lengthの値が4の場合、つまりデータの個数が4個の場合、最後のデータのインデックス番号は3になります。

　ここまでの話を総合して、配列todoに登録されているすべてのデータを読み取るには、次のような繰り返し文を書きます。

```
for (var i = 0; i < todo.length; i++) {
   処理内容
}
```

　この繰り返し文により、どんな配列であってもすべてのデータを読み取ることができるようになります。もちろん、todo.lengthの「todo」の部分は、読み出したい配列の変数名に合わせて書き換えてください。

　実際のプログラミングでは、特定のインデックス番号のデータをピンポイントで読み取るよりも、for文を使ってすべてのデータを読み取ることのほうが圧倒的に多いといえます。今回の繰り返し文は配列を扱う際にはかなりの頻度で使うので、とても重要です。

Step 3 項目を追加する

さて、やることリストに登録したい項目が1つ増えてしまいました。そこで、配列todoに項目を1つ追加します。

length"プロパティ"があるということは、「配列ってもしかしてオブジェクト？」と、勘のいい方はすでにお気づきかもしれません。そうです。配列はオブジェクトです。オブジェクトということは、メソッドとプロパティがあります。配列には配列を操作するためのメソッドが用意されているので、今回はそのうちのひとつを使って項目を1件追加します。

List　　　　　　　　　　　　　　　　　　　　　　　3-10_array/step3/index.html　HTML

```
23 <script>
24 var todo = ['デザインカンプ作成', 'データ整理', '勉強会申し込み', '牛乳買う'];
25 todo.push('歯医者に行く');
26 for (var i = 0; i < todo.length; i++) {
27   console.log(todo[i]);
28 }
29 </script>
```

index.htmlをブラウザで開いてコンソールを確認すると、最後に項目が1つ追加されています。

Fig　コンソールに表示される配列の項目が1つ増える

# 解説

 ### 配列のメソッド

　配列は、いつでも項目の追加・削除ができます。配列を操作するには、配列オブジェクト*のメソッドを使用します。この実習で使用したpushメソッドは、( )内のパラメータで指定されているデータを配列の一番後ろに追加します。

> **書式** 配列の最後にデータを追加する
>
> 配列の変数名.push(追加したいデータ)

　そして、配列にデータが追加されると、それに合わせてlengthプロパティも更新されます。そのため、配列の項目をすべて読み取るfor文のところはプログラムを書き換える必要がないのです。
　配列にはほかにもいろいろなメソッドがあります。参考までに、配列にデータを追加・削除する主なメソッドを挙げておきます。

Table 配列にデータを追加・削除する主なメソッドの一覧

メソッド名	意味
配列の変数名.pop()	配列の最後のデータを削除する
配列の変数名.push(**データ**)	配列の最後に**データ**を追加する
配列の変数名.shift()	配列の最初のデータを削除する
配列の変数名.unshift(**データ1**, **データ2**...)	配列の最初に**データ1**、**データ2**…を追加する

 ## Step 4 項目をHTMLに書き出す

　それでは最後のステップとして、やることリストをHTMLに表示してみましょう。このステップで行うHTMLへの出力は、配列の操作とは直接関係はありません。ですが、配列のデータをHTMLに表示するような操作はよく行われるので、実践的なトレーニングだと思って取り組んでみてください。
　やることリストの各項目は<li>～</li>に囲んで出力します。<li>には親要素<ul>（もしくは<ol>）が必要なので、まずはHTMLを編集して<ul>を追加します。<ul>にはid属性「list」をつけておきます。

＊ 正式にはArrayオブジェクトといいます。

📄 3-10_array/step4/index.html　HTML

```html
18 <section>
19   <h1>やることリスト</h1>
20   <ul id="list">
21   </ul>
22 </section>
```

いま追加した`<ul>`の中に、「`<li>配列の各項目</li>`」を挿入するプログラムを書きます。

📄 3-10_array/step4/index.html　HTML

```html
25 <script>
26 var todo = ['デザインカンプ作成', 'データ整理', '勉強会申し込み', '牛乳買う'];
27 todo.push('歯医者に行く');
28 for (var i = 0; i < todo.length; i++) {
29   var li = document.createElement('li');
30   li.textContent = todo[i];
31   document.getElementById('list').appendChild(li);
32 }
33 </script>
```

index.htmlをブラウザで開いて確認します。配列の項目すべてが表示されましたか？

Fig　ブラウザウィンドウに配列のすべての項目が表示される

配列の項目ごとに<li>を生成して<ul id="list">に挿入する

　今回追加したプログラムでは、for文の中で、配列todoの項目数ぶん、繰り返しHTMLタグを生成して<ul>～</ul>の間に挿入しています。

　書いたプログラムを詳しく見てみましょう。まず29行目で変数liを定義しています。

```
var li =
```

　そして、タグを生成して、それを変数liに代入しています。

```
var li = document.createElement('li');
```

　ここで使用したdocumentオブジェクトのcreateElementメソッドですが、これは何もないところからタグを生成します。( )内のパラメータにはタグ名を指定します。ここではパラメータを'li'としているので、<li></li>が生成されます。

> **書式** タグを生成する
> ```
> document.createElement(タグ名)
> ```

　その次の行はいままでにも使ったことがあるものばかりです。生成して変数liに代入した<li></li>のコンテンツに、配列todoのインデックスi番目のデータを指定しています。

```
li.textContent = todo[i];
```

　たとえば最初の繰り返しで、繰り返しの変数iが0のとき、変数liに保存されるデータは「<li>デザインカンプ作成</li>」になります。

　ここまででリスト項目の準備が完了しました。でも、この2行の操作だけでは、まだ実際のHTMLのどこにも組み込まれていません。次の行で、組み上がった<li>～</li>を<ul id="list">の子要素として挿入します。

　まず、id属性がlistの要素、つまり<ul id="list">を取得します。

```
document.getElementById('list')
```

そして、取得した要素(`<ul id="list">`)に、作成して変数liに代入しておいた要素(`<li>`～`</li>`)を挿入します。

```
document.getElementById('list').appendChild(li);
```

appendChildメソッドは、取得した要素に、( )のパラメータで指定した要素を子要素として挿入します。もしすでに子要素がある場合は、その下に挿入します。たとえば2回目の繰り返しのときは、1回目の「`<li>`デザインカンプ作成`</li>`」の下に挿入されることになります。

Fig　appendChildメソッドは、すでにある子要素の下に挿入する

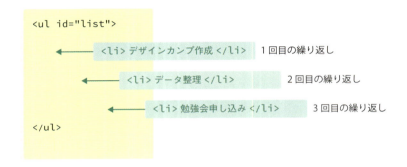

書式　取得した要素に子要素を挿入する

取得した要素.appendChild(挿入したい子要素)

これが1回ぶんの繰り返し内容です。後は配列のデータの数だけ、同じ処理が繰り返されます。

3-11 アイテムの価格と在庫を表示する
オブジェクト

配列に続いて新しいデータの種類「オブジェクト」を紹介します。「オブジェクトって、windowとかdocumentとか、いままで見てきたオブジェクトのこと？」 そう、同じです……基本的には。ただ、ここでは複数のデータをまとめて1つの変数で管理するためにオブジェクトを使用します。
複数のデータを1つにまとめるという点で、前節の配列と今回のオブジェクトは似ていますが、もちろん違うところもあります。サンプルを作りながら、オブジェクトというデータの特性や配列との違いを体感しましょう。

▼ここでやること

本のタイトル、価格、在庫状況をテーブルに表示します。

 ## Step 1 本のデータを登録する

　配列同様、オブジェクトも複数のデータを1つにまとめて、変数に代入できるものです。「1つにまとめる」ところは同じなのですが、作り方もデータの読み取り方もだいぶ違います。ここでも理屈よりまずプログラムを書きましょう。今回はオブジェクトに本のデータを登録してみます。
　「_template」フォルダをコピーして、新しくできたフォルダの名前は「3-11_object」としてから作業を始めます。

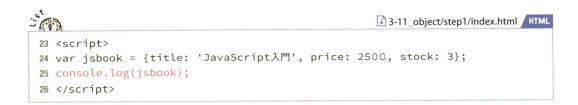

```
10 <body>
   …省略
22 <footer>JavaScript Samples</footer>
23 <script>
24 var jsbook = {title: 'JavaScript入門', price: 2500, stock: 3};
25 </script>
26 </body>
```

オブジェクトを作成して、変数jsbook（以下、jsbookオブジェクト）に代入しました。jsbookオブジェクトには、タイトル、価格、在庫のデータが含まれています。

それではこれから、jsbookオブジェクトに登録されているデータを読み取って、コンソールに出力してみましょう。まずはデータ全体を丸ごと読み取ります。

```
23 <script>
24 var jsbook = {title: 'JavaScript入門', price: 2500, stock: 3};
25 console.log(jsbook);
26 </script>
```

ブラウザのコンソールを開き、index.htmlを開くと、このように表示されるはずです。

Fig　コンソールにオブジェクトのデータ全体が表示される

変数に保存されているデータを読み取るには変数名を書きさえすればよいのですから、これは当然といえば当然です。保存されているのが文字列や数値でなく、配列やオブジェクトであっても、「変数名」を書けばデータ全体を読み取ることができます。しかし、配列やオブジェクトのような、複数のデータが1つにまとまっているデータの場合は、全体を丸ごと読み取ってもあまり利用価値がありません。まとまっているデータを1つずつ取り出して、個別に扱う必要があるのです。

そこで、オブジェクトに登録されている「本のタイトル」を読み取ってみます。

📄 3-11_object/step1/index.html　HTML

```
23 <script>
24 var jsbook = {title: 'JavaScript入門', price: 2500, stock: 3};
25 console.log(jsbook);
26 console.log(jsbook.title);
27 </script>
```

ブラウザでindex.htmlを開くと、コンソールに「JavaScript入門」と表示されます。

Fig　オブジェクトに登録されている「本のタイトル」のデータが表示される

```
Object { title: "JavaScript入門", price: 2500, stock: 3 }
JavaScript入門
```

24行目、オブジェクトの変数jsbookの{ ～ }の中に、「title:」と書かれているところがありますね。コンソールに出力されたのはその右側にある'JavaScript入門'の部分です。

ところで、今回console.logメソッドのパラメータとして書いた部分、「jsbook.title」は、document.getElementById().textContentのような、documentオブジェクトのプロパティのデータを読み取ったり、書き換えたりするのと書き方がよく似ています。それもそのはず、「title」はjsbookオブジェクトのプロパティだからです。その話は後でもう少し詳しく解説します。

実は、オブジェクトのプロパティのデータを読み取るには、もうひとつ別の書き方があります。今度は価格（priceプロパティ）を、別の方法で読み取ってみます。

📄 3-11_object/step1/index.html　HTML

```
23 <script>
24 var jsbook = {title: 'JavaScript入門', price: 2500, stock: 3};
25 console.log(jsbook);
26 console.log(jsbook.title);
27 console.log(jsbook['price']);
28 </script>
```

ブラウザでindex.htmlを開くと、コンソールに「2500」と表示されます。これは、jsbookオブジェクトの「price:」の右側に書かれているデータですね。

Fig　オブジェクトに登録されている「価格」のデータが表示される

次はプロパティのデータを書き換えてみます。

在庫（`stock`プロパティ）のデータを「10」に書き換えてみましょう。ちゃんと書き換わったかどうか確認するために、更新後の`stock`プロパティをコンソールに出力させます。

3-11_object/step1/index.html

```html
23 <script>
24 var jsbook = {title: 'JavaScript入門', price: 2500, stock: 3};
25 console.log(jsbook);
26 console.log(jsbook.title);
27 console.log(jsbook['price']);
28 jsbook.stock = 10;
29 console.log(jsbook.stock);
30 </script>
```

ブラウザでindex.htmlを開いてコンソールを確認すると、ちゃんと書き換え後の`stock`プロパティのデータが表示されています。

Fig　オブジェクトに登録されている「在庫」のデータが更新されて表示される

プロパティのデータを書き換えるときも、プロパティの読み取りのもうひとつの方法を使えます。「`jsbook.stock = 10;`」は、次のように書いてもかまいません。

```
jsbook['stock'] = 10;
```

ここまでの操作で、

1. オブジェクトの作成
2. プロパティの読み取り
3. プロパティの書き換え

という、3つの基本操作をひととおり試すことができました。

オブジェクト

プログラムを書きながら少し説明しましたが、オブジェクトとは、「複数のプロパティを持つデータのまとまり」です。それぞれのプロパティにはデータが保存されているので、オブジェクトとは、「各種データをひとまとめにして、1つの変数として扱えるデータ」ということもできるでしょう。この点は配列と同じです。

今回作成したjsbookオブジェクトを見てみましょう。このオブジェクトには3つのプロパティが登録されていて、それぞれにデータが保存されています。jsbookオブジェクトには、3つのデータがひとまとめになっているのです。

- ▶ `title`プロパティ──'JavaScript入門'が保存されている
- ▶ `price`プロパティ──2500が保存されている
- ▶ `stock`プロパティ──(当初は) 3が保存されている

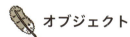オブジェクトの作り方

オブジェクトを作成するには波カッコ(`{}`)を使います。配列同様、一般的には作ったオブジェクトを変数に保存するので、通常は次のような書式になります。

書式　プロパティ数が0個のオブジェクトを作成して変数に保存する

```
var 変数名 = {};
```

オブジェクトを作成するときに同時にプロパティ名とそのデータも登録する場合は、次のように書きます。プロパティとプロパティの間はカンマで区切ります。最後の「プロパティ名:データ」の後ろにカンマを入れてはいけません。

書式 プロパティが1個以上あるオブジェクトを作成する

```
var 変数名 = {プロパティ名1:データ, プロパティ名2:データ, ..., プロパティ名X:データ};
```

なお、「プロパティ」と呼ぶとき、それはプロパティ名とそこに保存されているデータのセットを指します。プロパティ名だけを指すときは「プロパティ名」、各プロパティに保存されているデータを指すときは「データ」または「値」と呼びます。

Fig プロパティ、プロパティ名、データ（値）

また、プロパティの個数に制限はありません。このへんも配列と似ています。

さて、それぞれのプロパティの書き方も確認しましょう。1つのプロパティは、プロパティ名と保存しておくデータをコロン（:）で区切って登録します。コロンの前後には半角スペースを入れても入れなくてもかまいません。

書式 プロパティの書式

```
プロパティ名: データ
```

プロパティ名は、変数名やファンクション名と同じく自由につけることができます 3-2 解説「変数名のつけ方」→p.74 。実は、プロパティ名は変数名やファンクション名以上に自由につけることができます。使ってはいけない単語の制約がなく、-記号も使えます。でも、-記号を使うと少しややこしいことになるので、使わないほうが無難です。

オブジェクトからデータを読み取る・書き換える

配列からデータを読み取るときには何を使うのだったか、覚えていますか？　そう、インデックス番号ですね。でも、オブジェクトにはインデックス番号がありません。代わりにプロパティ名を使います。実習でも触れましたが、オブジェクトからデータを読み取るには2つの方法があります。1つは、オブジェクト名（代入した変数の変数名）とプロパティ名をドットでつなぐ方法です。

書式 プロパティのデータを読み取る❶

    オブジェクト名.プロパティ名

　もう1つは——少し特殊な書き方に感じるかもしれませんが——プロパティ名を[]で囲む方法です。

書式 プロパティのデータを読み取る❷

    オブジェクト名['プロパティ名']

　2番目の方法を使うときに注意しなければならないのは、プロパティ名を[]で囲むだけでなく、シングルクォート（またはダブルクォート）でも囲むということです。もう少し正確にいえば、プロパティ名を文字列として指定しなければならないということです。
　プロパティのデータを書き換える方法も確認しましょう。
　書き換えるときは、読み取る方法❶か❷の後ろに=をつけて、その次に書き換えたい新しいデータを記します。

書式 プロパティのデータを書き換える

    オブジェクト名.プロパティ名 ＝ 新しいデータ；

    または

    オブジェクト名['プロパティ名'] ＝ 新しいデータ；

ところで、これまでに出てきたオブジェクトとの関係は？

　これまで、windowやdocumentなどの「オブジェクト」は、メソッドとプロパティを持っているという話をしてきました。今回作成したオブジェクトにはプロパティだけしかありませんが、実はプロパティのデータにはファンクションを保存しておくこともできます。たとえばこんなふうに。

```
var obj = {
  addTax: function(num){
    return num * 1.08;
  }
};
```

　読みやすくするために{}の前後などに改行を入れてありますが、objオブジェクトを定義して、そのaddTaxプロパティのデータとしてファンクションを代入しています。プロパティのデータが

ファンクションのとき、そのプロパティのことを特別に「メソッド」といいます。
　つまり、皆さんもメソッドとプロパティを持つオブジェクトを作成することができます。ただ、それを作成して使いこなすには「JavaScriptのオブジェクト指向プログラミング」という知識とテクニックが必要になってきますが、少し高度なので本書ではそこまで扱っていません。まずは、プロパティだけを持つオブジェクトを作成し、複数のデータを1つにまとめて管理する方法を習得した後、興味のある方は「オブジェクト指向プログラミング」がどういうものか、ネットや別の書籍などで調べてみてください。

step 2 すべてのプロパティを読み取る

　配列のときは、for文を使って登録されているすべてのデータを読み取りました 3-10 Step2「配列の各項目をすべて読み取る」➡p.128 。オブジェクトでもすべてのプロパティを読み取ることができるのですが、配列と同じようにはできません。
　jsbookオブジェクトに登録されているすべてのプロパティを読み取って、プロパティ名と保存されているデータの内容をコンソールに表示してみましょう。Step1で書いたプログラムは、最初のオブジェクトを定義して変数に代入するところ以外は削除するか、コメントアウトします。

 ### コメントアウトって？

　コメントアウトとは、実行させたくない行の先頭に//を書く、あるいは実行させたくない複数行を/*と*/で囲むことです。書いたプログラムは残しておきたい、でもいまは実行させたくない、というようなときにコメントアウトします。

コメントアウトの例

```
//console.log(jsbook);

または
/*
console.log(jsbook.title);
console.log(jsbook['price']);
jsbook.stock = 10;
console.log(jsbook.stock);
*/
```

では、すべてのプロパティを読み取るプログラムを書きしょう。ここでは不要なプログラムをコメントアウトするのではなく、削除しています。

📥 3-11_object/step2/index.html　HTML

```
23 <script>
24 var jsbook = {title:'JavaScript入門', price:2500, stock:3};
25
26 for(var p in jsbook) {
27   console.log(p + '=' + jsbook[p]);
28 }
29 </script>
```

ブラウザでindex.htmlを開いてコンソールを確認すると、jsbookオブジェクトのすべてのプロパティが「プロパティ名=データ」というかたちで表示されています。

Fig　コンソールにオブジェクトのすべてのプロパティが表示される

解説

for...in文

今回のプログラムはforで始まりますが、()の中がいままでと違いますね。これはfor...in文という、オブジェクトのプロパティをすべて読み取ることだけを目的とした、専用の繰り返し文です。オブジェクトに登録されているプロパティの数だけ、{ ～ }内の処理を繰り返してくれます。

書式　for...in文

```
for(var プロパティを保存しておく変数名 in オブジェクト名) {
    処理内容
}
```

「プロパティを保存しておく変数名」のところは、変数名だから自由につけてかまわないのですが、一般的には「p」にします。繰り返しの変数iと同じで、慣例的なものです。
　この変数pには、for...inが繰り返すたびに、オブジェクトに登録されているプロパティのプロパティ名が1つずつ代入されます。たとえば1回目の繰り返しのとき、変数pには'title'が、プロパティ名の「名前」として――正確な言い方をすれば文字列として――代入されます。
　変数pからプロパティ名を読み取りたいときは、pとだけ書きます。

> **書式** プロパティ名を読み取る
> p

※pは変数名

そして、プロパティに保存されているデータのほうを読み取りたいときは、

```
jsbook[p]
```

とします。Step1で紹介した、「プロパティのデータを読み取る❷」の方法です 3-11 書式「プロパティのデータを読み取る❷」→p.141 。

> **書式** プロパティのデータを読み取る
> オブジェクト名[p]

　プロパティのデータを読み取る際に、「プロパティのデータを読み取る❶」の方法は使えません。なぜなら、

```
jsbook.p
```

と書いてしまうと、「jsbookオブジェクトのpプロパティ」という意味になってしまうからです。読み取りたいのはpプロパティではなくtitleプロパティのデータなので、for...in文の中では[]を使う方法しかありません。
　さて、今回のfor...in文では、実際の処理を次のようにしています。

```
27  console.log(p + '=' + jsbook[p]);
```

　「プロパティ名、=、プロパティのデータ」が、文字列連結されてコンソールに表示されるわけですね。

順番どおり出てこないことがある！

　for...in文を使うとオブジェクトのプロパティをすべて読み取れることがわかりました。ただしここで注意点があります。今回の実習ではプロパティを登録した順、つまりtitle→price→stockプロパティの順に表示されたはずですが、いつもそうなるとはかぎりません。

　実はオブジェクトは、プロパティの順序には無頓着にできています。for...in文でプロパティをすべて読み取ろうとすると、場合によっては登録した順にならないことがあります。

　一方、配列はデータの登録順にインデックス番号がついていて、その順序が勝手に崩れることはありません。ここがオブジェクトと配列の大きな違いです。配列は順序にうるさくて、オブジェクトはいい加減なのです。

step 3　HTMLに出力する

　オブジェクトのデータの具体的な使用例として、HTMLの表示に生かす方法を紹介します。ここでは、jsbookオブジェクトの各プロパティのデータを、テーブルのセルに挿入します。まずは挿入先となるHTMLをindex.htmlに追加して、3列（横に3コラム）のテーブルを作成します。3つの<td>には、id属性を上から順にtitle、price、stockとつけます。

  3-11_object/step3/index.html　HTML

```
18  <section>
19    <table>
20      <tr>
21        <td id="title"></td>
22        <td id="price"></td>
23        <td id="stock"></td>
24      </tr>
25    </table>
26  </section>
```

 整形するならCSSも追加しよう

　テーブルの見た目を整形するのであれば、CSSも追加しましょう。JavaScriptプログラムとは関係ないので、どうしても作業しなければいけないわけではありません。サンプルデータ（3-11_object/step3/index.html）には、テーブルに罫線を引くためのCSSが書かれていますので参考にしてみてください。

プログラムを書く準備ができました。いま追加したHTMLの各<td>にjsbookオブジェクトのデータを挿入します。使用するのはこれまでにも何度か使ってきた機能ばかりです。

Step2で書いたfor...in文は使用しませんので、コメントアウトするか削除してください。ソースコードの例では削除しています。

3-11_object/step3/index.html

```
29 <script>
30 var jsbook = {title:'JavaScript入門', price:2500, stock:3};
31
32 document.getElementById('title').textContent = jsbook.title;
33 document.getElementById('price').textContent = jsbook.price + '円';
34 document.getElementById('stock').textContent = jsbook.stock;
35 </script>
```

ブラウザで確認してみましょう。テーブルに本のデータが表示されるようになります。図はCSSで整形したものです。

Fig　オブジェクトに登録されているデータ（本のタイトル、価格、在庫状況）がテーブルに表示される

jsbookオブジェクトのデータが表示されている

前節の配列の実習ではやることリストを、今回のオブジェクトでは本のデータをHTMLに表示しました。配列やオブジェクトの用途はたくさんありますが、その中でもデータをHTMLに出力するのは基本的でよく使われるテクニックといえます。データの利用法のひとつとして覚えておきましょう。

 どちらを選べばいいの！？　配列vsオブジェクト

配列とオブジェクトは、どちらも複数のデータを1つにまとめるために使うデータです。どうやって使い分けるのでしょうか？　それぞれに何か特徴があるのでしょうか？

配列とオブジェクトは持っている機能が違うため、データを処理する際にどちらが向いているかを考えて決めるのですが、そういうことを判断するには多少なりとも経験が必要です。

● 経験がなくても選びやすい分類方法

そこで、少し乱暴な分類ではありますが、イメージしやすい方法を紹介します。

皆さんは、Excelなどの表計算ソフトを使ったことがあると思います。あるデータをJavaScriptで使うときに、そのデータをもし表計算ソフトに入力するとして、「そのデータは縦に並べて入力したくなるか？ それとも横か？」と、想像してみてください。

縦に並べて入力したくなるようなものであれば、配列が向いています。たとえばやることリストは、通常は縦方向に並べると思います。横方向ではありませんね。そのほかに思いつくものとして、縦方向に並べたくなるデータには次のようなものが挙げられるでしょう。

▶ 都道府県名
▶ 持ち物リスト
▶ 学校のクラス名簿

Fig　縦に並べたくなるようなデータであれば配列向き

一方、そのデータが横に並べたくなるようなものであれば、オブジェクトが向いています。たとえば、次のような「1つの何か」に紐づく複数のデータを管理するのは、オブジェクトのほうが向いています。

▶ ゲームのハイスコアデータ（プレイヤー名と点数）
▶ パソコンやスマートフォンなど電化製品のスペック（サイズ、速度など）
▶ ある商品の価格と在庫数（今回の実習）

Fig　横に並べたくなるようなデータはオブジェクト向き

● 縦横に広がる表

ところで、やることリストは縦に並べたくなるデータなので、配列が向いているといいました。ここでもし、やることリストの各項目に、

- ▶ 期限
- ▶ 優先順位
- ▶ メモ

などの情報を追加するとしたら、表計算ソフトではやることリストの横に並べて入力するでしょう。そうすると、縦横に広がる表になります。

Fig　やることリストに情報を追加すると…

	todo	due	priority	memo
1	デザイン	11/20	1	写真差し替え
2	飛行機手配	11/22	3	
3	本返す	12/1	2	ふせんはがす

?

このようなデータを管理する場合、JavaScriptでは、

- ▶ **1つのやることリストに関連する追加情報はオブジェクト**
- ▶ **やることリストの各項目は配列**

と、配列とオブジェクトを組み合わせて管理します。こうしたデータは本書の後半で扱います 6-3「空き席状況をチェック」➡p.255 。

Chapter 4

インプットとデータの加工

この章では、JavaScriptの「インプット→加工→アウトプット」のうち、インプットと加工のテクニックを中心に紹介します。また、一連の処理のタイミングを決める「イベント」にも触れます。フォームへの入力内容、日付、配列などのデータを取得して加工し、それをHTMLへの表示に生かすトレーニングをします。

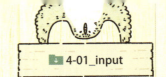

4-1 フォームの入力内容を取得する
入力内容の取得とイベント

これまでの実習では、HTMLページが読み込まれた瞬間に、自動的に処理が開始されるプログラムを書いてきました。今回のサンプルでは、「イベント」を利用してプログラムが動作するタイミングを制御します。[検索]と書かれたボタンがクリックされたら、テキストフィールドに入力されている内容を読み取って、それをHTMLに表示するようにしてみましょう。

▼ここでやること

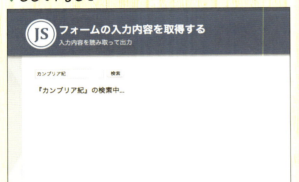

フォームのテキストフィールドにテキストを入力してボタンをクリックすると、その入力内容がHTMLに表示されます。

 まずはイベントをテスト

　この実習では「イベント」と、「テキストフィールドへの入力内容の取得」という、2つの新しい機能を使います。まずはボタンがクリックされたタイミングを見計らって処理を開始する、イベントのプログラムを先に書いていきます。
　「_template」フォルダをコピーして、新しくできたフォルダの名前は「4-01_input」としてから始めます。まずはHTMLを編集して、送信ボタンだけを持つフォームを作成します。`<form>`タグには action 属性と、後で使うために id 属性を追加し、それぞれの値を「#」と「form」にします。

```html
18  <section>
19    <form action="#" id="form">
20      <input type="submit" value="検索">
21    </form>
22  </section>
```

ブラウザでindex.htmlを開くと[検索]ボタンが表示されるので、クリックしてみてください。ブラウザによってはアドレスバーのURLの一番後ろに「#」や「?#」がつきますが、それ以外は何も起こりません。

Fig　ボタンをクリックすると、URLの一番後ろに「#」や「?#」がつく（ブラウザによる）

それでは、イベントを設定するためにプログラムを書いていきましょう。まず初めに[検索]ボタンがクリックされたらコンソールに「クリックされました」とテキストを出力するようにします。

```html
10  <body>
    …省略
24  <footer>JavaScript Samples</footer>
25  <script>
26  document.getElementById('form').onsubmit = function() {
27    console.log('クリックされました');
28  };
29  </script>
30  </body>
```

今度はコンソールを開いてからindex.htmlを確認します。[検索]ボタンをクリックすると、コンソールに「クリックされました」と表示されるようになります。

Fig　［検索］ボタンをクリックすると、「クリックされました」と表示される

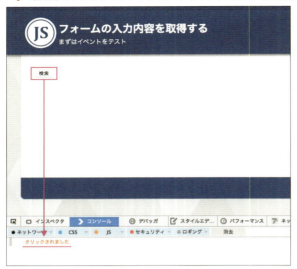

解説

1章で紹介した「イベント」が初登場です　1-3 解説「いつそれをする？〜イベント」➡p.15 。

　リンクやボタンをクリックしたり、キーボードを操作したり、また、ページの読み込みが完了したときや次のページに行く直前など、さまざまなタイミングでブラウザに「イベント」が発生します。今回の実習で使用したonsubmitもそうしたイベントのひとつです。少し詳しく見てみましょう。

　<form>〜</form>に囲まれているのが「フォーム」です。フォームは送信ボタン（<input type="submit" value="検索">）がクリックされると、指定されたページにフォームの入力内容を送信します。どこに送信するかは、<form>タグのaction属性に指定します。

　19　<form action="#" id="form">

　action属性には通常、データを送信する先のURLを指定します。しかし、今回のようにどこにも送信しない場合は、URLの代わりに「#」を指定するのが一般的です（ちなみに#は「ページの最上部」を指します）。

まとめると、

送信（submit）ボタンがクリックされたら、action属性のURLに入力内容が送信される

これが、HTMLのフォームに組み込まれた本来の機能です。onsubmitイベントは、送信ボタンがクリックされた直後で、入力内容がサーバーに送信される直前に発生します。このタイミングを見計らってJavaScriptで何らかの処理をしたい場合は、onsubmitイベントにファンクションを代入します。先ほど書いたプログラムを確認してみましょう。

```
document.getElementById('form')
```

まず、`<form ic="form"> ～ </form>`を取得します。次に、この取得した`<form>`要素のonsubmitイベント（JavaScript用語で正確に言うとonsubmitイベントプロパティ）に、ファンクションを代入します。

```
document.getElementById('form').onsubmit = function() {
  console.log('クリックされました');
};
```

このファンクションの{ ～ }内に、onsubmitイベントが発生したときに実行させたい処理を書きます。今回はイベントの動作を確認するために、コンソールにテキスト「クリックされました」を出力するようにしています。

この書き方は、イベントが発生したタイミングで処理を実行させるときのお決まりのパターンです。書式をまとめておきましょう。

> **書式** 要素にイベントを設定する
> ```
> 取得した要素.onsubmit = function() {
>   処理内容
> };
> ```

※onsubmitの部分はイベントによって書き換える

注意点がいくつかあります。

onsubmitイベントは、クリックされる送信ボタン（`<input type="submit">`）ではなく、その親要素にあたる`<form>`に発生します。ですから、書式の「取得した要素」の部分は、`<form>`要素を取得するようにプログラムを書きます。

また、イベントに代入するファンクションは、()内にパラメータもなければ、{}内にreturn命令もありません。パラメータもリターンもないファンクションが存在するということだけ、頭に入れておいてください。

step 2 入力内容を読み取って出力

続いて、「テキストフィールドへの入力内容を取得」するプログラムを書きます。ユーザーが[検索]ボタンをクリックしたタイミングで、テキストフィールドに入力されている内容を読み取ります。まずはHTMLを編集してテキストフィールドを作成しましょう。テキストフィールドの`<input type="text">`には、name属性「word」を追加します。また、入力内容をテキストとして読み取ったものを加工して出力する領域を確保するために、`<form>` 〜 `</form>`の下に「`<p></p>`」も追加しておきます。この`<p>`には、id属性「output」を追加します。

4-01_input/step2/index.html HTML

```
18  <section>
19    <form action="#" id="form">
20      <input type="text" name="word">
21      <input type="submit" value="検索">
22    </form>
23    <p id="output"></p>
24  </section>
```

ブラウザでindex.htmlを開き、テキストフィールドが追加されているのを確認してください。

Fig　テキストフィールドが追加される

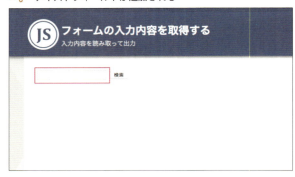

ここで、フォームの重要な部分だけおさらいしておきましょう。

テキストフィールドやラジオボタン、チェックボックス、プルダウンメニューなどのフォーム部品にはたくさんの属性が定義されています。そうした数多くの属性のうち、フォーム部品の種類を決めるtype属性と、データを送信する際に欠かせないname属性は特に重要です。

name属性の値は、入力されたデータがサーバーに送信されるときに、そのデータにつく「名前」となります。JavaScriptでいえば、変数名と同じだと考えればよいでしょう。

Fig　name属性とデータが送信されるときのイメージ

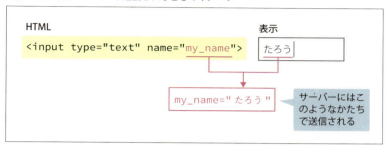

　フォーム部品にname属性の名前がついていないと、受信したサーバー側のプログラムで処理できません。そのため通常は、すべてのフォーム部品にname属性をつけます（送信ボタンにはつけない場合もあります）。

　また、JavaScriptでフォームの入力内容を読み取るときにもname属性を使用します。

　それでは、送信ボタンがクリックされたタイミングでname属性を使ってテキストフィールドの入力内容を読み取り、`<p id="output"></p>`に出力するプログラムを書きましょう。Step1で書いた`console.log`はコメントアウトするか削除してください。

List　　　　　　　　　　　　　　　　　　　　　　　　4-01_input/step2/index.html　HTML
```
28  document.getElementById('form').onsubmit = function() {
29    var search = document.getElementById('form').word.value;
30    document.getElementById('output').textContent = '『' + search + '』の検索中...';
31  };
```

　ブラウザで動作を確認します。テキストフィールドに何か入力して[検索]ボタンをクリックすると……　あれ、確かに一瞬何か表示されるのですが*、すぐに消えてしまいます。

---

*　IEでは何も表示されません。

Fig ［検索］ボタンをクリックすると、入力した文字が消えてしまう

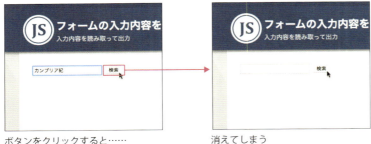

ボタンをクリックすると……　　　　　　消えてしまう

この不具合を直します。ページを再読み込みして、一瞬現れるテキストを注意して見てみると、

『入力したテキスト』の検索中...

と表示されているはずです。つまり、書いたプログラムの30行目は確かに実行されているのです。
　次に、アドレスバーを見てみると、URLの後ろに文字列が追加されています。

Fig　URLに文字列が追加されている

Firefox/Chrome/Safari

Edge/IE

　先のStep1で説明した、フォームの基本的な動作を思い出してください 解説「イベント」➡p.152 。
`<form>`は、送信ボタンがクリックされたら、入力されたデータをaction属性のURLに送信します。この送信しようとしたデータが、URLの後ろに追加された「?word=***」です。
　このようにアドレスバーのURLが少しでも変わると、ブラウザは「次のページの表示指令が来た！」と思って次のページに移動しようとします。でも、action属性に指定されているURLは"#"なので、結局、同じページ（の最上部）に移動することになります。つまり、再読み込みをしたのと同じような状態になり、テキストが一瞬表示されて消える、という現象が生じてしまうのです。

Fig　テキストが一瞬表示されて消える原因は再読み込みにあり！

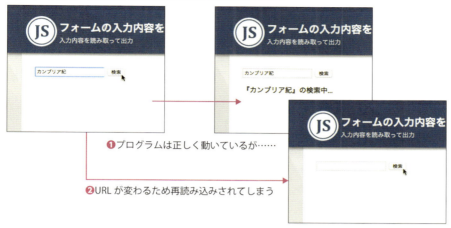

❶プログラムは正しく動いているが……
❷URL が変わるため再読み込みされてしまう

　この問題を解消するには、ページを再読み込みしないようにすればいいですね。そこで、「送信ボタンがクリックされたらデータを送る」という、フォームの基本動作自体をキャンセルします。そのために、プログラムを1行追加しましょう。

4-01_input/step2/index.html　HTML

```
27 <script>
28 document.getElementById('form').onsubmit = function() {
29   var search = document.getElementById('form').word.value;
30   document.getElementById('output').textContent = '『' + search + '』の検索中...';
31   return false;
32 };
</script>
```

　それでは、もう一度ブラウザで確認します。テキストフィールドに何か入力して[検索]ボタンをクリックすると、テキストフィールドの下――<p id="output"> 〜 </p>の部分――に表示されます。フォームの基本動作がキャンセルされて、データが送信されることもなければ、次のページに移動することもなくなりました。

Fig 「『入力したテキスト』の検索中...」が表示されるようになる

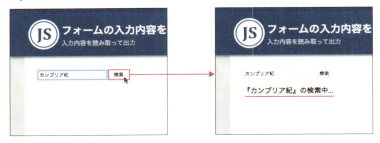

　HTMLタグの中には、<form>や<a>など、基本動作があらかじめ定義されているものがありますが、イベントを使って処理を行う場合、こうした基本動作はキャンセルすることがよくあります。イベントで実行されるファンクションに「return false;」が出てきたら、「ああ、HTMLの基本動作をキャンセルしているのだな」と思ってください。

フォームの入力内容を読み取る

　イベントの処理も大切ですが、フォームの入力内容を読み取ることも重要です。テキストフィールドやテキストエリアの入力内容は、次のような書式で読み取ることができます。

書式　入力内容を読み取る

```
取得した<form>要素.読み取りたい部品のname属性.value
```

　実習で書いたプログラムを見ながら確認しましょう。

```
var search =
```

　29行目で変数searchを定義しています。これからテキストフィールドの入力内容を取得して、ここに代入しようとしています。
　入力内容を読み取るには、上の書式のとおり、まず<form>要素を取得します。実習のコードでは<form id="form"> 〜 <form>です。いままでに何度か使用してきたgetElementByIdメソッドで<form>要素を取得しています。

```
  var search = document.getElementById('form')
```

　その次からが大事です。入力された内容を読み取りたいフォーム部品を、`name`属性で指定します（もちろんそのフォーム部品は、取得した`<form>`〜`</form>`の中になければいけません）。次の部分が読み取りたいテキストフィールドのHTMLタグです。

```
20  <input type="text" name="word">
```

　そして、次の部分が読み取る側のJavaScriptのプログラムです。`word`（`name`属性）でテキストフィールドを指定しているのがわかります。

```
  var search = document.getElementById('form').word
```

　これでテキストフィールドの`<input>`を取得できました。後はそこに入力されている内容を調べるだけです。`<input>`をはじめとするフォーム部品に入力された内容は、`value`プロパティに保存されています。

```
  var search = document.getElementById('form').word.value
```

　入力内容を読み取るプログラムはこれで終了です。テキストフィールドの入力内容が、変数`search`に代入されます。
　30行目のプログラムは`<p id="output">`〜`</p>`にテキストフィールドの入力内容を出力しています。忘れかけていると感じた方は、3-8節などを復習してみてください。

4-2 わかりやすく日時を表示する
Dateオブジェクト

この実習ではDateオブジェクトという、日時の取得・設定・計算をするオブジェクトを使用します。このDateオブジェクトは、2-4節で現在日時を取得する際に使用しました。ただ、そのときは取得した日時をそのままHTMLに出力しただけなので、見慣れない表記で表示されていました。今回は取得した日時を加工して、見慣れている12時間表記にしましょう。Dateオブジェクトの利用法と、取得したデータの加工がポイントです。

▼ここでやること

現在の日時を取得して、12時間表記で表示します。

 年月日と日時を表示する

「_template」フォルダをコピーして、新しくできたフォルダの名前は「4-02_12hour」としてから始めます。まずHTMLに表示領域を確保しましょう。日時は`<span id="time">` ～ `</span>` に出力します。

  4-02_12hour/step1/index.html

```
18 <section>
19     <p>最終アクセス日時:<span id="time"></span></p>
20 </section>
```

これでプログラムを書く準備ができました。

日時を取得してそのまま出力するとどうなるか、2-4節のサンプルの表示例を思い出しましょう。ふつうの日時表記とはかけ離れているので、パッと見ただけではこれが何を表しているのかすぐにはわからないかもしれません。

Fig　2-4節のサンプルはこのように表示されていた

これを「2015/12/24 12:23」というように、「年/月/日 時:分」のかたちで表示できるようにします。そのためには、年、月、日、時、分を個別に取得して、それらを文字列連結する必要があります。プログラムを書いてみましょう。

4-02_12hour/step1/index.html　HTML

```
23 <script>
24 var now = new Date();
25 var year = now.getFullYear();
26 var month = now.getMonth();
27 var date = now.getDate();
28 var hour = now.getHours();
29 var min = now.getMinutes();
30
31 var output = year + '/' + (month + 1) + '/' + date + ' ' + hour + ':' + min;
32 document.getElementById('time').textContent = output;
33 </script>
```

ブラウザで動作を確認します。24時間表記で日時が表示されます。

Fig　年月日に加え、24時間表記で時間が表示される

 解　説

 Dateオブジェクト

Dateオブジェクトは日時を扱うためのオブジェクトです。次のようなことができます。

1. 現在日時を取得する
2. 過去や未来の日時を設定する
3. 日時の計算をする

　このうち、**1**「現在日時を取得する」が今回の実習の範囲です。**2**「過去や未来の日時を設定する」は、**3**とも関係しますが、たとえば未来の日時を設定しておいて、そこから現在日時を引くことができれば「あと何日？」が計算できますね。そういう計算のために「いまではない日」を設定することができるようになっています。未来日時の設定については5章で取り上げます。
　また、**3**「日時の計算をする」ですが、日時の計算は単純に足したり引いたりできません。たとえば、いまが4月27日だとして、5日後は27+5で4月32日、ではありませんね。5月2日です。Dateオブジェクトを使えば、こうした日時の計算がしやすくなります。

Dateオブジェクトは初期化する必要がある

　Date"オブジェクト"ということは、もちろんメソッドとプロパティを持っています。
　Dateオブジェクトを使いたいとき、つまり日時の設定や計算をしたいときは、最初に初期化する必要があります。実習で書いたプログラムの24行目がそれにあたります。

```
24  var now = new Date();
```

　このプログラムでは、Dateオブジェクトを初期化して、変数nowに代入しています。newはオブジェクトを初期化するためのキーワードです。Dateオブジェクトをはじめとするいくつかのオブジェクトは、newを使って初期化してから使います。
　変数nowに代入されるのは「初期化されたDateオブジェクト」です。この変数nowを使って、日時を取得したり日付の計算をしたりします。
　なお、初期化の際( )内にパラメータを含めない場合、Dateオブジェクトは現在日時を記憶した状態で初期化されます。

> **書式** 現在日時を記憶したDateオブジェクトを初期化する

```
new Date()
```

ところで、「現在日時を記憶した状態」とはどういうことでしょう？ Dateオブジェクトを使って日時の出力や計算をするときには、初期化して変数nowに代入したDateオブジェクトに、

- ▶ 「日時を出力しなさい」と命令したら、現在日時を出力する
- ▶ 「10日後が何日か出力しなさい」と命令したら、現在日時から10日後の日付を出力する

というように、現在日時を「基準日」として使っています。つまり、初期化されたDateオブジェクトが、計算の基準日となる日時を記憶しているからこそ、日時の出力や計算ができるのです。

🌿 年、月、日などを個別に取得する

さて、この実習では、初期化して現在日時を記憶しているDateオブジェクトから、年月日を個別に取得しています。年を取得しているのは次の行で、変数yearに代入しています。

```
25  var year = now.getFullYear();
```

それに続き、月、日、時、分の順に取得して、それぞれ変数month、date、hour、minに代入します。

```
26  var month = now.getMonth();
27  var date = now.getDate();
28  var hour = now.getHours();
29  var min = now.getMinutes();
```

nowの後ろに続くgetFullYear、getMonthなどは、すべてDateオブジェクトのメソッドです。

ここでひとつだけ注意しなければいけないのは、月を取得するgetMonthメソッドです。このメソッドを使うと「実際の月-1」の数字が取得されます。1月なら「0」、2月なら「1」、……12月なら「11」が取得されるのです。ということは、人間がわかるかたちで日時を出力しようと思ったら、取得できた月の数字に1を足す必要があるわけですね。

Table　Dateオブジェクトから日時を取得する主なメソッド

メソッド	説明
getFullYear()	年を取得する
getMonth()	月を0 〜 11の数値で取得する（0が1月）
getDate()	日を取得する
getDay()	曜日を0 〜 6の数値で取得する（0が日曜日）
getHours()	時を取得する
getMinutes()	分を取得する
getSeconds()	秒を取得する
getMilliseconds()	ミリ秒を0 〜 999の数値で取得する
getTimezoneOffset()	時差を取得する
getTime()	1970年1月1日0時からの時間をミリ秒で取得する
setFullYear(年)	年（西暦）を設定する
setMonth(月)	月を0 〜 11の数値で設定する
setDate(日)	日を設定する
setHours(時)	時を設定する
setMinutes(分)	分を設定する
setSeconds(秒)	秒を設定する
setMilliseconds(ミリ秒)	ミリ秒を0 〜 999の数値で設定する
setTime(ミリ秒)	1970年1月1日0時からの時間をミリ秒で設定する

取得したら後は出力するだけ

　ここまでで、現在日時の年、月、日、時、分を個別に取得して変数に代入することができました。後はこれらを文字列連結してHTMLに出力するだけです。文字列連結しているのはプログラムの31行目です。

```
31  var output = year + '/' + (month + 1) + '/' + date + ' ' + hour + ':'
    + min;
```

　「年/月/日 時:分」という表記になるよう連結し、変数outputに代入しています。先に説明したとおり、DateオブジェクトのgetMonthメソッドで取得できる月の数は「実際の月-1」なので、1を足しています。()でくくった場所は、ほかの処理よりも先に実行してくれます。ここでは、まず月の数に1が足されてから、文字列連結されます。

　文字列連結の次の行では、<span id="time"> 〜 </span>のtextContentプロパティに変数outputを代入して、HTMLを書き換えています。

オブジェクトには初期化するものとしないものがある

　オブジェクトの中には、Dateオブジェクトのように、使用するときにnewキーワードを使って「初期化」をするものがあります。一方、4-4節で紹介するMathオブジェクトやwindowオブジェクト、documentオブジェクトは初期化しません。どうしてオブジェクトによって初期化したりしなかったりするのでしょうか？　実は、オブジェクトを初期化するかどうかには、次のような決まりがあります。

- ▶ **複数のオブジェクトを作れるオブジェクトは初期化する**
- ▶ **複数のオブジェクトを作れないオブジェクトは初期化しない**

● Dateオブジェクトは「複数作れる」

　Dateオブジェクトをはじめとする、初期化が必要なオブジェクトには、メソッドとプロパティを持った「元オブジェクト」があります。こうしたオブジェクトは、使用する際に、元オブジェクトの完全なコピーを作成して、そのコピーのほうを変数などに保存する（正確にはメモリに保存する）必要があります。このコピー作業が「初期化」です。Dateオブジェクトの元オブジェクトは1つしかありませんが、オブジェクトのコピーはいくつでも作ることができます。

Fig 「初期化」とは元オブジェクトをコピーすること

Fig オブジェクトのコピーを複数作れるから、日付の計算ができる

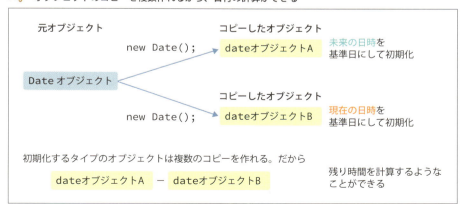

コピーして、変数に保存したほうのDateオブジェクトは、持っているメソッドもプロパティも元のDateオブジェクトとまったく同じですが、それぞれに独自のプロパティ値を持つことができます。そのため、基準日の違うDateオブジェクトを複数作成することができ、「未来の日付-現在の日付」のような計算ができるのです。

● Mathオブジェクトは「複数作れない」

　一方、4-4節で紹介するMathオブジェクトはコピーを作ることができません。Mathオブジェクトのプロパティはすべて読み取り専用で、書き換えることができないようになっていて、オブジェクトごとに独自のプロパティ値を持つ必要がありません。そのため、Mathオブジェクトは元オブジェクトからのコピーができず、複数のオブジェクトを作れないようになっているのです。

● windowオブジェクトやdocumentオブジェクトは？

　それではwindowオブジェクトやdocumentオブジェクトはどうでしょう？　これらのオブジェクトのプロパティは値を書き換えることもできますが、初期化はしません。なぜなら、windowはブラウザウィンドウを指し、documentオブジェクトはそこに表示されているHTMLそのものを指しているからです。ブラウザウィンドウやそのウィンドウに表示されるHTMLは1つしかなく、コピーを作れないようになっているのです。

Step 2　12時間時計にしてみよう

　Step1では、DateオブジェクトのgetHoursメソッドで取得できる数字をそのまま出力しているので、24時間表記で表示されています。このプログラムに少し手を加えて、時間を12時間表記にしてみましょう。Dateオブジェクトに12時間表記の時間を取得できるメソッドはないので、いまあるデータを加工する必要があります。これは、いままで出てきた知識でできます。何をすればよいか考えてみましょう。

Fig　24時間表記から12時間表記へ

　答えはひとつではなく、いくつかの方法が考えられます。考えついた方は、その考えに基づいてプログラムを書いてみてください。ここでは解答例として一例を紹介します。

```
23 <script>
24 var now = new Date();
25 var year = now.getFullYear();
26 var month = now.getMonth();
27 var date = now.getDate();
28 var hour = now.getHours();
29 var min = now.getMinutes();
30 var ampm = '';
31 if(hour < 12) {
32   ampm = 'a.m.';
33 } else {
34   ampm = 'p.m.';
35 }
36 var output = year + '/' + (month + 1) + '/' + date + ' ' + (hour % 12) +
   ':' + min + ampm;
37 document.getElementById('time').textContent = output;
38 </script>
```

index.htmlをブラウザで開き、12時間表記になっていることを確認します。

Fig　時間が12時間表記で表示される

 解　説

 処理の流れ

　24時間表記を12時間表記にするには、大きく分けて2つの処理が必要です。1つは、現在時間が午前なのか午後なのかを判別する処理。「a.m.」「p.m.」を表示するために必要です。もう1つは、0〜23の数字を0〜11に変換する処理。この2つの処理が必要だということを頭に入れて、解答例のプログラムを見てみましょう。

　まず出てくるのは、午前か午後を判別して、変数ampmに「a.m.」もしくは「p.m.」を代入する

部分です。

　追加したプログラムの最初の部分で変数ampmを定義し、空の文字列（文字数が0個の文字列）を代入して準備をします。

```
30  var ampm = '';
```

　そして、変数hourに保存されている数値が12より小さい、つまり現在時間が0時〜11時の場合、変数ampmに「a.m.」を代入します。変数hourの値が12以上、つまり現在時間が12時〜23時の場合は「p.m.」を代入します。

```
31  if(hour < 12) {
32     ampm = 'a.m.';
33  } else {
34     ampm = 'p.m.';
35  }
```

　次は0〜23の数字を0〜11に変換する部分ですが、変数outputに代入するときに、次のようにしています。24時間表記の時間を12で割った余りを計算すればよいのです。

```
(hour % 12)
```

　これで12時間表記への改造は終了です。
　データを加工するには、if文、変数、比較演算子、算術演算子、繰り返しなど、基本的な文法や記号をよく使います。
　そして、狙ったとおりに加工するには、「どう処理すればよいか」を考えることが一番大事です。試行錯誤を繰り返しながら、考え方を徐々に身につけていきましょう。今回の実習で何となくあやふやなところがあるという方は、3-3節、3-4節、3-9節あたりを復習してみてください。

「0」をつけて桁数を合わせる
数字を文字列に変換

表示させるデータの文字数を合わせたり、ファイルの並び順を揃えたりするのに、1桁の数字の手前に0をつけて桁を揃えることがよくあります。今回は、パラメータとして数字を渡すと、指定した桁数になるまで0をつけ加えてリターンするファンクションを作成します。具体的には、「1」「2」という数字をそれぞれ「01」「02」にする処理です。どうすればこの機能を実現できるか、考えながら進めましょう。

▼ここでやること

曲名に1、2、3……と番号をつけて10曲リストアップします。1桁の数字の前には「0」をつけます。

 ## ファンクションを作成する

このStepではファンクションの結果をコンソールに出力して、正しく機能しているかをテストします。

桁数を合わせるために0をつけるファンクションを作成するわけですが、次の図のようにパラメータとして数字を渡したら、数字の前に0を追加する、という機能を持たせます。

Fig　ファンクションの入力→出力の概要

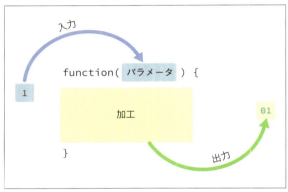

ついでに、望みの桁数も指定できると汎用性が増してよりよくなります。たとえば「3桁」と指定したら、「1」を「001」にしてリターンできるといいですね。そこで、桁数の指定もパラメータで渡すことにします。ファンクション名はaddZeroにします。

これからプログラムを書きますが、まずはファンクションのテストができる骨組みを作ります。「_template」フォルダをコピーして、新しくできたフォルダの名前を「4-03_digit」としてから作業を始めます。

4-03_digit/step1/index.html　HTML

```
10 <body>
   …省略
22 <footer>JavaScript Samples</footer>
23 <script>
24 var addZero = function(num, digit) {
25
26 }
27
28 console.log(addZero(1, 2));
29 </script>
30 </body>
```

次の部分がaddZeroファンクションです。中身の加工のプログラムは後で作成します。ここでは()内のパラメータに注目してください。

addZeroファンクション。( )内のパラメータの部分に注目

```
24 var addZero = function(num, digit) {
25
26 }
```

このファンクションは2つのパラメータを要求します。numとdigitです。numは実際に桁数を合わせる数字を、digitは整形する桁数を受け取るようにします。このように、複数のパラメータを要求する場合、一つひとつをカンマで区切って指定します。

最後のconsole.logはファンクションをテストするためのものです。addZeroファンクションを呼び出して、コンソールに出力しようとしています。

addZeroファンクションを呼び出している部分。( )内のパラメータの部分に注目

```
28 console.log(addZero(1, 2));
```

addZeroファンクションを呼び出す際に、1と2と、カンマで区切って2つのパラメータを渡しています。これは「数字1を、2桁に整形しなさい」という意味になります。

さて、これからaddZeroファンクションの中身を作っていきます。

List　　　　　　　　　　　　　　　　　　　　　　　4-03_digit/step1/index.html　HTML

```
23 <script>
24 var addZero = function(num, digit) {
25   var numString = String(num);
26   while(numString.length < digit) {
27     numString = '0' + numString;
28   }
29   return numString;
30 }
31
32 console.log(addZero(1, 2));
33 </script>
```

ブラウザのコンソールを開き、index.htmlを確認します。「01」と表示されます。

Fig　addZeroファンクションに渡した数字が整形されて出力される

　`console.log(addZero(1, 2));`の、2つのパラメータをいろいろ変えてテストしてみて、思ったとおりに出力されるかを確認しましょう。もちろん、「数字15を、2桁に」といった指定には先頭の0はつきません。

Fig　addZero(1, 2)のパラメータを変えて再読み込みした例

log(addZero(8,2))　　　　log(addZero(15,2))　　　　log(addZero(7,3))

 ファンクションの仕組みと中身の処理

　それでは、addZeroファンクションの仕組みを見てみましょう。このファンクションはパラメータを2つ受け取ります。最初のパラメータnumが実際に桁数を整形する数、2番目のdigitが桁数を指定しています。パラメータとして渡され、num、digitに代入される段階では、どちらも「数値」だということを頭に入れておいてください。

　さて、ここから先は、numに代入されたのが「1」で、digitが「2」だったとして説明します。つまり、ファンクションの機能としては、「1」を「01」にしてリターンしなければなりません。1の手前に0をくっつけるわけですが、そのような処理は、足し算や掛け算など、数学的な計算では実現できません。文字列連結をする必要があります。

Fig 計算では「01」にならないが、文字列連結なら「01」を作れる

```
 0  +  1  →   1     ── 01にならない
'0' + '1' → '01'    ── これなら01になる！
```

そこで、もともとは数値データだったnumを、文字列データに変換します。それがaddZeroファンクションの最初の処理です。numを文字列データに変換して、変数numStringに代入しています。

```
25 var numString = String(num);
```

Stringは、（）内のパラメータとして渡されたデータを文字列データに変換します 3-4 Note「データとデータ型〜 parseIntメソッドの役割〜」➡p.88 。ここでは「数字の1が文字列の'1'になる」ということです。計算ができなくなる代わりに、文字列連結はできるデータになるわけです。後はdigitで指定される桁数に達するまで、文字列連結で「0」をくっつけるだけです。その処理は次のwhile文で行っています。

```
26 while(numString.length < digit) {
27   numString = '0' + numString;
28 }
```

while文の条件式の中で、文字列データのlengthプロパティを使用しています。文字列データのlengthプロパティは、その文字列の文字数を表します。つまり、

'1'ならlengthは1
'01'ならlengthは2
'001'ならlengthは3

ということになります。

配列のlengthプロパティはデータの個数を表すものでしたが 3-10 Step2「配列の各項目をすべて読み取る」➡p.128 、文字列データのlengthプロパティは文字数を表します。このように、名前が同じなのに機能が異なるプロパティやメソッドはたくさんあるので、混同しないように注意しましょう。

さて、while文に戻りましょう。numStringが「1」のとき（かつ、digitが2のとき）、条件式の評価結果はtrueになります。

Fig　条件式の評価結果

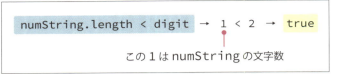

条件式の評価結果がtrueであれば繰り返しの{〜}が実行されるので、numString（'1'が代入されている）の手前に'0'が連結されて、'01'がnumStringに再び代入されます。

```
27    numString = '0' + numString;
```

numStringが'01'になったら、whileの条件式がfalseになるので、もう次の繰り返しはありません。そうしたらwhile文の次の行に行き、numStringをリターンしてファンクションが終了します。

```
29    return numString;
```

これがaddZeroファンクションの処理の全貌です。いろいろなところで使えるファンクションなので、次のStep2で応用例を紹介します。

曲目リストに番号をつける

Step1で作成したファンクションを応用して、曲目リストに番号をつけてみましょう。リストに桁数を整形した番号をつけます。まず、曲目リストを出力する場所を確保するためHTMLを編集します。`<div>`を追加して、id属性「list」をつけます。

それではStep1で作成したファンクションの後にプログラムを追加します。

配列songsのデータは好きな曲に変えてかまいません（曲名でなくてもかまいません）。配列songsのデータ数ぶん、`<div id="list">` 〜 `</div>`に繰り返し`<p>`を追加します。

> 4-03_digit/step2/index.html　HTML

```
25 <script>
26 var addZero = function(num, digit) {
27   var numString = String(num);
28   while(numString.length < digit) {
29     numString = '0' + numString;
30   }
31   return numString;
32 }
33
34 var songs = [
35   'Stella By Starlight',
36   'Satin Doll',
37   'Caravan',
38   'Besame Mucho',
39   'My Favorite Things',
40   'Taking A Chance On Love',
41   'Fly Me To The Moon',
42   'Waltz For Debby',
43   'Willow Weep For Me',
44   'Bluesette'
45 ];
46 for(var i = 0; i < songs.length; i++) {
47   var paragraph = document.createElement('p');
48   paragraph.textContent = addZero(i + 1, 2) + '. ' + songs[i];
49   document.getElementById('list').appendChild(paragraph);
50 }
51 </script>
```

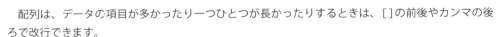

配列が長すぎるときは改行してOK

配列は、データの項目が多かったり一つひとつが長かったりするときは、[]の前後やカンマの後ろで改行できます。

ブラウザで確認すると、各項目の前に桁数整形された数字が表示されます。

Fig　曲目リストが番号つきで表示される

　for文による繰り返しで、配列songsの項目数ぶん<p>を生成し、そのテキストコンテンツとして桁数整形された番号と、配列のデータ（曲名）を文字列連結して表示しています。繰り返しの基本的な構造は3-10節のサンプルと同じなので、処理の流れがよくわからない方はそちらの解説を参照してください。

　桁数整形のファンクションは次の行で呼び出しています。

```
48 paragraph.textContent = addZero(i + 1, 2) + '. ' + songs[i];
```

　たとえば最初の繰り返しなら、「01. Stella By Starlight」となるように、「インデックス番号+1を桁数整形したもの」、「.」、「0番目の配列データ」の順に連結しています。ドット（.）の後ろの半角スペースも文字として認識されるので、配列データの前にすき間が空きます。

Fig　文字列連結のイメージ

配列からデータを読み取るため、つまり配列のインデックス番号に合わせるために、変数iは0からスタートしています。でも、1曲目の番号が「00」だったらおかしいですよね？　そのため、addZeroファンクションを呼び出す際の1つ目のパラメータ（整形する数値）には、「変数i+1」を指定しているのです。そうすれば、最初の曲の番号を「00」ではなく「01」にすることができます。

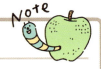

文字列データとStringオブジェクト

JavaScriptには「Stringオブジェクト」という、文字列データを扱うためのオブジェクトがあります。もちろん、Stringオブジェクトはメソッドとプロパティを持っていて、lengthプロパティはそのうちのひとつです。

また、この実習ではString()を使って、数値データを文字列データに変換しました。このString()は、()内に含まれる数値などのデータを文字列データに変換し、Stringオブジェクトのメソッドやプロパティを使えるようにするためのものです。

ちょっと休憩　JavaScriptとJava

JavaScriptと似た名前のプログラミング言語に「Java」があります。たいへんポピュラーな言語で、サーバーで動作するプログラムからパソコンのデスクトップアプリケーションまで、さまざまな分野で使われています。中でも、Androidアプリの開発言語として採用されていることは有名です。

おたがいポピュラーで名前も似ているJavaScriptですが、文法も用途もまったく別の言語です。混同しないようにしましょう。

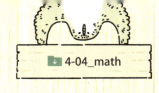

4-4 小数点第○位で切り捨てる
Mathオブジェクト

「小数点第○位」で切り捨てるファンクションを作成します。例では円周率を小数点第2位までで切り捨てて表示します。足し算、引き算など四則演算は記号を使えばできますが、それ以外の計算には「Mathオブジェクト」というオブジェクトを使用します。この実習で作成するファンクションでは、このMathオブジェクトのメソッドをいくつか使います。

▼ここでやること

円周率は 3.141592653589793 です。

ふつうに切り捨てると 3 です。

小数点第2位で切り捨てると3.14です。

指定した桁数で「小数点第○位」で切り捨てて表示します。

 四則演算以外の計算をする

　この実習では、小数点のついた数字の、小数点第○位で切り捨てるファンクションを作成します。たとえば、元の数字が3.1415だとしたら、小数点第2位で切り捨てれば3.14になります。作成するファンクションには、元の数字と、切り捨てる小数点の桁数をパラメータで指定できるようにします。

　ですが、これまでにプログラムで四則演算以外の計算はしたことがないので、まずはMathオブジェクトに慣れるために、いくつかのメソッドを使って練習してみることにします。この練習は作成するファンクションとは直接関係がないので、例外的にdocument.writeメソッドを使ってHTMLに直接出力します。でも、本番のWebサイトでは使用しないでくださいね 「HTMLを書き換える、もう1つの方法」➡p.60 。

「_template」フォルダをコピーして、新しくできたフォルダの名前は「4-04_math」としてから作業を始めます。

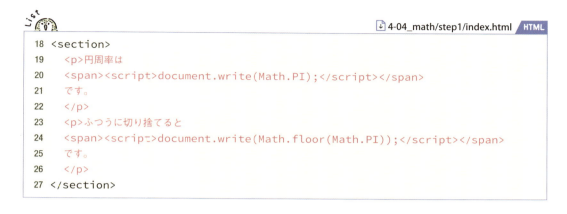

```
18  <section>
19    <p>円周率は
20    <span><script>document.write(Math.PI);</script></span>
21    です。
22    </p>
23    <p>ふつうに切り捨てると
24    <span><script>document.write(Math.floor(Math.PI));</script></span>
25    です。
26    </p>
27  </section>
```

index.htmlをブラウザで開いて確認します。1行目には円周率3.141592653589793が、2行目には小数点以下を切り捨てた3が表示されるはずです。

Fig　円周率と、円周率の小数点以下を切り捨てた数字3が表示される

今回使った機能を簡単に説明しておきます。まず、Mathオブジェクトにはメソッドとプロパティがあります。"オブジェクト"なので当然ですね。Mathオブジェクトのプロパティには、数学の定数が8つ定義されています。Math.PIは円周率を表すプロパティで、その値は3.141592653589793です。

書式　円周率

```
Math.PI
```

Mathオブジェクトのfloorメソッドは、()内の数値の小数点以下を切り捨てます。円周率Math.PIの小数点以下を切り捨てると3になります。

> **書式** 小数点以下を切り捨てる
>
> ```
> Math.floor(数値)
> ```

　さて、Mathオブジェクトの練習はこれくらいにして、本題に移りましょう。小数点第○位で切り捨てるにはどうすればよいか、というのが今回の実習の中心部分です。

　Mathオブジェクトの切り捨てメソッドはfloorしかありません。つまり、JavaScriptが用意している機能では、小数点以下を切り捨てることしかできないのです。さてどうしましょう？

　（考えることが大事なので、答えが出なくても考えてから読み進めてください）

　考えましたか？　それでは答えを。floorメソッドが小数点以下を切り捨てるなら、元の数字の小数点を、切り捨てたい位の手前まで動かせばよいことになります。そこで、次の手順で計算します。

1. 10を○回掛ける。○には「小数点以下第○位」の○が入る。たとえば○が「2」なら、10を2回掛ける、つまり10×10を計算する。もう少し数学的にいえば、10の○乗を計算する
2. 元の数字に、1の計算結果を掛ける。これで小数点が移動する
3. 小数点が移動した数字の、小数点以下を切り捨てる（つまり、floorメソッドを使う）
4. 小数点以下を切り捨てた数字を、1の計算結果で割る。これで小数点が元の位置に戻る

　それではプログラムを組み立てましょう。今回はまずファンクションから作成します。ファンクション名はpointにします。

List 4-04_math/step1/index.html `HTML`

```html
10 <body>
   …省略
29 <footer>JavaScript Samples</footer>
30 <script>
31 var point = function(num, digit) {
32   var time = Math.pow(10, digit);
33   return Math.floor(num * time) / time;
34 }
35 </script>
36 </body>
```

　知らないメソッドが出てきているので、本当にこれで考えたとおりのことができているのかどうか不安かもしれませんが、結果を見れば合っているかどうかわかります。結果を出力するために、HTMLとプログラムを追加します。結果は`<span id="output"></span>`の中に出力します。

```html
18 <section>
19   <p>円周率は
20   <span><script>document.write(Math.PI);</script></span>
21   です。
22   </p>
23   <p>ふつうに切り捨てると
24   <span><script>document.write(Math.floor(Math.PI));</script></span>
25   です。
26   </p>
27   <p>小数点第2位で切り捨てると<span id="output"></span>です。</p>
28 </section>
   …省略
31 <script>
32 var point = function(num, digit) {
33   var time = Math.pow(10, digit);
34   return Math.floor(num * time) / time;
35 }
36
37 document.getElementById('output').textContent = point(Math.PI, 2);
38 </script>
39 </body>
```

これでできあがりです。ブラウザで確認して、「小数点第2位で切り捨てると3.14です。」と表示されれば成功です。ファンクションから出力されているのは「3.14」の部分です。

Fig　円周率を小数点第2位で切り捨てた数字3.14が表示される

Mathオブジェクトとpointファンクションの処理

作成したpointファンクションの説明をします。このファンクションはパラメータを2つ受け取ります。1つ目が小数点第○位から切り捨てたい元の数字、2つ目が「小数点第○位」の○を指定する数字で、それぞれnum、digitに保存されるようになっています。

```
32  var point = function(num, digit) {
```

次の行で、10をdigit乗——つまり、10をdigit回掛ける——して、その計算結果を変数timeに代入しています。

```
33  var time = Math.pow(10, digit);
```

Mathオブジェクトのpowメソッドは、( )内の1番目のパラメータをa、2番目をbとしたら、aをb乗します。

> **書式** aをb乗する
>
> Math.pow(a, b)

今回の実習のように、point(Math.PI, 2)と呼び出した場合、digitには2が代入されることになりますから、$10^2=100$が変数timeに代入されることになります。

次の行で計算結果を呼び出し元にリターンしています。まずはnum×timeをして、それからfloorメソッドで小数点以下を切り捨て、それから変数timeで割っています。

```
34  return Math.floor(num * time) / time;
```

具体的な計算の途中経過を見てみましょう。numはMath.PI（実際の数値は3.1415…）で、これを変数time倍するので、

3.141592653589793 × 100 ➡ 314.1592653589793

と、小数点が右に2桁移動します。この小数点以下を切り捨てると、

314.1592653589793 ➡ 314

になります。今度にこの数字を変数timeで割って、小数点の位置を元に戻します。

314 ➡ 3.14

最終的に得られたこの値をリターンして、ファンクションの処理が終了します。プログラムを書く前に考えた処理の流れに沿っていますね。

 ## Mathオブジェクト

　Mathオブジェクトには、計算に関する多くのメソッドと、数学的に意味のある定数（たとえば円周率など）があらかじめ代入されたプロパティが登録されています。Mathオブジェクトのプロパティはすべて読み取り専用で、書き換えることはできません。円周率が勝手に書き換えられるようなことがあってはいけないのです。

　MathオブジェクトはDateオブジェクトと違って、使用するときに初期化しません。つまり、次のように書く必要はありません。いや、書いてはいけません 4-2 Note「オブジェクトには初期化するものとしないものがある」➡p.165 。

Mathオブジェクトは初期化しない

　× 　var math = new Math();

　最後にMathオブジェクトの主なメソッド・プロパティを紹介しておきます。高機能な計算機と同じようなことがひととおりできます。本書では扱いませんが、HTML5の<canvas>要素の描画や、CSS3のtransform、transform3dプロパティの値の計算などによく用いられるので、グラフィックやアニメーションに興味のある方は調べてみてください。

Table　Mathオブジェクトの主なメソッド・プロパティ

プロパティ	説明
Math.PI	円周率。約3.14159
Math.SQRT1_2	1/2の平方根。約0.707
Math.SQRT2	2の平方根。約1.414

メソッド	説明
Math.abs(x)	xの絶対値
Math.atan2(y,x)	座標(x,y)のX軸からの角度（ラジアン）
Math.ceil(x)	xの小数点以下を切り上げる

Table　Mathオブジェクトの主なメソッド・プロパティ（続き）

メソッド	説明
Math.cos(x)	xのコサイン
Math.floor(x)	xの小数点以下を切り捨てる
Math.max(a,b,…)	()内のパラメータa、b…のうち最大の数を返す
Math.min(a,b,…)	()内のパラメータa、b…のうち最小の数を返す
Math.pow(x,y)	xのy乗
Math.random()	0以上1未満の乱数
Math.round(x)	xの小数点以下を丸める（四捨五入）
Math.sin(x)	xのサイン
Math.sqrt(x)	xの平方根
Math.tan(x)	xのタンジェント

Math.randomはどこに行った？

「『3-4 数当てゲーム』、『3-7 コンソールでモンスターを倒せ！』で使用したMathオブジェクトのrandomメソッドのことを後で説明すると言っておきながら、今回も出てこなかったぞ！？」

お怒りはごもっとも。ここで解説します。

randomメソッドは、先の一覧表にあるとおり、0以上1未満（つまり最大値は0.999…）の乱数を発生させます。()内には何も含めません。ブラウザのコンソールに次のプログラムを入力すれば試せます。毎回違う数値が出てくることを確認してみてください。

コンソールに次のプログラムを入力
```
Math.random()
```

しかし、0以上1未満の数では使いづらいので、通常はこれを0以上、または1以上の整数に直します。

1以上の整数を乱数で発生させたい場合には、次のような式を書きます。実際にこのプログラムを使うときは、xを「欲しい数の上限」に置き換えてください。

```
Math.floor(Math.random() * x ) + 1
```

たとえば、サイコロの目と同じように1〜6の数が欲しければ次のようにします。

```
Math.floor(Math.random() * 6) + 1
```

Chapter 5

一歩進んだテクニック

これまでに学んできた知識・機能をさらに発展させて、より実践に近いプログラムを書いてみましょう。Dateオブジェクトの日付の計算から、ページをまたいだデータの引き渡し、クッキーなど、より多彩なデータの入出力と加工を行います。また、id属性以外の方法でHTML要素を取得してイベントを設定したり、CSSスタイルを書き換える方法なども紹介します。

カウントダウンタイマー
時間の計算とタイマー

4-2節で紹介したDateオブジェクトを使って、イベント告知サイトのトップページにあるような、カウントダウンタイマーを作りましょう。当日の残り時間を計算してHTMLに表示します。また、応用編ではもっと先の時間を設定して、そこまでの残り時間を表示してみます。重要なポイントは2つ。1つは未来の時刻から現在時刻を引き算する日時の計算。もう1つは、1秒後にまた同じ計算をして、HTMLに再表示する方法です。時間をおいて同じ処理を繰り返すために、JavaScriptのタイマー機能を利用します。

▼ ここでやること

カウントダウンタイマーを表示するために、1秒経つごとに未来の時刻から現在時刻を引き算します。

残り時間を計算するファンクションを作る

未来の時刻から現在時刻を引いて残り時間を算出する、countdownという名前のファンクションを作成します。そのファンクションには次のような処理をさせます。

1. 設定した未来時刻——この実習ではゴール時間と呼ぶことにします——をパラメータで受け取る
2. ゴール時間から現在時刻を引く
3. 計算結果をリターンする

このファンクションでは、ゴール時間が設定されたDateオブジェクトと現在時刻のDateオブジェクトを、どちらもミリ秒（1000分の1秒）に変換してから引き算し、その結果から「秒」「分」「時」「日」を算出します。この大まかな処理の内容を頭の片隅に置いておいて、ファンクションを書いてみてください。「_template」フォルダをコピーして、新しくできたフォルダの名前は「5-01_countdown」としてから作業を始めます。

📄 5-01_countdown/step1/index.html　HTML

```html
10 <body>
   …省略
22 <footer>JavaScript Samples</footer>
23 <script>
24 var countdown = function(due) {
25   var now = new Date();
26
27   var rest = due.getTime() - now.getTime();
28   var sec = Math.floor(rest / 1000 % 60);
29   var min = Math.floor(rest / 1000 / 60) % 60;
30   var hours = Math.floor(rest / 1000 / 60 / 60) % 24;
31   var days = Math.floor(rest / 1000 / 60 / 60 / 24);
32   var count = [days, hours, min, sec];
33
34   return count;
35 }
36 </script>
```

いま書いたのはファンクションなので、呼び出さなければ何も実行してくれません。まずはうまく動いているかどうかを確かめるために、countdownファンクションを呼び出して、結果をブラウザのコンソールに出力してみましょう。

なお、countdownファンクションはゴール時間をパラメータとして受け取ります。そこで、ファンクションを呼び出す前に、当日の23時59分59秒が設定されたDateオブジェクト（変数goal）を作成します。

```
23 <script>
24 var countdown = function(due) {
   …省略
35 }
36
37 var goal = new Date();
38 goal.setHours(23);
39 goal.setMinutes(59);
40 goal.setSeconds(59);
41
42 console.log(countdown(goal));
43 </script>
```

ブラウザのコンソールを開き、index.htmlを開いて確認します。[0, 12, 31, 52]のような、数字4つの配列が表示されます。この配列はゴール時間までの残り時間を表していて、[日, 時, 分, 秒]の順に並んでいます。

Fig　いまの時間と、同日の23時59分59秒までの差が[日, 時, 分, 秒]の形式で表示される

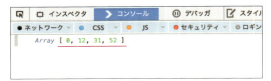

ファンクションの動作確認ができたらHTMLへ表示しましょう。まずはHTMLを編集します。

```
18 <section>
19   <p>いまから<span id="timer"></span>以内に注文すると50%オフ！</p>
20 </section>
```

それからプログラムを追加します。残り時間が<span id="timer"> 〜 </span>内に表示されるようにします。

```
23 <script>
   …省略
37 var goal = new Date();
38 goal.setHours(23);
39 goal.setMinutes(59);
40 goal.setSeconds(59);
41
42 console.log(countdown(goal));
43 var counter = countdown(goal);
44 var time = counter[1] + '時間' + counter[2] + '分' + counter[3] + '秒';
45 document.getElementById('timer').textContent = time;
46 </script>
```

ブラウザで確認します。「いまから○時間△分□秒以内に注文すると50%オフ！」と表示されます。

Fig　ゴール時間までの残り時間がページに表示される

ここでHTMLに表示する部分のプログラムだけ軽く見ておきましょう。まず、countdownファンクションが計算した残り時間の配列を、変数counterに代入します。

```
43 var counter = countdown(goal);
```

変数counterに保存されたデータを元に、文字列連結をして「○時間△分□秒」というテキストを作成し、それを変数timeに代入します。配列のインデックス0番、日付の数値は使っていません。

```
44 var time = counter[1] + '時間' + counter[2] + '分' + counter[3] + '秒
   ';
```

後はこれを<span id="timer"></span>のテキストコンテンツとして出力しています。

```
45    document.getElementById('timer').textContent = time;
```

Dateオブジェクトの時間を設定する

　今回の実習のポイントはcountdownファンクションの仕組みを理解することなのですが、そのためにまず、Dateオブジェクトの時間を設定する方法について説明します。

　4-2節でも解説しましたが、1つのDateオブジェクトは、1つの「基準日」を記憶しています。2つ作成したDateオブジェクトのうち、変数goalに保存したほう、つまりファンクションにパラメータとして渡すゴール時間は、まず現在日時でオブジェクトを初期化して、

```
37    var goal = new Date();
```

その後、次のようにして時、分、秒を"未来の時間"に設定しています。

```
38    goal.setHours(23);
39    goal.setMinutes(59);
40    goal.setSeconds(59);
```

　setHours、setMinutes、setSecondsはそれぞれ時、分、秒を設定するDateオブジェクトのメソッドです　4-2 解説「Dateオブジェクト」→p.162 。ここで、年、月、日は設定していないことに注目してください。

　変数goalに代入されるDateオブジェクトは、最初に現在日時で初期化して、後から時、分、秒だけを設定しているので、記憶される基準日は「現在年　現在月　現在日　23時　59分　59秒」になります。つまり、「このページを開いている日の最後の時刻」が設定されているわけです。

countdownファンクションの処理

　さて、本題のcountdownファンクションの処理を見ていきましょう。このファンクションは、パラメータとしてゴール時間が設定されたDateオブジェクトを受け取り、dueに代入します。

```
24    var countdown = function(due) {
```

　その次の行で別のDateオブジェクトを初期化し、変数nowに代入します。このDateオブジェ

クトは日時を一切設定しないので「現在日時」を示しています。

```
25  var now = new Date();
```

その次の行が大事です。パラメータdueのミリ秒から、変数nowのミリ秒を引いて、変数restに代入しています。

```
27  var rest = due.getTime() - now.getTime();
```

DateオブジェクトのgetTimeメソッドは、1970年1月1日0時0分から、そのオブジェクトの基準日になっている日時までに経過したミリ秒を取得します。たとえば、いまが2016年9月30日15時00分だとすると、getTimeメソッドで1475215200000ミリ秒[*]が出ます。これを同日の23時59分59秒のミリ秒から引いた数を、変数restに代入しているのです。

1475247599000 - 1475215200000 = 32399000 ←── 変数restに代入される値

さらに、この変数restのミリ秒の数値をもとに、秒、分、時、日を計算します。まずは秒から。元の数値がミリ秒なので、1000で割れば全体の秒が出ますね。さらにそれを60で割れば分になりますが、1分に満たないのが秒数なので、60で割った余りを計算すれば「(日時分を除いた)秒」が出ることになります。

```
28  var sec = Math.floor(rest / 1000 % 60);
//rest = 32399000 だとして、32399000÷1000÷60=539  余り59
```

次は分の出し方です。ミリ秒の数値を1000で割って秒、それを60で割れば全体の分が出ます。このとき、小数点以下が出たらそれは1分に満たない秒なのでfloorメソッドで切り捨てます。そしてその数を60で割った余りが分です(60で割った答えは時ですが、ここでは使いません)。余りを変数minに代入します。

```
29  var min = Math.floor(rest / 1000 / 60) % 60;
//32399000÷1000÷60=539.983333....
//(小数点以下切り捨て)539÷60=8  余り59
```

次は時です。ミリ秒の数値を1000で割って秒、60で割って分、さらに60で割って全体の時が出ます。小数点以下は1時間に満たないので切り捨てます。それを24で割った余りが時です(24で割った答えは日ですが、ここでは使いません)。余りを変数hoursに代入します。

[*] コンソールに次のように入力すれば確認できます。new Date(2016, 8, 30, 15, 0, 0).getTime();

```
30  var hours = Math.floor(rest / 1000 / 60 / 60) % 24;
//32399000÷1000÷60÷60=8.999722...
//(小数点以下切り捨て)8÷24=0 余り8
```

最後に日です。今回は同日の23時59分59秒までの残り時間を計算しているので日は必ず0ですが、一応確認しておきます。ミリ秒の数値を1000で割って秒、60で割って分、60で割って時、24で割った答えが日です。もちろん小数点以下は切り捨てます。答えをdaysに代入します。

```
31  var days = Math.floor(rest / 1000 / 60 / 60 / 24);
//32399000÷1000÷60÷60÷24=0.374988...
//(小数点以下切り捨て)0
```

こうして日、時、分、秒が出揃いました。これらを配列にして変数countに代入し、呼び出し元にリターンします。

```
32  var count = [days, hours, min, sec];
33
34  return count;
```

これでcountdownファンクションの処理内容が終わりました。数字ばかりで疲れましたか？でもファンクションはこれで完成したので、後はどこでも使い回せます。

なぜ秒を計算するときも切り捨てたの？

　本来、割り算の「余り」は整数です。そのため、秒を計算するための式「rest / 1000 % 60」で、小数点以下の数値が出てくるのはおかしいはずなのですが、なぜか出てくることがあります。

Fig　秒の計算でMath.floorを使わないと秒に小数点以下の数値が出る（画面はvar sec = rest / 1000 % 60;に変更したときのもの）

JavaScriptにかぎらず、多くのプログラミング言語では10進数の数値を2進数に変換して計算します。ところが、2進数で小数点がある数値を計算すると、どうしても誤差が出てしまいます[*]。そのため、本来整数になるはずの「余り」が、小数になってしまうことがあるのです。

実はJavaScriptにかぎらず、多くのプログラミング言語でこの問題が発生します。そのため、絶対に誤差が出てはいけないお金の計算などでは、専用の言語やメソッドを使います（JavaScriptにはそのようなメソッドはありません）。

コンピュータって高性能計算機だと思っていたのに、ちょっとがっかりしますね。

Step 2 1秒ごとに再計算する

Step1で作成したプログラムを改造して、残り時間が刻一刻と変化するようにしましょう。具体的には、1秒ごとに次の処理をします。

1. 残り時間を再計算する
2. 文字列連結をする
3. HTMLに出力する

つまり、Step1で書いたプログラムの下3行を1秒ごとに繰り返し実行させればよい、ということになります。そこでまず、この3行をファンクションにしましょう。ファンクション名は`recalc`にします。`console.log`メソッドが残っている場合は消してかまいません。

List　　　　　　　　　　　　　　　　　　　　　　　5-01_countdown/step2/index.html　HTML

```
23 <script>
   …省略
42 var recalc = function() {
43   var counter = countdown(goal);
44   var time = counter[1] + '時間' + counter[2] + '分' +
   counter[3] + '秒';
45   document.getElementById('timer').textContent = time;
46 }
47 </script>
```

Step1ですでに書いているプログラム

そして、このファンクションを1秒ごとに呼び出します。次のように書いてください。`recalc`ファンクションにも1行追加することをお忘れなく。

[*] 小数の計算は、10進数では割り切れても、2進数では割り切れない場合があります。2進数で割り切れない小数の場合、計算結果に誤差が生じます。詳しく知りたい方は「2進数　誤差」「2進数丸め誤差」などで検索してみてください。

```
23  <script>
    …省略
42  var recalc = function() {
43    var counter = countdown(goal);
44    var time = counter[1] + '時間' + counter[2] + '分' + counter[3] + '秒';
45    document.getElementById('timer').textContent = time;
46    refresh();
47  }
48
49  var refresh = function() {
50    setTimeout(recalc, 1000);
51  }
52  recalc();
53  </script>
```

ブラウザで確認します。残り時間が減っていくようになりました。

Fig　ゴール時間までの残り時間が1秒ごとに減っていくようになった

一定時間で繰り返しファンクションを実行する

　プログラムの処理の流れを図で確認しましょう。<script>〜</script>に書かれたプログラムは、ほとんどがファンクションなので勝手には実行されません。HTMLが読み込まれると、Dateオブジェクトである変数goalが設定された後（Step1で書いた部分）、recalcファンクションが呼び出されます。

Fig　プログラムの処理の流れ（前半）

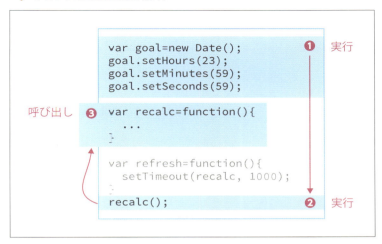

　recalcファンクションは、countdownファンクションを呼び出して残り時間を計算し、文字列連結してHTMLに出力します。ここまでの処理が前半部分です（前図参照）。

　そして、処理の後半に移ります（次図参照）。recalcファンクションの処理の最後で、refreshファンクションを呼び出します。refreshファンクション内のsetTimeoutメソッドには、詳しくは後で説明しますが、「1秒後にrecalcファンクションを実行する」という意味のことが書かれています。

　……1秒後。recalcファンクションが実行され、またrefreshファンクションが呼び出されます。また1秒経ったらふたたびrecalcが実行され……　ということがずっと続き、刻々と残り時間が変わっていくようになります。

Fig　プログラムの処理の流れ（後半）

🍃 setTimeoutメソッド

setTimeoutは、「待ち時間」後に「ファンクション」を一度だけ実行するメソッドです。まず書式を確認しましょう。

> **書式** 「待ち時間」後に「ファンクション」を一度だけ実行する
> ```
> setTimeout(ファンクション, 待ち時間)
> ```

必要なパラメータが2つあります。1つ目には実行するファンクションを、2つ目にはそのファンクションを実行するまでの待ち時間を、ミリ秒で指定します。

1つ目のパラメータに指定する「ファンクション」は少し注意が必要です。実行しようとしているファンクション名の後ろには、()をつけてはいけません。

🐛 なぜ実行するファンクションに()をつけてはいけないの？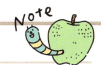

「setTimeoutに指定するファンクション名に()をつけてはいけない」という説明だけでは納得できない！という方のために、その理由について解説しておきます。そうでない方は読み飛ばしてもかまいません。

試しに今回のプログラムを編集して、ファンクション名の後ろに()をつけて実行してみましょう。

List　　　　　　　　　　　　　　　　　5-01_countdown/step2/index.html　HTML
```
49 var refresh = function() {
50   setTimeout(recalc(), 1000);
51 }
```

コンソールを開いてブラウザで確認すると、「繰り返し数が多すぎる」という趣旨のエラーが表示され、残り時間も変わってくれません*。

Fig ()をつけるとエラーが出る

Chromeのコンソール

＊ Firefox（少なくともバージョン41.0以降）ではエラーは表示されません。

ファンクション名やメソッド名の後ろにつける()には、そのファンクションやメソッドを「その場で実行する」という意味があります。

　そのため、ファンクション名の後ろに()をつけてしまうと、setTimeoutの処理が終わる前に、即座にrecalcファンクションが実行されてしまいます。

```
setTimeout(recalc(),
```

　そして、recalcファンクションはrefreshファンクションを呼び出し、またもやrefreshファンクションのsetTimeoutメソッドが実行される前にrecalcファンクションが実行され……ということになって、一瞬のうちに何度もrecalcファンクションが実行されるのです。すぐにブラウザが繰り返せる上限に達してエラーが出ます。

　setTimeoutメソッドのパラメータに指定するファンクションに()をつけてはいけないのは、このような理由からです。

応用例：表示の仕方を変えてみよう

　応用例として、インパクトのあるカウントダウンタイマーを作成してみましょう。東京オリンピックの開催日（2020年7月24日）までの残り時間をカウントします[*]。

　それでは作ってみましょう。新規に作成するよりStep2のサンプルを改造したほうが楽だし違いがわかりやすいので、ここでは書き換え方を説明します。

　まずHTMLを書き換えます。id属性の異なる<span></span>を4つ作成します。プログラムを改造して、これらの<span>の中に、日、時、分、秒を出力します。

 5-01_countdown/step3/index.html　HTML

```
18  <section>
      <p>今から<span id="timer"></span>以内に注文すると50%オフ！</p>
19    <h2>東京オリンピックまで</h2>
20    <p class="timer">あと<span id="day"></span>日<span id="hour"></span>時間<span id="min"></span>分<span id="sec"></span>秒</p>
21  </section>
```

[*] 2020年7月24日午前0時までの日時を計測。URL https://tokyo2020.jp/jp/plan/

余裕があればCSSの追加も

プログラムの動作とは関係ないので必須ではありませんが、よりインパクトを出すために、余裕があればCSSスタイルも追加しましょう。サンプルファイルの「5-01_countdown/step3/index.html」のCSSを参考にして、カウントダウンタイマーのフォントサイズを思いっきり大きくしてみてください。

それではプログラムを書き換えます。ゴール時間を2020年7月24日午前0時0分に変更します。日時の設定がStep2と異なることに注目してください。これについては後で解説します。

5-01_countdown/step3/index.html HTML

```
37 var goal = new Date(2020, 6, 24);
38 goal.setHours(23);
39 goal.setMinutes(59);
40 goal.setSeconds(59);
```

そして、HTMLを出力するrecalcファンクションを書き換えます。Step2のように文字列連結でテキストを作成するのではなく、HTMLの4つの〜に直接日時を出力します。

5-01_countdown/step3/index.html HTML

```
40 var recalc = function() {
41   var counter = countdown(goal);
     var time = counter[1] + '時間' + counter[2] + '分' + counter[3] + '秒';
     document.getElementById('timer').textContent = time;
42   document.getElementById('day').textContent = counter[0];
43   document.getElementById('hour').textContent = counter[1];
44   document.getElementById('min').textContent = counter[2];
45   document.getElementById('sec').textContent = counter[3];
46   refresh();
47 }
```

これで完成です。ブラウザで確認してみましょう。次の図はCSSスタイルを追加したものです。

Fig　東京オリンピック開催日（2020年7月24日）までのカウントダウンタイマー

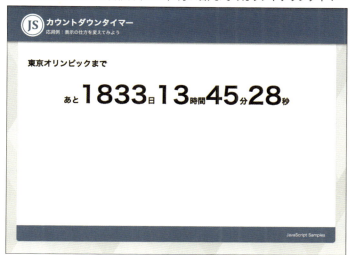

Dateオブジェクトに日時を設定する別の方法

今回、ゴール時間として使用するDateオブジェクトはいままでとは違う方法で初期化しました。

```
38 var goal = new Date(2020, 6, 24);
```

「new Date()」の()内にパラメータを含めておくと、あらかじめ日時を設定した状態で初期化できるようになります。書式は次のとおりです。パラメータのうち「年」「月」は必須です。それ以降はあってもなくてもよく、省略すれば「1日」「0時」「0分」「0秒」で初期化されます。「月」は「実際の月-1」の数にする必要があるので注意しましょう。

書式　日時を設定した状態でDateオブジェクトを初期化する

```
new Date(年, 月, 日, 時, 分, 秒, ミリ秒)
```

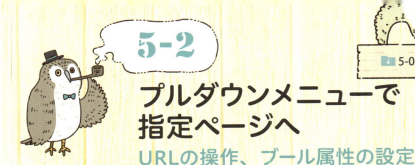

5-2 プルダウンメニューで指定ページへ
URLの操作、ブール属性の設定

このサンプルのプログラムはそれほど長くありませんが、いくつかのトピックがあります。1つは別ページに移動するためにURLを書き換えること。もう1つはHTMLの操作で、フォーム関連のタグでよく使われるブール属性の設定や、id属性のないHTML要素を取得する手段を紹介します。

フォームのプルダウンメニューから選択肢を1つ選ぶと、指定された別のページへ移動します。

 選んだタイミングでページを移動する

「_template」フォルダをコピーして、新しくできたフォルダの名前は「5-02_location」としてから作業を始めます。3つのHTMLファイルを用意して、プルダウンメニューから移動先を選んで相互に行き来できるようにします。各HTMLファイルには同じプログラムを組み込むので、今回は外部JavaScriptファイルを別に用意することにします。3枚のHTMLファイルと1枚のJSファイル、合計4つのファイルを用意します。HTMLファイルはindex.htmlをコピーしてください。

Fig　ファイルの構成

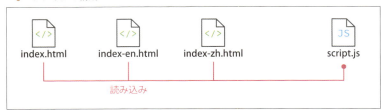

ファイルの用意ができたら、まずHTMLを書きます。プルダウンメニューを作成し、JSファイルを読み込むための<script>タグを追加します。3つのHTMLファイルの内容はほぼ同じです。<form>にはid属性「form」、<select>にはname属性「select」をつけます。また、各<option>のvalue属性には、それぞれ移動先のファイル名を記しています。

📥 5-02_location/step1/index.html、index-en.html、index-zh.html HTML

```
10  <body>
    …省略
18  <section>
19    <form id="form">
20      <select name="select">
21        <option value="index.html">日本語</option>
22        <option value="index-en.html">English</option>
23        <option value="index-zh.html">中文</option>
24      </select>
25    </form>
26    <h2>日本語のページ</h2>●―― ※
27  </section>
28  </div><!-- /.main-wrapper -->
29  <footer>JavaScript Samples</footer>
30  <script src="script.js"></script>
31  </body>
```

※プログラムとは直接関係ない部分ですが、index-en.htmlは「English Page」、index-zh.htmlは「中文的頁」など、確認しやすいように多少違う見出しをつけておくとよいでしょう。

プルダウンメニューのHTML

プルダウンメニューは<select>タグで記述し、その子要素に選択項目となる<option>タグを含めます。フォーム部品に必要なname属性は<select>タグに追加します（<option>には追加しません）。また、各<option>にはデータを表すvalue属性を追加します。プルダウンメニューの場合は、<select>のname属性と選択された<option>のvalue属性がセットになって、サーバーに送信されます。

各属性の役割などについては 4-1 Step2「入力内容を読み取って出力」➡ p.154 も復習してください。

次にテキストエディタでscript.jsファイルを開き、プログラムを書きます。

```
01  document.getElementById('form').select.onchange = function() {
02    location.href = document.getElementById('form').select.value;
03  }
```

5-02_location/step1/script.js JavaScript

4つのファイルが用意できたら、index.htmlをブラウザで開いて確認します。プルダウンメニューを操作すると、すぐにページが移動します。また、一度英語ページや中国語ページに行ってしまうと、日本語ページに戻れなくなります。この問題は次のStep2で解決します。

Fig　プルダウンメニューを操作すると各国語のページに移動する

index.html　　　　　　　　　　　　　　　　　index-en.html

 解　説

 **イベントの設定、データの取得、URLの書き換え**

たった3行のプログラムですが、いろいろなことをしています。まず1行目はイベントの設定です。

```
01  document.getElementById('form').select.onchange = function() {
```

onchangeイベントは、フォームに入力された内容が変わったときに発生します。テキストフィールドなら入力内容が変わったとき、プルダウンメニューであれば選択項目が切り替わったときに発生します。

また、プルダウンメニューのonchangeイベントは<select>に発生します。ですから、

```
document.getElementById('form').select
```

の部分で、`<select name="select">`を取得しています。

`<select>`にonchangeイベントが発生したら、function以降の処理が実行されます。プログラム2行目の、=より右側から見てみましょう。そこでは`<select>`のvalueプロパティを取得しています。

```
document.getElementById('form').select.value;
```

「あれ？　HTMLでは`<option>`にvalue属性をつけていて、`<select>`にはつけていないはずだけど……」

確かにそのとおりです。が、プルダウンメニューの場合は、選択されている`<option>`のvalue属性を調べるために、その親要素である`<select>`のvalueプロパティを読み取ります。もしいま[English]が選ばれているなら、その`<option>`のvalue属性であるindex-en.htmlが、[中文]が選ばれているならindex-zh.htmlが読み取られることになります。

そして、この読み取った値を、`location.href`に代入しています。

```
location.href = document.getElementById('form').select.value;
```

`location`オブジェクトの`href`プロパティは、表示しているページのURLを表します。

ブラウザはURLが変更されると、即座に新しいページを表示しようとします。そのため、`href`プロパティの値を変更すると、すぐに次のページに移動するのです。

書式　URLを書き換える（新しいURLを指定する）
```
location.href = 新しいURL
```

`location`オブジェクトは、`window`オブジェクトなどと同じく、ブラウザに初めから組み込まれているオブジェクトのひとつです。URLを調べたり、閲覧履歴を管理したりする機能があります。

Step 2 最初に選択されている項目を切り替える

英語ページ（index-en.html）でも中国語ページ（index-zh.html）でも言えることですが、ページが読み込まれたときに、プルダウンメニューで選択されている項目を切り替えないと、見た目に落ち着かない感じがします。

Fig 英語ページなのに「日本語」？　中国語ページなのに「日本語」？

もちろん、HTMLを編集してしまえばできるのですが、それでは言語ごとに微妙に異なる<select>を作ることになって面倒です。そこで、最初に選択しておきたい<option>タグにselected属性を追加するようなプログラムを作りましょう。

それではまず、いまどの言語のページが表示されているか判別できるように、3つのHTMLファイルの<html>タグにlang属性を追加します。

📥 5-02_location/step2/index-en.html　HTML

```
02  <html lang="en">
```

　　　　　　　　　　　　　　　　　　　　📥 5-02_location/step2/index-zh.html　HTML

```
02  <html lang="zh">
```

`<html>`タグのlang属性

　そのページに書かれている主な言語を指定するのが、`<html>`タグのlang属性です。属性の値には「言語コード」と呼ばれる、決められたコードを入れておきます。主な言語コードには次のようなものがあります。

Table　主な言語コード

言語	言語コード
ja	日本語
en	英語
zh	中国語
es	スペイン語
ko	韓国語

　さて、これからscript.jsを編集して、ページが読み込まれたときに最初から選択されている項目を切り替えるプログラムを追加します。具体的には、次のことを行います。

1. `<html>`タグのlang属性を調べる
2. その言語にふさわしい`<option>`タグに、selected属性を追加する

　ところが。`<html>`タグにも`<option>`タグにもid属性がついていませんね。getElementByIdメソッドでは要素を取得できず、属性の値を読み取ったり追加したりできません。そこで今回は、別の方法で要素を取得できる新しいメソッドを使用します。

205

Fig　`<html>`タグにも`<option>`タグにも`id`属性がついていないので、`getElementById`メソッドは使えない

```html
<html lang="ja">

<option value="index.html"> 日本語 </option>
<option value="index-en.html">English</option>
<option value="index-zh.html"> 中文 </option>
```

id属性がない！

また、`selected`属性は値のない「ブール属性」です。どうやってタグにブール属性を追加すればよいのでしょう？　この2点に注目しながら、プログラムを書いてみてください。

List　5-02_location/step2/script.js　JavaScript

```javascript
var lang = document.querySelector('html').lang;

var opt;
if(lang === 'ja') {
  opt = document.querySelector('option[value="index.html"]');
} else if(lang === 'en') {
  opt = document.querySelector('option[value="index-en.html"]');
} else if(lang === 'zh') {
  opt = document.querySelector('option[value="index-zh.html"]');
}
opt.selected = true;

document.getElementById('form').select.onchange = function() {
  location.href = document.getElementById('form').select.value;
}
```

ブラウザで確認します。プルダウンメニューの最初に選択されている項目が、英語ページ（index-en.html）のときは［English］に、中国語ページ（index-zh.html）のときは［中文］に変化しています。

Fig 表示ページに合わせてプルダウンメニューが最初に表示する項目も変わる

index-en.html　　　　　　　　　index-zh.html

 ブール属性って何？

　HTMLタグの属性のうち、`selected`や`checked`など、「その属性があれば有効、なければ無効」になるものを「ブール属性（またはブーリアン属性）」と呼びます。属性の取りうる値が「有効」か「無効」の2種類しかないのでそう呼ばれています。

　たとえばチェックボックスの場合、`checked`属性があれば、初めからチェックがついた状態で表示されるようになります。

Fig チェックボックスにchecked属性をつけたときと、つけていないときの表示

 解説

 document.querySelectorメソッド

　プログラム全体の流れを把握するために、まずは使用した道具を解説します。

　今回の実習では、`document`オブジェクトの`querySelector`メソッドを初めて使用しました。このメソッドは、( )内に書かれた「セレクタ」にマッチする要素を取得します。セレクタとは、CSSのセレクタです。つまり、JavaScriptで要素を取得するのに、CSSのセレクタが使えるのです。これは簡単で便利そうですね。

書式 CSSセレクタで要素を取得する

```
document.querySelector('CSSセレクタ')
```

具体例を見てみましょう。今回書いたプログラムの1行目の右側は次のようになっています。

```
document.querySelector('html')
```

このquerySelectorメソッドの()内のパラメータは'html'ですが、これはHTMLの<html>～</html>を取得します。CSSでいう**タイプセレクタ**ですね。そのタグ名を持つ要素が取得できます。

また、querySelectorメソッドはif文の中でも使っています。たとえば一番上のif文では、次のようにしています。

```
document.querySelector('option[value="index.html"]')
```

これは、<option>タグのうち、value属性が"index.html"であるものにマッチします。つまり、HTMLの「<option value="index.html">日本語</option>」を取得します。

このoption[value="index.html"]というセレクタは、CSSでは**属性セレクタ**と呼ばれています。セレクタが[○○="△△"]のとき、「○○属性の値が△△」の要素にマッチします。イメージしやすいように、CSSのセレクタとして記述する例を挙げておきます。

属性セレクタの例。CSSではこう書いて<option value="index.html">を取得する

```
option[value="index.html"] {
    …省略
}
```

querySelectorメソッドには、CSS3のすべてのセレクタが使えます。「よく知らないなあ」という方は、ネットで「CSS3 セレクタ」などとして検索してみてください。

🌱 ところで、複数の要素にマッチしたらどうなるの？

CSSのセレクタを使うということは、複数の要素にマッチする可能性がありますよね。たとえばこんなプログラムを書いたときです。

```
document.querySelector('option')
```

この場合、CSSではHTML内のすべての<option>にマッチしますが、querySelectorメソッドは「最初にマッチした要素」1つだけを取得します。

Fig　querySelectorが取得する要素は最初の1つだけ

```
document.querySelector('option')
<option value="index.html"> 日本語 </option>
<option value="index-en.html">English</option>
<option value="index-zh.html"> 中文 </option>
```

逆に、複数の要素を一度に取得したいときは別のメソッドを使います。そのメソッドは5-4節で紹介します。

id属性がついていない要素の取得とブール属性の設定

それでは、プログラム全体の流れを把握しましょう。

ブラウザにページが読み込まれると、Step1で作成したプルダウンメニューのonchangeイベント以外の部分が実行されます。まず、変数langを定義して、そこに<html>要素のlang属性の値を代入します。

```
01  var lang = document.querySelector('html').lang;
```

次に変数optを定義して、続くif文でその変数optにデータを代入します。

```
03  var opt;
04  if(lang === 'ja') {
05    opt = document.querySelector('option[value="index.html"]');
06  } else if(lang === 'en') {
07    opt = document.querySelector('option[value="index-en.html"]');
08  } else if(lang === 'zh') {
09    opt = document.querySelector('option[value="index-zh.html"]');
10  }
```

変数optに代入されるデータを確認しましょう。

たとえばindex.html（日本語ページ）が開いているとき、変数langには'ja'が保存されています。ということは最初のif文がtrueになるので、変数optには「<option value="index.html">日本語</option>」が代入されます。

同じように、incex-en.html（英語ページ）が開いているときは、「<option value="index-en.html">English</option>」が、index-zh.html（中国語ページ）なら「<option value="index-zh.html">中文</option>」が、変数optに代入されます。

そして、if文の次の行で、変数optに代入されている要素にselected属性を追加しています。

```
11  opt.selected = true;
```

HTMLタグにブール属性（selected属性、checked属性など）を追加するには、その属性にtrueを代入します。逆にブール属性を削除するときは、trueの代わりにfalseを代入します。

 プルダウンメニューでonchangeイベントが発生するタイミング

プルダウンメニューでonchangeイベントが発生するのは、いまと違う<option>が選択されたときだけです。プルダウンメニューを操作しただけで、必ずonchangeイベントが発生するわけではありません。

たとえば、いまプルダウンメニューで日本語（<option value="index.html">日本語</option>）が選択されているとします。プルダウンメニューを操作して、もう一度「日本語」を選択しても、onchangeイベントは発生しません。Step1で、一度英語ページなどに行くともう日本語ページに戻ってこられないのは「onchangeイベントが発生しないから」だったのです。

Fig　操作しても選択した項目が変わらないとonchangeイベントは発生しない

switch文

今回の実習のif...else文は、条件式だけを抜き出して並べると次のようになります。

条件式だけを抜き出すと……

```
lang === 'ja'
lang === 'en'
lang === 'zh'
```

210

どの条件式も、変数langの値を調べています。このように、===の左側（ここでは変数lang）が同じで、その値が何か調べたいときは、if文の代わりにswitch文が使えます。

> **書式** switch文
>
> ```
> switch(調べる対象) {
>   case 値が◯◯:
>     値が◯◯のときに実行するプログラム
>     break;
>   case 値が△△:
>     値が△△のときに実行するプログラム
>     break;
>   default:
>     値が上のcaseのどれにも当てはまらないときのプログラム
> }
> ```

caseはいくつでも作ることができ、defaultは必要なければつけなくてかまいません。
今回の実習のif文をswitch文で書き換えると次のようになります。

📄 5-02_location/extra/script.js **JavaScript**

```javascript
…省略
switch(lang) {
  case 'ja':
    opt = document.querySelector('option[value="index.html"]');
    break;
  case 'en':
    opt = document.querySelector('option[value="index-en.html"]');
    break;
  case 'zh':
    opt = document.querySelector('option[value="index-zh.html"]');
    break;
}
…省略
```

switch文で書ける条件は必ずif文でも書けるので、どうしても覚えておかなければならない文法ではありません。ただ、switch文のほうが読みやすいと感じる方もいるので、「こういう書き方もあるんだ」ということは覚えておくとよいでしょう。

5-3 アンケートへの回答は一度だけ
クッキー（Cookie）

アンケートフォームから項目を1つ選んで送信ボタンをクリックすると、「ありがとうございました。」と書かれたページに移動します。ただし、アンケートに回答できるのは1回だけ。2回目以降は送信ボタンをクリックしてもダイアログボックスが表示されるだけで、次のページに移動できなくなります。クッキー（Cookie）を利用して、一度でもフォームを送信したことがあるかどうかを判別します。
なお、Chromeはローカルファイルのクッキーを操作できないようになっているため、このサンプルは正しく動作しません。Chrome以外のブラウザを使うか、ファイルをWebサーバーにアップロードしてお試しください。

▼ここでやること

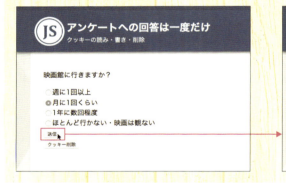
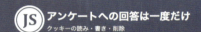

クッキーの読み・書き・削除

　　アンケートフォームをindex.htmlに作成します。そのフォームの[送信]ボタンがクリックされたらクッキーを確認し、過去に回答したことがなければ次のページ（thankyou.html）に移動します。もし過去に回答していればアラートダイアログボックスを表示して、次のページへは移動しないようにします。
　　クッキーはブラウザにごく小さなデータを保存できる仕組みですが、古くからある規格で原始的なため、直接操作するのはかなり厄介です。そこで、今回は操作を簡単にしてくれるオープンソースのライブラリを使用します。クッキーがどういうものかを理解しながら進めましょう。
　　「_template」フォルダをコピーして、新しくできたフォルダの名前は「5-03_cookie」としてから作業を始めます。まずはindex.htmlのHTMLを編集します。

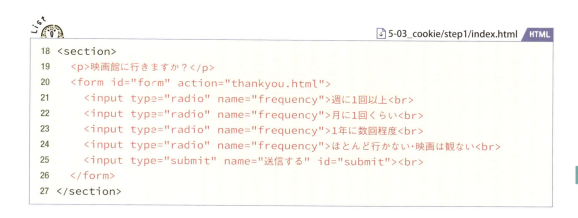

```
18  <section>
19    <p>映画館に行きますか？</p>
20    <form id="form" action="thankyou.html">
21      <input type="radio" name="frequency">週に1回以上<br>
22      <input type="radio" name="frequency">月に1回くらい<br>
23      <input type="radio" name="frequency">1年に数回程度<br>
24      <input type="radio" name="frequency">ほとんど行かない・映画は観ない<br>
25      <input type="submit" name="送信する" id="submit"><br>
26    </form>
27  </section>
```

次に、アンケートを回答した後に表示されるthankyou.htmlを作成します。このページは「ありがとうございました。」と表示するだけのHTMLファイルで、特にJavaScriptを組み込むなどはしません。index.htmlをコピーしてファイル名をthankyou.htmlにし、`<section>`〜`</section>`を書き換えます。

```
18  <section>
19    <p>ありがとうございました。</p>
20  </section>
```

HTMLの準備ができたところで、index.htmlにJavaScriptを書いていきましょう。クッキーのデータを読み取ったり書き込んだりするのに、js-cookieというオープンソースのライブラリを使用します。このライブラリを使用するために、サンプルデータに含まれる「_common/scripts/js.cookie.js」をHTMLに読み込みます。それから`<script>`〜`</script>`の中にプログラムを書いていきます。

なお、ライブラリは、それが提供する機能（メソッドなど）を利用するプログラムより前に読み込むのが鉄則です。

```
10  <body>
    …省略
29  <footer>JavaScript Samples</footer>
30  <script src="../../_common/scripts/js.cookie.js"></script>
31  <script>
32  document.getElementById('form').onsubmit = function(){
```

```
33    if(Cookies.get('answered') === 'yes') {
34      window.alert('回答ずみです。アンケートの回答は1回しかできません。');
35      return false;
36    } else {
37      Cookies.set('answered', 'yes', {expires: 7});
38    }
39  };
40  </script>
41  </body>
```

　　index.htmlをブラウザで開きます。アンケートに答えて［送信］ボタンをクリックすると、それが初めてならthankyou.htmlに移動します。2回目以降はアラートダイアログボックスが表示されるようになります。

Fig　アンケートに初めて回答するかどうかで動作が変わる

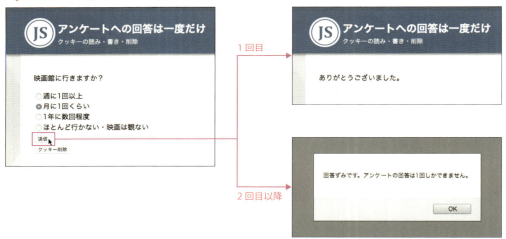

ライブラリって何？　オープンソースって何？

　　JavaScriptでプログラムを書いていると、定型的でよく出てくる処理なのに、その処理そのものの機能がなかったり、書いてみると複雑だったりするものがあります。そうした処理をいちいち書くのは面倒ですね。
　　ライブラリとは、そうした定型的なのに面倒な処理を肩代わりしてくれる、プログラミングの労力を軽減する補助プログラムのことをいいます。クッキーを操作するには、実際には複雑な処理を何行も書く必要があるのですが、今回の実習で使用したjs-cookieライブラリは、そうした処理をメソッド1つで実行してくれるようになっています。

> また、このjs-cookieライブラリは「オープンソース」で提供されています。オープンソースとは、そのプログラムのソースコードが公開されていて、比較的自由に利用したり、改造したりできるソフトウェアのことをいいます。
> ただし、こうしたオープンソースソフトウェア（OSS）には「ライセンス条項」がついています。このライセンス条項によって「作者の名前は消しちゃダメ」とか「商用利用禁止」とか、いろいろな制限がかかっている場合があります。作者に敬意を表し、作者の意図どおり正しく利用するためにも、OSSを使う場合は必ずライセンス条項を確認するようにしましょう。

さて、アンケートの動作としてはこれでよいのですが、一度テストで回答したら二度とできないのは、開発しているときにちょっと不便です。そこで、ついでにクッキーを削除するボタンを追加します。

`</section>`終了タグの前にHTMLを1行追加します。

5-03_cookie/step1/index.html　HTML

```html
18  <section>
19    <p>映画館に行きますか？</p>
20    <form id="form" action="thankyou.html">
    …省略
26    </form>
27    <button id="remove">クッキー削除</button>
28  </section>
```

JavaScriptも3行ほど追加します。

5-03_cookie/step1/index.html　HTML

```html
32  <script>
    …省略
41  document.getElementById('remove').onclick = function() {
42    Cookies.remove('answered');
43  };
44  </script>
```

これで、［クッキー削除］ボタンをクリックすると、もう一度アンケートを送信できるようになります。

Fig　テスト用のクッキーへの回答削除ボタンをつけた

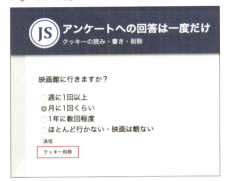

 <button>タグ

　<input type="submit">で作成するボタンがフォームの入力内容を送信するのに対して、<button>タグで作成するボタンは、クリックしたときの動作をJavaScriptで自由に決めることができます。

クッキー(Cookie)とは

　プログラムの流れを理解するために、まずはクッキーがどういうものなのかを説明します。
　クッキーとは、ブラウザに保存される小さなデータのことです。クッキーのデータはブラウザとWebサーバーの間で送受信され、主にECサイトやSNSサイトなどでユーザーのログイン情報を管理するためなどに使われています。
　クッキーは、基本的にはブラウザとWebサーバーの間でデータをやり取りするためのものですが、JavaScriptからも読み取りと書き込みができます。JavaScriptでクッキーのデータを扱う場合は、

- ▶ 簡易的なアンケートで、過去に回答したことがあるかどうか
- ▶ そのWebサイトに何度訪問したか
- ▶ 文字の大きさや背景色、使用言語などを変更できるサイトの場合は、その設定情報

などを保存するのに使われています。

クッキーには「変数名=値」というかたち——JavaScriptのプログラムでいえば「変数」と同じかたち——でデータが書き込まれていて、今回の実習では次のようなデータが保存されています。

```
answered='yes'
```

なお、クッキーに保存された変数の変数名は「クッキー名」と呼ばれることもあります。

 ## プログラムの流れ

さて、今回実習したプログラムの流れを確認しましょう。フォームの[送信]ボタンをクリックすると、今回のメインの処理が開始します 4-1「フォームの入力内容を取得する」➡p.150 。

```
33 document.getElementById('form').onsubmit = function(){
      送信ボタンがクリックされると実行
40 };
```

その次のif文で、クッキーの変数「answered」に'yes'が保存されていれば、次の{ ～ }内の処理が実行されます。もしクッキーに変数answeredがない、もしくは'yes'でない値が保存されている場合はelse以下が実行されます。

```
34 if(Cookies.get('answered') === 'yes') {
```

このif文の条件式で使っているCookies.getメソッドは、読み込んだjs-cookieライブラリが提供している機能で、( )内に指定されたクッキーの値を読み取ります。

「ところでansweredに'yes'が保存されているのはどういう状態？」

処理の内容を見てみましょう。まず、条件式がtrueになったときの処理はこうです。

```
35 window.alert('回答ずみです。アンケートの回答は1回しかできません。');
36 return false;
```

35行目でアラートダイアログボックスを表示して、36行目でフォームの基本動作をキャンセルして、thankyou.htmlに移動しないようにしています 4-1 Step2「入力内容を読み取って出力」➡p.154 。これは明らかに、すでに一度アンケートに答えたことがあるときの処理ですね。つまり、answeredというクッキーがあって、その値が'yes'ならば、「アンケートに答えたことがある」ことになります。

それでは、else以下の処理も見てみましょう。else以下は、アンケートに一度も答えたことがないときの処理です。ここでクッキーに変数answeredを定義し、'yes'を代入しています。

```
38  Cookies.set('answered', 'yes', {expires: 7});
```

Cookies.setもjs-cookieライブラリが提供するメソッドで、クッキーにデータを書き込みます。()内のパラメータは次のようになっています。

> **書式** クッキーに変数をセットする（js-cookieライブラリのメソッド）
> ```
> Cookies.set('クッキー名', '値', {expires: 有効期限});
> ```

クッキーのデータには有効期限があります。実習サンプルではその有効期限を7に設定しています。つまり、クッキーの変数answeredは、最初にセットされてから7日間有効というわけです。それ以上の時間が経つと、このクッキーは消えてしまいます。

ちなみに有効期限を指定しなかった場合、クッキーのデータはブラウザを終了すると同時に消えます。また、「無期限」に指定することはできません。そのため、クッキーのデータを長期間有効にしておきたい場合は、10年後、20年後など、遠い未来を指定します。

最後に、後から追加した[クッキー削除]ボタンのプログラムも確認しましょう。

```
41  document.getElementById('remove').onclick = function() {
42    Cookies.remove('answered');
43  };
```

[クッキー削除]ボタンがクリックされると、Cookies.removeメソッドが実行されます。これもjs-cookieライブラリが提供するメソッドで、()内で指定するクッキーを削除するものです。

js-cookieライブラリについて

js-cookieライブラリは、先に紹介したとおりオープンソースのライブラリで、本書の実習用データにはバージョン2.02が収録されています。最新版を使いたい場合や、もっと詳しいことを知りたい方は、次のURLにアクセスしてください。

URL https://github.com/js-cookie/js-cookie

5-4 イメージの切り替え
サムネイルのクリックによる画像の切り替え

サムネイルをクリックすると画像が切り替わる……　Webサイトでよく見かけますが、画像というだけで何となく難しそうに感じていませんか？　ぜんぜんそんなことはなくて、基本的には`<img>`タグのsrc属性を書き換えるだけです。この実習では、より実践的で応用できるプログラムを書くために、HTML5で導入された新しいHTMLの属性を使用して、画像の切り替えを実現します。

▼ここでやること

横に並んだサムネイルをクリックすると、大きな画像が入れ替わります。

step 1　新しいHTMLの属性を使用する

　「_template」フォルダをコピーして、新しくできたフォルダの名前は「5-04_image」としてから作業を始めます。画像は完成サンプルからコピーしてください。
　せっかく画像を扱うので、少しCSSを書いてレイアウトも組んでしまいましょう。画像の`<img>`タグのうち、`<div>` ～ `</div>`に囲まれているほうが大きな画像、`<li>` ～ `</li>`に囲まれているのがサムネイルです。大きな画像にid属性「bigimg」を、すべてのサムネイル画像にclass属性「thumb」をつけます。
　また、各サムネイルにはdata-image属性も追加して、値を上から順に`img1.jpg`、`img2.jpg`、`img3.jpg`とします。今回のプログラムではこの属性が重要な役割を果たします。

```html
18  <section>
19    <div class="center">
20      <div>
21        <img src="img1.jpg" id="bigimg">
22      </div>
23      <ul>
24        <li><img src="thumb-img1.jpg" class="thumb" data-image="img1.jpg"></li>
25        <li><img src="thumb-img2.jpg" class="thumb" data-image="img2.jpg"></li>
26        <li><img src="thumb-img3.jpg" class="thumb" data-image="img3.jpg"></li>
27      </ul>
28    </div>
29  </section>
```

CSSはこちらです。

```html
09  <style>
10  section img {
11    max-width: 100%;
12  }
13  .center {
14    margin: 0 auto 0 auto;
15    width: 50%;
16  }
17  ul {
18    overflow: hidden;
19    margin: 0;
20    padding: 0;
21    list-style-type: none;
22  }
23  li {
24    float: left;
25    margin-right: 1%;
26    width: 24%;
27  }
28  </style>
```

これでHTMLとCSSが完成しました。これからプログラムを書きますが、このStepでは、初めて使う`data-image`属性の特性を知るために、まずはその値を取得してコンソールに出力してみましょう。

5-04_image/step1/index.html

```html
30 <body>
   …省略
51 <footer>JavaScript Samples</footer>
52 <script>
53 var thumbs = document.querySelectorAll('.thumb');
54 for(var i = 0; i < thumbs.length; i++) {
55   thumbs[i].onclick = function() {
56     console.log(this.dataset.image);
57   };
58 }
59 </script>
60 </body>
```

ブラウザのコンソールを開き、index.htmlを確認します。クリックしたサムネイルの`data-image`属性の値が出力されます。

Fig　クリックしたサムネイルのdata-image属性がコンソールに出力される

querySelectorAllメソッドと複数の要素の扱い

　このプログラムのポイントは、複数の要素を取得してそのすべてにイベントを設定することと、HTML5で新たに追加された属性を扱うこと、その2つです。まずは複数の要素の取得とイベントの設定について説明します。このプログラムの基本構造は、

要素を取得する→イベントを設定する→イベント発生時の処理を作る

という、いままでに何度も出てきたパターンで、処理の流れ自体はシンプルです。ただ、今回は初めて、HTMLのclass属性を使って複数の要素を取得し、それらすべてに同じイベントを設定しています。プログラムを上から順に見ていきましょう。

```
53  var thumbs = document.querySelectorAll('.thumb');
```

　=の右側から説明します。5-2節では、documentオブジェクトのquerySelectorメソッドを使用しました　5-2 解説「document.querySelectorメソッド」→p.207 。querySelectorメソッドは要素を1つだけ取得するのでしたね。それに対して今回のquerySelectorAllメソッドは、()内で指定されたCSSのセレクタにマッチする要素すべてを取得します。

書式　マッチする要素すべてを取得する

```
document.querySelectorAll('CSSセレクタ')
```

　セレクタに「.thumb」を指定しているので、<img class="thumb"...>がすべて取得されます。そして、取得した要素が変数thumbsに代入されるわけですが、どんなかたちでデータが保存されているか、この行の1行下にconsole.log(thumbs);と書いて確認してみましょう（表示がわかりやすいのでSafariのコンソールの図を載せておきます）。

222

Fig 「console.log(thumbs);」を追加して変数thumbsの内容を確認（確認できたら消す）

コンソールの出力を見ると、マッチした要素は配列のようなかたちになって取得されていることがわかります*。これらの要素すべてにイベントを設定するには、for文が使えます。次の行で、変数thumbsのデータの個数ぶん、繰り返し処理をしています。

```
54  for(var i = 0; i < thumbs.length; i++) {
```

さて、そのfor文の中身はというと、変数thumbsのi番目の要素にonclickイベントを設定しています。

```
55    thumbs[i].onclick = function() {
56      console.log(this.dataset.image);
57    };
```

また、イベントに設定したファンクションでは、<img>タグのimage-dataset属性の値をコンソールに出力しています。この処理には大事なポイントがいくつかあります。

🌿 this

プログラムの56行目、console.logメソッドの()内は、始まりが「this」になっています。
このthisは、イベントが発生した要素——ここではonclickイベントが発生した、つまりクリックされた要素——を指します。thisは、イベントに設定するファンクションの中で使えます。

* 詳しく知りたい方へ。実際には、querySelectorAllメソッドを使うと、要素はNodeListというオブジェクトとして取得されます。このNodeListオブジェクトは、取得した複数の要素に対してfor文で繰り返し処理をすることはできますが、配列オブジェクトではないため、 3-10 ➡p.124 で紹介したような配列のメソッドは使えません。

🌱 data-ナンデモ属性とdatasetプロパティ

「data-ナンデモ属性？ data-image属性じゃないの？」

data-ナンデモ属性、正式にはdata-*属性は、"ナンデモ"の部分を自分で自由に決めてよい（ただし大文字は使えません）、めずらしい属性です。今回は、そのナンデモの部分を「image」にしていた、というわけです。

Fig cata-ナンデモ属性

```
<タグ名 data-image="img1.jpg">
```
この部分を自由に決めてよい

data-ナンデモ属性の用途はまさに今回実習したとおり、JavaScriptでその値を利用することです。data-ナンデモ属性の値を読み取るには次のようにします。

書式 JavaScriptでdata-ナンデモ属性の値を読み取る

```
取得した要素.dataset.ナンデモのところにつけた名前
```

Fig クリックされた<img>のdata-image属性を読み取る

```
thumbs[i].onclick=function(){
  console.log(this.dataset.image);
};
```
イベントが発生した<img>タグの
data-image属性を読み取る

このように、data-ナンデモ属性は、HTMLタグにデータを埋め込んで、JavaScriptからその値を読み取ったり書き換えたりするのに使います。この属性はほぼすべてのHTMLタグに追加できます。

今回はdata-image属性の値を読み取ってコンソールに出力しているだけですが、次のStepでは、この値を利用して大きな画像を切り替えます。

Step 2 画像を切り替える

　data-image属性の値を使って、サムネイルがクリックされたときに大きな画像を切り替えてみます。画像を切り替えるには<img>タグのsrc属性を書き換えるだけです。onclickイベントに設定したファンクション内のプログラムを書き換えます。

5-04_image/step2/index.html　HTML

```
52 <script>
53 var thumbs = document.querySelectorAll('.thumb');
54 for(var i = 0; i < thumbs.length; i++) {
55   thumbs[i].onclick = function() {
56     document.getElementById('bigimg').src = this.dataset.image;
57   };
58 }
59 </script>
```

　ブラウザで動作を確認します。サムネイルをクリックすると大きな画像が切り替わるようになります。

Fig　サムネイルをクリックすると大きな画像が切り替わる

属性の書き換え

今回書き換えた56行目の処理は次のようになっています。まず、id属性「bigimg」がついた要素を取得し、そのsrc属性に、

```
document.getElementById('bigimg').src =
```

onclickイベントが発生した`<img>`タグに含まれる、data-image属性の値を代入しています。

```
document.getElementById('bigimg').src = this.dataset.image;
```

HTMLタグの属性の読み取り・書き換え

ここまであまり詳しく説明してきませんでしたが、今回書き換えたsrc属性にかぎらず、多くのHTMLタグの属性は、次のような書式で読み書きができます。

書式　属性の値を読み取る

取得した要素.属性

書式　属性の値を書き換える

取得した要素.属性 = 値;

ただし、5-2節で紹介したとおり、ブール属性の値を書き換えるには、実際の値ではなくtrueまたはfalseを使用します　5-2 解説「id属性がついていない要素の取得とブール属性の設定」➡p.209　。

226

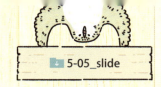

5-5 スライドショー
ここまでの知識を総動員

5章の最後に、ここまでの知識を組み合わせてスライドショーを作成しましょう。新しい機能はあまり出てきませんが、処理の流れや変数などの状態をイメージしながら組み立ててみてください。

▼ここでやること

「次へ」ボタン、「前へ」ボタンをクリックすると順番に画像が入れ替わります。

Step 1 ボタンクリックで画像を切り替える

今回作成するスライドショーには、次の2つの機能を組み込みます。

- ▶ 「次へ」「前へ」ボタンがクリックされたら、配列に登録されている順に画像を切り替える
- ▶ いま何枚目の画像を見ているのか、番号を表示する

このStepでは、スライドショーとして最低限必要な、ボタンがクリックされたら次の画像（または前の画像）を表示する機能を作成します。いつもどおり、まずはHTMLを書きます。ボタンを要素の背景画像として表示させるので、今回はCSSも記述してください。「_template」フォルダをコピーして、新しくできたフォルダの名前は「5-05_slide」としてから作業を始めます。画像は完成サンプルからコピーしてください。

```
18  <section>
19    <div class="slide">
20      <div class="image_box">
21        <img id="main_image" src="images/image1.jpg">
22      </div>
23      <div class="toolbar">
24        <div class="nav">
24          <div id="prev"></div>
26          <div id="next"></div>
27        </div>
28      </div>
29    </div>
30  </section>
```

先にHTMLの構造を簡単に説明しておきます。`<div class="image_box">`〜`</div>`に囲まれる`<img id="main_image"...>`が、ボタンをクリックすると切り替わる大きな画像です。この`<img>`のid属性が「main_image」であることを、頭の片隅に置いておいてください。

また、`<div class="toolbar">`〜`</div>`が、スライドショーを操作するためのツールバーです。この中にはボタンが2つあります。

▶ 「前へ」ボタンが`<div id="prev"></div>`
▶ 「次へ」ボタンが`<div id="next"></div>`

なお、このサンプルでは、プログラムで操作する要素にはid属性を、CSSを適用するためには`class`属性をつけています。プログラムの流れを把握するには、id属性のついている要素に注目してください。

それではCSSを追加します。

```
03  <head>
     …省略
09  <style>
10  .slide {
11    margin : 0 auto;
12    border: 1px solid black;
13    width: 720px;
14    background-color: black;
15  }
16  img {
```

```
17    max-width: 100%;
18  }
19  .toolbar {
20    overflow: hidden;
21    text-align: center;
22  }
23  .nav {
24    display: inline-block;
25  }
26  #prev {
27    float: left;
28    width: 40px;
29    height: 40px;
30    background: url(images/prev.png) no-repeat;
31  }
32  #next {
33    float: left;
34    width: 40px;
35    height: 40px;
36    background: url(images/next.png) no-repeat;
37  }
38  </style>
39  </head>
```

CSSについては詳しく説明しませんが、#prevと#nextに背景画像を設定していることを確認してください。これがボタンの画像です。書き間違いがないかどうか確認したい方は、index.htmlをブラウザで開いてみてください。

それではプログラムに移ります。少し長いですが、どの要素にイベントを設定しているのか、ファンクションでどんな操作をしているのか、イメージしながら書くとよいでしょう。

5-05_slide/step1/index.html HTML

```
40  <body>
    …省略
62  <footer>JavaScript Samples</footer>
63  <script>
64  var images = ['images/image1.jpg', 'images/image2.jpg', 'images/image3.jpg', 'images/image4.jpg', 'images/image5.jpg'];
65  var current = 0;
66  var changeImage = function(num) {
67    if(current + num >= 0 && current + num < images.length) {
68      current += num;
```

```
69        document.getElementById('main_image').src = images[current];
70      }
71    };
72
73    document.getElementById('prev').onclick = function() {
74      changeImage(-1);
75    };
76    document.getElementById('next').onclick = function() {
77      changeImage(1);
78    };
79    </script>
80  </body>
```

ブラウザで動作を確認します。［<］［>］をクリックすると画像が切り替わります。

Fig ［<］［>］をクリックすると画像が切り替わる

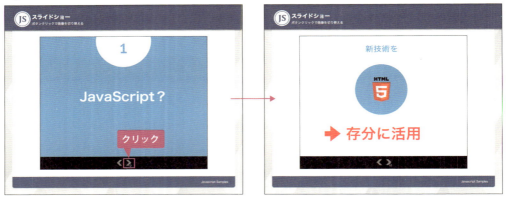

 画像のパス、イベントの設定、ファンクションの処理内容

処理の関係上こまごまと区切りづらいので、今回は一気にプログラムを書きました。少しずつ見ていきましょう。

プログラムの冒頭で、スライドショーの動作に必要な変数の定義をします。配列imagesを作成し、使用するすべての大きな画像のパスを登録しています。次に変数currentを定義して、0を代入しています。この変数currentは、「いま何枚目の画像を表示しているか」を保存しておくために使います。

```
64  var images = ['images/image1.jpg', 'images/image2.jpg', 'images/
    image3.jpg', 'images/image4.jpg', 'images/image5.jpg'];
65  var current = 0;
```

少し飛ばして、ボタンをクリックしたときのイベントを先に見てみます。ボタンのHTMLは、<div id="prev"></div>と<div id="next"></div>だったことを思い出してください。どちらをクリックしても、changeImageファンクションを呼び出します。ただし、<div id="prev"></div>をクリックしたときは-1を、<div id="next"></div>のときは1を、パラメータとして渡しています。

```
73  document.getElementById('prev').onclick = function() {
74      changeImage(-1);
75  };
76  document.getElementById('next').onclick = function() {
77      changeImage(1);
78  };
```

それではchangeImageファンクションの処理を確認しましょう。まず、ボタンをクリックしたときに渡された-1や1は、パラメータnumに代入されます。

```
66  var changeImage = function(num) {
```

次の行のif文、条件式の意味はわかりますか？

```
67  if(current + num >= 0 && current + num < images.length) {
```

「current + numが0以上、かつcurrent + numが、配列imagesの項目数より少ない」ときにtrueになり、続く{～}が実行されます。この条件がどんなときにtrueになるか、ページが読み込まれて初めてボタンをクリックするときを考えてみましょう。変数currentは0ですね。そのとき、「次へ」ボタンをクリックしたとしたら、numは1。ということは、

```
current + num = 0 + 1 = 1
```

になります。0以上なので、&&より左側の条件式はtrueですね。また、配列imagesの項目数は5個なので、images.lengthは5。1は5より小さいので右側もtrue。よって、条件式全体がtrueになります。

一方、ページが読み込まれてから初めてクリックしたのが「前へ」ボタンだったとしたら、numは-1です。すると、

```
current + num = 0 + (-1) = -1
```

となり、左側の条件式がfalseになるので、{ ～ }は実行されません。

　後で見ますが、変数currentは次の画像を表示するたびに1ずつ足されます。そうすると、最後の画像まで見たとき変数currentには4が代入されています。そのとき「次へ」ボタンをクリックしたら、

　　current + num = 4 + 1 = 5

になって、右側の条件式がfalseになるので、{ ～ }は実行されません。

　まとめると、このif文の条件式がtrueになるのは、「current + num」が0 ～ 4の範囲内、言い換えれば配列imagesのインデックス番号内に収まるときだけです。つまり、配列imagesに登録されたすべての画像を行ったり来たりできるようになっているのです。

　さて、if文の条件式がtrueになったときの動作を確認しましょう。まずは変数currentにnumを足して、その結果をcurrentに再代入しています。次の画像を表示するたびにcurrentの値が1増えるわけです。前の画像を表示するときは、numは-1なので1減ります。

```
68    current += num;
```

　その次の行では、<img id="main_image"...>を取得して、そのsrc属性に、配列imagesのcurrent番目のデータ（画像のパス）を設定しています。

```
69    document.getElementById('main_image').src = images[current];
```

　プログラムで<img>のsrc属性の値を書き換えれば、表示される画像が切り替わります。これは前節5-4でも見たとおりですね。

何枚目の画像か表示する

　[<]ボタンと[>]ボタンの間に、いま何枚目の画像を見ているかがわかるように数字を表示します。HTML、CSS、プログラム、みんな少しずつ追加します。それではまずHTMLからいきましょう。追加する<span>タグのid属性が「page」であることを覚えておいてください。

```
48  <section>
49    <div class="slide">
…省略
53      <div class="toolbar">
```

```
54      <div class="nav">
55        <div ic="prev"></div>
56        <span id="page"></span>
57        <div id="next"></div>
58      </div>
59     </div>
60   </div>
61 </section>
```

続いてCSSです。

5-05_slide/step2/index.html HTML

```
09 <style>
   …省略
38 #page {
39   display: inline-block;
40   float: left;
41   margin-top: 8px;
42   height: 32px;
43   color: white;
44 }
45 </style>
```

そして最後にプログラムを追加します。`<span id="page"></span>`内にテキストを出力するpageNumファンクションを作成し、それを、一度はページが読み込まれたとき、もう一度はchangeImageファンクションの中から呼び出します。

5-05_slide/step2/index.html HTML

```
71 <script>
72 var images = ['images/image1.jpg', 'images/image2.jpg', 'images/image3.jpg', 'images/image4.jpg', 'images/image5.jpg'];
73 var current = 0;
74 var pageNum = function() {
75   document.getElementById('page').textContent = (current + 1) + '/' + images.length;
76 }
77 var changeImage = function(num) {
78   if(current + num >= 0 && current + num < images.length) {
79     current += num;
80     document.getElementById('main_image').src = images[current];
```

```
81        pageNum();
82     }
83 };
84
85 pageNum();
86
87 document.getElementById('prev').onclick = function() {
88    changeImage(-1);
89 };
90 document.getElementById('next').onclick = function() {
91    changeImage(1);
92 };
93 </script>
```

ブラウザで動作を確認します。[＜]と[＞]の間に、「画像の番号 / 総数」というかたちでテキストが表示されるようになります。

Fig　[＜]と[＞]の間に「画像の番号 / 総数」が表示される

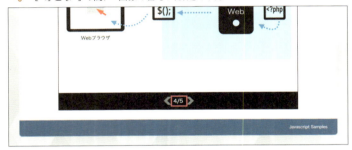

pageNumファンクションの処理内容

今回追加したpageNumファンクションの処理内容を確認します。このファンクションにパラメータはありません。ファンクションの{ ～ }内の処理は1行だけですが、ここではまず、<span id="page"></span>を取得します。そしてそのテキストコンテンツに、=より右側の値を設定します。

```
document.getElementById('page').textContent =
```

=より右側では、文字列連結をしています。まず、変数currentに1を足します。

```
document.getElementById('page').textContent = (current + 1)
```

もともとcurrentは配列imagesのインデックス番号として使っていたので、値には0〜4が代入されているのでした。でも、画像の番号は、人間が見るには1〜5にしたほうが自然ですよね？　だから1を足しているのです。

そうして計算した数値の次に、'/'と、配列imagesの項目数を文字列連結しています。

```
document.getElementById('page').textContent = (current + 1) + '/' +
    images.length;
```

画像をプリロードする

スライドショーに使っている画像のうち、HTMLの<img>タグで読み込まれるimage1.jpg以外は、画像が切り替わるまで読み込まれることはありません。ボタンをクリックするたびに画像が読み込まれることになるため、ダウンロードが終了するまで待ち時間が発生するかもしれません。

待ち時間をできるだけ少なくするために、画像を先に読み込んでおく「プリロード」というテクニックがあります。次のようなプログラムを追加すればプリロードを実現できます。

📥 5-05_slide/extra/index.html　HTML

```
71 <script>
   …省略
77 var changeImage = function(num) {
   …省略
83 };
84 var preloadImage = function(path){
85   var imgTag = document.createElement('img');
86   imgTag.src = path;
87 }
88
89 for(var i = 0; i < images.length; i++) {
90   preloadImage(images[i]);
91 }
92
93 pageNum();
   …省略
101 </script>
```

HTMLが読み込まれたときに、配列imagesの項目数ぶん、繰り返しpreloadImageファンクションを呼び出しています。このファンクションを呼び出す際、配列に登録されている画像のパスを渡しています。

　preloadImageファンクションの{ ～ }内の処理は次のようになっています。

```
85  var imgTag = document.createElement('img');
86  imgTag.src = path;
```

　createElementは、（）内のタグ名を持つタグを生成して、メモリに保存するメソッドです。HTMLのどこかに挿入したりはしないので、表示されることはありません。ここでは、生成した<img>タグを変数imgTagに代入しています。

　そして次の行で、imgTagに代入された<img>タグのsrc属性に、配列imagesに登録された画像のパスを指定しています。

　そうすると、HTMLには表示されていないけれど、メモリ内にはまだダウンロードしていない画像を指定する<img>タグがあることになります。

　ここでブラウザは、「まだ読み込んでいないファイルがある。ダウンロードしなきゃ」と思って、そのファイルをダウンロードし、キャッシュします。一度ファイルがキャッシュされてしまえば、実際に表示するときにダウンロードが発生しなくなります。

　このプリロードのテクニックは、スライドショーなどサイズの大きな画像を扱うときはよく使われるテクニックなので、覚えておくとよいでしょう。

DOM操作とは？

　JavaScriptで行う処理は、大きく分けて「入力」「加工」「出力」の3種類があることは、ここまでに何度か触れてきました。このうちの「出力」の中でも、タグに囲まれたテキストや属性を書き換えたり、HTMLに要素を追加・削除したり、あるいはCSSを操作したりといった、HTMLやCSSを書き換える処理は、「DOM操作」と呼ばれています　1-2 解説「具体的な「書き換え」の例」➡p.6　。本章の後半で取り上げたサンプル5-4節、5-5節は、どれも典型的なDOM操作の例です。

　実際に公開されるWebサイト・Webアプリケーションでは、console.logメソッドは使いませんし、alertメソッドでダイアログを出すこともあまり多くありません。ほとんどの場合、入力されたデータを加工して「出力する」ために、HTMLやCSSを書き換えます。つまり、「出力」の大部分は、DOM操作をしているといえます。

　次の6章では、DOM操作を簡単にしてくれる、便利なjQueryというライブラリを使ってみましょう。

Chapter 6

jQuery入門

この章では、jQueryを使ったプログラミングを紹介します。jQueryは、JavaScriptプログラムをより少ない行数で、簡素に書けるように設計されたライブラリです。特にDOM操作を得意としていて、数行のプログラムで効果的なUI（ユーザーインターフェース）作りができます。本章の最後のサンプルでは、jQueryのもうひとつの得意技、Ajaxにも挑戦します。

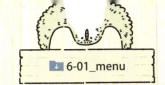

6-1 開閉するナビゲーションメニュー
要素の取得とclass属性の追加・削除

jQuery（ジェイクエリー）はWebページのUIの作成を非常に得意としています。HTMLから操作したい要素を取得して、その要素のタグ・属性・コンテンツ、もしくはCSSを操作するのがjQueryプログラミングの基本です。まずは基本的な処理の流れとプログラミングのパターンを体感しましょう。

▼ここでやること

ナビゲーションメニューをクリックすると、サブメニューが開閉します。

 jQueryの基本を押さえよう

いろいろ説明するより前に、まずはjQueryを触ってみましょう。

これから、ナビゲーションメニューをクリックするとサブメニューが開くUIを作成します。こうした、ちょっとしたUIをjQueryでプログラミングする基本的な手順は次のとおりです。

① まずHTMLを編集する。ここでは、サブメニューが「開いた」ときの状態を作成する
② CSSを編集して、サブメニューが「閉じた」ときの状態を作成する
③ jQueryを使ってサブメニューが開閉できるようにする

「_template」フォルダをコピーして、新しくできたフォルダの名前は「6-01_menu」としてから作業を始めます。最初にHTMLを編集します。

6-01_menu/step1/index.html　HTML

```
18  <section>
19    <div class="sidebar">
20      <div class="submenu">
21        <h3>1. Getting Started</h3>
22        <ul class="hidden">
23          <li><a href="">- 概要</a></li>
24          <li><a href="">- インストール</a></li>
25          <li><a href="">- 初めての操作</a></li>
26          <li><a href="">- アンインストール</a></li>
27        </ul>
28      </div>
29      <div class="submenu">
30        <h3>2. How To Use</h3>
31        <ul class="hidden">
32          <li><a href="">- 基本的な操作方法</a></li>
33          <li><a href="">- 元の状態に復元する</a></li>
34          <li><a href="">- プラグインを作成する</a></li>
35        </ul>
36      </div>
37    </div>
38  </section>
```

次にCSSを編集します。そのうち「.hidden」が、サブメニューが閉じるときに使われるスタイルです。それ以外は装飾用のスタイルです。

6-01_menu/step1/index.html　HTML

```
03  <head>
    … 省略
09  <style>
10  .submenu h3 {
11    margin: 0 0 1em 0;
12    font-size: 16px;
13    cursor: pointer;
14    color: #5e78c1;
15  }
16  .submenu h3:hover {
17    color: #b04188;
```

```
18      text-decoration: underline;
19    }
20    .submenu ul {
21      margin: 0 0 1em 0;
22      list-style-type: none;
23      font-size: 14px;
24    }
25    .hidden {
26      display: none;
27    }
28  </style>
29  </head>
```

いったんブラウザでindex.htmlを開いて確認しておきましょう。「.hidden」クラスが適用された2つの<ul>〜</ul>が表示されないようになっています。

Fig　CSSによってサブメニューが「閉じた」ときの状態になっている

それではいよいよ、jQueryでプログラムを書いていきます。

jQueryを使うには、まずHTMLに<script>タグを追加して、jQueryのプログラム本体を読み込む必要があります。そのためにまず、次のURLのページを開いてください。

URL　http://code.jquery.com/

このページの「jQuery 1.x」という見出しの下に「minified」と書かれたリンクがあります。このリンクをクリックするとポップアップウィンドウが開くので、そこに書かれている<script>タグのソースコードを選択してコピーします。そして、作業中のプログラムにペーストします。

Fig　jQueryを読み込むソースコードの取得

　なお、本書の第1刷発刊時点（2015年11月）では、jQuery公式サイトの`<script>`タグのソースコードにはintegrity属性やcrossorigin属性は含まれていませんでした。そのため、ダウンロードしたサンプルデータや紙面に掲載しているソースコードでは、`<script>`タグにはsrc属性しかありませんが、プログラムの動作には問題ありません。

　これからjQueryを使う皆さんは、jQuery公式サイトに書かれているソースコードをそのまま——integrity属性やcrossorigin属性も含めて——コピー＆ペーストして大丈夫です。これでjQueryを使う準備は完了です。

6-01_menu/step1/index.html　HTML

```
30  <body>
    …省略
60  <footer>JavaScript Samples</footer>
61  <script src="http://code.jquery.com/jquery-1.11.3.min.js"></script>
62  <script>
63  </script>
64  </body>
```

> **jQueryを使う場合はインターネットに接続できる環境で**
>
> <script>タグのsrc属性に指定されているURLを見てもわかるとおり、jQueryはインターネット上にあるソースファイルを読み込んで使うのが一般的です。そのため、index.htmlがローカルファイルであっても、必ずインターネットに接続できる環境で確認しましょう。
>
> なお、このURLにあるjQueryソースファイルは、CDN（コンテンツ・デリバリー・ネットワーク）と呼ばれる、コンテンツ配信専用の特殊なサーバーから読み込まれます。一般的なWebサーバーよりも効率的で、より高速にコンテンツを配信できるとされています。

それでは、<script>～</script>にプログラムを書いていきましょう。jQueryのプログラムはその性格上、)や}が連続します。そこで、書き間違えないためにまず次のように書きます。

6-01_menu/step1/index.html

```
62 <script>
63 $(document).ready(function(){});
64 </script>
```

それから{と}の間を改行して、次のように書きます。

6-01_menu/step1/index.html

```
62 <script>
63 $(document).ready(function(){
64   $('.submenu h3').on('click', function(){});
65 });
66 </script>
```

さらに{と}の間を改行して、もう1行追加すれば完成です。

6-01_menu/step1/index.html

```
62 <script>
63 $(document).ready(function(){
64   $('.submenu h3').on('click', function(){
65     $(this).next().toggleClass('hidden');
66   });
67 });
68 </script>
```

それではブラウザで確認してみましょう。それぞれのメニューをクリックすると、サブメニューが開いたり閉じたりするようになります。

Fig　メニューをクリックするとサブメニューが開いたり閉じたりする

jQueryとは

　jQueryは、JavaScriptのプログラミングでよく行われる定型的な処理を書きやすくしてくれる、オープンソースのライブラリです　5-3 Note「ライブラリって何？　オープンソースって何？」➡p.214 。特に、HTMLやCSSの書き換え、イベントの設定などのDOM操作や、6-3節で紹介するAjaxを得意としています　5-5 Note「DOM操作とは？」➡p.236 。

　jQueryは多くのWebサイトで使われていて、広く普及しています。jQuery自体を開発するコミュニティも活発で安定しているので、安心して使えるのもメリットのひとつです。

　jQueryの機能についてもっと詳しく知りたいときは、公式サイトが役に立ちます。

▶ jQueryの公式サイト
　　URL　http://jquery.com

　残念ながら公式の日本語サイトはありません。でも、jQueryは利用者が多いので、たくさんの情報がWebで日本語で公開されています。わからないことがあれば、検索してみるとよいでしょう。

バージョン番号に気をつけて！

　検索サイトでjQueryについて検索すればたくさんの記事が見つかりますが、その記事が対象にしているjQueryのバージョンに気をつけてください。jQueryは、バージョン1.8以前と1.9以降では仕様がかなり変わっていて、古いプログラムでは動作しない場合があります。本書では、バージョン1.9以降、または2.x系のjQueryで動作するプログラムを紹介しています。

 ## jQueryを理解するために

　ソースコードを解説する前に、まずはjQueryを使って書くプログラムの特徴を押さえておきましょう。

　jQueryを使った処理の大部分が、HTMLやCSSを書き換える、またはHTMLの要素にイベントを設定するなどの「DOM操作」です。このDOM操作を、jQueryのプログラムでは、

1. イベントを設定したい要素を取得する
2. その要素にイベントを設定する
3. イベントが発生したときの処理を実行する

という順序で処理することがほとんどです。ほぼパターン化されているといってよいでしょう。今回のプログラムもその手順にのっとって書かれています。

　この順序のうち、**1**「イベントを設定したい要素を取得する」は、$()メソッドとCSSのセレクタを使って簡単にできます。**2**「その要素にイベントを設定する」は、jQueryのonメソッドを使用します。ここまでは非常に定型的でパターン化しています。

　3「イベントが発生したときの処理を実行する」は、そのときにしたい処理によって毎回異なります。

jQueryでプログラムを書くときの考え方

　今回実習で作成したサンプルを例に、jQueryでプログラムを書くときの考え方を紹介します。

　今回のサンプルは、メニューをクリックしたらサブメニューが開閉するというものです。これをHTMLの要素で考えると、

<h3>がクリックされたら、<ul>の表示・非表示を切り替える

ということになります。「表示・非表示を切り替える」は、<ul>に適用されるCSSの`display`プロパティを`block`にしたり`none`にしたりすれば実現できるはずですね。

244

Fig　サブメニューの開閉を実現するには、CSSのdisplayプロパティを切り替えればよい

この動作をjQueryで実現すればよいのです。

jQueryプログラムの処理の流れ

ところで、jQueryはあくまでJavaScriptの補助ツールであって、「jQuery」というプログラミング言語があるわけではありません。実際、今回のプログラムもJavaScriptで書かれています。でも、これまで実習してきたプログラムとはかなり違うもののように感じたかもしれません。プログラム中に$記号が出てきたり、()の中にファンクションが入っていたり、}や)が二重になっていたりと、一見恐ろしげです。でも少し冷静になってソースコードをもう一度見てみると、意外と難しくありません。今回書いたプログラムを、上から順に少しずつ見てみましょう。

HTMLが読み込まれたらプログラムの実行を開始する

最初に書いたプログラムの63行目は、次のようになっています。

```
63  $(document).ready(function(){
    …省略
67  });
```

これは、「HTMLが読み込まれたら、functionの{ ～ }の処理をする」という意味です。jQueryを使ってプログラムを書くときには必ず入れるようにしましょう。

メニューがクリックされたら

HTMLの読み込みが完了してから実行される処理、つまりfunctionの{ ～ }の中で行っているのは、<h3>がクリックされたときのイベントを設定することです。

さてここで、CSSの中に「.hidden」というセレクタを持つルールがあったことを思い出してください。

「.hidden」セレクタを持つルール

```
25  .hidden {
26      display: none;
27  }
```

<h3>がクリックされたときに、<ul>〜</ul>にこのスタイルを適用したり、外したりできれば、サブメニューを開閉する（表示・非表示を切り替える）ことができます。

それでは64行目からのプログラムを見ていきましょう。まず、<div class="submenu">の中にある<h3>を取得します。

```
$('.submenu h3')
```

$()メソッドは、jQueryを使わない素のJavaScriptでいえば、document.querySelectorAllメソッドと同じような働きをします 5-4 解説「querySelectorAllメソッドと複数の要素の扱い」➡p.222 。

()内のパラメータとしてCSSセレクタを含めておけば、そのセレクタにマッチするすべての要素をHTMLから取得します。

書式　jQueryで要素を取得する$()メソッド

```
$('セレクタ')
```

$()メソッドもquerySelectorAllメソッドも「すべての要素を取得する」機能自体は同じなのですが、その後が違います。querySelectorAllメソッドは、セレクタにマッチしたすべての要素が配列のようなかたちになって取得されるのに対し、jQueryの$()メソッドは、要素を「**jQueryオブジェクト**」というjQuery独自のオブジェクトに変換します。jQuery"オブジェクト"ということは、メソッドとプロパティを持っています。つまり、取得した要素に対して、jQueryが提供するメソッドを利用できるようになるのです。

$('.submenu h3')に続くプログラムは次のようになっています。<h3>にclickイベントを設定しています。

```
$('.submenu h3').on('click', function(){
```

onは、イベントを設定するjQueryのメソッドです。

onメソッドのパラメータは2つあって、1つ目に「イベント名」を指定します。この「イベント名」には、onclickイベントなら'click'、onsubmitイベントなら'submit'というように、先頭のonを取ったものを指定します。

また、2つ目のパラメータはファンクションにします。このファンクションの{ ～ }内に、イベントが発生したときの処理内容を書きます。

> **書式** 取得した要素にイベントを設定する
>
> ```
> $()で取得した要素.on('イベント名', function(){
>     イベントが発生した時の処理
> })
> ```

ここで注目してほしいことがあります。

$('.submenu h3')で取得されるのは<h3>で、今回はHTML内に2つあります。jQueryでは、$()で取得された要素が複数ある場合、そのすべてにメソッドを実行します。そのため、繰り返しのfor文を書かなくても、2つの<h3>にイベントが設定されるのです。

🌿 サブメニューを開閉する

さて、残りは<h3>がクリックされたときの処理、onメソッドのfunctionの{ ～ }に書かれた部分です。

始まりはこうです。

```
$(this)
```

$()の()内がセレクタでなく、thisになっています。このthisは、5-4節のサンプルで使用したときと同じで「イベントが発生した要素」を指します。このプログラムでは、2つある<h3>のどちらかということですね。ただ、「this」のままではただのHTML要素なので、jQueryのメソッドが使えません。そこで、$()で囲んで、thisをjQueryオブジェクトに変換しているのです。

そして、$(this)に続けて

```
$(this).next()
```

として、イベントが発生したすぐ次の要素を取得しています。このnextは「トラバーサル」と呼ばれるjQueryメソッドのひとつで、すぐ次の弟要素を取得します。ここでは、クリックされた<h3>のすぐ次にある<ul>が取得されます。

Fig　nextメソッドでイベントが発生した<h3>の次の要素を取得

```
$('submenu h3')
.next()
```

```html
<div class="submenu">
  <h3>1. Getting Started</h3>
  <ul class="hidden">
    <li><a href="">- 概要</a></li>
    ...
  </ul>
</div>
```
次の要素

そして、取得した<ul>に対して、toggleClassメソッドを実行しています。

```
$(this).next().toggleClass('hidden');
```

toggleClassメソッドは、取得した要素に()内のパラメータで指定されているクラス名がついていなければ追加、ついていれば削除します。

Fig　toggleClassメソッドはクラス名の追加・削除を交互に繰り返す

```
toggleClass('hidden')
```

```html
<ul class="hidden">
```
↕
```html
<ul class="">
```

hiddenクラスが追加されたり削除されたりするので、それに応じて、CSSに書いておいた「.hidden」のルールが適用されたりされなかったりすることになります。そうして、サブメニューの表示・非表示が切り替わるのです。

トラバーサルとは？

　jQueryの主要な機能のひとつに「トラバーサル（行ったり来たり、という意味）」があります。トラバーサルとは、$()で取得した要素から「すぐ次」や「子要素」「親要素」など、相対的な位置関係で別の要素を取得することを示します。jQueryでプログラムを書くときは、このトラバーサルをよく使います。jQueryには、今回のnextをはじめさまざまなトラバーサル用のメソッドが用意されています。

6-02_box

ボックスを開く・たたむ
アニメーション

jQueryのメソッドを使って、開く・たたむを表現するアニメーションを作成します。プログラムは驚くほど簡単です。

▼ここでやること

ヘッダー右上の[Menu]タブをクリックすると、上からボックスがアニメーションしながら開きます。

アニメーション機能を使う

　前節6-1のサンプルと同じように、まずは「ボックスが開いた」ときの状態をHTMLとCSSで作成します。その次に、CSSをさらに編集して、Webページを「ボックスがたたまれた」状態にします。そこまでできたらjQueryのプログラムを書きます。6-1節のサンプルでは要素のclass属性を追加・削除することで開閉を表現しましたが、今回はアニメーション機能を持つjQueryのメソッドを使用します。

　まずはHTMLと、装飾に関係するCSSを書きましょう。「_template」フォルダをコピーして、新しくできたフォルダの名前は「6-02_box」としてから作業を始めます。

6-02_box/step1/index.html　HTML

```
03 <head>
04 <meta charset="UTF-8">
05 <meta name="viewport" content="width=device-width,initial-scale=1">
06 <meta http-equiv="x-ua-compatible" content="IE=edge">
```

249

```
07  <title>6-02_box</title>
08  <link href="../../_common/css/style.css" rel="stylesheet" type="text/css">
09  <style>
10  #box {
11    margin: 0 auto 0 auto;
12    max-width: 960px;
13  }
14  #box ul {
15    margin: 0;
16    padding: 0;
17    list-style-type: none;
18  }
19  #box li {
20    padding: 8px 0 8px 0;
21    color: #20567d;
22    border-bottom: 1px solid #ffffff;
23  }
24  .header-contents {
25    position: relative;
26  }
27  #box_btn {
28    position: absolute;
29    top: 0;
30    right: 0;
31    border-radius: 0 0 8px 8px;
32    padding: 6px 20px 6px 20px;
33    background-color: #fff;
34    cursor: pointer;
35  }
36  </style>
37  </head>
38  <body>
39  <div id="box">
40    <ul>
41      <li>ホーム</li>
42      <li>会社案内</li>
43      <li>業務内容</li>
44      <li>サポート</li>
45      <li>お問い合わせ</li>
46    </ul>
47  </div>
48  <header>
49  <div class="header-contents">
50    <div id="box_btn">Menu</div>
```

```
51 <h1>ボックスを開く・たたむ</h1>
52 <h2>アニメーション機能を使う</h2>
53 </div><!-- /.header-contents -->
54 </header>
55 <div class="main-wrapper">
56 <section>
57
58 </section>
    …省略
69 </body>
```

ここでいったんブラウザの表示を確認します。ヘッダーの上にコンテンツ、右には[Menu]タブが追加されています。

Fig　ヘッダーの上にコンテンツと[Menu]タブが追加された

ここからさらにCSSを1行だけ追加して、ヘッダーの上にあるボックスを非表示にします。

6-02_box/step1/index.html　HTML

```
09 <style>
10 #box {
11   display: none;
12   margin: 0 auto 0 auto;
13   max-width: 960px;
14 }
   …省略
37 </style>
```

これでヘッダーの上にあるボックスが表示されなくなり、[Menu]タブがあることを除けばいつものテンプレートとあまり変わらない見た目になります。

Fig　ヘッダー上のボックス表示がなくなった

最後にプログラムを追加します。

6-02_box/step1/index.html　HTML

```
62 <script src="http://code.jquery.com/jquery-1.11.3.min.js"></script>
63 <script>
64 $(document).ready(function(){
65   $('#box_btn').on('click', function(){
66     $('#box').slideToggle();
67   });
68 });
69 </script>
70 </body>
```

先に紹介したjQuery公式サイトのページから
コピー＆ペースト

ブラウザで表示を確認します。[Menu]タブをクリックすると、ヘッダー上のボックスを開いたり、たたんだりできるようになります。

Fig　[Menu]タブをクリックするとヘッダー上のボックスが開かれたり、たたまれたりする

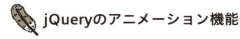 jQueryのアニメーション機能

　今回のプログラムも、基本的な構造は6-1節のサンプルと同じです。プログラムの流れを簡単に確認しておきましょう。

まず、HTMLが読み込まれるのを待ってから 6-1 解説「HTMLが読み込まれたらプログラムの実行を開始する」→p.245 、[Menu]タブ（`<div id="box_btn">Menu</div>`）にクリックイベントを設定します。

```
65  $('#box_btn').on('click', function(){
```

この、clickイベントが発生したときに実行されるファンクションの{ ～ }に書かれているのが、今回のアニメーションです。

```
66  $('#box').slideToggle();
```

slideToggleはjQueryのメソッドで、取得している要素のボックスが閉じている状態のときは開き、開いているときは閉じます。開閉の際に縦方向にアニメーションします。

書式　要素のボックスを開く・閉じる

$()で取得した要素.slideToggle(スピード)

アニメーションの速度を変更してみよう

slideToggleの()内にパラメータを追加すると、アニメーションの速度が変わります。パラメータには`'fast'`（速く）、`'slow'`（遅く）、もしくはアニメーションの経過時間をミリ秒で指定することができます。slideToggleメソッドの()内のパラメータを、次のように書き換えて試してみましょう。

```
$('#box').slideToggle('fast');    ── アニメーションが速くなる
$('#box').slideToggle('slow');    ── アニメーションが遅くなる
$('#box').slideToggle(1000);      ── アニメーションにかかる時間をミリ秒で指定
```

 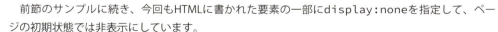

アクセシビリティを高めるには

前節のサンプルに続き、今回もHTMLに書かれた要素の一部に`display:none`を指定して、ページの初期状態では非表示にしています。

そのため、もしもこのページを見に来たユーザーがJavaScriptをオフにしていたり、そもそもJavaScriptが搭載されていないブラウザを使用していたとしたら、非表示のコンテンツを閲覧させる術がありません。これは困ったことになってしまいますね。

この問題に対処するにはいくつかの方法がありますが、<noscript>タグを活用するのが手っ取り早いでしょう。今回のサンプルであれば、<style>〜</style>の下に次のようなHTMLを追加します。これで、JavaScriptが動作しない環境ではボックスが開かれた状態で表示されます。

6-02_box/extra/index.html HTML

```
38  <noscript>
39  <style>
40  #box {
41    display: block;
42  }
43  </style>
44  </noscript>
```

Fig　JavaScriptが動作しない環境の場合、ボックスは常に開かれたままになる

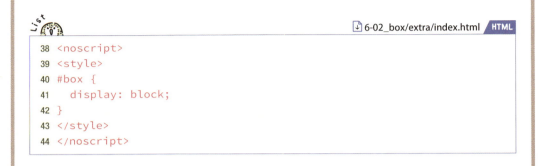

<noscript>〜</noscript>の中に書かれた要素は、JavaScriptが動作しない環境で閲覧しているときだけ有効になります。

このように、どんな環境でもひととおりの情報を閲覧できるようにしておくことを「アクセシビリティ」といいます。

jQueryのバージョン

現在、jQueryには、1.x系と2.x系の、2つのバージョンがあります。このうち、本書で使用している1.x系は互換性を重視したバージョンで、IE6、7、8でも同じように動作します。2.x系は、IE9以降をサポートしています。どちらも使用できるメソッドと機能は同じですが、スマートフォン専用サイトを作るときなど互換性を重要視しない場合には、2.x系のほうがプログラムの動作が速くなります。

空き席状況をチェック
AjaxとJSON

JavaScriptの非同期通信（Ajax、エイジャックス）と呼ばれる技術を使って外部データファイルを読み込み、そのデータの内容をもとにHTMLの表示を変更します。読み込むデータはJSON（ジェイソン）という形式で書かれています。このサンプルのポイントは、jQueryを使った外部データファイルの読み込みと、読み込んだJSONデータの利用方法です。AjaxとJSONデータの扱いがわかると、作れるものの幅がグンと広がります。

▼ ここでやること

［空き席状況を確認］ボタンをクリックすると、混雑していれば「残席わずか」、混雑していなければ「お席あります」というテキストを表示します。

 ## Ajaxとデータの活用

　今回の実習では、このStep1で一気にすべて作成します。HTML、CSS、JavaScriptプログラムをindex.htmlに記述して、それとは別にdata.jsonというデータファイルを作成します。

　まずはHTMLとCSSを編集しましょう。HTMLの各タグにはid属性、class属性がついていますが、プログラム中で使用するのは`<li>`のid属性と、ボタンになる`<p>`のclass属性「check」です。このid属性、class属性がついているタグがどこにあるのか把握しながらHTMLを書きましょう。

　「_template」フォルダをコピーして、新しくできたフォルダの名前は「6-03_ajax」としてから作業を始めます。

```html
18  <section>
19    <ul class="list">
20      <li class="seminar" id="js">
21        <h2>JavaScript勉強会</h2>
22        <p class="check">空き席状況を確認</p>
23      </li>
24      <li class="seminar" id="security">
25        <h2>セキュリティ対策講座</h2>
26        <p class="check">空き席状況を確認</p>
27      </li>
28      <li class="seminar" id="uiux">
29        <h2>UI/UXハッカソン</h2>
30        <p class="check">空き席状況を確認</p>
31      </li>
32    </ul>
33  </section>
```

次はCSSです。大部分が装飾のためのスタイルですが、下のほうにあるセレクタ「.green」「.red」の2つはプログラムで使用するので必須です。

```html
03  <head>
    …省略
09  <style>
10  .list {
11    overflow: hidden;
12    margin: 0;
13    padding: 0;
14    list-style-type: none;
15  }
16  .list h2 {
17    margin: 0 0 2em 0;
18    font-size: 16px;
19    text-align: center;
20  }
21  .seminar {
22    float: left;
23    margin: 10px 10px 10px 0;
24    border: 1px solid #23628f;
25    padding: 4px;
26    width: 25%;
```

```
27  }
28  .check {
29    margin: 0;
30    padding: 8px;
31    font-size: 12px;
32    color: #ffffff;
33    background-color: #23628f;
34    text-align: center;
35    cursor: pointer;
36  }
37  .red {
38    background-color: #e33a6d;
39  }
40  .green {
41    background-color: #7bc52e;
42  }
43  </style>
44  </head>
```

次にプログラムを書きます。このプログラムは、Ajaxでデータファイルを読み込む部分、<p class="check">をクリックしたら空き席状況を表示する部分、と大きく2つに分かれています。

6-03_ajax/step1/index.html **HTML**

```
45  <body>
    …省略
70  <footer>JavaScript Samples</footer>
71  <script src="http://code.jquery.com/jquery-1.11.3.min.js"></script>
72  <script>
73  $(document).ready(function(){
74    //ファイルの読み込み
75    $.ajax({url: 'data.json', dataType: 'json'})
76    .done(function(data){
77      $(data).each(function(){
78        if(this.crowded === 'yes') {
79          var idName = '#' + this.id;
80          $(idName).find('.check').addClass('crowded');
81        }
82      });
83    })
84    .fail(function(){
85      window.alert('読み込みエラー');
86    });
```

```
87
88     //クリックされたら空き席状況を表示
89     $('.check').on('click', function(){
90       if($(this).hasClass('crowded')) {
91         $(this).text('残席わずか').addClass('red');
92       } else {
93         $(this).text('お席あります').addClass('green');
94       }
95     });
96   });
97 </script>
98 </body>
```

最後にデータファイルを作成します。新しいファイルを作成し、次のソースコードを入力します。終わったら、index.htmlと同じフォルダ内に「data.json」というファイル名で保存します。ほかのファイル同様、JSONファイルも文字コード方式をUTF-8にします 2-2 Note「ファイルの文字コード形式は「UTF-8」に」→p.47 。

6-03_ajax/step1/data.json HTML
```
01 [
02   {"id":"js","crowded":"yes"},
03   {"id":"security","crowded":"no"},
04   {"id":"uiux","crowded":"no"}
05 ]
```

index.htmlをブラウザで開きます。[空き席状況を確認]ボタンをクリックしたら、data.jsonの内容に応じて「残席わずか」または「お席あります」と表示されます。

Fig　data.jsonの内容によって表示が切り替わる

Ajaxはローカル環境では動作しないブラウザがあるので注意！

　Ajaxでのデータファイルの読み込みは、ブラウザによってはローカル環境で動作しない場合があります。「うまくいかないな」と思ったら、作成したデータをWebサーバーにアップロードして確認してみてください。

 Ajaxによるファイルの読み込み

　ページのリンクやフォームの送信ボタンをクリックすると、次のページが表示（ページが遷移）されますね。その際、ブラウザは次のページのデータをWebサーバーからダウンロードするのですが、この方式ではどうしても表示されるページが完全に入れ替わってしまいます。

　Ajax（非同期通信）とは、ページを切り替えることなくWebサーバーとデータの送受信をするJavaScriptの機能です。Ajaxを使うことで、最新のデータを取得して、表示されている画面の一部だけを書き換えることができるようになります。

Fig　通常のデータ送受信とAjaxの違い

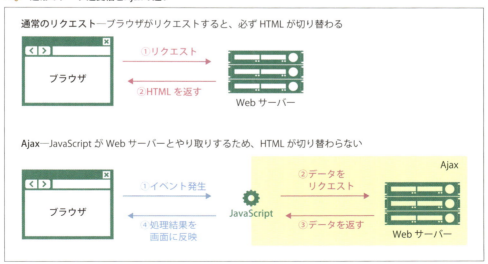

AjaxはJavaScriptの機能ですが、素のJavaScriptでプログラムを書くよりjQueryを使ったほうが簡単に記述できます。実習で書いたプログラムでは、「`$.ajax`」で始まる部分がjQueryによるAjaxの記述です。先にAjaxに直接関係のある部分だけを抜き出して見てみましょう。

Ajaxの基本形

```
75  $.ajax({url: 'data.json', dataType: 'json'})
76  .done(function(data){
            データがダウンロードできたときの処理
83  })
84  .fail(function(){
            データがダウンロードできなかったときの処理
86  });
```

これがAjaxの基本形です。「`$.ajax`」に続く()内のパラメータには、データの送受信に必要な設定をオブジェクトの形式で含めます 3-11 解説「オブジェクト」➡p.139 。つまり、{ ～ }でくくって、次のようなかたちで設定内容を列挙していきます。

```
$.ajax({url: 'data.json', dataType: 'json', そのほかの設定: '設定値', ...})
```

今回設定しているのは「`url`」と「`dataType`」の2種類です。
このうち`url`には、ダウンロードしたいデータのURLを指定します。今回のサンプルでは「data.json」にしています。
また、`dataType`プロパティにはダウンロードするデータの形式を指定します。data.jsonに書かれているデータの形式はJSON形式なので、`dataType`の値は`'json'`にします。
ダウンロードしたいデータの形式や、通信するWebサーバーによってこの設定内容は変わります。より詳しく知りたい方はjQueryの公式リファレンスを参照してください。

▶ **jQuery.ajaxメソッドの公式リファレンス**
URL http://api.jquery.com/jQuery.ajax/

さて、データのダウンロードが成功したときの処理は、次の行の「`.done`」に続くファンクションの{ ～ }内に書きます。このファンクションには、パラメータとしてダウンロードされたデータが渡されるので、これを「`data`」に代入しています。

渡されたデータをパラメータdataに代入

```
76  .done(function(data){
```

また、データのダウンロードに失敗したときは、「`.fail`」に続くファンクションが実行されます。この実習ではアラートダイアログボックスを表示するようにしています。

Fig　データのダウンロードに失敗したときの表示

 **JSONとは？**

次に、「data.json」に書いたデータの内容を見てみましょう。こういうふうに書きました。

```
01  [
02      {"id":"js","crowded":"yes"},
03      {"id":"security","crowded":"no"},
04      {"id":"uiux","crowded":"no"}
05  ]
```

カッコ類やらダブルクォートやら、記号がたくさん出てきますが、じっと見つめていると、鋭い方なら「これはもしかして、JavaScriptの配列とオブジェクトの組み合わせ？」と気がつくかもしれません。JSONとは、JavaScriptの配列とオブジェクト＊の文法を取り入れたデータ形式なのです。そのことに気づくと、書かれている内容を把握しやすくなります。

それでは実際に、data.jsonに何が書かれているか読んでみましょう。まず、全体が[～]でくくられていることから、このデータが配列であることがわかります。その配列の各項目は、それぞれ{ ～ }でくくられていることから、オブジェクトであることもわかります。

さらに、それぞれのオブジェクトは「`id`」と「`crowded`」の2つのプロパティを持っています。つまり、このデータは3項目の配列で、それぞれの項目は2つのプロパティを持つオブジェクトになっているのです。

なお、JSONには、JavaScriptの配列やオブジェクトにはない書式上の注意が2点あります。

＊　配列については 3-10「項目をリスト表示する」➡p.124 、オブジェクトについては 3-11「アイテムの価格と在庫を表示する」➡p.135 を参照してください。また、配列とオブジェクトを組み合わせたデータの考え方については、3-11 Note「どちらを選べばいいの！？ 配列vsオブジェクト」➡p.146 も参考にしてください。

1つは、値だけでなく「プロパティ名」もダブルクォートで囲まなければいけないということ、もう1つは、プロパティ名や値は、シングルクォートではなくダブルクォートで囲む必要があるということです。この2点を除けば、JavaScriptの配列やオブジェクトと書式はまったく同じです。

data.jsonがダウンロードされた後の処理

それでは、data.jsonがダウンロードされた後の処理、つまりdoneに続くファンクションの中身を見てみましょう。まず、このファンクションにはダウンロードされたdata.jsonのデータがパラメータとして渡されていて、「data」に代入されていることを思い出してください。「data」に代入されているデータの中身は先に説明したとおり、3項目の配列で、それぞれの項目は2つのプロパティを持つオブジェクトになっています。

77行目で、配列の各項目に対して、eachメソッドで順番にファンクションを実行しています。

```
77 $(data).each(function(){
```

$()メソッドは、HTMLの要素だけでなく配列などのデータにも使用できます。$()のパラメータを配列にした場合、配列に含まれる項目すべてを取得します。

そして、それに続くeachメソッドは、$()で取得したHTML要素や配列の項目一つひとつに対して、()内のファンクションを繰り返し実行します。このプログラムでは、配列dataに含まれる項目一つひとつに対して、ファンクションの処理が実行されます。

さて、このファンクションの中のif文では、そのときの配列の項目のcrowdedプロパティが「yes」なら、{ ～ }の処理を実行するようになっています。

```
78 if(this.crowded === 'yes') {
```

この条件式で出てくるthisは配列の項目です。たとえば最初の繰り返しなら、このthisは配列データの0番目、つまり{"id":"js","crowded":"yes"}を指しています。thisを$()でくくっていないことに注意してください。オブジェクトのプロパティ値を読み取るのは、jQueryのメソッドではなく素のJavaScriptの機能を使うので、jQueryオブジェクトに変換する必要がないからです。

さて、このif文の条件式がtrueになったとき、つまりcrowdedプロパティの値がyesのとき、{ ～ }の処理が実行されます。ここではまず、変数idNameを定義して、そこに「#」とidプロパティの値を文字列連結したものを代入します。

```
79 var idName = '#' + this.id;
```

これは、たとえば最初の繰り返しなら、変数idNameには「#js」という文字列が代入されると

いうことになります。

次の行からHTMLの操作を行います。変数idNameに代入されている文字列をidセレクタにして要素を取得します。

```
80  $(idName)
```

その子要素で、クラス名が「.check」の要素を取得して、クラス「crowded」を追加します。1つのHTMLタグに対し、class属性の値は複数指定することができます。

```
80  $(idName).find('.check').addClass('crowded');
```

ここまでの処理で、たとえば最初の繰り返しでthisが「{"id":"js","crowded":"yes"}」を指しているとき、HTMLは次のように変化します。

Fig　jQueryのメソッドで取得される要素とクラスが追加される場所

findメソッドは、$()で取得した要素に含まれる子孫要素のうち、()内のセレクタにマッチする要素を取得します。ここでは()内のセレクタが'.check'になっているので、<p class="check">が取得されるというわけです。

<p class="check">がクリックされたときの処理

Ajaxでデータのダウンロードが完了しても、まだボタンの色は変わりません。ボタンの色を変えるのは、［空き席状況を確認］ボタン（<p class="check">空き席状況を確認</p>）がクリックされたときです。89行目の「$('.check').on('click', function(){」以降の処理がそれにあたります。

90行目から始まるif文で、この<p>のclassに「crowded」が含まれていたら、さらにクラス「red」を追加、含まれていなければ「green」を追加しています。また、どちらの場合も<p>〜</p>に含まれるテキストも変更しています。

```
90  if($(this).hasClass('crowded')) {
91      $(this).text('残席わずか').addClass('red');
92  } else {
93      $(this).text('お席あります').addClass('green');
94  }
```

redクラスまたはgreenクラスが追加されることにより、この<p>にCSSが適用されます。そのため、「残席わずか」のときはボタンの色が赤に、「お席あります」のときは緑に変わるのです。

data.jsonを書き換えてみよう

data.jsonを編集して、各項目の空き席状況を変えてみたり、項目数を増やしたりしてみましょう。ダウンロードするデータと実際に表示するHTMLの関係がより理解しやすくなるほか、JSON形式にも慣れることができるでしょう。

Ajaxの注意点と応用

今回はAjaxの練習のために、読み込むデータファイルを通常のテキストファイルにしていました。しかし、実際のWebサイトでは、このデータをサーバーサイドのプログラムで生成するケースが多いです。

たとえば今回のデータも、実際にイベントなどの混雑状況を把握して、そのデータをもとにPHPなどのプログラムを使ってサーバーサイドで生成することができれば、いつでも最新の情報をユーザーに提供できるようになります。サーバーサイドのプログラムとAjaxを組み合わせると、応用範囲が広がりそうですね。

そんな便利なAjaxですが、注意点があります。Ajaxでのデータ送受信は、セキュリティの関係上、原則として同一オリジン内に制限されています。たとえばdata.jsonが別のオリジンに保存されていると、データを読み込むことができなくなります。同一オリジン内にないデータをダウンロードする方法については、7章で扱います。

● ドメイン、オリジンって何？

「同一オリジン」って、聞きなれない言葉ですね。オリジンを理解するために、まず「ドメイン」とは何かを確認しておきましょう。

ドメインとは、インターネット上にあるサーバーのアドレスを特定するためのURLの一部です。たとえば「http://www.sbcr.jp/index.html」というURLがあるとき、「sbcr.jp」がドメインにあたります（図参照）。

またオリジンとは、ドメイン、サブドメインに加え、URLの先頭の**スキーム**（http://やhttps://の部分）、および**ポート番号**＊も含めた部分を指します。つまり「同一オリジン」とは、ドメイン、サブドメイン、スキーム、ポート番号すべてが同じURLのことを指すのです。

Fig　URLの各部名称とオリジン

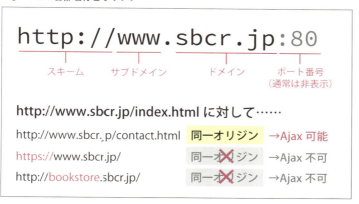

jQueryのメソッド

jQueryには、本書で紹介する以外にもたくさんのメソッドがあります。本書で使用しているメソッドを中心に、よく使うjQueryメソッドを挙げておきます。

Table　よく使うjQueryメソッド一覧

メソッド	概要	ページ
コア機能		
$('セレクタ')	**セレクタ**にマッチする要素をすべて取得する	p.246
$(配列またはオブジェクト)	**配列**のデータや**オブジェクト**のプロパティをすべて取得する	p.262
$.ajax()	非同期通信をする	p.260
トラバーサル		
.next()	すぐ次の弟要素を取得する	p.247
.find('セレクタ')	子孫要素のうち**セレクタ**にマッチする要素をすべて取得する	p.263

＊ ポート番号とは、データを送る先の"部屋番号"のようなものです。Webサーバーのポート番号は通常、httpの場合は80番、httpsなら443番です。Webサーバーのポート番号がこれらに設定されているかぎり、URLにわざわざポート番号を書く必要はありません。そのため、一般的なWebサイトのURLでポート番号を見かけることはほとんどありません。

Table よく使うjQueryメソッド一覧（続き）

メソッド	概要	ページ
.children('セレクタ')	子要素をすべて取得する。パラメータにセレクタが含まれている場合、子要素のうちそのセレクタにマッチする要素だけを取得する	p.301
.each(function(){…})	取得したすべての要素や配列のデータなどに{…}を実行する	p.262
.parent('セレクタ')	親要素を取得する。パラメータにセレクタが含まれている場合、親要素がそのセレクタにマッチするときだけ取得する	—
.siblings()	兄弟要素をすべて取得する	—
.prev()	すぐ前の兄要素を取得する	—
マニピュレーション（HTMLやCSSを操作する機能）		
.addClass('クラス')	クラスを追加する	p.263
.removeClass('クラス')	クラスを削除する	—
.toggleClass('クラス')	取得した要素にクラスがあれば削除、なければ追加する	p.248
.text('テキスト')	テキストコンテンツを設定する（書き換える）	p.264
.text()	テキストコンテンツを読み取る	p.277
.hasClass('クラス')	取得した要素にクラスがあるかどうかを調べる	p.264
.prepend(要素)	取得した要素に子要素を挿入する。すでに子要素がある場合はそれよりも前に挿入する	—
.append(要素)	取得した要素に子要素を挿入する。すでに子要素がある場合はそれよりも後に挿入する	p.277
.attr('属性名','値')	要素の属性に値を設定する	p.278
.attr('属性名')	要素の属性の値を読み取る	—
.remove()	要素を削除する	p.303
アニメーション		
.slideDown(スピード)	取得した要素を表示する	—
.slideUp(スピード)	取得した要素を非表示にする	—
.slideToggle(スピード)	取得した要素が表示されていれば非表示に、表示されていなければ表示する	p.253
イベント		
.on('イベント',function(){…})	イベントを設定する	p.247
event.preventDefault()	イベントの基本動作をキャンセルする	p.302

Chapter 7

外部データを活用した
アプリケーションに挑戦！

JavaScriptプログラミングの総まとめとして、この章では外部データを活用したWebアプリケーションの作成に挑戦します。RSSフィードを取得して最新記事一覧を表示したり、写真投稿サービスInstagramが提供する機能を使用して自分が投稿した写真の一覧を表示するギャラリーを作成したりします。Ajaxを駆使して外部データを使いこなせるようになると、プログラミングがどんどん楽しくなります。

最新記事一覧を表示する
RSSフィードの取得と解析

WordPressなどのCMS（コンテンツ管理システム）で構築されたWebサイトやブログサービス、ニュースサイトでは、更新状況を知らせる「RSSフィード」というデータを公開しています。今回の実習では、jQueryのAjax機能を使ってRSSフィードを取得します。Ajaxは同一オリジンのデータしか取得できないのですが、今回は、サーバーで動作するプログラムとJavaScriptを組み合わせて、別オリジンからでもRSSフィードを取得できる実践的なプログラムを作成します。WordPressで作られたサイトをお持ちの方は、ご自分のサイトのRSSフィードで試すことができます。

▼ ここでやること

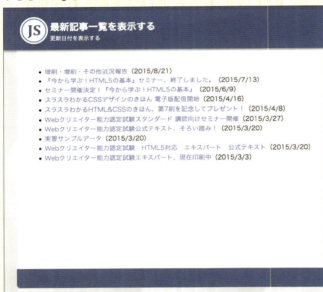

RSSフィードのデータから記事のタイトルなどを取得して、Webページに最新情報一覧を表示させます。

 RSSフィードを取得する

サンプルでは、JavaScript以外にサーバーで動作するプログラムを使用します。そのため、このサンプルの動作を確認するには、ファイルをWebサーバーにアップロードする必要があります。PHP5.3以上が動作するレンタルサーバーなどを契約されている方は、「7-01_rss/step1」フォ

ルダに含まれるcdxml.phpと、これから作成するindex.htmlを、そのWebサーバーの同一フォルダ内にアップロードしてください。フォルダの名前は何でもかまいません。もし、PHPが動作するWebサーバーを用意できない場合は、「利用できるWebサーバーがないときは」(p.273)で紹介する方法を試してみてください。

Fig　FTPソフトを使って、cdxml.phpとindex.htmlをWebサーバー上の同じフォルダにアップロード

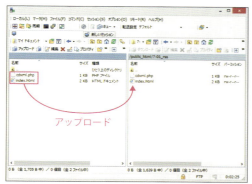
WinSCP（Windows）

Transmit（Mac）

　それでは、6-3節のサンプルでも実習した$.ajaxメソッドを使用してRSSフィードを取得します。RSSフィードがどういうものかを確認するために、まずは取得したデータ全体をブラウザのコンソールに出力してみましょう。

　WordPressなどのCMSで作られたWebサイトをお持ちの方は、RSSフィードが取得できるURLを探してください。WordPressの場合は、次のURLでRSSフィードが取得できるはずです。

▶ **WordPressのRSSフィードのURL**
　　URL　http://＜ドメイン名＞/＜**WordPress**が保存されているディレクトリ名＞/**feed/**

　ブラウザによってはRSSフィードのデータが表示できないものもありますが、心配いりません。URLさえわかれば大丈夫です。URLがわかったら、それをコピーしておいてください。
　また、RSSフィードが出力されているWebサイトをお持ちでない方は、著者の書籍サポートページのURLを使用してください。

▶ **CMSのサイトをお持ちでない方はこのURLを使用してください**
　　URL　http://www.solidpanda.com/book/feed/

　これで準備完了。index.htmlにプログラムを書きます。「_template」フォルダをコピーして、新しくできたフォルダの名前は「7-01_rss」としてから作業を始めます。

List 🔽 7-01_rss/step1/index.html HTML

```
10 <body>
   …省略
22 <footer>JavaScript Samples</footer>
23 <script src="//code.jquery.com/jquery-1.11.3.min.js"></script>
24 <script>
25 $(document).ready(function(){
26   var rssURL = "http://www.solidpanda.com/book/feed/";
27   $.ajax({
28     url: 'cdxml.php',
29     type: 'GET',
30     dataType: 'xml',
31     data: {
32       url: rssURL
33     }
34   })
35   .done(function(data){
36     console.log(data);
37   })
38   .fail(function(){
39     window.alert('データの読み込みに失敗しました。');
40   });
41 });
42 </script>
43 </body>
```

ここは先ほどコピーしたURLに書き換えてください

　編集が終わったら、index.htmlをcdxml.phpと同じWebサーバーのフォルダにアップロードします。そして、アップロードしたindex.htmlにブラウザでアクセスします。これでブラウザのコンソールに「<タグ>」がたくさんある、一見HTMLに似たRSSフィードのデータが表示されます。

Fig　ブラウザのコンソールにRSSフィードのデータが表示される

コンソールにうまく表示されないときは

　ブラウザによっては、RSSがHTMLに似たような表示にならないことがあります。その場合は、一時的にプログラムを下のソースコードのように書き換えて再読み込みしてください。確認できたら、プログラムを元に戻しておいてください。

Fig　RSSがHTMLとはまったく違う見た目で表示されたときはプログラムを一時的に書き換える

プログラムを書き換える部分

```
27    $.ajax({
28      url: 'cdxml.php',
29      type: 'GET',
30      dataType: 'text',     ← 'xml'を'text'に書き換え（試したら元に戻すのを忘れずに！）
  …省略
34    })
```

 プログラムの基本は6-3節のサンプルと同じ

　jQueryのAjax機能を使用した今回のプログラムは、基本的な部分は6-3節のサンプルと同じですので、解説はそちらを参照してください。
　なお、変数rssURLと$.ajaxの()内に含まれるパラメータは、サーバープログラムcdxml.phpを動作させるために必要な設定です。変数rssURLのURL以外は変更しないでください。

プログラムの赤い部分は変更しないように！

```
26    var rssURL = "http://www.solidpanda.com/book/feed/";
27    $.ajax({
28      url: 'cdxml.php',
29      type: 'GET',
30      dataType: 'xml',
31      data: {
32        url: rssURL
33      }
34    })
```

このURLは書き換え可能

　変数rssURLのURLは、cdxml.phpをアップロードしたWebサーバーのドメイン（オリジン）と違っていても問題ありません。たとえば、cdxml.phpを「http://www.example.com」上にアップロードしていたとして、RSSのURL（変数rssURLの値）が「http://www.solidpanda.com/book/feed/」といった、違うオリジンでも問題ありません。

RSSって何？

　取得したデータの中身を見てみると、山カッコ（<>）で囲まれたタグがたくさん使われていて、HTMLと似ています。でも、タグ名はぜんぜん違うようです。
　HTMLとRSSは、どちらもコンテンツ（テキスト）を「タグ」ではさむ記述方法をとっています。HTMLは1枚のWebページを構成するのに使われますが、RSSはサイトの更新情報を提供するのに使われています。次のStepで、RSSフィードの基本的な構造と、その中から特定のデータを取得する方法、jQueryの各種メソッドがHTMLと同じようにRSSも扱えることを見ていくことにしましょう。

cdxml.phpの役割

　JavaScriptは別オリジンにあるデータをAjaxで取得することができません。それでも「ほかのサイトからのデータを読み込みたい」というときは、次の3とおりの解決方法があります。

1. **JSONP**という仕組みを使ってデータを取得する
2. **CORS**（Cross-Origin Resource Sharing）という仕組みを使ってデータを取得する
3. **Webサーバーで動作するプログラムを使ってデータを取得する**

　このうち1と2は、データを送信する側のWebサーバーに設定が必要なので、必ずとれる手段とはかぎりません。

一方、**3**は受信する側のWebサーバーにプログラムを設置すればよいので、比較的簡単に別オリジンのデータを取得できるようになります。実は、ブラウザで動作するJavaScriptと違って、Webサーバーで動作するプログラムは、データの送受信に同一オリジンの制約を受けません。**3**はその特性を生かした解決方法です。

　cdxml.phpは、**3**の方法を用いて別オリジンからデータを取得するプログラムで（同一オリジンのデータ取得も可能）、PHPというプログラミング言語で書かれています。いったんcdxml.phpで取得したデータは、6-3節で紹介した通常のAjaxと同じように扱えるようになります。

 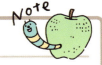

利用できるWebサーバーがないときは

　PHPプログラムが動作するWebサーバーが用意できない場合、残念ながら別オリジンにあるRSSフィードを利用することはできませんが、動作の雰囲気をつかむことはできます。

　「7-01_rss」フォルダ内の「extra」フォルダにある、RSSフィードのサンプルファイル「samplefeed.xml」を、cdxml.phpの代わりに読み込ませてみましょう。samplefeed.xmlをindex.htmlと同じフォルダにコピーして、p.270のJavaScriptプログラムを次のように書き換えてください。

7-01_rss/extra/index.html 〈HTML〉

```
23  <script src="http://code.jquery.com/jquery-1.11.3.min.js"></script>
24  <script>
25  $(document).ready(function(){
26    //var rssURL = "http://www.solidpanda.com/book/feed/";
27    $.ajax({
28      url: 'samplefeed.xml',
29      type: 'GET',
30      dataType: 'xml',
31      data: {
32        //url: rssURL
33      }
34    })
   …省略
42  </script>
```

　動作を確認するには、index.htmlをダブルクリックしてブラウザで開きます。ただしChromeでは動作しないので、ほかのブラウザを使ってください。また、IEで次のような警告が出る場合は［ブロックされているコンテンツを許可］をクリックします。

Fig　IEでは［ブロックされているコンテンツを許可］をクリックする

　　samplefeed.xmlを読み込むようにしてあれば、Step2以降の実習は本書に書かれているとおりに取り組むことができます。

Step 2　記事タイトルを表示する

　　RSSフィードが取得できたところで、実際にこのデータの中から

- 記事のタイトル
- 記事のURL（パーマリンク）*

を取得して、最新記事一覧をリスト形式でindex.htmlに表示させます。記事のタイトルは1つずつ`<li>`～`</li>`で囲みます。まずはHTMLを編集して、`<li>`の親要素となる`<ul>`を追加します。その`<ul>`にはid属性「latest」を追加します。

 　　　　　　　　　　　　　　　　　　　　　　　　　7-01_rss/step2/index.html　HTML

```
18  <section>
19    <ul id="latest"></ul>
20  </section>
```

　　次に、RSSフィードからタイトルとパーマリンクのデータを取得して`<li>`タグを作成し、`<ul id="latest">`～`</ul>`に挿入するプログラムを書きます。( )や{ }が入り組むので気をつけて入力してくださいね。

```
24  <script>
25  $(document).ready(function(){
26    var rssURL = "http://www.solidpanda.com/book/feed/";
```

＊ 記事のURL（パーマリンク）は、記事一つひとつにつけられた、変化することのないURLのことです。

```
27    $.ajax({
28      url: 'cdxml.php',
29      type: 'GET',
30      dataType: 'xml',
31      data: {
32        url: rssURL
33      }
34    })
35    .done(functicn(data){
36      $(data).find('channel item').each(function(){
37        var itemTitle = $(this).find('title').text();
38        var permaLink = $(this).find('link').text();
39        $('#latest').append(
40          $('<li></li>').append(
41            $('<a></a>')
42              .attr('href', permaLink)
43              .text(itemTitle)
44          )
45        )
46      });
47    })
48    .fail(function(){
49      window.alert('データの読み込みに失敗しました。');
50    });
51  });
52  </script>
```

index.htmlをWebサーバーにアップロードし直してからブラウザで確認します。最新記事一覧が表示され、タイトルをクリックすると該当のページへ移動します。

Fig　最新記事一覧が表示される

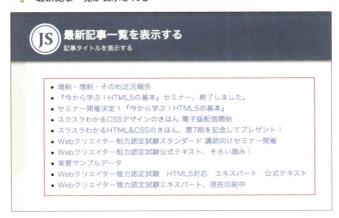

RSSフィードの基本構造

RSSフィードは、使用しているCMSやサービスによって内容が微妙に異なるのですが、主な要素と基本的な構造は次図のようになっています。今回の実習では、各記事のタイトルとパーマリンクが欲しいので、`<item>`要素内の`<title>`、`<link>`のコンテンツを取得しています。

Fig　RSSフィードの基本構造

```
<?xml version="1.0" encoding="UTF-8"?>
<rss>
  <channel>
    <title> サイトのタイトル </title>
    <atom:link href="http:// この RSS フィードの URL" />
    <link>http:// サイトの URL</link>
    <description> サイトの説明 </description>
    <item>
      <title> 記事タイトル </title>
      <link>http:// 記事の URL</link>
      <comments>http:// コメントの URL</comments>
      <pubDate> 記事が公開された日時 </pubDate>
      <dc:creator> 記事の作者 </dc:creator>
      <description> 記事の説明 </description>
      <content:encoded> 記事の内容 </content:encoded>
    </item> ─── 1つの記事情報
    <item>
    ...        ─── 記事の数ぶん <item>〜</item> が繰り返す
    </item>
  </channel>
</rss>
```

データを取得してHTMLを出力する

さて、RSSフィードからデータを取得してHTMLに出力するプログラムを見ていきましょう。まず、RSSフィードが取得できたら`.done`に続くファンクションが実行されること、ダウンロー

ドされたデータはパラメータ「data」に保存されていることを思い出してください 6-3 解説「Ajax によるファイルの読み込み」→p.259 。ここでは、.done以降の処理内容について解説します。

まず、RSSフィード全体が保存されたパラメータdataから、findメソッド[*1]で、<channel>要素に含まれるすべての<item>～</item>を取得します。

```
$(data).find('channel item')
```

そして、取得したすべての<item>～</item>に対して、eachメソッドでfunction以降の処理を繰り返し実行します。

```
$(data).find('channel item').each(function(){
```

繰り返し実行される処理は次のとおりです。少し複雑なのでちょっとずつ見ていきます。まず、変数itemTitleを定義して、<item>の子要素である<title>を取得します[*2]。

```
var itemTitle = $(this).find('title')
```

そして<title>～</title>に囲まれたコンテンツを読み取って、変数itemTitleに代入します。

```
var itemTitle = $(this).find('title').text();
```

textメソッドは、()内にパラメータを何も含めなければ、取得した要素のコンテンツを読み取ります。

プログラムの次の行では、同じように<item>の子要素である<link>のコンテンツを読み取って、変数permaLinkに代入しています。

```
38  var permaLink = $(this).find('link').text();
```

これでRSSフィードから記事タイトルと記事のURL（パーマリンク）が取得できました。次はこれらのデータをもとに<li>を作成して、<ul>に挿入します。まず、<ul id="latest">を取得して、そこにappendメソッドで子要素を挿入します。

```
39  $('#latest').append(
```

[*1] findメソッドについては 6-3 解説「data.jsonがダウンロードされた後の処理」→p.262 を参照してください。
[*2] この$(this)はもちろん繰り返しの対象になっている<item>を指しています 6-1 解説「サブメニューを開閉する」→p.247 。

appendは、( )内のパラメータで指定した要素を、$( )で取得した要素に挿入するメソッドです。ここではappendメソッドのパラメータ内で、<ul id="#latest">に挿入する要素を作成しています。その中を見てみると、次のようになっています。

```
39  $('#latest').append(
40    $('<li></li>').append(
```

まず<li>タグを作成します。$( )メソッドのパラメータに、「'<タグ></タグ>'」という書式でタグを含めておくと、タグを作成することができます。素のJavaScriptでいえば、document.createElementメソッドと同じような働きをするわけです。

そして、ふたたびappendメソッドが出てきます。このappendメソッドの( )内の要素が<li>に挿入されるのです。appendメソッドの( )の中を見てみると、まず<a></a>タグを作成しています。

```
40  $('<li></li>').append(
41    $('<a></a>')
```

そして、そのhref属性の値として変数permaLinkの値を設定しています。

```
41  $('<a></a>')
42    .attr('href', permaLink)
```

attrメソッドは、( )内のパラメータが2つあるときは、1番目のパラメータに指定した「属性」に対して、2番目のパラメータに指定した「値」を設定します。

> **書式** 取得した要素の「属性名」に「値」を設定する
>
> 取得した要素.attr('属性名', '値')

さて、プログラムの続きを見てみましょう。<a>〜</a>のコンテンツとして、変数itemTitleの値を指定しています。textメソッドは、( )にパラメータを含めた場合、取得した要素のテキストコンテンツを、そのパラメータの値にします。

```
41  $('<a></a>')
42    .attr('href', permaLink)
43    .text(itemTitle)
```

ここまでの処理によって、一度の繰り返しで次のようなHTMLが作られます。

Fig　HTMLはこのような構造になる

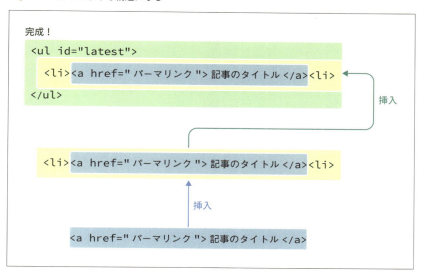

　この処理をRSSフィードの`<item>`の個数ぶん繰り返して、最新記事をリストにして表示している、というわけです。

step 3　更新日付を表示する

　RSSフィードから記事のタイトルと記事のURL（パーマリンク）を取得して一覧にすることができました。ここでもうひと手間加えて、それぞれの記事の更新日時を表示させるようにしましょう。プログラムを編集して、機能を追加します。

List　　　　　　　　　　　　　　　　　　　　　　　　　　　7-01_rss/step3/index.html　HTML
```
24  <script>
25  $(document).ready(function(){
26    var rssURL = "http://www.solidpanda.com/book/feed/";
27    $.ajax({
28      url: 'cdxml.php',
29      type: 'GET',
30      dataType: 'xml',
31      data: {
32        url: rssURL
33      }
34    })
```

```javascript
35    .done(function(data){
36      $(data).find('channel item').each(function(){
37        var itemTitle = $(this).find('title').text();
38        var permaLink = $(this).find('link').text();
39
40        var pubText = $(this).find('pubDate').text();
41        var pubDate = new Date(pubText);
42        var dateString = '(' + pubDate.getFullYear() + '/' + (pubDate.getMonth() + 1) + '/' + pubDate.getDate() + ')';
43
44        $('#latest').append(
45          $('<li></li>').append(
46            $('<a></a>')
47              .attr('href', permaLink)
48              .text(itemTitle)
49          )
50            .append(dateString)
51        )
52      });
53    })
54    .fail(function(){
55      window.alert('データの読み込みに失敗しました。');
56    });
57 });
58 </script>
```

index.htmlをWebサーバーにアップロードし直してから、ブラウザで確認します。記事タイトルの右に日付が表示されます。

Fig　最新記事一覧の各記事タイトルに日付が表示される

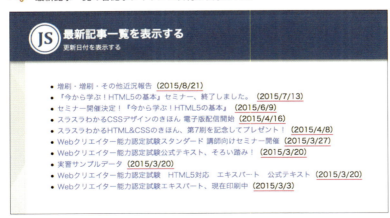

解　説

RSSフィードから更新日時を取得して日付を出力する

　RSSフィードには、各記事の更新日時が含まれています。「RSSフィードの基本構造」(p.276)をもう一度見てみると、`<item>`の子要素に`<pubDate>`要素があります。これが更新日時です。

`<pubDate>`の例

```
<pubDate>Mon, 13 Jul 2015 03:52:39 +0000</pubDate>
```

　この`<pubDate>`のコンテンツを利用して、Dateオブジェクトを初期化します。まず、`<pubDate>`のコンテンツを変数pubTextに代入して、それをもとにDateオブジェクトを作成し、変数pubDateに代入します。

```
40  var pubText = $(this).find('pubDate').text();
41  var pubDate = new Date(pubText);
```

　5-1節のサンプルでは「new Date(2020, 6, 24)」というかたちで、個別のパラメータで年月日を設定しましたが、今回のように日時を表す「Mon, 13 Jul 2015 03:52:39 +0000」のようなテキストでもDateオブジェクトを初期化できます。

　記事の更新日時で初期化したDateオブジェクトを作成すれば、後は各種メソッドで年、月、日などを個別に取得して文字列連結します*。

```
42  var dateString = '(' + pubDate.getFullYear() + '/' + (pubDate.
    getMonth() + 1) + '/' + pubDate.getDate() + ')';
```

---

* Dateオブジェクトの使い方や各種メソッドについては 4-2 解説「Dateオブジェクト」➡p.162 、 5-1「カウントダウンタイマー」➡p.186 を参照してください。

7-2 Web APIを使ってみよう
Instagram APIを利用したフォトギャラリー

本書の総まとめとして、Web APIを使ってみましょう。Web APIとは、Webサービス各社が提供するデータを取得・活用して、新たなWebアプリケーションを作成できる仕組みです。今回は写真投稿サイトInstragram（インスタグラム）に投稿した自分の写真を取得して、フォトギャラリーを作成します。

▼ ここでやること

サンプル写真提供：船着慎一

Instagramに公開されている写真をダウンロードして、フォトギャラリーを作成します。

 サンプルの動作確認は以下のURLで

サンプルデータの「7-02_photo」フォルダに含まれているプログラムには、Instagramから提供される情報（アクセストークン）が記入されていないため動作しません。サンプルの動作を確認するには、次のURLにアクセスしてください。

URL http://www.solidpanda.com/book-js/photo/

事前の準備

　この実習では、写真投稿サイトInstagramが公開しているWeb API（Application Programming Interface）を利用して、自分が投稿した写真のデータを取得し、Webページに表示します。

　Instagramからデータを取得するには、事前にユーザー登録をするなどの準備が必要です。サイトの作成を始める前に、今回使用するWeb APIの基本的な知識を確認してから、Instagramのデータを取得するための各種登録をすませましょう。

🌱 具体的にはどういうことをするの？

　一部のWebサイトは、そのWebサイトが持っているデータを、ほかの開発者やWebサイトが利用できるように公開しています。たとえばInstagramは、投稿された写真画像や、それに関連する各種データ——写真のキャプションや「いいね！」の数など——を公開しています。Instagram以外にも、TwitterのツイートやGoogle Mapsの地図データなど、多数の企業や官公庁がWeb上でデータを公開しています。こうした公開データを取得して、新たなWebサイト・Webアプリケーションを開発できます。

Fig　Web APIを経由して公開データを取得する仕組み

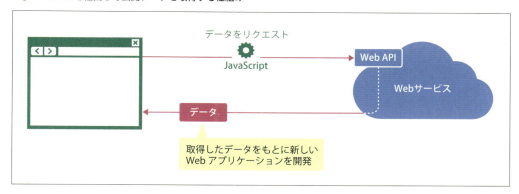

🌱 APIとは？

　API（Application Programming Interface）とは、一般的には何らかの機能を提供するプログラミングのオブジェクト、メソッド、プロパティなどを指しますが、Webアプリケーションの場合は「特定のデータを取得できる専用のURL」と考えてよいでしょう。こうしたURLにアクセスして、データを取得するのです。

🌱 Instagramのユーザーアカウントを作成する

　説明はこれくらいにして、Instagramを使ったWebアプリケーションを作る準備を始めましょう。Instagram APIを利用してデータを取得するには、プログラムを書く前に次の2つの作業をすませておく必要があります。

1. ユーザーアカウントの登録
2. アプリケーションの登録

　Instagramのユーザーアカウントをお持ちでない方は、Android ／ iOS用のスマートフォンアプリから登録をします。Google PlayまたはApp Storeからアプリをダウンロードして、ユーザーアカウントを登録してください（Facebookアカウントでログインすることもできます）。ユーザーアカウントの登録が終了したら、実習のために、複数の写真を投稿してみてください。ユーザーアカウントの登録方法は次のとおりです。

① Instagramアプリを開き、［登録］をタップします❶。後は画面の指示に従ってアカウントを作成してください。Facebookアカウントや電話番号でもログインできます。

Fig　Instagram（iOS版）を開いた直後

🌱 アプリケーションを登録する

　ユーザー登録をして、写真を何点かアップロードしたら、作成するWebアプリケーションを登録します。パソコンで次のURLにアクセスし、ログインします。ログインが完了したら、ページのフッターにある［API］をクリックします。

URL　https://instagram.com

Fig　Instagramのトップページ

Instagram APIのページが表示されるので、[Register]をクリックします。

Fig　Instagram APIのページ

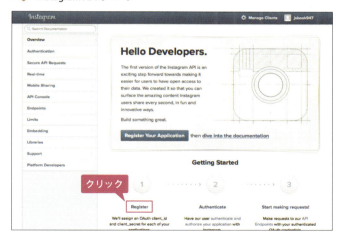

「Developer Signup」ページで、作成したWebアプリケーションを公開するWebサイトのURL（ドメイン名だけでもかまいません）、電話番号、アプリケーションの説明を記入したのち、最後のチェックボックスにチェックをつけて[Sign up]をクリックします。

Fig　Developer Signupページ

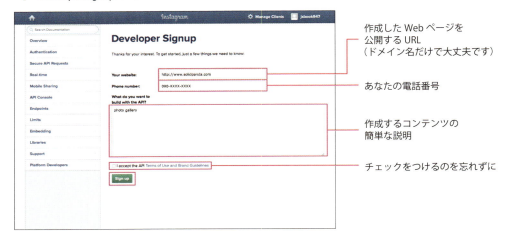

続いて、[Register Your Application]をクリックします。さらに、その次のページで[Register a New Client]をクリックします。

Fig　[Register Your Application]をクリックして進む

　次のページで[Details]タブをクリックします。「Application Name」にはアプリケーションの名前（どこにも公開されないので、後でわかる名前であればどんなものでもかまいません）、「Description」にはアプリケーションの説明、「Website URL」「Redirect URL(s)」には「Developer Signup」ページで入力したWebサイトのURL、「Contact email」にはメールアドレスを入力します。

Fig 各必要事項を入力

[Security]タブをクリックします。「Disable implicit OAuth」のチェックを外して、最後に画像に写っている歪んだ文字を記入して[Register]をクリックします。

Fig 歪んだ文字を入力して[Register]をクリック

ボタンをクリックした後「Successfully registered ＜アプリケーション名＞」と表示されれば登録完了です。このページには、後の設定に使う重要な情報が書かれています。「CLIENT ID」

「CLIENT SECRET」はどこか別のところにコピーしておきましょう。これらの情報は絶対にほかの人に伝えないでください。

Fig　登録完了

アクセストークンを取得する

Instagram APIを利用するには「アクセストークン」という英数字の文字列が必要なので、これを取得します。ブラウザのアドレスバーに次のURLを入力して Enter キーを押します。このURLの「CLIENT-ID」は先ほどのページにあったCLIENT ID、「REDIRECT-URI」はREDIRECT URIに、それぞれ書き換えてください。

URL　https://instagram.com/oauth/authorize/?client_id=**CLIENT-ID**&redirect_uri=**REDIRECT-URI**&response_type=token

アクセスすると、次のようなページが表示されます。[Authorize]をクリックします。

Fig　[Authorize]をクリック

登録したリダイレクト先のURLにページが移動します。アドレスバーのURLを見ると、後ろが「#accecss_token=＜英数字とピリオドの文字列＞」になっています。このうち、＜英数字とピリ

オドの文字列>の部分がアクセストークンです。これをコピーして、テキストエディタなどにペーストしておきます。

Fig　アクセストークンをコピー

この部分の英数字をコピー
（英数字は人によって異なります）

これで、ユーザーアカウント作成とアプリケーション登録が終了して、アクセストークンを取得することができました。事前作業はこれで終了です。次のStepから、実際にプログラムを書いてアプリケーションを作っていきましょう。

step 2　データをダウンロードする

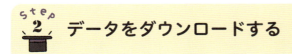

それでは、実際にInstagramから、自分が投稿した写真データを取得してみましょう。まずは取得したデータをブラウザのコンソールに表示させてみます。

「_template」フォルダをコピーして、新しくできたフォルダの名前は「7-02_photo」としてから作業を始めます。ソースコードが少し長くなるので、index.htmlと同じフォルダにscript.jsというファイルを作成し、JavaScriptプログラムはすべてそこに書くことにします。まずindex.htmlに<script>タグを2つ追加します。

List　　　　　　　　　　　　　　　　　　　　7-02_photo/step2/index.html　HTML

```html
10 <body>
  …省略
22 <footer>JavaScript Samples</footer>
23 <script src="//code.jquery.com/jquery-1.11.3.min.js"></script>
24 <script src="script.js"></script>
25 </body>
26 </html>
```

次にJacaScriptファイルを作成します。「script.js」と名前をつけて、index.htmlと同じフォルダに保存します。それからプログラムを追加します。10行目の<アクセストークン>の部分には、入手したアクセストークンを入力してください。

↓ 7-02_photo/step2/script.js JavaScript

```javascript
01 $(document).ready(function(){
02   var dataURL = 'https://api.instagram.com/v1/users/self/media/recent';
03   var photoData;
04
05   var getData = function(url) {
06     $.ajax({
07       url: url,
08       dataType: 'jsonp',
09       data: {
10         access_token: '<アクセストークン>',
11         count: 12
12       }
13     })
14     .done(function(data) {
15       photoData = data;
16       console.dir(photoData);
17     })
18     .fail(function() {
19       $('#gallery').text(textStatus);
20     })
21   }
22
23   getData(dataURL);
24 });
```

作成したindex.html、script.jsを、Instagramに登録したURLのWebサーバーにアップロードします。ブラウザのコンソールを開き、index.htmlにアクセスすると、取得したオブジェクトのデータが表示されます。ブラウザによって多少表示が異なりますが、▶をクリックすると、配列の項目やオブジェクトのプロパティを見ることができます*。

Fig　コンソールに配列の項目やオブジェクトのプロパティが表示される

* IEはconsole.dirメソッドに対応していないため、16行目を「console.log(photoData);」に書き換えてください。

今回は、console.logでなく、console.dirメソッドを使用しています。console.dirは、オブジェクトのプロパティを階層化してコンソールに表示するためのメソッドで、オブジェクトのデータ内容がリスト状に表示されるようになります。なお、正しくプログラムを書いていてもコンソールに警告が出ることがありますが、無視してかまいません。

 解　説

 Instagramからデータを取得する

Instagramから写真データを取得するには、Ajax機能を使います。

プログラムの2行目で定義している変数dataURLのURLは、データを取得するためにアクセスするURLです[*1]。このURLにAjax機能を使ってアクセスすると、自分が投稿した画像に関連するデータを、最近投稿したものから順に取得します。

```
02  var dataURL = 'https://api.instagram.com/v1/users/self/media/
    recent';
```

このURLからデータを取得するためには、データを要求する側──つまりindex.htmlとscript.js──からもデータを送信する必要があります。その送信するデータの内容は、$.ajaxメソッドの()内に含めたオブジェクトの、dataプロパティに書かれています[*2]。

dataプロパティに含まれる部分が、こちらから送信するデータ

```
06  $.ajax({
07    url: url,
08    dataType: 'jsonp',
09    data: {
10      access_token: '＜アクセストークン＞',
11      count: 12
12    }
13  })
```

[*1] データを取得するためにアクセスするURLのことを「エンドポイント（Endpoint）」と呼びます。この単語自体を覚えておく必要はありませんが、APIを公開しているサイトのドキュメントなどに「Endpoint」と書かれていたら、「ああ、これはURLだな」と思い出してください。

[*2] InstagramのWeb APIについて詳しく知りたい方は、Instagram開発者向け公式サイトを参照してください。特に、取得可能なデータの種類と取得方法については「Endpoints」ページに掲載されています（英語のみ）。
URL https://instagram.com/developer/

このdataプロパティに必須なのはaccess_tokenプロパティで、この値はStep1で取得しておいたアクセストークンにします。

dataプロパティにはもう1つ、countプロパティが含まれています。countプロパティは必須ではありませんが、一度に取得する写真データの数を設定することができます。サンプルではその値を12に設定してあります。

取得したデータの内容

取得したデータは、.doneに続くファンクションのパラメータ「data」に保存されます。このdataを、次の行で変数photoDataに代入します。

```
14    .done(function(data) {
15        photoData = data;
```

Instagramからダウンロードできるデータは、JSON形式 6-3 解説「JSONとは？」➡p.261 で書かれています。ただ、このデータは情報量が多く、慣れないと解読しづらいので、要点だけ説明しておきます。

photoDataに代入されたデータは、大きくdataプロパティ、metaプロパティ、paginationプロパティに分かれます。

photoDataの大まかなデータ構造

```
{
  data: [＜投稿画像に関連するデータ＞],
  meta: ＜データリクエストの状況＞,
  pagination: ＜ページネーションのためのデータ＞
}
```

dataプロパティの内容

dataプロパティの値は配列になっていて、最近投稿した写真から順に登録されています。一つひとつの写真データには、それに関連する画像のURLや、キャプション、コメント、「いいね！」の数などが保存されています。

Fig　dataプロパティの概要。青文字は次のStep3で使用するプロパティ

```
data:[
  {
    caption:<画像のキャプション>,
    link:<その画像が掲載されたInstagramページのURL>,
    images:{
      low_resolution:<低解像度画像のURLやサイズなど>,
      standard_resolution:<標準解像度画像のURLやサイズなど>,
      thumbnail:<サムネイル画像のURLやサイズなど>
    },
    likes:{
      count:<いいねの数>
    }
  },
  {
    <投稿された1つの写真データ、中身は上に同じ>
  },
  ...（写真の点数ぶん）
]
```

🍃 paginationプロパティの内容

投稿した画像が、一度に取得できる点数──つまり、$.ajaxのcountプロパティで指定した数──より多い場合に役立つのがpaginationプロパティに含まれるデータです。こちらはStep4で使用し、ページネーション（次の写真を見られるようにする機能）を実現します。

Step 3　画像を表示する

取得したデータを使って、ページに写真12点とキャプション、「いいね！」の数を表示させます。また、画像をクリックするとより大きな画像を表示できるようにリンクを張ります。

まずはレイアウトを組むために、index.htmlのHTMLとCSSを編集します。`<div id="gallery"></div>`の中にすべての写真を表示させます。

7-02_photo/step3/index.html　HTML

```
18  <section>
19    <div id="gallery"></div>
20  </section>
```

次はCSSです。HTML要素をjQueryで生成するので、index.htmlにはあらかじめ書かれていない要素がどんどん出力されます。そうした、jQueryから出力される要素のCSSも記述しておきます。ほとんどが装飾的なCSSなので、全部手で入力するのが面倒であれば、サンプルファイルからコピー＆ペーストしてもかまいません。

7-02_photo/step3/index.html HTML

```html
03 <head>
   …省略
09 <style>
10 img {
11   max-width: 100%;
12 }
13 #gallery {
14   overflow: hidden;
15   box-sizing: border-box;
16   padding-left: 1px;
17 }
18 .img_block {
19   display: inline-block;
20   box-sizing: border-box;
21   padding: 2px;
22   width: 33.333333%;
23 }
24 .img_block a {
25   display: block;
26   text-align: bottom;
27   font-size: 0;
28 }
29 .caption {
30   margin: 0 0 1em 0;
31   padding: 0;
32   overflow: hidden;
33   white-space: nowrap;
34   text-overflow: ellipsis;
35   font-size: 80%;
36   color: #666;
37 }
38 </style>
39 </head>
```

レスポンシブWebデザインためのCSSテクニック

　このページはスマートフォンでも閲覧できるように、ブラウザのウィンドウ幅が狭くてもコンテンツがひととおり表示できるようになっています。ただ、ウィンドウ幅が狭くなるとキャプションのテキストが入りきらなくなるので、テキストの後ろにエリプシス（…）をつけて省略するようにしています。これはCSSだけでできて手軽なので、覚えておくとよいでしょう。「.caption」のスタイルは、プログラムで生成する<p class="caption">に適用されます。

赤文字の3つのプロパティをつけておけば、幅が狭いときに省略表示されるようになる

```
29  .caption {
30    margin: 0 0 1em 0;
31    padding: 0;
32    overflow: hidden;
33    white-space: nowrap;
34    text-overflow: ellipsis;
35    font-size: 80%;
36    color: #6E6;
37  }
```

Fig　スマートフォンで表示したところ。キャプションが省略表示になっている

「…」がついて省略表示されている

　それでは、script.jsを開いてプログラムを追加します。Step2で書いた`console.dir`メソッドはもう使用しないので、コメントアウトするか消してください。ソースコードの例では消しています。

7-02_photo/step3/script.js JavaScript

```javascript
01 $(document).ready(function(){
…省略
14     .done(function(data) {
15       photoData = data;
16
17       $(photoData.data).each(function(){
18
19         var caption = '';
20         if(this.caption) {
21           caption = this.caption.text;
22         }
23
24         $('#gallery').append(
25           $('<div class="img_block"></div>')
26           .append(
27             $('<a></a>')
28             .attr('href', this.link)
29             .attr('target', '_blank')
30             .append(
31               $('<img>').attr('src', this.images.low_resolution.url)
32             )
33           )
34           .append(
35             $('<p class="caption"></p>').text(caption + ' ♡' + this.likes.count)
36           )
37         );
38       });
39     })
40     .fail(function() {
41       $('#gallery').text('データの読み込みに失敗しました。');
42     })
43   }
44
45   getData(dataURL);
46 });
```

　これでindex.html、script.jsをアップロードします。index.htmlをブラウザで開くと、画像と、それに関連するキャプションと「いいね！」の数が12点表示されます。また、それぞれの画像をクリックすると、より大きな画像が掲載されたInstagramのページが別タブで開きます。

Fig 取得した画像がタイル状に表示される

出力されるHTML

　使用しているメソッドなどはいままでにも何度か出てきたものですが、全体が少し長いですね。そこで今回は、このプログラムによって出力されるHTMLをまず見てみましょう*。画像1点につき、次のようなHTMLが出力されています。

画像1点につき出力されるHTML

```
<div id="gallery">
  <div class="img_block">
    <a href="Instagramページへのリンク" taget="_blank"><img src="低解像度画像のパス"></a>
  </div>
  <p>画像についているキャプション　♡いいね！の数</p>
</div>
```

* 基本的には、7-1節のサンプルでRSSフィードのデータをもとに、`<ul>`〜`</ul>`の中に`<li>`を出力しているのとほぼ同じ処理をしてHTML要素を出力しています。使用しているメソッドなどを忘れてしまったり、処理の流れをもっとよく理解したいときはそちらも参照してください　7-1 解説「データを取得してHTMLを出力する」➡p.276　。

このHTMLの赤文字の部分が、取得した写真の数だけ`<div id="gallery">`〜`</div>`の中に追加されます。

さて、変数photoDataに含まれるデータのうち、dataプロパティが投稿画像に関するもので、その値は画像数ぶんの配列になっているのだったことを思い出してください 解説「dataプロパティの内容」➡p.292 。今回追加したプログラムは、このdataプロパティの配列の項目数ぶん、eachメソッドで処理を繰り返しています。

```
17  $(photoData.data).each(function(){
      …省略
38  });
```

まず、画像についているキャプションを変数captionに代入します。プログラム中のthisは、dataプロパティの配列の各項目を指しています。

```
19  var caption = '';
20  if(this.caption){
21    caption = this.caption.text;
22  }
```

このif文の条件式には「`this.caption`」としか書かれていませんね。これは「`this.caption`プロパティに何らかの値が存在すればtrue、なければfalse」になるという意味です。キャプションは、配列の各項目に含まれるcaptionプロパティに保存されています。ただし、写真を投稿した際にキャプションをつけていなければ、captionプロパティに値が存在しなくなります。そこで、写真にキャプションがついていればそのテキストを、ついていなければ空の文字列を、変数captionに代入しているのです。

24行目から、必要なHTML要素の生成をしています。まず、`$('#gallery')`で、index.htmlの`<div id="gallery"></div>`を取得し、そこに`<div class="img_block"></div>`を生成・挿入します。appendメソッドは、取得した要素に()内の要素を挿入するのでしたね 7-1 解説「データを取得してHTMLを出力する」➡p.276 。

なお、作成する要素にclass属性などの属性をつける場合は、jQueryのattrメソッドを使わなくても、「`<div class="img_block">`」のように、作成するタグ（の文字列）に含めてしまっても大丈夫です。

```
24  $('#gallery').append(
25    $('<div class="img_block"></div>')
```

次に、`<div class="img_block"></div>`の中に`<a></a>`を生成・挿入します。またその際、この`<a>`タグに、attrメソッドでhref属性とtarget属性を追加します。このうちhref属性に指定しているのは、dataプロパティの配列各項目に含まれるlinkプロパティの値で、写

298

真が掲載されているInstagramのページのURLを表しています。

```
25  $('<div class="img_block"></div>')
26    .append(
27      $('<a></a>')
28      .attr('href', this.link)
29      .attr('target', '_blank')
```

そして、さらにその<a></a>の中に、<img>タグを生成・挿入しています。この<img>のsrc属性には、低解像度画像のURLを指定しています。このURLは、dataの配列各項目に含まれる、images.low_resolution.urlプロパティで取得できます。

```
27  $('<a></a>')
    …省略
30    .append(
31      $('<img>').attr('src', this.images.low_resolution.url)
32    )
```

ここまでで、<div class="img_block"> 〜 </div>のすべての要素が出力できました。残るはキャプションテキストと「いいね！」の数を表示する部分です。これらは、<p>のコンテンツとして出力しています。プログラムは次の部分です。キャプションのテキストは、17行目からの繰り返しの最初で変数captionに保存しましたね。また、「いいね！」の数はthis.likes.countで取得できます。

```
24  $('#gallery').append(
25    $('<div class="img_block"></div>')
    …省略
34    .append(
35      $('<p class="caption"></p>').text(caption + ' ♡' + this.likes.count)
36    )
37  );
```

step 4　ページネーションを組み込む

投稿されている画像が12点より多い場合、一度ではデータを取得しきれません。そこで、一度に取得できる数以上の画像が投稿されている場合は、ページの一番下に[もっと見る]リンクを表示して、それがクリックされたら次の12点のデータを取得し、画像が表示できるようにします。

まずは[もっと見る]リンクを追加するために、index.htmlのHTMLを編集します。

```html
48 <section>
49   <div id="gallery"></div>
50   <div id="pagination"></div>
51 </section>
```

スタイルを調整するためのCSSも追加します。

```html
09 <style>
   …省略
38 #pagination {
39   margin: 40px 0 40px 0;
40   text-align: center;
41 }
42 </style>
```

そして、script.jsにプログラムを追加します。

```javascript
14 .done(function(data) {
   …省略
17   $(photoData.data).each(function(){
   …省略
38   });
39
40   if($('#pagination').children().length === 0){
41     $('#pagination').append(
42       $('<a class="next"></a>').attr('href', '#').text('もっと見る
   ').on('click', function(e){
43         e.preventDefault();
44         if(photoData.pagination.next_url) {
45           getData(photoData.pagination.next_url);
46         }
47       })
48     );
49   }
50
51   if(!photoData.pagination.next_url) {
52     $('.next').remove();
```

```
53    }
54
55  })
```

これでindex.html、script.jsをアップロードします。index.htmlをブラウザで開くと、12点以上の画像が投稿されている場合は、ページの一番下に［もっと見る］リンクが表示されます。このリンクは残りの画像がなくなると消えます。

Fig　投稿されている画像が12点以上ある場合、［もっと見る］リンクが表示される

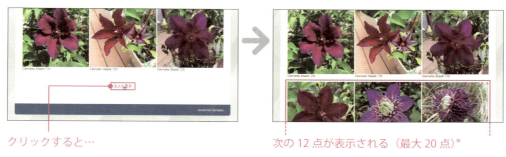

クリックすると…　　　　　　　　　　　　　　　次の 12 点が表示される（最大 20 点）*

 ［もっと見る］リンクの処理

お疲れさまでした！　完成です。全部合わせるとすごく長いプログラムになりました。それでは、今回書いたプログラムの処理の流れを見ていきましょう。まず、こんなif文が出てきます。

```
40  if($('#pagination').children().length === 0){
```

childrenはjQueryのメソッドです。これは、$()で選択した要素に含まれる、すべての子要素を取得するメソッドです。またlengthプロパティは、取得した要素の個数を表しています。この$()で選択しているのは「<div id="pagination"></div>」ですが、プログラムがすべて実行されるまでは、この要素に子要素はありません（HTMLには1つも要素が書かれていないことに注目してください）。つまり、lengthプロパティは0で、このif文の条件式はtrueになるので、{ ～ }内の処理が実行されます。この中で［もっと見る］リンクを作成しています。

* Instagram API利用規約が改定されたため、2016年11月28日現在、本サンプルは「サンドボックスモード（テストモード）」で動作するようになりました。そのため、写真データは最大20点までしか取得・表示できなくなっています。

```
41  $('#pagination').append(
42    $('<a class="next" href="#"></a>').text('もっと見る')
```

41行目で`<div id="pagination"></div>`を取得して、その子要素として「`<a class="next" href="#"></a>`」を生成・挿入しています。さらに、この生成した`<a></a>`には、クリックされたときのイベントを設定しています。

```
42  $('<a class="next" href="#"></a>').text('もっと見る').on('click',
    function(e){
```

イベントが発生したときの処理は次のようになっています。

```
    .on('click', function(e){
43    e.preventDefault();
44    if(photoData.pagination.next_url) {
45      getData(photoData.pagination.next_url);
46    }
47  })
```

このイベントでは、まず`<a>`の基本動作をキャンセルする必要があります。素のJavaScriptでは「`return false;`」と書いていましたが、jQueryでは、ファンクションの()内にパラメータeを含めて、さらに{ ～ }内で「`e.preventDefault();`」と書く必要があります。

実は、あるイベントが発生したときに実行されるファンクションには「イベントオブジェクト」というオブジェクトがパラメータとして渡されます。ファンクションのパラメータeには、そのイベントオブジェクトが代入されているのです。

`preventDefault`はそのイベントオブジェクトのメソッドで、イベントが発生した要素（ここでは`<a>`）に基本動作がある場合、それをキャンセルします。

書式 jQueryで要素の基本動作をキャンセルする

```
e.preventDefault();
```

さて、このif文の条件式にある「`photoData.pagination.next_url`プロパティ」は、Instagramから取得したデータの一部です。ここには、すでに取得している——ページに表示されている——よりも多くの写真が投稿されている場合に、取得しきれなかった次の写真データを取得するためのURLが保存されています。

もし、いま取得している以上の写真データがなければ、Instagramから取得するデータに`photoData.pagination.next_url`プロパティはそもそも存在しません。

このif文の条件式は、`photoData.pagination.next_url`プロパティが存在するときtrue

になります。逆に、このプロパティが存在しないときfalseになります。つまり、このif文では次の写真データを取得するURLがあるときだけ、その次の{ ～ }が実行されます。{ ～ }内でしている処理は次のようになっています。

```
45   getData(photoData.pagination.next_url);
```

photoData.pagination.next_urlプロパティに保存されているURLをパラメータにして、もう一度getDataファンクションを呼び出し、データを取得しているのです。

こうして、取得したデータの中にphotoData.pagination.next_urlプロパティが存在しなくなるまで、[もっと見る]リンクがクリックされたときに、getDataファンクションは繰り返し呼び出されます。

また、[もっと見る]リンクは、photoData.pagination.next_urlプロパティが存在しなくなると――次の写真データがもうなくなると――消されます。removeメソッドは、$()で取得した要素を削除します。

```
51   if(!photoData.pagination.next_url) {
52     $('.next').remove();
53   }
```

このif文の条件式には、最初に「!」がついています。この「!」に続く条件がtrueのとき、条件式全体がfalseになります。逆に「!」に続く条件がfalseのとき、条件式全体がtrueになります 3-5 解説「&&や|」は「論理演算子」→p.94 。つまり、photoData.pagination.next_urlプロパティが存在しないとき、このif文の条件式はtrueになるのですね。

ローディングサインをつける

実習で作成したコンテンツの完成度をより高めるために、画像が読み込まれる際にくるくる回る「ローディングサイン」をつけてみましょう。ローディングサインにGIFアニメーションを使用すれば、CSSを記述するだけで、プログラムを書かずに簡単に追加することができます。

サンプルデータの「7-02_photo」フォルダの「step4」フォルダの中にある「loading.gif」を、index.htmlなどと同じフォルダにアップロードします。

Fig　loading.gifはGIFアニメーション

index.htmlに、ローディングサインを表示するためのCSSを追加します。

7-02_photo/extra/index.html　HTML

```
09 <style>
   …省略
24 .img_block a {
25   display: block;
26   text-align: bottom;
27   font-size: 0;
28   border: 1px solid #ccc;
29   min-height: 80px;
30   background-image: url(loading.gif);
31   background-repeat: no-repeat;
32   background-position: 50% 50%;
33 }
   …省略
47 </style>
```

写真を表示する<img>の親要素である<a>に、背景画像としてloading.gifを指定しているだけです。簡単ですね。

Fig　画像が読み込まれるまではローディングサインが表示されるようになる

Index

記号

-	39, 105
--	122
!	94
!==	87
"	42
#	152
$	74
$()	246
$.ajax	260, 269
%	122
%=	122
&&	93
'	42
*	115
*=	122
/	122
/* ～ */	48, 142
//	48, 142
/=	122
;	43
[ ]（配列）	127
[ ]（プロパティ）	141
|	91
||	93
+	100
++	101, 122
+=	122
<	87
<=	87
-=	108
=	72
===	79, 87
>	87
>=	87

HTMLタグ

<a> ～ </a>	278
<body> ～ </body>	46
<div> ～ </div>	175
<form> ～ </form>	152
<head> ～ </head>	46
<img>	10
<input>	10
<item> ～ </item>	276
<li> ～ </li>	131
<link> ～ <link>	276
<noscript> ～ </noscript>	254
<ol>	131
<option> ～ </option>	204
<p id="choice"> ～ </p>	54
<p> ～ </p>	154
<pubDate> ～ </pubDate>	281
<rss> ～ </rss>	276
<script> ～ </script>	46, 49
<select> ～ </select>	201
<span> ～ </span>	164
<table> ～ </table>	145
<title> ～ </title>	276
<ul> ～ </ul>	131

A

- action属性 152
- Ajax 255, 291
- ……によるファイルの読み込み 259
- alertメソッド 50
- API 283
- appendChildメソッド 134
- appendメソッド 278
- Arrayオブジェクト 131
- attrメソッド 278

C

- .caption 295
- .check 263
- childrenメソッド 266
- confirmメソッド 63
- consoleオブジェクト 41, 51
- console.dir() 42, 291
- console.error() 42
- console.log() 37, 42
- Cookie 216
- createElementメソッド 133

D

- data-*属性 224
- datasetプロパティ 224
- dataTypeプロパティ 260
- dataプロパティ 292
- Dateオブジェクト 162
- ……の時間を設定する 190, 199
- displayプロパティ 244
- document.create() 133
- document.createElement() 133
- document.getElementById() 55
- document.querySelector() 207
- document.querySelectorAll() 222, 246
- document.write() 60
- documentオブジェクト 41, 55
- DOM操作 236
- .done 260

E

- Elementオブジェクト 59
- else if 81, 86
- Endpoint 291

F

- .fail 261
- false 65
- findメソッド 263
- for 97
- for in 143

G

- getDataファンクション 303
- getDateメソッド 164
- getDayメソッド 164
- getElementByIdメソッド 55
- getFullYearメソッド 164
- getHoursメソッド 164, 166
- getMinutesメソッド 164
- getMonthメソッド 164
- getSecondsメソッド 164
- getTimeメソッド 164

H

- hasClassメソッド 266
- .hidden 245
- HTMLタグ 10

I

- i 99
- id属性 54
- if文 66

J

- jQuery 243
- ……のメソッド 265
- js-cookieライブラリ 218
- JSON 255, 261

L

lang属性 ･･････････････････････････････ 205
lengthプロパティ ････････････････ 129, 173
logメソッド ････････････････････････ 37, 42

M

Math.abs() ･･････････････････････････ 183
Math.ceil() ･････････････････････････ 183
Math.cos() ･･････････････････････････ 183
Math.floor() ･･････････････････ 180, 183
Math.PI ･････････････････････････ 179, 183
Math.pow() ･･････････････････････････ 182
Math.random() ･････････････ 84, 103, 184
Math.sin() ･･････････････････････････ 183
Math.sqrt() ･････････････････････････ 183
Math.SQRT1_2 ････････････････････････ 183
Math.SQRT2 ･･････････････････････････ 183
Math.tan() ･･････････････････････････ 183
Mathオブジェクト ･･････････････････････ 183

N

name属性 ･････････････････････････････ 154
NaN ･･････････････････････････････････ 88
newキーワード ･･････････････････ 162, 165
nextメソッド ････････････････････････ 247

O

onchangeイベント ･･････････････ 202, 210
onclickイベント ････････････････････ 223
onsubmitイベント ･･･････････････････ 153
onメソッド ････････････････････ 246, 302

P

p ･･････････････････････････････････ 144
paginationプロパティ ･････････････ 292
parentメソッド ･････････････････････ 266
parseIntメソッド ･･･････････････ 84, 88
popメソッド ･････････････････････････ 131
prependメソッド ････････････････････ 266
prevメソッド ････････････････････････ 266
promptメソッド ･･･････････････････････ 70

Q

pushメソッド ････････････････････････ 131
querySelectorメソッド ････････････ 207
querySelectorAllメソッド ････････ 246

R

removeメソッド ･････････････････････ 266
return ･････････････････････････････ 115
RSS ････････････････････････････････ 272
RSSフィード ･････････････････････････ 268

S

setDateメソッド ････････････････････ 164
setFullYearメソッド ･･･････････････ 164
setHoursメソッド ･･･････････････････ 164
setMillisecondsメソッド ･･････････ 164
setMinutesメソッド ････････････････ 164
setMonthメソッド ･･･････････････････ 164
setSecondsメソッド ････････････････ 164
setTimeoutメソッド ････････････････ 196
setTimeメソッド ････････････････････ 164
shiftメソッド ･･･････････････････････ 131
siblingsメソッド ･･･････････････････ 266
slideToggleメソッド ･･･････････････ 253
String() ･･･････････････････････････ 177
String.length ････････････････････ 177
Stringオブジェクト ･･･････････ 173, 177
switch文 ･･･････････････････････････ 210
syntax ･････････････････････････････ 37

T

textContentプロパティ ････････････ 57
textメソッド ････････････････････････ 266
this ･･････････････････････････ 223, 247
toggleClassメソッド ･･･････････････ 248
true ･･････････････････････････････ 65
type属性 ･･･････････････････････ 46, 154

U

undefined ･････････････････････････ 127

307

unshiftメソッド 131
urlプロパティ 260
UTF-8 47

V

valueプロパティ 158
var 85

W

Webインスペクタ 32
while 104
window.alert() 50
window.confirm() 63
window.prompt() 70
windowオブジェクト 52, 63, 166
WordPress 268
writeメソッド 60

X

XHTML1.0 10

あ行

アクセシビリティ 253
アニメーション 249
アラートダイアログボックス 51, 77, 85
イベント 15, 150, 152
イベントオブジェクト 302
イベントプロパティ 153
インクリメント 101
インデックス番号 127, 232
エディタ（テキストエディタ） 20
エラー 37, 42
エリプシス（...） 295
演算子 78
……計算に関係のある演算子 122
エンドポイント 291
オープンソース 214
大文字 55
オブジェクト 41, 139
……の作り方 139
……の初期化 165

……からデータを読み取る・書き換える 140
親要素・子要素 11
オリジン 264

か行

開発ツール 32
外部JavaScriptファイル 49
空要素 10
関数（ファンクション） 110
強制終了 109
兄弟要素 12
クッキー（Cookie） 216
繰り返し（ループ） 95, 102
警告 273
誤差 192
コメントアウト 48, 142
小文字 55
コンソール 33, 36

さ行

サムネイル 219
四捨五入 183
条件分岐（else if） 81, 86
条件分岐（if） 62
小数点 178
シングルクォート（'） 42
数値 88
スキーム 265
スラッシュ 10
セミコロン（;） 43
セレクタ 207, 222, 244
属性 7, 10
……の読み取り・書き換え 226
属性値 10
祖先要素・子孫要素 11

た行

ダイアログボックス 9, 50
代入演算子 72
タグ（HTMLタグ） 10
ダブルクォート（"） 42

ダラーマーク（$）	74	ポート番号	265
データ	89		
データ型	88	**ま行**	
テーブル	135	マニピュレーション	266
テキストエディタ	20	無限ループ	108
テキストフィールド	69, 150	メソッド	40
ドメイン	264	文字コードセット	47
トラバーサル	248	文字列	42, 52, 57, 88, 173
ドルマーク（$）	74	……を連結する	99, 105, 161
ナビゲーションメニュー	238	……を整数に変換する	84
		……数字を文字列に変換する	169
は行			
バーティカルバー（｜）	91	**や・ら・わ行**	
パーマリンク	274	要素	10, 53
配列	126	予約語	74
……オブジェクト	131	ライブラリ	214
……の作り方	127	ランダム（乱数）	84, 103, 184
……からデータを読み取る	127	リスト	124
……から全データを読み取る	129	リターン	64, 115
……のメソッド	131	ループ（繰り返し）	95, 102
パラメータ	40, 52, 112	レスポンシブ	295
比較演算子	79, 87	ローカルファイル	241
非同期通信（Ajax）	255	ローディングサイン	303
ファンクション	110	論理演算子	90
……の基本的な考え方	112	割り算の余り（％）	122
……の作成	113		
……の呼び出し	112		
……を作るメリット	117		
……を繰り返し実行する	194		
ブール（ブーリアン）	65		
ブール属性	207		
ブラウザウィンドウ	166		
プリロード	235		
プルダウンメニュー	201		
プロパティ（CSS）	12		
プロパティ（JavaScript）	58		
……をすべて読み取る	142		
プロンプト	70		
平方根	183		
ページネーション	299		
変数	71		

■本書サポートページ
http://isbn.sbcr.jp/83584/
本書をお読みになりましたご感想、ご意見を上記URLからお寄せください。

■著者紹介
狩野 祐東（かのう すけはる）

Web／アプリケーションUIデザイナー、エンジニア、執筆家。
早稲田大学卒。アメリカ・サンフランシスコに留学、UIデザイン理論を学ぶ。帰国後会社勤務を経て現在フリーランス。Webサイトやアプリケーションのインターフェースデザイン、インタラクティブコンテンツの開発を数多く手がける。各種セミナーや研修講師としても活動中。
主な著書に『スラスラわかるHTML&CSSのきほん』『スラスラわかるCSSデザインのきほん』『作りながら学ぶjQueryデザインの教科書』(SBクリエイティブ刊)などがある。

http://www.solidpanda.com
@deinonychus947

著者の書籍サポートサイト『狩野祐東の本』
http://www.solidpanda.com/book/

●サンプルデータデザイン協力
狩野さやか

装丁 ……………………………… 米倉 英弘（株式会社 細山田デザイン事務所）
本文・キャラクターデザイン …… 深澤 彩友美
編集 ……………………………… 新井 あすか
　　　　　　　　　　　　　　　　友保 健太

確かな力が身につく
JavaScript「超」入門

2015年11月5日　初版第1刷発行
2016年12月7日　初版第5刷発行

著者 ……………………………… 狩野 祐東
発行者 …………………………… 小川 淳
発行所 …………………………… SBクリエイティブ株式会社
　　　　　　　　　　　　　　　　〒106-0032　東京都港区六本木2-4-5
　　　　　　　　　　　　　　　　TEL 03-5549-1201（営業）
　　　　　　　　　　　　　　　　http://www.sbcr.jp

印刷・製本 ……………………… 株式会社シナノ
組版 ……………………………… クニメディア株式会社

落丁本、乱丁本は小社営業部にてお取り替えいたします。定価はカバーに記載されております。

Printed in Japan ISBN 978-4-7973-8358-4

はじめに

私はプロのCGクリエイターではない。
プロのCGクリエイターへと育てるプロなのだ。

私はフリーランス（非常勤）の講師として、日本電子専門学校CG系学科でMayaを教えている。講師になってから約14年も経つ。
もちろんそれまでは、プロのクリエイターだった。けっこうおばちゃんな私は、3Dを始めたのは実は30歳を過ぎてから。それまではファッションデザイナー、グラフィックデザイナー、商品プランナーやアートディレクターを経験している。

世の中には、Mayaの使い方を教える本、キャラクターの作り方を教える本がたくさん出ているけれど、ものすごく初心者向けか、作り方だけをレクチャーしている本がけっこう多いって思う。
それはそれで勉強になるんだけど、……ヘタクソはそれじゃ上手くならないんだよね！
造形力のある人々は、Mayaの使い方やキャラの作り方っていう操作法を教えてもらうだけで、うまく作れちゃう。
当たり前だけど、プロの現場は上手い人ばかりだ。上手い人が上手い人の視点で見ていても、うまくできない人の気持ちなどわからない。

「みんなちゃんとやろうね〜♪」なんて学生にやさしく言ったりしませんよ。
「うらー、働けー！」と授業中はさけんでいるのだ。
「働け」ってのは「作業しろ」って意味ね。

私の現場は、ヘタクソが集まる現場だ。
数年に一人「天才キターッ」みたいな学生もいるけれど、たいていはCGは初めてで、しかも専門学校だから美大生と違い、デッサン人生を歩んでいなかった人たちばかり（もちろん授業にデッサンはある）。

そして素人大集合現場では、「先生、助けて！ なんか変なんです！」コールが授業中に沸き起こる。しかもそれはMayaの動作不良的問題ではなく、プロの現場の人たちには想像がつかないような『それやっちゃダメだろ』的な初心者ミスが80％（推定）なのだ。
Mayaヘルプを含め、多くのMaya関連書籍は、当たり前のことを当たり前とみなした人たちが書いているので、初心者がやっちゃう涙目的不具合には対応してくれていない。
14年も講師をやっているので、そういった初心者が陥るミスをたくさん目にすることができ、膨大なデータとして頭の中に蓄積することができた。
「メッシュを分割したら、スムーズモデルが壊れました！」（P.019参照）なんてセリフを1年に何回聞くことか（笑）、いや1時間に3回聞いたな去年。「さっき説明した！ 人の話を聞けー！」ともちろん怒るけど。
※よく考えたらそれってMayaの不具合か…。でもヘルプに書いてないけどね。

この書籍は、初心者から学べるようなキャラクターフェイスの造形力アップを中心に書いている。なのでこの本の表紙ビジュアル・レベルの作成法までは、手取り足取り教えてあげることはできない。情報が多すぎて1冊の本では無理なのだ。ただCGを専門的に習っている学生さんなら、モデリング以外のテクニックを習得しているはずなので、Part.3『フィニッシュまでの制作過程実例』は必ず参考になると思う。

実は私はキャラクターモデリングが専門なわけではない。

キャラクターモデリングの授業は2年間のうち、1年生夏休み明けの1ヶ月間だけだ。そしてゲーム系学科ではないので、ローポリキャラは教えていない。1年後期でアニメーションとリグシステム、2年ではキャラクターモーションとハイエンドなリグシステムなどを教えている。

この教材コンテンツは最初は本として出版しようと考えて書いていたわけではない。自分が受け持つクラスで、その1ヶ月間で使用するためだけに作成した、「ガールキャラクターモデリング」というブラウザを使用した（ローカル）Web教材だった。私はていねいな教材をいっぱい作るスンゴクいい先生なのだ。(※自己評価)その教材を見た教員の方が「本にされては」と勧めてくれたのだ。

「そっか印税ウハウハ生活か！」と早合点して地獄を見た。こんなニッチなジャンルの本は、印税ウハウハどころか、1年以上かかった本の制作時間をコンビニでバイトしたほうが数倍稼げ…ゲフンゲフン。
しかし歳を重ねて生きていると、人生の喜びや価値はお金じゃないんだということがわかってくる。愛ですよ、愛。

私はいつも学生のことを考えている。
学生たちがどうやったら希望の職種につけるか、どんな授業をしたらその手伝いができるだろうか、と。
すべての職業には様々な『プロ意識』というものが存在する。
プロのCGクリエイターと、プロのCGクリエイターを育てるプロとでは、同じCGに関わる職業でも全く違う。できない人たちの立場に立ってモノを教えることが、私たち講師の『プロ意識』だからだ。

私は『楽しく簡単CG教室♪』みたいなカルチャースクールで教えているわけではなく、1年〜2年で素人をプロにさせなければいけない立場なので、全体的にこの本は「上から目線」「スパルタちっく」「オラオラ系」だ。従来のMaya書籍に慣れている人は、驚いたり、違和感を感じたりするかもしれない。趣味でこの本を買ってくれた人には「ごめんね。いばってて」と先に謝罪しておきます。

授業中にはものすごいイケてる名言が飛び出す。
「ほらほら、カメラ◎してー！左手に仕事させろー！親指はAltのうえぇぇぇー！」とかね。

新入生に放つお気に入りのタジマ語録は
「ココを高校の延長だと思うな！ココの延長がプロの現場だ！」

でもプロを目指している人には、言っちゃうよ！
Mayaオペレーターなんて職種はないぞ！
ツールや機能は覚えて当たり前だ！
うまく作れなきゃ話になんないぞー！
さぁ、こんなページなんか読んでいないで、
とっとと働けー！

田島キヨミ

はじめに Part.2

本書を手に取っていただき、ありがとうございます。おかげさまでキャラクターモデリング造形力矯正バイブル（第1版）は、たくさんの方に購入していただくことができ、本書第2版を出版する運びとなりました。
Maya 2015のバージョンアップでモデリングのツール関連が大幅に変更され、「この本（第1版）、授業で使えない！」と書いた本人がずっとモンモンとしておりました。第2版でMaya 2017対応とできたことにより、Mayaのモデリングの教科書として、Mayaを勉強されている読者の方に安心して読んでいただくことができそうです。

もしこの本の「上から目線&毒舌」な書き方にイラッとしたりムカッときたら私の実際のスパルタ授業の教室をろう下のガラスごしからのぞくような気持ちで「学生大変そうだなぁ」と客観的に読んでくださいませ！

自分が書いたものが書籍として出版されるということは相当恵まれたことだと思うのですが、しばらくは実感がわきませんでした。第1版の出版後に、とある方のTwitterの「これはキャラクターモデリング界のルーミス先生と言っていいなぁ。」というつぶやきを知り、ものすごい喜びの実感が湧きあがったのを覚えています。ルーミス先生というのは「やさしい人物画／マール社」を執筆された人で、中学生の時にお小遣いで購入したその黄色いカバーの本は、今でも宝物として持っています。もちろん、私はルーミス先生の足元にも及びませんが、それでも敬愛するルーミス先生のお名前が私の書籍から浮かんでくれたことに、躍り上がるほど喜びました。そして私を育ててくれたたくさんの書籍とそれを執筆してくれた（会ったこともない）作家たちに感謝しました。微力ながらそういった作家の仲間入りができ、多くのクリエイターの卵の人たちの力になれたのではないかと幸せを感じております。

この書籍は、私の授業そのものを書き起こしたものです。同僚の先生や教え子たちは「読んでいると田島先生の声が聞こえる」と笑います。私の授業を受けたことがない読者の中には、上から目線で毒舌表現が多いこの書籍の書き方に、嫌悪感を感じる人もたくさんいるようです。私はこの書籍を読んでくれている読者の皆さんの様々な立場や状況がわかりません。ですので不快に感じることがあるようでしたら、この場を借りてお詫びいたします。もし読んでいて「なんかムカツク！」「なんでお前にそんなこと言われなきゃいけないんだ」というような不快感や怒りの感情が沸き上がったら、「私が講義をしているクラスを、渡り廊下のガラス越しから眺めている」と仮定して読んでみてください。学生たちが「ヒーッ」となってガリガリとモデリングしている姿を想像して、微笑ましく読んでいただければ幸いです。

田島キヨミ

■ 本書の対応バージョンについて

本書（第2版）の[Part.1 必須モデリング機能&ツール]と[Part.2 キャラクターモデリングレッスン]は、Maya 2016およびMaya 2017を基準に制作されています。第2版の執筆段階では、Maya 2017はリリース直後ということもあり、Maya 2016の需要も考慮して両バージョンに違いがある場合はその部分を記述する形を取りました。
ただし、Maya 2016とMaya 2017では「レンダラ」に関して大きな違いがあることから、[Part.3 フィニッシュまでの制作過程実例]に限っては、Maya 2016（mental ray）を基準に改稿しています。

■ Autodesk Mayaのバージョンについて

本書の制作に使われている3DCGソフト「Autodesk Maya」は、「2016」「2017」といったほぼ1年間隔でリリースされる新バージョンのほか、将来のバージョンに搭載予定の新機能を「拡張機能（Extension）」として先行使用できる「Extension版」も不定期でリリースされています（例：Maya 2016では、[Maya 2016（Extensionなし）、Maya 2016 Extension1、Maya 2016 Extension2]と3つのバージョンが存在）。
それぞれ機能の追加や修正が異なるため、学校や自分のMayaがどれにあたるのかをよく確認してから読み進めていただくことをおすすめします。バージョンの確認方法については、P.129の「使っているMayaの正確なバージョンを知ろう！」をご参照ください。

Contents

Autodesk Maya キャラクターモデリング 造形力矯正バイブル 第2版
へたくそスパイラルからの脱出!!

Part.1 できるモデラーのための 必須モデリング機能＆ツール　　001

カメラ	002
ディスプレイ	004
選択	006
移動（1）	008
移動（2）	010
スナップ	012
作成（1）	014
作成（2）	016
分割（1）	018
分割（2）	020
押し出し	022
結合と抽出	024
マージと追加	026
スムーズ	028
スカルプト	030

レッスンファイルのダウンロードについて

レッスンで使用するデータは、ボーンデジタルの書籍サポートページからダウンロードいただけます。以下の手順で付属ファイルをあらかじめダウンロードしてから読み進めてください。

1. https://www.borndigital.co.jp/book/support/ にアクセスします。
2. 本書名を検索／クリックし、リンク先のページへ進みます。
3. 「ご使用上の注意」を確認し、[ダウンロード] ボタンからダウンロードを実行します。

もくじ

Part.2 キャラクターモデリングレッスン　　033

Chapter 01：ポリゴン -基礎-　　035

Lesson 1： エンピツモデリングでツールをマスターしよう！　　036

Step 1	ポリゴンプリミティブのシリンダ（円柱）を編集する	036
Step 2	六角柱のエッジをベベルする	038
Step 3	プリミティブ・コーン（円錐）を作成する	039
Step 4	シリンダとコーンを結合する	039
Step 5	モデルを分割する	040
Step 6	ポリゴンフェースを追加する方法とエッジのマージを練習する	042
Step 7	スムーズ状態を確認しながら作業する	043
Step 8	ノードを管理する	043
Step 9	先端の穴をふさぐ	044
Step10	エッジの位置による角ばりと滑らかさを理解する	045
Step11	数値入力で均等に分割する方法を学ぶ	046
Step12	底面を滑らかな円柱にする	047
Step13	底面を押し出しする	048
Step14	削り面のエッジを立て、UVマッピングしやすい分割に直す	049
Step15	チェックして完成させる	050

レッスンファイルの使い方

ダウンロードデータには、「Part.2」のレッスンで使用する画像ファイルが入っています。
※シーンデータは含まれておりません。

右図のとおり、使用するチャプター（レッスン）を表す5つのフォルダが含まれています（当データは、すべてのチャプターやレッスンで使用するわけではありません）。
必ず新たに作成したプロジェクトの sourceimages フォルダ内にコピーしてご使用ください。
プロジェクトについての詳しい説明は、P.052をご参照ください。

Contents

Chapter 02 ：フェイス - 基礎 - 051

Lesson 1： 頭蓋骨を意識して基本フォルムを組み立てろ！ 052

Step 1	新規プロジェクトを作成する	052
Step 2	ガイド用下絵を、イメージプレーンに使用する	053
Step 3	パースビューの画角（焦点距離）を変更する	056
Step 4	ポリゴンキューブで球体を作る	056
Step 5	保存のタイミングと名称で、作業効率が上がる	057
Step 6	球体を頭部のフォルムに修正していく	058
Step 7	首を作成し頭部とつなげる	058
Step 8	サブディビジョンプロキシを使い、スムーズを見ながらモデリングする	060
Step 9	頭部のフォルムをサイドビューで修正する	061
Step10	パースビューでカメラを回しながら、頭部のフォルムを美しく修正する	064
Step11	エッジループを追加し、ガタつきを法線軸移動で修正する	068
Step12	耳の基本形状を作る	070
Step13	簡略化（デフォルメ）した耳を押し出しで作成する	073
Step14	ていねいにフォルムを修正して、耳と頭部を完成させる	076

Lesson 2： もっとも重要！顔パーツのバランスとエッジの流れ 080

Step 1	筋肉の流れを意識する	080
Step 2	メッシュの流れを作りながら、鼻と口の基本フォルムを作る	081
Step 3	まぶたの分割を作る	086
Step 4	ガイドとして眼球を入れる	088
Step 5	ガイド用眼球のシェーダを作成する	090
Step 6	まぶたの穴を眼球のカーブに合わせる	092

コレもタイセツコラム

サイズとグリッド	003	法線	027
ビュー変換	005	コピペ禁止	032
選択項目の変換	011	アニメーション機能	136
映像用キャラ	017	トラブル解決法	190
エッジと頂点の削除	023		

もくじ

Lesson 3： プロを納得させるパーツの作り込みに挑戦！　　094

Step 1	まぶたを作成する：穴のフォルム	094
Step 2	まぶたを作成する：分割の調整	101
Step 3	涙丘（目頭のピンクの肉）を作成する	103
Step 4	まぶたを完成させる（一重まぶたのシンプルバージョン）	104
Step 5	唇の厚みを作る	107
Step 6	鼻を作り込み、分割ラインを調整する	108
Step 7	唇の形状を観察して、正しいフォルムを頭に叩き込む	111
Step 8	唇を完成させる	115
Step 9	保留になっているエッジをつなげ、すべて四角ポリゴンにする	120
Step 10	オブジェクトをミラーして、シンメトリで作業する	124
Step 11	［エッジ フローの編集］機能を使い、追加したエッジの曲率を変更する	127
Step 12	ローメッシュに利用できるスカルプトツール4種を理解する	129
Step 13	頂点移動とスカルプトツールで、フォルムを完成させる	132
Step 14	視線を制御できるように眼球を作り直す	135

Chapter 03 ：フェイス - 上級 -　　137

Lesson 1： 二重まぶたに挑戦して、細かな頂点移動を習得せよ！　　138

Step 1	新たに分割を入れるので、再度プロキシを作成する	140
Step 2	二重まぶたを作る	141

Lesson 2： 難しい鼻の穴のモデリングで観察力を高めろ！　　144

Step 1	鼻の構造をモデリングする	146
Step 2	よりリアルな鼻の構造を作り込む分割を入れる	149
Step 3	流れや丸みに注意して、完璧な鼻を作る	150
Step 4	ジオメトリのミラーを実行し、中心ラインのフォルムを確認し修正する	152
Step 5	鼻の下のくぼみ：人中を作る	153

オマケコラム

［見る力］の強化で劇的にキャラの造形力が上がる！	181
へたくそスパイラルからの脱出、そしてプロレベルへ	233
XGenのヘアシステム	295

Contents

Lesson 3： リアルな耳の複雑さに尻込みせずに果敢に挑め！　**154**

Step 1	新規シーンで作り始める	**156**
Step 2	耳の構造の基本的な流れを、平面的分割で作成する	**156**
Step 3	平面的分割を立体的にモデリングしていく	**159**
Step 4	顔本体との合体について	**165**
Step 5	古い耳を分離して新しい耳をインポート（読み込み）する	**166**
Step 6	複雑な接合は、まず多角形ポリゴンフェースでつなぐ	**168**
Step 7	今までの集大成として、リアルな耳を作り上げよう	**169**

Lesson 4： 男性モデルも同じ手順で作ってみよう！　**170**

Step 1	イメージ画像を使って、ガールモデリングと同じ手順をたどる	**171**
Step 2	頭蓋骨を意識しよう！ パーツはその後だ！	**172**
Step 3	デフォルメ耳、リアル耳のどちらを作るかを選ぶ	**174**
Step 4	制作手順はガールとほぼ同じだ。骨格と筋肉を意識して立体的に作り上げよう	**175**
Step 5	上級編の最後の仕上げは、各パーツのリアル化だ	**178**

Chapter 04：フェイス - 応用 -　**191**

Lesson 1： アニメキャラデザインは眼球の制御がテクニカル要素大！　**192**

Step 1	頭部の作成は基本はガールと同じだが、違う手順を試してみよう	**195**
Step 2	男性キャラより難しい？ 滑らかで小さい口をモデリングする	**198**
Step 3	アニメキャラの特徴の大きな目をモデリングする	**200**
Step 4	目を UV マッピングし、シェーダを作成する	**202**
Step 5	瞳を動かすシステムを作る	**205**
Step 6	アイラインやまつ毛はモデリングで作る	**208**

もくじ

Chapter 05：ボディ - 基礎 - 　　　　　　　　　　　　　　　　211

Lesson 1： ベースボディの基礎モデリングでプロポーションを作れ！ **212**

Step 1	身長に合わせてイメージプレーンを配置する	213
Step 2	上半身のベースを作成する	214
Step 3	脚のベースを作成する	218
Step 4	腕のベースを作成する	220
Step 5	手を作成する	222
Step 6	未完成という完成	232

Part.3 フィニッシュまでの制作過程実例　　　　　　　　　　237

00	第 2 版と Maya のバージョン	239
01	コンセプトワークとデザイン	240
02	体モデルの作り込み	242
03	テストレンダリングの設定	245
04	コルセットのモデリングと UV マッピング	249
05	綿レースの作成	250
06	コルセットのデザインと作り込み	253
07	付け襟の作成	255
08	ポージングのためのジョイントとバインド	257
09	最終デザインに向けた確認用ラフの作成	261
10	衣服のシワの表現	263
11	モデルの修正	266
12	顔の UV マッピング	269
13	肌の質感とテクスチャの作成	277
14	まつ毛の作成	288
15	髪の毛の作成	291
16	レンダリングとコンポジット	298
17	キャラクタークリエイトにおける精神論	305

索　引　　　　　　　　　　　　　　　　　　　　　　　　　306

Part.1

できるモデラーのための
必須モデリング機能＆ツール

Camera	カメラ	■
Display	ディスプレイ	■
Select	選択	■
Move	移動	■
Snap	スナップ	■
Create	作成	■
Split	分割	■
Extrude	押し出し	■
Combine and Extract	結合と抽出	■
Merge and Append	マージと追加	■
Smooth	スムーズ	■
Sculpt	スカルプト	■

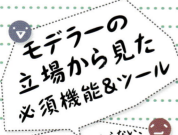

できるモデラーのための
必須モデリング機能&ツール

カメラ
Camera

モデリングの最初にすることはカメラの設定だ！

カメラのデフォルト値をそのまま使用してモデリングしている人は、ゆがんだ状態で見ながらバランスをとっていることに気がついていない。いくらていねいに形を整えても、見ている状態が悪ければ永遠にデッサンが崩れ続けるのだ！ だからモデリングを始める前にカメラの設定をするクセをつけよう。グリッドもデフォルト値のままではなく、モデルのサイズに合わせてモデリングを開始しよう！

必ず設定しよう！ 焦点距離で遠近感が変わる！ デフォルトのままではデッサンが崩れるぞ！

私が教えているクラスのモデリングの最初の授業では、必ずこの画像を出して、何が違うか学生に聞く。初心者なので、同じモデリングだいうことに気がつかない！
左の[焦点距離]：35 のカメラは、近づけば近づくほど不細工になってみな笑うのだが、実はこのカメラの設定がMayaのデフォルトだ！！

カメラでの焦点距離とはレンズから撮像素子までの距離のことで、焦点距離が長いと画角が狭くなり、遠近感が圧縮される。焦点距離が短いと画角が広く、遠近感が生まれる。これを利用した極端な例が「鼻でかワンコ」の写真で、接写（マクロ）レンズで写すと手前のものがぐっと大きく撮影されるのだ。

デフォルト設定のままモデリングをしていると、手前に映る箇所が大きく見えるので、無意識に（または意識的に）小さくしようとする。
だからデッサンが崩れる！

perspカメラ 焦点距離：35
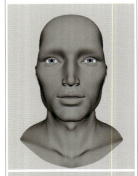

遠近感により、カメラを近づけるとゆがみが大きくなる。

perspカメラ 焦点距離：150
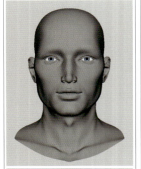

肉眼で見る印象に近く、近づいても離れてもゆがみの差が少ない。

正投影カメラ 焦点距離：なし
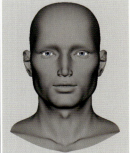
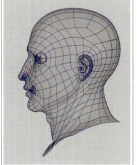
遠近感がまったくないので、サイドビューでは右側と左側のエッジがきれいに重なる。

カメラのアトリビュート
[焦点距離]（Focal Length）を150くらいにしよう！

もちろんこれは、モデリング用のカメラの話だ。最終的なレンダリングとは別な話。演出としてカメラの焦点距離をどう設定するかは、監督のあなたしだいだ。

モデリング中はこんな風に、モデルにカメラを近づけるよね？ 焦点距離でこんなにも見え方が違う。デフォルトカメラの怖さがわかったかな？

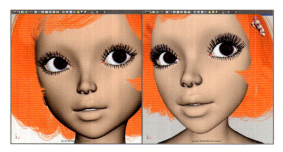

002

モデリングの最初にすることはカメラの設定だ！

Camera カメラ

正投影カメラには遠近感がない

正投影（Orthographic）は、トップ、フロント、サイドビューで使われているカメラ。遠近感（パースペクティブ）がないので、奥も手前も同じサイズで表示される。遠近感を表現するカメラはpersp（パースペクティブ）カメラ。

遠近感がないのでサイドビューで見た場合、左右対称モデルならエッジのラインは重なって見えるし、両耳はまったく同じ位置にある（ずれていればすぐわかる）。

フロントビューの写真は参考程度に

例えば、女優さんの写真をフロントビューに貼って完璧にトレースしても、同じ顔を作ることはできない。女優さんを写したカメラには遠近感があるからだ。フロントビューで写真を使う時には参考程度にしよう。

左ページのperspカメラと正投影（front）カメラを比べればわかる。フロントビューのほうがパーツが小さく見えるよね？ 図面じゃないので人の顔はフロントビューでトレースできないのだ。

ニアクリッププレーンは重要だ!!

 助けて、センセ〜！
モデルが壊れて表示されます!;;

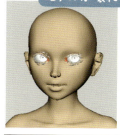

みんなが思っている以上に普通にある現象だ。モデルの全身を写そうとしてカメラを離すと、モデルがうまく表示されずチラチラするアーティファクトだ。カメラの［ニア クリップ プレーン］がデフォルト値だとこういう現象が起こりやすい。

カメラのアトリビュートにあるクリッピングプレーン（ニア＆ファー）はそのカメラが実際に写す範囲（黄色部分）を設定している。

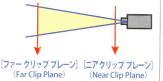

ニアはデフォルトだと0.1（つまりカメラから1ミリ）になっていて、その**数値が小さすぎると起こる現象**なのだ。原寸サイズでモデルを作るとファーとの比率がありすぎるので、必ず起こると言ってもいい。**ニアを1センチや10センチなどにすれば直る**。Mayaソフトウェアレンダリングではそのアーティファクトはそのままレンダリングされるので、レンダリング画像にアーティファクトが現れていたら、［ニア クリップ プレーン］をまず疑おう。

コレもタイセツコラム

3 モデリングのサイズってテキトウでおk？
答え：実寸で！

リアル（実寸）サイズで作る意味

Mayaのシーンは1グリッド＝1センチ。
適切なサイズで作っても何の問題もない。しかし・・・

＜リアル寸法にする利点＞
- **mental ray レンダリングにおいての距離計算**は実寸である。Distanceと名のつくものやライトの減衰は実寸で計算される。
- キャラのみではなく**背景を作るうえで、すべて実物と同じ寸法**にできるので、モデリングしやすい。
- アニメーションでの**移動距離**が現実と同じである。
- **合成するときにも実寸**なので、スケールを調整する必要がない。
- モーションキャプチャも実寸のままできる。

＜リアル寸法にすることの問題点＞
- **グリッドが細かすぎる**。（→変更すれば解決）
- ［ニア クリップ プレーン］が小さすぎてモデル表示がおかしくなる。（→変更すれば解決）

グリッドは状況に合わせて変更

グリッドはデフォルト値（1grid＝1cm）のまま作業する必要はない。文房具を作っているときは1mm間隔、家具は10cm間隔、建物は1m間隔など、または自由に2cm、15cmなどなど、状況に合わせてフレキシブルに変更しよう！

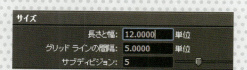

［ディスプレイ＞グリッド □］（Display＞Grid）
［グリッド ラインの間隔］（Grid Lines Every）＝5
［サブディビジョン］（Subdivisions）＝5
グリッドを5cm間隔にし、サブディビジョンで5分割にしている**デフォルトの意味は1grid＝1cm**だ。グリッドラインとサブディビジョンラインの色を変えて画面表示したいときに、この2つの数値を使い分ける。しかし同色で**表示するならサブディビジョンは1にして、グリッドラインの間隔を10cmなら10、1mなら100と入力した**ほうがわかりやすい。

ツールで測ってサイズを決める

［作成＞測定ツール＞距離ツール］
（Create＞Measure Tools＞Distance Tool）
2つのロケータ間の距離を測る。工業製品はもちろん、キャラなら身長など測るために使う必須ツール！

003

できるモデラーのための
必須モデリング機能＆ツール

ディスプレイ
Display

画面表示は状況に応じてフレキシブルに切り替えろ！

モデリングが作り込みの段階に入ると、とにかくカメラを回して回して回して、様々な角度から「目で見て」バランスをとる。しかし初心者はいつまでも4分割の小さなパネルのパースビューでモデリングし続ける。もっと自由に！ 自分好みに！ 表示を切り替えて必要な情報を画面からすばやく感じよう！ モデリングがうまい人は「自分の目」をちゃんとディスプレイにゆだねているぞ！

4分割にこだわる必要はない！ 【必須】必ず覚えろ

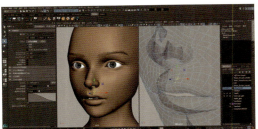

工業製品や建築物ではないキャラクターなどのモデリングは、作業が進んでくると、トップ、フロント、サイドビューはあまり重要ではなくなってくる。**私のおすすめは2分割**。
[パネル＞レイアウト＞2ペイン（左右）]
(Panels > Layouts > Two Panes Side by Side)
シングルビューとは違い、2種類の情報を同時に見られるからだ。そして4分割より縦長の大きい画面になる。
サンプル画像は、顔全体と修正したい口周りのアップを、X線表示で頂点をつかみやすく配置がわかりやすい画面にして、ほしい情報を切り替えられるようにしている。

正投影ビューに瞬時に切り替えるテク 【便利】知ってると得

2画面の両方ともパースビューにして使用している時でも、フロントやサイドビューを使用したくなる時があるが、とても使い勝手のいいカメラの切り替えショートカットがあるので覚えておこう！ 作業がはかどるぞ！

スペースキーを長押しして出てくるホットボックスの中心に[Maya]ボタンがある。それを長押しすると出てくるメニューが、[パースビュー]・[上面ビュー]・[前面ビュー]・[右面ビュー]などの切り替えだ。現在の画面を選んだビューに切り替える。

モデルの表示方法を使い分けろ！ 【基本】覚えて当然

パネルメニューの[シェーディング](Shading)にある機能。
パネルツールバーのアイコンが便利なので覚えよう。

ワイヤフレーム(Wireframe)
表面のシェーディングを表示しないので、エッジのみがすべて見える。4キーと5キーで切り替えると使いやすい。

すべてをスムーズシェード
(Smooth Shade All)
シェーディング表示はカメラの角度によって、モデルの滑らかさが陰影で確認できる。

テクスチャ(Textured)
モデルに貼られたテクスチャを表示。デフォルトのビューポート2.0ではバンプの凹凸も表示される。

ワイヤフレーム付きシェード
(Wireframe on Shaded)
シェーディングとワイヤの表示を重ねた表示。エッジの流れを見ながら表面も見られる！

X線表示(X-Ray)
半透明の表示になりモデルの重なりが見える。ワイヤフレーム付きシェードと併用すると重なった箇所の作り込みに最適。

既定のマテリアルの使用
(Use Default Material)
割り当てられたマテリアルを無視してデフォルトのLambertシェーダで表示する。

画面表示は状況に応じてフレキシブルに切り替えろ！ Display ディスプレイ

見たいオブジェクトだけを表示する方法4種類！ Mayaの表示系必須機能だ！

【ディスプレイ レイヤ】(Display Layer)

画面右下にあるパネル。
自分が選んだノードを自由に管理できる。レイヤはパネル単位ではなくシーン単位。見えていなければレンダリングもされない。
[V/□]＝表示／非表示の切り替え
[□/T/R]＝通常／テンプレート／参照の切り替え
特にR（Reference 参照）は便利。通常表示と同じだが、選択ができなくなる機能。これは他にはない機能なので重宝する。P（Visible Playback）は再生時の表示切り替えだ。
レイヤカラーは好きな色をつけてはいけない！
選択されたときの表示色（緑・白）、コンポーネント選択色（水色）、コネクション表示色（ピンク）などをレイヤカラーに使うと、見た目で状態がわからず混乱するので使わないこと！

 [layerXX] ってのがいっぱいあってどれに入っているのかわかんない。

レイヤに名前をつけない人には使う価値なし！ちゃんと管理せよ！

【選択項目の分離】(Show > Isolate Select)

パネルメニューの［表示］(Show)にある。
選択したオブジェクトやフェースのみを表示する機能。
そのパネルのみだけに適用できるので、右画像のように同じカメラでも表示を変えることが可能。ポリゴンモデルの細部の作り込みにとても重宝する。アイコンでオンオフするのが便利だが、表示の追加など様々な機能はメニューから行うとよい。

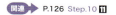 P.126 Step.10

スムーズモデルとローポリのプロキシモデル。実際には重なって配置してある。

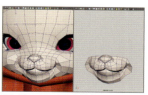
選んだフェースにも分離表示ができる。わきの下など、モデルが重なっていてうまくカメラで見えない時など、必要なフェースだけ分離表示すると作業がやりやすい。

【表示】(Show)メニュー

パネルメニューにある。
パネルごとにオブジェクトタイプ単位で管理できる。
ポリゴンモデリングのみのときは実力を発揮しないが、ジョイントなどのリグ、ヘアシステム、多数のライトなど、**様々なジャンルのオブジェクトがシーンの中にあるとき、ものすごく使える機能**に。パネル単位なので画面ごとに表示を切り替えるのにも便利。
レイヤと違い、画面表示の機能しかないのでレンダリングには影響しない。

※ポリゴンのみチェックを入れたのでジョイントなど他のすべてのオブジェクトが非表示になった例。

【可視性】(visibility)のオンオフ

オブジェクトのアトリビュートの［可視性］をオンオフする基本的な機能。レイヤと同じでレンダリングにも影響を与えられる。アトリビュートなのでもちろんアニメートできる。
ちなみにオン、オフは言葉を入力する必要はなく、1、0と数値を入れればよい。
メインメニュー＞ディスプレイ＞表示・非表示と連動しているが、メニューから操作する必要はない。

コレもタイセツコラム

画面のモデルの色がなんか薄い
表示にガンマがかかってるかも

[ビュー変換]というカラー管理のための機能がある。レンダリングにおいてカラー管理は重要だが、モデリング作業ではデフォルトシェーダのグレーが明るすぎると感じるだろう。その場合は**各パネルツールバーの右にある[sRGB gamma]横のボタンをオフにしよう。**

できるモデラーのための
必須モデリング機能&ツール

選択
Select

選択方法を極めて、作業効率を上げろ！

バージョンがあがるたびに、様々な選択方法が追加されてきた。選択方法を多数知っていれば作業効率が上がるだけではなく、効果的にポリゴンを編集し、作りにくい形状も簡単に作れるようになる。選択方法はモデリングの基礎でありながら、上級者もバージョンがあがるたびに手で覚えた知識を刷新しなければならない重要な要素なのだ！手になじむまで様々な選択方法を練習しよう！

右ボタンクリックでマーキングメニュー選択 【基本 覚えて当然】

ポリゴンメッシュ上で右ボタンクリックし
[頂点] (Vertex) [エッジ] (Edge) [フェース] (Face)
[UV] でコンポーネント選択できる。コンポーネントモードに切り替えなくても、このマーキングメニューの場合はオブジェクトモードのまま選択できる。
同様に [オブジェクト モード] でオブジェクトの選択に切り替えられる。

選択されるオブジェクトには優先順位がある 【必須 必ず覚えよ】

通常モデリング時には左記にあるようにマーキングメニューを使用してコンポーネントを選択するのが効率がよい。しかし頂点を選択するつもりでも、ジョイントなどの選択の優先順位が高いものが選択範囲に含まれていると、優先的に選択される。その場合、ステータスラインにあるオブジェクトモード（上図：緑の囲み）をコンポーネントモード（上図：赤の囲み）に切り替えて、頂点などのコンポーネントを選択しよう。

ジョイントが選択されてなぜだか頂点が選択できませ〜ん…。

コンポーネントモードに切り替えればいいのだ。

フェースはセンターで選択！！ 【必須 必ず覚えよ】

ポリゴンモデリングを始める前に最初にやってもらうことがある。フェースの選択が面ではなく、中心点のクリックになるので、間違ったフェースを選択しにくくなる。
[ウィンドウ]設定/プリファレンス>プリファレンス]
(Window > Settings/Preferences > Preferences)
[(カテゴリ) 選択項目>ポリゴンの選択項目>フェースの選択方法：センター]
(Selection > Polygon Selection > Select faces with: Center)

中央の四角い点を選択したほうが作業効率が断然いいよ。

向こう側のフェースは手前側から選択できるのか、らくちんだ〜。

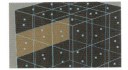

うまモデラーはフェースセンター。ぜったいに設定し直してね。

複数選択の便利なツール 【便利 知ってると得】

複数選択するには、マウスをドラッグして四角いセレクションボックスで選ぶか、Shiftキーを利用して選ぶと思う。
しかし細かくて複雑だと選ぶだけで時間がかかってしまう。

[投げ縄選択ツール] (Lasso Select Tool)

自由なシェイプで囲むので、セレクションボックスと違い、不必要な頂点を避けて選択できるので便利。

[選択範囲ペイント ツール]
(Paint Selection Tool)

ペイントで選択することができる。選択解除のペイントはCtrlキーを押しながらできるので便利。ブラシサイズの拡大縮小のショートカットはBキー＋左右ドラッグ。

選択範囲ペイントツールは裏側を選択しないので超使える！

006

Select 選択

選択方法を極めて、作業効率を上げろ！

ループ選択は、絶対覚えなければいけない選択機能だ！！

上手なモデリングは流れが整っている。特に口や目の周りは筋肉の流れと同じくリングになっている。ループ機能はこのような連続してつながっているコンポーネントを簡単に選択できる、必須選択機能だ。

■ 1列すべて選択する方法

エッジループ　　エッジをダブルクリックで選択
頂点ループ　　頂点を1つ選択し、隣の頂点をShiftキーを押しながらダブルクリック。
フェースループ　フェースを1つ選択し、隣のフェースをShiftキーを押しながらダブルクリック。

■ ループの一部分を選択する方法

エッジループ、頂点ループ、フェースループ
エッジを1つ選択し、隣以外のエッジをShiftキーを押しながらダブルクリック（頂点またはフェースも同様）。

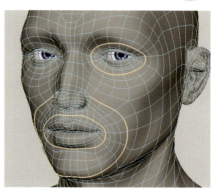

裏側の表示＆選択の便利機能

[バック フェース カリング] (Backface Culling)

カメラから見た裏面を非表示にする。ワイヤフレームでもできるのが利点。非表示のコンポーネントが選択されない優秀機能は、Maya 2017ではなぜかなくなっている。もしできない場合は、下に記述した[カメラ ベース選択]を使用しよう。

[ディスプレイ>ポリゴン>バック フェース カリング]
(Display > Polygons > Backface Culling)

 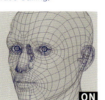

耳や鼻の穴など、カメラから見て表側は表示されるので注意！
ちなみにオブジェクト単位でできるのがよい点。

各ビューのパネルメニュー[シェーディング>□バックフェースカリング] (Shading > Backface Culling) は、名称が同じだが機能が違うので注意しよう。こちらはスムーズシェーディング表示の時に、モデルの裏側を表示しない。ワイヤフレームは表示される。モデルの法線が反転していないか、パネル単位でチェックできる便利な機能だ。

[カメラ ベース選択] (Camera based selection)

カメラに写るコンポーネントのみを選択することができる。選択ツールや移動ツールなどのオプションで制御できる。

選択ツールのオプションで [▼共通の選択範囲オプション>●セレクションボックス>□カメラ ベース選択 (または[カメラ ベースの選択範囲])]
(SelectTool/Option > Common Selection Options > SlectionBox > Camera based selection)

滑らかに編集できるソフト選択

移動ツール等のオプション設定にある[ソフト選択] (Soft Selection) を使用すれば、広い範囲の頂点を滑らかに移動することができる。メッシュが細かくなると、1つずつ頂点を移動していてはガタついてしまう。メッシュが細かくなると、この頂点移動がとても役立つ。

選んだ頂点は黄色。そこから影響を減衰してくれる。

切り替えは[Bキー]で
1つの頂点を動かす、範囲内の頂点を滑らかに動かす、この切り替えは移動ツール等のツール設定の[ソフト選択]のチェックのオンオフで行う。ショートカットの[Bキー]で瞬時に切り替えよう。ブラシの「B」と覚えるとよい。

減衰半径は[Bキー＋中ボタンドラッグ]で
この機能のもっとも重要な設定は[減衰半径]だ。つまり動かしたい頂点をどこまで選択するかということ。ショートカットで毎回半径を設定するのがコツ。

■ 減衰モード (Falloff mode)

[ボリューム] (Volume)

上唇の中心点を選んだ場合、3D空間上での距離で減衰するため、下唇の頂点も選ばれる。

[サーフェス] (Surface)

モデルの表面上の距離で減衰するので、下唇の頂点は選ばれない。

[グローバル] (Global)

別オブジェクトの頂点も影響を受けて選択される。画像の場合は歯も唇の影響を受けている。

できるモデラーのための 必須モデリング機能＆ツール

移動 (1)
Move

移動軸の種類を覚えて変形作業を楽に！

モデリング作業の大半は、トランスフォームツールの中の［移動ツール］(Move Tool) を使用して頂点を移動することだ。しかし状況に応じてマニピュレータの移動軸を変えなければ、作業効率がぐっと落ちる。軸移動の種類を覚えることで、今まで面倒だった頂点の移動も目からウロコの楽チン移動になる！モデリングのかなめなので、必ず全部覚えよう！

ワールド・オブジェクト・ペアレント軸の違い

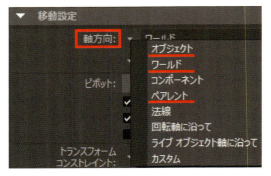

［移動ツール］(MoveTool) をダブルクリックすると、ツール設定ウィンドウで表示されるオプションの一部。［軸方向］（Axis Orientation）に何を選択するのかで、マニピュレータの方向が変わる。

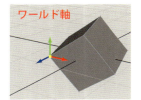 

図のようにポリゴンキューブを適当に回転して、1つの頂点を選択して移動ツールの軸を確認してみよう。

ワールド軸
シーン全体の軸。これがデフォルト。オブジェクトに回転がかかっていても必ず世界（ワールド）と同じ向きにマニピュレータが向いている。

オブジェクト軸
オブジェクトが最初に持っている軸なので、回転すると軸も一緒に回転する。回転したオブジェクトに使うと便利だ。

ペアレント軸
親ノードの軸を使用する。オブジェクトが回転していなくても親が回転していれば軸の向きが親と同じになる。

中央ハンドルはpersp画面で移動しない

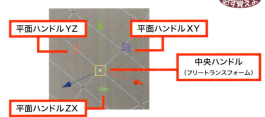

中央ハンドルをパースビューで移動するマニピュレータの使い方は、実はプロのモデラーがよくやっている高等テクニックだ。しかし中央ハンドルが何を意味するかを分かっていない初心者は、絶対にやってはいけない。自分では理解できない方向に頂点が移動してしまうぞ！正投影ビューでの中央ハンドルは、平面ハンドルと同じ役割で、フロントビューなら［平面ハンドルXY］と同じだ。つまりビューの平面の2軸が中央ハンドルの軸という意味なのだ。上級者はカメラを動かして、カメラが映している平面を軸として利用している。それが理解できればあなたは上級者！

法線（Normal）軸は必ずマスター！

法線 (Normal) とは、ポリゴンサーフェスに対する垂直の方向を表す線のこと。モデリングしているときには、この法線方向の移動がすっごい使えるのだ！

N軸をつかんで移動すれば、周りの形状に合わせた軸で頂点を移動できる。

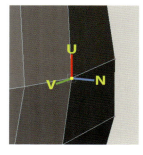

でっぱらせる、ひっこめるって方向に簡単に移動できるのか～。すげ～。

でも… 法線軸は頂点 (Vertex) にしか使えないからね。フェースやエッジを選んでマニピュレータが出ない時はエラーメッセが出てるはず！

移動軸の種類を覚えて変形作業を楽に！　　　Move **移動** (1)

移動軸を瞬時に切り替えるMEL

移動ツールを使うときにはマニピュレータの軸をつかむが、状況によって移動軸を「ワールド」と「法線」に切り替えるとフォルム調整の作業効率が上がるぞ。このMELをシェルフにおいてもよいが、ホットキー（例えば「Shift＋1」）に登録して瞬時に切り替えれば、ツールオプションを使うストレスがなくなり、頂点に視線を集中できるようになるのでおすすめだ。

ワールド・法線の軸切り替えMEL (作・浦 正樹氏)

```
{
if ( `manipMoveContext -q -mode Move` != 2 )
manipMoveContext -e -mode 2 Move;
else
manipMoveContext -e -mode 3 Move;
}
```

「-mode 2」が「ワールド軸」、「-mode 3」が「法線軸」となる。
法線軸ではなく、「コンポーネント軸」を使いたければ、「-mode 9」に変更しよう。コンポーネント軸は複数頂点の平均化された法線軸として使用できるので、右記のシンメトリにも使用できる。

エッジに吸着させてのスライド移動

メッシュのエッジ（またはサーフェス）に沿って、コンポーネントをスライドするように移動や回転、スケールすることができるオプションがある。
トランスフォーム（選択や移動など）ツールのツール設定の[トランスフォーム コンストレイント] (Transform Constraint) セクションだ。地味ながらモデリング時に、ものすごい威力を発揮する機能なのでぜひ覚えておこう。

[左]初期位置
[中]Y軸を使っての通常移動
[右]エッジ上をスライドしてのY軸移動

トランスフォームコンストレイントがオフの場合、軸を使って移動すればフォルムが崩れる。しかしトランスフォームコンストレイントが[エッジ] (Edge) になっていれば、そのエッジに沿ってスライド移動してくれる。

エッジループを回転すると、その効果がわかりやすいので、ぜひやってみてほしい。

左) エッジを通常回転。フォルムが崩れる
右) スライド回転。フォルムが全く崩れていない。

左右対称で選択する

キャラクターは左右対称で作成することが多い。選択したコンポーネント（頂点やフェースなど）の反対側のコンポーネントを同時に選択、移動・回転・スケールを行うことができる。
選択ツール（移動ツール等でもOK）のオプションを開き[▼シンメトリ設定]タブの[シンメトリ:] (Symmetry Settings>Symmetry) のプルダウンメニューから、対称軸を選ぶ。通常は[ワールド]だが、回転がかかっている場合などは[オブジェクト]が使用できる。軸は基本Xだ。

 [法線軸]で左右対称に移動したいのだけど、UとV方向は対称に動かないぉ……。

※N方向は対称に移動できる。

 できないので[コンポーネント] (comporment) を妥協して使って。

シンメトリ機能のバージョンによる違い

シンメトリ機能は、Mayaのバージョンの違いでモデラーにとって重要なツール類が使用可能かどうかが変わってくる。ツールが左右対称で使えるならば、モデルを半分で作らなくて済む。つまりモデリング方法そのものが変わるということで、大きく取りざたされていないが、このバージョンの違いは大きい。

Maya 2016 及び Maya 2016 Extension1
[トポロジ]でのみ、[マルチカット]（スライス、エッジループ含む）が左右対称で使用できる。しかし[エッジ ループを挿入][ポリゴンに追加]などのツールはどのシンメトリでも使用できない。それでもマルチカットが左右対称で使えるだけでもMaya 2015に比べて画期的なのだ！

Maya 2016 Extension2 及び Maya 2017
[ワールド][オブジェクト]ともに、すべてのツールが左右対称で使用できるようになった！これってすごいこと！[トポロジ]は左右非対称のポーズでも利用できる点だけが利点として残された。

[シンメトリ:トポロジ] (Topology)の使用方法

モデルを選択し、選択ツールのオプションを開き[▼シンメトリ設定]タブの[シンメトリ:] (Symmetry Settings > Symmetry) のプルダウンメニューから、[トポロジ] (Topology) を選択する。
モデルの中心ラインのエッジを選択する。
モデルの名前が[シンメトリ:]表示されれば、トポロジシンメトリとなる。

移動 (2)
Move

トランスフォームの変更はMayaの基本だ！

トランスフォーム（変換）とは、移動・回転・スケールのこと。
ピボットポイントを含め、きちんと理解して作業効率をあげること！

ピボットポイントとは、そのオブジェクトの空間内の位置のこと。トランスフォームの基準点だ！

ピボットは回転やスケールの中心点。作業効率を上げるために、回転やスケール時にピボットを意識しよう。

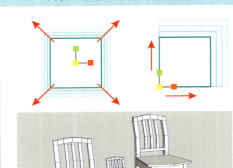

スケールとピボット位置の関係

椅子モデルを200%拡大した。左はピボットがモデルの中心にあり、右はピボットが足の底面にある。左のモデルは、床に食い込んでいるので、Y方向に移動しなければならない。

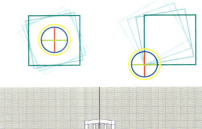

回転とピボット位置の関係

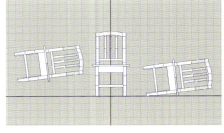

椅子モデルを回転した。左はピボットがモデルの中心にあり、右はピボットが1つの足の底面の角にある。左のモデルは、宙に浮いているので、Y方向に移動しなければならない。

ピボットの移動方法は好きな方を使おう

Insertキー
トグル（オンオフ切り替え）なので、**キーを押してオンにしてマニピュレータを移動した後、またキーを押してオフにする。**

Dキー
切り替えではなく、**押している間だけピボット移動ができる。**

ピボットをオブジェクトの中心に移動したいときは
[修正＞中央にピボット ポイントを移動]
(Modify＞Center Pivot)
センターピボットはよく使う機能なのでついでに覚えよう！

ピボットの方向ハンドルの利用法

ピボットの方向ハンドルを回転することにより、オブジェクトの軸（方向）や複数コンポーネントの軸を回転させることができる。オブジェクトの場合は、軸方向(P.008参照)を「カスタム」に設定するとその軸でマニピュレータを使用できる。

またピボットを移動したいだけの場合、方向ハンドルが邪魔で中心ハンドルがつかみにくくてストレスを感じる場合がある。その場合は、**方向ハンドルを通常オフにしておいて、ピボットを回転させたいときのみ表示させる方が作業効率が上がる。**
[ウィンドウ＞設定／プリファレンス＞プリファレンス＞マニピュレータ・カテゴリ＞ピボットマニピュレータ＞□ 方向ハンドル]
(Windows＞Settings/Preferences＞Preferences＞Manipulators＞Orientation handle)

トランスフォームの変更はMayaの基本だ！　　　　　　Move 移動 (2)

ツールはショートカットキーで 必須

選択ツール、移動ツール、回転ツールなど、ツールボックスにある必須ツールはいちいち画面脇にあるアイコンをクリックして切り替えることはない。
作業効率が落ちるぞ！
キーボードショートカットを使おう！
左が対応しているキーだが、実はアルファベットを覚えなくても便利に使える。
**Tabキーの隣のQキーを見つけよう。
そこから順番に並んでいる。W、E、Rキーの瞬時の切り替えはモデリング力を高めるぞ。**

Yキーにあたる一番下のアイコンは、最後に使ったツール。このYキーは、ツール作業を確定しつつ、再度ツール選択状態にできる。Enterキーで確定すると選択ツールに切り替わる。ツールを繰り返し使用したいときに重宝する。

RとYの間にあるTキーは[マニピュレータの表示ツール] (Show Manipulator Tool)だ。ノードのアトリビュートを視覚的に操作できる。例としては[押し出し]を実行した時にこのツールが使われている。
つまり押し出しした後、別ツールに切り替えてしまったら、チャンネルボックスの[polyExtrudeFace]ノードをクリックしてこのツールを立ち上げる。すると再度押し出しのツールが使用できるというわけだ。

フリーズで座標が0になる 必須

移動、回転、スケールを行うとトランスフォームノード（オブジェクトのノード）に数値が入る。
[修正>トランスフォームのフリーズ]
(Modify>Freeze Transformations)
実行するとそのときの状態のまま、すべて0になる（※オプションでフリーズする項目を設定できる）。

回転にフリーズをかけると、オブジェクトが回転した状態でワールド軸に変更される。それを理解して使わないとダメ！

フリーズは、今の状態を初期値にする機能。
リグ作成時などしょっちゅう使う。

コレもタイセツコラム

選択を効率化するための便利な機能はまだまだあるよ！

[選択項目の変換]はかなり使える 便利

ポリゴンモデリングでは、頂点、エッジ、フェース、UVと様々なコンポーネントを選択して作業する。通常は頂点なら頂点、フェースならフェースと先に選ぶコンポーネントを決めてから選択するはずだ。しかし**[選択>選択項目の変換>]** (Select > Convert Selection >) を使用すれば、選択したコンポーネントを後から自由に変更することができる。

マーキングメニューで作業効率UP 便利

[選択項目の変換]をいちいちメニューから選んでいたのでは作業効率が落ちてしまう。
Mayaにはマーキングメニューという、ツールにアクセスしやすい便利な機能がある。
[選択項目の変換]は、コンポーネントを選択してから**Ctrl＋マウスの右ボタンクリック**すればマーキングメニューから選ぶことができるのだ。
マーキングメニューのリスト項目は、現在選択しているものによって変わる。いろいろ試してみよう！

メニューをプルダウンする必要がないので、素早く操作できる。エッジを選んで[頂点に] (To Vertices) を選べばエッジを頂点に変換できる。

Shift＋右ボタンなら、選んでいるコンポーネントに対応した機能のマーキングメニューになる。

必須モデリング機能＆ツール

スナップ
Snap

スナップは移動を助けてくれる基礎機能だ！

スナップはモデリングには欠かせない機能だ！ オブジェクトやコンポーネントの移動をグリッドや頂点にスナップさせる重要な機能だから必ず習得してほしい。キーボードショートカットで使用するのが基本で、作業効率を下げずに移動を補助することができる。

スナップはショートカットキーを使え！

メインメニューの下のステータスラインに、磁石がデザインされたアイコンがある。それがスナップ機能だ。
しかしわざわざこのアイコンを押して使用している上級者はいない。キーボードショートカットが便利だからだ。キーボードの左下部分を見てほしい。頻繁に使用するZキーの隣の配列は、X、C、Vだ。

Undo（元に戻す）　グリッドスナップ　カーブスナップ　ポイントスナップ

X、C、Vキーにそれぞれ割り当てられている。ステータスラインの並び順と同じなのでわかりやすい。
キーを押しているときだけそのスナップが効いている。
スナップが効いたままの時は、オンになったままなのでアイコンをクリックしてオフにすればいい。

グリッドスナップは基礎中の基礎

【グリッド スナップ】(Snap to Grids)

見た目で直線上に頂点を並べても、数値的には直線ではない。グリッドスナップ機能を使えば、正確な数値とともにきれいに配置することができる。必須スナップ機能。
グリッドスナップは主にトップ、フロント、サイドの正射投影ビューで使用する。
マニピュレータの真ん中の○をつかむと2軸スナップし、XやZなどの軸をつかむと1軸のみスナップする。他のスナップと違い、グリッドスナップだけは軸制御ができる。

Xキーを押しながら移動ツールを使用する

カーブスナップはエッジ上にも

【カーブ スナップ】(Snap to Curves)

NURBSカーブ上をすべるようにスナップしてくれる。
ポリゴンの場合、エッジ上をすべるようにスナップできる。しかしコツがかなりいる。Cキーを押しているとき、マニピュレータの中心が○になるのだが、その○の端の方をクリックドラッグする仕組み。
3種類のスナップの中では一番使用しないので、頭の隅においておく程度でよい機能。

Cキーを押しながら移動ツールを使用する

ポイントスナップは多機能なのだ

【ポイント スナップ】(Snap to Points)

ポイントスナップの「ポイント」は様々なものを指す。それを知っていると、あまりの便利さに驚くだろう。

- ポリゴンの頂点
- ポリゴンのフェースセンター（※）
- NURBSのCV（※）
- NURBSのエディットポイント（※）
- オブジェクトのピボット（※）
- ジョイント
- ロケータ
- オブジェクト（ライトやカメラなど）
- パーティクル　……etc

Vキーを押しながら移動ツールを使用する

（※）マークがついているものは、それ自体を画面上に表示しないとスナップできない。
例えばポリゴンキューブの場合、頂点にはスナップしてくれるが、ピボットにはしない。キューブを選択し、**[ディスプレイ＞トランスフォーム ディスプレイ＞回転ピボット]**
(Display > Transform Display > Rotate Pivots)　で、ピボットを表示して使用する。
軸制御はできないので、マニピュレータの真ん中の○をつかんで移動する。

スナップは移動を助けてくれる基礎機能だ！　　　Snap スナップ

ポリゴン表面に吸着するライブサーフェスを利用すれば、フォルムに沿った描画ができる

[ライブ サーフェスにする] (Make Live)

ジオメトリオブジェクト（ポリゴンやNURBS）を選択して**ライブサーフェスアイコンをオンにする**と、そのオブジェクトの表面に他のオブジェクトやカーブのCVを吸着させることができる。

■リトポロジに欠かせない[四角ポリゴン描画]に使用する

スカルプティングなどで作成されたハイメッシュの形状をもとに、リトポロジーする場合は**[四角ポリゴン描画]**(Quad Draw)を利用すると便利だ。元のハイメッシュモデルの表面に吸着させてメッシュを作成していく機能なので、ライブ機能とセットとして使用する。

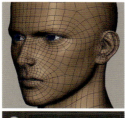 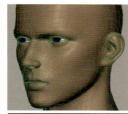

P.015 [四角ポリゴン描画ツールは、ホットキーの組み合わせで使用する]

■その他の利用例

左画像の細かなビーズはIKスプラインハンドルツールを利用して配置した。まず1列にたくさんビーズを並べ、各ビーズに対しジョイントチェーンを作成、すべてのビーズをひとつひとつジョイントにコンストレイントする。ライブ機能を使用し、顔のフォルムに沿ったNURBSカーブを作成する。そのカーブをIKスプラインに使用すれば顔に沿ってビーズが自動的に並んでしまう。

ライブサーフェスとなったオブジェクトは、ライブサーフェスアイコンの横にオブジェクト名が表示される。またワイヤフレーム及びワイヤフレーム付きシェードでは、ワイヤフレームの色が濃い緑色で表示される。
初心者はライブ状態をオフにし忘れて、選択ができないと戸惑うことがよくある。ワイヤフレームの色が緑になっていたらライブ状態だと覚えておこう。

頂点をグリッドスナップして揃える

頂点をグリッドスナップ（Xキーを押しながら移動）する方法は必ず覚えてほしい。頂点を1列に揃えることは、モデリングにおいて必須だからだ。
しかし**移動ツールのデフォルト設定は、各頂点間の距離を維持した状態**なので、絶対に揃えることができない。

移動ツールオプションの：
[▼スナップ移動設定＞コンポーネント間隔の維持]
(Move Snap Settings > Retain Component Spacing) の**チェックを外して使用しよう！**

 この画像みたいに中心ラインの上の頂点をグリッドスナップさせたいのだけど動かないんです；；

中心を揃えたい時は、移動軸はワールドのみ！しかも対称設定にしてるとできないよ！

数値入力で頂点を揃える入力ボックス

中心ラインの頂点は、移動X＝0と数値がはっきりわかっているので、グリッドスナップを使用するより入力ボックスを使用した方が楽だ。
[入力ボックス]はステータスライン右側にあり、入力ボックス横のアイコンをクリックすると、4種のモードを選ぶことができる。**中心の頂点を揃えたいならば移動ツールを選択している状態で[絶対トランスフォーム]**(Absolute transform) の[X:]のフィールドに「0」と入力する。スケールツールを選んでいる状態だと「スケールX＝0」なってしまうので注意が必要だ。
[相対トランスフォーム]（Relative transform）は「今の位置から5センチ移動したい」「今の角度から30度回転したい」というように利用できるので、ついでに覚えておこう。

013

必須モデリング機能＆ツール

作成 (1)
Create

モデリングの始め方はフォルムによって違う！

NURBSモデリングと違いポリゴンモデリングの難しさは、しっかりと構築していく手順を決めて進めなければいけないという点だ。NURBSはカーブから何度でもサーフェスを再構築できるが、ポリゴンの場合やり直しが簡単ではないので、分割ラインの流れを常に意識してモデリングしていく。どこから作り始めるのかしっかり考えて始めれば、あとあとの作業が楽になり、完成度も高くなる。

大きく分けて4種類の始め方

[作成＞ポリゴン プリミティブ] (Create > Polygon Primitives)

あらかじめ用意されているシェイプを作成できる。
現時点で12種類あるが、アトリビュートを編集することで様々な形状になるので、デフォルト設定の形状だけしか使わない・・・なんてもったいない使い方はしないように！

[メッシュ ツール＞ポリゴンを作成] (Create Polygon)

クリックした場所を頂点として、平面を作成するツール。
イメージプレーンに貼った画像をトレースして、そのフォルムから始める時に便利。

右図はハサミのもち手の作成の一番最初の段階。
平面的で丸みを持つフォルムなので、ポリゴン作成ツールから始めるのがぴったりだ。

[メッシュ ツール＞四角ポリゴン描画] (Quad Draw)

主にスカルプティングで作成されたハイメッシュに対して、ライブ機能を使って簡単にリトポロジ用のメッシュを作成していく便利なツール。名称通り四角ポリゴンをつなげて作っていくことができる。ライブ機能を使わなければ上記の[ポリゴンを作成]ツールのように平面上に作ることができる。

NURBSからポリゴンへ変換

ポリゴンモデリングツールの中には「カーブ（スプライン）」を利用できるものはごく一部（押し出し）しかないが、NURBSサーフェス作成のオプションには必ず[出力ジオメトリ]にポリゴンがある。また、変換メニューから変換することもできる。NURBSカーブから形状が作れれば、モデリングの出発点の選択肢がかなり増えるのだ！カーブをいじるとヒストリ機能が働いて、サーフェスも変形するのがNURBSの超便利なところ！

 この4種類のどれかから始めればいいかぁ。作り始めに選ぶことが大切なんですね！

インタラクティブ作成はオフに！

[作成＞ポリゴン プリミティブ＞インタラクティブ作成] (Create > Polygon Primitives > Interactive Creation)は、マウスをクリックドラッグした場所に、プリミティブオブジェクトを作成する機能。

初心者は必ずオフにしよう！
位置や半径に適当な数値が入ってしまうぞ！

上級者はグリッドスナップをうまく使えば、そこそこ使えるがチャンネルボックスで数値を好みに修正したほうがよいかも。

プリミティブはチャンネルボックスで編集

左の列：デフォルト設定
右の列：数値を編集した形状

チャンネルボックスで入力(Input)ノード名をクリックして開くと作成した後に編集できる。

ポリゴンプリミティブオブジェクトはモデリングを作り始める形状としてもっとも使用する。
特に分割数をコントロールすることは基本中の基本。
上の画像のように分割数をコントロールすることで違う形状になることを覚えておいてほしい。

 初心者がデフォルト数値しか使っていないのを見つけたときビックリ＆ガッカリしちゃうのだ。

014

| モデリングの始め方はフォルムによって違う！ | Create 作 成 (1) |

四角ポリゴン描画(Quad Draw)ツールは、ホットキーの組み合わせで使用する

[基本的な作成方法]Shiftキー

1 描き始めは、頂点としたい位置に4点クリックしドットをドロップする。ライブサーフェス(P.013参照)にすれば参照オブジェクトに吸着し、しなければXZプレーン上に吸着する。

2 グリーンのドットで囲われた位置に、**Shiftキーを押しながらカーソル**を合わせると、予測されたフェースがグリーンで表示される。**Shiftキーを押したままクリックすればフェースが作成される**。

3 続けてフェースを作成する場合もクリックでドットをドロップする。**ドットを削除したい場合は、Ctrl＋Shiftキーでクリック**。またはモデリングツールキットの［ドットをクリア］(Clear Dots)をクリックする。

4 頂点をどのようにつないでフェースを作るかは、Shiftキーを押しながらカーソルを置いた位置によって、ツールが判断してくれる。
好みのフェースがグリーンで表示されたら、同じようにShiftキーを押したままクリックすればその位置にフェースが作成される。
これを繰り返してトポロジを完成させていく。ちなみに三角や多角形ポリゴンは作成できない。

とても便利なツールだけど、威力を発揮するのは参照モデルがライブになっているとき。※平面プレーンならライブじゃなくても作れます。つまり0から作るためのツールではないの。

スカルプト用とかの高解像度モデルがなかったら意味ないってことですよね？；；結局、先生は使ってないんですか〜？

すっごい使ってるよ！このツール大好き！フォルムが取れていても、メッシュの流れが気に入らない時、エッジを追加してエッジを捨てて…って面倒くさい作業の代わりに、元モデルをライブにして、複製したモデルの気に入らない箇所をごっそり捨てて、このツールでトポロジを作り直しちゃうのだっ！

[位置調整]ドラッグ

ポインタを置く位置で［頂点・エッジ・フェース］のいずれかを選ぶことができる。ドラッグで位置を微調整できる。つまり移動ツールを使わなくてもよいということだ。
ソフト選択での移動も、［四角ポリゴン描画］ツールのまま使用できる。Bキーで切り替えて使用する。

 P.007 ［滑らかに編集できるソフト選択］

[削除] Ctrl＋Shift＋クリック

フェースをCtrl＋Shiftでクリックすれば、そのフェースが削除できる。エッジの場合はエッジループを、境界エッジの場合は境界フェースの1列が削除される。

[延長](Etend) TABキー＋ドラッグ

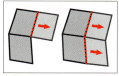
エッジ　　ループ

TABキーを押しながらエッジをドラッグすると、フェースを延長できる。オプションの［延長］(Extend)を［エッジ］にすればそのエッジの単一フェースが、［ループ］にすればエッジループの1列が延長される。

[リラックス](Relax) Shiftキー＋ドラッグ

作成されたトポロジ（黒のラインで表示）の上で、**Shiftキーを使用すればリラックス機能**が働き、頂点間の間隔を均等にすることができる。この場合も微調整の時と同じく［頂点・エッジ・フェース］はポインタの位置で決まる。オプションは4種類あるが、2種だけ紹介しておく。

■リラックスのオプション
リラックスの操作を制限する（リラックスで動かす）頂点はオプションで設定する。

［自動ロック］　選んだ頂点が境界なのか、内部頂点（境界
(Auto-Lock)　　以外の頂点）なのかを自動的に判断する。境界上の頂点をリラックスしているときは内部頂点は移動しない。

［内部頂点］　　内部頂点のみをリラックスする。境界頂点は
(Interior vertices)　リラックスしない。

[エッジ ループの挿入] Ctrl＋クリック

Ctrlキーを押しながらメッシュ上にカーソルを合わせると、緑色の点線エッジループ ラインがメッシュ上に表示される。クリックして確定する。
フェースの中心にスナップするエッジ ループを挿入するには、**Ctrlキーを押しながら中マウスボタンでドラッグ**する。

015

作 成 (2)
Create

NURBSはポリゴン作成の欠点を補う強力サポーター！

NURBSカーブからのポリゴン作成法は、フェースではなくエッジで形作る感覚だ。ヒストリ機能が利用できるから修正も簡単！

リニアカーブ（直線）ならCVがポリゴン頂点に

NURBSカーブのデフォルトは曲線だが、ポリゴンモデリングに利用するなら直線の方が利用価値が高い。なぜならCV（シーブイ：NURBSの制御頂点）が直接ポリゴン頂点となるからだ。**最初から直線で描けば頂点位置を決めてカーブが描ける！**
NURBSカーブで直線を描画する方法は
[作成＞カーブ ツール＞CV カーブ ツール]（Create＞Curve Tool＞CV Curve Tool）のオプション設定＞[カーブの次数]（Curve Degree）を[1一次]（1Linear）に変更してから描き始める。

右画像は［一次］で描いた直線カーブを3本複製し、ロフトしたもの。このときロフトのオプションの**サーフェス次数も［一次］にすれば、CVがポリゴン頂点となる。**

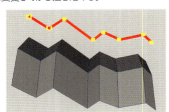

カーブから作成するならこの3つを覚えよう！

[サーフェス＞ロフト] (Surfaces＞Loft)

上画像のように、カーブを連続してつなげてサーフェスを作る。閉じているサーフェスにすることもできる。NURBSモデリングの一番基本の作成法。どんなサーフェスでも、ロフトで構築し直せる。

[サーフェス＞回転] (Surfaces＞Revolve)

右画像のように、断面カーブを描いて回転体を作る。回転体を作る機会は多いのに、ポリゴンメニューにはないのでNURBSから作ろう。

[サーフェス＞押し出し] (Surfaces＞Extrude)

名前は同じだがポリゴンの押し出しとはまったく違う！P.209に詳しい説明が書いてあるので読んでみよう！NURBSの押し出しの使いやすさに驚くはず。プロファイルカーブとパスカーブ2本で押し出す場合のオプション設定は、以下の通りだ。
- スタイル（Style）：●チューブ（tube）
- 結果の位置（Direction）：●パス（At path）
- ピボット（Pivot）：●コンポーネント（Component）
- 方向（Orientation）：●プロファイル法線（Profile Normal）

関連　P.208 [ポリゴンの押し出し]　P.209 [NURBSの押し出し]

カーブからポリゴンを作成する設定

カーブを選択し、サーフェスメニューから作成法（例：ロフト、回転、押し出しなど）を選ぶ時に、オプション設定でCVの位置通りのポリゴンモデルを作成できる。以下の設定はどの作成法でも共通なので必ず覚えてほしい。
- サーフェス次数（Surface Degree）：●一次（Linear）
- 出力ジオメトリ（Output Geometry）：●ポリゴン（Polygon）
- テッセレーション方法（Tessellation Method）：●コントロール ポイント（Control Points）

ポリゴンとして出力するテッセレーション設定はたくさんあるので迷ってしまうかもしれないが、[コントロール ポイント]を選べばCVの位置を頂点に変換するので、細かな設定は何もない。

ヒストリ機能が使えるので修正が楽！

カーブからサーフェスを作成すると、ヒストリが作成され、カーブを編集すればサーフェス自体も変形する。エッジやフェースを編集するのではなく、カーブのCVを編集すればいいだけなので、モデルの基礎フォルムを作成するのにとても重宝する！
カーブのCVの位置がエッジの位置になる。カーブのCVを移動すれば、ポリゴンモデルも変形する。つまり大まかなラインを作ってから、CVの増減や移動をして望むフォルムに編集するということができるわけだ。

CVの減らし方

CVを選んでDeleteする。

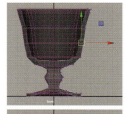

CVの増やし方

1. 右ボタンクリックで[カーブ ポイント]（Curve Point）を選ぶ。
2. カーブ上をクリックし、黄色の点を挿入したい場所に移動する。
3. [カーブ＞ノットの挿入]（Curves＞Insert Knot）

カーブとポリゴンモデルが同じ画面に表示されていると、カーブのCVがつかみにくいので、モデル側をリファレンスにするか、1画面をカーブ表示のみにするといいだろう。

NURBSはポリゴン作成の欠点を補う強力サポーター！ Create 作成 (2)

コレもタイセツコラム
3 ゲーム用と映像用キャラって違うの？
出力の違いが制作法の違いに

カーブにインスタンスを利用する技

カーブはオブジェクトなのでインスタンスの複製ができる。ロフトのように複数カーブで作成する場合、カーブをインスタンスで複製すれば、1本のカーブだけの修正でモデルが均等に修正される。このテクニックはかなり使える。
右画像の額縁はその参考例だ。まず一次カーブをサイドビューで描き、

[編集＞特殊な複製□（オプション）＞
ジオメトリタイプ：インスタンス]
(Edit ＞ Duplicate Special ＞
Geometry Type: Instance)

で**インスタンスコピーを行い、四隅の45度の位置にカーブを配置してロフトでポリゴンを作成する。**

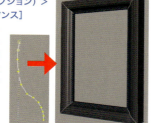

最初に描いたカーブは回転させない方が、サイドビューで修正ができて楽だ。ポリゴンのツールだけで形作るよりも、カーブならば装飾のラインの美しいフォルムを直感的で簡単に作成できる。側面部分はポリゴンの押し出し機能を使っている。

右画像のドア内部の装飾やドアトリムの上部の飾りなど、建築関連ではかなりの利用価値がある。

この書籍は、映像用キャラを基準とした作成法なので、多くの書籍で紹介されているゲーム用キャラクターの作成法と違うと気がついただろうか？
ゲームCGと映像CGでまったく違う点は、リアルタイムの場合には、1秒の間に何十フレームものグラフィック処理をさせなければならないのに対し、オフラインCGならば1枚の画像に何分（ことによると何時間）かけてレンダリングしてもいいのだ。

映像用キャラはゲーム用キャラと違い、「制限」がない。ポリゴン数、テクスチャの解像度と枚数なども、もちろん自由だ。初心者が両者を混同して作成してしまったキャラをよく見かける。
大きく分けて3つのキャラクター作成のスタイルがあると覚えておこう。

A：ゲーム的制限をつけたキャラ
B：ハイエンドな技術を見せるための静止画キャラ
C：ムービーのためのアニメーション用キャラ

もちろんA＋Cもあるだろうし、Bに近いCということもあるだろう。この書籍の表紙用キャラはBだ。もしアニメーションするためのキャラなら、モーションしやすく作成するし、キャラのレンダリング時間も数分に抑えられるように工夫しなければならない。

質感の違うものは結合しなくてよい

映像用（オフラインCG）を、ゲーム用（オンラインCG）と混同して作成している人は以下の傾向がある。
- **キャラのポリゴンモデルパーツをなんでも結合**
- **UVマッピングと、質感の考え方がゲーム用ルール**

学生が作成したキャラをチェックすると、意味なく様々なパーツを結合していることが多い。
ゲームキャラはポリゴン数と質感に制限があるため、細かなパーツはほとんど「絵」だ。衣装に金具が付いていたら、その金属の質感も含めてテクスチャとして表現する。
しかしレンダリングして出力するオフラインCGなら、その金具はモデリングすればよいし、金属の質感をBlinnやmia_materialで作成すればよいのだ。結合してしまうと、きっちりUVマッピングを作成して、質感を分けるためにわざわざスペキュラや反射の数値用にテクスチャを貼らなければいけない。
もちろんフェース単位で質感をつけることはできるが、そこに利点がある場合だけに使用する。通常質感はモデル単位でつけたほうが失敗が少ない。
また、すべてのオブジェクトにUVマッピングをする必要はない、と覚えておこう。

注意！ 開始と終了のエッジはマージを！

カーブからサーフェス作成機能を使用してポリゴンのモデルを作った場合、注意しておかなければいけないことがある。
サーフェスが作られる開始と終了部分のエッジはつながっていないという点だ。右画像はポリゴン化したものを3キーでスムーズメッシュプレビューしたものだ。マージされていないエッジが一目でわかる。
頂点を選んでマージをしよう。
また、**回転体の中心軸にあるメッシュは、三角ポリゴンのように集まった四角ポリゴンなので、マージするか削除して作り直そう。**

ロフト

回転

押し出し

017

必須モデリング機能＆ツール

分割 (1)
Split

分割（エッジの追加）はモデリング作業のキモだ！

ポリゴンモデリングは、多くの場合シンプルな形状から作り始め、バランスをとりながら細かな形状にしていく。細かな形状にしていくというのは、自分で必要なところにエッジを追加していくということだ。「エッジを追加」は「フェースを分割」と同じ意味。Mayaに用意されている分割方法をすべて覚えていれば、状況に合わせて使いこなせる。ポリゴンモデラーにとって「分割」はもっとも重要なツールだ！

もっとも使う分割ツール①[マルチカット] 基本 覚えて当然

エッジ上をクリックしてエッジを描画（フェースを分割）するツール。
[メッシュ ツール>マルチカット]
(Mesh Tools > Multi-Cut)

キャラクターモデリングは、工業製品と違い流れを整えながら自由にエッジを入れていくことが多いので、もっとも使うツールだ。

[カットの基本]

カットツールは、ツールカーソルがどこに置かれているかでカットする箇所を判断する。（赤いハイライトで表示される。）初心者はクリックだけでカットしてしまうので、位置がいい加減になりやすい！

エッジ上をドラッグして切る位置を決める使い方を覚えよう。

- 確定前のポイント削除は[Backspace]または[Delete]キー
- 確定は[Enter]キーまたは[右ボタンクリック]
注意！マルチカットツールは確定しても、まだマルチカットツールが起動している。連続してマルチカットツールを使いたいときは重宝するが、カットしてすぐ頂点選択などに作業を切り替えるには、選択ツールなどに切り替えなければいけない。
- おすすめ確定キーは、[Q]（選択ツール）または[W]（移動ツール）
トランスフォームツールのホットキーはマルチカットツールの確定としても使用できるのだ。

[スナップ] Shiftキー

Shiftキーを押しながら、ツールカーソルをエッジに近づけると、自動的に中間点にスナップする。つまり特別な設定をしなくても、Shiftキーを押した瞬間だけ、簡単にエッジの真ん中をカットできる。
数値入力での正確なスナップがしたい場合は、マルチカットのツールオプションから[ステップ % をスナップ]（Snap Step %）に数値を入れる。デフォルトの25%では、25、50、75%でスナップする。
スナップでのカットの方法は、Shiftキーを押しながらエッジ上をドラッグする。

Shift +クリック

Shift +エッジ上を
ドラッグ

もっとも使う分割ツール②[エッジ ループを挿入] 基本 覚えて当然

一度のクリックでエッジリング状（四角形ポリゴンが並んだ状態）のフェースを分割できるツール。
[メッシュ ツール>エッジ ループを挿入]
(Mesh Tools > Insert Edge Loop)

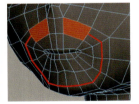

フェースの流れに沿って一気に分割できるので、整った分割に有効だ。

赤いフェースが上からの分割で五角形なので、エッジループはそこで止まる。

[エッジ ループを挿入]は2種類ある！ 必須 必ず覚えよ

[エッジ ループを挿入]の機能は、実は2種類ある。
A：[メッシュ ツール>エッジ ループを挿入]
　　(Mesh Tools > Insert Edge Loop)
B：[メッシュ ツール>マルチカット]の機能の1つ
　　(Mesh Tools 1 > Multi-Cut)
機能としては同じなのだが、設定と使い勝手が違うのだ。

[マルチカットのエッジ ループの挿入] Ctrlキー

[マルチカット]ツールを起動中に、Ctrlキーを押すとエッジループの機能が働く。
・利点
Ctrl +中マウスボタンをクリックするだけで、簡単に各フェースの中心にエッジループを挿入できる。Ctrl + Shiftキーを押しながら、エッジ上にカーソルを合わせると[ステップ % をスナップ]の数値を参照してエッジループを挿入できる。つまり中心への挿入やステップが簡単に使える。そしてシンメトリ[トポロジ]を利用して左右対称にエッジループを入れられる！ この機能はかなり使える。
・欠点
[均等距離]では挿入できない。
[複数のエッジ ループ]を同時に挿入できない。
[自動完了]をオフにする機能がない。
逆を言えば、上記の機能が[エッジ ループを挿入]ツールにはある。

018

Split 分割(1)

分割(エッジの追加)はモデリング作業のキモだ！

[エッジ ループを挿入]ツールの重要な設定 必須

[エッジ ループを挿入]ツールには、[マルチカット]のエッジループの挿入機能にはない、さまざまなオプションがある。状況に合わせて使い分けよう。

[位置の保持] (Maintain position)

[位置の保持]は挿入する位置が決まる重要なオプションだ！
通常は[相対距離]。[マルチカット]の場合は相対距離のみなので、[均等距離]を使用したい場合はこちらのツールを使う。
キャラモデリングでも服や鎧は工業製品みたいなものなので、エッジから同じ距離で挿入できる均等距離が便利だ。

■ エッジから相対距離
(Relative distance from edge)
グリーンのエッジからパープルのエッジ間のパーセント距離になる。
例えば中間あたりに移動すると、どのエッジでも中間あたりになる。

■ エッジから均等距離
(Equal distance from edge)
クリックした場所に近いエッジから均等の距離に配置。パープルのエッジに近いところをクリックするとそこからの距離になる(左図下)。

[複数のエッジ ループ] (Multiple edge loops)

指定した数の等間隔のエッジループを挿入できる。このツールにはスナップ機能がないので、[エッジ ループ数](Number of edge loops)を「1」にして、エッジとエッジの間の中間点にエッジループを入れる、という利用法もある。

[自動完了] (Auto complete)

[オン]エッジリングを横断するすべてにエッジループを挿入する。
危険なのが、クリックした瞬間に挿入されてしまうところだ。四角ポリゴンが並んでいれば、ワンクリックで瞬時に切れる点は便利だ。しかしエッジリングがつながっていれば、どこまでも分割してしまう[自動]はある意味不便だ。

[オフ]クリックした2か所をつないでエッジが挿入される。自動ではないのでEnterキーを押して確定する。
おすすめは、[オフ]設定だ。
もしエッジリングを横断するすべてに挿入したければ、ダブルクリックでプレビューロケータ(エッジの点線)が表示されるので、ドラッグして位置を決めてEnterキーで確定する。オフのほうが応用が利くのだ。

モデリングツールキットとツール設定の違い 基本

[ツール設定](Tool Settings)はポリゴン関係のツールに限らず、選択したツールのオプション設定を表示する重要なパネルだ。メニュー名横の□をクリックすると立ち上がる。

[モデリングツールキット](Modeling Toolkit)は1つのウィンドウに複数の機能やツールがまとまっている。しかしすべてのツールや機能が置いてあるわけではないので注意。頻繁に使う[エッジ ループを挿入]ツールはこのウィンドウにはない。
初心者は、[モデリングツールキット]だけに頼ってしまうと、ポリゴンモデリングテクニックを把握できない。まずはメニューからツールや機能を選ぶことを優先しよう。
[▼ツール](Tools)に置いてあるツールのみ、オプション設定がこのウィンドウでも表示される。モデリングに慣れてくれば、作業効率に見合った自分なりのツール類へのアクセス方法を見つけることができるだろう。

分割するとモデルが壊れる！？ 必須

サブディビジョンプロキシを使用中に、エッジループの挿入などで、プロキシメッシュを分割するとたまにスムーズメッシュ側のモデルが欠けてしまうことがある。これはモデルが壊れたのではないので大丈夫。シェーダのリンクが切れただけで、表示の問題だ。**スムーズ側のモデルを選択し、再びlambert1などのシェーダを割り当て(Assign)すれば簡単に直せる。**

[旧式の既定ビューポート](Legacy Default Viewport)での表示

[ビューポート 2.0](Viewport 2.0)での表示

019

できるモデラーのための 必須モデリング機能＆ツール

分　割 (2)
Split

オプション設定に隠された重要機能も使いこなそう！

メニューではなく各ツールのオプション設定には、ものすごく重要な機能が存在する。必ず覚えて使いこなそう！

エッジ追加時のガタつきを軽減！［エッジ フロー］機能はキャラモデリングに必須！

［エッジ フロー］機能は、モデリングの作業量が減るだけでなく、初心者の「へたくそ」も軽減してくれる。

［エッジ フロー］(Edge Flow) は、周囲のメッシュのサーフェスの曲率から判断し、エッジを挿入またはエッジを編集してくれる機能だ。
エッジループなどで追加したエッジは、通常は平らなメッシュを分割する。
［エッジ フロー］機能を使うと、周囲との角度を保ってくれる。
もちろんその角度が完璧かどうかは状況によるが、少なくとも分割したフェースを平らにしないため、ガタつきを軽減してくれるのだ。

エッジフローなし

エッジフローあり

下の画像はキャラのほほと口周りの間にエッジループを挿入した例だ。スムーズモデルを見比べてみてほしい。エッジフローなしにはガタついたすじが見える。エッジフローありモデルは丸みを保って分割しているため、滑らかなのがよくわかる。

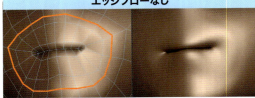
エッジフローなし

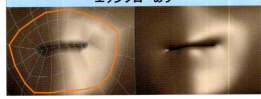
エッジフローあり

この［エッジ フロー］機能は数箇所のツールにあり、大きく分けて「カットするときにエッジフローを利用する」と「すでにあるエッジをエッジフローに編集する」の２択となる。

【マルチカット】(Multi-Cut) オプション

マルチカットの通常のカット時だけでなく、マルチカット機能のエッジループの挿入時にも使用できる。

［エッジ ループを挿入］(Insert Edge Loop Tool) オプション

［相対距離］(Relative distance) 及び［均等距離］(Equal distance) で使用できる。残念ながら［複数のエッジ ループ］(Multiple edge loops) では使用できない。
オプションで設定しなくても [Shift] キーを押したままクリックすると一時的に［エッジ フロー］がアクティブになる。

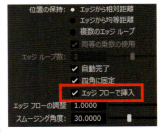

［メッシュの編集＞エッジフローの編集］
(Edit Mesh＞Edit Edge Flow)

この機能はカット時ではなく、もうすでにある分割（エッジ）を選択してエッジフロー機能を使用できる。エッジの位置を均等な位置に移動して、曲率を滑らかにしてくれる便利な機能だ！

丸みを崩しているエッジに対して処理すると、エッジ上の頂点位置が移動して滑らかなフォルムに！便利！

エッジループの挿入やマルチカットをどんどん入れていったら、キャラがガッタガタにぃ！

［エッジ フローの編集］なら、カットした後でも使えるよ〜。

020

オプション設定に隠された重要機能も使いこなそう！　　　　　　　　　　Split 分割(2)

まっすぐカットするなら[スライス ツール]

[スライス ツール](Slice Tool)は複数のポリゴンフェースを、まっすぐな平面に沿って1回の操作でカットする便利な機能だ。
しかしモデリングメニューの[メッシュの編集]メニューを探しても見つからない！
[マルチカット](Multi-Cut)ツールのオプションの中にあるのだ。

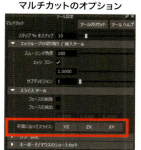
マルチカットのオプション

[スライス ツール]の使用方法

オブジェクトを選択してマルチカットツールを選ぶ。ツール設定かモデリングツールキットで、[平面に沿ってスライス](Slice Along Plane)の[YZ][ZX][XY]のボタンのいずれかをクリックする。

YZ、ZX、XYという設定は、[ジョイントのミラー]のオプションなどでも出てくるが、プレーン（平面）の軸がどの軸なのかということだ。この場合はカッティングプレーンの向きだ。

右画像のエンピツの場合は、真横にカットしたいので、[ZX]となる。
スライスボタンをクリックした瞬間にカットされているので注意！
スライスボタンをクリックすると、マニピュレータが現れる。**このマニピュレータは必ずオブジェクトの中心に現れる。** 初心者がモデルの一部分にズームして、マニピュレータに気がつかず、何度もカットしている現場をよく見るよ！

マニピュレータなので、グリッドスナップやポイントスナップが使える。工業製品などはカットする位置を数値で入れる場合がよくあるのでとても便利だ。
またチャンネルボックスでヒストリを見ると、[polyCut]ノードに位置情報を数値入力できるアトリビュート[カットするプレーンのセンターX・Y・Z]がある。
つまり**カットする位置をワールド座標位置で決められる！**

ツールのマニピュレータを再表示するには

 決めた場所にプレーンを移動する前に選択解除しちゃった！やっぱりZキーでやり直しですか？

 マニピュレータの表示ツールって知ってる？

チャンネルボックスの入力ノードにあるヒストリ[polyCutX]をクリックして展開する。
[修正>トランスフォーム ツール>マニピュレータの表示ツール]（Modify > Transformation Tools > Show Manipulator Tool）キーボードショートカットはTキーだ。
この方法で再びツールのマニピュレータを出して編集することができる。
このテクニックは[スライス ツール](Slice Tool)や[押し出し](Extrude)特有のマニピュレータを再表示するときに使うので、覚えておこう！

スライスツールは初心者注意！

左のスライスツールの使用方法でも説明したとおり、初心者がマニピュレータに気がつかず、同じ中心位置を何度もカットしてしまう光景をよく見てきた。
[平面に沿ってスライス](Slice Along Plane)の[YZ][ZX][XY]のボタンは、押した瞬間にカットされるので注意しよう。
普通にモデルを見ただけでは、エッジが増えているわけではないので気がつきにくい。
右画像のように、**フェースセンター表示で見れば、エッジの上にフェースセンターの■が出ているので気がつく。**
また**チャンネルボックス入力（Input）項目を確認する癖もつけよう。** 何度もカットしていれば、右画像のように、ヒストリに「polyCutX」が蓄積されるいるのがわかる。
不要なカットをしてしまった場合、エッジループをCtrl + Deleteで削除しよう。

021

できるモデラーのための 必須モデリング機能&ツール

押し出し
Extrude

押し出し操作の初歩的ミスは命取りになる！

コンポーネントを押し出すことにより、新たな面を立体的に作成することができる［押し出し］（Extrude）は、自由度の高いポリゴンならではの便利な機能だ。しかし私は初心者が［押し出し］機能をしっかり理解しないでミスを犯し、どうしていいかわからずに途方にくれる場面をしょっちゅう見てきている。［押し出し］の危険性はマニュアルでは教えてくれない。基本をしっかり理解して使いこなすこと！

恐怖！メニューを選んだ瞬間に、もう押し出しされていた！

［メッシュの編集＞押し出し］（Edit Mesh＞Extrude）
Mayaの機能の中には、メニューからその機能を選んだだけでは実行されないタイプと、選んだ瞬間に実行される2種類がある。
［マルチカット］［ポリゴンに追加］［エッジ ループを挿入］などは、メニューから選んだあと、どの箇所に実行するか選ぶので失敗が少ない。
しかし［押し出し］はコンポーネントを選択してメニューから選んだ時点で実行される。**マニピュレータを動かさなくても、すでに実行されて、その箇所に見えないフェースが作られているのだ！**
［元に戻す］（Undo/Zキー）またはマニピュレータ操作をちゃんとしないと、見えないフェースが作られてしまうぞ！

よくある失敗例

① 耳を押し出しで作ろうとフェースを選んだ。

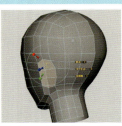
② メニューから［メッシュの編集＞押し出し］を選んだ。

③ あ、選択解除しちゃった。まぁいいか。また押し出ししようっと。

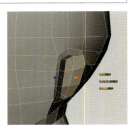
④ 押し出し操作を1回目は内側に、2回目はでっぱらせて耳になる形状を…。

⑤ あれ？プロキシのスムーズ側に変なエッジが出てる！なんで？？

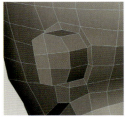
⑥ ローポリのオリジナルには、おかしいところはないのに…。

だからフェースセンター選択なのだ！

フェースをセンターで選択できるように設定していれば、隠れたフェースを見つけることができる。上の失敗例はフェースセンターで見たならすぐ発見できる。
エッジ上に■があるのだ！
エッジが2重になっていて、そこにフェースがあるという意味だ！おお、コワイコワイ・・・。

 P.006 ［フェースはセンターで選択！！］

2重のエッジは頂点マージで解決！

不要な押し出しというミスでエッジが2重になってしまった（隠れた線状態のフェースを作ってしまった）ら、頂点をマージすればいい。

［メッシュの編集＞マージ］
（Edit Mesh＞Merge）
エッジではなく頂点をマージする方が効率がよい。その場合、クリックで選択してはいけない。なぜならエッジが二重＝頂点が2つ重なっているから。
しきい値（Threshold）を小さく設定すれば、適当に頂点を囲み選択してマージするのが手っ取り早い。

スムーズメッシュでも不要な押し出しを確認できる。

 P.026 ［マージ］

押し出し操作の初歩的ミスは命取りになる！　　　Extrude **押し出し**

ローカル/ワールド切り替えは重要　【基本 覚えて当然】

マニピュレータ右上にあるこのハンドルをクリックして、ローカル軸とワールド軸を切り替えることができる。ローカル軸が縦向き、ワールド軸は横向きになる。

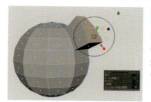
■ **ローカル軸**
法線方向に押し出されるので、複数フェースの角度が違えばどんどん広がっていく。

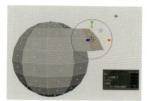
■ **ワールド軸**
ワールド軸では、同じ向きに平行に押し出され、複数フェースの角度が違っていても広がりはない。

※キャプチャ画像のマニピュレータは、書籍用に色を変更しています。

フェースをバラバラに押し出す　【便利 知ってると得】

押し出しには
[フェースの一体性の維持]
(Keep Faces Together)
というオンオフ切り替えの機能がある。
オン：選択したフェース（またはエッジ）全体がまとまって押し出しされる（中は空洞）。オンがデフォルトだ。
オフ：選択したフェースまたはエッジ）がバラバラに押し出される。各エッジに「壁」ができる。

オン

オフ

初心者は、ワールド軸での押し出しでこの機能を「オフ」にしないように注意しよう。
ワールド軸はすべてのフェースを水平に押し出すので、左画像のようにばらばらに広がらない。つまり内部で分かれて押し出されているのがぱっと見ではわからないためだ。

押し出しは放射状分割にも使える　【必須 必ず覚えよ】

ポリゴンモデリングでは、エッジの流れを放射状に分割しなければならないところはたくさんある。キャラクターのまぶた部分もその1つだ。
右画像のように最初は格子状の分割でも、押し出しを使えば簡単に放射状に分割ラインにすることができる。
移動や厚みでフェースをでっぱらせるのではなく、オフセット（またはスケール）を使って平面状に押し出しをすると放射状分割になる。

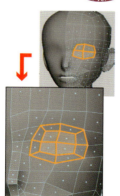

コレもタイセツコラム

😨 つながっていない頂点がポンポンあるぞ
🙁 エッジは Delete で捨てちゃダメ

エッジは、Delete キー（または Backspace キー）で削除してはいけない。

エッジを Delete キーで削除すると、中央画像のようにつながっていない頂点だけが残されてしまうためだ。エッジの削除は、
エッジ/頂点の削除
(Delete Edge/Vertex)
で必ず行うこと！
これならばエッジ上の頂点も削除してくれる。
ただメニューから選んでいると作業効率が下がってしまう。キーボードショートカットを覚えて使おう！

または

カーブ、テーパ、ツイストなど多機能　【便利 知ってると得】

押し出し機能は、**NURBS カーブ**(Curve)を利用することもできる。
また、先端に向かって細くなる（太くなる）**テーパ**(Taper) や、回転しながら押し出される**ツイスト**(Twist) という機能もある。

同じカーブを使ってもNURBSサーフェスの[押し出し]とは違う。こちらはただの分割数。あちらはエディットポイントがエッジになるからだ。

 P.208 [ポリゴンの押し出し]
P.209 [NURBSの押し出し]

023

できるモデラーのための 必須モデリング機能＆ツール

結合と抽出
Combine and Extract

1つのオブジェクトから押し出しだけで作るな！

初心者のモデリング方法の特徴で気がついたことがある。メインのモデルを押し出しだけで形作っていくという思い込みだ。例えば、腕や脚を胴体から押し出ししているのだ。シリンダ状で腕を作り、胴体に結合した方がはるかに造形が楽でバランスが取りやすいのに！ 結合、抽出、複製、ブーリアンを理解して、合体させ（分離させ）ていくモデリング法をマスターしよう！

結合＆抽出系の基本機能はこの4つ！

[結合] (Combine)：複数を1つのポリゴンに

[メッシュ＞結合] (Mesh＞Combine)
2つ以上のポリゴンオブジェクトを1つにまとめる。
機能自体はとても単純。しかし作業工程として先の先まで考えて、メッシュの分割を準備してから結合（コンバイン）することを勧める！

エンピツモデリングは、シリンダ（円柱）とコーン（円錐）を結合させる。しかし、分割数を同じ数にしてから結合しないと、手間が何十倍にも増えてしまう！

[分離] (Separate)：結合を解除

[メッシュ＞分離] (Mesh＞Separate)
結合したオブジェクトを再びもとに分離することができる。
フェースを選んでメッシュを分離させる[抽出] (Extract) と混同しやすいが、こちらは選択したフェースを切り離すのではなく、シェル単位（境界エッジ）で切り離す。

[抽出] (Extract)：選んだフェースを切り取る

[メッシュの編集＞抽出]
(Edit Mesh＞Extract)
選択されたフェースを元のモデルから抽出する（切り取る）ことができる。
同じ形状のまま抽出する場合は、**マニピュレータを動かしては絶対にいけない。**形状が変わってしまう。

フェース単位で分割するので、選択し損ねた、または選択しすぎたフェースがあると別オブジェクトになってしまうので、実行する前に必ず選択を確認しよう。

[複製] (Duplicate Face)：選んだフェースを複製

[メッシュの編集＞複製]
(Edit Mesh＞Duplicate Face)
選択されたフェースをコピーすることができる。[複製したフェースの分離] をオンにすると、別オブジェクトにすることができる。同じ形状で複製するなら**マニピュレータを動かしてはダメ。**

ヒストリを捨てないとどんどんノードがたまっていく罠。早く捨てて！

pCylinder1（円柱）とpCone1（円錐）を結合した。

結合してできたオブジェクトpCylinder2を再び分離した。

結合・分離・抽出・複製は、ヒストリを保持するためのノードが作られる。画像を見て意味を理解してほしい。pCylinder1とpCone1を結合したら、そのオブジェクトは新しい名前の別オブジェクトとなり、グループノードとtransformXという非表示のノードが追加されたのがわかる。再び分離を実行すると、オブジェクトは別オブジェクトとなり、ヒストリ用のノードがどんどん増えていくのだ。[編集＞種類ごとに削除＞ヒストリ] (Edit＞Delete by Type＞History) で削除すること！

いっぱいたまったグループノードを捨てたらモデルが壊れたぁぁぁ

いっぱいためるとデータが壊れやすく、レンダリングに時間がかかることも。

ヒストリを捨てれば、それらのノードもなくなるよ！ 結合などしたらすぐヒストリを捨てるクセを！

1つのオブジェクトから押し出しだけで作るな！ Combine and Extract 結合と抽出

モデルを切り離す［抽出］はフェース選択のみ。エッジ選択では［デタッチ］＆［分離］で切り離す！

オブジェクトから一部のフェース部分を別オブジェクトとして切り離す機能の［抽出］（Extract）は、フェース選択によって行う。しかしエッジでの選択の方が楽な場合が多い。例えば下画像の耳部分を切り離す時のように、エッジループ選択ならダブルクリックで一瞬で選択できるが、フェース選択の場合は少し手間がかかるのがわかるだろう。**エッジをデタッチしておけば、オブジェクト選択で［抽出］（または［分離］）できる。** マニュアルには載っていないテクニックだ。ぜひ覚えておこう！

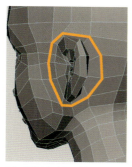 

耳の部分を切り取る例。こんな場合は、フェースを選択するより、エッジで選択した方がはるかに楽だ。

オブジェクト選択での抽出は、境界エッジを切り離す。境界エッジ表示で分割されるエッジが確認できる。

1 **エッジを選択し、［メッシュの編集＞デタッチ］（Edit Mesh > Detach）** これによりエッジが分離され、2つのポリゴンシェルという扱いになる。

2 **オブジェクトを選択し、［メッシュ＞抽出］（Mesh > Extract）** マニピュレータを操作すると、サイズや位置が変わってしまうので注意。終わったら必ずヒストリを捨てておこう。

※［分離］（Separate）でも同じように働く。こちらは移動やオフセットなどの機能はない。ただ切り離すだけなら［分離］でよい。

［抽出］（Extract）または［分離］（Separate）をオブジェクト選択で行うと、メッシュ内で切断されているシェル単位で切り離す。もし他にもシェルがある場合も自動的に切り離されるため、不安な場合は境界エッジを表示して確認しよう。

※心配なければ表示する必要ない。

［ディスプレイ＞ポリゴン＞境界エッジ］（Border Edges）で境界エッジを表示すればシェル単位がエッジの太線でわかる。

複数モデルを演算によって処理するモデリング法：ブーリアン。安易に使える代物ではないぞ！

メッシュ＞ブーリアン＞（Mesh > Boolean > ）は、2つ以上のモデルをブール演算によって、他の技法ではモデリングするのが難しいシェイプを作成することができる。法線方向と選択の順番によって結果が変わる。簡単で魅力的な機能だが、**ブーリアンは多角形ポリゴンをたくさん生み出す！** ポリゴンモデリングというのは先の先まで予想してモデリングする技術が必要だが、初心者はブーリアンを安易に使ってしまう。**実行後の形状のまま使うのか、スムーズをかけるのか、その判断をもとに使い方が変わってくると覚えておこう。**

論理和(Union)
2つのオブジェクトは結合され、重なったフェース部分は削除される。

論理差(Difference)
最初に選択したオブジェクトを、2番目のオブジェクトでくりぬいたシェイプになる。

論理積(intersection)
重なった部分のみのシェイプにする。開いたメッシュの場合は、どの部分を残す計算にするか、オプションで設定できる。

1 ベベルをかけた立方体に球体を論理差でブーリアン。立方体には多角形ポリゴンができる。

2 多角形ポリゴンはスムーズには適さない。**逆を言えばスムーズをかけないのであれば、高解像度メッシュ**にしてブーリアンすればよいわけだ。

3 スムーズすることを想定してローメッシュ同士をブーリアンした。この場合は先にエッジの本数を考えなければいけない。

4 多角形ポリゴンをリトポした。この分割なら接合部分にエッジループも入れられる。

5 各角部分にベベルをかけた。

6 メッシュが整っているので美しくスムーズされる。

025

できるモデラーのための
必須モデリング機能＆ツール

マージと追加
Merge and Append

マージ or アペンドは結合したなら必ず使う！

別ポリゴンオブジェクトを結合（Combine）してモデリングを進めている場合、必ず結合した後2つのモデルをつなげるはずだ。つなげ方には大きく分けて2種類ある。現在のエッジを利用するか、フェースを新たに作るかだ。いつでも作業対象に応じて最善の選択ができるように、機能をマスターしておこう。また「ベベル」と「穴を埋める」もフェースを追加する重要な必須機能だ。

離れているエッジをつなぐ方法は、キャラクターモデリングで必ず使用する

頭部と首、胴体と腕、脚と足というように、キャラクターモデリングにおいては、モデルをつなげる手法は必ず使うことになる。マージとアペンド（またはブリッジ）の違いは、間にフェースを新しく作るのか、境界エッジは移動してよいのか、の違いなのだ。どちらを使用するかは状況で決めよう。

［ポリゴンに追加］（Append to Polygon）

［メッシュ ツール＞ポリゴンに追加］
（Mesh Tools＞Append to Polygon）
境界エッジと境界エッジの間に新しいフェースを作成するツール。**フェースを追加するので、元のフォルムは変形しない。** クリックを慎重に行わないと変なフェースができる。その場合はDeleteキーで直前の頂点を捨ててクリックをやり直す。

［ブリッジ］（Bridgel）

A

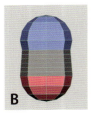

B

［メッシュの編集＞ブリッジ］
（Edit Mesh＞Bridge）
境界エッジと境界エッジの間に新しいフェースを作成する機能。**上記のアペンドポリゴンツールと違い、たくさんのエッジがあっても1発でフェースを作る優れもの！** ただし、ブリッジは境界エッジの数（この場合ブルーとピンクのエッジ数）が違うと作成できない。
Bの画像はデフォルトの**［分割数］**（Divisions）5でブリッジしたもの。Aのように分割数を0にすれば、アペンドと同じように使うことができる。
しかしねじれて作成されることがあるので、その場合は**［ブリッジ オフセット］**（Bridge Offset）に1ずつ数値を入れてねじれを修正しよう。

［ターゲット連結］（Target Weld）

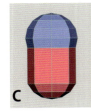

C

［メッシュ ツール＞ターゲット連結］
（Mesh Tools＞Target Weld）
エッジ（または頂点）を連結するツール。使用法はエッジをつかみ、そのままつなげたいエッジへ持っていく。**連結するということは、フェースが伸びてフォルムが変わるということだ。**
Cの画像はデフォルト設定の**［ターゲット］**（Target）だ。この場合、ピンクからブルーのエッジに（下から上へ）つないでいるため、ターゲットになっているブルーは形状が保持される。**形状を崩したくないエッジがある場合はこの設定にする。**
Dの画像は**［センター］**（Center）だ。接合されたエッジは中間位置になり、両側のエッジが移動する。

D

頂点マージはしきい値が重要

［マージ］（Merge）

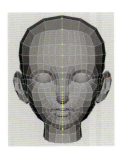

［メッシュの編集＞マージ］
（Edit Mesh＞Merge）
離れているエッジや頂点をくっつける場合は上記の［ターゲット連結］ツールが便利だが、同じ（近い）場所にある頂点をくっつける場合は、［マージ］がよい。
［マージ］ならば複数選択で一括で処理できるからだ。

また**［しきい値］**（Threshold）**はとても重要！　しきい値とはマージする頂点と頂点の距離のこと。** なので大きすぎると細かなモデリングがくっついてしまう。基本的にマージする頂点は同じ位置として作業しているのであれば、0.0001でよい。

マージと追加

マージ or アペンドは結合したなら必ず使う！ Merge and Append

ジオメトリのミラーもしきい値が重要！ 必須

[メッシュ＞ミラー]（Mesh＞Mirror）
※バージョンによっては[ジオメトリのミラー]という名称になる。
ミラー機能は、半分で作ったモデルを反対側にコピーして左右対称モデルを完成させる。**センターの頂点が真ん中からずれているとモデルもずれてコピーされるので、必ず中心のセンターを揃えてから実行しよう！** 中心エッジ上の頂点もマージしてくれる。しかし左ページの[マージ]で説明したとおり、マージの[しきい値]が大きいと離れた頂点がつながってしまう。私は以前キャラの上唇と下唇が奥のほうでくっついてしまったことがある。**[マージのしきい値]**（Merge Threshold）**は必ず[0.001]と最小にしよう。**

ベベルは工業製品には欠かせない 基本

[メッシュの編集＞ベベル]（Edit Mesh＞Bevel）
エッジを面取り（ベベル）する機能は、工業製品でよく使われる。
上の画像（はさみ）では、持ち手部分の1列のエッジループをベベルした。簡単に斜めのフェースが追加できて、角が丸いフォルムができる。
左の画像はただのキューブのエッジだけベベルしたものだ。しっかりとハイライトが角のベベルをとらえているので、鋼材のような現実感がある。ハサミの刃の方も非常にちいさな幅のベベルをかけている。**ベベルはハイライトによって面取りの効果がよりわかる。**

穴を埋めるのはエッジ選択で 必須

[メッシュ＞穴を埋める]（Mesh＞Fill Hole）
開いている穴（フェースがない部分）をふさぐだけなら、アペンドよりも**穴を埋める**機能が楽だ。ただし**オブジェクト選択だと、ふさがなくてもいい場所にもフェースを作ってしまうので、エッジを1本選択をしてから実行しよう。**選択するエッジは穴のエッジどれか1本でいい。全部選択しなくていいので楽チンだ！

コレもタイセツコラム 3

ポリゴンで表裏あるんすか？ 法線という重要な概念！

表裏を確認する方法 基本

フェース法線を表示　　両面ライティング：オフ

[ディスプレイ＞ポリゴン＞フェース法線]
（Display＞Polygons＞Face Normals）
ポリゴンフェースの裏表を、法線（フェースに対して垂直のグリーンのライン）で確認できる。法線が出ているほうが表側だ。また、各パネルメニューの**[ライティング＞両面ライティング]**（Lighting＞Two Sided Lighting）がオフならば、裏側は黒く表示されるので、確認しやすく便利だ。

法線を反転させる機能 必須

[法線＞反転]（Normals＞Reverse）
オブジェクトまたはフェースを選択して法線を反転させる機能。

[法線＞方向の一致]（Normals＞Conform）
Mayaが判断して法線方向を統一してくれる便利な機能。メッシュの大部分を共有している方向に統一する。もし全部裏を向いてしまったら、**[法線＞反転]**（Normals＞Reverse）をすればよい。

逆法線による不具合いろいろ 必須

■ **アペンドやマージ**
左画像のオレンジ部分は法線が内側を向き、紫部分は法線が外側を向いている。そのためアペンドポリゴンツールを使うと、作られたフェースがねじれてしまう！マージでも同様なことが起こる。必ず法線を統一しよう。

■ **スムーズ**
左画像は選択されているフェースのみ内側を向いている。その境界線にはスムーズもかからないと、覚えておこう。

■ **mental ray**
mental rayレンダリングでは、法線方向は重要。反射や屈折など正しい計算ができず、レンダリングが正確でなくなってしまう。

027

スムーズ
Smooth

少ない分割で作り、レンダリング時に滑らかに！

最近では映像用レンダリングと、ゲームエンジンでのリアルタイムレンダリングの垣根がだいぶ低くなってきた。しかしこの本では映像用にレンダリングするキャラクターを目的としているので、ローメッシュで作りながら最終的なレンダリングのみをスムーズする［サブディビジョンモデリング］というモデリング方法をとる。スムーズ機能3種を、深いところまでしっかり理解すれば作業効率もぐんと上がる！

スムーズ機能3種の基本を覚えよう

［スムーズ］(Smooth)

［メッシュ＞スムーズ］(Mesh＞Smooth)
ポリゴンメッシュが分割されスムーズされる基本的な機能。ただし他機能と違い、本体ポリゴンそのものを分割してしまう。**スムーズしたメッシュに対し頂点移動などの作業をした後では、元のローポリに戻せないぞ！**

スムーズすると角が丸まる機能を利用して、シンプルな形状でモデリングする。

［サブディビジョン プロキシ］(Subdiv Proxy)

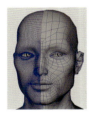

［メッシュ＞スムーズ プロキシ＞サブディビジョン プロキシ］
(Mesh＞Smooth Proxy＞Subdiv Proxy)
オリジナルのローメッシュとリンクした状態のスムーズメッシュモデルが作られる。**スムーズメッシュをみて確認しながら、ローメッシュでモデリングできる超便利機能だ。**

左右対称モデリングなら、半分だけモデリングし半分はスムーズで確認という手法が一般的だ。

［スムーズ メッシュ プレビュー］(Smooth Mesh Preview)

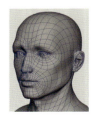

キーボードの1、2、3キー
画面上で、［1］→オリジナルのみ、［2］→ケージ＋スムーズ、［3］→スムーズのみ、と表示を切り替えてくれる。
Maya ソフトウェアレンダリングでは表示と連動はしていないが、mental rayでは表示と連動してスムーズ状態でレンダリングできる。元データは変わらないのでこれまた超便利機能だ！

キー操作だけでスムーズを確認できるのが便利な点。ただスムーズ表示のままモデリングしてしまう初心者は、モデリングが下手になる。

スムーズには手を加えてはいけない！

最終的なレンダリングのためのスムーズのヒストリは捨ててはいけない。［分割数］(Division)を0にすればオリジナルと同じ分割数に戻るのだが、ヒストリを捨てると元に戻せなくなる。
また、スムーズをかけたメッシュにエッジを足したり、消したりした場合は［分割数］(Division)を0に戻したときに、モデルが壊れる。

mental rayでレンダリングするならスムーズメッシュプレビューがおすすめだ。

スムーズメッシュプレビューはへたくそになる

スムーズメッシュプレビューのままモデリングすると、本当にモデリングがへたくそになる！！
ただスムーズメッシュプレビューはとても便利な機能で、この機能のおかげでモデリング作業の効率がかなりあがる。しかし、モデリング初心者にはローメッシュのポリゴンを使ってスムーズモデルを作るということをわかっていない人が多く、めちゃくちゃな形状のローメッシュにしてしまう。どういうところがわかっていないかというと、スムーズメッシュプレビューで**「頂点をひっぱって、無理やり形状を作ろうとしてしまう」**ところだ。

左の画像はスムーズメッシュプレビュー表示のまま、唇をモデリングしたもの。だいたいできあがったと思ったところで、1キーを押し、ローメッシュ表示にした。**ローメッシュの形がめちゃくちゃなのがわかるだろうか？** 唇を尖らせるために、頂点を引っぱりすぎている。**本当は必要な箇所にエッジを挿入して形を作らなければいけないのだが、スムーズメッシュプレビューでは引っぱって形作ってしまいがちだ。**

1キーと3キーを切り替えたときに形状が変わりすぎるモデルは上手なモデリングではない。

少ない分割で作り、レンダリング時に滑らかに！　Smooth スムーズ

プロキシの重要アトリビュート

[分割レベル] (Division Levels)
分割レベルを上げるとよりメッシュが細かくなり滑らかになる。通常1～2が妥当で、私自身はモデリング時には2でスムーズを確認している。
ちなみにチャンネルボックスのヒストリでは [指数関数のレベル] (Exponential levels) というアトリビュートになるので注意！

[ミラー動作] (Mirror Behavior)
[なし] (None)
同じ位置に配置する。
[フル] (Full)
スムーズモデルとプロキシの両方をミラーする。ミラーされたスムーズモデルは結合されているため、ノードを管理できないと使えない。
[1/2] (Half)
スムーズモデルをミラー方向の指定で反転してくれる。左右対称モデルの場合、半分だけモデリングするのが効率的なのでこれを使う。

[サブディビジョン プロキシ シェーダ] (Subdiv Proxy Shader)

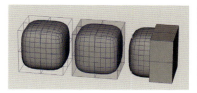

左から
[削除] (Remove)
[透明] (Transparent)
[維持] (Keep)

プロキシ（オリジナルローメッシュ）のマテリアル＝表示の設定を決める。
シェーダなので、[削除] も [透明] もデフォルトシェーダを割り当て直せば、維持と同じになる。
ちなみに私は [維持] しか使わない。他のシェーダはあまり効率が良いとは言えないからだ。

1/2は頂点をセンターに揃えてから

スムーズプロキシで [1/2] ミラーリングする場合、必ず頂点をセンターラインに揃えよう！
ミラーする中心は、ピボットポイントでもワールド軸でもなく、頂点の位置だ。だから下の画像のように中心ラインが揃っていないと、モデルがずれてしまうのだ。
最初にグリッドスナップして中心の頂点を1列に揃えてから、プロキシを実行しよう！

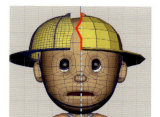

移動X（TranslateX）の数字をオリジナルの反対にすれば（または0）、位置は直すことができる。

レイヤでプロキシとスムーズを分ける

ポリゴンのハイメッシュは画面制御が重たくなる。ローメッシュ（プロキシ）に対しバインドやアニメーションを行い、レンダリングはスムーズメッシュに対して行うのが効率的だ。プロキシを設定した後、レイヤで分けておけば、作業と確認、そしてレンダリングを効率化できる。
スムーズメッシュのレンダリングは、スムーズメッシュプレビューや近似エディタでもできるが、これが一番効率がよいので、私は好んで使っている。

レンダリングにも使用できる便利なスムーズメッシュプレビュー。設定箇所を覚えておこう！

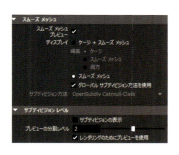

スムーズメッシュプレビューは1キー、3キーと簡単にスムーズできて、ジオメトリそのものの解像度を上げることなく、高解像度でレンダリングできる（mental rayのみ）便利な機能だ。しかしメニューから選ぶ機能ではないため、設定箇所がわからない初心者が多い。
設定箇所は、**オブジェクトのShapeノードのアトリビュート [▼スムーズメッシュ]** (SmoothMesh) セクションの中にある。
特にポリゴンの分割数の量をコントロールする [プレビューの分割レベル] (Preview Division Levels) は重要だ。ホットキー [Page Up] [Page Down] も使用できるが、きちんと分割レベルを数値で見たほうがよい。いたずらに表示やレンダリングを重くしないためだ。

スカルプト

Sculpt

本格スカルプティングツールで直感的にモデリング！

Maya 2016から新しく搭載された本格スカルプトツールは、Mudboxのスカルプト機能から移植され、直感的にモデルを作成、修正できる優れものだ。頂点に修正を加えるものなので、ZBrushやMudboxには及ばないが、作成中のローメッシュモデルに対してフォルムを修正したり、滑らかさを整えるときに威力を発揮する。高解像度メッシュにスカルプティングして法線マップ転写する利用法も！

用途の違うスカルプトツールがたくさん！

シェルフの[スカルプト](Sculpting)タブ
またはメニュー（ポリゴン）から [メッシュ ツール > スカルプト ツール] (Mesh Tools > Sculpting Tools)
上記のようなたくさんのツールが揃っている。

これらのツールブラシを使うにあたって、重要なのがツール設定だ。サイズや強さはホットキーでも直感的に変更できるが、細かなスカルプティングには数値入力で設定したほうがよい。
また頂点が移動する方向の設定 [方向] (Direction)、ブラシの中心からどのように減少するかの設定 [減衰] (Falloff)、画像を使用して強度の分布を決める [スタンプ] (Stamp) などがある。これらは状況に応じて設定するので、ツール設定ウィンドウは必ず開いておこう。

主要ツールとホットキー

[スカルプト]	[スムーズ]	[リラックス]	[グラブ]
(Sculpt)	(Smooth)	(Relax)	(Grab)

[スカルプト] もりあげる、へこます、といった基本ツールだ。
[スムーズ] デコボコを平均化する。ローメッシュに使うと小さくなっていくので注意。
[リラックス] 元の形状を変えずにメッシュの流れを整える、ローメッシュモデリングの必須ツール。
[グラブ] マウスをドラッグした方向に頂点を移動する。ものすごい重宝するツールだ。コツは [方向：スクリーン] 設定にすること。

この4つは、ローメッシュモデリングにものすごく貢献をしてくれるので、絶対にマスターしよう！ 高解像度モデルに使用して法線マップを作成する場合は、その他のツールも頻繁に使用するので、公式ヘルプのツールの説明を読もう。

■重要ホットキー
[Bキー&ドラッグ]　ブラシサイズの調整
[Mキー&ドラッグ]　ブラシの強さの調整
[Ctrl]　「もりあげる」を「へこます」に反転！ 重要！！
　　　通常はもりあがるのでCtrlキーを押してへこますのだ！
[Shift]　どのツールを使っていても [スムーズ] になる。
　　　スムーズをうまく使うのがスカルプティングのコツ。

サブディビジョンレベルの変更機能はない

Mudboxのような本格的なスカルプティングソフトとの大きな違いは、「Mayaではサブディビジョン（分割数）レベルを自由に変更する機能はない」という点だ。サブディビジョンレベルの変更をスカルプティングを行いながら自由に変更できないという意味は、単純に「モデルの頂点をツールを使って移動編集する」ととらえてよい。細かなスカルプティングを行いたい場合、Mayaでは実際にモデルにスムーズをかけて高解像度メッシュにする必要がある。Mudboxでは、分割数をいつでも自由に変更でき、分割数やスカルプト作業をレイヤに割り当てることができる。Mayaのその自由度の低さを理解して、専門ソフトでの本格スカルプティングも視野に入れておこう。

[リラックス]の不具合について

Maya 2016では、[リラックス ツール] がモデルによっては不具合がでる。Maya 2016 Extension2 及び Maya 2017では修正されているので、Maya 2016を使用している人はヘルプメニューからバージョンを確認してみよう。[リラックス] は、モデルのボリュームを変えずにメッシュの流れを整えてくれる秀逸機能なのだが、この不具合はメッシュをむしろガタガタにしてしまう。ローメッシュモデルには必須なので残念すぎ。

| 本格スカルプティングツールで直感的にモデリング！ | Sculpt スカルプト |

ローメッシュモデルの変形・修正に威力を発揮！ しかしスカルプト前のトポロジ次第！

Mayaのスカルプトツールは「頂点を移動する」スカルプト方法だ。つまり頂点（分割）がないところに、スカルプトしても何の効果も出ない。Mayaスカルプトツールのデモンストレーション動画のほとんどは高解像度ポリゴンに対してスカルプティングしているので、そういった使い方が一般的なのかと思いがちだ。

しかしこの書籍のサブディビジョンモデリング（ローメッシュで作成、レンダリング時に分割数をコントロールする）テクニックに使えないかと言えば、むしろものすごい使える！ **スムーズ用の低解像度メッシュに対しての頂点移動（変形・修正）には想像以上の威力を発揮する！**
右画像は、通常のサブディビジョンモデリングで作成した女性モデルを、スカルプトツールで頂点を移動して修正し、老女モデルにしたサンプルだ。
このサンプルのような大きな修正ではなくとも、分割がほぼ終わっているモデリングの終盤では、フォルムの調整や滑らかさの修正にも使用できるので、ぜひ使ってほしい。

このサンプルで使用したツールは左ページで紹介した4種のみで、グラブツールをもっとも使用した。

関連 ▶ P.129〜 Step.12

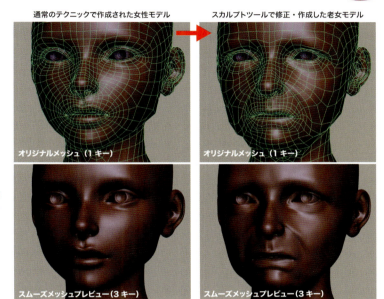

通常のテクニックで作成された女性モデル　　スカルプトツールで修正・作成した老女モデル
オリジナルメッシュ（1 キー）　　オリジナルメッシュ（1 キー）
スムーズメッシュプレビュー（3 キー）　　スムーズメッシュプレビュー（3 キー）

筋肉の流れを意識して作ったきれいなトポロジ（女性）なので、肌の弾力の衰えが重力の影響受けた肉感フォルム（老女）へと修正していけばよく、30分とかからなかった。このようにトポロジが整っていれば、どのような顔にも変形できる。一般的なスカルプティングではなく、頂点を移動してモデリングする通常のテクニックと同じなのだ。モデリング作業終盤では、頂点数は多くなり、頂点を選択して移動するのが困難になってくる。分割数が多いモデリングでは、選択した頂点の周囲を減衰させて移動できる［ソフト選択］が、グラブツールが登場するMaya 2016以前まで私の主要ツールだった。グラブツールの登場で頂点選択移動の必要がなくなった！ しかしこのグラブツール、初心者には難しいかもしれない。なぜなら「スクリーンを移動軸として使う」、つまりカメラを回転させて動かしたい方向とスクリーン平面を揃える高等テクニックが要求されるからだ。

高解像度モデルで詳細スカルプティング。法線マップの転写でローメッシュに割り当てる

頂点がないところをスカルプトで作り込むことはできないので、老女の特徴である肌のしわなどは作ることができない。詳細なスカルプティングをしたければスムーズをかけて分割数を上げる必要がある。右上のモデルにスムーズをかけ、分割数を4に設定した。そのモデルに対し、スカルプティングでしわを作る。
ローメッシュ元モデル（ソース）に対し高解像度のモデル（ターゲット）を法線マップとして書き出すには、**レンダリングメニューの［ライティング／シェーディング>マップの転写］**（Lighting/Shading > Transfer Maps）元モデルを分割数を上げることなく、細かく表現できる。衣服のシワなども、この方法なら、表現力が格段に上がるよ！

高解像度はPCやソフトのパフォーマンスに依存する。この手の作業は専用ソフトも視野に入れよう。

スムーズをかけた高解像度メッシュにスカルプト

法線マップ（部分）

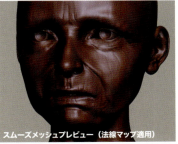
スムーズメッシュプレビュー（法線マップ適用）

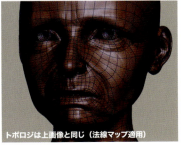
トポロジは上画像と同じ（法線マップ適用）

031

コレもタイセツコラム
―― オブジェクトはコピペ禁止!! ――

 オブジェクト名に「pasted__」ってついてる。なんすかコレ？ つけた覚えはないのだが…。

 あんた、コピペ使ったでしょ！ コピー＆ペースト禁止!! オブジェクトは必ず「複製」！

コピペはオブジェクトには使わない 【基本 覚えて当然】

多くのソフトでは、コピー（Ctrl + C）＆ペースト（Ctrl + V）が、選択したものを複製する基本機能だ。しかしその感覚のまま Maya で使用してはいけない。一昔前はオブジェクトをコピー＆ペーストで複製しても、完全には複製されなかった。例えば、細かく作り込んだポリゴンモデルをコピペしても一片のポリゴンフェースにしかならなかった時代があった。それを知っている Maya ユーザーはコピペ機能は使わない。コピペするものは「名前」「数値」が主だ。またアニメーションカーブでもよく使用するが、グラフエディタのメニューにあるコピー＆ペーストのオプション設定を把握していないといけない。

そしてやっかいなのが、コピペで複製したものには「pasted__」が元の名前の頭についてしまう。これは transform ノードだけではなく、shape ノード、ヒストリ、すべての名称の頭に必ずつく。
多量のオブジェクトの名前に「pasted__」とついているなら、そのクリエイターはド素人だ。

オブジェクトの複製は
[編集＞複製]（Edit＞Duplicate）
ショートカットは **Ctrl + D**
初心者は必ず覚えなければいけない基本機能だ。

ヒストリを保持したままの複製 【必須 必ず覚えよ】

[複製]（Duplicate）ではヒストリやコネクション、アニメーションを保持したまま複製することはできない。

例1：ヒストリ
ポリゴンキューブを新しく作成し、それを[複製]した。しかし複製されたキューブには polyCube ノードはついていない。つまりヒストリを使用した分割数の設定などはできない。
例2：コネクション
Blinn シェーダのカラーにチェッカテクスチャを貼る。blinn と checker ノードを両方選択して[複製]してもコネクションは切れ、SG ノードと place2dTexture ノードは複製されていない。
例3：アニメーション
移動のキーフレームアニメーションをつけたスフィアを[複製]した。カレントタイムの位置で複製され、キー（アニメーション）はすべてなくなっている。

ヒストリやコネクション、アニメーションを保持したまま複製したい場合は
[編集＞特殊な複製]（Edit＞Duplicate Special）オプションの[入力グラフの複製]（Duplicate Input Graph）に**チェック**を入れて複製すればよい。

多機能な[特殊な複製] 【便利 知ってると得】

[複製]にはオプションはなくシンプルで使いやすいが、特別な設定で複製するなら[編集＞特殊な複製]（Edit＞Duplicate Special）を使用する。

[特殊な複製]にはたくさんの機能がある。
例えばオリジナルのジオメトリ情報を共有させたまま複製できる[インスタンス]（Instance）はよく使う機能だ。

インスタンスコピーは、実際のジオメトリを扱うためのメモリや CPU パワーを必要としないので軽量だ。同じモデルを大量にコピーする時に役立つ。

transform ノードは複製後も各自持っているので、移動、スケール、回転は使える。オリジナルが変形すると、ジオメトリを共有しているため、すべて同じように変形する。

[移動]（Translate）、[回転]（Rotate）、[スケール]（Scale）と[コピー数]（Number of Copies）を組み合わせれば、配置を指定して複数コピーが一気にできる。

[子ノードに固有の名前を割り当てる]（Assign Unique Name to Child Nodes）は覚えておくとよい。普通の複製では子ノードが同じ名前になってしまうため、同じ名前があると使用できない機能を使う時に重宝する。

別シーンからの複製はインポート 【基本 覚えて当然】

別シーンのオブジェクトを現在のシーンに読み込みたい時に、初心者は Maya を2つ立ち上げコピペしてしまうという間違いを犯す。
必ずシーンそのものを、[ファイル＞読み込み]（File＞Import）しよう。（詳しくは P.166）
しかしオブジェクト単体をインポート（読み込み）することはできない。その場合、インポートしたいシーンを開き、必要なオブジェクトだけを選択して、[ファイル＞選択項目の書き出し]（File＞Export Selection）を使用する。つまりこのエクスポート（書き出し）はほしいオブジェクトだけのシーンを作るという意味だ。
面倒くさがってコピペしてはダメだぞ！

032

Part.2

キャラクターモデリングレッスン

Chapter 01：ポリゴン - 基礎 -
- Lesson 1：エンピツ

Chapter 02：フェイス - 基礎 -
- Lesson 1：基本フォルム
- Lesson 2：顔パーツ
- Lesson 3：作り込み

Chapter 03：フェイス - 上級 -
- Lesson 1：二重まぶた
- Lesson 2：鼻
- Lesson 3：耳
- Lesson 4：男性

Chapter 04：フェイス - 応用 -
- Lesson 1：アニメキャラ

Chapter 05：ボディ - 基礎 -
- Lesson 1：ベースボディ

Chapter01
エンピツの作成でポリゴンモデリングの**ツールや機能を覚えよう！**

Chapter02
フェイス -基礎- で**ポリゴン造形力を矯正していこう！**

Chapter03
フェイス -上級- は**プロに通用する**パーツの作り込みだ！

Chapter04
アニメキャラは基礎フェイスとは顔の構造と作成法がぜんぜん違うのだ

Chapter05
ボディ -基礎- は**オリジナルの土台となる**シンプルなベースボディだ！

最終目標はキミのオリジナルのキャラクター制作だ!!!

Part.2
キャラクターモデリングレッスン

Chapter 01 : ポリゴン - 基礎 -

Lesson 1 : エンピツ

エンピツモデリングでツールをマスターしよう！

ポリゴン初心者 救済レッスン！

初心者にいきなりキャラはムリですから

モデリング中級者はページ全てを読んでから**30分**完成目指しチャレンジだ！

初心者はこのレッスンでツールを理解せよ！

残念！質感とレンダリングのレッスンはないよ！モデリングのレッスンなのだ

基本 必須
このマークがついていたら必ず**覚えること！練習すること！**

Chapter 01：ポリゴン －基礎－

Lesson 1 エンピツモデリングでツールをマスターしよう！

同じポリゴンモデリングでも、キャラクターと工業製品では作成工程はまるで違う。
しかしポリゴン初心者がいきなり造形力が必要とされるキャラクターモデリングだけでツールをマスターしようとするのは、あまりおすすめしない。まずはシンプルなモデルで完璧な形状を作ってみよう。[基本]＆[必須]はこの制作で必ず覚えること！

STEP 1　ポリゴンプリミティブのシリンダ（円柱）を編集する

必ずデフォルト数値で作成しよう！ 【必須】

プリミティブオブジェクトを作成する前に、デフォルト設定になっている[□インタラクティブ作成](Interactive Creation)を必ずオフにすること！
この邪魔くさい機能はサイズや位置の設定が感覚的過ぎて、ホント使えません（NURBSプリミティブも同じくオフに）。

1 [作成＞ポリゴン プリミティブ＞円柱]
(Create > Polygon Primitives > Cylinder) で**シリンダを作成する。**
オプション設定（メニューの右脇についている□をクリックすると表示される設定項目）は通常、デフォルトのままでよい。

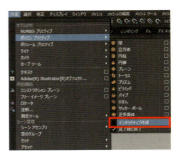

ヒストリで形状を編集する 【基本】

シリンダのようなプリミティブオブジェクトは、[polyCylinder1]のように入力（Input）情報をもっていて半径や分割数などが定義されている。Mayaでは作業時にアクションを実行すると、ほとんどの場合、操作しているオブジェクトにこのようなノードが作成されるのだ。それをコンストラクションヒストリ（構築履歴：通称ヒストリ）という。入力情報のヒストリのアトリビュートを変更すると形状も変更される。

2 チャンネルボックスの入力（Input）ノードの**[polyCylinder1]をクリックして開く。次の数値を入力する。**

[半径] (Radius)＝0.5、[高さ] (Hight)＝1
[軸の分割数] (Axis divisions)＝6
[高さの分割数] (Height divisions)＝10
[キャップの分割数] (Cap divisions)＝0

デフォルトの半径は1（つまり直径は2）なので、0.5に変更することで直径1センチになった。[軸の分割数]がもっとも重要で、6を入れたことで六角柱にすることができる。ふたの部分は分割をなくして1枚ポリゴンにした。高さの分割に絶対的な決まりはないが、スケールしたときにあまり細長いポリゴンにならないように10分割した。

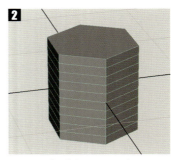

プリミティブオブジェクトは、入力ノードのヒストリを編集して好みの形状や分割数にするものなのだ。

書籍の画面表示はデフォルト設定ではない!?　この書籍では、バックグラウンドカラーを薄いグレーにAlt＋Bキーで変更している。(P.054参照)
グリッドカラーもオプション設定で薄いグレーに変更して書籍用キャプチャ画像を見やすくしている。(P.003参照)
オブジェクトが濃いグレーなのは、パネルメニューの[sRGB gamma]をオフにしているためだ。(P.005参照)

エンピツモデリングでツールをマスターしよう！　Lesson 1: エンピツ

プリミティブオブジェクトは編集することで威力を発揮する

Mayaの1グリッドは1cm　

CGは現実的なサイズと関係なく作れてしまうが、原寸で作ることを心がけよう。ライトや質感、モーションに関わるからだ。

ここも読もう ➡ P.003　リアル（実寸）サイズで作る意味　［必須］

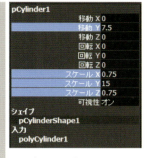

サイズはシリンダのヒストリで修正しても構わない。ただピボットとスケール、位置関係がわかりやすいので、トランスフォームノードで変更するほうが、私は好きなのです。

3 エンピツのサイズは直径7.5ミリ、長さは175ミリ（ステッドラー社HP情報）だ。リアルなものを作る時は必ず、寸法を調べるか測ること。感覚的にサイズを決めるとバランスが偽物になるからだ。
削った状態にするのでシリンダの長さは150ミリにする。
シリンダのサイズと位置を変更する。チャンネルボックスで、
[スケール X]（ScaleX）、[スケール Z]（ScaleZ）= 0.75
[スケール Y]（ScaleY）= 15
底面を原点に持っていきたいので、[移動 Y]（TranslateY）= 7.5

4 シリンダモデルの上で、右クリックで[フェース]（Face）を選ぶ。
そのとき右画像のように、フェースの中心に■が表示されなければ、フェースの選択方法がデフォルトのままだ。設定を必ず変更しよう！

機能を確認！ ➡ P.006　フェースはセンターで選択！！　［必須］

この設定なら、サイドビューからでも上面のフェースが選択できるのだ！
キャップ部分のフェースを Delete キーで捨てる。底面部分も削除してよい。（※底面は本当は捨てなくてもよいが、この本ではツールを覚えるために指定通り操作してほしい）

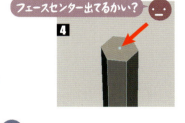

5 シリンダのヒストリを捨てる。

ヒストリを捨てる方法は、必ず覚えてほしい　[基本]

オブジェクトを選択し、
[編集＞種類ごとに削除＞ヒストリ]（Edit > Delete by Type > History）

ポリゴンヒストリはガンガン捨ててよい　［必須］

ポリゴンモデルは NURBS と違い、フェースを切ったり捨てたりしながらモデリングを行うため、NURBS のように蓄積されたヒストリを利用することができない。
今、キャップ部分のフェースを捨てたため、シリンダのヒストリで分割数を変更するなどすると、ポリゴンメッシュが壊れてしまう（右画像）。ポリゴンモデルのヒストリは、蓄積しても重くなるだけなのでどんどん削除しよう。

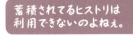

キャップのフェースを捨ててから[polyCylinder1]というヒストリの[高さの分割数]（Height divisions）を変更したので、捨てられたフェースの位置が移動してしまったのだ。

ここも読もう ➡ P.024　
ヒストリを捨てないとどんどんノードがたまっていく罠。早く捨てて！　［必須］

037

Chapter 01：ポリゴン －基礎－

STEP 2　六角柱のエッジをベベルする

1 以下の方法で縦のラインのエッジをすべて選択しよう。

モデルの上で、**右クリックで[エッジ]**(Edge)を選ぶ。
1つのエッジをダブルクリックして、一気に1列をエッジループで選ぶ。
Shiftキーを押しながら、隣のエッジもエッジループ選択をする。
同じように隣のエッジを…というように6列全部選ぶ。

エッジループの選択方法をマスターせよ！

エッジをダブルクリックすると、連続してつながっているエッジループが1列簡単に選択できる。ただし、三角ポリゴンや多角形ポリゴンのエッジにぶつかると、そこで選択がとまる。

機能を確認！	P.007
	ループ選択は、絶対覚えなければいけない選択機能だ！！

2 今選択したエッジをベベルする。

[メッシュの編集＞ベベル]（Edit Mesh ＞ Bevel）

機能を確認！	P.027　ベベルは工業製品には欠かせない

3 チャンネルボックスのpolyBevel1ノードをクリックして、**ベベルのヒストリを編集する**。

[割合]（Fractional）＝ 0.2
[セグメント]（Segment）＝ 2

セグメントを2にすることで、1本のエッジだった角が3本になった。この分割数は次のステップで出てくるコーン（円錐）の分割数に影響する。今この本を読んで制作しているあなたは、言われた通りに設定しているだけだが、ポリゴンモデリングでは「今の1手は10手先につながっている」と、先を読みながら作業しなければならない。

Maya 2015以前を使用している人は角にフェースができるので注意！	Maya 2015以前のバージョンのベベルでは、フェースに穴のある形状の側面にベベルをかけると、角を埋めるフェースが作成される。このままでは今後の作業がうまくいかないので、天面と底面の12か所にある小さなフェースを削除しよう。 ベベルの12か所の角に小さな三角のフェースができている。

エンピツモデリングでツールをマスターしよう！　　　　　　　　　Lesson 1: エンピツ

レッスン通りにやれば誰でも作れる
目的はオリジナル制作のため

プリミティブ・コーン（円錐）を作成する

1 ［作成＞ポリゴン プリミティブ＞円錐］（Create > Polygon Primitives > Cone）でコーンを作成する。

2 コーンのサイズを［直径］＝ 7.5mm、［高さ］＝ 20mm に修正する。
※自分で考えて、半径やスケールに適切な数値を入れること！

3 移動ツールを選択し、サイドビューかフロントビューでピボットを底面に移動する。

> **機能を確認！**
> P.010　ピボットの移動方法は好きな方を使おう
> P.012　グリッドスナップは基礎中の基礎

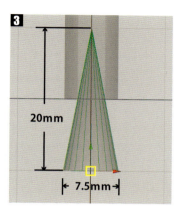

4 コーンをシリンダの少し上の隙間をあけた位置［移動 Y］（Translate Y）＝ 16.15 に配置する。

5 トップビューで確認すると、寸法的には同じだがシリンダの平らな面よりもコーンがはみ出てしまうのがわかる。

6 トップビューで見て、画像のように、**シリンダの直線とコーンのサイズが同じになるようにスケーリングする。**
※等倍でスケーリングしたいのでマニピュレータの真ん中をドラッグすること。

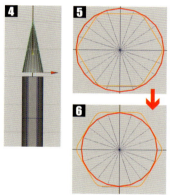

シリンダとコーンを結合する

ヒストリが使用可能のときに、分割数を合わせておくと作業がかなり楽になる

オブジェクトを結合させた場合、必ずエッジをつなげなくてはいけない。
（※つなげる必要のない場合は、結合の目的がUVマッピングのためだったりと別にある）
エッジを追加する等の作業をするとプリミティブのヒストリが使えなくなるので、ヒストリを捨てる前に分割数を合わせておこう。そのほうが絶対的に作業が楽になる。

1 シリンダの縦の分割数を数える。（3本×6 ＝ 18本）

2 コーンのヒストリ［pclyCone1］の［軸の分割数］（Axis divisions）＝ 18 に変更する。

分割数合わせ忘れたら最初からやり直しです

039

Chapter 01：ポリゴン －基礎－

3 コーンの底面フェースが残っていると、面をつなげることができない。
フェースで選択してDelete（またはバックスペース）キーで削除する。

コーンの底にフェースがある。削除しないとシリンダとつなげることができない。

4 1つのオブジェクトにしないと面をつなげることができない。
シリンダとコーンを選択し、結合する。
[メッシュ＞結合]（Mesh ＞ Combine）

機能を確認！ → P.024 結合＆抽出系の基本機能はこの4つ！ 基本

5 結合するとヒストリのノードがたまる。**アウトライナを開いてノードがどうなっているか確認してみよう。**
[ウィンドウ＞アウトライナ]（Windows ＞ Outliner）

結合してできたノードはヒストリ情報だ 必須

シリンダとコーンを結合したオブジェクトは、先に選択した名称を引き継ぎ、[pCylinder2]または[pCone2]という新しいオブジェクトになる。[pCylinder1][pCone1]というグループノードは元オブジェクトの位置やスケールなどの情報を、ヒストリとして保持している。**このノードをDeleteキーで削除してはいけない！ ジオメトリ（モデル情報）がなくなってしまうぞ！**
（※試しに捨ててみるといいかも）

6 **[pCylinder2]**（または[pCone2]）を選択して、ヒストリを捨てる。
ヒストリを削除すると自動的に先ほどできたノードも削除される。

ここも読もう → P.024
ヒストリを捨てないとどんどんノードがたまっていく罠。早く捨てて！ 必須

STEP 5 モデルを分割する

マルチカットの機能と操作法を検証しよう！ 基本

ポリゴンの分割（エッジの追加）方法のメインツールが
[メッシュ ツール＞マルチカット]（Mesh Tools ＞ Multi-Cut）だ。
ホットキーやオプションで全く違う分割法を選ぶことができる。
「その箇所をどう分割したいか」と意識していないと、どの機能を使っていいのか判断できないだろう。
つまり機能の個性を先に覚えないと、自分で選ぶことができないのだ！
エンピツ作業の前に、失敗してよいプリミティブオブジェクトを使って、マルチカットの以下の重要機能を試して検証しよう！

A）クリックして自由にカットする機能（カットの基本）
B）スナップしてカット位置を決める機能（Shiftキー）
C）エッジループの挿入機能（Ctrlキー）
D）平面に沿ってまっすぐカットする機能（ツール設定のスライスツール）

[マルチカット]はマルチというだけあって多機能！

機能を確認！

P.018 もっとも使う分割ツール①
[マルチカット] 基本

P.018 [エッジ ループを挿入]は
2種類ある！ 必須

P.021 まっすぐカットするなら
[スライス ツール] 必須

040

エンピツモデリングでツールをマスターしよう！　　　　Lesson 1: エンピツ

ヒストリで作られたノードをためまくり
後で不具合に泣く人に仕事は任せられない

三角ポリゴンや多角形ポリゴンは作らない　必須

コーンは三角ポリゴンでできているのだが、三角ポリゴンのままだとエッジループの挿入はできない。基本的にポリゴンモデルは四角ポリゴンで作っていくのがルールだ。なぜなら四角ポリゴンのつながりがエッジリングと認識されるためだ（ただしゲーム用のポリゴンデータの場合は別だ）。作業途中で多角形ポリゴンができてしまっても構わないが、最終的には四角形ポリゴンに修正できるように心がけよう。

カットを実行すると、カッティングプレーンは中心に現れる。

1 先端をカットして四角ポリゴンにする。

しかし三角ポリゴンには［エッジ ループを挿入］機能は使用できない。1列まっすぐ分割したいので、マルチカットの通常機能では手間がかかる。なので［スライス ツール］機能を利用する。しかし［スライス ツール］は慣れていないとモデルの中心位置を何度もカットしてしまう。ボタンをクリックしたらすぐマニピュレータを移動しよう。

機能を確認！　P.021　スライスツールは初心者注意！　必須

［メッシュ ツール＞マルチカット□］（Mesh Tools > Multi-Cut）オプション（ツール設定）を開く。モデリングツールキットを使用してもよい。
［▼スライス ツール］（Slice Tool）セクション＞［平面に沿ってスライス］（Slice Along Plane）の［ZX］ボタンのクリックする。
カッティングマニピュレータは、オブジェクトの中心に現れるので、まだ選択解除してはいけない。

2 マニピュレータのY軸をつかみ、先端の方まで移動する。

先端をたくさんカットしてしまうと鉛筆の先が丸まってしまうので、ほんの少し切るだけでよい（たくさん切るのは後からでもできる）。

カッティングプレーンを先端のほうに移動。

3 先端のフェースを囲んで選択し、削除する。

穴は開いたままでよい。

4 コーンとシリンダに、石の画像の位置に分割を入れる。これはスムーズをかけたときに今の形を保つために必要なエッジだ。

先ほど使った［スライス ツール］でも分割できるが、練習のためマルチカットの［エッジ ループの挿入］機能を使用してみよう。
［メッシュ ツール＞マルチカット］（Mesh Tools > Multi-Cut）を起動する。
Ctrlキーを押している状態が［エッジ ループの挿入］機能だ。
Ctrlキーを押しながら、まずコーンの縦のエッジに沿ってカーソルを動かす。水平のエッジループが移動するので、右の画像のような位置でクリックして確定する。
シリンダも同じようにエッジループを挿入してみよう。
今回はすべてのエッジの距離が同じなので、マルチカットのエッジループの挿入機能＝相対距離での挿入でも同じ幅でフェースがカットされる。

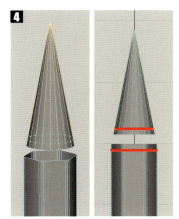

赤いラインのあたりに分割を入れる。

041

Chapter 01：ポリゴン －基礎－

ポリゴンフェースを追加する方法とエッジのマージを練習する

追加して面をふさぐか、エッジをくっつけて面をふさぐか

コーンとシリンダを結合したのだが、このままでは隙間があいている。
ここをつなげるには大きく分けて2種類の方法がある。

- **エッジとエッジの間にフェースを作る方法**
  元の形状は変形しないがフェースを増やす。
  ［ポリゴンに追加］(Append to Polygon)
  ［ブリッジ］(Bridge)

- **エッジとエッジをつなげる方法**
  フェースは増やさないが元の形状が変形する（エッジが移動する）。
  ［ターゲット連結］(Target Weld)

コーンとシリンダの間にできた隙間をつなげる時には「フェースを増やしていいのか」or「変形していいのか」どちらかを選ぶことでツールを選ぶことになる。

離れているエッジをつなぐ方法は、キャラクターモデリングで必ず使用する

必須ツールなので初心者は練習してみよう！　エンピツデータを保存して新規シーンで練習しよう。

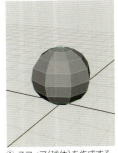 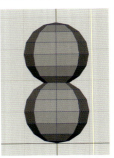  

① スフィア（球体）を作成する。軸と高さの分割数を8に設定。

② デュプリケート（複製）をして上下に並べる。結合して1つのオブジェクトにする。

③ フェースをこのように選択し、Deleteキーで削除する。

④ たくさんデュプリケートして3つの機能の違いを学ぶ。オプション設定などもいろいろ変更して練習しよう。

1 コーンとシリンダの分割数が同じなので、ブリッジを使い面を張る。
右画像の境界エッジ（オレンジのライン）をダブルクリックで選択する。

2 ［メッシュの編集＞ブリッジ］(Edit Mesh＞Bridge)
チャンネルボックスで（または表示されるビュー内エディタで）
［分割数］(Divisions)に0と入力する。
境界エッジを選択しないと、予期しないエッジとつながることがある。仮にねじれてしまった場合は［ブリッジ オフセット］(Bridge Offset)に1ずつ数値を入れてねじれを修正しよう。

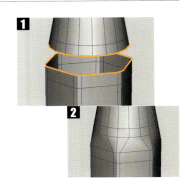

エンピツモデリングでツールをマスターしよう！　　　　　　　　　　　　　　Lesson 1：エンピツ

気になるツールや機能は練習＆検証しないと必要な時にその存在が思い浮ばない

STEP 7　スムーズ状態を確認しながら作業する

スムーズ機能3種類を確認し検証しよう！

［メッシュ＞スムーズ］（Mesh＞Smooth）
分割が追加され滑らかなモデルになる。元モデルに編集をかけるのでレンダリングのみに使用するなら他の機能を使ったほうがよい。

［メッシュ＞スムーズ プロキシ＞サブディビジョン プロキシ］
（Mesh＞Smooth Proxy＞Subdiv Proxy）
オリジナルのローメッシュにリンクしたハイポリモデルが作られる便利機能。

［スムーズ メッシュ プレビュー］（Smooth Mesh Preview）
＋キーボードの1、2、3キー
ポリゴンメッシュをスムーズしたときどのようになるかをすばやく簡単にキー操作のみで確認できる便利な機能。

　読んでも違いがわからないですなぁ　

ツールや機能を覚えるレッスンなのだから、シンプルなモデルで練習しなきゃ意味ないじゃん

| 機能を確認！ | P.028　スムーズ機能3種の基本を覚えよう |

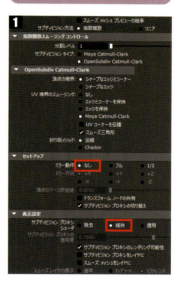

1　サブディビジョンプロキシを使用する。
エンピツモデルを選択し［メッシュ＞スムーズ プロキシ＞サブディビジョン プロキシ □］（Mesh＞Smooth Proxy＞Subdiv Proxy）オプションを開き、以下の2点を設定して実行する。
［ミラー動作］（Mirror Behavior）＝［なし］（None）
［サブディビジョン プロキシ シェーダ］（Subdiv Proxy Shader）＝［維持］（Keep）

| 機能を確認！ | P.029　プロキシの重要アトリビュート |
| ここも読もう | P.019　分割するとモデルが壊れる！？ |

STEP 8　ノードを管理する

1　アウトライナを開き、名前を変更する。
オリジナルローメッシュの名前を［PencilModel］と変更し、スムーズメッシュモデルを［SmoothModel］と変更する。

2　ペアレント解除して、空のグループノードを捨てる。
［PencilModel］と［SmoothModel］を選択し、**Shift＋Pキー**（または［編集＞ペアレント化解除］（Edit＞Unparent））。
ノードがばらばらになったので、空になったプロキシのグループノードを削除する。
このエンピツモデリングでは重要な意味はないのだが、**ペアレント解除＝Shift＋Pキーをぜひ覚えてほしい。とてもよく使う機能だ。**

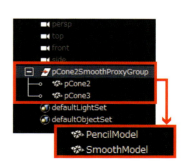

 グループ化（Ctrl＋Gキー）
ペアレント化（Pキー）
ペアレント化解除（Shift＋Pキー）
これらはとてもよく使う機能です。

043

Chapter 01：ポリゴン －基礎－

3 チャンネルボックスで[polySmoothProxy1]を開き、
[指数関数のレベル]（Exponential Level）に2と入力する。
レンダリングするときはカメラからどのくらい近いか（大きく写るか）によって、スムーズの分割数を決定する。何でも細かくしていたらレンダリングが遅くなるので、スムーズモデルの分割数に気を配ろう。

4 オリジナルモデルとスムーズモデルが重なっていて見にくいので移動する。

[移動 X]（Translate X）＝－2
[移動 Z]（Translate Z）＝1

この移動は特に重要ではないので適当に動かしても構わないのだが、XZの2方向に移動すると、フロント&サイドビューの両方で見ても重なってない。

5 オリジナルモデルとスムーズモデルのレイヤを作成する。
オリジナルモデルを選択し、選択項目からレイヤを作成ボタン（画像・赤丸）をクリックする。スムーズモデルも同様に行う。

スムーズメッシュが適用されてるレイヤを、
[R]（リファレンス）にしておこう。
表示はされているが選択はできなくなる。

レイヤに名前をつけないと、作業効率が下がる！

レイヤの名前は必ずつけよう！（レイヤ名をダブルクリック）
学生を見ていると名前をつけないまま多量のレイヤを作っている人がよくいるのだが、どれがどれだかわからないので、つけたり消したり探しまくっている。名前をつけることを面倒くさがると、作業効率がぐっと下がって、もっと面倒くさいことになる。

> 機能を確認！ P.005
> 見たいオブジェクトだけを表示する方法4種類！ Mayaの表示系必須機能だ！
> 必須

STEP 9 先端の穴をふさぐ

1 先端の頂点を囲み選択し、Fキーを押してカメラを近づける。先端はとても小さいのでカメラが正しく表示できなくなる。その場合はperspカメラのアトリビュートを開き、[▼カメラ アトリビュート＞ニア クリップ プレーン]（Camera Attributes＞Near Clipping Plane）を[0.001]と小さくしてからFキーを押してみよう。通常この数値は小さすぎるとモデルがチラついたりする。原寸大キャラなどを作っている場合は大きくすると覚えておこう。

> 機能を確認！ P.003 ニアクリッププレーンは重要だ！！
> 必須

2 先端にフェースを作り穴をふさぐ。
オブジェクトに対して実行すると、底面もふさいでしまう。カメラを近づけ（Fキー）、エッジを1か所選択し
[メッシュ＞穴を埋める]（Mesh＞Fill Hole）

> 機能を確認！ P.027 穴を埋めるのはエッジ選択で
> 必須

044

エンピツモデリングでツールをマスターしよう！　Lesson 1: エンピツ

エッジ同士の距離に意識を向けろ！
滑らかさや角ばりに影響を与えている

3. スムーズモデルを確認すると、エッジが引っ張られて尖っているのがわかる。分割数が足りないとスムーズによるメッシュが大きくなるためだ。

4. 先端近く（画像・赤矢印）に、エッジを1列水平に挿入する。
[マルチカット]（Multi-Cut）の［エッジ ループの挿入］機能または［スライスツール］のどちらを使ってもよい。
スムーズモデルの先端が、黒かグリーンになる場合はその部分のみシェーダのリンクが切れた状態だ。スムーズモデルにlambert1を割り当てして直そう。

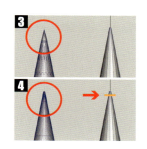

STEP 10　エッジの位置による角ばりと滑らかさを理解する

エッジの位置による角ばりと滑らかさの関係を比べてみよう

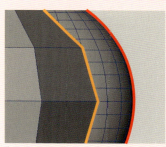

左：オリジナルローメッシュ、右：スムーズされたハイメッシュ。頂点が均等なのでとてもきれいなカーブを描く。

左画像は、分割の少ない球体とそれをスムーズしたハイメッシュなポリゴンモデルだ。
下の画像3枚の「ローメッシュの分割エッジのライン（ブルー）」と「ハイメッシュの面の側面ライン（レッド）」を比べてみよう。

- 角を立たせたいときは：エッジとエッジを近くする
- 滑らかにしたいときは：角が均等になるようにする

しかし中央画像のように分割が均等でも、分割したフェースが水平のままだとスムーズによって角が丸まることがないので、平らな面ができてしまう。ガタつきすじを作る原因になるので注意！

ここも読もう　P.008　法線（Normal）軸は必ずマスター！

機能を確認！　P.020　エッジ追加時のガタつきを軽減！
［エッジ フロー］機能はキャラモデリングに必須！

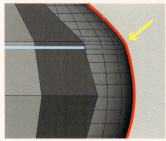
分割エッジを接近させて挿入
矢印の位置が角ばっている。

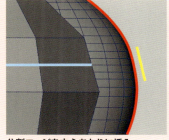
分割エッジを中心あたりに挿入
滑らかだが少し平らなところがある。

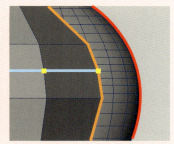
中心の分割エッジの頂点を球体の形状らしくなるように法線方向に少し移動
かなり滑らかなラインになる。
エッジフロー機能を利用するのも手だ。

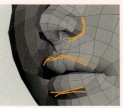

角を立たせたいときはエッジとエッジを近くすればよい。左のスムーズ画像を見て、エッジを立たせているところを右のローメッシュの分割で確認してみよう。小鼻の立ち上がり箇所はかなりエッジを近づけている。上唇と下唇の中央部分もエッジを近づけているのがわかる。

045

Chapter 01：ポリゴン －基礎－

 数値入力で均等に分割する方法を学ぶ

今の分割のまま底を作ると角ができる！

右の画像を見てほしい。このモデルは今まで作ったエンピツの底部分の穴を埋めて押し出して丸みを作ったものだ。
しかしスムーズ側を見ると6本の放射状の「すじ」ができている！
これは**ベベルで作られた角にある3本のエッジが近いために、こういったすじができるのだ。**前ページStep 10で学んだように、滑らかにするためには、角（エッジ）が均等に並ぶように修正しなくてはならない。

このすじはどうしたら消せるのか（作らないようにするのか）、考えてみてほしい。
左脳を働かせて、うまモデラーになろう。

均等に分割する方法は、工業製品や装備品に使う

数値入力などで均等に分割するテクニックは、フェイシャルモデリングでは使用する機会はほとんどないが、工業製品では必須なテクニックだ。

1 ［マルチカット］（Multi-Cut）のツール設定を開き、スライスツールの［ZX］ボタンをクリックする。

2 チャンネルボックスの入力ノードの1番上にある［polyCutX］ノードを編集する。
［カットするプレーンのセンターY］（cutPlaneCenterY）に、0.1と入力する。
これでワールド座標上の1mmのところをカットできる。

3 同じ手順で、下から2mmのところにもエッジを挿入する。

4 分割ラインを引き直すため、エッジを削除する。
ベベルの両脇の2本の下の部分（画像のオレンジライン）の、六角すべてのエッジを削除する。

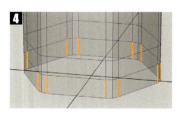

Deleteキーでエッジを削除すると頂点が残る！！

エッジを削除する場合、Deleteキーで削除すると、頂点が残ってしまう。

- エッジを削除する方法
［メッシュの編集＞エッジ／頂点の削除］
（Edit Mesh > Delete Edge/Vertex）

どちらかのホットキーを覚えよう！

もしエッジをDeleteキーで削除してしまった場合でも、残った頂点はDeleteキーで削除すればよい。**エッジがつながっている頂点は削除できない仕組みなので（つまり浮いている頂点のみしか削除できない）、ていねいに選ばなくても適当に囲み選択で削除して大丈夫だ。**

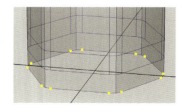

046

エンピツモデリングでツールをマスターしよう！　　　　　　Lesson 1: エンピツ

エッジを削除するときは頂点を残さないのが絶対ルール

5 画像のように中心にエッジが入るように6か所カットする。
[マルチカット]（Multi-Cut）を起動する。
Shiftキーを押しながらエッジをクリックする。 スナップ機能が働き、簡単に中心にエッジを入れるとこができる。

機能を確認！　→　P.018　もっとも使う分割ツール①［マルチカット］　基本

このとき1か所の上下をクリックして1本のエッジを作った後、すぐ隣の1本を引こうとしてはいけない。**1本エッジが引けたら右ボタンで確定する。** 確定してから隣のエッジを引かないとつながってしまうからだ。

マルチカットを連続して使う技＆終わらせる技を覚えよう！　基本

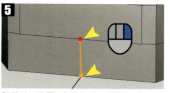

Shiftキーを押しながら、2か所クリックして右ボタンで確定だ。コツがいるツールなので慣れるまで練習しよう。

マルチカットは、通常クリックして分割エッジを入れる。しかしそのまま別の場所をクリックしてしまうと、その前に入れたエッジとつながってしまう。これを回避して**連続して使いたいときは右クリック**で確定すると作業効率が上がるぞ！
またマルチカットは確定した後も、マルチカットのツールのままなので、初心者は選択するつもりでカットしてしまう。**カットが終わったら、選択ツール（Qキー）や移動ツール（Wキー）でツールをすぐ変更する癖をつけよう。**

6 画像のオレンジラインのように6角の1辺を3等分した分割になるようにカットする。
マルチカットで正確な位置にスナップさせて分割する場合はツール設定の［ステップ％をスナップ］（Snap Step %）に数値を入れる。残念ながら3等分は33.3333…%と端数になってしまうが、妥協して整数にする。
［ステップ％をスナップ］（Snap Step %）＝33
このステップ設定で、Shiftキーを押しながらエッジの上をドラッグすると、33％＝3等分の地点にスナップする。

7 **5** で作った分割エッジを捨てる。
捨てるなら、なぜわざわざ中心にエッジを入れたのか、考えてみてほしい。

3分割の位置で分割を入れたら2本目は3分の2の…え～と

うん。1本分割ライン入れたら、エッジの距離が変わるから均等じゃなくなるよね

12 底面を滑らかな円柱にする

1 底面にある、六角柱の角の頂点6か所をすべて選ぶ。

カメラを回したり、ワイヤフレーム表示にしたり、選択操作に慣れてきましたか？

047

Chapter 01：ポリゴン －基礎－

2 トップビューをシングルビュー（スペース キー）にする。
選択した6つの頂点は、六角形の角になっているはずだ。
スケールツール（Rキー）を使い、中心に寄せていく。

3 画像のような、きれいな円形になるようにスケールで移動。他のエッジと水平になるようにスケールするのがコツだ。

4 パースビューで下から見ると、きれいな18角の円になっていることがわかる。

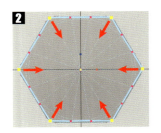
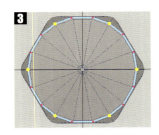

Step 10 底面を押し出しする

1 Step 9の先端と同じように、底面も［穴を埋める］（Fill Hole）で面を張る。

2 今作ったフェースを選択し、［メッシュの編集＞押し出し］（Edit Mesh > Extrude）を実行する。押し出しマニピュレータを操作して画像 **2** のような形状にする。

押し出しマニピュレータの操作方法　**基本 覚えて当然**

押し出しをメニューから実行したら、必ずマニピュレータを操作すること！
実行して何もしないとエッジの上に見えないフェースが作られるぞ！

マニピュレータを使って画像のような形状にするコツ
［スケール］: キューブをクリック（どの色でもよい）すると中心のマニピュレータがキューブ（スケール）になる。中心のキューブを使いスケールすると、等倍縮小ができる。
［移動(押し出し)］: 青（法線方向）の矢印を下に移動して押し出す。

 P.022
恐怖！ メニューを選んだ瞬間に、もう押し出しされていた！

3 もう一度押し出しを実行し、スムーズモデルの丸みを確認しながらスケールと移動で微調整する。
目標とするフォルムになるまで、この操作を繰り返す。

この画像は最終的に合計3回の押し出しをした。中心のポリゴンが多角形ポリゴンになるため、小さなポリゴンにした。

> エンピツモデリングでツールをマスターしよう！　　Lesson 1: エンピツ

押し出しは実行した瞬間にフェースが作られている！忘れるな！

STEP 14 削り面のエッジを立て、UV マッピングしやすい分割に直す

今回のこのレッスンはツールや機能をマスターする目的なので、ここで終了して Chapter 02 のキャラクターフェイスのモデリングに進んで構わない。

しかし Step 13 の状態の分割ラインだと鉛筆が削られた箇所にエッジがないため、UV エッジを質感が切り替わるところで切り離すことができない。

そうするとテクスチャを波型に描かなければならないので面倒だ。

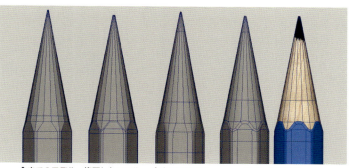

今までのモデル　修正したモデル　今までのモデル（スムーズメッシュプレビュー）　修正したモデル（スムーズメッシュプレビュー）

またエッジを立てて削り面を強調するようなベベル的な効果も、今のエッジの流れでは作ることができない。
しかしこういった分割は、まるでパズルのように頭を働かせて考えなければいけない。そこが初心者には難しい。
特にすべてを四角形ポリゴンで作る場合はなおさらだ。初心者は特に三角形や多角形ポリゴンで作る癖をつけてはいけない。

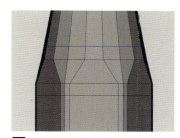

1 これは今まで作った分割だ。手順を読む前にパズルを解くように、どう分割すれば最終的な分割にたどり着くか考えてほしい。

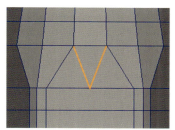

2 今回の分割は 4 等分でいい感じに引けるので、[ステップ % をスナップ] を **25%** に設定するとよい。V の形に分割を入れる。

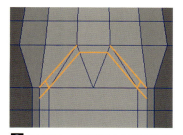

3 V のエッジを補助として画像のような分割をさらに入れる。

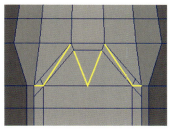

4 黄色のラインを削除する。Delete キーで削除すると中央に頂点が残る。頂点に残さないように！

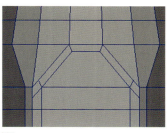

5 全部四角形ポリゴンになっていることに気がついただろうか？

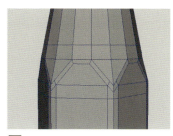

6 残りの 5 か所も同じ手順で分割。

049

Chapter 01：ポリゴン －基礎－

チェックして完成させる

1 スムーズメッシュの分割に乱れがないか確認しよう。

スムーズモデルの分割は雄弁だ

プロキシを作る利点には、スムーズメッシュの分割を確認することができるという点がある。

乱れた分割を見つけたら、それは不要な頂点や、つながっていないエッジなどがオリジナルのローメッシュにある証拠だ。
自分のモデルのスムーズメッシュモデルを確認してみよう。

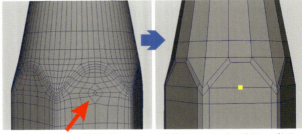

ここにおかしな流れの分割がある。　　オリジナルメッシュに、どのエッジともつながっていない浮いた頂点があった。たぶん捨て忘れ。

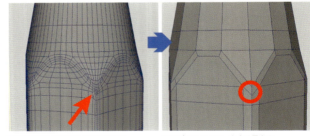

ここにおかしな流れの分割がある。　　オリジナルメッシュをよく見たら、つながっていないエッジを見つけた。スプリットに失敗したのだろう。

2 ヒストリを捨てよう。

3 スムーズメッシュモデルを捨てよう。
　　プロキシは今回モデリング時にスムーズを確認するために作成しただけなので、できあがったら必要はない。

 完成おめでとう。でもエンピツ制作じゃなくてツールと機能を覚えることが目的だよ！OK？　　 作るのに必死で… 覚えてない…。また最初からやり直します～！

エンピツレッスンは、ツールと機能を覚えることを目的としたものだ。しかし、せっかく作ったモデルをそのまま放置してしまうのはもったいない。最終的に美しいビジュアルに仕上げれば、シンプルなモデルでも十分魅力的な作品となる。Part.3を参考にUVマッピングやテクスチャや質感を作成し、mental rayレンダリングにぜひチャレンジしてほしい。

 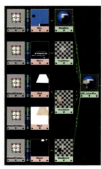

この作品は、エンピツの中に含まれる様々な質感をレイヤシェーダを使用して作成した。

Part.2
キャラクターモデリングレッスン

Chapter 02：フェイス - 基礎 -

Lesson 1： 基本フォルム
頭蓋骨を意識して基本フォルムを組み立てろ！

Lesson 2： 顔パーツ
もっとも重要！顔パーツのバランスとエッジの流れ

Lesson 3： 作り込み
プロを納得させるパーツの作り込みに挑戦！

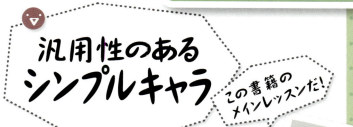

汎用性のある **シンプルキャラ**

この書籍の メインレッスンだ！

オリジナリティは とりあえず後回し！

まずはそっくりに！ レッスンをなぞるように 作ること！

造形力を 矯正するのだ！！！

ツールや機能を マスターすることが 目的じゃない

キャラの頭部なんて 誰でも作れる。 美しくバランスよく 作れなきゃ意味がない

モデリング力 を上げるのが 真の目的

Chapter 02：フェイス －基礎－

Lesson 1 頭蓋骨を意識して基本フォルムを組み立てろ！

「キャラクターフェイスを作る＝目や鼻や口を作れればOK」と思い込んでいる人がめちゃくちゃ多い。頭部、頭蓋骨のバランスそっちのけで目や鼻や口を作り込んでしまう。
そういう人たちは、へたくそだ。本当にへたくそっ！
目や鼻や口を作る前に、完璧な頭部を作ってほしい。
基本のフォルムのバランスが取れていない状態のモデル上に、細かいパーツを一生懸命モデリングしても、フォルムのまずさを救うことはできない。実際のところ、シンプルな基本フォルムを見ただけで、その人のモデラーとしての実力がわかる。ここで手を抜いては絶対にだめだ！
うまくなりたいのなら、基本フォルムが完璧にできる前に先に進まないように！

Lesson 1はここまで作る
- プロジェクトの作成
- イメージプレーンを使用してイラストをガイドに
- カメラの設定を変更して遠近感をなくす
- プリミティブから作り始める
- 基本フォルムにとって重要なあごと首を作る
- スムーズプロキシを使用し滑らかに
- 頭部のバランスのために耳を先に作る

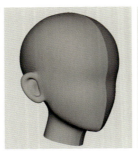
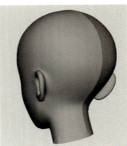

STEP 1 新規プロジェクトを作成する

プロジェクト作成や設定、データの管理、ファイルの保存は、Mayaの基礎中の基礎だ。それがわからないで今ここを読んでいる人は、他の初心者用のレッスン本を読んでほしい・・・と無責任なことを思いつつ、他の本を調べたら、プロジェクト設定のことを詳しく書いてある本がなかった。
プロジェクトの基礎知識のある人は、ここは読み飛ばして、好きなプロジェクトを作り、Step 2に進んでよい。

プロジェクトとは

Mayaで使用するファイルには様々な種類がある。
シーンファイルやテクスチャに使う画像ファイル、レンダリングされたイメージファイルなどなど・・・。
それらのファイルを効率的に管理するために、Mayaでは複数のフォルダをまとめた親のフォルダを使用する。それをプロジェクトと呼ぶ。**1つのフォルダにシーンや画像をごっちゃに入れている人は間違っている。**
右画像のようにMayaが自動的に作成するプロジェクトの中のフォルダは、バージョンによって異なる。しかしどのバージョンであっても最も使用するフォルダは共通だ。

■よく使う重要フォルダ
[scenes]：シーンファイルを保存する場所
[sourceimages]：質感に使う画像ファイルを入れておく場所
[images]：レンダリングされた画像を保存する場所

Maya 2016のプロジェクト構成

Maya 2017のプロジェクト構成

頭蓋骨を意識して基本フォルムを組み立てろ！　　　　　　　　　　　　　　　　Lesson 1: 基本フォルム

プロジェクト管理ができないヒトは
データの扱いもだらしない

1 新規プロジェクトを作る。
[ファイル>プロジェクト ウィンドウ]（File > Project Window）を選択する。
[現在のプロジェクト:]（Current Project）の右にある[新規]（New）ボタンをクリックする。

2 プロジェクト名をつける。
[現在のプロジェクト:]にプロジェクト名として**GirlCharaLesson**と入力する。
[適用]（Accept）ボタンを押して確定する。

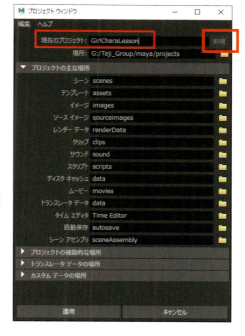

> 学生さんに「プロジェクトの管理はとても重要だよ!!」と教えても毎年数人はテキトウなフォルダにごちゃまぜ…。このプロジェクト管理を甘く見てはいけないよ！ 多くの場合複数人で作業するCG業界。シーンデータについているリンクが切れるような作り方は大迷惑なのだ。

STEP 2　ガイド用下絵を、イメージプレーンに使用する

モデリングというのは、相当うまいモデラーでない限り、テキトウに形を作ればそれなりのテキトウな形状にしかならない。今回は私が描いたガイド用下絵をトレースするように形のバランスを取っていく。
みなさんのモデリング力を上げるのが目的なので、教材そっくりに作ってみてほしい。もし自分好みのオリジナルが作りたければ、別データ、別キャラとしてモデリングしていくことをおすすめする。

1 ダウンロードしたデータから、下絵用の画像を選び、[sourceimages]フォルダに移動する。

Download Data
Lesson_sourceImages
└ Ch02_Lesson1_Girl
　├ GirlHead_Illust.jpg
　└ GirlHead_Illust_Imageplane.tif

2種類の画像があるが、Windows フォトビューアーなどで見る場合は[GirlHead_Illust.jpg]を。
実際にイメージプレーンに貼る画像の［GirlHead_Illust_Imageplane.tif］は真っ黒なので驚かないように！ マスクチャンネルにイラストが入っているのだ。

GirlHead_Illust.jpg

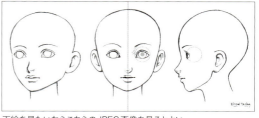

下絵を見たいならこちらのJPEG画像を見るとよい。

GirlHead_Illust_Imageplane.tif

イメージプレーンに貼る画像はただの真っ黒画像だ。イラストはマスクチャンネルに入っている。

053

Chapter 02：フェイス －基礎－

イメージプレーンの作成手順は2種類あるので、フロントとサイドは別の手順で作成してみる。
今後はどちらか好きなほうでどうぞ。

2 **イメージプレーンを作成する。**
フロントビューのパネルツールバーにある[カメラ アトリビュート]ボタンを押す。

3 [frontShape]ノードにある[▼環境＞イメージ プレーン](Environment＞Image plane)の[作成](Create)ボタンを押す。
何度も押すとその回数分作成されて、重なってしまうので注意。

4 [イメージの名前](Image name)の横のフォルダボタンを押す。
[GirlHead_Illust_Imageplane.tif]を選ぶ。
すると下のような画面になるはずだ。

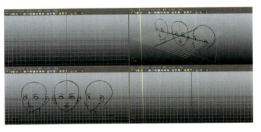

シーンビューのバックグラウンドカラーを変更せよ！ 必須 必ず覚える

シーンビューのバックグラウンドのカラーは、グラデだったり、濃いグレーだったりと、Mayaのバージョンによって違う。カラーのチョイスはもちろんユーザーの好みで決めてよいのだが、今回のレッスンでは、濃いグレーか薄いグレーを選択しよう。イメージプレーンの画像が、透過を使用した黒いラインのみの画像になっているためだ。
※薄いグレーを選んだ場合は、グリッドが濃すぎてかえって見にくくなる。その場合は[ディスプレイ＞グリッド □]で薄いグリッドラインに変更するといいだろう。この書籍のキャプチャは常に「薄いグレー＆薄いグリッドライン」だ。

  Alt+B キーを押すごとに切り替わるので、グリッドが見やすい薄いグレーにしよう！

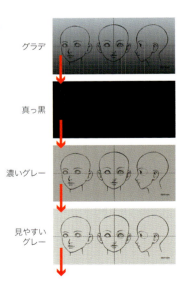

グラデ
↓
真っ黒
↓
濃いグレー
↓
見やすいグレー

 おや？ イラストが透けてるぞ

 気がついていただけました？
マスクにイラストを貼っている画像だから
シーンビュー上で透けるっていう裏技よ。

054

頭蓋骨を意識して基本フォルムを組み立てろ！　　Lesson 1: 基本フォルム

シーンビューのグラデーションはおしゃれなだけで役立たず

5 今度はサイドビューにイメージプレーンを作成する。
勉強のため違う手順で作成してみよう。
サイドビューのパネルメニューから**［ビュー＞イメージプレーン＞イメージの読み込み］**（View > Image Plane > Import Image）を選ぶ。

6 画像はフロントビューと同じ
[GirlHead_Illust_Imageplane.tif] を選ぶ。
1枚の画像で斜め、正面、横のイラストが描いてあるためだ。

7 フロントビューの画像のサイズと位置を修正する。
アウトライナまたは画面上で［imagePlane1］を選択し、チャンネルボックスを表示する。
imagePlane はオブジェクトなので通常の移動・スケールができる。書籍と同じスケールにするために下の数値を入力する。
［移動 X］（TranslateX）：0.08
［移動 Y］（TranslateY）：11.1
［移動 Z］（TranslateZ）：−30
［スケール XYZ］（ScaleXYZ）：2.5

8 サイドビューも同じ手順で位置を修正する。
［移動 X］（TranslateX）：−30
［移動 Y］（TranslateY）：11.1
［移動 Z］（TranslateZ）：16.8
［スケール XYZ］（ScaleXYZ）：2.5

このイラストあんま… かわいくない…。
むしろ怖いっス！白目だし！

トレースしやすいように図面のように描いたんだよ。すでに作り終わったモデルをトレースしたので位置が完全に3Dなのだ。
イラスト的にかわいく描いても3Dにした時にけっこうかわいくならないものなのよねぇ。

イメージプレーンの表示・非表示を覚えよう

イメージプレーンは割り当てた各カメラの正面に配置される。デフォルトではフロントとサイドに貼ったイメージプレーンもパースビューに表示されてしまう。パースビューはカメラを回してモデルを確認するのに使用するので、他カメラのイメージプレーンが邪魔に感じることが多い。イメージプレーンの表示・非表示の方法は作業を効率化できるので必ず覚えよう！

また、イメージプレーンはオブジェクトなので、レイヤに入れての管理は必須だ。リファレンス [R] を利用すれば、ロックがかかり画面で選択できなくできるので必ず行う。可視 [V] は、すべてのパネルでイメージプレーンを非表示にできる。作業途中でイメージプレーンをすべて非表示にするときに使用する。

A **［イメージ プレーン アトリビュート］**（Image Plane Attributes）の**［ディスプレイ］**（Display）
・**［カメラ越しの視点］**（Looking through camera）
イメージプレーンが貼られているビューのみ表示。
・**［すべてのビューで］**（In all views）
すべてのビューで表示される。なのでフロントビューに貼った画像がパースビューでも表示されている。

B **パネルメニューから［表示＞イメージ プレーン］**
（Show > Image Plane）のオンオフ
オフにすると、イメージプレーンをそのパネル画面から非表示にする。

Chapter 02：フェイス －基礎－

STEP 3　パースビューの画角（焦点距離）を変更する

モデリングの最初にすることはカメラの設定だ！

右の画像は同じモデルには見えないくらい遠近感に違いがある。キャラクターモデリングでは、**バランスをとりながらモデリングすることがもっとも重要なのだが、それを判断する私たちの目の代わりになるのがカメラなのだ。**

モデルを作るときにはカメラをモデルに近づける。近づけると近くが大きく、遠くが小さくなる。それがデフォルトのカメラ設定だ。その設定のままモデリングしている初心者のモデルを見ると、手前に近づけて遠近感が強い状態でバランスをとっているので、デッサンが崩れまくっている。

様々な Maya のモデリング本を読んだがこのことは書かれていない。なぜならもともとうまい人はカメラを引いてバランスをとるクセがついているのだろう。

この教材では作り方ではなく、造形力を高めるのが目的なのだ。だから「己（おのれ）の目」を大切にしなくてはいけない。

関連 ▶ P.002　[カメラ Camera]

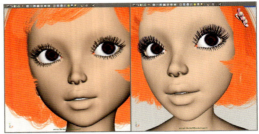

右のカメラ（デフォルト）で、モデリングする人の気が知れないな。ちなみにこのモデルの鼻が小さいのはデフォルメ的デザインです。

1 カメラの焦点距離を設定する。
persp カメラを選択し Ctrl+A キーでアトリビュートエディタを立ち上げる。
［カメラ アトリビュート］(Camera Attributes) の［焦点距離］(Focal Length) を **150** に設定する。

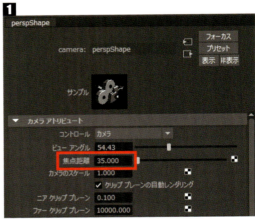

デフォルトは 35 だ。150 に変更しよう。

STEP 4　ポリゴンキューブで球体を作る

頭部は頭蓋骨の丸みのフォルムに合わせて作り始めるので、球体を使用する。

しかしここでいう球体＝スフィアではない。

スフィアは 2 か所の中心から分割ラインが放射状に伸びている。このままの分割で頭部モデリングを始めると、すべての分割が耳に集まってしまう。そしてフェースの形状も大小様々だ。

キューブをスムーズで分割すると球体のような形になる。キューブからの球体の分割はグリッド状で均整が取れ、しかもフェースがすべてきれいな四角形のサイズなのだ。

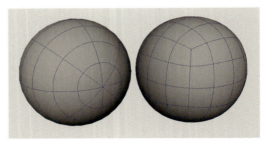

スフィアからの球体（左）とキューブからの球体（右）。作りはじめが違うだけで、分割ラインがまったく違うポリゴンフェースになる。

056

頭蓋骨を意識して基本フォルムを組み立てろ！　　　　　　　Lesson 1: 基本フォルム

カメラの遠近感マジなめるな！
カメラは己の眼の代わりなのだ！

1 ポリゴンプリミティブの立方体 (Cube) をデフォルト設定のまま作成する。

関連 ➡ P.014 ［作成(1) Create］

2 スムーズをかけて、分割数を2にする。

関連 ➡ P.028 ［スムーズ Smooth］

3 スケールと移動で、サイドビューの横向きの下絵に合うように置く。
このときスケールは同じ比率（中央のマニピュレータを使用）でかけること！

4 3キーでスムーズメッシュプレビューにして、右画像のように大きさと位置を合わせる。
このときもスケールは同じ比率でかけること！

関連 ➡ P.028 ［スムーズ Smooth］

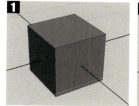
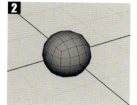
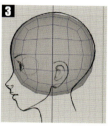
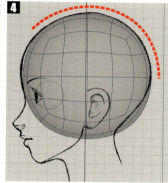

モデリングポイント
頭頂部と後頭部だけ合わせること！
球体では首の付け根や顔面の形状は合わない。合うわけない。
今無理に合わせようとしてはいけない。慌てないで次に進もう。

等倍スケールをかけただけなので、すべての形状に合うわけがない。赤い点線部分だけ合わせること。それだけでも頭頂部と後頭部の横からのフォルムができた。
イラストの頭頂部が少しでっぱっているけど気にしなくてよい。

STEP 5　保存のタイミングと名称で、作業効率が上がる

モデリング作業において、重要なのは細かな保存。
ポリゴンモデルは NURBS と違い、サーフェスを再構築したり、以前のヒストリを利用するモデリング方法ではない。Zキーでやり直す（戻る）ことも限度がある。戻ってやり直したい時には、前に保存したデータを再利用したほうがよい。**上書き保存していく初心者に限って、戻らなければどうしようもない状態にしてしまうことが多い。とにかく細かく保存しよう！**

そして名前のつけ方も重要だ！　本当に重要だ。
保存したデータがどの辺を作業しているかがすぐわかるようにすると便利だ。今回作るような基本フォルム的なキャラは、途中経過を再利用してオリジナルに変更するようなこともあるので、以下のように名前をつけて保存しよう。

GirlHead_01_Toubu_S4.mb
GirlHead ：シーンの名前：頭のモデルが完成するまで統一
_01 ：保存データの順番に数字を加算
_Toubu ：作業した内容。これをつけることでこのシーンの作業内容がわかる。内容の単語も、自分がわかればOK。別シーンとかぶっても大丈夫。
_S4 ：この教材でのStep番号（つけなくてもよいが、後で探しやすい）

```
GirlHead_01_Imageplane_S2.mb
GirlHead_02_Toubu_S4.mb
GirlHead_03_Toubu_S6.mb
GirlHead_04_Kubi_S7.mb
GirlHead_05_Kubi_S7.mb
GirlHead_06_Proxy_S8.mb
GirlHead_07_Toubu_S9.mb
GirlHead_08_Toubu_S9.mb
GirlHead_09_Toubu_S9.mb
GirlHead_10_Toubu_S9.mb
GirlHead_11_Toubu_S10.mb
GirlHead_12_Toubu_S11.mb
```

名前と番号だけだと、目的のシーンが見つからず、開いては確認、開いては確認と効率が非常に悪い。

シーン名は英語で！
レンダリングできなくなる可能性があるので日本語名にはしないこと。スペースもダメ。数字だけのシーン名はレンダリングできないトラブル事例がかなりある。

057

Chapter 02：フェイス －基礎－

STEP 6 球体を頭部のフォルムに修正していく

1. **1キー**を押して、スムーズメッシュプレビューを切り、ローメッシュ表示に。
   粗いメッシュ（少ない分割数）の段階でスムーズメッシュ表示をしてもモデルが小さく見えるだけなので、状況に応じて使い分けること！

2. サイドビューで、画像の赤いラインで囲われた、後頭部の下の部分とあご下部分のフェースを捨てる。

3. 画像のようにあごに当たる頂点を、イラストに合わせるように移動する。

4. 移動ツールのツール設定：
   ▼シンメトリ設定（Symmetry Setting）を［ワールド X］に変更し、左右対称に動かせるようにする。
   関連 → P.009 ［移動(1) Move］

5. フロントビューであごのラインをだいたい合わせる。
   側頭部も合わせよう！

> **モデリングポイント**
> まだまだ分割が少ないので、完璧に合わせようとしてもムダ！ぴったり合わせようと悩まないこと！

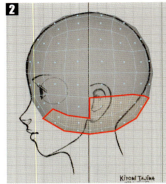

首とあごを作るため、この部分のフェースは捨てる。

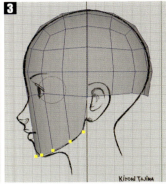

頂点を移動してあごのラインに合わせる。あごの角ではなく、あごの面を意識するとよい。とはいえ分割が少ないのでまだぴったり合わせられない。だいたいでOK。

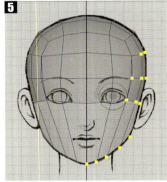

あごのラインの頂点は左右にだけ動かすとよい。上下に動かすとサイドビューでのライン取りがまったく無駄になる。こめかみ付近の側頭部も移動するのを忘れないように！

パースビューで見て、あごほそ！ってひるんではいけない。まだぜんぜん分割が少ないから無問題。

STEP 7 首を作成し頭部とつなげる

1. ポリゴンシリンダ（円柱）を作成。

2. シリンダのヒストリを修正し、分割数を変更する。
   ［軸の分割数］（Axis divisions）：16、［高さの分割数］（Height divisions）：2
   ［キャップの分割数］（Cap divisions）：0
   軸の分割数 16 は、右画像（左半分で8本のエッジ）のように首とつなげる頭部のエッジを数えて導き出した。鉛筆のときと同じように、合体する先と合うよう先に分割数を計算しておかないとダメだ。

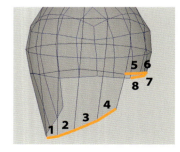

058

頭蓋骨を意識して基本フォルムを組み立てろ！ Lesson 1: 基本フォルム

キューブのスムーズで作るスフィアは分割が格子状でフェースが均等という最強基礎形状

3 画像のように、首の位置に移動・回転・スケーリングして下絵に合わせる。スケールは同じ比率でかけること！位置と長さは画像をよく見て決めよう。

> **モデリングポイント**
> 角度を変えたら、マニピュレータの軸を［オブジェクト軸］にすれば、角度に沿って移動・スケールができる。
>
> 関連 → P.008 ［移動(1) Move］

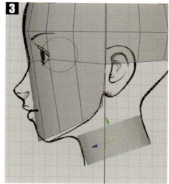

後頭部の付け根に合わせてはダメ。

キャップを捨てないとフェースをつなげられないよ。

4 シリンダのキャップ（上下とも）を削除する。

5 頭と首のポリゴンを［結合］(Combine) する。
結合したら必ずヒストリを捨てる！

関連 → P.024 ［結合と抽出 Combine and Extract］

6 ［ポリゴンに追加］(Append to Polygon Tool) を使用して、後頭部と首の間に3枚フェースを作る。
3枚だけつなげること。右側は後で捨てるので左半分だけでよい。

関連 → P.026 ［マージと追加 Merge and Append］

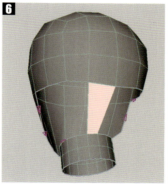

後ろ側の1枚をつなげる。1枚ずつYキー確定すると作業効率がよい。

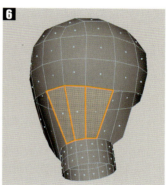

右半分は後で削除するため、左半分の後頭部だけでよい。

7 あごの下も同様に、左側3枚を［ポリゴンに追加］でフェースを作る。

8 ［穴を埋める］(Fill Hole) を使用し画像の場所の穴にポリゴンを作る。
このとき、必ずエッジを1か所でよいので選択してから、フィルホール（［穴を埋める］）を実行すること！選択しないまま実行すると首の下の穴も面が作られるぞ！

関連 → P.027 ［マージと追加 Merge and Append］

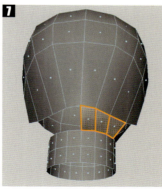

あごの下の左側3枚を［ポリゴンに追加］する。エッジをうまく選択しないと、空間上にビヨーンと変なフェースができることがよくある。確定してからZキー（確定する前ならDeleteキー）で、再度やり直そう。

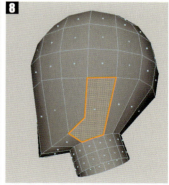

後頭部とあごの下の間にできた穴を埋める。エッジを必ず選んでからフィルホールしないと、すべての穴がふさがるよ！

059

Chapter 02：フェイス －基礎－

9 ［マルチカット］（Multi-Cut）の**エッジループの挿入機能**を使用して、画像を参考に、4か所にエッジループを挿入する。設定はデフォルトで大丈夫。

関連 ▶ P.018 ［分割(1) Split］

10 続けて［マルチカット］を使用して、画像と同じように番号順に分割してエッジを追加する。設定はデフォルトで大丈夫。

関連 ▶ P.018 ［分割(1) Split］

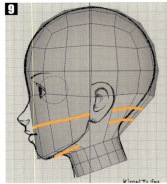
ほほ1本、あごの下1本、後頭部2本をエッジループで挿入する。

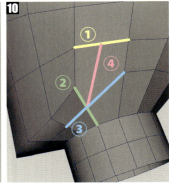
④の①との交差部分以外は、すでにある頂点の位置をクリックしてカットすること！

STEP 8 サブディビジョンプロキシを使い、スムーズを見ながらモデリングする

1 顔の右半分（もちろん画面上では左半分）のフェースを選択し削除する。

私は右利きなので、画面上で右半分をモデリングするほうが作りやすいのだが、反対側が良い人はこの書籍とは逆に作るとよい。
シンメトリ設定をオフに戻さないと、片側だけの選択ができないので注意！

2 中心の頂点をグリッドスナップで揃える。

移動ツールの設定を変えないと、グリッドスナップがうまくいかないはずだ。

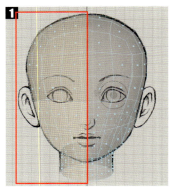
半分のフェースを捨てる。

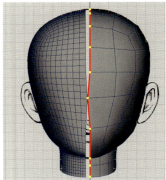
中心が揃わないまま、サブディビジョンプロキシ(1/2)を作ると、すき間があく。

移動（Move）ツールの設定を以下のように変更する。
［軸方向］（Axis Orientation）：［ワールド］（World）
［▼スナップ移動設定＞コンポーネント間隔の維持］：**チェックを外す**
(Move Snap Settings＞Retain Component Spacing)

関連 ▶ P.013 ［スナップ Snap］

設定したら、中心ラインにある頂点を選択し、Xキーを押しながらフロントビューでX方向に移動する。センターの軸に揃えよう。

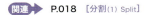

 頂点を1列に並べるこのテクニックは重要なので必ずマスターしてね

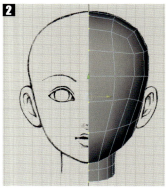
Xキーを押したらグリッドスナップがきく。だからマニピュレータの真ん中をつかんで移動してはダメだよ。1点に集まっちゃう。

頭蓋骨を意識して基本フォルムを組み立てろ！　　　Lesson 1:基本フォルム

「できるモデラーのための必須機能＆ツール」全部読まなきゃできるモデラーには到底なれない

3 オブジェクトを選択し［メッシュ＞スムーズ プロキシ＞サブディビジョン プロキシ □］（Mesh > Smooth Proxy > Subdiv Proxy）オプションを開き、以下の設定をして実行する。
［分割レベル］（Division levels）＝［2］
［ミラー動作］（Mirror Behavior）＝［1/2］（Half）
［ミラー方向］（Mirror Direction）＝［−X］
［サブディビジョン プロキシ シェーダ］（Subdiv Proxy Shader）＝［維持］（Keep）
［スムーズ メッシュをレイヤに］（Smooth Mesh In Layer）＝［オン］
［スムーズ レイヤの表示］（Smooth Layer Display）＝［リファレンス］（Reference）

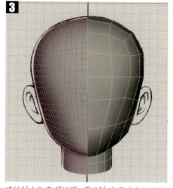

オリジナルのポリゴン数がかなり少ないので、スムーズをかけると一回り小さくなるのがわかる。

4 レイヤの名前を「SmoothMesh」に変更する。ていねいな仕事を心がけよう。

STEP 9 頭部のフォルムをサイドビューで修正する

1 まず現在のモデリングを、カメラを回転させて様々な角度で見てみよう。
今現在のバランスの取れていないモデルを見て、あなたがどう思うかが重要なのだ。
どこをどう直すと美しくなるのか、それを「感じる」。
ここから先はポリゴンモデリングのテクニックではない。
「造形を感じる力」を自分は育てるんだ！ と決意してほしい。

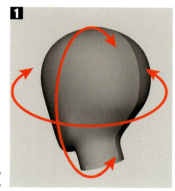

オリジナル側を3キーで滑らかに表示させてみるとイメージがつかみやすい。ただしモデリングに移るときは1キーで！ 3キーのままモデリングしてはいけない。

2 画面を2分割にして「モデルを見る」ことに注力する。
［パネル＞レイアウト＞2ペイン（左右）］（Panels > Layouts > Two Panes Side by Side）
2つのパネルをパースビューとサイドビューに設定する。フロントビューが見たくなったらスペースキーを長押しして出てくるホットボックスの中心の［Maya］ボタンで切り替えるとよい。関連ページをよく読むこと！

関連 P.004　［ディスプレイ Display］

モニタが小さい人は、**Ctrl＋スペースキー**を押してメニュー類を非表示にするとよい。メニューが必要なときは、再びCtrl＋スペースキーで元に戻すことができる。

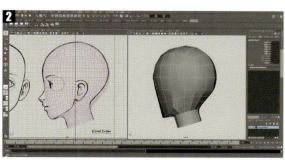

4分割の小さいパネルで作業する必要はない。2分割のパネルで大きく表示し、必要なカメラに切り替えて使用すれば、モデリングの作業効率がぐっと上がる。

061

Chapter 02：フェイス －基礎－

3 最初はサイドビューで修正しよう。
まずは**ほほの辺りの列を前に移動して丸みを作る。**

このときヘタクソな人は、立体的にとらえてないため、顔の中心ライン上の頂点（この画面で言うところの左の頂点）しか前に出さない。そうすると・・・真ん中が尖る！ いくらサイドビューで合わせているからといって、はじっこだけ合わせればいい、なんてわけないぞ！ この場合、**2点〜3点一緒につかんで移動する。「点」ではなく「面」を意識しよう！**

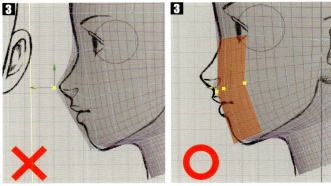

サイドビューを使って丸みを合わせるときに1点だけ引っぱると中心ラインが尖ることを理解しないといけない。2点以上つかんで引っぱるのは「面」を意識しているから。

モデリングポイント

作っているのは目も鼻も口もないのっぺらぼう。イラストに合わせるといってもパーツに合わせてはダメ！絶対ダメ！

4 あごのラインをサイドビューで整える。

分割数が少ないのでぴったり合わせようと思わないこと。
角を作るとき「線」ではなく「面」を感じてモデリングしないといけない。

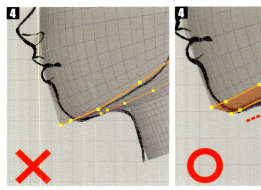

あごの角をライン1本だけで作ってはいけない。尖らせるために引っぱりすぎてしまうからだ。面でとらえて形を修正すること。あごの下の首の付け根のカーブ（赤の点線）は現在エッジが少なくて合わせられない。合わせようとして無理やり首のエッジを引っぱってはいけない。もっと先に進んで首にエッジを足してから首の付け根のラインを整えよう。

頂点（エッジ）を引っぱり過ぎてはいけない！そこにはもう1列必要なのだ！

右の画像を見てほしい。スムーズモデルはほぼ形が一緒だ。しかしグリーンの方のローメッシュは1列だけを引っぱって形作っている。同じスムーズでもこれでは元のオリジナルメッシュの形状が良い形にならないのだ。**ブルーのモデルのように角を面でとらえてモデリングを行うこと。面をつくるわけだから、エッジは2列になるはずだ。**
これはヘタクソな人がよくやってしまう。面を意識しないで頂点を引っぱりすぎるのだ。
あごだけでなく、まぶたや唇など**すべてのところでこういった「面」の意識が必要になる。**

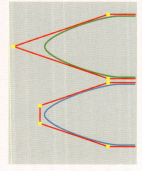 

062

頭蓋骨を意識して基本フォルムを組み立てろ！

Lesson 1: 基本フォルム

少ない分割で引っぱって形作るな！
そこには分割が必要なのだ！

5 首の付け根と後頭部を修正する。

右画像のブルーのラインは今までの形状だ。赤いラインを参考にして頂点を移動して形状を修正する。

このイラストは工業製品の図面ではないので、サイドビューのイメージをトレースするだけでは頭部フォルムを完成することはできない。なので神経質に画像とそっくりにする必要はない。のちほどパースビューで完璧なフォルムに直していく。しかし、サイドビューはフォルムのガイドとしてかなり利用できる。

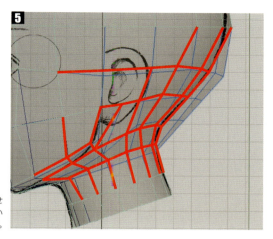

赤いラインとそっくりにしようと思うよりも、イメージプレーンに合わせて後頭部と首のフォルムを自分なりに整えてみよう。それからこの赤いラインと自分が修正したラインを見比べるほうが勉強になるはずだ。

ヘタクソモデラーは骨を感じてフォルムを作らない！ だから不細工なのだ！

骨や筋肉、皮膚の厚みを意識しないで「雰囲気」だけでモデリングする学生が多い。今まで1000人以上のキャラクターモデリングを見てきたが、**ヘタクソはまず「後頭部と首の付け根」「あごの骨のエラ部分」が作れない**。特に女の子キャラは首の細さが重要だ。「華奢（きゃしゃ）なうなじ」をしっかり表現していないとまったくかわいくない。

頭蓋骨は2つの骨でできている。頭骨部分と下顎骨だ。別の骨なので、あごの位置と、脊椎と頭骨がつながっている位置は違う。

今実際に両手を自分の首の後ろに回してほしい。首の脊椎が終わるところまで指先を上に持っていく。（そこには気持ちの良いツボがあるね）そこが首のカーブの始まりだ。

今度は耳の下に指を持っていく。耳とあご（エラ）の位置関係がわかったかな？ 耳たぶはあごの始まりでもあるね。そのラインをあいまいにすると頭部のフォルムが不細工になってしまうのだ。

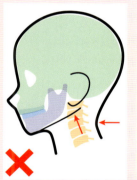 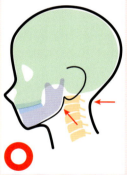

頭蓋骨を意識して作らないと首の付け根の始まりのカーブが、下のほうになってしまう。
またあごの角（エラ）を位置がわからず、耳との関係性を崩すとめちゃくちゃヘタクソに見える。

この頭蓋骨のイメージイラストはデフォルメされていてリアルなバランスとは違うが、それでも頭骨と下顎骨、脊椎（首の骨）を意識すれば、きれいで整った頭部のバランスを作ることができる。

---

6 フロントビューから見てスムーズのラインがイラストに合うように外側に移動する。

フロントビューから見て、外側の1列だけではなく、右画像のオレンジのライン上にある頂点を移動しよう。前ページで言ったように、面を意識して移動するのだ。

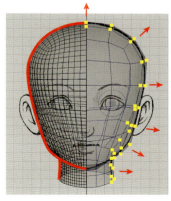 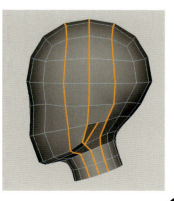

スムーズの外側のラインがイラストに合うように、オリジナルローメッシュの3列の頂点を外側に移動して修正する。

063

Chapter 02：フェイス －基礎－

 パースビューでカメラを回しながら、頭部のフォルムを美しく修正する

サイドビューやフロントビューでの修正は、あくまでイラストに外側のライン（フォルム）を近づけるためだ。しかしそれでは、正面から見て外側のラインと、横から見ての中心のラインしか合っていない。
カメラを回してフォルムを確認してみよう！
右画像のように、あごがＶ字のように鋭角で、ほほがこけているのがわかる。

> **モデリングポイント**
> キャラクターは工業製品ではない！
> カメラを回しながら、滑らかに、キレイなフォルムになるように、頂点を移動して造形していかなくてはいけない！
> 3D 形状なのだから、必ずカメラを回して、あらゆる角度からフォルムをよく見ること！ 簡単に聞こえるかもしれないが、実はこれがモデリングの上達においてもっとも重要なのだ！

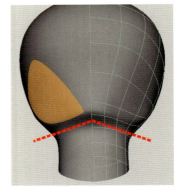

多くの人が下からのアングルでモデルを見ない。この角度で見れば、あごが鋭角で、ほほ（オレンジ部分）が細すぎるのがわかるはず。

1 新しいパースビューを作成し、2画面ともパースビューにする。
［パネル＞パース ビュー＞新規］（Panel＞Persp＞New）
新規カメラも必ず焦点距離（Focal Length）を150に設定しよう。

ムービー用ではないので、特にメインメニューの［作成＞カメラ］からカメラを作る必要はない。

関連 P.002 ［カメラ Camera］

片方のパネルは滑らかさのチェックに使おう　便利 知ってると得

パースビューを2画面用意することには、たくさんの利点がある！
片方を通常のモデリング＝つまり頂点を移動する画面として使う。もう片方をスムーズモデルの滑らかさのチェックに使うのだ。

モデリング用画面（画像右）は、X線表示にしたり、ワイヤフレーム付きシェードにしたりと、選択や移動がしやすいようにそのときに応じてカスタマイズする。

滑らかさのチェックをする画面（画像左）は、パネルメニューから
［表示＞選択項目のハイライト］（Show ＞ Selection Highlighting）
をオフにすると、選択されていてもワイヤが表示されないので超便利だ！
同様に［マニピュレータ］（manipulators）も非表示にできる。

ただし、チェックを外したままシーンを保存すると、次にシーンを開いた時にチェックがついていても表示はオフになっていることがある。「選択できない！」とよく慌てるのだが、これが原因ということがしょっちゅうある。こういう表示で困ったら、1～2回［選択項目のハイライト］をオンにしたりオフにしたりするとよい。

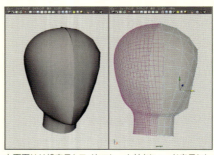

右画面はX線表示とワイヤフレーム付きシェード表示にして頂点をつかみやすくしている。左画面は選択項目のハイライト表示を切ってシェーディングを見やすくしている。

関連 P.004 ［ディスプレイ Display］

Lesson 1: 基本フォルム

頭蓋骨を意識して基本フォルムを組み立てろ！

頭部のフォルムを表面だけでとらえるとデッサンが狂う！
頭蓋骨、筋肉、皮膚によってフォルムが作られているのだ！

2 さぁ、パースビューでフォルムを修正してみよう！
**カメラを回して頂点を移動する！
ここからが本当のフェイシャルモデリングだ！
カメラを回して頂点を移動するのだ！！ 何度も言うほど大事なこと。**

今までと違って図面はない。
画像を参考に、完璧だと思えるような、滑らかで愛らしい女の子の頭部を作ること。

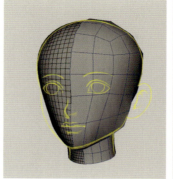 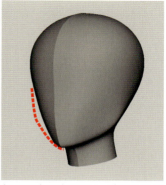

斜めを描いたイラストと比べてみると、やはりほほの丸みが足りない。ゲッソリとしてるね。
しかしこの角度からチェックをしただけでは、あごのラインの鋭角さがわからない。様々な角度からフォルムをチェックすること！ モデリング力を上げたいのなら、カメラを回してチェック！

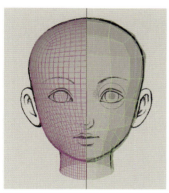 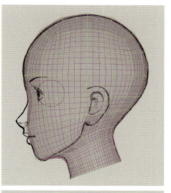 

 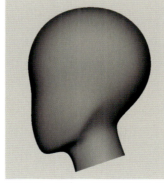 

これはパースビューではなくてフロントビュー。ただし、もうフロントビューで合わせる必要はない。外側のフォルム以外のところをどのように移動したのか参考にしてほしい。

これもパースビューではなくてサイドビュー。サイドビューでも合わせる必要はない。こちらも外側のフォルム以外のところをどのように移動したのか参考にしてほしい。

斜めから見た画像。ほほがまだ細いが、ほほには分割が1本しかない。この時点で、ほほを膨らませようとすると頂点を引っ張りすぎてしまう。唇の分割が入ったときにほほのフォルムを追求しよう。

065

Chapter 02：フェイス －基礎－

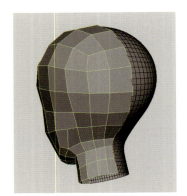
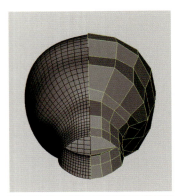

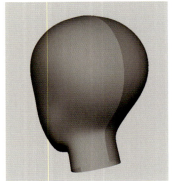
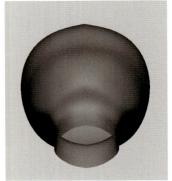

パースビューで後ろから見た画像。後頭部の丸みと首の細さがうまくつながり、あごの骨が外側に広がっているのがわかるよね？ 顔面ばかり意識していると、このような華奢な印象を作れない。

後頭部を斜め後ろから見た画像。女の子は首を太く作ると、男っぽくなってしまう。エラ部分から後頭部にかけて、細身に、滑らかに作るように！ 女の子キャラはうなじがとても大切だ。

正面の下からあごを見た画像。あごは先ほどより尖っていないが、ほほの丸みよりはシャープだ。あごを真ん丸く作ると太って見える。ここでも首の細さが頭部とうまくつながっていることがわかる。

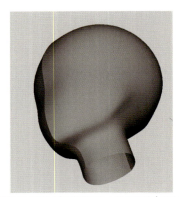

斜め下から見た画像。エラの後ろから後頭部（首の付け根の上）を細めに仕上げるのがポイント。

> **モデリングポイント**
>
> このモデリングが完璧にできないまま、先に進んでは絶対にいけない！
>
> バランスが取れていないまま、パーツを作るからヘタクソなのだと自覚しよう。
> この書籍は「造形力を矯正」することが目的だ。このシンプルな頭部の段階で、造形力を鍛えないのであれば、先に進んでも決してモデリングがうまくなるなんてことはないぞ！

 画像を参考にしても、どうしてもうまくできません！

では、うまモデラーの私の頭の中身を次のページで説明してあげましょう！

頭蓋骨を意識して基本フォルムを組み立てろ！　　　　　　　　　　　　　　　　　　　　Lesson 1: 基本フォルム

目も鼻もないモデルが美しくできるまで
何度でも練習する！これこそ造形力矯正レッスンだ！

カメラを回して見るものは、頂点が作るエッジのラインなのだ！これを意識するだけでうまくなる！

頂点を移動してモデルを修正していくのだが、いったいどのようにしたら上手にモデリングできるのだろうか？

私は自分が上手にできるので、上手にできない人の気持ちや考え方がわからなかったのだが、たくさんの学生を見てきたおかげで、下手な人が持つ「足りない部分」がわかってきた。

それは**「頂点の位置を何によって決めるかという視点」**だったのだ。

「カメラを回せ！カメラを回せ！」と口すっぱく言っているが、カメラを回す意味がわからないと、回しても見なければいけないものが見えない。

カメラを回して見るものは、頂点が作るエッジのラインだったのだ！

画像で細かく説明するので、よく読んでほしい。この考え方（視点）を学生に伝授すると、みなモデリングレベルがぐっと上がったのだ。

頂点そのものを見るのではなく、頂点が作る十字のエッジのラインを見る！これがコツだ！

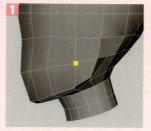

ほほの頂点を例に説明しよう。この頂点を良いフォルムになるように移動したいとする。

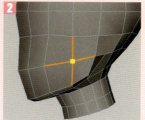

頂点が作っているエッジを見てほしい。このアングルでは、頂点を正面から見ているので、ふくらみはわからない。

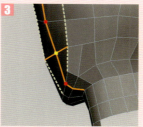

カメラを回し、このアングルにしてエッジのラインを見てみるとどうだろう。先ほどの角度からはまったくわからなかったが、両脇の頂点（赤い点）との位置関係で若干凹んでいるのがわかる。両脇のエッジ（黄色の点線）もついでに見れば、そこにふくらみがないのが良くわかる。

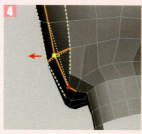

両隣の頂点が作るエッジのライン、両隣のエッジが作るフェースの形がわかれば、どういう風に動かすべきかがわかる。X方向に少し移動して自然なふくらみにした。

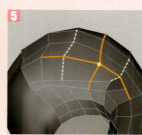

今度はあごの下の方からのアングルで同じ頂点が作るラインを見る。横ラインはきれいな丸みができているが、縦ラインが若干後ろに下がっている。

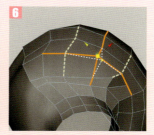

今度はZ方向に移動し、縦方向のラインがやわらかい丸みを持つように移動した。もちろんもっともっとこの頂点が作るラインを他アングルから見て、隣の頂点もどんどん直していく。

下の画像はまぶたを作っているところだが、このようにモデルが細かくなっても、頂点が作るエッジのラインを様々な角度から見ている。頂点がどのようなラインを描くのかを常に意識することが大切なのだ。

どのアングルから見ても、ラインがきれいなフォルムを描いていればきれいなモデルになる。

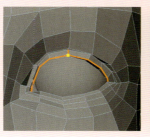
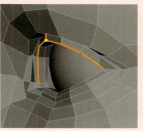
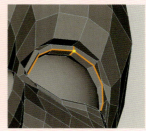

067

Chapter 02：フェイス －基礎－

Step 11 エッジループを追加し、ガタつきを法線軸移動で修正する

1 右画像のように、赤いラインの位置に4本のエッジループを挿入する。
［マルチカット］(Multi-Cut)のエッジループの挿入機能を使用する。

この段階では練習のために、［エッジ フロー］(Edge Flow) はあえてオフのまま、エッジループを入れてほしい。
この Step11 では、モデルがガタつく理由と、それをどのように直すのかというキャラクターモデリングにとって重要なことをしっかり学んでほしいからだ。
［エッジ フロー］はその解決策の1つであることを理解するために、手順通り進めてみよう。

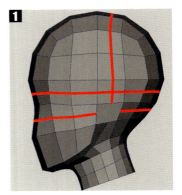

サブディビジョンプロキシのスムーズモデルが壊れる!?

エッジを挿入すると右図のように、スムーズモデルのポリゴンが欠けてしまう現象がよく起きる。しかしこれは表示のみ。**ポリゴンが壊れたわけではない。lambert1 などのシェーダを割り当てすれば直る。**

関連 P.019 ［分割(1) Split］

ハイパーシェードを立ち上げなくても、モデルの上で右ボタンクリックして出てくるポップアップメニューから割り当てし直すこともできる。
※このときは、レイヤのリファレンスを解除しよう。ロックがかかっているからシェーダを割り当てできないよ。

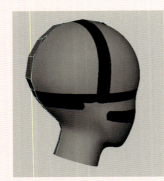
このようにスムーズモデルの一部分が黒または緑に表示され、壊れたと勘違いしてしまうが、シェーダのリンクが切れただけなので安心しよう。

ポップアップするマーキングメニューやホットボックスなど、慣れれば作業効率を上げる機能が Maya にはたくさんある。

2 カメラを回してスムーズモデルを見てほしい。
滑らかに作られているモデルに対し、エッジ間に新しいエッジ（分割）を入れてそのままにすると、新しい分割ラインのポリゴンが平らになってしまう！ 右画像のようにガタつきまくりだ！
プロキシメッシュの挿入したエッジも見てほしい。
フェースを分割したときに入るエッジは、交差するエッジの丸みは考慮しない。つまりエッジを挿入しただけでは、面の平坦さを強調してしまうのだ。

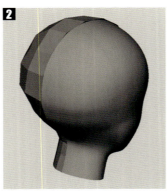
このガタつきをそのままにしては絶対にいけない。意図的でないガタつきは素人モデリングそのものだ。

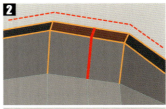

平らな面を分割したままでは、スムーズがかかったときに、その平らな面が強調されてしまう。

頭蓋骨を意識して基本フォルムを組み立てろ！　　　　　　　　　　　　　　Lesson 1: 基本フォルム

頂点が作り出すラインの流れと立体感をカメラを回して把握すべし！

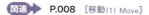

3 移動(Move)ツールの軸を[法線]に設定する。

［移動ツール］（MoveTool）をダブルクリックし、オプションを開く。
［軸方向］（Axis Orientation）を［法線］（Normal）に変更する。

軸を法線にすることで、移動の座標をその頂点のN（法線）方向、U方向、V方向に移動することができる。法線方向はその頂点によって角度が違い、複数の頂点を選択しても各頂点の法線方向に移動できるので便利だ。

関連 → P.008　[移動(1) Move]

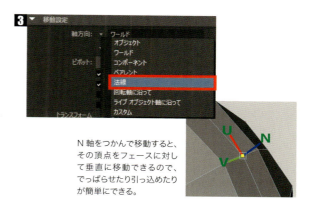

N軸をつかんで移動すると、その頂点をフェースに対して垂直に移動できるので、でっぱらせたり引っ込めたりが簡単にできる。

移動ツールの軸をこまめに切り替えれば、頂点移動が楽になる！

移動ツールの軸は、必要に応じてどんどん切り替えて使わないと損をする！
ツールをダブルクリックして毎回オプションを開いてもよいが、頻繁に切り替えるには自分好みのショートカットを使うほうが効率がよい。詳しくはP.009の「移動軸を瞬時に切り替えるMEL」を読もう。このMELはシェルフにおいても利用できるが、ホットキーに登録すれば、頂点に視線を集中できるので作業効率があがるぞ！

関連 → P.009　[移動(1) Move]

4 スムーズモデルにBlinnシェーダを［割り当て］（Assign）する。

Lambertのままでも構わないが、Blinnを割り当てると画面のモデルにもスペキュラーが出るので、ガタつきが確認しやすい。

5 法線軸を利用して、ガタつきがなくなるように頂点を移動する。

まずは1列（エッジループ上）の頂点を選択してN方向に少し膨らませてみよう。

通常なら［エッジ フローの編集］を使用して簡単に修正するべきだろう。しかしこの段階では頂点をていねいに移動し、ガタつきをなくすテクニックを練習しよう。

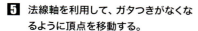

6 法線軸とワールド軸を切り替えながら、ガタつきがなくなるように修正する。

耳の辺りのガタつきに、多角形ポリゴンがあるためだ。これは次のステップで耳にするので気にしなくてよい。

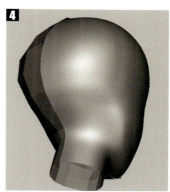
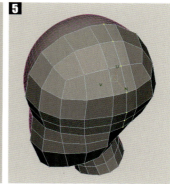

スペキュラーはガタつきが確認しやすい。

1列全部の頂点を選択するときは、1個選び、Shiftキーを押しながら隣の頂点をダブルクリックする。

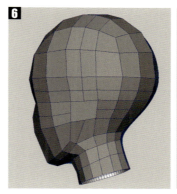
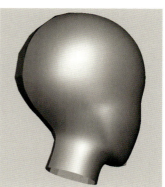

069

Chapter 02：フェイス －基礎－

耳の基本形状を作る

1. サイドビューで、右画像の赤いラインのエッジを削除する。

2. サイドビューで、耳の周りにある頂点を画像のように耳の形にする。

   イラストの形にぴったり合わせるのではなく、一回り大きく配置してほしい。

3. サイドビューで、後頭部のエッジが自然な流れになるように移動する。

   こういう場合、なるべく列が均等になるように配置すると、ガタつきにくくなる。

4. Step 9 でせっかく後頭部を美しくモデリングしたのだが、またフォルムが崩れてしまった。耳ができあがった後にきれいなフォルムになるように直すが、今の段階では保留にしてよい。

5. 耳部分の多角形フェースに［押し出し］(Extrude) を使用し、内側に放射線状になるようにオフセットする。

   ［メッシュの編集＞押し出し］
   (Edit Mesh＞Extrude)
   オフセットは、ビュー内エディタの
   ［オフセット］(Offset) の文字の上を左右ドラッグするか、数値を入力する。

    P.022　［押し出し Extrude］

6. サイドビューで、押し出ししたフェースをスケールを使ってイラストの耳にだいたい合わせる。

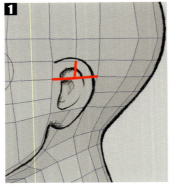

赤いラインのエッジを捨てる。

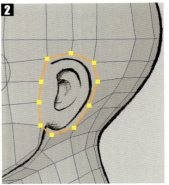

一回り大きく配置するのは、後でオフセットで内側に押し出し、放射状分割にするため。

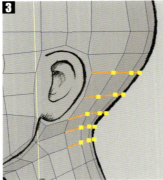

２の画像と比べてみれば、どうして移動したかわかるはず。頂点が引っ張られて、エッジの流れが乱れたからだ。

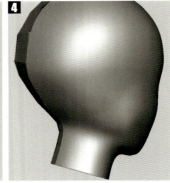

３でサイドビューのみで頂点を移動したので、フォルムが美しくなくなったが、今はそのまま進もう。

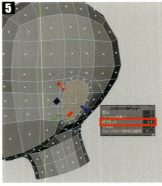

オフセットで内側に押し出しするだけで、放射状に分割される。放射状の分割は、キャラクターだけでなく、工業製品にも使われる重要な分割だ。

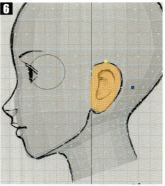

先ほど一回り大きく頂点を配置したのは、ここで内側に小さくするため。なのでスケールでイラストの耳にだいたい合わせるとよい。神経質にぴったり合わせる必要はない。

頭蓋骨を意識して基本フォルムを組み立てろ！　　Lesson 1: 基本フォルム

心に刻めばうまくなるモデラー達の話
法線軸を使用して頂点移動すれば「ふくらませる」「へこませる」が楽にできる

7 もう一度フロントビューでフォルムが崩れていないか確認する。

耳が完成してから最終的にフォルムを整え直して完璧にするのだが、耳を作る前の段階でフォルムをチェックしておけば、耳の付け根（正面部分）がきれいに作れる。**パーツを作る段取りばかりに気をとられているとどんどんバランスが崩れていくので、こまめにチェックするクセをつけよう！**

8 先ほどの多角形のフェースをまっすぐX方向に押し出しする。

ワールド軸を使用してX方向にまっすぐ押し出ししたい。[Local/World切り替えハンドル]をクリックして切り替えること！

関連 → P.023 [押し出し Extrude]

9 押し出されたフェースの頂点を選択し、グリッドスナップで1列に揃える。

頂点をグリッドスナップで揃えるには、移動(Move)ツールをきちんと設定しておかないといけない。[□コンポーネント間隔の維持] (Retain Component Spacing) をオフにして、ワールド軸で移動しよう。

10 今の頂点をまとめて回転し、顔のラインに対してだいたい水平になるようにする。

マニピュレータをテキトウに動かしてはいけない。フロントビューで回転するなら黄色い外円を使用する。もちろんブルーのZ軸回転でらよい。

11 今の頂点を今度はトップビューで回転する。

今度はY軸回転となる。この回転にはどのくらい回すかというガイドはない。回さなくてもフォルムを作りながら自分で自然に修正していくのだが、耳のフォルムの角度を最初からつけておくと少しラクだ。

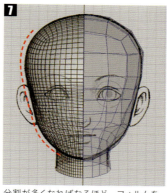

分割が多くなればなるほど、フォルムを修正するときに、動かす頂点が多くなる。耳の付け根の頭部のフォルムが悪いまま、耳を押し出して作ると修正する量も増えるのだ。

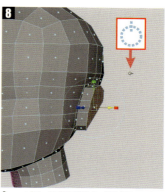

[Local/World切り替えハンドル]はツールの右上にある。切り替えてワールド軸で押し出ししないと、フェースの向きに合わせて斜めに押し出されてしまう。

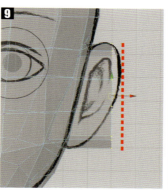

頂点をグリッドスナップすることで、ガタガタだったフェースが平らな面になる。

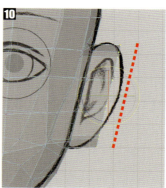

顔のラインにだいたい水平になるように。

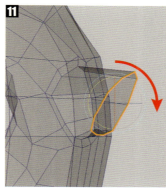

ふだん私はこの段階を飛ばしてしまう。しかし耳の外側の角度を細かな修正時に行わない学生が多いことに気がついたので、この段階で回して角度をつけたほうがいいのかも。

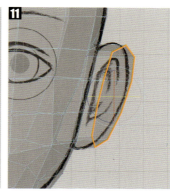

フロントビューで見るとこんな感じ。しかしイラストはこのラインのガイドなわけではない。勘違いしないように！ 不安ならもう少し読み進めてから作業しよう。

071

Chapter 02：フェイス －基礎－

12 耳の付け根部分に斜めにエッジを入れて分割する。
上と下の付け根部分の2か所を[マルチカット]で分割する。

13 画像の赤いラインを削除する。
削除することで顔からつながったフラットな面になる。

14 頂点を移動してフォルムを修正する。
常にラインの美しさを意識できるように！

15 オレンジのラインと同じように2本エッジを入れる。
画像を見て始まりの位置を確認し、耳たぶ側の下の部分も対象に分割すること。
工業製品ではないので、正確にスナップする必要はない。自分で位置を決めながら分割しよう。

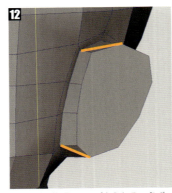
オレンジの位置にエッジを入れる。必ず頂点から頂点に分割を入れること。

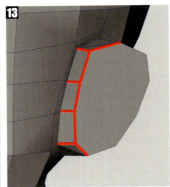
赤いラインのエッジを削除する。後頭部のほうのエッジを間違って選択して削除しないように注意。

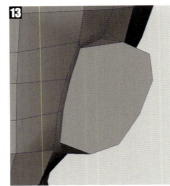
先ほどのエッジを捨てたことで、顔からつながったフラットなフェースができるのだ。初心者のうちは、なかなかこういう発想ができない。うまいモデラーのやり方を見て、参考にしよう。

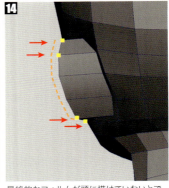
最終的なフォルムが頭に描けていないとできないが、耳の基本形状となるこの外側のラインを、頂点を移動して整えるとよい。

ここに分割を入れる。三角ポリゴンが含まれるのでエッジループの挿入はできない。[マルチカット]でクリックしながら分割を進めていく。

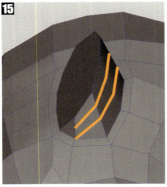
カメラを回しながら、耳たぶの下のポリゴンも上と同じように分割する。

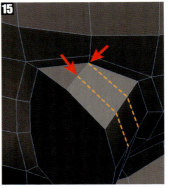
分割の始めの位置はこの位置。最終的には全部四角ポリゴンになるが、今の段階では三角ポリゴンでよい。

072

頭蓋骨を意識して基本フォルムを組み立てろ！

Lesson 1: 基本フォルム

制作手順をこなすことに夢中になるな！
最終形態のイメージをつかんでバランスを取れ！

16 画像で指定しているフェースを選択する。耳の上の付け根の三角ポリゴンから下の付け根の三角ポリゴンまで1列に、計5枚のフェースを選択する。

17 選択したフェースをまずスケールする。そして前方に移動する。
前ページの分割とこのスケール＆移動だけで、耳の基本形状ができるのだ！すごい！

18 カメラを回して様々な角度から確認してみよう。頭部のバランスを取るために重要な耳の基本形状ができているはずだ。

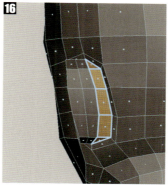
画像のオレンジで表示されたフェースを選択する。

フェースをスケールすることで、耳の裏側ができて耳の厚みができる。前に移動することでより段差が強調される。

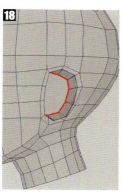
横から見ると、今スケール＆移動したフェースはこのような位置になっている。

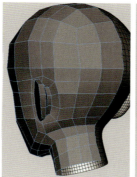
簡単な操作で立体的な耳の形状が作成できた。

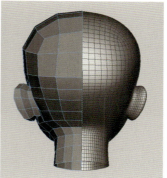
後ろから見ると後頭部や耳の後ろは修正しなければいけないが、バランスはしっかり取れているのがわかる。

スムーズ側は分割が少ないために厚みができていないが、基本形状はできているね。

 簡略化（デフォルメ）した耳を押し出しで作成する

左画像はリアルな耳のモデリングだ。リアルな耳のモデリングが完璧にできる人は、かなりモデリングスキルが高い。この本、読む必要なし！
リアルな耳はハンパなく難易度が高いので、今回のこのキャラクターではまず右画像のような簡略化＆デフォルメされたシンプルな耳を作ってみよう。
Chapter 03にリアルな耳の解説があるので、モデリング力がついたら作ってみよう。耳は頭部のフォルムとは関係なくモデリングできるし、移植も簡単だ。

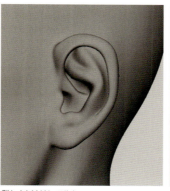
難しさMAXレベル！

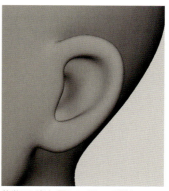
簡単そうだが、厚みのバランスが難しい。

Chapter 02：フェイス －基礎－

耳の軟骨にピアスを開けるような人ならともかく、一般的には耳の細かな部位の名称など耳たぶくらいしか知らないだろう。しかし今回は「ここ」とか「あそこ」などでは説明しにくいので、部位の名称を参考程度に覚えてほしい。ちなみに解剖学的な名称が長くてわかりにくいものには、ピアスの部位名称にしておいた。本気で部位の名称を覚えたい人は自分で調べるように。

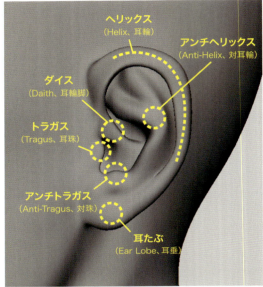
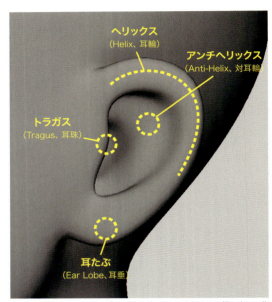

医学的にはもっと細かく名称がついているようだ。「ダイス」はピアス用の名称で、医学的には Crus of helix という名称らしい。モデリングの難易度がかなり上がるのは、ダイス部分が外側から内側に流れが入り込んでいるためだ。ちなみに鼻と同じように人によって部位の形状がかなり違うよ。

もっとも簡略化したのが、ダイス部分だ。これによりすべて押し出しで作る放射線状に作成できる。ダイスの部分を削った分、トラガスのでっぱりを大きく強調する。今回は分割をかなり抑えているので、アンチトラガス部分の膨らみを作っていない。またヘリックスは実際には軟骨が筒状に丸まって内側に空間があるが、厚みを作ってかわいく見えるようにデフォルメしてみた。

 デフォルメって、リアルを知った上での簡略化。キャラクターに説得力がでるよ。

1 耳の表面の多角形ポリゴンを［押し出し］で放射状にする。
オフセットを使って放射状に押し出しすること。まだ移動してはいけない。

2 再び押し出しして、今度は奥に移動する。このときグローバル軸で移動したほうがよい。Xだけでなく斜めに奥行きを作るようにZ方向にも動かそう。少しスケールしてもよい。

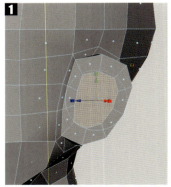

［オフセット］アトリビュートを使用して放射状にするテクニックは、もう習得できたかな？

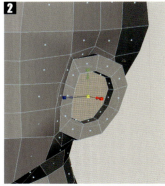

2度目の押し出しを移動すると厚みを持ったへこみを作ることができる。

| 頭蓋骨を意識して基本フォルムを組み立てろ! | Lesson 1: 基本フォルム |

作る対象を詳しく調べる努力を
めんどくさがる人間はヘタクソモデラー

3 さらに押し出しする。
スケールと移動を使って耳の中を作る。

4 さらに押し出しして耳の穴を作成する。

5 スムーズモデルを確認してみよう。
押し出しは単に分割のためなので、ここまでのプロセスでフォルムが完成しているわけではない。しかし、スケールと移動はかなり「感覚的」にやらないといけない。スケールと移動の配分でバランスが大きく異なってしまうのだ。

この段階で画像の形状とかけ離れている人は、バランスをとりながら押し出ししていないのだ。

モデリングポイント

押し出しのスケールと移動は、スムーズモデルを見ながらバランスをとってやらないとダメ!

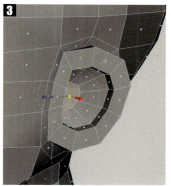
スケールで小さくすることによって耳の中の丸みが作れる。

細く奥に押し込むことで、耳の穴を作る。

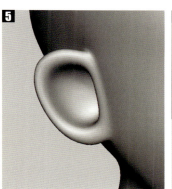
押し出ししただけなのでつるりとした印象。斜め前からでは耳の穴は見えない。

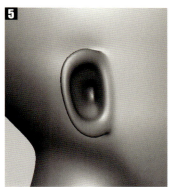
耳の穴は真横を向かないと見えない角度に押し出そう。

6 耳の裏に分割を追加する。
画像を参考に耳の裏に1列分割を入れる。ただし②と③の分割法にしないと三角ポリゴンが複数できてしまう。この方法ですべてを四角ポリゴンにしよう。

7 耳たぶ側も同じように分割する。

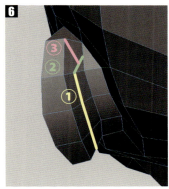
今回、耳はポリゴン数を少なくしてバランスをとる練習をする。耳はもうこの分割数でお終いにしてしまうので、すべて四角ポリゴンになるように分割してしまう。

耳たぶ側もまったく同じように分割する。

Chapter 02：フェイス －基礎－

ていねいにフォルムを修正して、耳と頭部を完成させる

Step 14は最後のステップだが、ここが肝心。頭部のモデリングの基本形状を完成させよう。
Step 13は耳の分割を意識して耳の基本を作ったが、それはただ工程をこなしただけだ。素人はそこで満足してしまうので完成度が低いのだ。**本当のモデリングはここから始まる。**

このステップではすでに分割が終わったモデルを、**カメラを回してフォルムを感じながら、頂点ひとつひとつ、エッジのラインひとつひとつをすべて大切に扱いながら修正していくしかない。**今までのような「このツールを使ってここに分割を入れよう」などといった指示はまったくない。だから一番難しく、しかしこれこそがモデリングなのだ。数ページにわたるたくさんのサンプル画像を参考にして、ていねいに仕上げてほしい。

  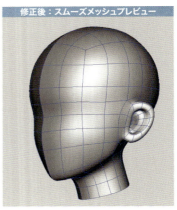

頭部全体 斜め正面　顔（頭部前面）部分はStep 10で完成したので、まったく手を加えていないのがわかる。もちろん必要なら修正してほしいが、Step 14で修正するべきところは、耳、耳の周り、後頭部の首の付け根だ。次のページに各部位のアップ画像があるが、全体的にどう変わっているのか（またはいないのか）を把握してほしい。

  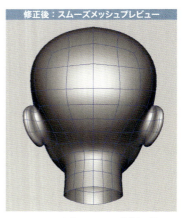

頭部全体 うしろ　Step 10で美しい後頭部と首のつながりを作ったのだが、残念なことにStep 12で耳を作るために分割を増やしてしまい、そのフォルムが崩れてしまった。修正前のモデルを見ると、耳の後ろから後頭部（うなじ）にかけて平べったくなってしまっている。細く華奢なうなじをもう一度取り戻そう。

頭蓋骨を意識して基本フォルムを組み立てろ！　Lesson 1: 基本フォルム

耳の後ろとあごのつながりをしっかり作れば かわいらしい女の子の華奢なフォルムができる

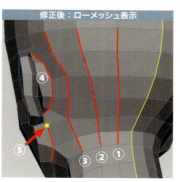

左斜め後 後頭部　最初に後頭部うなじ部分を修正しよう。黄色のラインは中心のエッジだ。修正前のオレンジのラインを見ると、うなじが外側に広がっているのがわかる。修正後の赤いライン①②は、首の付け根にかけて中心に寄せ細くしている。耳の裏側と後頭部の間の③のラインも重要で、中心に寄せることででっぱりをなくし、華奢なフォルムにしている。④の耳の後ろエッジは③につながるように滑らかな半弧を描いている。⑤はエラの角を作る重要なポイントだ。

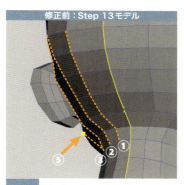
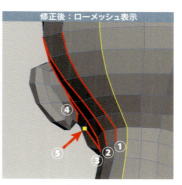
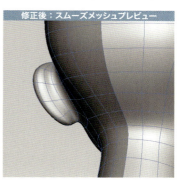

右斜め後 後頭部　角度を変えて後頭部のふくらみを見てみると、①②③が首にかけて滑らかに細くなっているのがわかる。修正前はかなりガタついている。修正前では③がでっぱっているので、④の耳の付け根のラインがまったく見えない。⑤の頂点はこの角度から見ると耳の付け根よりでっぱっている。ここを赤矢印のように修正しないと、首とあご（エラ）の境がなくなってしまい、若々しいシャープなエラ部分がなくなってしまうのだ。

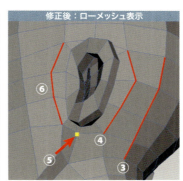

側面下 耳まわり　側面を少し下のアングルから見た画像だ。修正前の画像で③はこの角度で見ても前よりの位置にあるのがわかる。修正後、④は後頭部のふくらみに合わせて大きく膨らませた。同じように耳の前のライン⑥も耳から少し遠ざけて丸みを作っている。あまりエッジ同士が近いと角ができてしまうために離した方がよいのだ。⑤はこの角度から見ると位置があまり変わらないが、奥にもっと引っ込ませている。

077

Chapter 02：フェイス －基礎－

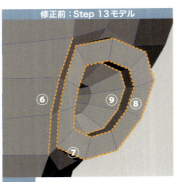
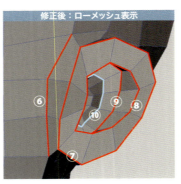

耳 耳の正面 ⑥と⑦が近いとそこに段差がでてしまう。ほほから耳のトラガス部分まで滑らかにつながるように修正する。⑦の1列のラインは、耳の外側のフォルムと耳たぶを形成する。⑦と⑧のエッジで作られるフェースを意識して、ヘリックス、耳たぶ、トラガスのフォルムを作る。⑩は新たにエッジループを追加したライン。⑨は耳の中の厚みを構成する大切なラインで、⑩を追加することによりアンチヘリックス部分のソフトな盛り上がりを作ることができる。

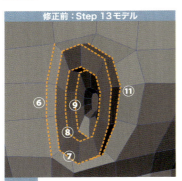
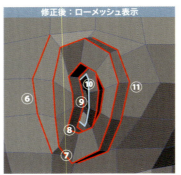
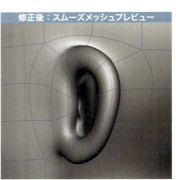

耳 サイド カメラを回して耳の中をのぞいてみると、⑧⑨がトラガス部分のでっぱりを作っているのがわかる。⑪のエッジは耳の外側の厚みを作る重要なエッジだ。初心者は耳を薄く作りすぎてしまう。ぺらぺらにならないように厚みを意識して作ること。耳の穴は少し顔側に寄せた方がよいだろう。エッジループで追加した⑩はソフトな盛り上がりを意識して移動した。

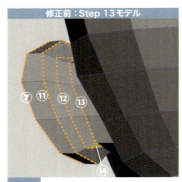
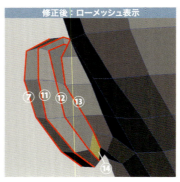
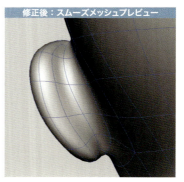

耳 後ろ ⑦⑪⑫で耳の外側の厚みを作っている。⑫のエッジはこの角度からではよくわからないが、耳の厚みを作るための重要なエッジだ。⑬は厚みが終わる場所のラインで、耳とのつながりを作っている。⑭のフェースを見てほしい。しっかり耳たぶに向かって厚みを作る形に直されている。

| 頭蓋骨を意識して基本フォルムを組み立てろ！ | Lesson 1: 基本フォルム |

エッジとエッジが作り出す面を意識すればきれいな厚みを作り出すことができる

<small>心に刻めばうまくなる モデラー座右の銘</small>

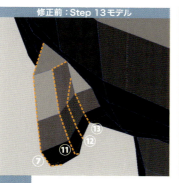 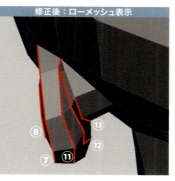 

耳斜め上 分割数が少ないために若干無理させている（つまりねじれ気味の）フェースがあるが、今回はシンプルに作っているのでこのような流れになった。斜め上から耳の裏側を見ると、修正後のモデルは⑧⑦⑪⑫の4本のエッジ＝3列のフェースで耳の厚みを作っているのがわかる。⑦のエッジを引っぱって丸みを作るのではなく、⑦と⑪が作るフェースをしっかり意識しよう。

耳斜め下 斜め下から見てみると、⑦と⑧が作るフェースが、修正前はただの平らな1列の面だったのに対し、修正後はトラガスや耳たぶのフォルムを1つのパーツとしてとらえて立体的に作っているのがわかる。この立体感により、シンプルにデフォルメされた耳でも、リアルな耳の延長線上にあるデフォルメになるのだ！

> **モデリングポイント**
>
> 後頭部、うなじ、あご、首をガタつきのない華奢なフォルムに仕上げることを、一番の目的にしよう！
>
> 耳は、厚みと丸みの立体感を意識して造形すること！
>
> 目や口がなくても、この段階でしっかりキャラクターとして成立していなければ、先に進んではいけない。

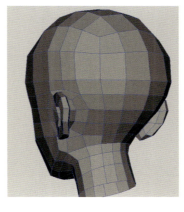 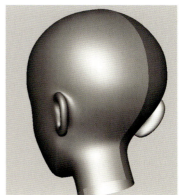

Chapter 02：フェイス －基礎－

Lesson 2 もっとも重要！ 顔パーツのバランスとエッジの流れ

いよいよキャラクターフェイスの顔パーツを作り始める。
今回のこのキャラクターはリアルとは違い、シンプルなモデリングになるようにデフォルメされている。しかしエッジの流れは筋肉の流れを意識して組み立ててある。顔のデザイン、つまり顔パーツのデザインやバランスが変わっても、このルールを守っていれば様々なデザインに応用できる。
そして今回のこのモデルは「目＝球体タイプ」である。アニメ顔のようなデザインには応用できないが、球体の眼球はフェイシャルモデリングの基本なので、必ず習得してほしい。

Lesson 2 はここまで作る

- 筋肉の流れを意識する
- メッシュの流れを作りながら、鼻と口の基本フォルムを作る
- まぶたの分割を作る
- ガイドとして眼球を入れる
- パーツがあるベースモデルの完成

STEP 1 筋肉の流れを意識する

キャラクターフェイスをモデリングするにあたって、もっとも重要でもっとも難しく、頭を悩ませるのが、ポリゴンメッシュの分割方向、いわゆるトポロジである。

人間（または動物）の場合、**筋肉の流れを意識して分割しないといけない。なぜなら顔の表情を作るのは筋肉だからだ。**

右の画像は、顔面表情筋を簡略化した図だ。
特にフェイシャルアニメーションを作るときには、どこがどのように動くのかを意識しなければならない。

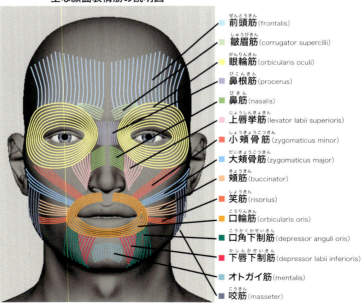

主な顔面表情筋の説明図

- 前頭筋 (frontalis)
- 皺眉筋 (corrugator supercilii)
- 眼輪筋 (orbicularis oculi)
- 鼻根筋 (procerus)
- 鼻筋 (nasalis)
- 上唇挙筋 (levator labii superioris)
- 小頬骨筋 (zygomaticus minor)
- 大頬骨筋 (zygomaticus major)
- 頬筋 (buccinator)
- 笑筋 (risorius)
- 口輪筋 (orbicularis oris)
- 口角下制筋 (depressor anguli oris)
- 下唇下制筋 (depressor labii inferioris)
- オトガイ筋 (mentalis)
- 咬筋 (masseter)

もっとも重要！ 顔パーツのバランスとエッジの流れ

筋肉の流れをよく理解せよ メッシュの流れを決める手立てとなる

現在、ネットや書籍などでプロが作ったポリゴンモデリングのワイヤフレーム画像はたくさん目にできるはずだ（試しにネットで「face topology」と検索してみよう）。たくさん資料として集め、分割は常に研究したほうがよい。右画像の男性頭部のモデリングは私の習作であるが、私の作品は1例であって答えではない。
クリエイターによって分割方法は違う。
しかし多くのクリエイターが作成したモデルは、あるルールを守って分割されている。

- 目の周りは放射状
- 口の周りは放射状
- 小鼻の脇から口の脇にかけての笑いじわ（ほうれい線）

前項の筋肉図解と右のポリゴン分割の画像を比べて、「ほうれい線の場所に、同じような流れの筋肉がない」と不思議に思う人がいるかもしれない。
筋肉を動かすと筋肉繊維に対して垂直にしわが入る。
つまり口輪筋の外側の放射状に広がる筋肉が、笑いじわの流れを作っているのだ。
筋肉を動かしてしわができる部分を観察してみよう。おでこや目じりなどは、筋肉に垂直だよね？

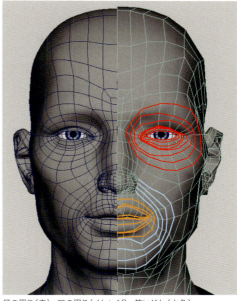

ポリゴン分割

目の周り（赤）、口の周り（オレンジ）、笑いじわ（水色）
このモデルはごつごつした男性の顔だが、女性も子供も基本は同じルールで作るべきだ。

STEP 2 メッシュの流れを作りながら、鼻と口の基本フォルムを作る

今までのプロセスで作ったモデルは、顔の部分が方眼になっているが、この分割の流れのままパーツを作ってはいけない。そして目や鼻のパーツをつくり上げる前の段階から、上にあげた3点の流れを作りはじめないと、後でとてもめんどうなことになる。したがって、この段階で、鼻や口の立体感のために分割を入れていく。

1 参考画像のオレンジのラインのように、分割を4本入れる。
この後細かく作り込まれていくので、三角ポリゴンや多角形ポリゴンがあってもOK。
むしろ四角形にしようとすべてエッジを延長しないこと。意味のないところが細かくなってしまう！

[マルチカット]（Multi-Cut）の操作にそろそろ慣れただろうか。クリック（すでに頂点がある位置）とドラッグ（エッジ上）を使い分けるのが面倒な人は、ドラッグのみでも大丈夫だ。その場合は右画像星の位置のように、すでに頂点がある位置で止まるところまでドラッグし手を放すという操作法だ。試してみてほしい。

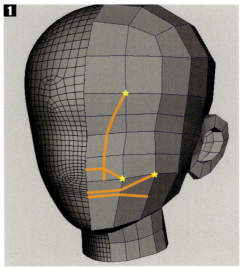

黄色の★の箇所は必ず頂点の位置できちんと分割すること！
テキトウに分割して角がつながっていないと、無意味に多角形ポリゴンになってしまうぞ！

Chapter 02：フェイス －基礎－

2 サイドビューを見て、イラストの鼻と口のだいたいの位置に合わせる。
鼻の先端は頂点やエッジ1列だけを引っぱって尖らせてはいけない！ 面でとらえること！
まだ分割数が少ないのでぴったり合わせられないが、気にしない。無理に引っぱって合わせてはダメ。

3 パースビューで確認する。
新たな分割ラインをサイドビューだけで合わせたので、鼻部分がでっぱった。しかしオレンジ点線の位置が外側にありすぎるため、鼻の幅が広がりすぎているのがわかる。

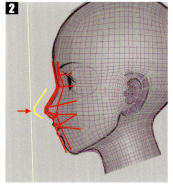

分割ラインが少ないのでイラストにぴったり合わせることはできないが、鼻の高さや鼻の付け根の位置を合わせれば、横顔のシンプルなフォルムができる。鼻の先端は矢印のように「面」で形作ること！

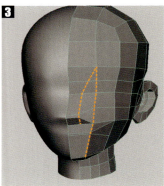

鼻が横に広がっている。2本のオレンジ点線の位置を調整して、細くて華奢なフォルムに直さなければいけないのがわかる。

4 フロントビューで鼻と口の縦のラインを合わせる。
今回は正面イラストがあるので、鼻の幅、口の幅をイラストをガイドとして合わせる。

5 パースビューでもバランスを確認する。
イラストはあくまでもガイドなので、図面と違う。ぴったりと位置を合わせるよりも、自分の眼を信じて位置を決めた方がよい。
このキャラクターのフロントビューとサイドビューのイラストは、すでに完成しているポリゴンキャラクターのフロントビューとサイドビューのモデルをトレースしたものなので、実はパースがかかっていないのだ。だからイラストの位置に合わせても大丈夫。
しかし通常はパースのついていないイラストや写真など存在しない。
なのでフロントビューのイラストは信用せず、パースビューを見てバランスをとることが重要なのだと覚えておこう。

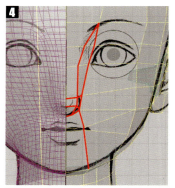

画像の赤いラインにあたるエッジが鼻と口の幅を作っている。イラストをガイドとして使えば、鼻の幅をつかみやすいだろう。

 耳や首なんかより目と口を早く作った方がよくないスカ？

 漫画の描き方と同じでね、全体のバランスをとる前にパーツを描き込んじゃうとデッサンが狂っちゃうよ。

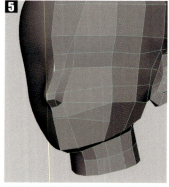

イラストは図面ではない。フロントビューより、パースビューでバランスを取らなければいけない。カメラを回してバランスをとろう。

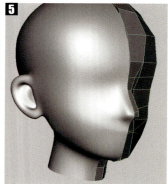

今はまだ分割が中途半端なので、スムーズモデルを見るとすじができているが、まだそこは気にしなくてよい。

もっとも重要！ 顔パーツのバランスとエッジの流れ | Lesson 2: 顔パーツ

放射状の分割はすさまじく重要！
平行なエッジループを何重にも入れられる

6 口部分のフェースを捨てる。
穴が開いているほうが、唇のフォルムをとらえやすいため、フェースを削除し穴を開ける。

7 口の格子状の分割を放射状の分割に直す。
初心者には難しいので以下のテクニックをよく読んで、**8** の手順で分割を放射状にしよう。

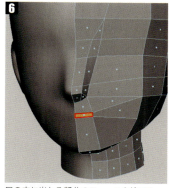
口の穴に当たる部分のフェースを捨てる。頭の裏のフェースを選択して間違って削除しないように。

このような放射状の分割にするのだが、分割ラインを引き直すテクニックを知らないと頭がこんがらがるはず。

格子状の分割を放射状に引き直すテクニック

ポリゴンモデリング初心者は、格子状から放射状に流れを変えるとき、とても苦労するようだ。
左図の格子状画像を見てほしい。穴の角の頂点（オレンジ矢印）は十字に分割されている。青ラインのエッジの流れを変えないと放射状にはならない。
右図の放射状の画像のように、まず赤ラインのエッジを追加し、もとあった青ライン（点線）を削除すれば、放射状の分割になる。

放射状の分割は、顔の筋肉の流れのためだけでなく、右画像のような工業製品のベベル部分を作るときや、角を立たせるためにもよく使われる。放射状であれば、エッジループを使って平行なエッジを何重にも挿入できるからだ。

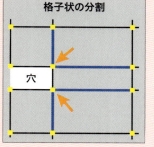
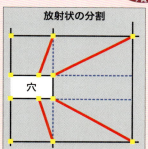

8 口の格子状の分割を放射状の分割に直す。
上記の「格子状の分割を放射状に引き直すテクニック」を参考に分割するのだが、上で説明された図と今回のキャラのもともとあった分割は少し違う。しかし、考え方はまったく同じだ。
まず赤ラインで示された箇所にエッジを追加する。
そしてもともとあったエッジ（青の点線ライン）を削除する。 口の穴の周りの分割数が増えるが、それでよい。口の立体感を作るには必要だからだ。

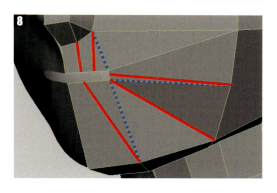

083

Chapter 02 : フェイス －基礎－

9 口の周りに2本のエッジループを入れる。

口の周りのフェースがすべて四角形になったので、エッジループを入れることができる。図のように2本入れる。

エッジループを口の穴から均等な距離で入れたい。なので[マルチカット]のエッジループ機能は使えない！
[メッシュ ツール＞エッジ ループを挿入 □]（Mesh Tools > Insert Edge Loop）でオプションを開き、**[エッジから均等距離]**（Equal distance from edge）にチェックを入れる。

エッジ上を口に近い側からスライドさせて位置を決めよう。

> 機能を確認！ 必須
> P.019 [エッジ ループを挿入]ツールの重要な設定

10 口の穴とリップラインのフォルムを修正する。

ここからモデリングセンスが必要になってくる。カメラを回してていねいにひとつひとつの頂点を移動すること！
※細かく分割して作り込むのではなく、この分割のみで形状を作れるように！

> モデリングポイント
> カメラを下から、上から、必ず見ないといけない！ 口は歯列の丸みに沿って「弓なり」になっているからだ！
> 口角を奥に下げよう！
> 口角が唇を美しく作る大事なポイント！
> 尖っているのは上唇下唇共に中心部分だけ！

11 画像の赤いラインと同じようにエッジを追加し、青い点線ラインは削除する。
丸みのある放射状に分割を作り直し、あごの部分の分割の足りなさをここで修正する。

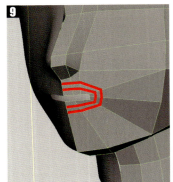

放射状分割の一番の利点に、フェースが四角形で並んでいるために、エッジループを挿入できることだ。エッジループは放射状分割を崩すことがない。

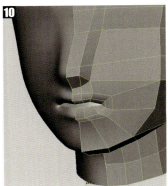

口の穴とリップラインのフォルムは、唇の形状をどう認識しているかで左右される。かなり難しい立体感なのだが、下の画像も見て形をとらえてほしい。

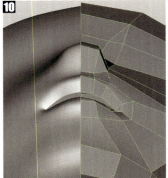

下から見たフォルムを自分のモデルと比べてみよう。このように弓なりになっているだろうか。口の穴のエッジの口角を奥に下げることで、きれいなへこみができる。

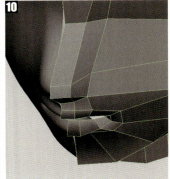

唇は尖っているものとみな思い込みがちだ。しかし尖っているのは上唇、下唇とも中心部分だけだ。

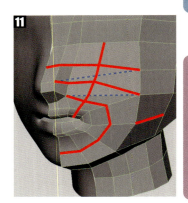

分割って難しい！ どこに入れればいいのかわからないです〜！

どこにどうエッジを足すかという難しい判断は、フォルムを整えることを目的にすれば決められるのだよ。
この本で指示されたことをただなぞるようにやるのではなくて、なぜそこに分割を入れるのか考えながら、感じながらやれば上達するよ!!

もっとも重要！ 顔パーツのバランスとエッジの流れ

唇は上下のアングルで必ず見ること
歯列の丸みに沿って描くカーブを意識できる

12 おおまかなフォルムを画像を参考に修正しよう。

あわてて作り込んではいけない!! もっとも大事なことは、バランス!! 作り込みすぎるとバランスが取れないまま、分割が細かくなってしまう!!

少ない分割のままでバランスをとりながらきれいなフォルムにモデリングする技術を磨かなければ、絶対にうまくならない。焦って先に進まず、必ずここをクリアしよう。

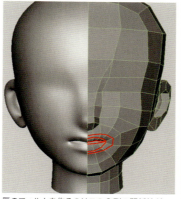
唇のフォルムを作るのはこの3列の関係性だ。様々な角度からこの3列の形状を確認しよう。

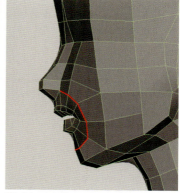
鼻からあごにかけてのこのエッジは、ほほの滑らかな丸みを作る重要なラインだ。このラインがなかったために今までげっそりしていた。

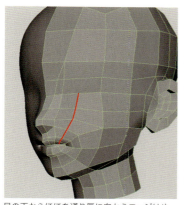
目の下からほほを通り唇に向かうエッジはやわらかく滑らかに。唇部分で尖っていないのを確認しよう。

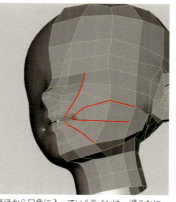
ほほから口角に入っていくラインは、滑らかに口の中に入っていくイメージで。唇の尖っている場所は中心部分だけだ。

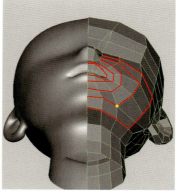
下からのアングルは多くの情報を見ることができる。黄色の点が少し凹むことでほほの丸みとあごの先端の丸みを作ることができる。

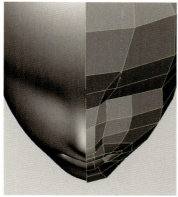
唇の中心部分は尖っている（突き出ている）が、口角は奥に入っているのがわかる。あまりにも重要なので何度も言うよ。

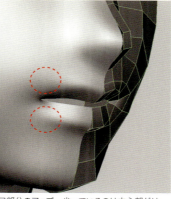
口部分のアップ。尖っているのは中心部だけ。なので点線部分は滑らかになるように！

斜め後ろからのアングルは、初心者があまり確認しないアングルだ。頬骨やほほの丸み、あごのラインが確認できる。

Chapter 02：フェイス －基礎－

STEP 3 まぶたの分割を作る

エッジ追加時のガタつきを軽減する[エッジ フロー]を習得しよう！

シンプルな分割からフォルムを取りつつ、必要な箇所に分割を入れて作り込んでいく、それが上手にモデリングする一般的な工程だ。しかし、分割をそのまま入れると、元のフォルムの持っていた丸みが損なわれ、分割した箇所がガタついてしまうということは、Lesson1 Step11 (P.069〜)で体感したと思う。

そこで登場するのが、**秀逸な便利機能[エッジ フロー]** (Edge Flow)だ。
これは分割時、または分割後に周囲のメッシュの曲率から判断して丸みを保つように、エッジ(頂点)位置を修正して決めてくれる。
詳しくはPart.1[分割(2)]に書いてあるのでしっかり読もう！

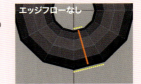
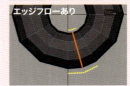

> 機能を確認！　P.020　エッジ追加時のガタつきを軽減！
> 　　　　　　　　　[エッジ フロー]機能はキャラモデリングに必須！

[マルチカット]や[エッジ ループを挿入]のツール設定には[エッジ フロー]を使用するかどうかのオンオフがある。
【注意点】エッジフローは常に[オン]にすべきではなく、エッジフローを使うべき時だけ[オン]にしてほしい。キャラクターにおいては、エッジフローで分割を入れることは多いが、工業製品、キャラクターでも部位によっては[オフ]にしないと、形状を勝手に変えてしまうからだ。ツール使用時にエッジフローを使うか使わないかをいつも判断しよう。

また各分割系ツールの設定だけでなく、もうすでにあるエッジを修正してくれる
[メッシュの編集＞エッジフローの編集] (Edit Mesh > Edit Edge Flow) というものすごく便利な機能も覚えよう！　エッジの位置を周りのフォルムに合わせて均等な位置に配置してくれるのだ。

---

1 まぶたや眉骨のための分割を縦に2本入れる。
右画像のように縦方向に2本まず分割する。エッジループで挿入してはいけない。首の後ろまで延長してエッジが追加されてしまうぞ。上記の[エッジ フロー]機能をオンにしてマルチカットを使ってみよう。

2 まぶたや眉骨のための分割をおでこに1本入れる。
右の画像のようにおでこのフェースから後頭部にかけて、エッジループを1列挿入する。

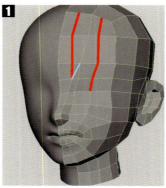

今の段階では生え際のフェースが多角形ポリゴンになっても構わない。眉頭のところが三角ポリゴンになるので、水色のエッジは削除する。

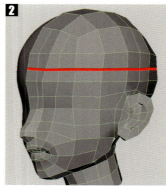

おでこの部分は、エッジループを挿入する。フェースの高さは縦方向にほぼ均等なので均等距離でも同じような結果になるが、中心に入れたい場合は相対距離で挿入する。

086

もっとも重要！顔パーツのバランスとエッジの流れ

Lesson 2: 顔パーツ

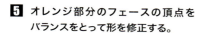

分割を入れれば滑らかさが損なわれる
ガタつきが気にならない人は失格モデラー

3 目の中心辺りを横に1本分割する。

エッジループで挿入すると、耳の中まで分割されるので、これに［マルチカット］の通常のカット機能で、分割しなければいけない。

4 オレンジ色の部分のフェースが、アイラインよりひとまわり大きくなるように編集する。

フロントビューを使い、右画像のようにオレンジ部分のフェースが、イラストの目のラインよりひとまわり大きくなるように、頂点を移動する。

5 オレンジ部分のフェースの頂点をバランスをとって形を修正する。

4 ではフロントビューだけで形を修正しただけなので、斜めから見ると平らになっていたり、目じりが尖っているはずだ。

常に意識してほしいのが、分割を入れたらすぐにバランスをとること。常にきれいなフォルムを心がけよう！

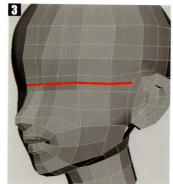

3

安易にエッジループを挿入すると、四角形でつながったフェースがすべて分割されるので、［マルチカット］で分割すること。

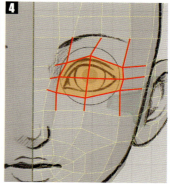

4

オレンジ部分の分割の頂点（田の字のようになっているところ）を、フロントビューで見ながら、画像のように配置すること。

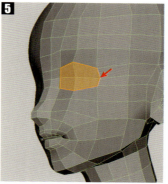

5

目じりが、くの字に曲がって下がっているのがわかる。今自分の両手で目じりの骨に指を這わせてほしい。そこです！

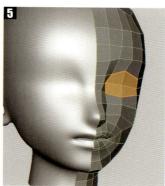

5

この目じりを奥に下げて形作ることに、気がつかない学生が大勢いるのだ。

6 オレンジ部分のフェースを［押し出し］(Extrude)し、オフセットして放射状のフェースを作る。

耳の作成時と同じように、押し出しのオフセット機能を利用して放射状の分割を作る。まぶたは筋肉が放射状なので、分割ラインを引き直す。重要な工程だ。

7 今作成した新しいフェースをイラストのアイラインに合わせる。

フロントビューを使用して、頂点を移動してイラストのアイラインの形に合わせる。もちろん分割数が少ないので、カーブをぴったり合わせることはできないが、画像を参考に形を合わせてほしい。

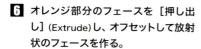

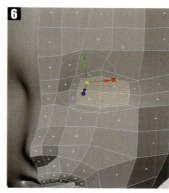

6

頭の裏側を選択しないように、［カメラベース選択］(P.007)にしてもよいだろう。この放射状の分割を［マルチカット］で作るには・・・その手順を自分で考えて行い、分割の仕方の経験値を増やしてもよいかもしれないね。分割は頭を使ってパズルを解くように考えなければいけないのだ。

7

このイラストは、すでに完成しているポリゴンキャラクターのフロントビュー画像をトレースしたものなので、ぴったり合わせても問題はない。
しかし女優などの写真の場合は、パースがついているので、目の位置をフロントビューで合わせたとしても、同じ顔にはならない。

087

Chapter 02：フェイス －基礎－

ガイドとして眼球を入れる

表面的に物をとらえて作成されたモデリングは、見る人を納得させることができない。
頭部の場合、頭蓋骨や筋肉はもちろんだが、眼球もそうだ。みな眼球をキチンと意識しないでまぶたを作ってしまう。まぶたの形状を理解するために、自分の顔を触って確認してほしい。頭蓋骨に大きく空いた穴（眼窩）に眼球が入っている。その上に薄い筋肉があり、皮が包んでいる状態だ。
眼球の大きさや位置を決めないとまぶたやその周辺をうまく作ることができない。まぶたの形状は、その眼球を包むカーブで構成されているからだ。
そしてまぶたの形状というのは、人種により大きく異なる。

コーカソイド系
（アルゼンチン人）
30代男性

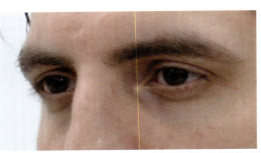
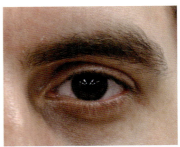

コーカソイド系人種は額と鼻がＴ字形にほほからせり出しているため、眉骨に対して目が奥に引っ込んでいる。
そしてまぶたの皮下脂肪が少ないので、まぶたは眼球を包み込んだような形状なのが特徴的だ。
モンゴロイド系の二重まぶたとは違い、眉下の皮膚が上まぶたに被さっている。

モンゴロイド系
（日本人）
1歳幼児

モンゴロイド系は、一重や奥二重が多く、まぶたの脂肪が厚くふっくらとしているのが特徴だ。
同じモンゴロイド系人種の中でも、まぶたの脂肪が少ないためにできる二重の人もいる。その場合、まぶた形状がコーカソイド系人種のものとは異なり、しわのようになる。それは彫りの深さ＝骨格が違うためだ。
写真は幼児のため、まぶたの横幅が高さに対して短い。そのため目頭のピンクの肉（涙丘）が見えないのだが、モンゴロイド系に多くある蒙古ひだがはっているためでもある。

今回作っているのはリアルキャラクターではないし、コーカソイドの特徴的なまぶたでもモンゴロイドのまぶたでもない。
しかしモデリングする上で重要なルールを、上のリアルな人間の写真から読み取ってほしい。
まぶたとは眼球を包んでいる皮膚
眼球の位置や大きさでまぶたの形状が決まる
だから眼球を作らないでまぶたを作ることはできないのだ。まぶたを作ってから眼球を配置するのではない。眼球を配置して、その形状に合わせてまぶたを作るのだ。

もっとも重要！ 顔パーツのバランスとエッジの流れ　　Lesson 2: 顔パーツ

眼球を作らずにまぶたを作る人は2種類 もともとうまい天才か、造形をなめまくっている人

1 まぶた部分のフェースを捨てる。
眼球モデルを作成する前に、まぶた部分のフェースを捨て穴を開ける。

2 現在、まぶたの穴の形状は平面的だ。ここに眼球モデルを配置することによって、眼球を包み込むような自然でバランスのよいまぶたを作ることができるようになる。

3 NURBSの球体を作成する。
この段階ではアタリ用のガイド眼球として使用するので、画面上でラインの少ないNURBSを使用する。最終的な眼球モデルはポリゴンでもNURBSでもどちらでもよいが、ただの球体ではなく、瞳と角膜を分けるなどのモデリングが必要だ。

4 球体を90度回転し、移動とスケールを使ってイラストの位置に合わせる。
イラストには眼球の位置とサイズがガイドとして描かれている。今回はその位置に合わせて眼球の配置とサイズを決めてほしい。しかし実際には眼球の配置はもっとも難しい。なぜなら顔のイメージがそこで決まるからだ。

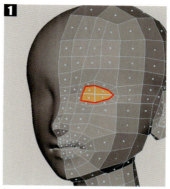

押し出しによって作られた4枚のフェースを捨てる。

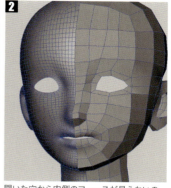

開いた穴から内側のフェースが見えないのは、バックフェースカリング表示にしているため。

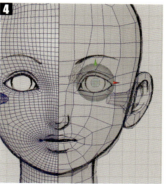

球体は瞳孔を中心に放射状になるように、90度回転すること。今回はイラストに合わせればいいので簡単なはずだ。

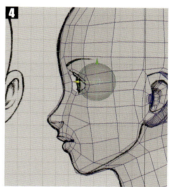

サイドビューのイラストにも眼球の配置がガイドとして描かれているので、それに合わせよう。しかし工業製品ではないので、ぴったり合わせなくてもよい。

眼球モデルをアタリで配置するときは、左右対称で動くようにインスタンスコピー！

「アタリ」とは、確認用として仮に入れる素材（モデルや画像やラインなど）のことだ。キャラクター制作において眼球の配置は、顔のイメージが決まるもっとも重要な要素なのでモデリング用にアタリを置く。そのため左右の眼球が対象に移動・スケールできれば、配置を試行錯誤しやすい。
グループノードをインスタンスコピーすれば、位置やスケール情報も共有できる。 通常インスタンスコピーはジオメトリに対して行う。ジオメトリをインスタンスするとコンポーネント（頂点情報など）が共有されるが、グループノードをインスタンスすれば、トランスフォームノードが共有されるのだ！

1 NURBS Sphere（球体）をグループ化する。
2 グループノードに対して、［編集＞特殊な複製 □］（Edit ＞ Duplicate Special）でオプションを開く。
3 ［ジオメトリ タイプ］（Geometry Type）：［インスタンス］（Instance）
［スケール X］のフィールドに −1 と入力して実行する。

「nurbsSphere1」というトランスフォームノードが共有されている。

Chapter 02：フェイス －基礎－

5 インスタンスコピーで右目を作る。
前ページのインスタンスコピーの手順をもとに右目を作成する。
今回はイラストを参考にしてすでに的確な場所に配置しているので、このインスタンス機能を利用してベストポジションやサイズを調整する必要はない。しかしインスタンスコピーの利点を確認するために移動したりスケールしたりしてみてほしい。片方の眼球を修正すればもう片方も同じように修正されるのだ。
ただし、これはあくまでもアタリにしか使えない！　回転が左右対象になってしまう！

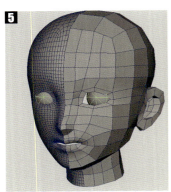

眼球モデルの配置位置はイラストで指定しているので、迷わないはず。現在まぶたの穴と眼球との間に大きく隙間が開いているが、まぶたの方を後で修正するので、眼球側を無理にまぶたに合わせてはいけない。

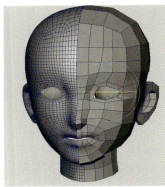

グループノードのスケールXにマイナスを入れて反対側にコピーしているため、左右対称に回転してしまう。最終的にはインスタンスコピーは使わないので、今は気にしないでよい（回転してはいけない）。

STEP 5 ガイド用眼球のシェーダを作成する

デフォルトシェーダのグレーのままでは、キャラの印象を大事にしたモデリングができない。
白目と瞳、黒目のシェーダ（テクスチャ）を作ることで、バランスを取りながら魅力的な「目の印象」を追求しながらモデリングができるのだ。
あくまでアタリ用のシェーダ（テクスチャ）なので、最終的には瞳（虹彩など）と角膜部分のモデルを分けたほうがよい。

テクスチャを作ることで、[目の印象]を大切にしながら、キャラ作りができる。しかし印象のためだけのアタリなので、絵を貼りつけたようなモデリングだ。

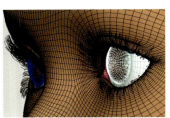

アタリ用のただのスフィアでは、平面的な眼球になってしまう。この図のように最終的には2重構造にし、瞳部分は凹ませて、角膜部分は凸状態にしてガラスのように作ると美しい。

1 Phongシェーダを作成し、カラーにランプ(ramp)テクスチャを貼る。
※この操作がわからない人は、Mayaの基本操作がまったくマスターできてない。この本ではモデリング以外の基本操作を指南するページはないので、独自に勉強してほしい。

Lambertシェーダでもよいが、画面でハイライトがでるPhongシェーダを使っている。

2 Phongシェーダを眼球モデルに割り当てる。
Phongアイコンではなく、実際の球体でテクスチャの設定を確認するため先に割り当てする。

ノードのコネクションを作業領域で展開したハイパーシェードの画面。アイコンを大きく、ビューモードを[簡易]にして見やすくキャプチャを取っているので、自分のと違うと慌てないで。

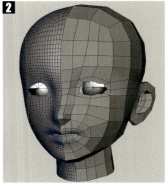

操作の確認のため最初からモデルに割り当てるとよい。

090

もっとも重要！顔パーツのバランスとエッジの流れ

Lesson 2: 顔パーツ

キャラクターは目が命！
命を与えずモデリングするな！

3. ramp テクスチャのタイプを [U ランプ] に設定する。

デフォルトの [V ランプ] では、NURBS スフィアの V 方向にグラデーションが作られてしまう。U 方向に設定すれば、瞳を簡単にグラデーションのみで作成することができる。

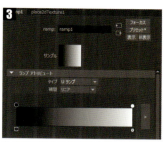

タイプを [U ランプ] に設定すると、グラデーションが90度回る。

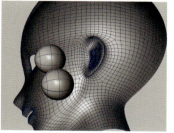

NURBS スフィアで確認すると、グラデが放射方向ではなく円を描いたのがわかる。
※見やすいようローポリモデルを非表示にしている状態。

4. ramp テクスチャのグラデーションをイラストに合わせた瞳（虹彩）と黒目（瞳孔）に設定する。

正面イラストには瞳と黒目の大きさも描かれているので、フロントビューの表示を X 線表示にして、サイズを確認しながらグラデを作ろう。ハンドルを近づけるとグラデのボケが少なくなる。

アトリビュートエディタでは、ランプの設定フィールドが小さくてハンドルがつかみにくいことがある。その場合右脇にある [>] ボタンを押すと、ランプフィールドだけの別ウィンドウが立ち上がる。このウィンドウは、大きさを変えることができるので、使いやすいサイズに変更してグラデーションハンドルを操作しよう。

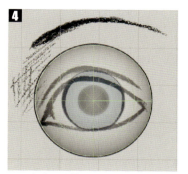

フロントビューを使って、ランプの光彩のカラー部分と黒目を合わせる。X 線表示にしないとカラーを透かして見ることはできないぞ！

[>] ボタンを押すと大きなウィンドウが開く。位置の近いハンドルなどを操作するのに便利だ。

5. 瞳の色は好みでつけてかまわない。
しかし色をつける前に、右画像を見比べてほしい。
グラデのサイズは同じだが、明るめと暗めの色では印象が全く違うのがわかる。
瞳の明るさは、このように顔のバランスさえも変えてしまうことに注意して色をつけよう。

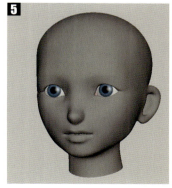
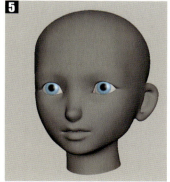

091

Chapter 02：フェイス －基礎－

6 放射状の虹彩を作りたければ、黒目の下のハンドルのカラーに［水］（water）テクスチャをマッピングする。**虹彩は作成しなくてもモデリングに影響はないが、瞳のイメージがつかみやすいのでやってみよう。**
放射を細かくするには、waterノードに接続されているplace2dTextureノードの［繰り返しUV］（RepeatUV）の（右側のフィールド）［V］に20と入力する。waterには色をつけるアトリビュートがないので、［カラー ゲイン］（Color Gain）と［カラー オフセット］（Color Offset）を利用して色をつけよう。

7 眼球のグループをレイヤに入れる。

ランプのハンドルの位置にテクスチャを入れるテクニックは、プロシージャテクスチャでのテクスチャ作成の幅を広げる。

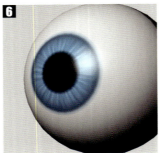

waterテクスチャをV方向に細かくすることで、まるで虹彩のような放射状の配色ができた。

新しいオブジェクトを作ったら必ずレイヤに入れよう。こういう手間を惜しむと作業効率が下がるのだ。

STEP 6　まぶたの穴を眼球のカーブに合わせる

1 分割数が少ない段階で、まぶたの穴の形を眼球のカーブに合わせて整えよう。
まぶたの厚みを作ったり、放射線状の分割を増やす前に、穴の形状を整えておけば、まぶたはラクに美しく作ることができる。
放射状の分割が少ないのでぴったり合わせることはできないが、この段階を怠る人はよいモデラーになれない。必ず少ない分割でもバランスをとり、フォルムを整える癖をつけよう！

**フロントビューで、まぶたのラインをイラストに合わせたはずだ。
つまりここで修正するのは頂点をZ方向に移動するだけ！
頂点を左右（X）上下（Y）に移動しまくると、最初に作ったフロントのイメージから遠ざかるぞ！**

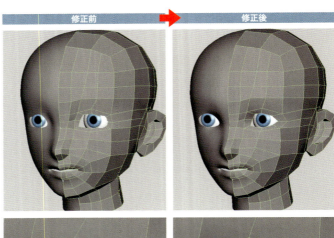

目頭の空間は小さくなり、目じりの眼球のはみ出しが修正されている。しかし目の穴を小さくしたのではない。X方向に頂点を移動したわけではないのだ。
このアングルでは直すべき違いがよくわからない。次ページの画像を見れば、どう修正したのかよくわかるぞ。

092

もっとも重要！ 顔パーツのバランスとエッジの流れ

Lesson 2: 顔パーツ

パーツを作り込み前にバランスを作る！
基本なのだがヘタクソはこれができない！

カメラを回して下や上から見てみよう！眼球の丸みに合わせるのだからカメラをきちんと回して確認すること！

目頭部分が修正前はかなり前の位置にある。この頂点をおもいきって下げる（−Z方向に移動する）ことを理解してほしい。

目じりは眼球が飛び出さないように前に移動しよう。

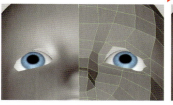
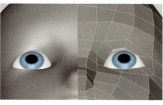

修正前 → 修正後

下から見ると、上まぶたのアーチがよくわかる。球体の形に合わせた弧を描いている。

上から見ると、下まぶたのアーチがよくわかる。目頭の頂点をぐっと奥に押し込んでいる。

斜め下から見ると、目頭が奥に入り隙間が少なくなっている。まぶたのカーブも自然な流れになっている。

横から見ると、目頭の頂点が奥に移動しているのがよくわかる。目じりは眼球がめり込まないように前に移動している。

モデリングポイント

次に進む前に必ずここまでパーフェクトに仕上げること！

ここで形が取れていない人へ！
この先のまぶたや唇の作り込みを始めちゃったら、えっらいヘタクソになるぞ！

もしこの段階でブサイクなら、もう一度やり直すくらいの勇気と根性を持とう！

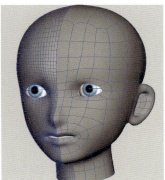

Chapter 02：フェイス －基礎－

Lesson 3 プロを納得させるパーツの作り込みに挑戦！

多くの初心者が、パーツの作り込み＝モデリングだと思い込んでいる。先を急いでバランスが取れないまま作り込んでしまったら、ブサイクなまま細かくなっていくだけだ。
今までのレッスンをちゃんと消化しているか、先に進む前にチェックしよう。
- スムーズモデルにガタつきやすじがない
- 耳は肉厚で丸みがある
- 後頭部、耳の後ろ、首にかけてのフォルムがほっそりと滑らか

クリアできていなければ、前に戻ってやり直す勇気と根性を持とう！
美しくバランスよく作らなければ、このモデリングには意味がないのだ！

Lesson 3 はここまで作る
- ■ まぶた（一重）を完成させる
- ■ 涙丘の作成
- ■ シンプルな鼻を完成させる
- ■ 厚みのある口を完成させる
- ■ 分割をすべて四角ポリゴンにする
- ■ ジオメトリをミラーして左右モデルを合体する
- ■ スカルプトツールを使い滑らかに修正する

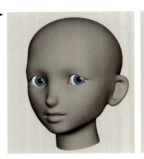

STEP 1　まぶたを作成する：穴のフォルム

1 まぶたのエッジを押し出しする。
目の穴のエッジを選択し、奥に平行に押し出しする。
このときも必ず**ワールド軸に切り替えて、Z軸方向にまっすぐ押し出すこと！**

2 押し出す距離はまぶたの皮膚の厚みを意識する。
もちろん皮膚だからといって、極薄にしてしまってはいけない。画像を参考にしよう。

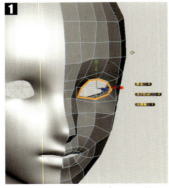

エッジを押し出しする。必ずワールド軸に切り替えて！

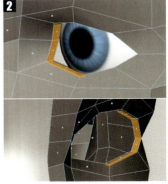

押し出しの距離は、必ず「厚み」というものを意識しなければダメ。眼球を包んでいる厚みを意識しよう。

 目玉とかスムーズモデルがジャマで押し出ししたフェースがよく見えないのだけど…。

 スムーズモデルと眼球モデルはレイヤにちゃんと入れてある？見にくいままモデリングしたらダメよ。

| プロを納得させるパーツの作り込みに挑戦！ | Lesson 3: 作り込み |

押し出しの形状が肉の厚みを決める
見えない部分は見えている部分に反映される

3 押し出されたエッジを、再び押し出す。
今度もワールド軸で押し出しし、大きく奥に移動し、スケールで広げる。**眼球を包むような感じで広げるとよい。**

穴を作っているのではなく、肉の厚みを作っていると考えよう。まっすぐ押し出すと、トンネルのように側面ができてしまう。まぶたの厚みのために奥を広げているのだ。

まっすぐ押し出してしまう人が多いが、このように奥を広げることで、まぶたの肉の厚みが作られるのだ。

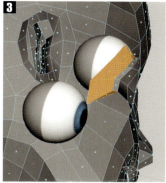

眼球を包んでいる意識を持つこと。だから奥が広がるのだ。

4 もう一度まぶたのフォルムを整えよう。
前回でまぶたのエッジがきれいに整っていれば押し出ししただけで、厚みのあるキレイなフォルムができる。押し出すことでできた厚みを、再度滑らかに眼球を包むように調整する。ただし、まだ分割数が少ないために完璧なフォルムにはできない。
目頭は別オブジェクトでピンクの肉（涙丘）を作るので、隙間が開いていてよい。
無理に隙間をふさごうとすると、イラストのイメージと変わってしまうので、隙間は必ずあけておこう。

厚みができた。特に目じりは眼球に沿った薄いまぶたの厚みができているはずだ。眼球を包み込んでいなければ、目の形を変えないように気をつけながら修正しよう。

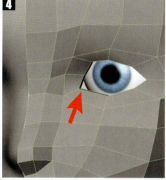

目頭は別オブジェクトでピンクの肉を作る。だから隙間が開いていてよい。

5 まぶたのフォルムを作り込むために、分割を追加する。
今の分割数ではまぶたの形状を作り込めないので、放射状のエッジを追加する。
この教材では便宜上、一気に複数本のエッジを足しているが、**通常は整えながら必要なところに足していく。**

6 3 で押し出しして作ったまぶたの奥までエッジをつなげよう。
ただしまぶた周りだけで、額やほほまで延長してエッジを追加してはいけない（エッジループで挿入してはいけない）。後で分割の流れを修正するからだ。

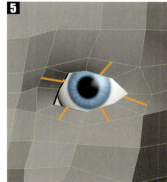

今回は一気に分割を追加するが、形を整えながら必要な箇所に追加するのが、通常のモデリング方法だ。

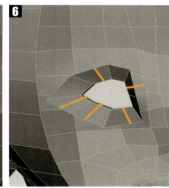

まぶたの裏側もきちんと延長してエッジを足す。レイヤでスムーズモデルや眼球を非表示にして行おう。だからレイヤ登録は重要なのだ。

Chapter 02：フェイス －基礎－

7 **X線表示でモデルの厚みと奥の部分をきちんと見よう！**
表からは見えにくいまぶたの「奥」にある頂点は、[X線表示]にしてモデリングしよう。奥の頂点がつかみづらかったり、つかんではいけない耳や頭の後ろの頂点を選択してしまって気がつかないことがあるからだ。

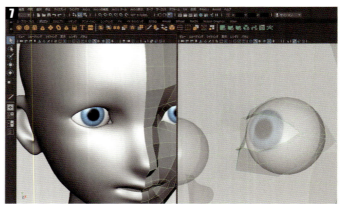

そろそろ、作業に応じた表示に切り替えながら作業を進められるようになっただろうか。

8 **カメラを回しながら、フォルムを整えよう。**
眼球に沿ってまぶたの穴を整えておいたので、大きくフォルムを修正する必要はないが、放射状に新しい分割を入れたので、より細かくフォルムを作り込むことができるはずだ。
特に下まぶたは、眼球に沿った薄い肉の厚みをきちんと意識して修正しよう。上まぶたは下まぶたとは違い、眼球との間に隙間があってもよい。画像を参考に美しい立体感を目指してモデリングしよう。

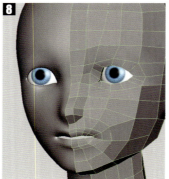 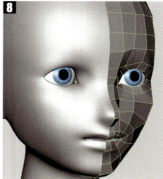

ほほの上で分割が止まっているのでほほの上はガタつくが、その修正は後回しにしてよい。
まぶたと目の印象を大切にして、眼球を包み込むようなフォルムに修正しよう。

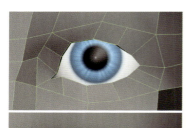

まずフロントビューでまぶたの形を整える。正面から見てガタつきがないように。

また、目頭は鼻のほうに小さく尖らせる。後で目頭のピンクの肉を作成するので、隙間はあいていてよい。

下まぶたは眼球に沿ってきれいなカーブを描いている。きちんと肉の厚みが出るように気をつけること。

プロを納得させるパーツの作り込みに挑戦！ Lesson 3: 作り込み

あらゆる角度からフォルムを確認する！カメラを回すことを軽視してはだめだ！

下まぶたは、眼球に沿って薄い肉厚になっているが、目頭は前に出ている。

斜め上から見ると、下まぶたのカーブと目頭の形状がわかる。

下からのアングルで見ると、上まぶたは眼球にぴったり沿わすのではなくやわらかい丸みを持っている。

斜め下から見ると、上まぶたは目頭から目じりまで肉厚になっている。もしこのアングルで隙間が見えるようなら、奥に広げたラッパ状の頂点を眼球に沿わせよう。

上まぶたの目じりは、今はリング状の分割が足りないため、下まぶたと似たようなフォルムになっている。のちに分割を増やしてから上まぶたの目じりは修正する。

斜め横から見ると、やはりリング状の分割が足りないために、上まぶたから目頭にかけてあいまいなフォルムになっている。こちらも分割を増やしてから修正する。

モデリングポイント

頭部のベースモデルができあがったら、細かなパーツの正確で美しいフォルムが、キャラのできを左右する。まぶたのフォルムはモデリング力でかなり差が出るので、しつこいくらいに私が教えたいところ。

たくさんの画像で説明してきたキーポイントをもう一度おさらいしよう！

- フロントビューで見るフォルムが目の形になるが、カメラを回してまぶたを眼球に沿わせることがもっとも重要！
- 目頭は鼻の方に小さく尖らせる！ 眼球との間には隙間を開けておかないといけない！
- 下まぶたは、薄い肉の厚みを意識してきれいに眼球に沿わせる！
- 上まぶたは下まぶたと違い、厚めの肉厚にしておく！
- まぶたの奥の押し出しで広げたラッパ状のエッジは、見えていないが重要だ。目の奥になにもない空間が見える場合は、エッジをまぶたに近づけて隙間を埋めよう！

Chapter 02：フェイス －基礎－

学生によくある失敗を見てみよう！ ダメなフォルムの謎がとけてくるぞ！

ここから解説するモデリング画像は、専門学校1年生が私のキャラクターモデリングの授業で課題作成したものだ。2011年に約50名の学生に作ってもらった。
私はモデリングを教えられるほどの腕前なので、ヘタクソに作るのが難しい。普通こういった書籍にはヘタクソモデリングなど載っていないので、皆さんもめったに見ることはないだろう。
しかし！ ヘタクソ君たちのモデリングは参考になるぞ！
何がダメでどうしたらいいかという参考になる。私のできあがったモデルだけでは足りない情報を彼らは持っている。ありがたく彼らの失敗作を拝見させてもらおう！

まぶたを完成させる手順を読む前に、何を気をつけないといけないのかしっかりと理解しよう！ きっとうまくなるはず！

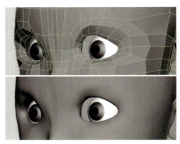

ひぃぃぃ。
なんでそんなに隙間あいてるの!!?
フロントビューでしか形合わせてないのか？？？
バランスをとりながらモデリングしないでどんどん分割だけ入れていった大失敗例。

ガタガタ系 NG

基本フォルムの形が整っていないまま、細かな分割をすると形が汚いまま複雑になるだけだ。分割は必要だから入れるという意識がなければダメだ。またローメッシュとスムーズの形状がかけ離れてもいけない。

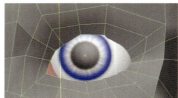

正面から見たフォルムをまず意識せよ！
失敗しているところはたくさんあるが、まずフロントから見てきれいなまぶたの形状を作っていないことが一番の問題だ。放射状のエッジの役割がまったくわかっていない悪い例だ。

エッジを入れたらすぐ頂点を修正せよ！
放射状の分割を入れたら入れっぱなしの悪い例。
リング状のエッジループが、直線的になっているのがわかるだろうか？ エッジを入れたらすぐに整える癖をつけないとこのようにガタガタになる。エッジフロー機能を使って丸みを保ってもよいだろう。

スムーズだけきれいでもダメだ！
スムーズで見ると滑らかできれいに見える。しかし実際のモデルはねじれていたりとぐちゃぐちゃだ。もしかしたらこの学生は3キーのスムーズメッシュプレビューで見ながらモデリングしているのかもしれない。ローメッシュがぐちゃぐちゃな人は致命的な能力不足と言える。

098

プロを納得させるパーツの作り込みに挑戦！

Lesson 3: 作り込み

失敗サンプルは本当にためになる情報だ
ヘタになる「モノのとらえ方」を参考にしよう

心に刻めばうまくなる モデラー座右の銘

目じり奥過ぎ系

眼球に沿ったまぶたのフォルムを作るべきだが、目じりが眼球の横近くまで開いていてはいけない。デフォルメとはいえ、とてもバランスの悪いまぶたになってしまうぞ！

目の穴が目じり側に大きすぎだ！

もしかしたらこの学生たちは、より大きい目のイメージで作りたかったのかもしれない。左の学生作品は、目じりの終わりが眼球の側面まできてしまっている。ていねいに作っているが、頭蓋骨とのバランスが悪く、目が飛び出ているように見える。

まぶたのサイズは眼球の大きさによって決まる。大きなまぶたの穴、つまり目を大きくしたいなら、眼球のサイズを大きくしなければいけない。しかし頭蓋骨にバランスよくはまる眼球サイズには限界がある。頭蓋骨のバランスとは関係ない大きな目にしたい場合は、マンガ的、イラスト的な表現なので、球体の眼球テクニックではできないと覚えておこう。

まっすぐ押し出し系

目頭の造形が苦手な学生はとても多い。そしてまぶたという肉の厚みを意識しないで作ってしまう人は、まっすぐ押し出ししてしまう傾向にある。目の穴は、粘土に指を突っ込んであけた穴とはわけが違うのだ。

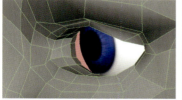
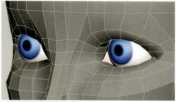

目頭をもっと奥に位置づけよう！

この学生はもともと正面から見たまぶたのフォルムができていないが、目頭の穴の位置が手前過ぎるのだ。だから隙間を開けないようにと奥に分厚く押し出ししてしまった。最初の段階で目頭も眼球に沿うようなカーブにしていれば、もっと上手にフォルムを作れたに違いない。

目頭をまっすぐ押し出してはいけない！

スムーズを見ると、目頭部分がまっすぐ押し出されているのがわかる。まぶたの厚みが意識できていないので、眼球もまぶたの中におさまっていなくて飛び出て見える。こういう人は、鏡で自分のまぶたの構造を見なければいけない。デフォルメであっても構造的には同じなのだから。

まぶたの厚みを意識せよ！

形はきれいなのに、まぶたの厚みの形を意識しないで奥に押し出ししているのがわかる。ピンクの目頭の肉を理解しないで置いている。まぶたは薄い厚みの肉でしっかりと包むことを意識しよう。

まずは、まぶたの奥を押し出しでラッパ状に形作る理由を理解しなければいけない。

099

Chapter 02：フェイス －基礎－

眼球出てる系

眼球が骨格に合った場所にあるかまず確認しよう。しかし眼球が出て見える理由の多くは、穴のエッジを眼球にぴったり合わせることを意識しただけで、まぶたそのものに厚みが作られていない場合だ。

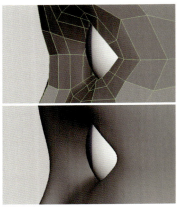
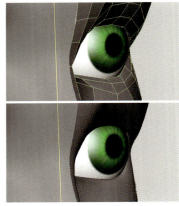

眼球にぴったり沿わせるだけではダメ！

眼球に眼の穴をぴったり合わせればOKだと思ってしまうと、画像のように眼が飛び出してしまう。これらの人たちは、まぶたに厚みをつくっていないのだ。
人間はまぶたより眼球が出ることは決してない。「まつげの生える場所（厚み）がある」と考えれば、フォルム自体は整っている右の学生は、すぐうまくなるだろう。

厚みが薄すぎ系

まぶたの皮膚の厚みをモデリングしている人は、今までの失敗学生よりはだいぶレベルが高い人たちだ。しかし、皮膚（肉）の厚みとはどのくらいだろうと考えなければいけない。厚みの幅を意識してレベルアップしよう！

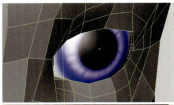

まつげが生える厚みを意識しよう！

一生懸命眼球に沿ったまぶたを作っているが、かなり薄いのがわかる。眉骨やほほとの差がないところを見ると、眼球が前に出すぎなのかもしれない。眼球を後ろに引っ込めて、厚みをつけないと自然なフォルムにはならない。二重まぶたの場合は、ただ切り込みのようにしわを入れるだけでなく、そこにも理論的な厚みが必要になる。

奥にあるエッジが近すぎるから薄い！

こちらも左の人と同様、眼球とまぶたとの距離が近すぎるために、モデリングが薄すぎる例だ。正面から見える穴のエッジと、厚みを作っているエッジの幅が狭い。

隙間は絶対に作ってはいけない！

この三人の中で一番、目の形はきれいだったが、カメラを回してみたら眼球とまぶたの間に隙間があることに気がついた。これは単純に下まぶたの内側（裏側）のエッジを少し奥に移動して厚みとして処理するだけでよい。
上まぶたの方にもまつげが生えるような厚みがない。外側のエッジを外側（手前）に移動して厚みをつけないといけない。

「厚み」がパーツを形作る最大のポイント
表面形状だけではだめだ、肉の厚みだ

目じり隙間系	目じりには隙間があっては絶対にいけない。目頭にはピンクの肉（涙丘）があるが、目じりは完全にまぶたが眼球を包んでいるからだ。眼のモデリングの中で実は目じりがもっとも難しいのだ。

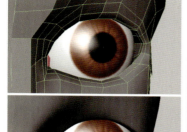

上まぶたと下まぶたのまったく違う2種類の厚みとフォルムが、目じりで交わるのだ！

目じりが眼のモデリングの中でもっとも難しいのは、上まぶたと下まぶたの厚みが違い、その2種類の厚みが目じりで交わる点だ。このモデル画像を見てから、鏡で自分の目じりを見てほしい。上まぶたの終わり（目じり）と下まぶたの終わり（目じり）が実は同じ場所ではないことに気がついたかな？
この目じりのモデリングテクニックは、次のステップで紹介する。

 まぶたを作成する：分割の調整

パズルのようなポリゴン分割は設計図を描こう！

ポリゴンモデリングは、どのように分割を入れていけばよいのかということに、かなり悩む。
まるでパズルのようなのだ。
「こことあそこをつなげると… ああーこっちが三角になっちゃう。じゃあこっちとこっちをつなげると… うーん、ラインがきれいじゃないなぁ。あーぐちゃぐちゃになってしまった（泣）、もう一回さっきのところからやり直そう…」なんてことに。

細かな分割をモデル上で試行錯誤すると訳がわからなくなってしまうことが私にもよくあるのだ。適当に分割してはだめだ！ フォルムが崩れてしまうぞ！
おすすめはモデルをキャプチャして、その画像をAdobe Photoshopなどで開いて、画像の上にラインを描き込んで分割設計図を作ることだ。
手間がかかると思いがちだが、モデルの上で考えるよりも効率がよい。これから先あなたは様々なモデリングをしていくだろう。この手法を覚えておけばかなり時間を短縮できるぞ！
右の画像は白人男性のリアルフェイスモデリングの特別授業で使用している教材の一部だ。

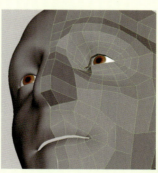

これから鼻を作っていこうとしている作業途中のもの。左は鼻の大きさだけを考えた初期段階のフォルム。数枚のポリゴンをこれから細かく分割するのだが、適当にやるとめちゃくちゃになってしまうため、モデル男性の写真の上にラインを描き込んでいった。黒が今あるエッジで、赤が新しく挿入するエッジだ。

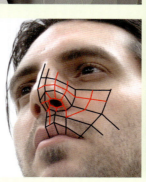

Chapter 02：フェイス －基礎－

1 まぶた周りの分割を修正する。

まぶたの穴の基本形状はできたので、本格的にまぶたを作っていくために分割を延長する。
この時、目の周りのまぶただけではなく、眉骨まで広げて1つのブロックととらえるとよい。

必ず放射状の四角形にする努力を！

四角形になっていれば、エッジループがきれいに入るからだ。
本当は自分で考えて分割しないとモデリングスキルが上がらない。しかし難しいと感じる人は、右画像を参考に分割を修正するとよい。

まぶたの穴までのびるエッジをさらに3本追加した。
画像では見えないが、まぶたの奥までエッジをつなげること。外方向にのびるエッジは鼻や唇を作るときにつなげるので、今は無理につなげる必要はない。

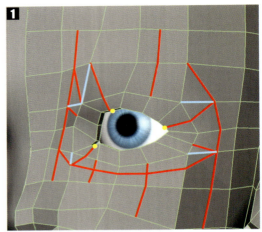

赤いラインの箇所に分割ツールで分割を入れる。黄色い点の箇所はそこで分割を止めずに、奥まで分割すること。水色のラインを捨てれば、放射状の四角いフェースがきれいに並ぶ。鼻や唇を作るときに、途中で止まっているエッジをつなげるので、今は無理につなげる必要はない。

2 カメラを回しながら、フォルムを整えよう。

分割を入れたら必ずすべての頂点を1つずつていねいに移動して、滑らかできれいなフォルムになるように修正する。
エッジフロー機能や移動ツールの法線軸を使えば、かなり楽に修正できる。それでもやはり1つずつていねいに移動して修正することが重要だ。
カメラを回して様々な角度から、頂点が滑らかな位置にあるかを見ながら修正すること。

> **モデリングポイント**
>
> 分割を入れたら必ず滑らかな表面になるように修正すること。
> 状況に合わせて移動ツールの軸を[ワールド]と[法線]に切り替えて使うと効率よくきれいに修正できる！

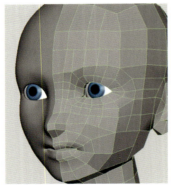 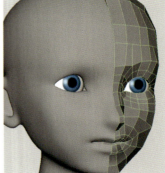
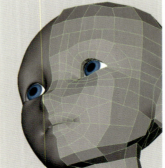 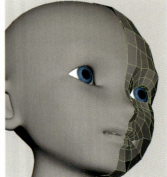

エッジが止まっているところはガタついているが、そこは気にしないでよい。この段階で少し目の色を濃くしてみた。濃くすると目が大きく見える。目の色だけでかなり印象が変わるので、いろいろ試してみるといいかも。

102

プロを納得させるパーツの作り込みに挑戦！　　Lesson 3: 作り込み

涙丘オブジェクトは顔とは別パーツ
質感の違うものを結合する意味はない

STEP 3　涙丘（目頭のピンクの肉）を作成する

現在目頭と眼球の間には隙間が空いている。その隙間に涙丘を別モデルで作成する。通常私はまぶたのモデリングが終わってから作成するのだが、今作っておけば、まぶたのモデルで穴をふさごうというような間違った方向に進まずに済む。このタイミングで作ってしまおう。

1 ポリゴンシリンダ（円柱）を作成する。
[軸の分割数]：12、[高さの分割数]：4のシリンダを作成。キャップのフェースは削除する。

2 折りたたまれたような形状に修正する。
フロントビューから見て左半分のフェースを捨て、薄い形状にスケールする。

3 フロントビューで見て目頭の位置に移動する。
眼球の丸み（黄色ライン）に沿うように、涙丘モデルを赤矢印方向に回転する。

4 パースビューで見て目頭の位置に移動する。
目頭の皮膚の奥にあるような位置に移動する。

5 移動ツールをオブジェクト軸にして、眼球の丸みに沿うフォルムになるように頂点を移動する。
回転をかけているので、移動ツールのオブジェクト軸を使用すれば、モデルに対して平行に移動できるので便利だ。
エッジを移動して列ごと修正するとよい。

6 隙間があいていないか、はみ出ていないか、いろいろな角度で確認する。

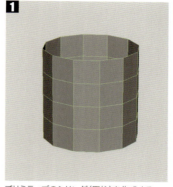
プリミティブのシリンダ（円柱）を作成する。サイズはデフォルトのままでよい。

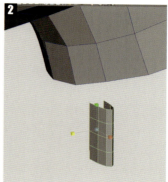
フロントビューから見て左半分のフェースを捨て、スケールでZ方向に縮小し薄くする。

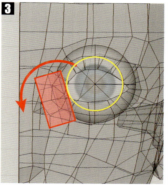
ここで回転しておくと、眼球に沿ったフォルムに修正するのが楽だ。

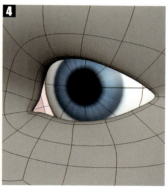
頭のモデルを3キーでスムーズメッシュにしておくと確認しやすい。

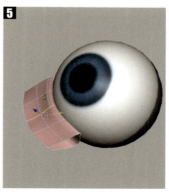
回転したモデルにはオブジェクト軸での移動がとても便利だ。眼球に沿うようにていねいにモデリングしよう。

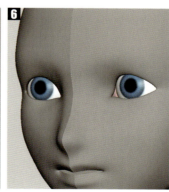
目頭の隙間がなくなったので、より自然なまぶたになった。

Chapter 02：フェイス －基礎－

STEP 4 まぶたを完成させる（一重まぶたのシンプルバージョン）

まぶたの形状を完成させるのだが、ここでのレッスンは、初心者用のシンプルな一重まぶたのバージョンだ。
二重まぶたの場合は難易度が上がるので、「Chapter 03 フェイス - 上級 -」の手順で作成してほしい。

関連 ▶ P.138
　　　［Lesson 1：二重まぶたに挑戦して、細かな頂点移動を習得せよ！］

ただ、この**一重のシンプルバージョンからそのまま二重バージョンに移行できるので、まずここで一重バージョンを完成させること！**

 今までまぶたフォルムを作っているリング状のエッジが少なかったため、まぶたのきわの形状が引っ張られて丸まりすぎていた。
両側にエッジをいれると、厚みがよりくっきりする（右画像を参照）。

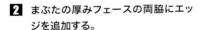 まぶたの厚みフェースの両脇にエッジを追加する。
オレンジのラインが現在すでにあるエッジだ。その両脇に1本ずつエッジループを挿入する。
きちんと四角形のループ状になっていれば、簡単にエッジループで挿入できる。

同じ幅でエッジループを入れたほうがこの場合はよいだろう。

均等にエッジループを入れるには、P.084 ９ で使用した［**エッジからの均等距離**］（Equal distance from edge）を使おう。これは［マルチカット］のエッジループ機能にはないので注意！

一重まぶたと言っても、このモデルは単にシンプルなだけでリアルな一重まぶたとは違う。東洋人のような一重まぶたの構造は目頭がもっと肉厚になるからだ。

二重まぶたはリング状のエッジを数本追加してつくるだけだが、今のシンプルバージョンがきちんと完成していないと分割が細かくなる分、形が乱れやすい。

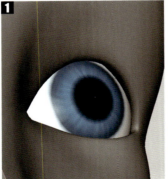
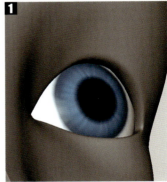

エッジの数が少ないので、フォルムがぼやけている（特に上まぶた）。

エッジを足すとくっきりする。もちろん後できれいに修正する。

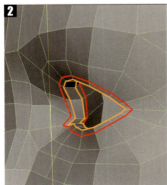
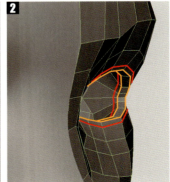

オレンジのラインは現在すでにあるエッジ。その両脇、赤いラインの場所に1本ずつエッジループを挿入する。

プロを納得させるパーツの作り込みに挑戦！　　　　　　　　　　　　　　　Lesson 3: 作り込み

目尻はまぶたの造形の中でもっとも難しい
少ない分割でも流れるように美しく

3 ていねいにていねいにまぶた周りを修正し、フィニッシュする。
エッジを入れておしまいではない。入れたエッジを滑らかにするだけではない。
ここでモデリングを完了するつもりでていねいにすべての頂点を修正する。
ぐちゃぐちゃになりやすいので、失敗したら前のデータに戻ってやり直すくらい
の根性で修正すること。思っている以上に緻密で時間がかかる作業だ！

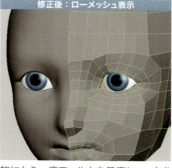

全体 若干目の印象を変えている。最終的にもう一度フォルムを見直して、自分が好むな形に多少修正してよい。
ただし、ここでがらりとフォルムを変えてはいけない。この眼球と頭の骨格に理論的にぴったりくる範囲での修正
なら問題はない。

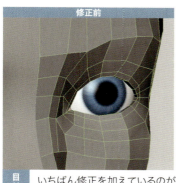
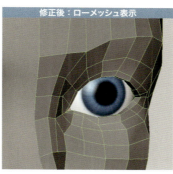
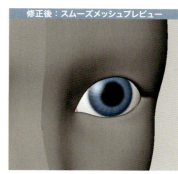

目じり いちばん修正を加えているのが、目じりのフォルムだ。目じりの厚みが自然に外側に流れるようなフォルムに修正
している。穴部分とアイラインの位置が違うことで目じりの造形ができている。

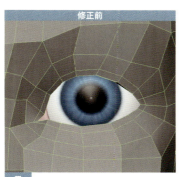
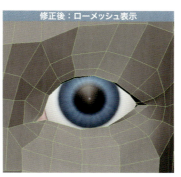

目じり 正面から見ると目じりのフォルムがよくわかる。今までは厚みのフェースはまっすぐ奥に押し出しただけだった。
実際の穴は少し小さめに、まぶたの外側のエッジは外側に流しているのだ。

Chapter 02：フェイス －基礎－

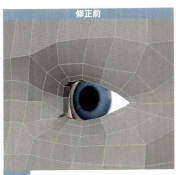 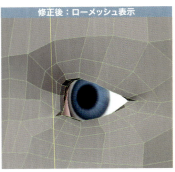 

目頭 目頭は大きく修正していない。しかし肉の厚みと眼球との隙間が自然に見えるように、厚みを修正している。また再びピンクの涙丘の形状を隙間を埋めるように修正している。

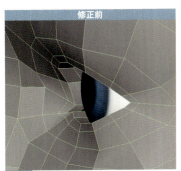 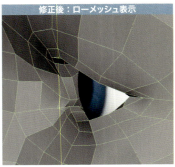 

下まぶた 上まぶた 下まぶたは眼球を包んでいるフォルムを強調している。上まぶたと眼球の間に距離がありすぎるように感じるかもしれないが、そこにはまつ毛が生えるのでこのくらいの距離がないとかえって不自然なのだ。

細かなモデリングに入ったので、より細かな感性でモデリングしなければならない。
小さなこだわりは、プロ意識の高いモデルを作る。右の画像を見ても大して違いがわからないと感じるかもしれない。その小さな違いがこだわりなのだ。

しかし**初心者にもっとも必要なのは、崩れた形を作らないということだ。小さな造形にこだわるあまり、分割だけ細かいだけで、きれいで滑らかな造形ができていない初心者が多い。**学生の失敗例をもう一度見て、自分に当てはまるところがないか確認しよう。

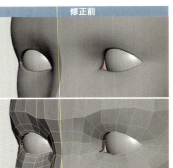 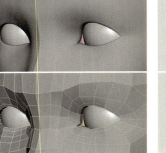 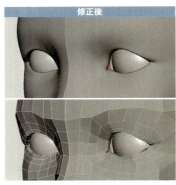

細かくして形が崩れるくらいなら、修正前のモデルで十分だ。
ぐちゃぐちゃになってしまったのなら、修正前のモデルに戻ってしまおう！

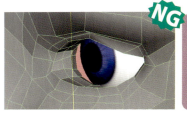

形がとれないまま
細かくしたら
取り返しがつかないよ！
少ない分割の時に
きれいな形になるまで
あきらめちゃダメ!!

106

プロを納得させるパーツの作り込みに挑戦！　Lesson 3: 作り込み

ポリゴンモデリングは表面しか作れない だから押し出して肉の厚みを表現するのだ

STEP 5　唇の厚みを作る

1 唇の端のエッジを選択する。
ダブルクリックで選択するとボーダー（境界）エッジがすべて選択されて、中心ラインや首の切れ目のラインまで選択されてしまうので注意。エッジループの途中を選択したい場合は最初のエッジを選択し、Shiftキーを押しながら終わりのエッジをダブルクリックして選択するとうまくいく。

2 唇の厚み分、奥に押し出しする。
この押し出しは必ず[ローカル/ワールド切り替えボタン]をクリックしてワールド軸のZ方向にまっすぐ押し出すこと！

3 押し出しされた新しいエッジを再び押し出しする。（ワールド軸）
今度は奥に移動するだけではなく、スケールを使いラッパのように広げること。
ただ、唇のフォルムを押し出しのスケールで広げてもきれいな形にはならない。

4 フロントビューで見て中心からはみ出ている頂点をセンターのラインに合わせる。
押し出しによって、頂点がセンターからはみ出てしまった。グリッドスナップでセンターに合わせる。

5 フロントビューで見て押し出されたエッジが均等に広がって見えるように、頂点を1つずつ移動する。
このときフロントビューで移動してよいのだが、誤って頭の後ろの頂点や顔の正面の頂点を選択しないように気をつける。
せっかく作った顔そのもののフォルムがいつの間にか崩れている、なんて怖いことになるぞ！

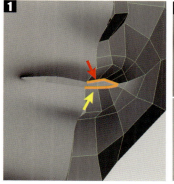
選択したいエッジの始まり（赤矢印）をクリックして、Shiftキーを押しながら選択したいエッジの終わり（黄矢印）をダブルクリックする。

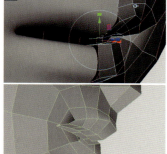
ワールド軸を使いまっすぐ押し出す。ちなみにこの画像は、−0.38ほど押し出している。これが唇の厚みとなる。

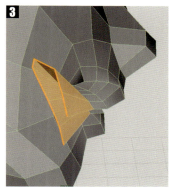
口の中に広げるように押し出しする。

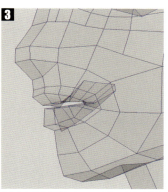
もともとの穴の形によって、きれいには広がらず乱れた形状になっている。

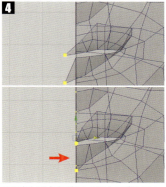
はみ出た頂点をグリッドスナップでセンターに揃える。

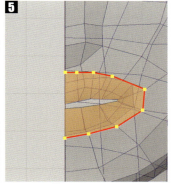
図のように、**3**で押し出しした口の中のエッジをきれいに広がるように頂点を移動して修正する。

Chapter 02：フェイス －基礎－

厚みを意識して押し出しするだけで、柔らかい唇のフォルムができる。初心者はこの厚みを作らない人が多い。自分の口に指を入れて口の端の肉をつかんでみてほしい。それそれ。その肉の厚みだ。

もちろんこれからもっと形状を美しく詰めていくが、もともとの口の基本フォルムができていれば、押し出しで唇の丸みを作ることができる。**この段階であまりきれいな唇になっていなければ、基本のフォルムに手を抜いた証拠だ。**

唇はここで完成ではない。まだまだ分割が足りないので、次のステップで分割ラインを整えた後、最終的な作り込みに入る。**フォルムが悪い人はエッジ数を増やさず、微調整しておくこと！**

目や口や鼻の穴は、常に厚みを意識しなけらばいけない。へたくそモデラーは、穴の形にしか意識が向いていないので、人を魅了するフォルムにならないのだ。
唇の端がでっぱっている人は、唇の形状をまったく認識していない。唇の端は弾力のある肉がたたまれたような形状なのだ。

鼻を作り込み、分割ラインを調整する

このレッスンでは鼻の穴は作らない。
鼻の穴は、ただ穴が開いているだけと思っている人が多いのだが、とても複雑な形状でモデリングの難易度はかなり高い。このレッスンでは、アニメキャラや人形のような、鼻の穴を省略したシンプルなモデルとして作成する。リアルな鼻の構造を作りたい人は、このレッスンが終わってから、「Chapter 03 フェイス -上級-」の手順で作成してほしい。

 P.144 ［Lesson 2：難しい鼻の穴のモデリングで観察力を高めろ！］

1 鼻の周りの分割を修正する。
赤いラインを追加し、水色のラインを捨てる。

2 フォルムを少し修正する。
小鼻付近にある三角形のフェースは、新しいエッジが入り四角形になった。次のページで新たに細かく分割されるので、その前にこの段階でもきちんと柔らかく滑らかなフォルムに修正しておくこと。この教材では便宜上分割の位置を指定し、数本一気に挿入してしまうが、本来は形状を整えながら分割が必要だと感じた時に分割ラインを作っていく。**分割することが目的ではなく、形を作るために分割していることを忘れてはいけない。**

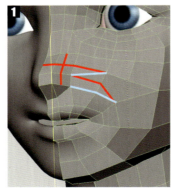 

赤いラインを追加し、水色のラインを削除する。鼻のわき（小鼻の付け根）からほうれい線ラインを作るためだ。

小鼻付近の三角形ポリゴンだったフェース（オレンジのフェース）は四角いフォルムに直しておく。

| プロを納得させるパーツの作り込みに挑戦！ | Lesson 3: 作り込み |

分割をどう追加していくか、どう流れを作るか その試行錯誤なくしてモデリングはできない

3 鼻の位置を確認する。

あなたは右の2つの画像の違いがわかるだろうか？ 微妙な違いでありながら大きな違いが、「え？ 同じに見える」と感じるなら、観察眼が鍛えられていない。観察眼を鍛えないとモデリングは絶対にうまくならない。
答えは鼻の位置（Y方向）だ。鼻が長いと鼻下が短くなり、鼻が短いと鼻下は長くなる。ほんの少しの位置の差で知的に見えたり、やんちゃに見えたりする。どちらがいいとか悪いとかではないので、好きな印象で決めてよい。（サイドビューに無理に合わせる必要はもうない。）

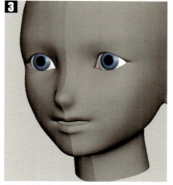 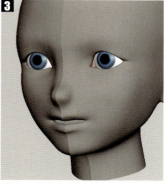

鼻の長さはキャラクターの性格付けに、大きく影響する。目や唇は形で性格の印象を作るが、鼻の場合は眉からの距離（長さ）と鼻の下の長さが性格の印象を作るということを覚えておいてほしい。

4 分割を追加する。

右画像を参考に、鼻とほうれい線周り、ほほの下部分に分割を追加していく。

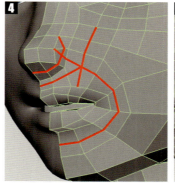 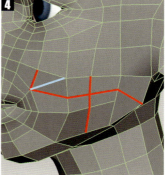

赤いラインの箇所に分割を入れる。水色のラインのエッジを捨てる。

5 ほほとあごの頂点を移動して修正する。

 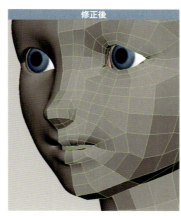 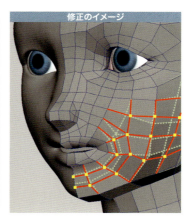

まずはほほの部分を修正しよう。修正前は新しく追加したほうれい線エッジからほほまで、フェースのサイズ（幅）が偏っている。幅が偏ると、スムーズをかけた時にガタつきができる。フェースのサイズがなるべく均等になるように心がけながら、ほほからあごが滑らかな丸みを持つように頂点を移動して修正する。私は法線軸で移動している（NだけでなくUやV方向も使う）。

Chapter 02：フェイス －基礎－

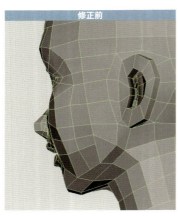
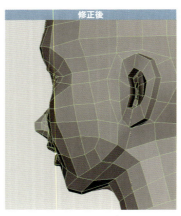
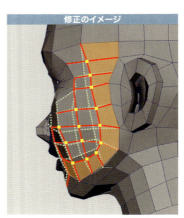

顔の側面の分割は、今まで保留にされてきた。追加されたエッジはもちろんだが、こめかみからあごのエラまでつながる耳の前のラインを見てほしい。ここでも四角形のサイズがなるべく均等に近くなるように移動しているのがわかる。また今までずっと三角形だったエラ部分のフェースはあごまでつながる流れになったのがわかる（オレンジのフェース）。

6 鼻のフォルムを修正する。
　鼻に新たな分割が入ったので、形よく滑らかなフォルムになるように修正する。
　小鼻の付近に三角形が2つあるので、水色のエッジを削除すること。

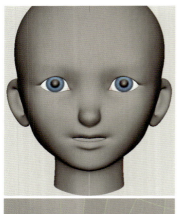

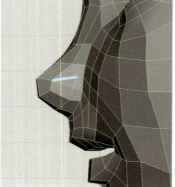
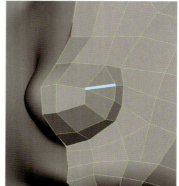

プロを納得させるパーツの作り込みに挑戦！　　　　　　　　　　Lesson 3: 作り込み

頭の中の蓄積された思い込みを消去せよ！
真っ白な状態で形状を観察せよ！

STEP 7　唇の形状を観察して、正しいフォルムを頭に叩き込む

唇の構造とフォルムをあらためて観察してみよう。
多くの初心者が唇を美しく作れない原因は、「唇は尖っているもの」という思い込みによるものだ。

唇の皮膚は顔の皮膚と基本的には同じだが、角質層が非常に薄いため、皮膚の下の血液成分が見えるのだ。そのため赤く見える。
その赤い部分を強調したイラストAのように、デザイン・アイコン的な唇を頭に描いていると、立体のモデリングでも記憶にある輪郭を目指してしまう。そのため唇の輪郭をすべて尖らせようとする初心者がめちゃめちゃ多い。色とフォルムは別物だ！
マンガ家がよく使う唇の表現方法Bは、立体的な唇を墨のラインだけでよく表している。自分の唇を鏡でよく見て、なぜBのような簡略化になるのかよく考えること！　そこに立体的フォルムのヒントがある。

デザイン（アイコン）化したフォルムは、唇の「色」のみを強調している。それをフォルムと思い込んでいると口角まで尖らせてしまう。

唇は尖っているものだと思い込んでモデリングしている人たちの顕著な例。
口角まで尖ってしまっているのがわかるだろうか。

マンガ家がよく使う唇の表現方法は、尖っている場所（上唇と下唇の中心）と、へこんでいる場所（口角）をうまく表現している。

私の作品のガーリーキャラの唇を見てほしい。
リップラインの境界は、モデリングではなく質感とテクスチャの色味で表現している。唇をより厚め（アヒル口）に見せるために、リップラインの外側にまでこってりグロスを塗っている。それはメイクアップの世界ではよく使うテクニックなのだ。立体感をモデリングだけで表現するべきでないのがわかったかな？

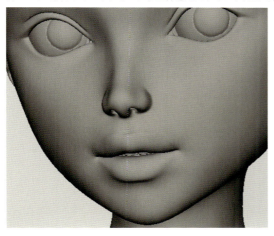

Chapter 02：フェイス －基礎－

今度は、様々な唇の形を見てみよう。
すべて私が作ったモデルなので、残念ながらどうしてもクセや作風が出てしまい、似かよってしまう。
それでも人種や性別やテーマに合わせてデザインしているので、唇のフォルムに差があるはずだ。
あなたも次の段階で唇をモデリングするときに、より意識的にフォルムをデザインしてほしい。

アヒル口のガーリーキャラ	不機嫌な日本人の女の子	すっきりした顔立ちの少年

前ページでも登場したガーリーキャラ。むっちりとした肉厚なアヒル口を誇張して表現した。最初から少し微笑んでいるようにしたかったので、口角は上げてある。リップラインは丸いフォルムに仕上げた。

意志が強く口数の少ないイメージの女の子。左のガーリーと比べるとリップラインがシャープなのがわかるだろうか。上唇の山をシャープにすると理知的になる。口角を下げ、上唇も少し薄めに仕上げた。

昔のリグ教材用のキャラなので、鼻も口も分割数を抑えて作った。そのため鼻下（人中）などのフォルムの完成度は低い。理知的な10代少年をイメージ。唇は薄くシャープに仕上げた。

口角は閉じられた「穴のはじっこ」だ。肉の厚みを意識しよう。　**必須** 必ず覚えよ

上の右端の画像の口は、私が昔リグ教材として使っていた少年モデルのものだ。
口の開閉はジョイントで制御している。多くの人にとって「口角」をモデリングするのがもっとも難しい。

しかし口を開けてみればわかる。
口角というのは、厚みがある肉が「閉じられた状態のはじっこ」なのだ。
右の画像を見てあらためて「厚みのある穴のはじっこ」を理解してほしい。口を開けたフォルムはそんなに難しく感じないはずだ。厚みと丸みを持ったまま閉じればいいだけだ。
理解できるとフォルムを作るのがだいぶ楽になるはずだ。

プロを納得させるパーツの作り込みに挑戦！　　Lesson 3: 作り込み

パーツのデザインはただのデザインではない　キャラに性格を与えるためにある

次は、人種と性別の違うモデルを見てみよう。唇をモデリングするとき、形状のルールを踏まえるのはもちろんだが、私がもっとも重要視するのが「性格付け」だ。そのモデルの内面を唇の造形で表現する。口元は感情がとても表れる場所なので、フォルムをデザインするときに意識するようにしよう。

ラテン系男性

北欧系女性

アフリカ系女性

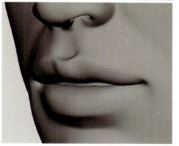

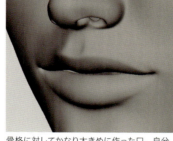

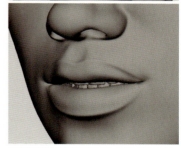

男らしく四角いフォルムにした。なので下唇のラインがまっすぐだ。しかし、情熱的でセクシーなラテン系男性を表現したかったので、肉厚でやさしい印象にした。今にも甘いことを囁きそうな唇になっているだろうか。

骨格に対してかなり大きめに作った口。自分に自信があり、言いたいことをはっきり言える大人の女性を表現した。それでいて優しさとセクシーさを失わないよう、フォルムに丸みを多用した。

アフリカ系女性の唇のフォルムはアジア人や白人とは違う特徴を持つ。アフリカ系のリップラインのエッジが立つ特徴にこだわって作成した。自分が考える中の完璧さに近い、丸みと滑らかさを求めて作ったリップラインだ。

学生によくある失敗を見てみよう！　ダメなフォルムの謎がとけてくるぞ！

端まで尖らせ系

唇の尖っている場所を口角までもってきてしまうと、唇全体が尖ってしまう。口角がわかっていないから唇の先端とうまくつなげられないのだ。

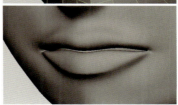

リップラインではなくその隣のエッジが唇のフォルムを作る。

左の作品を見るとリップラインのエッジはそんなに悪くない。しかしそのエッジの外側のエッジが最悪だ。特に上唇は角を立てようと押し込んでいるのがわかる。口角位置も間違った場所を押し込んでいる。なので唇だけが浮き上がったようにでっぱってしまったのだ。

右の作品は上唇のエッジは立てていないが、下唇をかなり強調して尖らせている。下唇の口角付近にエッジが集中しているためだろう。エッジ間の距離をコントロールできないと不必要なところが尖ってしまうのだ。

Chapter 02：フェイス －基礎－

フォルムが甘い系

唇の立体感を頭に入れないままモデリングしているケース。画像検索や雑誌などから「唇」の資料を集めないと、唇はこんなもんだという思い込みで作ってしまう。立体感に乏しいフォルムで表現していてはうまくなれない。

もっとリアルな資料を見て作ろう！
悪いところはたくさんあるが、空想で作っているのがわかる。口の穴のフォルムが一直線で立体感がないし、上唇も下唇も理論的立体感がない。こういうタイプの人は、とにかくいっぱい資料を集めることだ。

口の穴のフォルムがない！
口の穴は本当に一直線だろうか？ 上唇も下唇もぬめっとしたメリハリのないフォルムに仕上げてしまっている。厚みや丸みをもっと意識的にとらえてモデリングしないといけない。

基本フォルムを習得してほしい。
そうとうデフォルメしてしまった例。今回はまず人間の持つ唇の基本フォルムを習得してほしい。基本のフォルムを作れない人がデフォルメしてもそれは「デザイン」ではない。バランスが悪ければ失敗作であって、デフォルメ＝デザインにはならないのだ。

口角が失敗系

唇は、唇だと思っている箇所の造形よりも、口角のモデリングのほうが難しい。閉じられた肉の厚みを意識して作らなければいけないからだ。粘土に穴をあけたのではない。厚い粘土の板を畳んだ状態を想像して作ろう。

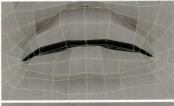

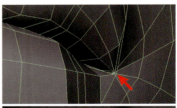

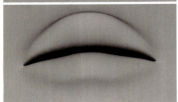

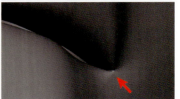

ぽっかり空いたただの穴。
唇全体の立体感が乏しいモデルだが、口角に注目してほしい。口角付近の肉の厚みが感じられない。口の穴を一直線で作ってしまったからだ。

口角の脇は肉が巻き込まれる印象で！
口の穴の脇のエッジは凹ませてはいけない。厚い肉をたたんだのだから、そこには丸みがあるはずだ。ここができないと唇だけが尖った印象になってしまうのだ。

口角はエッジを密集させてはダメだ！
表面からだけ見ていると、唇のエッジを薄く集めてしまいがちだ。短い距離のエッジは尖ってしまうということを覚えているよね？ 奥のほうにエッジを持っていけば自然な厚みになる。

プロを納得させるパーツの作り込みに挑戦！

Lesson 3: 作り込み

口角はつまっていて閉じていて裏側に流れて・・・思っているより難易度が高いのだと再認識しよう

心に刻めばうまくなるモデラー座右の話

やせた上唇系

意外に難しく、しかも難しいと認識できないのが、上唇とほほの間だ。実は鼻の下よりも鼻の脇、ほほからどう上唇につながっているか検証しない人が多い。それが原因で、あいまいなフォルムになってしまう。

NG

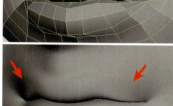

そこを凹ませてはいけない。リップラインの美しさは最終的にそこで作られる。

唇で一番忘れがちな場所が、上唇の両脇の上だ。唇の中心と口角ばかりに意識がいってしまうが、この場所は最終的に唇のフォルムを美しくするかなめでもある。美しい唇を持つ好みのモデルさんなどの写真を見るときに、そこの部分を意識的に検証してみてほしい。きっとモデリングレベルがあがるぞ！

STEP 8 唇を完成させる

1 放射状のエッジを追加する。

唇もまぶたと同じように、正面から見たイメージのフォルムを作り込むには、放射状の分割が必要だ。
赤いラインを追加し、水色のラインを削除する。水色ラインの削除部分は、あご下からの流れに変えるためだ。今は首の下までつなげる必要はなく、あご下まで分割すればよい。この画像では見えないが、口の中まで延長して分割すること。

2 追加したエッジの頂点を含むすべての頂点を修正して作り込みに入る。

リップラインの基本的なフォルムを作っていく。追加したエッジはそのままでは直線的に分割されているので、いつものように少しずつ移動して丸みを損なわないように気をつける。

ただし、まだリング状に分割を追加していないのだから、くっきりとしたリップラインにはならない！

まだぼやけた印象のフォルムでよい。この段階でエッジを立てようとしてしまうと頂点を引っ張りすぎてしまうぞ！赤いラインがリップライン、黄色のラインが唇の肉感を作り、オレンジのラインがあごやほほからどう唇が立体的になるかというラインだ。ライン上にあるすべての頂点をフォルムを作るために修正しよう。

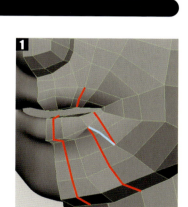

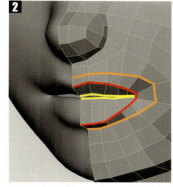
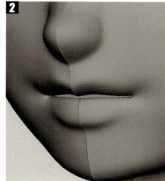

唇が中途半端に開いていたので、少し閉じておこう。

115

Chapter 02：フェイス －基礎－

3 カメラを回して唇、あご、ほほの立体感を何度もチェックして修正しよう

次の段階ではまたさらに分割が加わる。ここで形がとれていないなら先に進んではいけない！

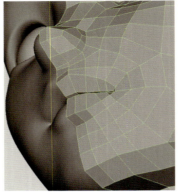

多くの人が苦手なのが口角の造形だ。ほほよりもぐっと奥に引っ込んでいるのがわかるだろうか？ リング状の分割が少ないので作り込めないが、ほほから口角に丸みを持って内側に向かっている。

唇はこのように下からのアングルで必ず確認しよう。正面からしか見ていないと、平面的な唇になってしまう。リング状のエッジが足りないので、まだ唇には柔らかな厚みが足りないが、ちょっとがまんしよう。

唇のことばかり気にして、あごまで気が回っているだろうか？ 先ほどあご方向にエッジを足したはずだ。分割は止まっているが、丸みを損なわないようきちんと修正すること！

4 リング状のエッジをエッジループで追加する。

メインのリップラインのエッジの両脇のフェースに1本ずつ、［エッジ ループを挿入］ツールを使い、エッジを追加する。

挿入ツールのオプションは［相対距離］にすること。相対距離でよいということは、［マルチカット］のエッジループの挿入機能でもよいということだ。好きな方を使おう。

ここにエッジを挿入する理由は、唇や唇周りのフォルムの厚みや丸みを作ることだ。なので、唇の形がまだできていない人は、エッジを追加しても意味がない！ 不格好なまま分割が細かくなるだけだ！

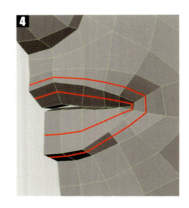

5 スムーズシェード表示とX線表示を、2画面＆別カメラで表示する。

唇は表面だけ見てモデリングしてはいけない。唇の肉の厚みや、口角の頂点の配置など、内側もしっかり見ながらモデリングしなければいけないからだ。

ここから最終的な唇に作り込んでいくので、意識的にカメラを回し、エッジが作り出すフォルムをよく見よう。

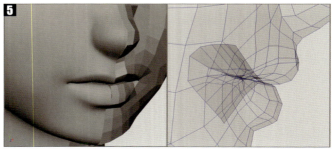

右の画面は、［選択項目の分離］（Isolate Select）でローメッシュ（プロキシ）だけ表示している。ちなみにこの画面のモデルはすでにできあがってしまった状態だ。

プロを納得させるパーツの作り込みに挑戦！　　　　　　　　　　　　　　　　Lesson 3: 作り込み

X線表示と分離表示を使いこなせ！
表面しか見ていないと美しい厚みは作れない

6 画像とモデリングポイントを参考に、唇と唇周りを完成させる

いきなり好みを入れてオリジナルにしないで、まずはこの教材通り形状を作ってみよう。

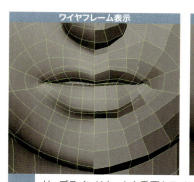  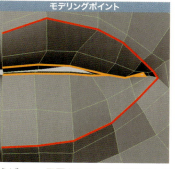

正面　リップラインはもっとも重要なラインだ（赤いライン）。口紅を塗るラインだと思えばいい。正面から見て形が取れるように、この赤いラインを目指してみよう。また口の穴のライン（オレンジ）も重要だ。唇をほんのり開けているので、口角側は上唇と下唇のフェースがめり込んでいる。口の穴のラインはまっすぐな線ではない。上唇の中心に丸みをつけよう。

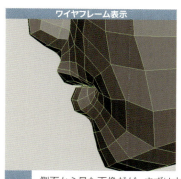  

側面　側面から見た画像だが、まずは中心線上の断面だけ意識的に見てみよう。赤いラインは上唇、オレンジのラインは下唇だ。これが唇の厚みなのだ。ラッパ状に押し出した理由は、この唇の厚みを作るためだ。鼻の下は、人中穴といって鼻と口の間に溝がある。つまり中心線より上唇の山のラインのほうが、サイドから見てでっぱっている（水色矢印）。

 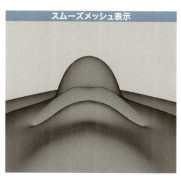 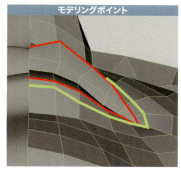

下から　唇を立体的に作る場合、必ず下からのアングルでチェックすること。赤いラインがリップラインだ。黄緑のラインはその外側にあるリップラインのエッジを立てるためのラインだ。リップライン（赤）の口角部分は口角の厚み（丸み）のために、このアングルでは見ることができない。つまりリップラインの口角は脇の肉より奥にあるということだ。

117

Chapter 02：フェイス －基礎－

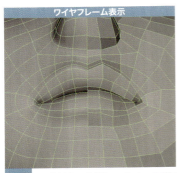
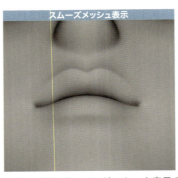
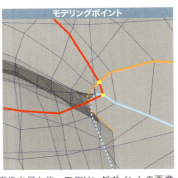

口角 口角はとても難しいので、まずは肉の厚みを説明する。ワイヤフレーム表示の画像を見た後、モデリングポイントの画像を見てほしい。口角を作っている放射状のラインはオレンジと水色の２本だ。ほほ側の表面からＵターンして裏側にめくれている。（点線は内側方向を示している）これが口角の厚みだ。厚みを意識して口角の立体感を作ることが大切だ。

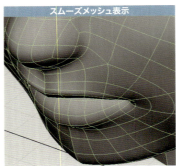
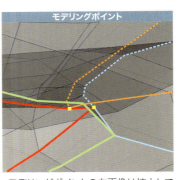

口角 口角がどのように口の中に入っていくか、もう一度この角度から確認してほしい。モデリングポイントの右画像は拡大してあるが同じアングルだ。Ｘ線表示なのでわかりにくいが、リップライン（赤）と口角の放射状ライン（オレンジと水色）を確認してほしい。黄緑のラインはリップラインの外側のラインだ。口角では赤のリップラインが内側に入っていることがわかる。それが口角の外側の肉の厚みを作るのだ。

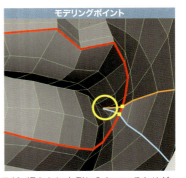

口角 このアングルから見ると赤のリップラインの口角は尖らせていないように見えるが、滑らかに内側に入れているためだ。口角が外にでっぱっていると不細工になる。肉がつぶれながらも柔らかく内側に入るように！ 口角の放射状ライン（オレンジと水色）は肉の厚みをつぶすように、口の奥で近くなり（黄色の丸）、奥に行くとまた広がってラッパ状になる。

プロを納得させるパーツの作り込みに挑戦！　　　Lesson 3: 作り込み

口角が美しく作れる人は うまモデラーへの道を歩んでいる

ワイヤフレーム表示

スムーズメッシュ表示

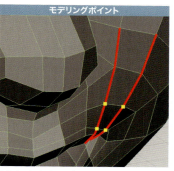
モデリングポイント

ほほからの流れ　ほほから流れるこのラインを、凹ませてしまう学生が多い。キャラクターのデザインにもよるが、柔らかいフォルムを持つ女性キャラなのであれば、ここのラインはほほから自然に唇に入ってほしい。特に黄色の点の箇所ででこぼこさせないようにしよう。

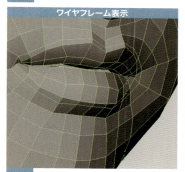
ワイヤフレーム表示

スムーズメッシュ表示

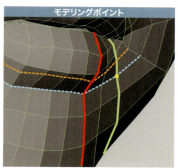
モデリングポイント

あごからの流れ　下唇は中心部が尖っていて角がある。素人はその尖った状態のまま口角まで作ってしまうが、美しい唇を作りたいのなら、口角近くになるにつれて、エッジを出すのをやめよう。そのためには黄緑のラインの段差をなくすこと。下唇のでっぱりは赤のラインまであるが、黄緑のラインにかけて段差がなくなるのがわかるだろうか？ オレンジの点線は重要なエッジで、下唇の尖りを強調している。そのため黄緑ラインに交差するあたりからエッジの尖りをなくすように気をつける。水色の点線は唇の下の凹みを作っているが、こちらも黄緑ラインとの交差付近では滑らかになるようにしなければダメだ。

ワイヤフレーム表示

スムーズメッシュ表示

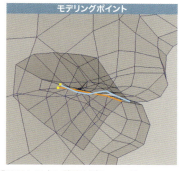
モデリングポイント

内部　スムーズモデルを非表示にして、内部からも確認しよう。厚みのある唇中心部はほんの少し隙間が空いている。水色とオレンジのラインは同じエッジループだが、水色は上唇、オレンジは下唇部分だ。途中で交差しているのは、そこで唇がくっついているように閉じているからだ。しかし口角では再び離れている（黄色い点）。それが口角の小さな隙間を作る。

119

Chapter 02：フェイス －基礎－

保留になっているエッジをつなげ、すべて四角ポリゴンにする

作業途中で保留にしたまま、つなげていない（つまり多角形ポリゴンを作っている）エッジを確認してみよう。
おでこのあたり：4か所
あごの下：3か所
耳の前：1か所
これより多かったり少なかったりしても気にしなくてよい。本来に必要な分割数は自分が決めるものなので、現在それで形ができているなら、今の状態のままでOKだ。無理に合わせると形が崩れてしまう（ただ次のステップでどう分割するべきか頭が混乱してしまうかもしれないが・・・）。

この保留になってるエッジを、そのまま延長してつなぐのが一番簡単だ。
しかし延長して首まで分割すると意味なく細かくなってしまうし、首の分割数が増えすぎてしまう。
考えなくエッジを延長して細かくなり、ガタガタにしてしまうのは素人だ。

本来こういった分割は、ボディからの分割数がわかってから調整する。つまりボディができあがるまで保留にしておいていいのだ。
この章はキャラクターヘッドを最後まで仕上げることが目的なので、ボディとは関係なく分割してしまう。この本の後半でボディのベースモデルを作るので、その時点でまた、分割数を合わせよう。

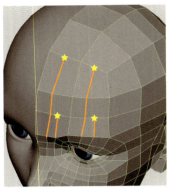

おでこは黄色の星印の箇所が、4か所保留になっている。

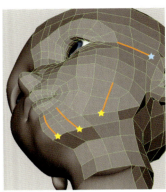

あごは3か所。耳の前は首方向ではないので水色の星印にしている。

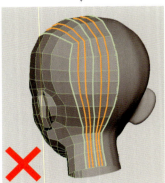

おでこからエッジを延長すると、頭頂部、後頭部、首の後ろまで、異様にエッジが増えてしまう。この馬鹿みたいに細かいエッジがおしりまでつながっている人をよく見る。

あごも延長すると、首の分割数が増えすぎてしまう。キャラによっては、喉仏や鎖骨の付け根などの造形に必要になることもある。

🏷 モデリングポイント

ここからの作業は、パズルのようでとても難しいと感じるかもしれない。実際には自分でパズルを解くように試行錯誤してほしい。ここで教える分割方法は、1つの考え方でしかない。
エッジの本数が違えば、分割の入れ方も変わってくる。毎回同じとはいかないのだ。ただし分割方法にはルールがあるので覚えておこう。
・エッジの流れがフォルムや筋肉に沿っている
・均等なサイズのフェース（もちろん細かな造形箇所は小さい）
・スムーズをかけた時にガタついていない

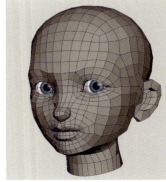

このレッスンが終わると、キャラの分割はほぼ均等に近くなっていて、とても整然としているのがわかる。

プロを納得させるパーツの作り込みに挑戦！　　　　　　　Lesson 3: 作り込み

細かな分割ラインを何も考えずに延長する
頭からお尻までつなげるなんてヘタクソの極み

この Step.9 の作業は、エッジの追加とエッジの削除を行って、保留になっているエッジをつなげて、すべて四角ポリゴンにしていく。
画像を見ながら指示通りにこなしていけばよいだけなのだが、ツール設定も指示通りしないとうまくいかないので、作業の前に説明を読もう。

■ Step.9で使用するツール設定：その1
[エッジ フロー] (Edge Flow) **をオフ！** ※[マルチカット] [エッジ ループを挿入]の設定

元のフォルムを崩さないためには、通常はエッジフローをオンにすべきだろう。しかし今回は、三角ポリゴン、多角形ポリゴンを作りながら、分割を崩していく。そのため右図のように多角形の部分をエッジフロー機能でカットした場合、元のラインを大きく崩してしまう。
モデリングに慣れている人の場合「ここはエッジフローあり」「こっちはエッジフローなし」と、エッジの位置とフォルムの状態から判断し、ツール設定をこまめに切り替えるのが通常の使い方だ。
しかし初心者はカットするごとに指定されると混乱するだろうし、書籍的にも毎回それを説明するには文字数が足りない（笑）
なので今回は、深く考えずに [エッジ フローをオフのまま] どんどんカットしよう。Step.11 で [エッジ フローの編集] (Edit Edge Flow) を利用してエッジの曲率を修正するので、安心しよう。

関連 ➡ P.020　[分割(2) Split]

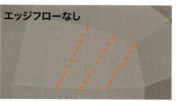
エッジフローなし

エッジフローあり

現段階では多角形ポリゴンが多いため、エッジフロー効果は重要なラインをずらしてしまう。

■ Step.9で使用するツール設定：その2
[メッシュ ツール＞エッジ ループを挿入] (Mesh Tools＞Insert Edge Loop) の
[自動完了] (Auto complete) **オフを使用する！**
※[マルチカット]のエッジループ機能は使わない

Step.9 では、右画像のようにエッジループをエッジリングすべてではなく、一部分に挿入することが多い。なので [マルチカット] のエッジループ機能（Ctrlキー）でカットすることはできない。
[メッシュ ツール] メニューのほうの [エッジ ループを挿入] なら [自動完了]という設定があり、オフにすれば指定区域だけにエッジループを入れることができる。使用方法は、**始点クリック→終点クリック→Enter** だ。もしエッジリングを横断する**すべてに**挿入したければ、**ダブルクリック**でエッジの点線が表示されるので、ドラッグして位置を決めてEnterキー。

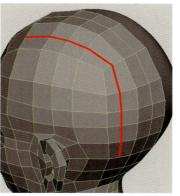
指定箇所のみにエッジループを入れる工程が何度か出てくる。これは [マルチカット] のエッジループ機能ではできない。

細かい文章読むのめんどい…。
要するに「エッジフローはとりあえずオフ」
「マルチカットじゃないほうのエッジループ
で自動完了オフ」ってことっすよね？

次のページからの
画像を見ながらどんどんカットすれば
いいんですよね！
簡単そう！ アタシでも楽勝！

そうだけど…、ちゃんと読もうよ…。
なぜそうするかって理解することも勉強の
うちだよ。だってオリジナル作るときの
ツール選択の判断材料になるでしょ！

ちがうよ〜。
「なるほど、こうやって流れを変えるのか」
と、分割を入れる&分割を捨てることを
今後のために習得しなきゃ意味ないよ。

Chapter 02：フェイス －基礎－

1 エッジの追加とエッジの削除を画像の指示通り行っていく。
前ページで説明した通り、特にエッジループの挿入箇所を間違わないように気をつけよう。
そしてエッジの削除は、[エッジ／頂点の削除]（Delete Edge/Vertex）[Ctrl＋Delete]を使用して**必ず頂点も削除すること！**

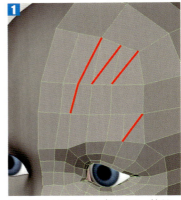

赤ラインの4か所にエッジを入れる。斜めにつないでいるのは流れをずらしていくため。

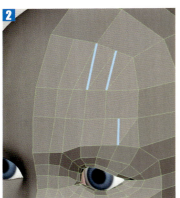

最初からあった水色のエッジを削除する。頂点は残さないように。

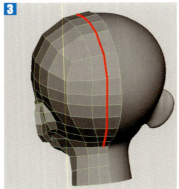

赤いラインの箇所（頭の上から首の付け根まで）に[エッジ ループを挿入]ツールで[自動完了]（Auto complete）をオフにしてエッジを挿入する。首の下までつなげない。

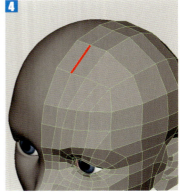

エッジループでは途中で止まっている頂点とはつながらないので、額と頭頂部は[マルチカット]で分割をつなげる。

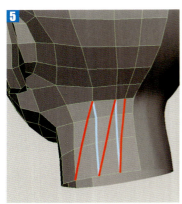

赤いラインの箇所にエッジを入れる。斜めに入れているのは流れをずらすため。水色のラインのエッジを捨てると斜めに四角形になる。

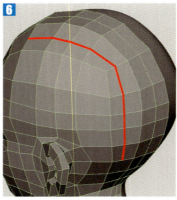

この赤いラインも自動完了をオフにしてエッジループで途中まで挿入する。おでこのフェイスを分割してつなぐ（次の画像参照）。

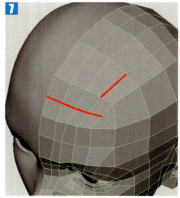

おでこ部分を横にエッジループを入れる。自動完了がオフのままならダブルクリック＋Enterキーで1列挿入できる。三角に1点足せば四角形になると覚えておこう。

プロを納得させるパーツの作り込みに挑戦！ Lesson 3: 作り込み

足りないなら足す！ 多ければ捨てる！
流れが悪いなら変える！ 難しいがそれだけだ

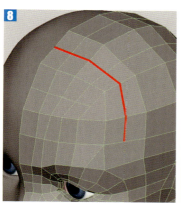

生え際にエッジループを入れる。この場合も自動完了をオフにして入れること。

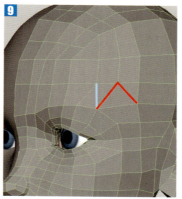

先ほど分割した突き当りの頂点から、斜めに分割する。次に水色ラインを削除する。

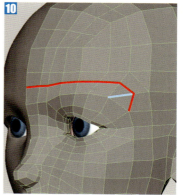

眉の上をエッジループで1列入れる。こめかみ部分まではエッジループは入れられないので、分割する。その後、水色ラインを削除する。

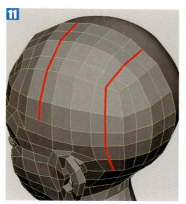

頭の部分の赤ラインの箇所にエッジループを追加する。これも途中で止めなければいけない。

こめかみ部分をこのような赤いラインで分割する。次に水色ラインを削除する。

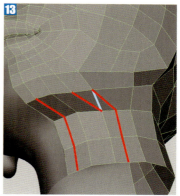

あご下から首にかけてこのようにエッジを入れる。斜めにつなぐのは流れをずらすため。次に水色ラインを削除する。

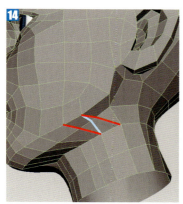

その隣のあごのあたりも赤ラインのように斜めに分割した後、水色ラインのエッジを捨てる。

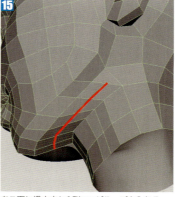

あご下に横方向に1列エッジループを入れる。

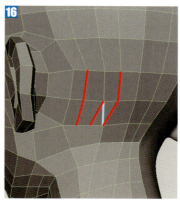

後頭部の首の付け根を、赤ラインと同じように分割する。次に水色ラインを削除する。

123

Chapter 02：フェイス －基礎－

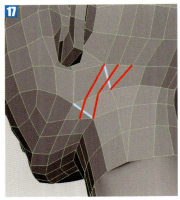
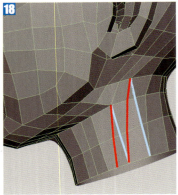
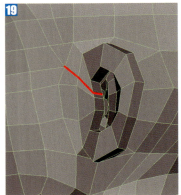

赤ラインのように分割した後で、水色ラインを削除する。水色ラインを削除すると四角形になるので、それをイメージして分割するとよい。

赤ラインの箇所にエッジを入れ、水色ラインの箇所のエッジを削除する。これで首の部分はおしまいだ。

最後の追加は耳の前から耳の中までだ。耳の奥までつなげること。耳の滑らかさを損なうエッジなので後のステップで必ず修正する。

2 スムーズメッシュプレビューでチェックする。

3キーを押してスムーズメッシュプレビューにしてみよう。
右の画像のように、三角形や多角形のポリゴンが見つけやすい。
すべて四角形になっているかチェックをしよう。

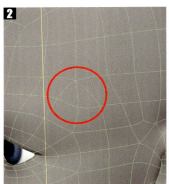
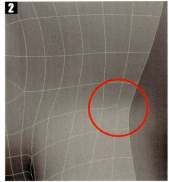

エッジを消すのを忘れて三角形になっている箇所がわかる。このような箇所がないか探してみよう。

分割をするときに、エッジがきちんとつながっていないと多角形になってしまう例。見つけたら必ずエッジを直すこと。

10 オブジェクトをミラーして、シンメトリで作業する

1 アウトライナを開いて、オブジェクトノードを確認しよう。

ヒストリを捨てたり、グループをまとめたりと、きちんとしたノード管理をしてきたのなら右の画像のようにシンプルなはずだ。

2 ローポリモデル側を選択し、Shift＋Pでペアレント化解除する。スムーズモデルが入っているProxyGroupノードを削除する。

スムーズモデルだけ捨てると、グループノードが残ってしまうためだ。

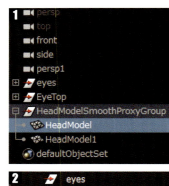

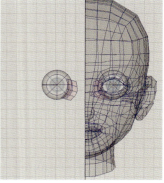

画面上で先にスムーズモデルを捨ててもいいが、グループノードはきちんと捨てること。

プロを納得させるパーツの作り込みに挑戦！　　　　　　　　　　　Lesson 3: 作り込み

メッシュのミラーは必ずしきい値を最小値に！
数値が大きいと予期せぬところがくっつくぞ！

3 フロントビューで中心ライン上にある頂点をすべて選ぶ。
2列目の頂点は絶対に選択してはいけない。

4 Xキーを使って中心ラインにグリッドスナップする。
これはヘッドモデリングでの2回目の操作なので、覚えていない人は1回目を読むこと。

5 半分の顔モデルを選択し、
以下メニュー名はバージョンによって違う
[メッシュ＞ジオメトリのミラー]
(Mesh > Mirror Geometry)※Maya 2016
[メッシュ＞ミラー]
(Mesh > Mirror)※Maya 2017
のオプションを開き、[ミラー軸]及び[ミラー方向]で[-X]に設定し、実行する。
実行したら
[マージのしきい値](Merge Threshold)
は必ず[0.001]と最小にしよう。
小さくしないと、くっついてはいけない頂点がマージされてしまうぞ！

6 マージがきちんとできているかどうかは、ローメッシュ表示（1キー）では確認できない。
スムーズメッシュプレビュー（3キー）にすれば、エッジが尖っている場所で確認できる。

7 ローメッシュでも確認できる方法があるので、そちらも試してみよう。
これは覚えておいて損はない。
モデルを選択して
[ディスプレイ＞ポリゴン＞境界エッジ]（Display > Polygons > Border Edges）

モデリングポイント
マージしたらいずれかの方法で、必ず確認する癖をつけよう。

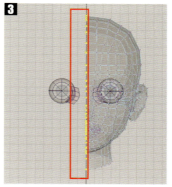

フロントビューで中心エッジ上にある頂点は囲んで選択するのが楽だ。しかし気をつけないと、2列目まで選択してしまうことがある。

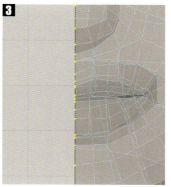

2列目を選択したままグリッドスナップすると最悪な状態になる。ズームしてちゃんと確認しよう。

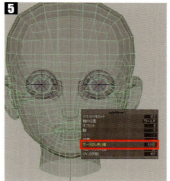

[マージのしきい値]は、ミラージオメトリで必ず設定しなければならない。
私は昔、うっかり上唇と下唇を口の奥のほうでくっつけてしまい、とても苦労したことがある。
中心ライン上にある頂点がきちんと揃っていれば、どんなに小さい数字でも問題はない。
[マージのしきい値]は必ず最小の数値にしよう。

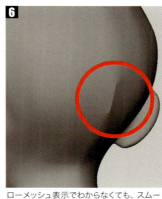

ローメッシュ表示でわからなくても、スムーズメッシュプレビューではつながっていないエッジが尖って見えるので、確認できると覚えておこう。

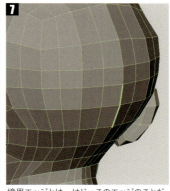

境界エッジとは、はじっこのエッジのことだ。境界エッジがあると太いラインで表示される。この表示方法は、覚えておくと結構便利。分割がうまくいかないときなど、まずエッジがちゃんとくっついているか確認するときによく使用する。

Chapter 02：フェイス −基礎−

[8] オブジェクトを選択し、移動ツール設定を開き、
[▼シンメトリ設定＞シンメトリ：]（Symmetry Settings ＞ Symmetry）のプルダウンメニューから、[オブジェクト X]（Object X）を選択する。

[9] サブディビジョン プロキシを作成する。
今回は左右一体なので
[ミラー動作]（Mirror Behavior）＝[なし]（None）を選ぶ。
オプション設定を忘れてしまった人は P.061 で確認しよう。

[10] パネルのレイアウトを[2ペイン（左右）]に変更する。
今回は両画面ともパースビューにする。
オプション設定を忘れてしまった人は P.061 で確認しよう。

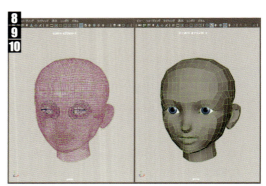

2画面とも同じカメラ（persp）で表示する。
プロキシモデルとスムーズモデルが重なった状態なのがわかる。

[11] 半分モデルのミラー表示と違い、左右一体型ではモデルが重なってしまう。エンピツのように横にずらしてもよいが、作業するモデルと眼球などの他モデルとの位置関係が重要な場合などは、同じ位置のほうがよい。

右画像は、フィギュア風キャラの髪の毛部分の作業画面のサンプルだ。髪の毛はアシメトリ（非対称）なので、半分で作ることができない。そしてデザインバランスと他モデルへのめりこみなども確認しながら作業するため、スムーズモデルとボディやパーツモデルを一緒に表示して確認している。
このサンプル画像のように、パネルによって表示するモデルを指定する機能が
[選択項目の分離]（Isolate Select）という便利な表示方法だ。

[選択項目の分離]を使って、同じカメラ＆同じ配置であっても、見たいモデルだけをパネルごとに指定している。サイズが違って見えるのは、パネル間にある分割線を右にドラッグして、作業するローメッシュ側の左パネルを大きくしただけ。

見たいオブジェクトだけ表示！[選択項目の分離]（Isolate Select）を習得しよう！　必須 必ず覚えよ

[使用方法]
オブジェクトを選択し、パネルメニューの[表示＞選択項目の分離＞選択項目をビュー]（Show ＞ Isolate Select ＞ View Selected）
メニューから選ばなくても、パネルツールバーアイコンまたはホットキー[Ctrl＋1]が使用できる。
後から選択項目の中に別オブジェクトを追加したり削除する場合はメニューを使おう。
また[選択項目の分離]機能を使っている時だけ、アウトライナに「modelPanel*ViewSelectedSet」というノードが作成され、階層の中には選択したオブジェクトが表示されている。選択の効率化に役立てよう。

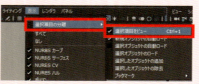

パネルツールバーアイコン

Ctrl ＋ 1　ホットキー

この機能を使っている時だけ、アウトライナの一番下にこの階層が現れる。

プロを納得させるパーツの作り込みに挑戦！　　　　　　　　　　　　　　　Lesson 3: 作り込み

曲率の違う追加エッジは表面をガタつかせる！
エッジフロー機能はキャラモデリングに必須！

12 右画像のように、「片面はローメッシュのみ」「もう片面はスムーズメッシュや目や目頭モデルの表示」と、[選択項目の分離]表示を設定してみよう。

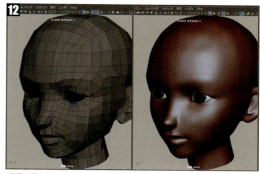

どちらの画面が作業画面（ローメッシュ）でも構わない。椅子とモニタの位置関係や、視線の癖などで人によって違うからだ。
スムーズメッシュにはメッシュの滑らかさやデコボコが確認しやすい質感をつける。デフォルトのブリンで、もちろん構わない。私の場合は濃い茶色をつけるのがマイブーム。ハイライトは表面を確認しやすくするために柔らかく大きくしている。
ローメッシュは 3 キーのスムーズメッシュに切り替えて滑らかさの確認に使ってもよいが、通常は 1 キーで作業すること！

手順を書いていないのは、思考する能力を奪わないため。意地悪でも手抜きでもありません！　授業用のていねいなプリント教材を作れば作るほど、自分で考えることを怠る学生が増えてしまったことが、最近の田島先生の悩み…。

STEP 11　[エッジ フローの編集]機能を使い、追加したエッジの曲率を変更する

1 自分のモデルと、書籍の Step.9 で挿入したエッジループの位置を確認する。
エッジループで入れた箇所は、元モデルの平面ポリゴンにただ分割を入れただけなので、曲率がそこだけ変わり、すじができているはずだ。
なぜそういったすじができるかは、P.068 で説明したので、もう一度読んでみよう。どのエッジを[エッジフロー]で修正すべきなのかが理解できるはずだ。

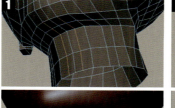

どのエッジを直すべきなのか、自分の目で確認しよう。

2 このステップはすべて、曲率が崩れてすじができている**エッジを選択し、**[メッシュの編集＞エッジ フローの編集]（Edit Mesh＞Edit Edge Flow）を実行して編集する作業だ。
境界エッジ（この場合は首の末端のエッジ）は、次のステップで登場する[スカルプト：リラックス ツール]では滑らかにできないので、まずはそこから修正しよう。
ダブルクリックでエッジループを選択しては絶対にダメ。唇など作り終わっているフォルムを崩すぞ！

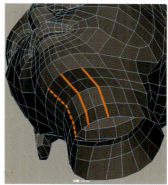
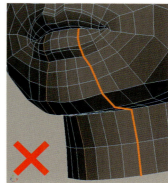

まずは首の縦のエッジだ。ここから始めてみよう。（点線はシンメトリによって自動的に選択されるライン）

エッジループ全体を選ぶと、フォルムがすでに作られているところまで、曲率を平均化してフォルムを崩してしまうぞ！

127

Chapter 02：フェイス －基礎－

3 顔面と耳の部分は完成しているので、オレンジ色の部分のエッジは絶対にエッジフローで修正してはいけない。
エッジフローをかける箇所は、エッジの挿入によって曲率が変わってガタついた部分だけだ。

4 あごの部分の崩れは、エッジフロー機能では直らない。この部分は保留にしておこう。また「あご」「首とあごの付け根」部分の横方向のエッジは、もともと急激に角度を変えてシャープなラインを作っているので、エッジフローを使ってフォルムを変えてはいけない。

5 スムーズモデルを見ながら、滑らかさを崩しているエッジにエッジフローで編集していく。
どのエッジに対して実行するかは、自分のモデルをよく見て判断してほしい。

このときメニューからわざわざ選んでいると作業効率が落ちる。**同じ機能を続けて実行するときには、ホットキーの［Ｇキー］を使用する**と便利だ。これは最後に実行したコマンドを繰り返す［編集＞繰り返し］(Edit > Repeat) のキーボードショートカットだ。覚えておこう。

初めてエッジフロー機能を知ったとき、「私のモデリング人生が変わった！」レベルの衝撃を受けたんだ！そのくらい画期的な機能なんだよ〜！

頂点移動せずに簡単に、これほど滑らかに修正できるというこの「エッジフロー」機能は、初心者モデラーにこそ恩恵があるはず。

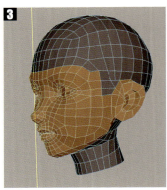

前ページでも説明したように、ダブルクリックでエッジループ１列を選択して作り込んだ部分にエッジフローをかけないように！

あごの部分はエッジフローでは直らないし、横方向のエッジはシャープさを保っていないといけないので保留にしておく。

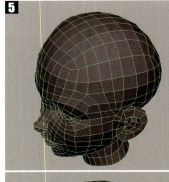
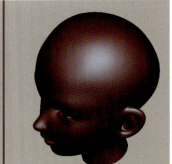
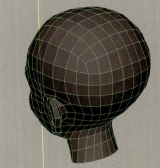
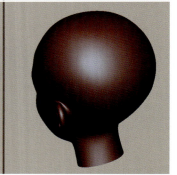
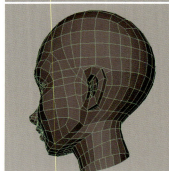
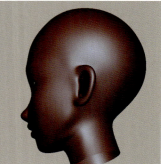

プロを納得させるパーツの作り込みに挑戦！　　　　　　　　　Lesson 3: 作り込み

トポロジ・フォルム・表面の滑らかさ
この三位一体をマスターしてこそ、うまモデラー

Step 12　ローメッシュに利用できるスカルプトツール4種を理解する

スカルプトツールを使う　その前に！　バージョンの違いによるスカルプトツール[リラックス]の不具合について知っておこう

モデリングに関して言えば、Maya 2016 と 2017 の間にそれほど大きな違いはない。しかし、Step.12 で出てくる[スカルプト ツール]については、実はみなさんが使っている Maya のバージョンによって注意しなければいけない問題がある。

[スカルプト ツール]（Sculpting Tools）は、Maya 2016 で大きく変更された新しい機能だ。Maya 2015 では名前が同じでも全く違うツールだった。

[スカルプト ツール]も Maya 2016 と Maya 2017 ではほぼ改変はない。マニュアルを読むとたぶんそう感じるかもしれない。

しかし、Maya 2016 及び Maya 2016 Extension1 ではスカルプトツールの重要ツール[リラックス ツール]（Relax）に不具合がある。「特定のメッシュにおいて不具合がある」と言い換えるべきだが、「特定」がどういったメッシュを指すのかは確認できていない。確かにプリミティブモデルでは不具合が出ないが、多くのモデルがその不具合が出る「特定のメッシュ」なのが私の実感だ。

Maya 2016 Extension2 以降（Maya 2017 含む）では不具合は修正されているので問題なく使用できる。

Maya 2016 は、[Maya 2016（Extension なし）、Maya 2016 Extension1、Maya 2016 Extension2］と3種類あり、機能の追加や修正が異なるので、学校や自分の Maya がどれにあたるのか必ず確認しよう。

リラックスツールは、フォルムを変えずにエッジの流れ（頂点位置）を平均化してくれる秀逸スカルプトツールだ。フェースのサイズが均等になり、きれいなフォルムに簡単にできる。
しかし上の画像を見てほしい。きれいどころかジグザグでぐちゃぐちゃだ。これが Maya 2016 で多く起こる不具合の現象だ。

 話が長くてよくわからん…。オイラは Maya 2017。

だったら、問題なくスカルプトのリラックスが使えるからモデルを滑らかに修正するのが楽だね！

うちの学校はまだ Maya 2016 です〜！でも Extension とかってどれだかわかりません〜！

機能を確認！　P.030〜031　[スカルプト Sculpt]　

使っている Maya の正確なバージョンを知ろう！

同じナンバリングバージョンの Maya でも、Extension 付きでは、機能が全く違うことがある。まずは使っている Maya のバージョンを確認する方法を知っておこう。

メインメニューの[ヘルプ＞Maya バージョン情報]（Help＞About Maya）
右画像（部分）のようなウィンドウが立ち上がるので、ロゴ下にある[バージョン]（画像赤枠）で確認する。
学生さんは、学校と自宅の Maya が同じ 2016 であっても、なるべく Extension のバージョンは合わせたほうがよい。ヒストリを持ったままのデータを行き来すると、データロスする（データが完全に再現されずにシーンが開かれる）ことがあるためだ。
また SP（Service Pack）は、重要な修正が含まれたソフトウェアパッチなので、なるべく最新の SP をダウンロードして適用しよう。

では、まずは使っている Maya のバージョンを調べないとね！

バージョン確認ウィンドウ（部分）。

Chapter 02：フェイス －基礎－

1 スカルプトツールを確認してみよう。
アクセス方法は2種類。

アイコンで選ぶ方法
シェルフの［スカルプト］（Sculpting）タブ

名称で選ぶ方法
［メッシュ ツール＞スカルプト ツール］
(Mesh Tools > Sculpting Tools)
メニューをプルダウンしていたら効率が落ちる。そういう時はメニュータブの一番上（画像赤枠）をクリックすると、タブが外れて画面に置いておけるので便利だ。

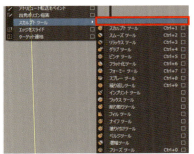

日本語は複数形を使わないので、機能名の［Sculpt tools］と、ツールの1つ［Sculpt tool］が両方とも［スカルプト ツール］と同じ名前になっている。書籍の説明で混同させてしまわないか心配。

慣れないうちは名称を覚えたほうが絶対に良い。それは他のツールや機能でも同じことが言える。シェルフから使う場合は、ポップアップヘルプで名称と機能を確認しよう。

2 まずはメインで使われる［スカルプト ツール］（1番目）を試してみて、使い方を学んでみよう。

今作成しているガールヘッドに、いろいろなツールを遊ぶようにどんどん試してみてOK。しかし上書き保存しないように注意！

ただ、ガールキャラはポリゴン数が少ないので効果がわかりにくい。なのでプリミティブの球体を大きくして練習したほうがよいかも。

スカルプトツール（ズ）を使うときは、必ずツール設定を開くこと！
デフォルトの数値はサイズと強さが大きすぎて効果が極端になる。数値を小さくして効果を確認しよう。

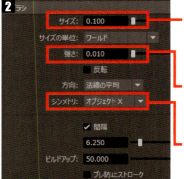

＋ドラッグ
影響を与えるサイズ。細かく設定するときはホットキーではなく数値入力をする。

M＋ドラッグ
影響の強さ。ホットキーでは強さがわかりにくいので数値入力をメインで使おう。

左右対称で使用する場合は、このシンメトリ機能を使う。

［スカルプト ツール］(Sculpt)
もりあげる、へこます、という基本ツール。

通常のストロークでは、外側に頂点が移動し、もり上がる。
頂点を内側に移動させて**へこませる場合は、Ctrlキーを押しながらストロークする。**

3 2番目の［スムーズ ツール］を試してみよう。

とても便利なツールだが、理解していないとメッシュがどんどん小さくなってしまうので注意が必要だ。
スムーズツールは他ツールでガタついた箇所を滑らかに微調整するときに頻繁に使用する。**どのツールを使用していてもShiftキーを押している時だけスムーズツールになる。**

［スムーズ ツール］(Smooth)
頂点を平均化する基本ツール。凹凸を平らにする。

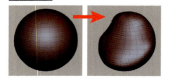

ローメッシュに対して使用するときは、サイズと強さに注意しよう。［リラックス］と違い、元のシェイプを無視して滑らかにするので、大きい数値はモデルをどんどん小さくしてしまう。しかしスムーズツールは実際にはサンプル画像のようなフォルムを作るのが目的ではない。（サンプル画像は失敗例だ）他ツールでスカルプトすると滑らかさを損なうことが多いので、その修正に頻繁に使用する。**他ツールと併用して使用するにはShiftキーでスムーズツールにアクセスするのが基本の使い方だ。**

プロを納得させるパーツの作り込みに挑戦！　　　　　　　　　　Lesson 3: 作り込み

スカルプトツールはローメッシュにも力を発揮 なぜなら頂点を移動する機能だからだ

4 3番目の[リラックス ツール]を試してみよう。

ただしプリミティブモデルに使用しても、元々メッシュの流れが均等なプリミティブには、目に見える効果はない。エッジを数本削除したり、わざと位置をずらしたりしてから試すと効果がわかる。
スムーズ同様、他ツールと併用して使用することも多い。
どのツールを使用していても Ctrl + Shiftキーを押している時だけリラックスツールになる。

5 4番目の[グラブ ツール]を試してみよう。

このグラブツール、ものすごい便利で、もう移動ツールを使う必要ないくらいにすごすぎるツールだと私は思っている。
グラブツールとは、ドラッグした方向に頂点を移動するツールだ。
方向の制限を[方向]（Direction）で設定する。**通常私は[スクリーン]で使用している。ワールド軸に関係なく、カメラを回してスクリーン平面を軸として使えば、自由度が高まるからだ。**
もちろんワールドや法線の軸制限をすることもできる。
また**[サーフェスにコンストレイント]**（Constrain to Surface）が**オフなら、フォルムの修正**になり。**オンにすれば、サーフェスに沿ってエッジをスライドし、フォルムを変えずにメッシュの流れを修正できる。**

> **モデリングポイント**
> スカルプティングを上手に行うコツは、
> ・かなり小さな[強さ]の数値
> ・べたっと塗る（長くドラッグし続ける）のではなく、とんとんと叩くように小刻みに[小さな変更を塗り重ねる]感覚

4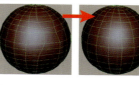

[リラックス ツール] (Relax)
フォルムを変えずにエッジの流れを整えてくれる。

[サーフェスにコンストレイント]
（Constrain to Surface）にチェックを入れて使用するのがベスト。フォルムが変わるのを防ぐ効果がある。間隔の違うエッジを平均化してくれるので、メッシュの流れを簡単に修正できる。

[エッジ フローの修正]と違い曲率を変えてくれることはないが、エッジ選択せずに修正できる点が便利な点だ。ただしいくらフォルムを変えないといっても、ポリゴン数が少ないモデルでは、エッジの位置がずれればフォルムも多少変わるので注意。

Maya 2016及びMaya 2016 Extension1で不具合あり

5

[グラブ ツール] (Grab)
自由な方向に頂点を移動でき、フォルムを変えることも、エッジをスライドさせることも、両方できる秀逸ツール。

[スカルプト ツール]が「サーフェスの前後に移動」ととらえるならば、[グラブ ツール]は「画面の上下左右」と考えるとわかりやすい。
[方向]（Direction）[スクリーン]が一番クリエイターにとって直感的に作業できる。

[サーフェスにコンストレイント]（Constrain to Surface）がオフの場合（左画像）はフォルムの修正に。オンの場合（右画像）はエッジスライドのように頂点を移動できる。青矢印はストロークの向きだ。

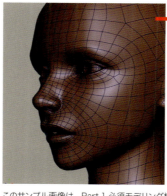
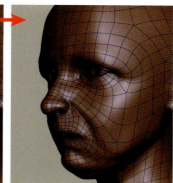

このサンプル画像は、Part.1 必須モデリング機能＆ツール[スカルプト]（P.031）の説明のために、スカルプトツールでモデルを変形させた例だ。
このスカルプティングのおおまかな作業内容:
・**グラブツール**を使ったフォルムの修正：鼻の先端やフェイスラインや目じりのフォルム
・**グラブツール**を使ったエッジの移動：目の下や頬などのトポロジの流れの修正
・**スカルプトツール**を使った凹凸の強調：痩せた部分と垂れた皮膚の起伏
・**スムーズツール**で（上記ツールよってできたガタつき）形状を滑らかに修正
・**リラックスツール**で（上記ツールによるメッシュの不均等）エッジを修正

131

Chapter 02：フェイス －基礎－

18 頂点移動とスカルプトツールで、フォルムを完成させる

1 ローメッシュモデルを選択し、スカルプトツール：[リラックス]を選択する。

※ Maya 2016 及び Maya 2016 Extension1 を使っている人は、メッシュに不具合が出るか確認しよう。もしギザギザにエッジが不均等になるようなら、リラックスは使用しないでほしい。代わりに修正指示の部分を、頂点移動またはグラブツールを使用して修正しよう。

スカルプトツールのいずれかを選ぶと、通常のワイヤフレーム付きシェード表示ではなく、スカルプト機能専用の黒いワイヤフレームで表示される。もし表示されていないならツール設定を開き、[▼ディスプレイ＞ワイヤフレーム表示＞□表示]（Wireframe Display＞Show）をオンにする。
カラーやアルファ値（不透明度）も設定できる。黒表示が見にくい人はカスタマイズしよう。
右画像はカラーをグリーン、アルファを1に変更したもの。

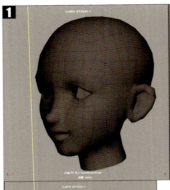 

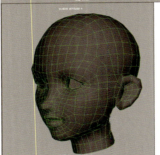

ワイヤフレーム付きシェード表示は、スカルプト専用の表示になる。
黒色が見にくいので私は色を好みでカスタマイズしている。スムーズを別モデルで確認しているから、メッシュはしっかり見て作業したい。

スムーズモデルをよく見ると、この段階でガタつきがほとんどない。エッジフロー機能、素晴らしすぎる。
リラックスツールはそんなに必要なさそうだ。

2 リラックスのツール設定
[サイズ]：1くらい
[強さ]：10～50あたり
[シンメトリ]：オブジェクトX
[サーフェスにコンストレイント]：オン

3 耳の斜め上にある三角形のメッシュ近辺をリラックスする。
画像のように均等な配置、均等なフェースになるように修正されるのがわかる。

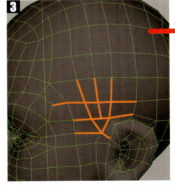 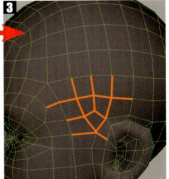

4 他の箇所も、リラックスでフェースのサイズがなるべく均等になるようにリラックスする。
ただし顔とあごの部分は修正しない。
サンプル画像を見ても大した変更ではないのがわかる。エッジフローの編集によってかなりの箇所がきれいに修正されたからだ。

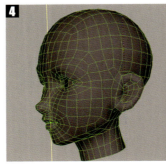 

132

プロを納得させるパーツの作り込みに挑戦！　　　　　　　　　　Lesson 3: 作り込み

ツールの使い方をマスターしても形を判断する「目」を鍛えなければ意味はない

5 保留にしていたあごの部分を確認してみよう。

6 あごの部分を[スカルプト ツール]の「へこます」(Ctrlキー)で、まず修正してみよう。

画像のオレンジラインのふくらみがあごのラインを壊しているので、[スカルプト ツール]でやさしくへこませていく。

へこますには、Ctrlキーを押しながらストロークする。

[スカルプト ツール]は[強さ] (Strength)の数値が重要だ。1回のストロークで大きく修正しようとするのではなく、小さな[強さ]でトントンとクリックして少しずつ影響を与えていくのが、失敗しないコツだ。

この場合は[強さ：0.1]という数値ぐらいでちょうどいい。

7 前のページで練習した4種のツール[スカルプト ツール] [スムーズ ツール] [リラックス ツール] [グラブ ツール]を駆使してあご下のフォルムを整える。

[スムーズ ツール]は[強さ] 10以下に抑えたほうがよい。大きすぎるとフォルムがどんどん平坦になってしまう。
[グラブ ツール]は右画像のように、エッジを下方向に移動するのに便利だ。[サーフェスにコンストレイント]のチェックを入れるのを忘れないように。

8 全体のフォルムをもう一度確認し、必要な箇所を修正する。

9 サブディビジョンプロキシを削除して、完成だ。

このあごの崩れは、P.123のエッジの追加によって引き起こされた。途中まで美しくフォルムが整っていても、トポロジを構築し直すとこのようにフォルムも再構築し直す必要があることを覚えておこう。

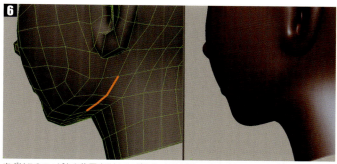

まずはこのエッジから修正するといいだろう。ここが出ているためにフォルムが崩れているからだ。[スカルプト ツール]で修正するのが難しければ、頂点移動でもいいだろう。その場合は「法線軸」で移動するのが楽だ。

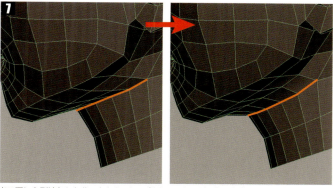

あご下に1列追加した分、大きくスムーズされていたのが、急な角度でスムーズされるようになった。ここのエッジを下のほうに下げて、あごから首のカーブを滑らかになるように修正する。[グラブ ツール]このような移動に役に立つ。

先生は簡単にスカルプトしてるけど、初めてだからめっちゃ難しいです！どんどん変な形になっていきます（泣

執筆してて一番心配だったのソコ（汗 スカルプトって直感的な操作ができる分、慣れないとメチャクチャになっちゃうの。難しいと感じたら、今まで通り「頂点移動で修正」してね！

133

Chapter 02：フェイス －基礎－

10 完璧なフォルムのシンプルなキャラクターフェイスになっただろうか？
基礎的なフォルムのキャラクターとはいえ、相当レベルの高いことをしていた。
ポリゴンを操作するツールや機能を習得することが目的だと思ってここまできたのなら、それは大きな間違いだ。

あなたは今現在の自分のモデルに合格点を出せますか？

モデルが美しくなければ、意味がない。まったくなんの意味もないのだよ。
今まで細かすぎるくらいフォルムのバランス、表面の滑らかさについて書いてきたが、そこをおろそかにして制作を進めてきたのであれば、最初からやり直しだ！
本を読んで完璧に作れてしまったならあなたはもともとうまい人だ。もっと高みを目指して頑張ってほしい。
しかし今作ったモデルがあまり良いできでないなら、何度も作り直す覚悟と根性が必要だ。

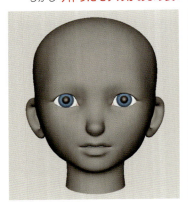

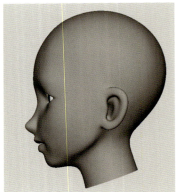
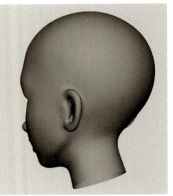
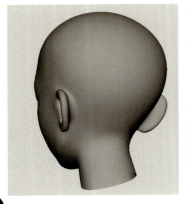
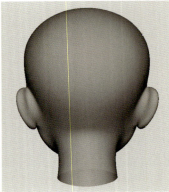

自分の目が何を見ているかが、モデラーにとってもっとも重要なのだ。
どんなに注意点やうまくなるコツを私が書いたとしても、**あなた自身の目がモデルを判断できなければ絶対にうまくならない。**
そしてその能力を高めるには、様々な形状をよく観察し、モデルをたくさん作るしかない。
今うまくできていない人は、次の「Chapter 03：フェイス-上級-」に行っても、残念ながらうまくはなりません。

プロを納得させるパーツの作り込みに挑戦！　　　　　　　　Lesson 3: 作り込み

ツールの使い方をマスターしても
形を判断する「目」を鍛えなければ意味はない

視線を制御できるように眼球を作り直す

1 現在、眼球はインスタンスコピーで作られている。
ハイパーグラフを開いて確認してみよう。nurbsSphere1 がインスタンスオブジェクトとして共有されているのがわかる。
眼球の位置やサイズを左右同時に行うために、インスタンスコピーしたのだが、覚えているだろうか？
このままだと、視線を動かす時に左右対称に回転してしまう。

2 画面で選択せずに、group2（右目側）を削除する。
画面で選択すると nurbsSphere1 が選択されて、両目とも削除されてしまう。ハイパーグラフかアウトライナで group2 ノードだけ削除すること（人によっては group2 ではないかもしれないが、選択して確認すればよい）。

3 眼球モデル（nurbsSphere1）を複製する。
間に入っているグループノードは外して削除してもよい。

4 複製されたスフィア（nurbsSphere2）の移動 X の数値に
［−（マイナス）］を加える。
マイナスを加えることで、原点を中心に右側に移動する。
ミラーコピー（グループノードのスケール X に −1 を入れる方法）でもよいのだが、球体なので移動にした。テクスチャを左右対称にする場合にはミラーコピーのほうが向いている。

5 2つの眼球モデル（nurbsSphere1と2）をフリーズする。
［修正＞トランスフォームのフリーズ］
(Modify > Freeze Transformations)
移動、回転、スケールに数値が入っているので、それを初期値にする。ただし［回転 X］：90 以外の回転値が入っている場合は、必ず 90 にしておかないと、少し傾いている状態でフリーズされてしまうので注意。
フリーズしたらヒストリも捨てておく。

6 これで眼球を回転できる。視線を回転で動かしてみてほしい。

7 この本はモデリングに特化した本なので、アニメーション関連の機能は割愛している。もしコンストレイントが理解できているのなら、ロケータを左右の眼球の真正面に配置してエイムコンストレイントをかけるといい。ロケータの親ノードをカーブなどで作れば、視線の移動を左右同時に移動で制御できる。

 私はモデリングの早い段階で視線リグを作ってしまう。モデルのイメージの確認のために重要なのだ。目線を加えるとキャラに魂が入るよ〜！

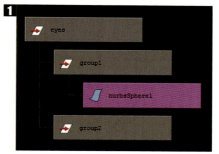

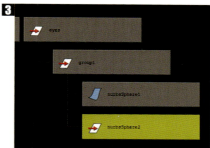

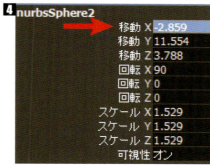
数値は人によって違う。数値の上に−をつけるだけだ。

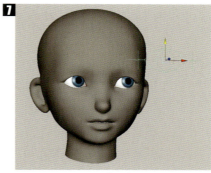
エイムコンストレイントを使えば、いちいち眼球を選択して回転しなくても、視線用コントローラを移動して動かすことができる。

Chapter 02：フェイス －基礎－

コレもタイセツコラム
―― モデリングに使えるアニメーション機能の巻 ――

頂点の移動だけじゃものすごく面倒くさいモデリングって他に方法ないんすか？

アニメーション機能のデフォーマ系なんかは結構モデリングに使えるよ！

格子で取り囲んで変形できるラティス　便利 知ってると得

ラティスデフォーマは、ラティスという格子状のポイントを使用して変形できる機能だ。
全体的なバランスを修正したい時、たくさんの頂点を細かく移動するのが面倒な場合に威力を発揮する。
ラティスのターゲットは、オブジェクト単体や複数でもOK。そしてオブジェクトの複数の頂点にも使用できる。
[デフォーム＞ラティス]（Deform＞Lattice）
操作は簡単で、任意のラティスポイントを移動や回転、スケールすればよいだけだ。ただラティスポイントを修正する前に必ずしなければいけないのが、[分割数：S、T、U]の設定だ（通常チャンネルボックスで数値を入力する）。ここでラティスの細かさを決める。

複数のオブジェクトごとにラティスをかけてバランスを修正した例。別オブジェクトでもまとめて修正できるのでとても便利だ。しかしラティスの細かさが足りないので、脇の下や親指も引っ張られて伸びてしまっている。分割数は重要なのだ。

体オブジェクト全体にラティスをかけるのではなく、片腕の頂点だけ選んでラティスをかけた例。ラティスはどんな複雑なモデルでもシンプルな四角い格子状のコントローラだ。なので細かく変形したい時は、このようにモデルの頂点を選ぶとよい。

様々な種類のノンリニアデフォーマ　便利 知ってると得

ノンリニアデフォーマは、オブジェクトを一定の法則に基づいて変形する機能だ。6種類用意されている。
[デフォーム＞ノンリニア＞]（Deform＞Nonlinear＞）
[ベンド]（Bend）、[フレア]（Flare）、[サイン]（Sine）、[スカッシュ]（Squash）、[ツイスト]（Twist）、[波形]（Wave）
どれもMayaヘルプでは画像入りでていねいに説明してあるので、確認してみるとよい。ちなみにP.293の髪の毛モデルの作成に、ベンドとツイストを使用している。

3本のシリンダにツイストとベンドのノンリニアデフォーマを追加した例。このような形状をモデリングで行うのは至難の業だ。ノンリニアデフォーマは各種アトリビュートの他に、ハンドルの位置やサイズがとても重要だ。位置やサイズが違えば効果もまったく違うからだ。

アニメーションスナップショットの複製　便利 知ってると得

アニメーションがついているオブジェクトを、その移動や変形アニメーションに応じた状態で複製できる便利な機能がある。
アニメーションメニューの[視覚化＞アニメーション スナップショットの作成]（Visualize＞Create Animation Snapshot）
この機能の凄まじく便利なところは、キーフレームを変更した時に、複製されたスナップショットも同時に変更してくれる点だ。

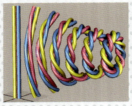

この画像は、ノンリニアデフォーマと移動にキーをつけてアニメーションさせたものを、スナップショットした作例だ。このようにトランスフォームのモーションだけでなく、デフォーマにも対応してくれるのが嬉しい。

スナップショットはNURBSカーブにも使用できる。
まつ毛をnHairで作成する時、モーションパスを利用してカーブを移動し、回転やスケールに細かくキーをつけている。スナップショットを使用すれば、キーを編集するだけで、まつ毛の角度や長さを画面上で確認しながら修正できるのだ。
（詳しくはP.290）
髪型のスタイリングにも利用している（詳しくはP.292）。
[増分]（Increment）は後から修正することが可能なので、本数を見た目で判断しながら決めることができる。

アニメーションスイープはロフト機能　便利 知ってると得

アニメーションメニューの[視覚化＞アニメーションスイープの作成]（Visualize＞Create Animated Sweep）

アニメーションスイープはアニメーションをつけたNURBSカーブをスナップショットで複製し、ロフト機能でサーフェスを作成する機能だ。もちろんポリゴンで出力できる。アニメーションとの組み合わせは、モデリングの作業工程を格段に便利にしてくれるので覚えておきたい。

Part.2
キャラクターモデリングレッスン

Chapter 03：フェイス - 上級 -

Lesson 1： 二重まぶた
二重まぶたに挑戦して、細かな頂点移動を習得せよ！

Lesson 2： 鼻
難しい鼻の穴のモデリングで観察力を高めろ！

Lesson 3： 耳
リアルな耳の複雑さに尻込みせずに果敢に挑め！

Lesson 4： 男性
男性モデルも同じ手順で作ってみよう！

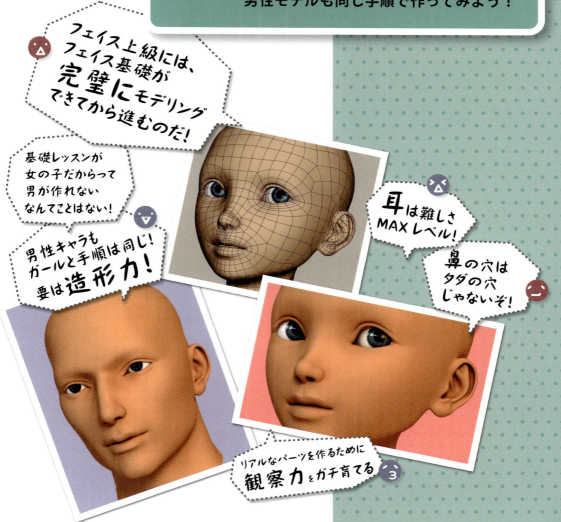

フェイス上級には、フェイス基礎が完璧にモデリングできてから進むのだ！

基礎レッスンが女の子だからって男が作れないなんてことはない！

男性キャラもガールと手順は同じ！要は造形力！

耳は難しさMAXレベル！

鼻の穴はタダの穴じゃないぞ！

リアルなパーツを作るために観察力をガチ育てる

Chapter 03：フェイス －上級－

二重まぶたに挑戦して、細かな頂点移動を習得せよ！

Chapter 02の基礎モデルがきちんとできているなら、二重まぶたに挑戦しよう。
大まかな形状がバランスよくできていないまま進んでしまうと、取り返しがつかないことは何度も言ってきた。すべてのパーツで同じことだ。二重まぶたも、一重のシンプルバージョンができていなければ、決してバランスよくはできない。頂点移動の細かな配慮がかなり必要になるぞ！

CGでの一重まぶたと二重まぶた

右の画像は今回のキャラクターを基本フォルムの一重まぶたから二重まぶたに作り込んだものだ。
アイホールの大きさは変えていないが、印象はかなり違う。目が大きく見えパッチリ見える。基本フォルムの一重は日本人風でこれはこれでかわいいので、好みがあるかもしれない。

上書き保存さえしなければどちらも使えるし、どちらのモデルで鼻を作り込んだとしても、目の周りだけ切り取って移植（インポートして結合）すれば、まぶたを差し替えることもできる。なので、**一重で満足せずに、レベルアップのために二重まぶたを作ってみよう。**

二重まぶたの作成において、この本で伝授できることは、あまり多くはない。**もともとのまぶたの形状がきちんとできていれば、基本はただエッジループを2本足して、1本を奥に引っ込ませればいい**だけだからだ。

しかし、**その2本が下まぶたにも加わってしまう。そこが失敗につながりやすい。間隔の狭いエッジはしわになりやすく、ガタつくからだ。**人形のような女の子キャラなので、しわやガタつきは作ってはいけない。

一重まぶた

二重まぶた

整形手術のBefore、Afterではないので、一重を二重にしたからといってアイホールが大きくなるわけではない。（逆に若干小さくしてしまったようだが意図的ではない。下まぶたを修正しているうちになってしまった。）大きさは関係なく二重のしわを追加しただけだ。しかし二重のしわが加わるだけで、目の印象がかなり変わる。目がぱっちりとした印象になっている。

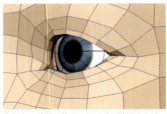

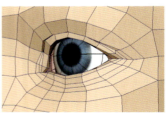

作り方の手順は後のステップで説明するが、元の一重まぶたよりエッジループ状のエッジの列が2本増えている。二重まぶたを作るには実はぎりぎりのエッジ数なのだが、それでも下まぶたがすごく細かくなっているのがわかる。

🖉 モデリングポイント

シェーダの色を肌色に変えたのは雰囲気をつかむため。私はモデリングがある程度できてくると肌色に変える。眼球の回転と同じように、魂を吹き込む効果がある（と信じている）。もしモデリングに適したグレーで見たかったら、わざわざシェーダを変える必要はなくパネルメニューから［シェーディング＞既定のマテリアルの使用］（Shading > Use default material）を使って切り替えるとよい。この機能はすごく使える！

138

二重まぶたに挑戦して、細かな頂点移動を習得せよ！　　　　　　　　　　　　　　Lesson 1: 二重まぶた

まぶたの構造と印象をよく研究せよ！
自分が求めるキャラを追求できる

まぶたの厚みの違い

厚いまぶたと薄いまぶたを作り比べてみたので見てほしい。

右の薄いまぶたのほうが、薄い皮膚が折りたたまれている状態のリアルなまぶたにより近い。ただこちらの場合、もう1本多くエッジが必要。しかしエッジ同士が近く下まぶたがしわになりやすいので、エッジを途中で止めて三角形ポリゴンにしてしまった。

造形を細かくすればするほど、エッジが多くなりガタつきの修正が難しくなる。そういった場合、私は四角形にこだわらず、三角形や五角形のフェースを作ることで解決してしまうこともある。「滑らかさ」のほうが四角ポリゴンよりも優先順位が高いときはそうしている。

リアルに近いほうの右側は私はあまり自分の作品には採用しない。まつ毛とアイメイクで二重まぶたがほとんど見えなくなってしまうためだ。
みなさんは様々な写真やモデルを見て、自分で選んで形作ること。

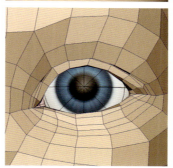 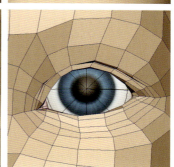

薄いまぶたのほうは、かぶっている方のまぶたの皮膚が丸まらないように、もう1本エッジを足している。しかし下まぶたの分割数（と位置）はまったく同じだ。かなり狭いところにエッジループを入れるため、ガタつきを直すのは至難の業と判断し、まぶたのしわが終わるところで三角形フェースにした。(この画像では隠れていて見えない)
しかし、目を閉じるスキニングの時にその三角形がネックになるかもしれない。変形に向いた分割というのは、実際に動かしてみないと判断しにくいのだ。

二重まぶたの種類

このキャラクターは、今更だがアジア人の骨格をモチーフとしてデフォルメしている。額と鼻のでっぱりやメリハリを小さくしているのが特徴だ。
同じ二重でも欧米系の彫りの深い顔立ちでは二重の形状も違ってくる。Lesson 4の男性モデルを参考にするといいだろう。

またアジア人の二重まぶたの種類には、平行型二重と末広型二重の2種類ある。
試しにネットで検索してみるといい。実は日本人には末広型二重がとても多いのだ。CGモデルで末広型二重をあまり見たことがない気がするが、アジア人の特徴を出したいときのために覚えておいて損はない。

 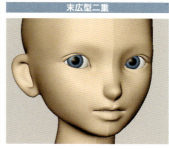

平行型二重はパッチリとした華やかな印象がある。末広型は蒙古ひだ（目頭の皮膚）から徐々に二重になり広がっていくタイプで、つり目でオリエンタルな印象を与える。末広型のほうがモデリングするのが難しい。この末広型のまぶたの少女のモデルは、個人的には好きなデザインだ。

Chapter 03：フェイス ー上級ー

新たに分割を入れるので、再度プロキシを作成する

Chapter 02 の完成モデルから二重まぶたを追加するなど、モデルにエッジを入れてさらにモデリングしていく。

この書籍では左右一体モデルではなく、基礎フォルムや顔パーツを作成した手順同様、半分だけのモデルに作り込んでいく。バージョンによってできることが異なるためだ。

※ Maya 2016 Extension2 及び Maya 2017 を使用している人は、左右一体でシンメトリ機能を使いモデリングしてもかまわない。その場合 P.126 で説明したように、パネル表示の工夫をしなければならない。

ここで再びサブディビジョンプロキシを作ろう。
一度ジオメトリをミラーで結合したからといって、そのモデルにこだわることはないのだ。

1 フロントビューでフェースを半分捨てる。

2 センターラインにある頂点をすべて選択し、Y軸上に揃える。

頂点を揃える方法は、今まで習得したグリッドスナップでの移動方法以外にもっと効率のよい便利な方法がある。
中心ラインを揃えるといった、移動する位置（数値）が明確な場合は以下の説明にある［入力ボックス］を利用したほうが楽なので使ってみよう。

モデリングは左右一体？ 半分モデル？

ポリゴンツール系がシンメトリで使用できるかは、Maya のバージョンによって大きく異なる。

Maya 2016（及び Maya 2016 Exttension1）ではシンメトリ機能［トポロジ］でマルチカット（スライスツール、エッジループの挿入機能含む）のみが、シンメトリで使用できる。つまり左右一体で使用できるツールに制限がある。

Maya 2016 Extension2（及び Maya 2017）では、［ワールド］や［オブジェクト］といったどのシンメトリ機能であっても、Maya 2016 では対象になかった［エッジ ループを挿入］ツールや［ポリゴンに追加（Apend to Polygon：通称アペンド）］など重要なツールも使用できるようになった。

半分モデル、左右一体モデルのどちらでモデリング作業するのかは、好みの問題だけでなく、Maya のバージョンによって制限があることを理解しておこう。

 P.009　［移動(1) Move］

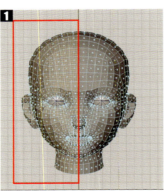

右側のフェースを選択しないように注意。

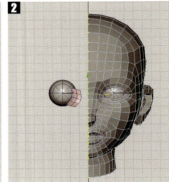

中心ライン上にある頂点の選択は慎重に。間違って2列目を選択してしまうと、とても面倒くさいことになる。

［入力ボックス］で頂点を移動して揃える方法

中心ラインの頂点は、移動 X = 0 と数値がはっきりわかっているので、グリッドスナップを使用するより入力ボックスを使用した方が楽だ。
［入力ボックス］はステータスライン右側にあり、入力ボックス横のアイコンをクリックすると、4種のモードを選ぶことができる。
中心の頂点を揃えたいならば移動ツールを選択している状態で［絶対トランスフォーム］（Absolute transform）の［X:］のボックスに「0」と入力する。

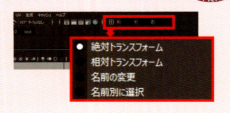

二重まぶたに挑戦して、細かな頂点移動を習得せよ！　　　　　　　Lesson 1：二重まぶた

キャラクターに［魂を入れる］
抽象的だがクリエイターならわかるはず

3 前回行った設定と同じように、サブディビジョンプロキシを作成する。

4 （好みで）イキイキしたイメージを見るために、肌色のシェーダーを作ってもよい。

ちなみにマテリアルはBlinnで、スペキュラーが強く出すぎないように、［スペキュラ カラー］は 0.1 に設定している。もちろんこれはレンダリング用の質感ではない。グレーに戻したければ、画面表示で切り替えることが可能。

パネルメニューから［シェーディング＞既定のマテリアルの使用］
(Shading＞Use default material)

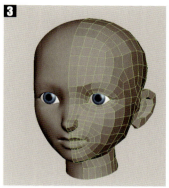

中心の頂点をきちんと揃えてからサブディビジョンプロキシを実行しないと、スムーズ側の位置がずれる。

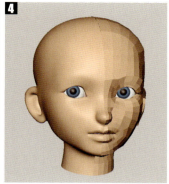

まったく同じモデルでも、左の画像と比べイキイキとして見える。私はキャラクターに「魂を入れる」ということをとても大切にしている。モデリングの段階で意識的に行うと、感情移入ができて、より美しく作れるのだ。

STEP2 二重まぶたを作る

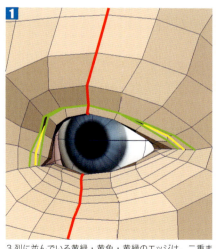

3列に並んでいる黄緑・黄色・黄緑のエッジは、二重まぶたを作っている重要なエッジだ。赤いラインの断面図が右の画像 2 3 だ。
2本の黄緑のエッジは、中心で1本につながって見えるがそうではない。右の画像 3 を見ると、とても近い位置にいるが、少し引っ込んだところにあるのがわかる。

せっかく断面図があるので、黄色と黄緑以外の点も参考にしてみよう。上まぶたの厚みや下まぶたの厚みがわかる。下まぶたはガタつきがでないように滑らかに配置されている。

二重まぶたのしわ部分を、図にしたので見てほしい。

左画像 1 のまぶたの中心線にいちばん近いエッジ（赤ライン）をサイドビューで図 2 3 にしてみた。

図 3 の拡大図で、奥へこんだ部分を見ると、3点の頂点がしわのへこみを作っているのがわかる（黄緑の点と黄色の点）。

それをふまえてもう一度画像 1 を見てみると、黄緑のラインと黄色のラインの関係がわかるだろう。

3本のエッジは目頭や目じりでは並んで見える。そして比較的均等に並べられている。これはしわにならないようにするためだ。

しかし中心に向かって黄色のラインが奥に引っ込んでいるのがわかる。それがまぶたのしわだ。

この目頭→中心→目じりにある黄色ラインエッジの頂点の配置がとても重要なのだ。

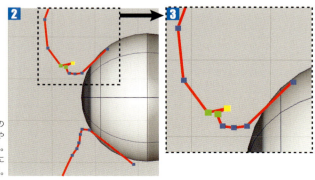

Chapter 03：フェイス －上級－

1 まぶたの厚みを作っていたエッジの両脇に1列ずつエッジループを入れる。
画像でわかるように、かなりエッジを近づけて入れること。その時、下まぶたまでエッジループの分割を入れてはいけない。 この段階で上まぶたと同じように分割すると、下まぶたのエッジが近すぎてしわになりやすいからだ。
これは［マルチカット］のエッジループ機能ではできないので、必ず［エッジ ループを挿入］ツールを使うこと！

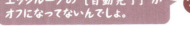

でも、エッジループで入れるとズギャンってリング状で分割される！

エッジループの［自動完了］がオフになってないんでしょ。

2 しわの部分にあたる真ん中のエッジの頂点を、ていねいに奥に移動する。
すべての頂点を選んで一気に押し込んではいけない。 目頭と目じり側の頂点はそのまま移動しないこと！
そこにしわを作ってはいけないからだ。滑らかに二重まぶたが消えていくように頂点を移動しよう。

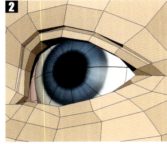

少なくともこの作業だけで、二重まぶたのしわ部分はできるはずだ。

3 下まぶたにエッジを入れて、途中で止まっている上まぶたのエッジをつなぐ。
このエッジは私はエッジループで入れず、ていねいに［マルチカット］で分割していった。そのほうがエッジを近づけるところと、真ん中あたりに分割を入れるところを、自分でコントロールしながら分割できるからだ。

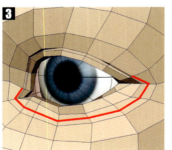
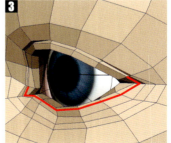

外側のエッジは、なるべくフェースが均等になるように中心に分割を入れた。内側のエッジは、下まぶたの角が立つようにエッジを近づけた。

4 まぶたの形を確認しよう。
ガタつきや、まぶたの厚みはまだ修正の余地があるはずだ。右のページを参考にして、最終的な修正をして完成させよう。

142

二重まぶたに挑戦して、細かな頂点移動を習得せよ！　　　　Lesson 1：二重まぶた

エッジが増えればガタツキが出やすい
頂点移動で滑らかにできればヘタクソ脱却

5 まぶたの厚みや滑らかさを意識して、モデリングを完成させる。
下の画像はあくまで参考だ。同じような頂点位置にこだわるよりも、自分のモデルのスムーズを
見ながら、程よい厚みの、ガタつきのないモデリングをしよう。必要ならエッジを追加してもよい。
（私は厚みの形状のためにさらに2本ほどエッジループを足して、形を整えた。）

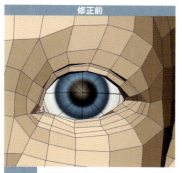 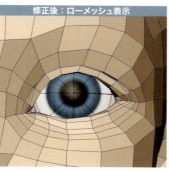 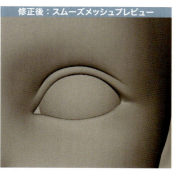

正面　正面から見るとまぶたの形がかなり違うが、一重の時の位置のままではあまり美しくないと判断したため。
そういった判断はあなた自身がしてほしい。そのこだわりがよいモデルを生み出す。
下まぶたは、ガタつきが出にくいように、エッジとエッジの間隔を少し広げている。

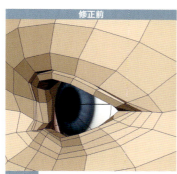 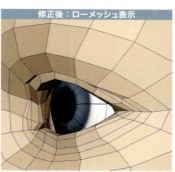 

斜め横　眼球から上まぶたの距離（厚み）を小さくした。一重の時は上まぶたと眼球の間の隙間が大きかったためだ。
目頭や目じりの二重まぶたのしわが徐々に薄くなるように、しわ部分のエッジの間隔を広げている。

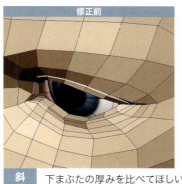  

斜め上　下まぶたの厚みを比べてほしい。眼球にしっかり沿うように、そして下まぶたの薄い厚みを作るように修正して
いる。また、下まぶたのガタつきがなくなるように、外側にエッジを移動して、エッジ間の間隔を広げている。

Chapter 03：フェイス －上級－

Lesson 2　難しい鼻の穴のモデリングで観察力を高めろ！

鼻の穴を簡単に考えている初心者モデラーがとても多い。鼻の穴はただの「穴」ではない。鼻の各パーツの厚みが、穴を作っているのであって、穴がパーツを作っているわけではないからだ。穴をあければ鼻になるわけではない。あなたの観察力がよりリアルで美しい形状を作ると意識しよう！ よいモデラーは、見る人の目を納得させる。あなたにそれができるだろうか。

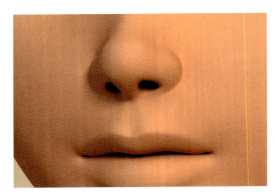

複雑な鼻をプロが納得するほどうまく作るには？

私が教えるクラスで、実際の写真をもとに、リアルに男性モデルを作成する授業があった。同じ写真を見て同じモデリング法で作成しているにもかかわらず、みな違うフォルムになってしまう。
鼻を作成する段階で、鼻と鼻の穴をうまく作れない学生を見て、私は気がついた。
へたくそな学生は、構造を理解しないでモデリングしている！

鼻の大まかなフォルムから鼻の穴を作成するのだが、「穴を開けること」「穴の大きさ」「穴の形」のことばかり意識していると、決してうまくならない。
上の文章を読んで「なんでダメなの？」と思った人もいると思う。

「穴の形が鼻を作っている」と思わないように。
むしろ鼻の穴は、鼻尖・鼻柱・鼻翼のフォルムと厚みで、作られているのだ。
鼻の穴の形からつじつま合わせで、鼻のパーツを作っていくのではなく、パーツの程よい厚みが必然的に鼻の穴を作ると思ってほしい。

ものの見方を、構造を重視した視点に変えるだけで、あなたは必ずうまくなる。

名前は一応覚えたけど…。
それでうまくなりますかね？

なるわけない。
基本は鏡で自分の鼻がどうなっているか調べること。
つぎにネットや雑誌でたくさんの鼻の画像を見比べて構造を理解！
そこに手を抜いちゃうまくならないよ！

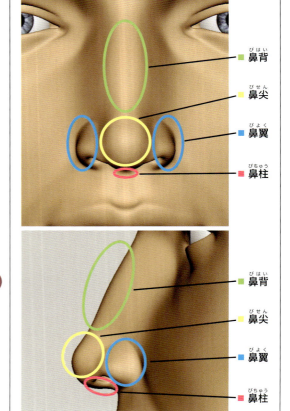

鼻の部位名称
■ 鼻背（びはい）
■ 鼻尖（びせん）
■ 鼻翼（びよく）
■ 鼻柱（びちゅう）

144

| 難しい鼻の穴のモデリングで観察力を高めろ！ | Lesson 2: 鼻 |

ハナの穴をタダの穴と思うな！

鼻の穴は凹みではない

学生が作ったキャラクターの鼻の穴部分を見てみると、右のNG画像のように、ただの押し出しで凹ませているだけのモデルが多い。

まぶたの時も唇の時も何度も言ってきたが、まっすぐ押し出ししてはいけない。厚みが重要なのだ。

鼻の穴がなぜ黒く見えるか考えたことがあるだろうか？
中に空間が広がっていて、そこには光が届かない（拡散しない）から陰になっているのだ。
まっすぐ押し出ししている人は、黒くなる空間が作れていない。
きちんと厚みと空間ができていれば、リアルなレンダリング法を選んだ時に、リアルな人間と同じように鼻の中が黒くなるのだ。

また鼻柱の造形をおろそかにする人も多い。斜めから見たときに、鼻柱の内側の構造が見える。
鼻翼から鼻柱にどうつながっていくか、それは構造の理解とデザイン的なこだわりによって作られる。

人によって鼻のデザインは大きく異なる。だからこそ、自分が「美しい」「かっこいい」など、作ってみたいフォルムを意欲的に見つけなければいけないのだ。

プロを納得させるモデルを作りたいなら、たくさん資料を集めて、自分の心が動くフォルムを探し出すことだ。

 ネットでいい画像が全然見つかりません！

 画像検索だけに頼らないで、雑誌に載っているいろいろな顔のアップ写真をたくさんスクラップしておくといいよ。

 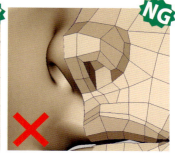

まっすぐ押し出している例。
小鼻の構造的な厚みがないのがわかるだろうか？ また奥に空間が広がるような段差がないため、鼻の穴の中が平らになり、顔の表面と同じように光ってしまう。

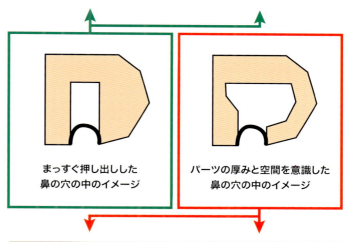

まっすぐ押し出しした鼻の穴の中のイメージ／パーツの厚みと空間を意識した鼻の穴の中のイメージ

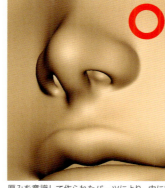 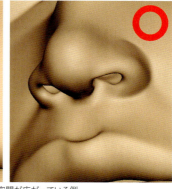

厚みを意識して作られたパーツにより、中に空間が広がっている例。
小鼻（鼻翼）の厚みがわかるだろうか？ 鼻柱と鼻翼のつながりにもこだわりがある。
上の画像のように、人によって鼻のデザインは大きく異なるが、自分がデザインしたいモデルにこだわることが重要だ。
また、この画像は画面のキャプチャなので、鼻の中が明るく見えるが、例えばmental rayでファイナルギャザーを有効にしてレンダリングすると、鼻の奥の空間は暗くなる。

Chapter 03：フェイス －上級－

STEP 1 鼻の構造をモデリングする

右の画像は、鼻の部位のフェースを色分けした画像だ。
鼻の部位が最終的にどうなるかをイメージしてほしい。

画像 1 は、Chapter 02 で作った鼻のモデルだ。鼻の穴を作っていないため、すべてのパーツを一体化したシンプルなデフォルメ形状で、フェースの数も少ない。
画像 2 は、完成した鼻モデルだ。教材用に分割数をかなり抑えて作ってあるが、フォルムは相当変わっているのがわかる。
画像を比べてイメージをつかもう。

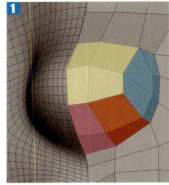
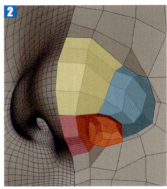

左右の画像を比べてみると、どのフェースが、どう変化したかがわかるはずだ。このように一見複雑な形状も、ブロック分けしてつながりを理解するだけで、構造をきちんと把握してモデリングできるようになる。人体だけでなくあらゆるモデリングに通じるので覚えておくように。

1 今の分割のまま、最終イメージのフォルムに近づける。

画像の赤い部分のフェースは鼻の穴を作る部分だ。今現在のまま押し出しで穴をあけると、形を整えるのに手間がかかる。
フォルムのイメージをつかまないまま、細かな分割に進む人ほど、へたくそだ。

鼻の穴の部分（赤色）は、特に意識してフェースのサイズや位置を修正してほしい。
しかし、**鼻の穴のフェース（赤色）は、鼻柱（ピンク）の幅、鼻翼（水色）の付け根の位置、鼻尖（黄色）の丸みによって形作られているのが、この段階でもわかるはずだ。常に4つのパーツのバランスを意識しよう。**

モデリングポイント

鼻のパーツが4つ揃ってはじめてリアルな鼻の構造ができる。
4つのパーツのバランスを常に感じながらモデリングすること！

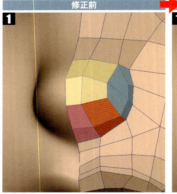
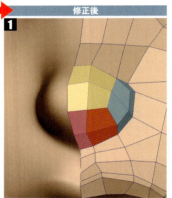

分割数が少ないので、各パーツのフォルムを完璧に作ることは到底無理だ。
しかし、バランスを取ることはできるはずだ。上の画像 2 を参考にしよう。

2 分割を追加する。

赤いラインを追加して、水色のラインを削除する。

もちろん普通は1本ずつ追加して形を作っていくものだ。もしあなたが上級者を目指すなら、この分割通りにエッジを入れる必要はない。自分で最終フォルムに近づければいいだけだ。

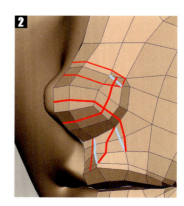

難しい鼻の穴のモデリングで観察力を高めろ！　　　　　　　　　　Lesson 2: 鼻

構成要素をフェースのブロック分けでとらえれば複雑な形状も構造を理解してモデリングできる

3 新しく入れた分割を利用し、鼻尖と鼻翼の丸みをつくる。

鼻の穴の分割を入れていないので、完璧には作れないが、鼻の頭（鼻尖）の丸みと小鼻（鼻翼）の丸みを作る。顔に対してのサイズや位置など、自分の好みのバランスをこの段階で作るとよい。

Part.2 での作成手順では、サイドビューやフロントビューのイメージプレーンにイラスト画像を貼り、ガイドとして使用した。
しかしイラスト画像には、もうとらわれる必要はない。

アウトライナで「imagePlane」ノードを削除してしまっても構わない。

削除はせずに、イメージプレーンの表示を隠したい場合は、［ディスプレイレイヤ］または、パネルメニューの［表示］機能などを使って、イメージプレーンを非表示にしよう。

 P.005　［ディスプレイ Display］

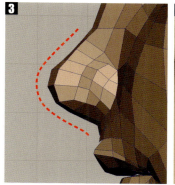

横方向にエッジを追加したので、サイドビューで丸みを意識してすべてのエッジを調整する。
先端だけでなく、周りの頂点も調整しよう。

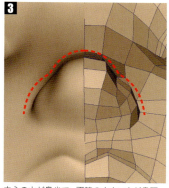

中心の山が鼻尖で、両脇の小さい山が鼻翼だ。エッジは少ないので、このぐらいのフォルムなら簡単にできるはずだ。

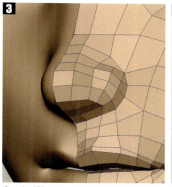

鼻の穴が開くフェースをおかしな形にしないように、周りを整えていく。この段階でガタつきがあっても構わない。

頭部全体を見て、好みの位置やサイズに修正する。鼻背の高さも微調整するといいだろう。ただし、鼻のすじをくっきり出そうとしてはいけない。

4 放射状の押し出しをする。
赤い部分のフェースを押し出しして、オレンジのフェース部分を作る。**放射状の押し出しなので、まずは［オフセット］を使用すること。**

5 押し出しツールのまま、奥に少し移動する。
穴ではなく、鼻翼の厚みととらえて、少しだけ奥に押し込む。後からかなり微調整が必要なので、形状に対して今神経質になることはない。

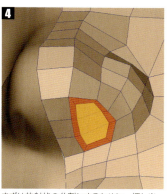

まずは放射状の分割にするために、押し出しツールの［オフセット］で内側に押し出す。

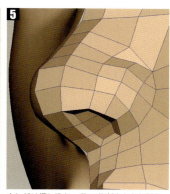

少しだけ押し込む。後で分割をかなり引き直すので、ここで形作らなくても大丈夫だ。

147

Chapter 03：フェイス －上級－

6 2回目の押し出しをする。
これも鼻翼や鼻柱の厚みとなるフェースだ。
鼻の穴の空間ではなく厚みを作っていることを意識しよう。あまり奥に押し出さないように。

7 3回目の押し出しをする。
今度は鼻の奥の広い空間だ。
押し出しツールで、移動・スケール・回転を行って、画像のように広げる。最終的にはもう一段階奥に押し出してもよいが、先に鼻のフォルムを完成させてしまうので、とりあえず押し出しはここまででよい。

8 鼻の穴の形や厚みを整える。
ここに私はとても時間をかけて調整している。ちょっとした頂点の移動で、形が美しくなったり崩れたりしてしまう、とても繊細な部分だからだ。
しかしこの本で「こうしなさい」と言いにくい部分でもある。厚みやサイズ、本当にちょっとしたバランスなのだ。しかしまだ慌ててはいけない。これは最終分割ではない。先まで読んで、次にすることを把握してから、修正した方がよい。でないと今やってはいけないことがわからないからだ。

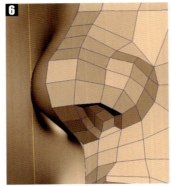
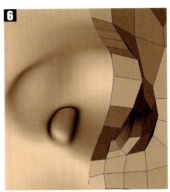

これも厚み部分だ。グローバルとローカル軸どちらかというと、私は両方使っている。鼻の角度に合わせて見た目で判断しながら押し出した。ちなみにほんの少しだけ拡大した。

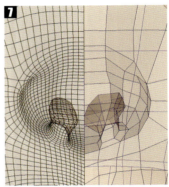

横から中を見た画面だ。オレンジのフェースが今回押し出した奥の広がった空間を作っているフェースだ。

フロントビューからＸ線表示で見た画面。スムーズをかけると思ったほど広がっていないのがわかる。しかし穴の奥は最後の最後でOK。

> **モデリングポイント**
> これは最終分割ではない。
> 最終分割では、鼻翼の付け根と鼻柱のつながりを作り込む。
> つまり今そこは作らないほうがよいということだ。
> 鼻の穴の丸みだけ作っておこう。

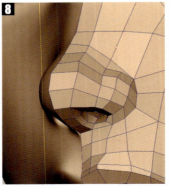

今の分割のままでは、ポッコリと穴が開いているだけだ。次の段階で鼻翼が鼻柱の内側につながる流れを作るのだが、この段階では、鼻の穴のサイズや滑らかな厚みやフォルムを修正してほしい。

148

難しい鼻の穴のモデリングで観察力を高めろ！   Lesson 2: 鼻

心に刻めばうまくなる モデラー座右の銘
書いてあることだけを信用してはいけない
まず鏡を持ってくることから始めよ

STEP 2 よりリアルな鼻の構造を作り込む分割を入れる

今の分割は、放射状の押し出しで作成された鼻の穴なので、穴の周りは放射状できれいに分割されたリング状になっている。あなたは、リアルな鼻を鏡や画像検索で観察しただろうか？ (していないなら、さっさとやりなさい。)

リアルな人間は、みな鼻の形が違うのだが、**鼻翼から鼻柱の作りにこだわるなら、リング状ではなく鼻翼から鼻柱の内側方向への流れを作るべきだ。**

ここを作り込むと格段にうまく見える。
思い込みでモデリングしているのではなく、きちんと観察してモデリングしているのだとすぐわかる。

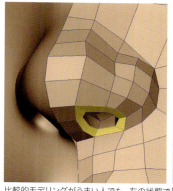
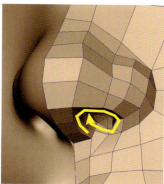

比較的モデリングがうまい人でも、左の状態で「鼻を作った」と満足している人が多い。しかしきちんと観察している人ならば小鼻と鼻柱の形状の流れに気がつくはずだ。実はリング状の分割でもそれができないわけではない。ただ次に入れる鼻翼の立ち上がりのためのエッジは、リング状よりも渦巻のほうがきれいに流れるのでおすすめだ。

1 鼻翼から鼻柱の内側へとエッジの流れを変える。
右画像のように赤ラインの箇所にエッジを追加する。
流れを変える分割法はもうマスターしているだろうか？

2 鼻翼のエッジを立たせるための分割を入れる。
鼻翼をくっきりさせるために、鼻翼の付け根のフェースを囲むように狭いフェースを作る。

3 鼻翼の付け根を四角ポリゴンにするためのエッジを追加する。
多角形や三角ポリゴンだったフェースをエッジを引き直して四角ポリゴンにする。

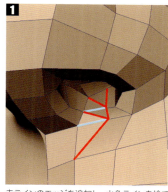
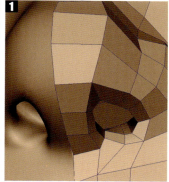

赤ラインのエッジを追加し、水色ラインを捨てれば、鼻翼は鼻柱の内側へと流れを変える。

モデリングポイント
小鼻の角を立たせるために小鼻のエッジを奥に押し込む人がいるが、ローメッシュモデルの形状が崩れてしまうので、絶対にやってはいけない。細いフェースを作ろう。

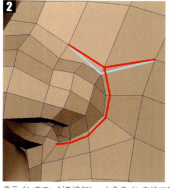
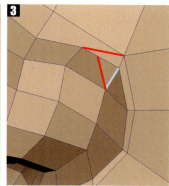

赤ラインのエッジを追加し、水色ラインを捨てる。形状の修正は次ページで説明している。この画像には指示はないが、上唇の上で止まっているエッジは、最終的に口の中までつなげて修正すること。

149

Chapter 03：フェイス －上級－

4 鼻翼の細いエッジを鼻の中につなげて、四角ポリゴンにする。

前ページで作った鼻翼の細いエッジを鼻の中につなげていく。

鼻翼から鼻柱に対して渦巻状にしたために、鼻の中では1つだけ三角ポリゴンができる。最終的に自分で処理してほしい。

5 鼻柱に1本エッジの列を足す。

この段階で足さなくても作成できるので、必要だと思った時点で足すとよい。

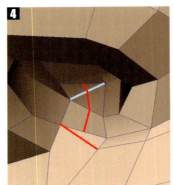

奥の方は保留にしておいてもよい。鼻の奥はもう1本のリング状のエッジと、もっと奥に空間を作るためにもう一度押し出しが必要。

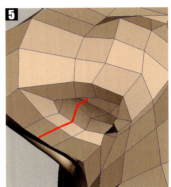

ここの分割がなくてもまったく問題はない。私は、鼻柱の内側の構造を本物に近づけるために、次のステップで必要になるので入れた。このように、あなたも必要だと思う箇所にエッジを入れればよいのだ。

STEP 3　流れや丸みに注意して、完璧な鼻を作る

表面部分の分割はこれでおしまいだ。もちろんこの通りである必要はない。このモデルはかなり分割数を抑えて作ったが、私はモデルによって分割がまったく違うのだ。さぁ、ここからあなたのモデリング力が試されるぞ！

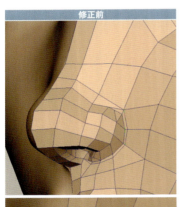
修正前

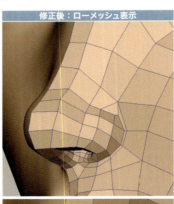
修正後：ローメッシュ表示

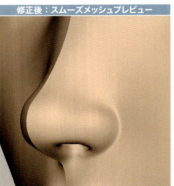
修正後：スムーズメッシュプレビュー

鼻翼の付け根 前ページで分割を引き直した鼻翼の付け根は、かなりていねいに頂点位置を修正しないと、しわができてしまう。頂点が近すぎるとしわになりやすいので、エッジ間の距離を作るのがポイント。この画像を参考にして、自分のモデルのスムーズメッシュを見ながら、ていねいにていねいに頂点を移動して修正しよう。

まぶたも唇もそして鼻も厚みが重要
つまり穴が空いていれば厚みを作るということ

心に刻めばうまくなるモデラー座右の銘

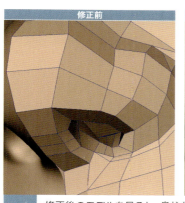
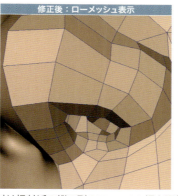
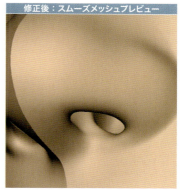

鼻の穴の入口 修正後のモデルを見ると、鼻柱付け根付近の縦の列のフェースの幅を調整しているのがわかる。なるべくフェースを均等なサイズにするのがコツだ。エッジを入れた直後のフェースは、サイズがバラバラでガタつきやすいので均等に近くすると滑らかになる。鼻柱と鼻翼の奥の部分は複雑なので、後のページで説明する。

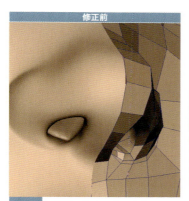
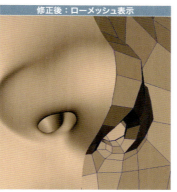
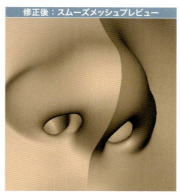

鼻翼の厚み 鼻翼は程よい厚みを作ることが大切だ。このアングルから（向かって右のモデルを）見ると、厚みを持ったままぽっかりと穴が開いているのがわかる。外側の形状よりも、内側の形状が厚み部分の丸みを作る。奥の（実際には黒くなる）空間が見えるように、肉の厚みが終わったところから、空間を広げて段差を作っている。この厚みができない人はとても多い。

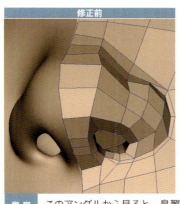
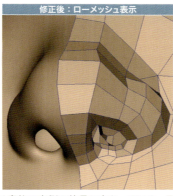
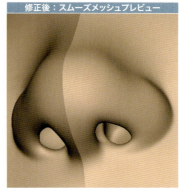

鼻翼と鼻柱 このアングルから見ると、鼻翼は鼻柱の内側の軟骨に向かっている。正直言うと、ここまで作り込む必要はない。鼻翼や鼻柱の厚みができていれば、1つのデフォルメの形として合格ラインだと思う。あなた自身がどんなデザインの鼻にしたいかが重要なのだ。しかしそれはプロが見て納得できるようなデザインの形でなければ意味がない。

Chapter 03：フェイス －上級－

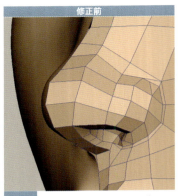 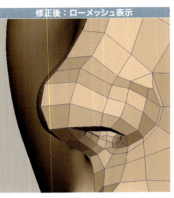 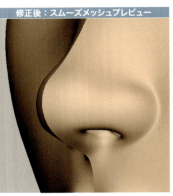

内鼻柱の側 このアングルのスムーズメッシュプレビュー（右画像）を見ると、鼻の穴はほとんど見えない。表面の厚みからすぐ空間になる鼻翼とは違い、鼻柱は奥まで目に見える壁があるからだ。ただ鼻柱も丸みがあり、まっすぐ押し出してしまってはいけない。表面の皮膚の厚みもきちんと作ること。

内部の構造 鼻のモデルを内側から見た画像だ。重要なのは、くびれた部分が外から見た「肉の厚み」という点だ。肉の厚みのためにこの内側の調整はとても大事だ。大きく上に膨らんだボックスは、鼻の穴の奥の空間だ。レンダリングすると光が拡散せずに黒くなる。この形にするには、最初の段階の分割では足りない。1列追加し、さらに押し出しもしている。

 ジオメトリのミラーを実行し、中心ラインのフォルムを確認し修正する

鼻は中心にあるため、最後は必ず左右一体型のモデルで修正しないといけない。鼻尖や鼻柱の中心が平らになったり、尖ったりする可能性があるからだ。
P.124のStep 10を参考に、もう一度左右一体型モデルにしてほしい。

何度もカメラを引いたり、回したりして、
鼻のデザインやフォルムを確認しよう。
鼻はちょっとしたバランスで、ブサイクになりやすい。
満足いくまで何度も作り直す勇気も必要だ。

難しい鼻の穴のモデリングで観察力を高めろ！　　　　　　　　　　　　　　　　　　　Lesson 2: 鼻

モデリングが作り込みの段階に入ったら
mental rayでテストレンダリングすべき

STEP 5 鼻の下のくぼみ：人中を作る

人中（鼻の下のくぼみ）は、今現在の分割でもできている。上唇のへこみから鼻柱に自然とつなげると、そこにはすじができるからだ。

ただもっとくっきりと人中を出すには、今の分割では足りない。

分割を鼻側や唇側に延長しないように、放射状に分割すれば必要以上に無駄なエッジループを作らないで済む。

人中を作りたい人は、下の図を参考に分割を入れよう。シンメトリ機能を使用した左右対称の分割は、バージョンによって異なるので、使い方を把握すること！

　P.009　[移動(1) Move]

<人中なし>
上唇のへこみから鼻柱につながっているので、「なし」といっても多少はできている。デフォルメならこのくらいの方が、溝が目立たなくてよいかもしれない。

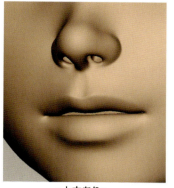
<人中あり>
あまり人中を目立たせると、女の子キャラはかわいくなくなってしまうので、凹み加減が若干むずかしい。ただ人中があると、モデルがリアルに近くなる。

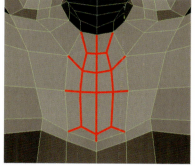

放射状分割なので、押し出しのオフセットでも同じ分割になる。マルチカットでも押し出しでもどちらでも構わない。

<人中なし>
この分割で人中を作ろうとすると、無理やり中心の頂点を押し込まないといけなくなる。そういったモデリングをしてはいけない。

<人中あり>
分割を変えずにへこみを作るには放射にするとよい。2本縦にエッジが追加されていても、鼻柱の付け根と唇では同じ本数になる。

造形力の高いモデルはレンダリングした時に本当にきれいだよ！
このテストレンダリングはディレクショナルライト1つだけ（影あり）とFG&IBL（※）を使ってレンダリングしたんだ。鼻の穴が自然な感じで黒くなるでしょ？

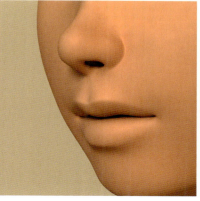
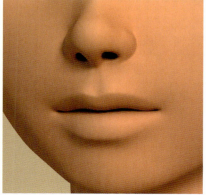

※FG＝ファイナルギャザリング
　IBL＝イメージベースドライティング

テストなので質感はただのLambertだ。

Chapter 03：フェイス －上級－

リアルな耳の複雑さに尻込みせずに果敢に挑め！

耳が完璧に作れる人なら、モデリングは得意なはずだ。
見れば見るほど複雑な形状に、尻込みしてしまう人も多いだろう。初心者は複雑な形状にとらわれすぎるため、最初から立体を細かく見てしまう。そして内部構造ばかりに気を取られ、耳の軟骨が持つ厚みを表現できる人はかなり少ない。複雑さだけでなく美しさも重要なのだ。

この複雑な構造を理解しなければ、始まらない

こういう複雑な構造を手早く理解するおすすめの方法は、
紙に鉛筆でスケッチすることだ！
実際に描いてみれば、「こことあそこがつながっているな」「ここは奥に引っ込んでいるな」と立体を深く観察している自分に気がつくはずだ。観察なくして構造を理解できないし、構造を理解できなければ、モデリングはできない。
描くことで、形状が理解できるので、面倒くさがらずにやろう！

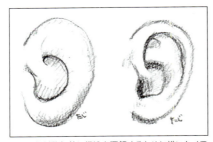

これは私が数年前に構造を理解するために描いたメモだ。最初の段階で細かな構造を排除してシンプルに描いてみた。するとどのような流れになっているか理解できた。これを描かなければ複雑すぎてモデリングできなかっただろう。ゲーム会社などのデザイナー採用の基準にデッサンを取り入れるところが多いのは、描き手のモノのとらえ方がデッサンで判断できるからだ。

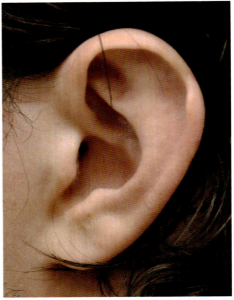

耳の構造は皆同じだが、人によって形は違う。この人はトラガスとアンチトラガスの間が奥に凹んでいる。いろいろな人の耳の画像を集めよう。観察すればするほど、耳の形状は面白いほど個人差があるということに気がつく。バランスがよく平均的な耳の形をモデリングするべきだ。耳のデザインに見慣れない個性を入れる必要はない。耳は目や鼻や口と違い、ちょっとしたバランスで性格が出てしまう部位ではないからだ。

耳の部位名称

この後のモデリングレッスンで使うので、耳の各部位の名称を覚えておこう。

スケッチしてみたら、右図のラインと比べてみてほしい。
右図はモデリングのイメージプレーンとして使用する。ラインとして描いたら、もう一度立体感を確認しておこう。

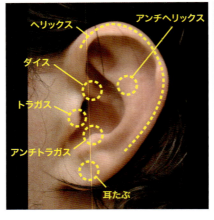
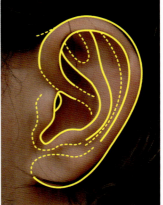

リアルな耳の複雑さに尻込みせずに果敢に挑め！　　　Lesson 3: 耳

描いて構造を理解する
プロならみんなやっていることだ

心に刻めばうまくなる モデラー座右の銘

パーツの流れを観察し、ポリゴンの流れを考える

大きく分けて、2つの流れを意識しなければいけない。
まず大事なのはオレンジのラインだ。耳の外側のフォルムを作っている。下から行くと、耳たぶ④からヘリックス③、そしてダイス①とつながる。ヘリックスは顔の表面②とつながり、そして耳のへこみ⑤に流れている。

耳のモデリングが難しいのは、外側を作るこの流れが、耳のへこみの中に入っていくからだ。

次はブルーのラインを見てほしい。
顔の表面とダイスの付け根⑥から、トラガス⑦を作り、耳のへこみ⑤の外周を作りながら、アンチトラガス⑧からアンチヘリックス⑨へと流れ、最終的には2つに分かれてヘリックスの内側へと入っていく。
この2つの流れが、耳のモデリングを考える上でのメインになるメッシュの流れなのだ。

まぶたや唇とは違い、シンプルなリングと放射状の分割で作ることは不可能だ。そして鼻と違い、シンプルなブロック分けもできない。

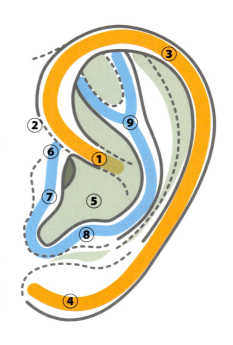

**この複雑な構造を、
どこから作り始めるべきか**

画像 **1** は、P.074 で名称の説明に使用した耳のモデリングの作り始めだ。このモデルは最初から厚みを作り、右上図のオレンジラインとブルーラインを1つのラインとしてとらえて作成した。分割数はとても少ないところから始めているが、試行錯誤する箇所が多く、多角形や三角ポリゴンがたくさんできてしまった。

今回は画像 2 のように平面から作り始める。

この方が、右上図の流れ通りに作りやすい。ただし、最初から分割が多いので、頭部とマージするときに頭部の分割が増えてしまうだろう。
しかし画像を見てわかるとおり、**構造がつかみやすい点と、平面から始められる点が初心者向きかもしれない。**

告白すると、このシーンデータを数年ぶりに開いたときに、「なんじゃこれ？ どうなってんの？？」と思った。人に教えるために作ったわけではないので、シーンも途中で保存せずに、記憶がないくらい一気に作り上げたのだ。でもこういった始め方もあると覚えておいて。

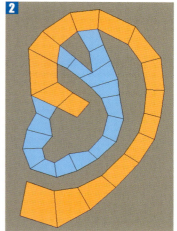

ネットで「Ear Modeling Maya」と検索すると、このタイプのチュートリアルを公開しているクリエイターが多い。構造が把握しやすく、平面から作り始められるので、初心者には向いている。
それから、この画像の分割数は参考にしないように。この説明のために作った画像だからだ。

Chapter 03：フェイス －上級－

※P.164までの耳のモデリング過程は、Hassan Rezakhani氏の
ビデオチュートリアル(http://vimeo.com/11216055)をヒントにしています。

新規シーンで作り始める

1 新規シーンを立ち上げる。
耳は他の顔の部位と違い、頭部から押し出しなどで作らずに、後からサイズや位置を合わせて合体させてもデザインバランスが崩れにくいパーツだ。
また、耳は他のキャラに移植したりと使い回しがきくパーツでもある。

2 サイドビューにイメージプレーンを貼る。
使用した写真は、髪の毛などでフォルムがわかりにくかったり、構成しているパーツが個性的だったので、赤いラインでわかりやすく修正した画像がある。そちらを使用してほしい。

3 イメージプレーンの位置を調整する。
imagePlaneノードを選択して、位置とスケールを編集する。好みのサイズでOK。しかし比率を変えてはダメ！

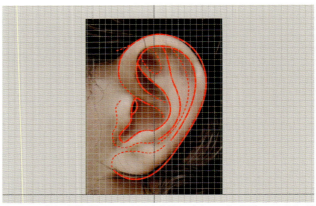

赤いライン付きの画像があるのでそちらを使用してほしい。サイドビューのイメージプレーンに貼ること。

Download Data
Lesson_sourceImages
└ Ch03_Lesson3_Ear
　├ EarPhoto.jpg
　├ EarPhoto_Line.jpg
　└ EarPhotoFront_Line.jpg

耳の構造の基本的な流れを、平面的分割で作成する

ここからは画像を追って手順を一気に説明していく。ポリゴンのモデリング方法自体は、ここまでの実践で十分にわかっているはずだ。

手順を参考にしながら自分自身で試行錯誤して形作ってほしい。
そして分割や面を作る手順よりも、常にフォルムを意識してモデリングしていくことがもっとも重要だ。
分割が同じでも、形がとれていない人が多い理由はそこにある。
たくさんの耳の写真や鏡を見ながら、フォルムを意識して作らなければ、モデリングの価値はない。

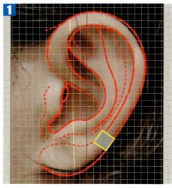

分割数1のポリゴンプレーンを図の位置に配置する。 最初に回転Zに−90と入力すれば、法線方向が手前に向く。マテリアルはグレーでも肌色でもよい。

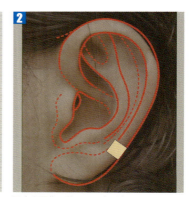

写真を画像に貼ると明度が高くて、モデリングが見にくいことがある。イメージプレーンのゲイン値などを調整するとよい。
グリッドもいらない。ここからすべてサイドビューだ。

リアルな耳の複雑さに尻込みせずに果敢に挑め！　　Lesson 3: 耳

集中力が続く環境を大切にしよう
モデリングは集中できないとすぐ飽きる

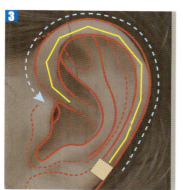

NURBSカーブをヘリックスからダイスに向かって描く。方向を示すだけなので、直線でも曲線でも構わないし、分割数も気にしなくてよい。ただしポリプレーンの方から描くこと。

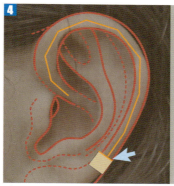

ポリプレーンのカーブ側のエッジと、今作成したNURBSカーブを選択する。[押し出し]を実行する。カーブを使えばカーブ方向に押し出しされるのだ。

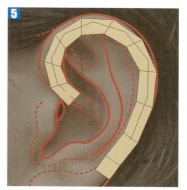

押し出しの[分割数]に10と入力する。押し出しの時点では形が整っていなくてもよい。
ヒストリを削除した後、カーブも削除する。

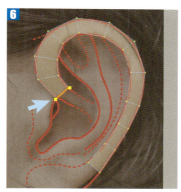

頂点を1つずつていねいに移動して、ほぼ均等な放射線のフォルムに直す。先端はダイスの始まりの部分に移動しておく。

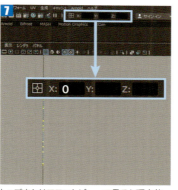

トップまたはフロントビューで見ると頂点位置がガタガタだ。すべての頂点を選択し、入力ボックスの[X]に0と入れる。もちろんグリッドスナップでも構わない。

耳たぶ側のエッジのみを選択し、押し出す。この時、グローバル切り替えにすること。幅や位置は頂点を修正するので、適当でよい。
※画像のマニピュレータは旧バージョンのものです。

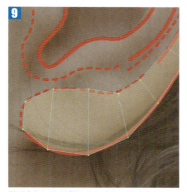

同じように3回押し出しする。頂点を1つずつていねいに移動し、耳たぶの形に修正する。

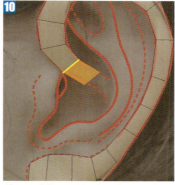

ダイスの先端エッジを選択し[押し出し]を実行する。

ダイスの側面エッジ2本を選択し[押し出し]を実行する。

157

Chapter 03：フェイス －上級－

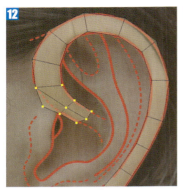

12
頂点位置を移動して、ダイスに入るフェースを画像のような形にする。

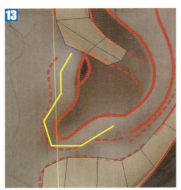

13
画像のようなトラガスとアンチトラガスの部分にNURBSカーブを作成する。
後で頂点を修正するので、だいたい方向が決まるような形状でよい。

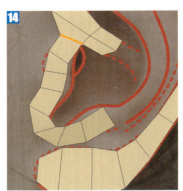

14
トラガスの始まり部分のエッジ1本を選択し、カーブを使い、押し出しする。押し出しの［分割数］に8と入力する。ヒストリを削除した後、カーブも削除する。

15
カーブのでっぱっているところと、へこんでいるところをうまくとらえて、頂点を移動修正する。アンチトラガスの山の終わりまで、この8列のフェースで作る。

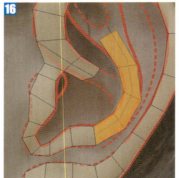

16
同じ手法を使い、今度はアンチヘリックスの途中まで押し出しする。今度の［分割数］は4だ。ヒストリを削除した後、カーブも削除する。

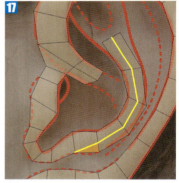

17
今作ったフェースの中心にエッジを挿入する。アンチトラガス部分は三角に分割し、その三角フェース（オレンジ部分）は削除する。

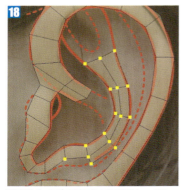

18
頂点を1つずつていねいに移動し、アンチトラガスからアンチヘリックスまで向かうカーブをきれいに描く。削除した三角フェースの角はでっぱっていてよい。

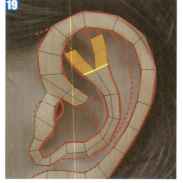

19
アンチトラガスの先端エッジを1本ずつ押し出し、2つに分かれた状態にする。
2本一緒に押し出すと、つながったまま押し出されるので注意。フェースは2回ずつ押し出す。

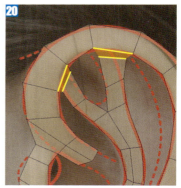

20
ヘリックス部分のエッジと［ポリゴンに追加］(Apend to Polygon)で面を張る。
※［ポリゴンに追加］は通称アペンドと呼ばれ、以降［アペンド］と表記があった場合は［ポリゴンに追加］を意味する。

リアルな耳の複雑さに尻込みせずに果敢に挑め！　　Lesson 3: 耳

> 心に刻めばうまくなる　モデラー座右の銘
> **モデリングはパズル要素が多い　パズルは楽しんでやるものだ**

STEP 3 平面的分割を立体的にモデリングしていく

平面で基本のフェースを構成してきたが、耳は真っ平らではないことは、きちんと観察済みの人なら理解できているだろう。

右の写真は遠近感がつかないようになるべく望遠で撮影したものだ。それでも区面ではないので、あてにはならない。そして人によっても正面から見たフォルム、でっぱっている箇所や厚みや幅は全然違う。

トレースするようにモデリングしてはいけない。立体的になるということは、パースビューで、画面を回しながら、自分の目で形作ることが重要だからだ。

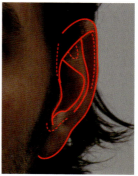

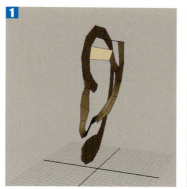

1 サイドビューのみで作っていると、押し出しででっぱった箇所ができてしまう。頂点をすべて選択し、P.157 **1** と同じように1列に揃える。

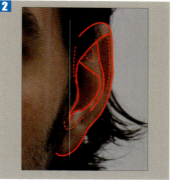

2 フロントビューのイメージプレーンに画像[EarPhotoFront_Line.jpg]を貼る。サイドビューと同じサイズ、同じ高さに設定すること。

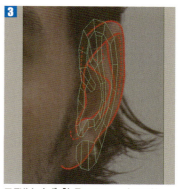

3 モデルにまず[トランスフォームのフリーズ]を実行する。[回転Y]に−25と入れる。回転Zに値は入れない。位置は画像のように移動Xで移動する。

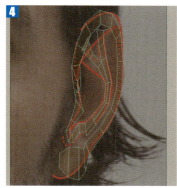

4 イメージにだいたい合わせる。頂点を上下に移動しないこと。2点ずつ移動しフェース幅を無理に合わせないこと。フロントビューを信用しすぎるとつじつまが合わなくなる。

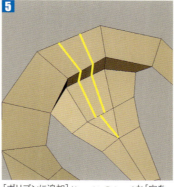

5 [ポリゴンに追加] (Apend to Polygon)か[穴を埋める] (Fill Hole)でふさぎ、図のように分割する。

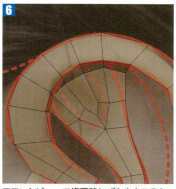

6 フロントビューで修正時にずれたところも修正しながら、アンチヘリックスとヘリックス部分を修正する。

159

Chapter 03：フェイス −上級−

アンチヘリックスの二股の凹み部分を作る。ヘリックスの部分も、ガタガタなら修正する。基本はあらゆる角度から見て修正することだ。サイドビューだけに頼ってはダメだ。

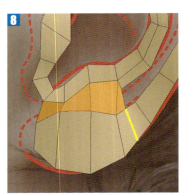

先に黄色のラインの分割を入れる。そしてオレンジの箇所に、アペンドで面を作る。

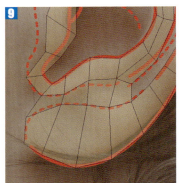

フロントビューで回転したため、サイドビューで大分位置が変わってしまった。サイドビューで再び頂点を修正する。

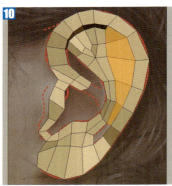

アペンドで、ヘリックスとアンチヘリックスの間に面を作る。頂点は適宜バランスよく移動修正すること。

黄色の箇所にエッジを追加し、隙間をアペンドで埋める。常に頂点はバランスよく移動修正すること。

［マルチカット］のエッジループの挿入機能を使用し、外周にエッジを1列追加する。

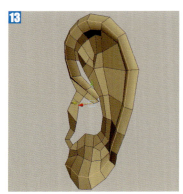

今挿入したエッジをそのままX方向に引っ張り、Z方向に微調整する。これでヘリックスや耳たぶに丸みが出る。

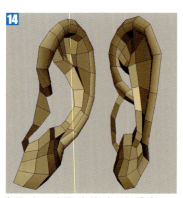

毎回、カメラを回しながらあらゆる角度で、立体感を修正しながら分割を入れよう。フォルムを見る力を鍛えるにはちょうどいい題材だ。

ヘリックスの内側に、エッジループを挿入する。この時必ず、途中まで入れられるように自動完了はオフにし、均等距離にすること。［マルチカット］のエッジループ機能ではなく、［エッジループを挿入］ツールを使用。

リアルな耳の複雑さに尻込みせずに果敢に挑め！　　　　　　　　　　　　　　　　Lesson 3: 耳

美しいフォルムのモノを意識的に集めよう
自分というソフトを豊かにするのだ

16 今作ったエッジを広げながら奥に押し込む。ヘリックスの内側の第一段階だ。すべての頂点を法線方向で移動すると広げやすい。

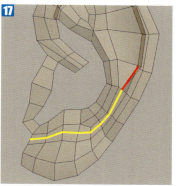

17 黄色のラインを今回は相対距離の設定でエッジループで挿入する。ループが途中で止まったところと 15 のエッジループの端とをつなぐ（赤ライン）。

18 ヘリックスから耳たぶに向けて、モデルをよく見て修正する。実際の立体感がよくイメージできないなら、手を止めて、鏡やたくさんの写真をもう一度見てフォルムを頭に叩き込むこと。

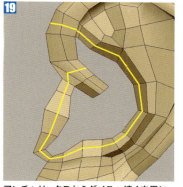

19 アンチヘリックスからダイスへ続く内周にエッジループを挿入する。こういう場合は相対距離設定だ。つまり［マルチカット］のエッジループ機能でもよいわけだ。

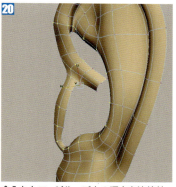

20 今入れたエッジループ上の頂点を法線軸を利用し、N方向に少し移動する。内周に膨らみを持たせる。ちなみに、たまに3キーでスムーズを見てモデルを確認するとよい。

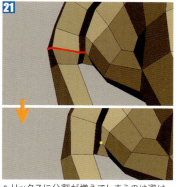

21 ヘリックスに分割が増えてしまうのは避けたい。赤いラインのエッジ3本を削除する。黄色い頂点で分割が止まって多角形ポリゴンになっているが、後で処理する。

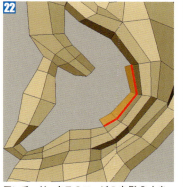

22 アンチヘリックスのエッジの内側3本を選択し、押し出しする。

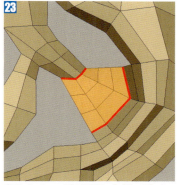

23 赤ラインのエッジを選択し［ブリッジ］を実行する。［分割数］は2。うまくいかない場合は［ポリゴンに追加］を利用してもよい。

24 ダイスとアンチヘリックスがどのようにつながっているか、鏡や写真を観察して、フォルムを修正する。

Chapter 03：フェイス －上級－

アンチヘリックスとヘリックスのつながり部分に保留にしていた五角形ポリゴンがあった。画像のように斜めにエッジを入れ、それによってできた三角ポリゴンを削除する。

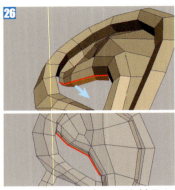

アンチヘリックスの4本のエッジ（赤ライン）を奥に押し出し、厚みをつける。

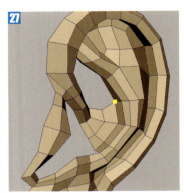

今押し出した角の頂点と、隣のフェースの頂点とマージする。流れが整ったはずだ。

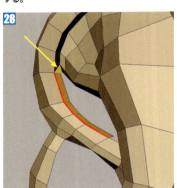

ダイスの上部のエッジ4本を押し出し、厚みをつける。黄色のフェースはアペンドでアンチヘリックス部分とつなげて面を作る。

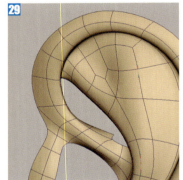

手順通りに押し出しやアペンドをするだけでなく、必ず厚みやフォルムを作るために頂点を移動して修正することが大切だ。

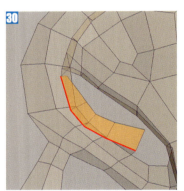

28 で押し出したエッジ4本を、再び押し出しする。

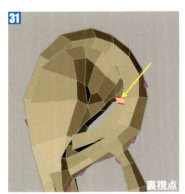

今押し出したフェースとアンチヘリックス側のフェースに隙間がある。ここをアペンドでふさぐ。

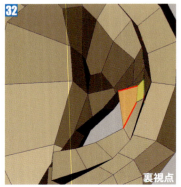

今ふさいだ隣のエッジもアペンドで穴をふさぐ。黄色の箇所が、31 でアペンドしたフェースだ。

同じように3枚アペンドで面を作る。黄色の箇所が、32 でアペンドしたフェースだ。

162

リアルな耳の複雑さに尻込みせずに果敢に挑め！　　Lesson 3: 耳

常に資料を集めて作業せよ
そこに手を抜くクリエイターはいない

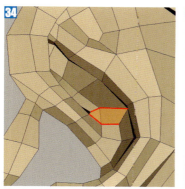

34 残った穴もアペンドで面を2枚作りふさぐ。これでダイスとアンチヘリックスの間のくぼみは全部四角ポリゴンになったはずだ。必ず形を整えること！

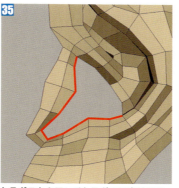

35 トラガスからアンチトラガスに向けての内周エッジを選択し、奥に押し出す。

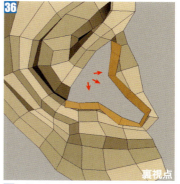

36 35 で押し出ししたフェースは外側に広げること。それがトラガスやアンチトラガスの厚みとなる。

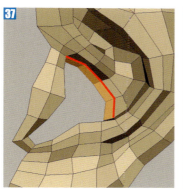

37 ダイスの付け根のエッジを4本押し出す。

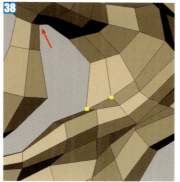

38 つながっていない頂点をマージする。まずはVキーでポイントスナップした後、マージするとよい。アンチトラガス側だけでなく、この画像では見えないが赤矢印の頂点も同様に行う。

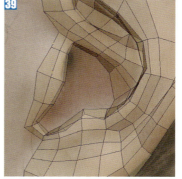

39 サイドビューで押し出した厚みの頂点を修正するといいだろう。トラガスやアンチトラガスはめくれるように、ダイスからの流れは滑らかに穴の方向に広がっている。

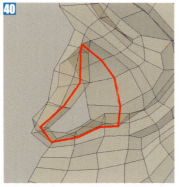

40 これで耳の穴のエッジがリング状につながった。このリングのエッジを耳の穴のほうに押し出し、穴を奥に広げていく。

41 サイドビューでスムーズメッシュ表示で確認した画面だ。押し出した頂点を滑らかにきれいな丸いフォルムに修正しよう。

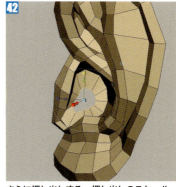

42 さらに押し出しする。押し出しのスケールを使って、穴を小さくしてから、鼓膜のほうに押し込んでいく。この画像はまだ奥に押し込んではいない状態だ。

163

Chapter 03：フェイス －上級－

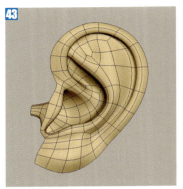

43 さらに奥に押し出す。耳の穴を意識して細く押し出していく。これで耳の穴部分は終了だ。

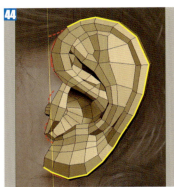

44 耳の付け根部分から、耳たぶの付け根部分までの外周エッジを選択し、押し出すをする。

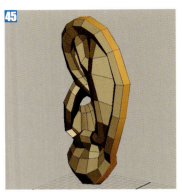

45 もう一段階押し出しをするので、あまり厚みをつけすぎないようにする。ほんの少しスケールで広げた方がよい。

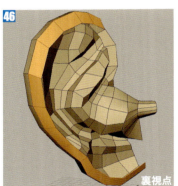

46 同じエッジをもう一度押し出しをする。厚みを意識して内側に押し出す。

47 ヘリックス部分の分割が足りないため、丸まった中に空間があるような、ヘリックスらしい形状になっていない。

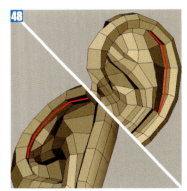

48 ヘリックスの内側のフェースの列にエッジループを足す。ただし、画像のように奥に空間を作るところだけだ。

49 ヘリックスの厚みや丸まりなど、自分なりに調整しよう。ただ、アンチヘリックスの形がぼやけているので、もう1本エッジを足した方がいいだろう。

50 必要だと思うところに分割を足したり、気に入らないフォルムの箇所を徹底的に満足いくまで調整しよう。そしてできるだけ、フェースが四角ポリゴンになるようにチャレンジしよう。複雑な耳も、構造を理解して作っていけば、さほど難しくはなかったはずだ。ただ最終的には観察力と造形力がものをいう。分割が同じでも耳らしい耳になっていなければ意味がない。

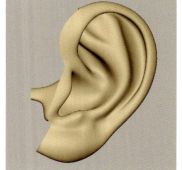

リアルな耳の複雑さに尻込みせずに果敢に挑め！　　　　　　　　　　　　　　　　　Lesson 3: 耳

心に刻めばうまくなるステラー座右の銘　あなたの好きなマンガ、アニメ、映画 e.t.c
食指が動くものはあなたを育てている

STEP 4 顔本体との合体について

デフォルメ＆リアルパーツ

右の画像は、様々なパーツをデフォルメとリアルで入れ替えたものだ。もともとこのキャラは骨格が人形のようにデフォルメされているが、それでも耳をリアルなものに変えるだけで、テイストがぐっと変わる。耳だけでなく鼻や眼球もデフォルメとリアルではぐっと印象が違う。

もしあなたが学生で就職用に作っているモデリングなら、リアルな耳をおすすめする（もちろん形ができあがっていなければ意味がない）。造形力を見せられるからだ。

アニメーション中心の作品であったり、背景美術もデフォルメならば、もともとのシンプルな耳でもいいだろう。

このキャラに合体しないで、他のキャラに合体してもいいだろう。
It's up to you!　あなたしだいだ。

何が変わっている箇所なのかあえて書かないが、キャラの雰囲気やテイストがあまり変わって見えないとしたら、全体のイメージを見ずに、色のついている目を中心に見すぎている。どこが違うか探すのではなく、各キャラが持つ雰囲気や世界観を見比べるのだ。

分割数の多さに苦しむ

正直に言うと、私にとっては耳のモデリングよりも、すでに作ってあった顔になじむように合体する方が面倒くさかった。
なぜなら分割数がまったく違うからだ。
左ページで作成した耳の周りの頂点数は31 だ。
デフォルメの（同じ箇所にあたる）頂点数は16 だ。
つまり2倍近い頂点数を持っている。
そのまま放射状に分割を延長するのが一番簡単だが、頭部や顔、首に不必要なエッジが列で入ってしまう。エッジが増えるとガタついてしまう。なるべく延長しないで、今ある頭部の分割のまま耳を合体したい。ということは、パズルを組み立てるように、分割を考えなければいけない。これは、面倒くさい作業なのだ。

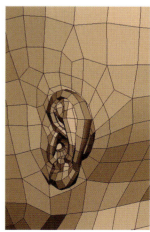

左がデフォルメ、右がリアル耳。分割が多いので、ひし形のフェースを作って、分割をまとめている箇所が右上に見えるだろうか？　しかしこれが正解ではない。
1つの分割サンプルとして参考にしてほしい。

Chapter 03：フェイス －上級－

STEP 5 古い耳を分離して新しい耳をインポート（読み込み）する

1 古い耳を切り取るエッジを選択する。
赤いラインのエッジを選択する。エッジループで選択した（水色点線）箇所でもよいのだが、その場合は耳の裏側が後頭部におさまるようフォルムを延長し後で押し出す必要がある。

2 エッジでフェースを分離する。
通常、1つのオブジェクトを2つのオブジェクトに分ける場合は、フェースを選択し、[抽出]（Extract）を使用するが、フェースの選択のほうが面倒くさいことが多い。
エッジで分離（抽出）する場合は、2段階の作業を行う。

エッジを選択した状態で、
[メッシュの編集＞デタッチ]
(Edit Mesh＞Detach)
オブジェクトを選択し直して、
[メッシュの編集＞抽出]
(Edit Mesh＞Extract)

抽出の後、必ずヒストリを捨てる！
グループも解除しておく。

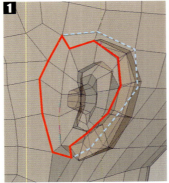

耳の後ろのフェースはすでに放射状に作られている。切り取ってしまってもよいが、結局作らないといけない。あえて書かなかったが、もちろん半身でやるに決まっている。

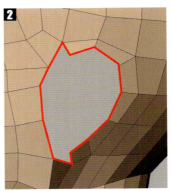

耳モデルを非表示にした画像だ。耳の上から耳の後ろまで、1列フェースを残した状態で分離した。古い耳を取っておきたいなら、別レイヤに入れておこう。

3 新しい耳をエクスポートする。
新しい耳モデルのシーンを開く。
このシーンの中には、イメージプレーンがついたカメラが存在する。必要なものだけをシーンにインポートする場合は、その必要なオブジェクトのみを1つのシーンとして保存する。つまりエクスポートだ。
耳モデルだけ選択し、
[ファイル＞選択項目の書き出し]
(Export Selection)
新しいシーンとして保存されるので、適切な名前をつけておく。

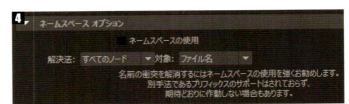

名前の上にシーン名がつくことが気にならないなら、デフォルトのままでよい。モデルを作成中は、シーン名に作成番号などの情報を盛り込むことが多いので名前が長くなりがちだ。そうするとインポートされたオブジェクトの名前がさらに長くなる。

4 ガールキャラのシーンに耳のシーンをインポートする。
ガールキャラのシーンを再び開き、
[ファイル＞読み込み]（Import）
先ほど作った耳のみのシーンを選ぶ。基本的にはこれでインポートは完了だ。
インポートのデフォルト設定では、[ネームスペースの使用]にチェックが入っている。複雑なシーンを構築している場合は、ネームスペースというカテゴリでモデルのグループ分けができる優れものだ。
ただモデリング段階では、モデルやシェーダ、レイヤの名前の頭の上に、シーン名をつける意味はない。よく学生が、すごく長いシーン名がついたモデルやレイヤを（重要な名前が見えないまま）使っていることがある。[解決法]を[ノードの衝突]にしておけば、同じ名前がインポート先にある場合のみ、名前を加えるので便利だ。

右ノードは、インポートのデフォルト設定により、モデル名の前に長いシーン名がついてしまった。モデル名が確認しづらいのがよくわかる。

リアルな耳の複雑さに尻込みせずに果敢に挑め！　　　　　　　Lesson 3: 耳

美しさやかっこよさにこだわれ！
そのこだわりが人の心を動かす

5. **耳のサイズを頭部に合わせる。**
   耳を作成した時は、特にサイズにこだわらなかった。インポートしてみると、キャラよりだいぶ大きい。
   スケールと移動を使い、バランスのよい位置とサイズに修正する。

6. **結合する前に、別のマテリアルを割り当てしておく。**
   インポート前の状態が人によって違う可能性があるので、自分のモデルを確認してほしい。頭部と耳は違うマテリアルがついているだろうか？ ついていれば、結合後にマテリアルでフェースを選択できる。

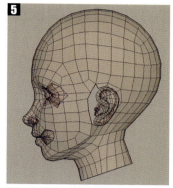
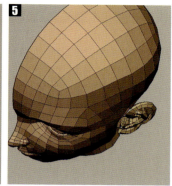

デフォルメ耳は、頭部に対してかなり大きかったので若干小さくした。「耳の上の付け根は目と眉の間、耳たぶの付け根は鼻より上」が標準的な耳の位置だ。

X方向（横の位置）で気をつけることは、顔から自然に滑らかに耳がついている点だ。耳パーツは平らなところがないので、ある程度合わせて後で移動してもよい。

選択したい頂点やフェースを保存する＆呼び出す方法　便利　知ってると得

選択は一度解除したら、また選択し直さなければいけない。今回の場合、耳を結合した後で耳の部分だけ選択して移動したくなったら、裏側などを選択しないように気をつけながら、ていねいに耳だけを選択し直さなければいけない。私がよく使う3種類の方法を教えよう！

Ⓐ 1つのオブジェクトに、選択分けしたいフェースごとに違うマテリアルを割り当てしておき、ハイパーシェードで［編集＞マテリアルからオブジェクトを選択］(Edit > Select Objects with Materials)

Ⓑ 選択分けしたいフェースを選択し、
［作成＞セット＞クイック選択セット］(Create > Sets > Quick Select Set)で選択セットを作成。選択するときは［編集＞クイック選択セット］(Edit > Quick Select Set)

Ⓒ 選択分けしたいフェースを選択し、パネルメニューで［表示＞選択項目の分離＞ブックマーク］(Create > Sets > Bookmark)
これでいつでも、ブックマークで選んだフェースだけ分離表示できる。

右ボタンクリックのポップアップから選択すると楽だ。

分離表示の保存は便利だ。選択の保存ではないが、分離表示の画面で選択すればいいだけだ。

7. **耳の後ろのエッジを押し出し、耳の後ろの骨を作る。**
   頭部モデルの、耳の後ろ側の飛び出ていたフェース（黄色点線）のエッジだけを押し出す。画像はわかりやすく色づけしてある（赤部分）。この分割が少ない段階で、ある程度フォルムを調整した方がよい。特に黄色点線のエッジは、耳の付け根なので小さめに調整しておく。2回押し出してあるが、1回押し出しして後で分割を入れてもよい。

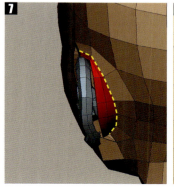
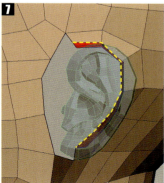

167

Chapter 03：フェイス −上級−

STEP 6　複雑な接合は、まず多角形ポリゴンフェースでつなぐ

1 耳の付け根のみ、マージしておく。

耳の付け根の黄色い円の箇所は、幅が狭い場所なので、先ほど押し出した頂点をマージしてしまう。

その時、画像右のオレンジラインのエッジを捨てておけば、2点間のエッジもマージできる。

2 頭部と耳の間の隙間に、多角形ポリゴンのフェースを［ポリゴンに追加］(Apend to Polygon)で作る。

最初から分割数を合わせて四角ポリゴンを作っていくのはかなり難しい。最初は多角形ポリゴンで隙間を埋めていこう。

［ポリゴンに追加］ツールは、簡単にエッジとエッジの間にフェースを作成する便利なツールだが、複数エッジをクリックしていけば、多角形ポリゴンも作ってくれる。

［ポリゴンに追加］ツールでエッジを1か所クリックすると、ピンク色の矢印がエッジの上に現れる。それがクリックしていく方向を示す。

どこからクリックし始めてもよいが、矢印の方向に隣のエッジをクリックし、最後のエッジをクリックしたらEnterキーで確定する。

3 同じように、顔の表面部分、耳たぶの下、後頭部もフェースを作って埋めていく。

「どことどこをつなげるの？」と深く考えなくてもよい。とりあえず近いところとねじれないようにつなげばいいのだ。最終的に難しいのは次の段階の分割を引き直す作業で、どことつないだとしても、パズルのようにエッジの流れを構築し直さなければならないからだ。

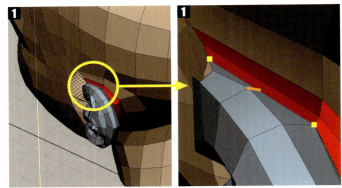

今から隙間をすべて［ポリゴンに追加］を使って、フェースを作ってふさぐのだが、ここは狭いのでマージしてしまった方がいいだろう。その前にオレンジラインのエッジを捨てておけば、2点の頂点間のエッジもつなぐことができる。

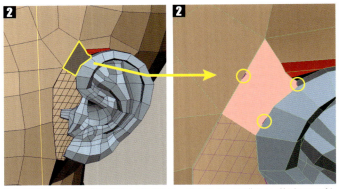

左上の画像の箇所に多角形ポリゴンを作りたい。どこでもよいので作りたい箇所のエッジを1つ選択する。ピンクの矢印（黄色の円）の方向を確認して、その隣のエッジを次々と選んでいけば、そのエッジをつなぐフェースを作ってくれるのだ。

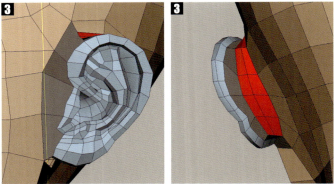

どことつなぐかは、感覚で判断してよい。異常に離れたところをつないで無理な形状のポリゴンになってなければよい。どっちにしろエッジはかなり引き直さなければいけないのだ。難しいのはここからだ。［ポリゴンに追加］ツールは失敗しやすいが、失敗したら一度Enterキーを押し、Zキーでやり直そう。

リアルな耳の複雑さに尻込みせずに果敢に挑め！　　　　　　　　　　　　　　　　　Lesson 3: 耳

あなたが作ったものはあなたが生んだものだ
自分の作ったものを愛そう

心に刻めばうまくなるモデラー座右の銘

4 サブディビジョンプロキシを作って確認する。

もちろんガタつきはあるが、多角形ポリゴンでもきちんとつながっているのがわかる。

顔側は少しガタついているだけなので、分割を直せば大きな修正はなさそうだ。

耳の裏には、耳の骨や軟骨のフォルムがある。ここはつないだだけではだめだ。資料を集めてリアルに近い造形をモデリングしよう。

私は耳の裏の造形を検証するためにネット画像から15枚ほど画像を集めた。あなたもきっちり資料を集めてから次に進もう。

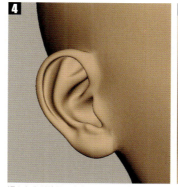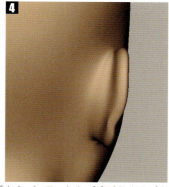

滑らかさが確認できないので、最初にスムーズメッシュも、ローメッシュ（プロキシメッシュ）も1つのシェーダに割り当てし直すとよい。表側は多角形ポリゴンのためのガタつきがあるが、特にモデリングしなければいけないところはない。しかし、耳の裏はつながっているだけで、リアルな形状ではない。まずは資料を集めてどんな形状なのか理解しよう。

STEP 7　今までの集大成として、リアルな耳を作り上げよう

多角形ポリゴンを、試行錯誤して分割し直し、完成させよう。

ここからは、自分の力で完成させてほしい。考え方や操作法はすべて教えてきた。

顔の表面側は、比較的簡単に全部四角形に分割を修正できるはずだ。

耳の裏は自分で集めた写真などを参考に、どこが膨らんでいるのか、どこがへこんでいるのか、検証しながら造形を作る。そして分割を延長すべきか、どこかでうまくまとめて延長させないのか、試行錯誤して分割の流れを整える。ガタつくところもあるだろうから、頂点移動やスカルプトツールで滑らかに調整する。

耳はアニメーションの影響がない（動かない）場所だ。頭部は髪の毛を作れば隠れてしまう。**多少分割が悪くても失敗にはつながらないので、練習のためにやってみよう。画像通りにやる必要はない。自分なりに考えて試行錯誤を繰り返せば、かなりポリゴンモデリングが上達するぞ！**

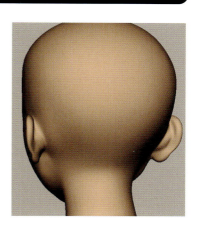

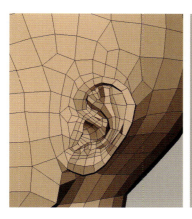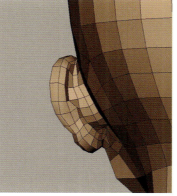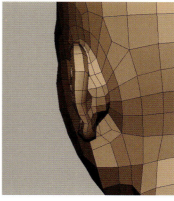

169

Chapter 03：フェイス －上級－

Lesson 4　男性モデルも同じ手順で作ってみよう！

教材が女の子だから、女の子しか作れないなんてことはない！
重要なのは、モチーフの形状をきちんと理解すること。骨格の認識、モデルの形のとらえ方、バランスの取り方、つまり「造形力」がキャラモデリングの根幹なのだ！ 今までの手順を自分のものにしていれば、どんな種類の顔だってモデリングできる！

ガールキャラと男性キャラの頭部モデリングは、ほぼ同じ手順＆分割数で作成できる！

キャラクターは男と女の違いの差より、本来はキャラが持つ世界観（ルック）の差のほうが大きい。

しかし、この2つのキャラのように、女の子はお人形のように、男性は男らしいごつごつとした顔立ちにしてみると、男女差がより強調される。

この2つの頭部モデルは、その造形の差からフォルムのイメージは全然違うが、作り方は95％同じだ。

若干違う箇所というのは、男性の方の鼻を高くするために、女の子の鼻筋の分割では足りないので、1本増やした点。
鼻筋の脇から下方向に流れる筋肉の流れを強調したかったので、小鼻の脇からほうれい線のラインを取っている。そこにも1本増えている。

簡単に言うと、
女の子はふっくらとしわがない状態を意識して流れを作る。
男性は筋肉と骨格を強調して作るために、凸凹させるための流れが必要だ。

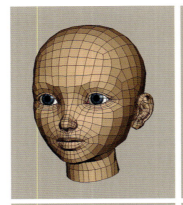 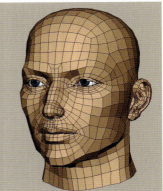
 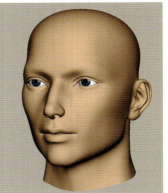

右の画像は、この書籍を執筆する前に授業で教えていたガールキャラのモデルだ。
その隣の男性モデルは、1から作ったのではない。ガールキャラをコピーして、頂点移動だけで変形させてモデリングした。つまりまったく同じ分割だ。
かなりフォルムを変えなければならなかったので、3時間ほどかかってしまったが、やればできる（普通はやらないけど）。
結局は、作り上げようとしているフォルムが頭の中で見えていればできるのだ。ポリゴンテクニックの問題ではない。

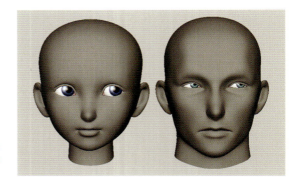

男性モデルも同じ手順で作ってみよう！　　　　　　　　　　　　　　　　　　　　Lesson 4: 男性

頭部の骨格と筋肉を勉強しておけば男性モデルなんて楽勝だ

STEP 1 イメージ画像を使って、ガールモデリングと同じ手順をたどる

「モデリングというのは、相当うまいモデラーでない限り、テキトウに形作ればそれなりのテキトウな形状ができあがる」・・・と、ガールキャラモデリングの一番最初に書いてあったのを覚えているだろうか？　今回もイメージプレーンに貼る画像を用意した。フロントとサイドに貼る画像があれば、バランスを取りながらフォルムを組み立てるのが相当楽になる。**だからあなたもオリジナルキャラを作るとき、テキトウに作り始めないでフロントとサイドの画像をまず手に入れることだ**。自分で描いてもいいし、うまく描けなければ好きな漫画家のイラストをもとにしてもいい。フィギュアの写真を手に入れてもいい。絵のうまい友達に描いてもらうのも手だ。
最初の段階でバランスが崩れてしまうと、パーツを作っても不細工のままになってしまう。
フォルムをとらえることがモデリングにとってもっとも重要なのだから、そこに手を抜いてはダメなのだ！

この男性キャラを作るには、ガールキャラのメソッドをおさらいしながら、制作時間の短縮とモデルの美しさにチャレンジしよう！

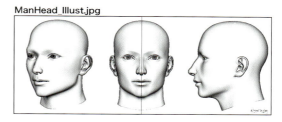

1　画像をダウンロードする。
今回もガールキャラと同様、2種類の画像がある。
フォトビューアーなどで白バックのイメージが見たいなら[ManHead_Illust.jpg]を使うとよい。イメージプレーンに貼る画像はイラストがマスクチャンネルに入っている[ManHead_Illust_Imageplane.tif]を使用する。
新しくプロジェクトを作ってもよいだろう。
画像は必ず[sourceimages]フォルダに入れること。

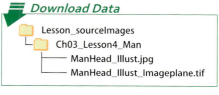

2　フロントとサイドのイメージプレーンに画像を貼る。
[imagePlane1]ノードを移動・スケールしたら、[imagePlane2]に共有する数値を入力するとよい。
ちなみにこのイラストに手描きではない。**すでに作り終わったモデルのスナップショットを加工したものだ。なのでフロントとサイドの形状がぴったりつじつまが合っている。そして遠近感もないのでできあがりの正面と印象は変わる。**

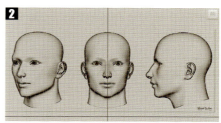

フロントビューのセンターだけは必ず合わせること！　またフロントとサイドは正射投影のイラストなので遠近感はない。

3　キューブの球体から頭部を作り、首をつなげる。
手順はガールとまったく同じだ。ただガールと違うのは、首が太いところだ。
男性キャラの首の太さは耳の後ろから流れる筋肉が必要で、今現在耳がないために、その太さは作れない。
正面から見て首が一回り小さくてもこの段階ではよいのだ。この段階でぴったり合わせようともがかないこと。

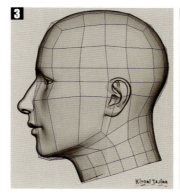
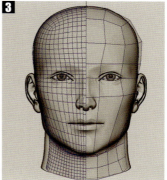

171

Chapter 03：フェイス －上級－

4 スムーズ表示でバランスを確認して みよう。

> **モデリングポイント**
>
> ガールキャラの場合、エラ部分がくっきり出ていたが、こういった男性キャラの場合、ぼやけたラインになっている。
> 首が太い男性はエラのラインが出にくいのだ。

STEP 2 頭蓋骨を意識しよう！ パーツはその後だ！

顔と耳の間には、頭蓋骨が作り出すフォルムがある

たくさんの学生がキャラクターをモデリングするのを、私は見てきた。そこで気がついた。
みんな、耳は一番最後に作る。後回しなのだ。
しかし私は耳の基礎フォルムを目や鼻よりも先に作る。
なぜだと思う？
耳がただのパーツだと思っている人と、私のものの見方には大きな差がある。
「俺ってキャラモデ、けっこううまくないっすか？」という学生の作品を見て、「この子にはこのフォルムが見えていないのだろうか」としょっちゅう思う。見えてないものを作ることはできない。なぜ見えていないかというと、見ている箇所が偏っているからだ。

右の画像を見てほしい。
多くのヘタクソモデラーは、赤い点線部分を「顔」と認識している。
目と鼻と口だ。
目と鼻と口を作れば顔だと思っているので、黄色の点線部分がまったくできない。 ヘタクソモデラーは、黄色の点線部分を立体的に作ることができないのだ。

手のひらで自分の顔の側面部分（耳の前）を包み込んでほしい。
そこの立体感を感じてみてほしい。

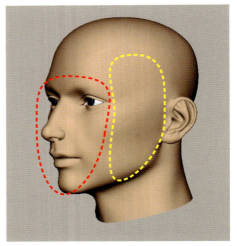

Ⓐ ここはこめかみだ。眼窩（眼球が入っている穴）の脇にへこみがある。

Ⓑ 頬骨は目の脇から目の下まであるのがわかる。頬骨は、多くの人が意識しないフォルムだ。

Ⓒ 頬骨の下とあごに挟まれた箇所は、歯のない場所で、皮下脂肪が薄い（やせている）人はここがへこむ。

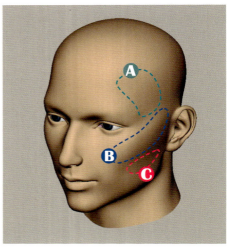

男性モデルも同じ手順で作ってみよう！　　　　　　　　　　　　　　　　　　Lesson 4: 男性

男、女、大人、子供、老人
モデリングモチベーションが上がるキャラを作ろう

右の画像は今回の説明のために、がい骨写真を加工して2D的に合わせてみたものだ。
フォルムもカメラアングルも違う写真を合わせたので、ぴったりとはいかないが、前のページで説明した Ⓐ Ⓑ Ⓒ が、頭蓋骨のフォルムによって作られているのがわかるはずだ。

目や鼻や口のパーツの形だけしか見ていない人は、この頭蓋骨が作る自然なフォルムをつくらない。だからヘタなのだ！

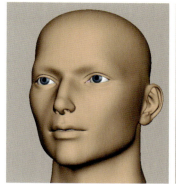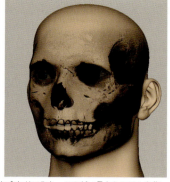

実際のがい骨の画像を加工して、男性モデルに合わせてみた。このがい骨からモデルを作成したのではなく、2D的に無理やり合わせただけなので、ぴったり合っているわけではない。しかし骨のくぼみとでっぱりの位置が前ページの説明箇所に合うはずだ。

骨の次は肉を感じてフォルムを決めよう

頭蓋骨のフォルムだけを強調して作ってはいけない。
どういった状態（年齢、体型）の人間なのかで、肉の厚みが変わる。
下の画像は、先ほどの男性キャラを、パーツや骨の位置は変えずに修正したものだ。骨格は変わっていないのだから、頬骨やあご骨の形は変わっていないのだ。

元のモデルは20代後半をイメージした。シャープで洗練されたイメージで、無駄な脂肪がついていないタイプだ。なので少し骨がごつごつした顔立ちになっている。

肉をつけて骨のでっぱりを目立たなくすると、張りが出て若返って見える例。

肉をこそげ落としやせさせた例。

贅肉をたくさんつけた例。

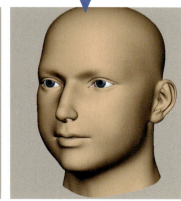

ほほの肉から鼻や口の脇にかけて、少し肉をつけた。張りのある肉の弾力を感じるので、10代後半に見える。RPGゲームの主役のようなくせのないフォルムとも言える。

よく「ほほがこける」というがその通りで、頬骨の下の空間に肉がなくなるので頬骨とあご骨がくっきりする。皮膚の張りをなくしてフォルムを下げていくことで、年を取らせることもできる。

肥満の一歩手前（と本人が思っている）レベルに太らせた。ほほの肉はもちろんだが、特徴的なのはあごの肉だ。ここはかなり脂肪がつきやすい箇所なのだ。

173

Chapter 03：フェイス －上級－

STEP 3 デフォルメ耳、リアル耳のどちらを作るかを選ぶ

鼻や口などのパーツではなく、耳から作り始める理由の1つは、耳を境にした箇所が、頭蓋骨と首の骨が作り出すフォルムの切り替わる場所だからだ。

頭蓋骨のフォルムと首（と後頭部）のフォルムのバランスを取るためでもあるし、耳を拠点に前と後ろの分割数を変えられる効果もあるのだ。

なので今回もガール同様、耳を先に作り始める。しかし、最終的に耳の形状をデフォルメタイプにしたいのか、リアルタイプにしたいのか、この段階で決めておくと、2度手間が省ける。

デフォルメ耳の手順

1. Step 1の頭部と首がつながった基礎モデルだ。
2. ガールキャラの耳の基礎形状を作るときと同じように分割を足し、穴をあけてしまう。
3. ガールキャラのデフォルメ耳をインポートして、位置とサイズを合わせる。分割数が同じなので頂点スナップを使って、簡単にマージできるはずだ。
4. ガールと同じように耳を先に完成させてから、顔の各パーツに入るとバランスがとりやすいだろう。

リアル耳の手順

リアル耳は早い段階でインポートしてきても、分割数が違いすぎるので無理に結合しないほうがよい。

2. ガールの耳の基礎形状と同じやり方で作成する。
3. この状態のまま保留にして顔を作り始める。つまり単にアタリの耳になるので後で削除する。
4. ある程度顔ができたら、リアル耳をインポートして結合していくといいだろう。

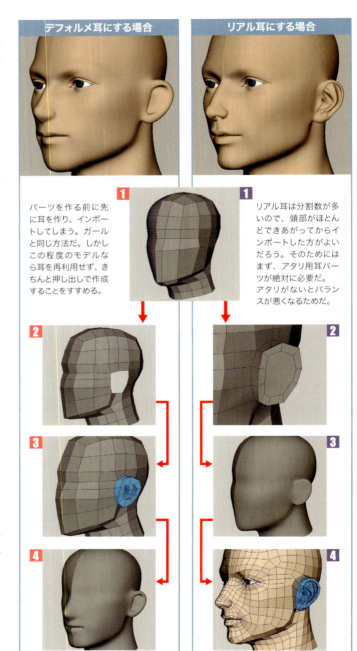

デフォルメ耳にする場合／リアル耳にする場合

1 パーツを作る前に先に耳を作り、インポートしてしまう。ガールと同じ方法だ。しかしこの程度のモデルなら耳を再利用せず、きちんと押し出しで作成することをすすめる。

1 リアル耳は分割数が多いので、頭部がほとんどできあがってからインポートした方がよいだろう。そのためにはまず、アタリ用耳パーツが絶対に必要だ。アタリがないとバランスが悪くなるためだ。

もちろんこれはガールキャラで作成した耳モデルを再利用する場合の話だ。練習のためにまた1から作ってもいいだろう。なぜなら前回よりもうまく作れる可能性が高いからだ。

男性モデルも同じ手順で作ってみよう！　　　　　　　　　　　　　Lesson 4: 男性

どうやったらモデリングがうまくなるか
本音を言うと「作りまくるしかない！」

STEP 4 制作手順はガールとほぼ同じだ。骨格と筋肉を意識して立体的に作り上げよう

まずは Chapter 02 の、一重まぶたと簡略化した鼻のモデルまで完成させよう。パーツを細かくする上級編に行く前に、必ずこの段階でフォルムが完璧にできあがっていなければいけない。ここでバランスが悪ければ、細かい造形に入ってもブサイクのままで、まったく無駄ということはガールのレッスンで説明したと思うが、男性キャラも同じだ。

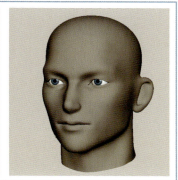

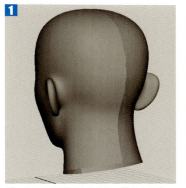

1 ガールと大きく違うところは、首の太さだ。しかし頭蓋骨の付け根をきちんと意識して作ろう。

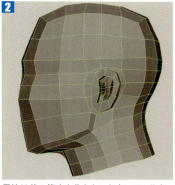

2 男性は首の筋肉を作らないと太いフォルムになりにくい。現在、頭部から首にかけて流れがまっすぐだ。耳の後ろから斜め前に流れるように、分割を変更する。

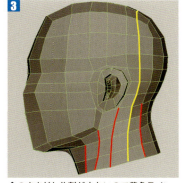

3 今のままだと分割が少ないので黄色ラインの箇所に 1 列追加する。頂点を 1 つずつ動かしてもいいが、エッジを斜めにどんどん入れて、元からあるエッジを削除する方法が楽だ。

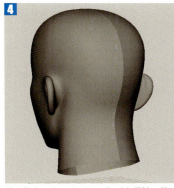

4 首の筋肉の流れができれば、より男性の首らしく形をとれるだろう。少年っぽい男性なら、あまり首は太くしないほうがいいだろう。つまり中性的になるのだ。

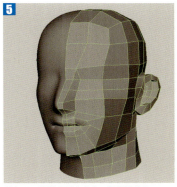

5 鼻と口の基礎分割を入れ、形を整える。この段階でも分割数は同じだ。ガールの時よりも前ページの骨格を意識して男性らしくしよう。

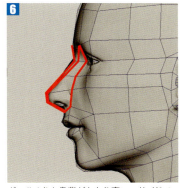

6 ガールよりも鼻背がかなり高い。サイドで調整するときに目の位置と鼻背に差があるのがわかる。

175

Chapter 03：フェイス －上級－

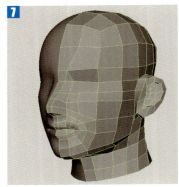

男性の特徴をとらえながらも、ガールと同じ工程で分割を入れていく。

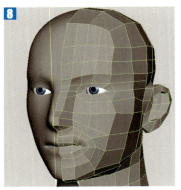

まぶたを放射状にして穴をあけ眼球を配置する。ガールよりもかなり目のサイズが小さい。それでもこのキャラはリアルな人間より若干目を大きくしている。

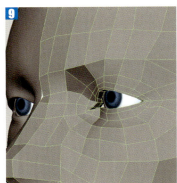

まぶたを作り込んでいく。白人男性をモチーフとしたキャラなので、鼻背が高く目頭を細くして鼻側にカーブさせている。

特徴的なのは下まぶた。涙袋というよりも彫りが深いために、眼球とまぶたとの位置の差によって作られる形状だ。

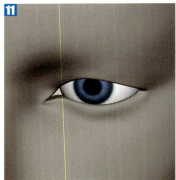

下まぶたが眼球を包んでいるような状態を作成すると、眼窩の骨を感じさせるような立体になる。

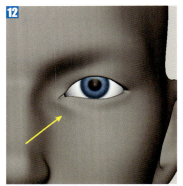

目の下のくぼみと、目の周りの骨の膨らみを意識して作ると、矢印の箇所に鼻から流れてくるでっぱりができる。ごつくなるので、ガールには作っていない箇所だ。

まぶたの厚みをきちんと作る。目じりはガールと同じ手法で、外側に流しておこう。

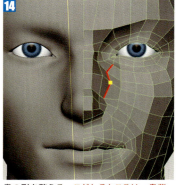

鼻の形を整える。こだわるところは、鼻背の脇だ。ここをまっすぐ作ってしまう人が多い。そこは細くない。自分で触ってみればわかる。細くそそり立っているのは鼻の中心ラインだ。

下から見れば、鼻背がまっすぐそそり立っているのではなく、眼球の端あたりまで、山のような形になっているのがわかる。ここを作らない人にはヘタクソの烙印を押している！

176

男性モデルも同じ手順で作ってみよう！　　　　　　　　　　　　　　　　　　Lesson 4: 男性

「造形萌え」「造形フェチ」この感覚マジ大切

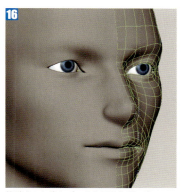
16
簡略化した鼻もガールと同じ分割で作っている。バランスよくきれいな鼻を作ろう。

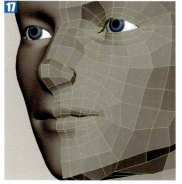
17
目の下から鼻の脇、唇の分割も整える。薄くてシャープな印象の唇の形を作った。口角を少し上げて微笑んでいるような印象にしているが、自分の好みの形にしてほしい。

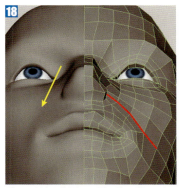
18
ガールと違う箇所は、唇の脇の膨らみと頬骨との間にくぼみを入れている点だ。このラインは頬骨の下のくぼみにつながる。

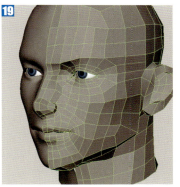
19
耳の周りやこめかみの分割がまだ確定されていないが、パーツの基本形状はできた。

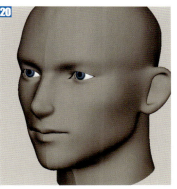
20
そしてこの段階で、前に説明した頬骨の丸みが作られている。頬骨の下がうっすらとくぼんでいるのもわかる。

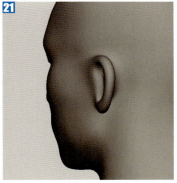
21
この角度で見て、真っ平な場合は先に進んではいけない！　真っ平＝頬骨など顔の側面をまったくモデリングしていないということだ。

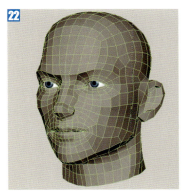
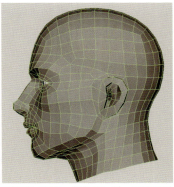
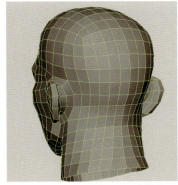
22
保留になっているエッジをすべてつなげて、四角ポリゴンにする。やり方は、ガールと同じだ。そして頂点移動とスカルプトツールを使用して滑らかなフォルムになるように修正する。頭蓋骨や筋肉のごつごつしたフォルム以外はガールキャラと同じだ。ここまでフォルムを完璧に完成させていなければ、二重まぶたや鼻の穴を作ってはいけない。

177

Chapter 03：フェイス －上級－

STEP 5　上級編の最後の仕上げは、各パーツのリアル化だ

Chapter 02 レベルの簡略化モデルができたら、上級編で学んだ二重まぶたとリアルな鼻に挑戦してみよう！ これがモデリングできれば、あなたはどんなキャラでもモデリングできる造形力が備わったのだ。**ここまできたら気がついたはずだ。ポリゴンテクニックはただのツールで、結局は造形力を鍛えなければならないことを！**

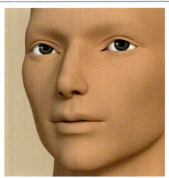

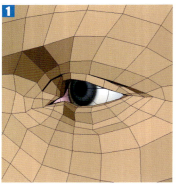

1　二重まぶたはたいして難しくはない。エッジループが2列追加され、しわの部分を作っている。目の下部分がガールより楽だ。しわにならないように気をつけなくてもよいからだ。

2　このモデルは白人男性によくあるまぶたのタイプで作った。分割数が少ないので若干フォルムが甘いが、上のレンダリングレベルならこの程度でもよい気がする。

3　上から見るとまぶたが眼球をホールディングしているのがわかる。彫りが深いために目の下や目頭が深くくぼむのだ。骨格によるまぶたの形状の理屈がわかっただろうか？

4　下から見上げると、目頭の角度がわかる。鼻のほうへ水平になっている。目じりもこめかみや耳に向かって頬骨とは違う角度で流れていくのがわかる。

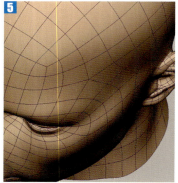

5　**前に説明したとおり、目じりから耳にかけて平面的ではいけない。**頬骨の膨らみは目の下から耳の前まで来ている。目じりから耳の上、眉山あたりまでこめかみのへこみがある。

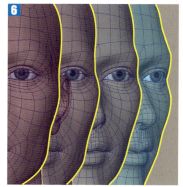

6　カメラを回して顔の輪郭線を確認してほしい。眉骨、こめかみ、頬骨、頬骨の下のくぼみ、それらができていると、このように美しいカーブを描くのだ。

男性モデルも同じ手順で作ってみよう！　　　　　　　　　　　　　　　　　Lesson 4: 男性

自分のキャラを「超カッケー」と思い始めれば うまモデラーの道を歩んでる

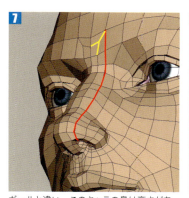

7 ガールと違い、このキャラの鼻は高さがある。そのため**分割が足りないので、ガールより1列増やした**。頭の上まで分割をつなげずに、眉間のあたりで放射状にして分割を止めた。

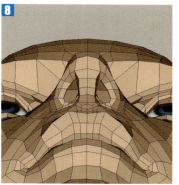

8 もっとも気を使ったのが鼻の穴のサイズだ。もちろん鼻の穴は鼻翼、鼻柱、鼻尖の厚みで決まってくる。**鼻翼の丸みをきちんと作らないと、鼻の穴が大きくなりすぎるので注意**。

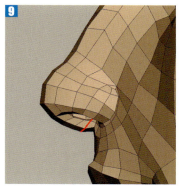

9 鼻柱のフォルムは丸く、付け根はくぼむタイプにした。高さがあるので、やはりここも分割が足りなければ1列増やすとよい。

10 鼻翼と鼻柱の作り方はガールと同じだ。特に鼻柱の内側は表側からもしっかりと見える。だからここの形状はていねいに作ること。

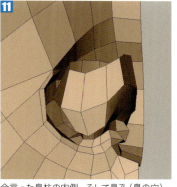

11 今言った鼻柱の内側、そして鼻孔（鼻の穴）の厚みは外側からだけではモデリングできない。内側から見て、ていねいに頂点を移動して、厚みとフォルムを作り上げよう。

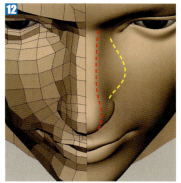

12 鼻筋はくっきりと細いラインで作るが、そのままの形状のまま、ほぼ一つなげてはいけない。**なだらかな弓なり状につながるので、目頭から小鼻までまっすぐラインが出てると失敗だ**。

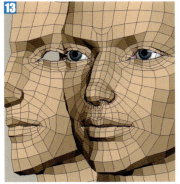

13 左は簡略化モデルだ。まぶたの下から口の脇まで、分割を引き直した。これはとても大切な要素で、**男性モデルは筋肉の立体感をより表現したい**。筋肉の流れをしっかり作るべきだ。

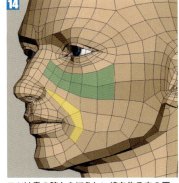

14 コツは鼻の脇からほうれい線を作る肉の厚みのライン（黄色）を作ることだ。脂肪が少ない男性はミッドチークラインが出ることがある。**鼻からほほにつながるライン（緑色）を斜めに**。

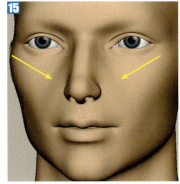

15 ミッドチークラインはゴルゴラインとも呼ばれる凹みのことだ（今の時代ならイタチライン？）。男っぽさを演出できる。皮膚の弾力がなくなるとほうれい線同様ここにしわができてしまう。

179

Chapter 03：フェイス －上級－

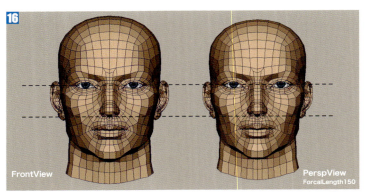
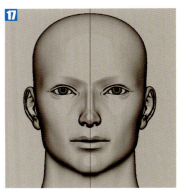

いまだにフロントビューでプロポーションを整えているなら、あなたはこの本の最初のページからやり直しレベルだ。左がフロントビュー、右がパースビュー：焦点距離 150 のカメラだ。目と鼻のサイズが同じ位になるようにカメラの位置を決めただけだ。耳を含めた外側の輪郭全体が、フロントでは大きく見える。あごの幅や耳の角度の印象も変わってくるということだ。

今までのレッスンで使っていたような、まったく遠近感のない絵を描く人はいない。
あなたがこの本を離れてモデリングするときに、シルエット（輪郭）はフロントビューに頼れないということだ。

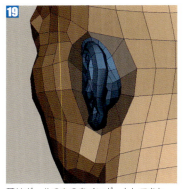
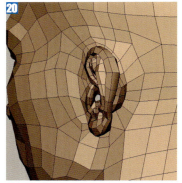

今回はイラストに耳の角度を合わせられるが、通常は顔から滑らかにつながる角度に決めること。立ち耳（Prominent Ear）は美しくないと劣等感を抱く人もいる。ただの個性なのだが。

耳はガールのものをインポートしてきた。耳の裏ができているからだ。しかしガールの耳に満足できない人はもう一度チャレンジしよう。

試行錯誤を繰り返し、きれいな流れになるように分割しよう。頭の上や後ろに分割を増やしてもいいだろう。アニメーションがない部分なのでぐちゃぐちゃにならなければ合格だ。

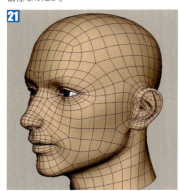

耳から延長した分割など、頂点移動とペイントツールを使って、滑らかになるように調整しよう。しかし男性が持つごつごつとした立体感を消してしまわないように注意が必要だ。

なんか、この教材みたいにかっこいい顔になりません！どうやったらもっともっとモデリングうまくなりますか！？？

最初のフォルムの段階で形が崩れてたらパーツを作る前までもどってやり直すくらいの勇気が必要だ。
それとやっぱり資料をたくさん集めてフォルムを観察する訓練が大切だね。

体を作る予定がなくても、鎖骨までぜひ作ってほしい。モデリングの習作として人に見せるときに、ぐっと魅力がアップするぞ！

180

［見る力］の強化で劇的にキャラの造形力が上がる！

あらゆるモデリングの中で最も造形的な魅力を判断されるキャラクターの顔。そこにはアナトミカルな造形的説得力と、キャラクターの内面を引き出したフォルムの構築が必要なのです。スキルアップするには、それらを判断できる目を研鑽して育てるしかありません。

このコラムは、CGWORLD 2015年11月号に掲載された記事を、再編集したもの。
本書籍で［作り方］を学んでも、上手に作れない人の原因は［見る力］が訓練されてないから。
フェイシャルモデリング・レッスンのおさらいとしてぜひ読んでほしい。

この書籍全体の文体は「上から目線＆スパルタ式」という、普段の私の授業で使っている言葉のまま書かれているけど、このコラムは一般書用の文体になってます！

マジメな文体だって書けるんだぞ〜

多面的に情報を得るための「見て感じる」力

フェイシャルモデリングの造形力に関して、学生だからプロだからという線引きではその人のレベルを測ることはできません。まだまだ発展途上のレベルの学生たちが数年でプロと呼ばれます。プロの現場での経験はクリエイターとして大きく成長させますが、造形レベルという点に絞ったときにはその本人の「造形を感じる力」を研鑽してレベルを上げなければ決して上手くはならないのです。多くの学生が「人の顔を作る」レベルはもっています。しかし造形的な説得力がまったく足りていないのです。簡単に言えば、"人間風"なだけのポリゴンモデリングなのです（それはデフォルメとは違います）。そういった学生たちにはいったい何が欠けているのか、毎年大人数の学生に教えているので、私はある種のパターンをつかむことができました。ひとつのキーワードとしてまとめると、それは「見る力の弱さ」なのです。

顔は複雑な曲線とフォルムが組み合わさって造形されています。工業製品の図面から情報を取るのとは異なり、曲線とフォルムを多面的に見る力が要求されるのです。授業でひとりの人物の様々な角度からの写真を配布しても、できない人はその写真がもつ情報を偏って見てしまいます。見る力の偏りを侮ってはいけません。ものを目で見ることは簡単です。それを脳でどうとらえているかが能力の差になるのです。もちろんポリゴンモデリングのテクニックは重要です。しかし、そういった技術的なことをマスターすれば上手くなると勘違いしてしまう人が多いのも事実なのです。

造形的に説得力のあるモデリングであることにとどまらず、キャラの内面が輝き出すような魅力をモデリングするには、魅力あるフォルムを「見て感じる」必要があるのです。今回は「見る力」を強化するフェイシャルモデリングのスキルアップ法を紹介したいと思います。

格言　テクニックではない。育てるべきは己の目

[見る力]の強化で劇的にキャラの造形力が上がる！

1 フォルム Form

基礎フォルムが最重要。バランスすべての根幹となる

目鼻口のパーツが作り終わっても「なんかおかしい」とずっと試行錯誤してしまう人が多くいます。
フォルムのバランスがとれない人の多くが、パーツを作り込む前の基礎フォルムをおろそかにしているのです。
顔を作る＝目鼻口を作るという思い込みが、頭部（頭蓋、首、あご）のバランスをとることの重要性を無視してしまうのです。基礎形状は、シンプルですが人間のもつフォルムの膨大な情報が詰まっています。

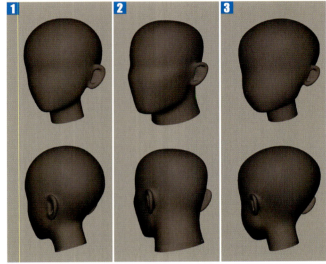

本書の中でモデリング方法を載せている、**1** 女の子（デフォルメ）、**2** 男性（少しデフォルメ）、**3** アニメキャラの基礎フォルム。顔側だけでなく頭蓋と首、あごのつながりがキャラのフォルムを確定すると思ってください。

頭蓋骨に意識を！パーツだけで顔はできていない

上手くできない人たちは、頭蓋骨そのものがもっているフォルムを「見る力が弱い」傾向にあります。もちろん頭蓋骨だけで頭部が形成されているわけではなく、軟骨・筋肉・皮下脂肪・皮膚という順に表層のフォルムを構築していますが、まずは頭蓋骨のもつ凹凸（おうとつ）が顔のフォルムの土台になっていると理解してしまょう。

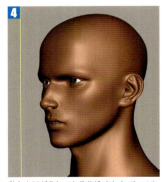
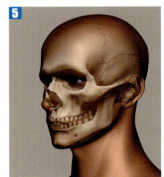

私たちはどうしても作り込まれたパーツにばかり目が行きがちです。画像 **4** を見たときに、あなたは何を見ていますか？ まずは目を見てしまい、作り込まれた鼻や耳、口元のフォルムを見てしまうでしょう。誰しも脳の中で見たい対象物を偏って決めてしまうものなのです。簡略化したマンガ的イラストの影響を受けすぎて、人の顔を平面的にとらえている人はとても多く、その人たちは基礎フォルムの上に目や鼻や口を描き込むように配置すれば顔になるという思い込みがあります。

画像 **5** は頭蓋骨画像を後処理で合わせたものです。2D加工なので位置は完璧には合致していません。しかしどこが凹み、どこが出ているかわかると思います。この画像を見ながら、自分自身の顔を手のひらで包んでみたり、ていねいに指先でタッチしてみてください。実際に触ってみれば、骨が構成している凹凸と筋肉や皮膚の厚みが、触感を通してイメージを具体化してくれます。

182

BONUS-COLUMN オマケコラム

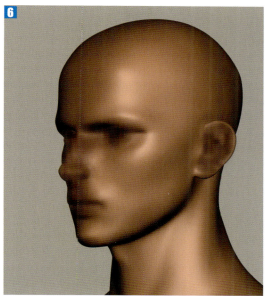

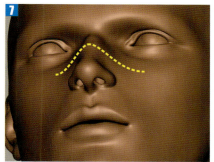

目鼻口のパーツは単独では成り立っていないということも理解してください。すべてつながっているという当たり前のことが見えていないために、パーツだけを作り込むという最悪なモデリングに向かうのです。パーツを分断して見ている人が作れない顕著な例は、鼻背のフォルム（黄色点線）7が挙げられます。自分の鼻背（鼻の筋）を掴んで左右に指を動かせば、鼻背の山の終点がどこまで伸びているかがわかります。骨格に個人差はありますが、決して小鼻の付け根の延長線ではないはずです。

6はパーツを注視しないように加工したものです。4と比べるとパーツ以外の頭部の複雑なフォルムが脳にくっきりと入ってくるはずです。フォルムがとれない多くの人たちは、こめかみ部分、ほお骨の眼窩下に流れるフォルム、鼻背の眼窩下に流れるフォルム、上あごと下あごにできた凹みを見て感じる力が弱く、この部分の整合性がとれないでいます。

カメラを回してシェーディングとアウトラインの両方を見る

シェーディングでは面が作る凹凸を、アウトラインでは凹凸が作るラインを見ます。柔らかいスペキュラをもつシェーダを使えば、カメラを回すたびに動くスペキュラによって立体感がとらえやすくなります8。しかし多くの学生たちがよく見ていないのが、カメラを回すたびに変わるアウトライン（シルエットが作る曲線）9です。上記で説明した骨格の立体感が顕著に出るのがこのアウトラインなのです。モニタは所詮2Dですから、カメラを回してシェーディングとアウトラインが見せているフォルムを脳内で再構築するしかありません。カメラをほとんど回さない人は「見る力」が致命的に不足しているのです。

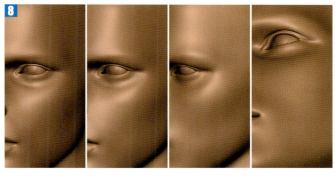

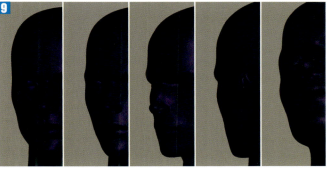

183

[見る力]の強化で劇的にキャラの造形力が上がる！

2　眼球とまぶた　EyeBall & Eyelid

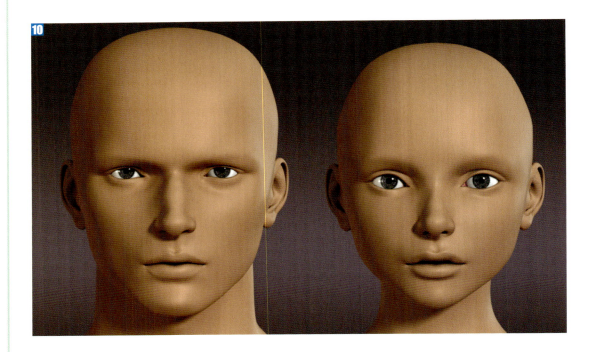

瞳はキャラに命を吹き込む。初期段階で配置を！

リアルな人間の眼球サイズは24mm程度と決まっています。10の欧米系男女キャラは実はデフォルメで、女性キャラ30mm、男性キャラ28.5mmと眼球を大きくしています。

目の動きは本人の思考が大きく反映されるため、人は顔を見るとき無意識に目を中心に見ます。眼球は顔の中で最も重要なパーツです。キャラに人間性を吹き込むために、モデリングの初期段階で瞳のある眼球モデルを配置してください。

11 眼球の上下位置は特に重要で、間違ってもまぶたの中心に置いてはいけません。構造（位置）と目線（回転）は別物だと理解しないと正しく作ることは不可能です。

まぶたは眼球を包み込む皮膚だと意識する

モデリングの初期段階で眼球配置が重要だと言ったもうひとつの理由が、まぶた部分のモデリングにあります。まぶたを作ってから眼球を配置する人は、まぶたを「穴」だと思っています。
まぶたの中に眼球があるという思い込みを捨て、まぶたは眼球をホールドしているという本来の構造から見た視点に切り替えてください。でなければ、最初に作った思い込みによるフォルムがどんなに美しかったとしても眼球との整合性がとれず、結局フォルムをつじつま合わせで作るため、美しさも損なうことになります。

12 まぶたは涙丘部分以外は眼球に密着しています。眼球からフォルムを作っていけば、構造的に説得力があるだけでなく美しく作ることができるのです。

13 また、密着した皮膚部分は薄すぎてもいけません。まつ毛が生えるということも考慮に入れて皮膚の厚みを作っていきます。画像のまつ毛とまゆ毛はXGenで作成していますが、カーブだけで作成できるnHairと異なり、毛を生やすメッシュのUV展開が必ず必要となりますので、必然的にモデリングが終わってからの作業になります。

14 目じりはフォルムの終わる位置が上まぶた（赤矢印）と下まぶた（黄矢印）では異なることを意識しましょう。

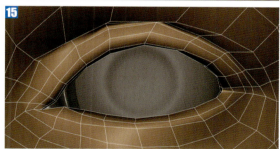

15 しかしトポロジーを複雑化する必要はありません。一見難しそうな目じりのフォルムですが、エッジループ分割だけで作ることができます。

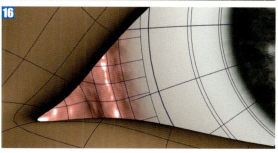

16 目頭は涙丘というピンクの肉があり、まぶた形状そのもので眼球とのすき間を埋めようと考えてはいけません。涙丘を別ポリゴンで作っても、まぶたポリゴンを延長して作ってもかまいません。皮膚とは質感がまったく変わる点だけ注意してください。私はモデリングの段階では、テストレンダリング用にプロシージャテクスチャをよく使用します。涙丘ポリゴンは眼球に密着させ、眼球と馴染ませるために透明度にランプテクスチャを貼っています。このように、マスクによって形状を変えるモデルの場合は、テクスチャを貼った状態で形状を確認しながらモデリングする方法を採ります。

[見る力]の強化で劇的にキャラの造形力が上がる！

モチーフの人種を決めてから まぶたを作る

実際には人種の違いはまぶたのようなパーツの差異だけでとらえるものではありませんが、説明のために便宜的にコーカソイド（白人）17とモンゴロイド（日本人）18のまぶた周りだけ作り変えて比べています。

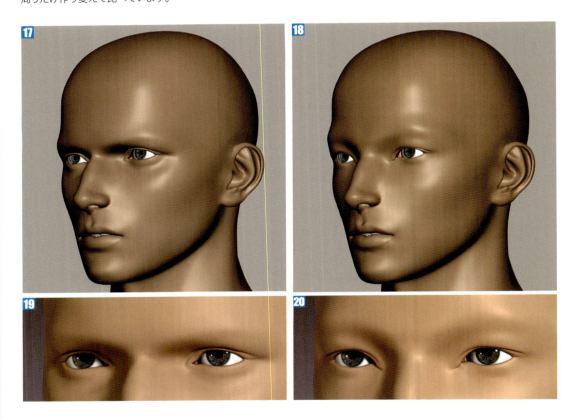

まぶたの形状は周りの骨格と眼球位置で作られるため、コーカソイド特有の眼窩上部の盛り上がりと深い目元のくぼみによって作られた二重まぶた19は、モンゴロイドの二重20とは構造的に異なります。つまり二重まぶたと言ってもフォルムがまったく違うのです。人種を考えないで作るとフォルムがブレてしまいます。二重まぶたに対する思い込みを解除しましょう。

3 鼻 Nose

構造を作れば鼻の穴の形状は必然的に決まる

鼻がバランスよく美しく作れない人は、モデリングの視点が「鼻の穴を作ろう」としていることで、それが最大の間違いだということに気がついていません。穴を作ろうとする考え方をやめ、好みの鼻の写真を収集して各構成要素のフォルムを観察すれば、構造的に説得力があり魅力的な鼻が作れます。構造は絶対的です。デザインとは違います。

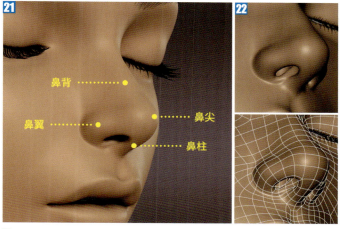

[21] 鼻は4つの構成要素「鼻背・鼻尖・鼻翼・鼻柱」でできており、4つのフォルムのデザインが組み合わさって鼻というフォルムになります。

[22] つまり鼻翼と鼻柱の厚みによって必然的に鼻の穴の形状が決まるわけなのです。

正しく作ればレンダリングで鼻の穴は黒くなる

レンダリングしたときに鼻の穴が黒くならない人は、穴をトンネルのようにとらえています。穴は鼻翼などの各パーツの肉の厚みによって作られているわけですから、表層だけ見て厚みを無視してしまうと結果的にレンダリングに反映されるということです。自分の鼻に指を入れて周辺部をなぞってみると各パーツの厚みが理解できるのでやってみてください。

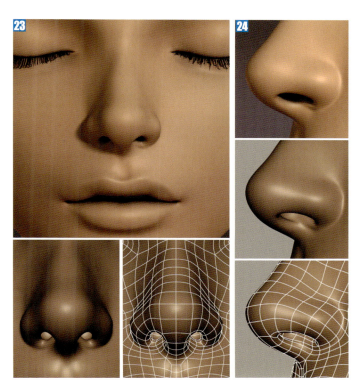

[23] 構造的に正しく作れば必ず穴の部分は黒くなります。

[24] 横から見たときに鼻の穴が見えない理由は（※ライティングによって暗くは見えます）、鼻柱が鼻の奥まで続いているためです。

[見る力]の強化で劇的にキャラの造形力が上がる!

4 唇 Lips

唇は尖っているという思い込みを消去しよう

唇はパーツの中で最もシンプルなので、美しく作れない人は「見る力」が致命的に弱い可能性があります。色をフォルムと勘違いして思い込んでいると、口角まで尖らせてしまいます。口角は厚みのある肉が閉じられて畳まれている状態だと理解しましょう。
正面ではリップラインしか見ることはできません。25
歯列に沿ったカーブが口角に向かって流れていくフォルムを、カメラを回してしっかり見なければいけません。26

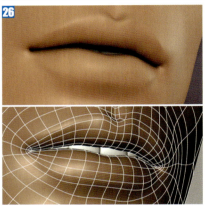

唇のフォルムにはキャラの性格が表れる

フェイシャルアニメーションでは眉とまぶた周りの動きは「心の内で湧き上がった感情」を、唇の動きには「外面に放出した感情」を表現すると教えています。しかしフォルムに関して言えば、唇はキャラの性質や性格が大きく反映される箇所です。今回の男性モデル27 は意志の強さや寡黙さを、女性モデル28 は無邪気さと愛らしいセクシーさを表現しています。つまりこれらの参考画像は唇のデフォルト形状ではないし、デフォルト形状があるという観念こそがフォルムに対する思い込みです。
「見る力」は構造だけでなく性質に対しても高める必要があるわけです。

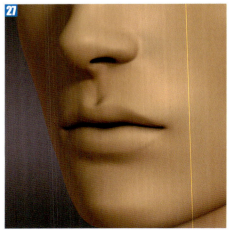
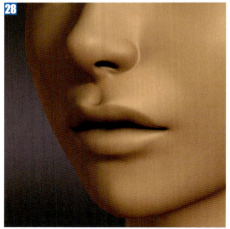

モデリングのスキルアップに関しての、学生からの相談や質問をピックアップしてみました。ぜひ参考にしてください。

毎日気軽にできるような、「見る力」を鍛えるオススメのトレーニング方法はありますか？

デッサンはスキルアップのために必須ですが、時間をかけずに気軽にできるクロッキーやスケッチがオススメです。モデラーにとっては、面を詳細に描き込むことよりもフォルムがもつラインを見る力がまず大切です。クロッキーでは5分～30分と短い時間設定をし、その時間内で形状を構成するラインを見極める力をつけると良いでしょう。短い時間なので毎日1枚でもできるはずです。気軽に始めるためには、好きな女優などの（正面だけを選ばず様々な角度の）写真を描いてみてください。学生さんの場合、大量に貯まったスケッチをコラージュしてポートフォリオに入れれば努力が伝わりますよ。

自分がなぜ下手なのかよくわかりません。モデリングが上手にできない学生のクセや傾向ってありますか？

上手にできない人の最も顕著な傾向は、CGソフトの画面しか見ずにモデリングしていることです。その手の人は資料を集めるというモデリングの前段階の課題でも、数枚のイメージ画像しか集められません。モデリングが上手い私であっても、脳内のイメージは偽物だと知っています。それはオリジナリティとは別のものです。脳内のイメージだけで説得力ある構造と美しいフォルムを構築するのは不可能なのです。全体のフォルムやパーツ、デザイン、すべてにおいて大量に参考画像や文献を集めてください。そして画像からフォルムをよく観察する習慣を身につけることが重要です。

田島先生が「見る力」を鍛えさせるためにモデリングの授業で最初に教えることはどんなことですか？

寸法の概念です。私の授業では最初からキャラクターは作らず、コーヒーカップ、スプーン、鉛筆、鉛筆削りと工業製品を作るのですが、必ず原寸で作り、細かな箇所の寸法を実際に測ります。リアルを目標にするならば、パーツの幅や配置位置の情報は重要なのです。3DCGでオブジェクトの寸法を適当にしてしまいがちですが、シーン内オブジェクトの比率、アニメーションの移動値、レンダラでの距離計算、ダイナミクスでの距離計算など様々なところで寸法の概念が組み合わされるため、適当に作ることを覚えてはいけません。ですからグリッドを常にカスタマイズすることと、距離ツールの使い方を最初に教えます。

美大で立体造形を作っていたので「見る力」には自信があります。モデリングにおいて3DCG特有の難しさみたいなものはありますか？

ずばりトポロジーです。トポロジーとは簡単に言えば、メッシュの流れです。ゲームアプリ用のローポリと映像用の高解像度メッシュではポリゴン数そのものが異なるので、考え方は変わってきますが、ポリゴン数が少ないほどアニメーション（スキニング）の視点を取り入れてメッシュを分割します。顔の場合は表情筋を意識して流れを作ります。また多角形や三角ポリゴンを使ってよいかはプロジェクトの仕様によって異なりますが、基本は四角ポリゴンと考えてください。またZBrushのようなスカルプト系ソフトではトポロジーを意識せず詳細なディテールを作り込むことができますが、ゲームや映像に使うのであれば、必ずリトポロジー（メッシュの流れを作り直す）作業が出てきます。

コレもタイセツコラム

―― トラブル・不具合解決だ！の巻 ――

 助けてください！
Mayaが何かおかしいんです！
×××ができないんです！

 かなりの頻度で起こる
「何かおかしい」状態。
とりあえず以下を試してみよう！

学校という現場で働いていると、「Mayaがおかしいんです」「レンダリングができません」「ポリゴンが変です」などの、トラブル＆不具合をナントカして下さい的質問を毎日生徒から浴びせられる。10年以上そんなことをやっていると、そういったトラブルを修復＆解決できるパターンができてきた。正直言うとMayaのデータはわりと壊れやすい。もちろんトラブルは多種多様なのですべての問題に対応できる保証はないが、とりあえず以下のことをやってみてほしい。

また、おかしなオブジェクトは[複製]だけで直ることは多々あるので、まずは[複製]してみること。

ただ初心者にありがちなのが、Mayaの不具合なわけではなく、知識が少ないために設定や基本的な使用法などを間違えてしまい、不具合だと思い込んでしまう点だ。こういった場合の「何かおかしい」状態は無限にあるので、以下の方法では対処できない。Mayaの問題ではなく使い手の問題だからだ。初心者が陥りやすい点は「Part.1 機能＆ツール」の解説に盛り込んでおいたので、よく読んでおこう。

ツールやウィンドウがおかしい場合

Mayaが起動しなかったり、マニピュレータ、ツール、ウィンドウ、表示などが「おかしい」場合、プリファレンス（設定ファイル）にしばしば原因がある。その場合、設定フォルダ（ファイル）を捨て再起動すると初期状態に戻り、直すことができる。

やり方は簡単だ。**[prefs]フォルダをフォルダごと削除して初期状態に戻す。**
まず[maya]フォルダをみつけよう。
ライブラリ／ドキュメント／maya／＜バージョン名＞／ja_JP／prefsフォルダ
このような階層の中にprefsフォルダはある。
※mayaフォルダは学校や個人などで入っている場所が違うかもしれないが、おおむねドキュメント（マイドキュメント）の中にある。
このフォルダは削除しても、Mayaを起動すれば新たに作成されるので、安心しよう。削除すると自分で設定したシェルフやホットキーもなくなってしまうので、それが嫌な人、不安な人は、削除せずにprefsフォルダの名前を変えておくという方法もある。

 シェルフやホットキー、マーキングメニューなどをガンガンカスタムしている人以外は、がっつりそのままフォルダごと削除しても何の問題もない。オプション系などが初期状態に戻るだけだ。

エクスポート＋インポートは修復力絶大！

「レンダリングができない、おかしい、途中で止まる」関連の問題が起きた時、かなりの頻度で修復に功を奏したテクニックが、データのエクスポート＋インポートだ。ヘルプや書籍に書いてないので知らない人も多いが、このテクニックで何十人もの学生データを直してきた。

1 アウトライナから、必要なオブジェクトをすべて選択する。この時perspカメラなどももともとデフォルトであったカメラは選択しない。
2 [ファイル＞選択項目の書き出し]（File > Export Selection）を選び、選んだオブジェクトを別シーンとしてエクスポートする。
3 新規シーンを開く。
4 [ファイル＞読み込み]（File > Import）を使用し、エクスポートしたシーンをインポートする。この時デフォルト設定のままだと、シーン名がすべてのオブジェクト名についてしまう。必ずP.166の**4**を参考に、設定を変更しインポートすること。

シーンのエクスポートのみで直るケースもある。インポートするのは、レンダー設定が壊れているケースがあるからだ。レンダーレイヤが書き出しできないのが難点。

見えないゴミを捨ててくれる「最適化」

[ファイル＞シーン サイズの最適化]（File > Optimize Scene Size）これは、シーンから使用されていない空の無効な部分をクリーンアップしてくれる機能だ。この「最適化」でおかしなデータを直したことが何度もある。また、壊れたところがなくても、時々クリーンナップするとデータも軽くなるのでおすすめだ。いらないものを溜め込む人ほど、この最適化を行うとデータがものすごく軽くなる。**しかし危険なのが、「壊れる可能性」や「大事なものがなくなる可能性」もあるということだ。なので必ずシーンを保存してから実行し、別名で保存する事を勧める。**

使用するときは、[スクリプト エディタ]（Script Editor）を開いておき、どんなノードが除去されているか確認しよう。すべての項目を一気に削除してもいいし、項目1つずつ実行してもよい。

壊れたポリゴンのみobjでエクスポート

ポリゴンが壊れた場合mayaBinaryではなく「obj」データでエクスポートすると、壊れたポリゴンが直るケースがある。プラグイン マネージャで[objExport.mll]のチェックを入れれば使用できるようになる。

Part.2
キャラクターモデリングレッスン

Chapter 04：フェイス - 応用 -

Lesson 1： アニメキャラ
アニメキャラデザインは眼球の制御がテクニカル要素大！

アニメ風キャラが作りたい！そんなあなたに！

ジャパニメーション特有の**大きな目は**完全球体では作れない！

視線を動かすテクニックは難易度高いぞ！

シンプルだからこそ**なめらかにガタツキなく**作ることに注力せよ

まゆ毛やまつ毛もモデリングで作ってみよう！

小さな口は意外と難しい〜

Chapter 04：フェイス －応用－

アニメキャラデザインは眼球の制御がテクニカル要素大！

日本のMANGA、ジャパニメーション的デザインのキャラは人気が高く、モデリングレクチャー希望者が大勢いる。それでも私が最初にそのスタイルを教えないのは、人間的基礎フォルムを学べないからだ。そしてジャパニメーション特有の大きな「目」はデフォルメが強すぎて、モデリング以外の知識が必要だ。知識を吸収して自分の好きなキャラを作ろう！

球体の眼球とデフォルメ眼球の違い

今までのレッスンで作成したガールや男性は、実際の人間のように眼球を球体で作ってきた。球体であれば、視線は球体の回転だけで移動でき、球体は回転しても形が変わることはない。

アニメキャラの目を球体で作っても、平べったいまぶたの穴から飛び出してしまう。かといってスケールでつぶしたりモデリングで変形したら、回転した時に顔の表面から飛び出してしまう。

つまり今までの知識では作れないということだ。

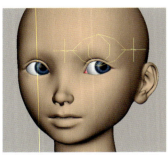

眼球を球体で作るキャラクターなら、眼球の回転だけで視線を簡単に移動できる。そしてエイムコンストレイントを使用することで、コントローラーを追従するシステムを簡単に作ることができる。

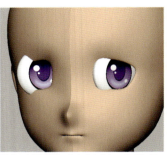

球体では飛び出してしまうからと、安易にスケールでつぶしたり、モデリングで変形してアイホールの形に揃えると、回転した時に顔のフォルムに沿わず飛び出してしまう。

たくさんの手法があり、どれも利点・欠点（やさしさ・難しさ）がある

最近は2Dアニメも実は3Dですべて作られていたり、本編は2D作画だがエンディングは完全3Dという制作法が増えてきた。私のやり方が正しいかどうか疑問だったので、実際の現場で働くクリエイターの友人数人に、アニメ目の制作法を質問してみた。面白いことに人によってそれぞれで、利点や欠点、初心者向きなものや高度なコントロールが可能な上級者向きな制作法がたくさん出てきた。

何種類か紹介するので、好きなものを選んでよい。

ただ学校でCGを習い始めの人や独学で学んでいる人、Mayaを深いところまで触っていない人には「何言ってるのかさっぱりわからん！」となるかもしれない。そういう人たちはStep 4で教えている手順で作ればよいので心配いりません。しかし全部基礎的なことばかりなので、わからなければ調べる努力をしてほしい、とは思う。

球体タイプA：親ノードで変形

上の説明のように、スケールでつぶした球体には、回転でテクスチャを動かすシステムは使えない。しかし、親ノードでスケールを使えば、なんと！子ノードの球体は回転時にそのスケールに合わせて形を変形してしまう！

簡単に言うと、眼球のサイズや配置は、スフィアをグループ化してできる親ノードに対して行い、視線の移動ならば、スフィア本体の回転で行うということだ。この階層の概念は、実はMayaの基本中の基本なのだが初めて知るとへ〜！っと驚くのだ。

```
グループノード
  └─ スフィア本体
```

グループ化でできるノードは、実体はないが「トランスフォームノード」という見えない箱を持っている。箱をつぶすと中の本体もつぶれるが、本体のノード情報はつぶれていない。

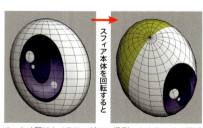

まったく同じカメラアングルで撮影。わかりやすく眼球の裏側には黄色をつけてある。一番上の頂点の集まりが移動しているよね？スフィア本体がつぶれた状態で回転しているのがわかるかな？これが階層マジックです！

アニメキャラデザインは眼球の制御がテクニカル要素大！　　　　　Lesson 1：アニメキャラ

モデリング作成法をマスターしただけでは Mayaの本当のおもしろさはわからない

球体タイプA：親ノードで変形（続き）

■■利点■■

- 回転で視線（テクスチャの移動）を制御できるので、特別なシステムを作らなくてよい。初心者にも簡単にできる。

■■欠点■■

- 親ノードに対して誤ってトランスフォームのフリーズをかけると、形が固定され、回転をかけたらその形状のまま回ってしまう。絶対にフリーズできない。
- 階層を使ったシステムなので簡単ではあるが、階層が壊れると修復できない。
- 親ノードに対して、スケールと移動・回転でアイホールの形に合わせるため、キャラによってはアイホールに形が合わないことがある。これは大きな欠点だ。

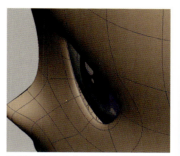

アイホールの形と合わないと、すき間があいてしまう。簡単だがキャラのフォルムが限定されてしまうのが大きな欠点。

球体タイプB：ラティスで変形

デフォーマ機能の［ラティス］（Lattice）を使用して変形することで、「球体タイプA：親ノードで変形」よりも細かな変形ができる。

■■利点■■

- ラティスの分割数を細かくして、スケールだけではできないラティスポイントの移動によって変形することができる。

■■欠点■■

- ラティスを扱える知識がないと使えない。例えば、画面上では表示されていないベースラティスとインフルエンスラティスの関係など。初心者は画面上に見えているインフルエンスラティスしか操作しないので、大失敗する。
- 変形が格子状のポイントでしか制御できない。細かな制御をしたければ、最初の段階で分割数を細かく設定しなければいけない。

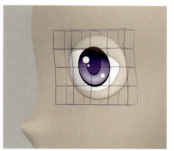

分割数5、5では、今回のキャラのアイホールにはぴったりしたフォルムにできなかった。分割数を増やせば細かな修正ができる。

自由にモデリング ＝ テクスチャタイプ

球体にこだわらなくてよいのなら、アイホールから押し出しなど、自由にモデリングすることができる。アイホールのエッジを利用すれば、すき間があくこともなく、顔に沿ったフォルムを簡単に作ることができる。
ただし、**球体の回転で視線（テクスチャの移動）を制御できなくなるということは、テクスチャ側で瞳画像を制御しなければならないということだ。**
静止画レベルが目的で、難しいことをしたくないという人は、UVシェルを移動するだけでも画像は移動できる。

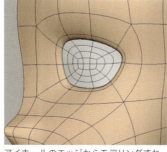

アイホールのエッジからモデリングすれば、すき間をあけずにぴったり作ることができる。

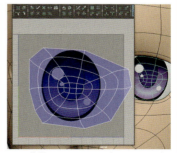

UVの移動にアニメーションをつけられればかなり楽になるのだが、基本機能の中にはない。自社開発MELで制御している会社もあるだろうが私にはわからなかった。

193

Chapter 04：フェイス －応用－

テクスチャタイプＡ：place2dTextureノードを制御する

place2dTextureノードというのは、2Dテクスチャ（今回の場合はfileテクスチャ）につながっている下位ノードだ。テクスチャの位置や繰り返しなどを制御している。[フレームの移動]（Translate Frame）を制御すると、画像が上下左右に移動する。

■■利点■■
- 前ページで説明したように、自由なモデリングに適している。
- [フレームの移動]という２つのアトリビュートを制御するだけでよい。
- 普段使っているファイルマッピングなので簡単だ。

■■欠点■■
- UVマッピングがゆがんでいると、移動したときに画像がゆがんでしまう。
- place2dTextureノードは、オブジェクトとして存在していないので、画面上で選択できない。
- 簡単に制御するためには、ドリブンキーの設定（Set Driven Key）やコネクションエディタ（Connection Editor）など、アトリビュートを別アトリビュートとコネクションするシステムを作る方法を知らなければいけない。キャラクターリギングと同じで、制御の方法はたくさんあり、使い勝手は好みで決まる。

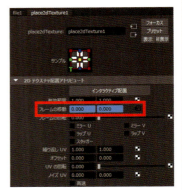

place2dTextureノードは、2Dテクスチャを作成するとデフォルトでは自動的に作成される。プロシージャテクスチャの画像の細かさを制御するために[繰り返しUV]（Repeat UV）アトリビュートがよく使われる。

※今回のレッスンでは、欠点の少ないこちらのタイプを使う。

テクスチャタイプＢ：投影マッピングを使用する

投影（Projection）2Dテクスチャマップは、Mayaを昔から使用している人にはなじみがあるが、最近始めた人にはどこにある機能なのかわかりにくい。ポリゴンにはUVマッピングでマッピング位置を決めてしまうのであまり使用しないのだが、ポリゴンのUV配置に関係なく投影ができる。NURBSは自由にUVマッピングができないので、投影マッピングはよく使用される。投影マッピングを作成するとplace3dTextureノードが作られるのだが、これはオブジェクトとして空間上に配置される。

テクスチャ作成時に右ボタンクリックででてくるポップアップメニューから作成する。

■■利点■■
- 前ページで説明したように、自由なモデリングに適している。
- place3dTextureノードはオブジェクトなので、画面上で移動・回転ができる。
- UVマッピングに依存しない
- 別オブジェクトもplace3dTextureノードと同じ動きをさせればよいので、ハイライトを画像ではなくオブジェクトで作成できる。

■■欠点■■
- 投影マッピングのplace3dTextureノードの配置法などを知らないと手間がかかる。
- place3dTextureノードをどのように移動するか、合理的な方法を考えなければいけない。（右の画像は、画像をゆがませないために、回転のためのピボットポイントを割り出して、回転でplace3dTextureノードを移動している）

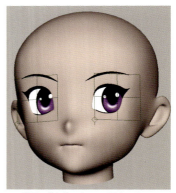

この書籍の前に作ったアニメ風キャラ。ハイライトは別オブジェクトになっている。

アニメキャラデザインは眼球の制御がテクニカル要素大！ Lesson1：アニメキャラ

テキトウなイラストはテキトウなガイドにしかならない

> **STEP 1** 頭部の作成は基本はガールと同じだが、違う手順を試してみよう

ガールや男性で使用した画像は、すでにできあがったモデルのスナップショットをトレース（または編集）したものだ。なので今まではフロントとサイドの画像は遠近感がなく、位置もすべてつじつまが合っていた。

しかし今回のアニメ風キャラは私の手描きで、かなり位置やフォルムがテキトウだ。斜めと正面のイメージすら違っている。だがそれが普通だ。**手描きや写真ではフロント、サイド、パースのつじつまは合わない。**

イメージのガイドとしてしか使えないと割り切って、立体モデルを見てバランスや魅力を追求していこう。

絵が描ける人は、私の画像を使わずに、自分の好きなキャラを描いてみよう！**（下手な絵はバランスを崩すので注意）**

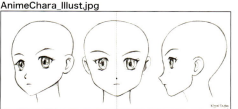

Download Data
Lesson_sourceImages
└ Ch04_Lesson1_Anime
　├ AnimeChara_Illust.jpg
　└ AnimeChara_Illust_Imageplane.tif

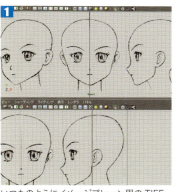

1 いつものようにイメージプレーン用の TIFF 画像を、フロントとサイドに貼る。
※以降、機能そのものに変更がない場合は、旧バージョンの画面キャプチャを掲載しています。ご了承ください。

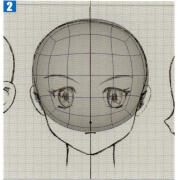

2 ガールと同じように、キューブに対してスムーズをかける。[分割数]は2だ。まずフロントから見て位置を合わせる。

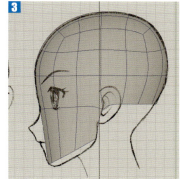

3 ガールと同じように下の部分のフェースを捨て、サイドビューで合わせる。3キーで滑らかな丸みを見て動かしてもよい。

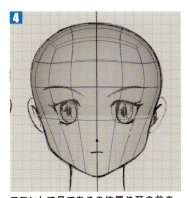

4 フロントで見てあごの位置や耳の前の幅を合わせる。ここまではガールの手順と同じだ。ここからはシンメトリ機能を使用するが、バージョンによって設定が異なるので確認して使用すること！

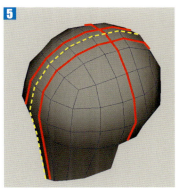

5 中心線（黄色点線）の両脇に1本ずつエッジループを入れる。あごラインの後ろにもエッジループを入れる。[マルチカット]のCtrl+中マウスボタンクリックで中心に入れる。

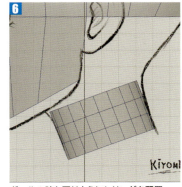

6 ガールの時と同じようにシリンダを配置。**[軸の分割数]：20、[高さの分割数]：3。** これ以降首の分割数は増やさないので、首はきれいな円柱のままでいられる。

関連 P.009 [移動(1) Move]

195

Chapter 04：フェイス －応用－

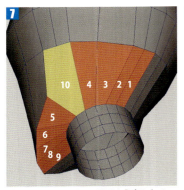

ガールの時と同じように隙間を［ポリゴンに追加］(Apend to Polygon) で埋めていく。黄色の面は最後に［穴を埋める］(Fill Hole)。右反面も同様に行う。

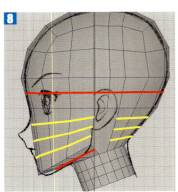

赤いラインと黄色のラインをエッジループで挿入する。

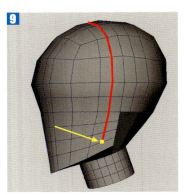

矢印の箇所から右反面の同じ箇所まで、エッジループを挿入する。首まで分割が入らないように、［自動完了］(Auto Complete) をオフにして作業しよう。自動完了機能は［マルチカット］にはない。覚えているかな？

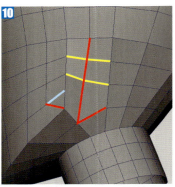

赤ラインと黄色ラインのエッジを追加し、水色ラインのエッジを削除する。
以降、スカルプトツールの［リラックス］が多く登場するので Maya 2016 を使用している人は P.129 を必ず読んでほしい。

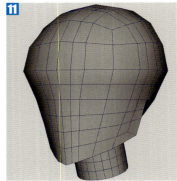

このモデルは、［エッジ フロー］機能を使わずに分割した。もちろん分割系ツールを使用する時にエッジフローで曲率を保ったまま分割してもよい。

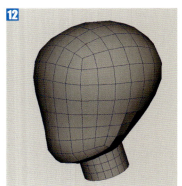

［エッジ フロー］機能や［スカルプト ツール］の［リラックス］などを使用し全体を整える。整えるのはフォルムだけでなく、分割（フェースサイズ）をなるべく均等にすることも大切だ。

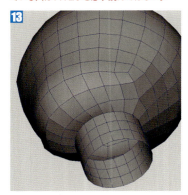

首のシリンダはすでに均等なので、ここはスカルプトしてはいけない。ただし、あごの下は分割を均等にすること。あごがイラストとかけ離れた形でも気にしない。

後頭部から首にかけて、スカルプトツールの基本４種を駆使して、形を整えよう。滑らかに頭の丸みにつながるように修正する。サイドビューを参考にしよう。

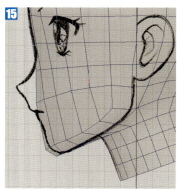

次に耳を結合するので、フェースを半分捨てる。そしてサイドから見てあごの形を整える。分割も少ないこともあり、スカルプトツールではなく、頂点移動のほうが簡単に修正できる。

アニメキャラデザインは眼球の制御がテクニカル要素大！ Lesson 1：アニメキャラ

アニメ系キャラを作るにはフィギュアの資料をたくさん集めるとよい

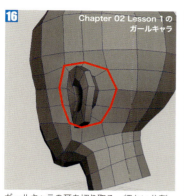

ガールキャラの耳を切り取る。細かい分割になる前のデータだと分割数がぴったりだ。赤いエッジ部分から抽出して、ヒストリを捨てて[選択項目の書き出し]をしよう。

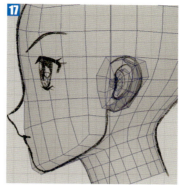

耳だけのシーンをインポートしてきて、位置とサイズを合わせる。位置やサイズは好みでよい。耳のバランスは後からでも修正できるので、マージや分割が先だ。

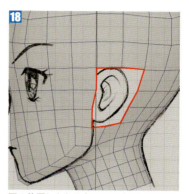

耳の位置にあたる赤いエッジで囲まれた6枚のフェースを削除する。もちろんこのフェースを利用して初めから耳を作ってもよい。

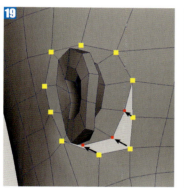

アニメキャラ側の頂点を、ガールキャラの耳の周りの頂点にVキーでスナップさせる。[結合]してヒストリを捨てる。頂点をすべて囲んで[マージ]する。

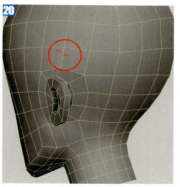

耳の形を変えないように注意しながら、耳の周りをリラックスで修正し、滑らかに均等にしていく。ブラシサイズを2頂点にまたがるくらいのサイズにしないと修正しにくい。

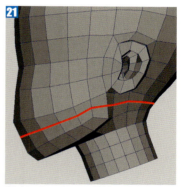

[(ジオメトリの)ミラー]機能を使い左右を合体する。次のページの口の作成のために、あごの上に1列エッジループを入れる。
※すみません。数があってなかった…。

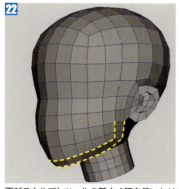
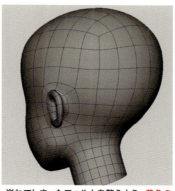
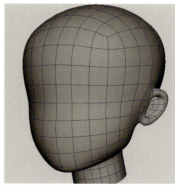

再びスカルプトツールの基本4種を使いわけて、崩れてしまったフォルムを整えよう。黄色の点線はあごを作っているラインだ。調子に乗ってどんどんストローク（ペイント）してしまうと、またフォルムが崩れてしまうぞ！ あごはていねいに頂点移動で形を整えよう。斜め後ろから見た角度もかわいくできているだろうか？ 正面から見たときにほほもふっくらさせてあげよう。ただ、アニメ風キャラの重要な「目」が入らないとフォルムを決めかねるが、今は気にしなくてよい。スカルプトツールはこんな風に必要な分割数を引いてから使用するととっても便利！

197

Chapter 04：フェイス －応用－

STEP 2　男性キャラより難しい？ 滑らかで小さい口をモデリングする

シンプルなのに、男性キャラより難しいのはなぜか？ 小さな口はエッジ同士が近すぎて、放射状のしわができやすいのだ。このモデルをクリアできたなら、あなたは相当技術力が高い。滑らかさを見極める力は、ポリゴンモデリングにとってもっとも大切な能力だ。先に分割を済ませているのだから、ここは滑らかな造形に注力して頑張ってほしい。

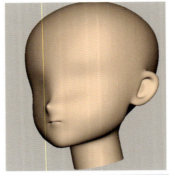

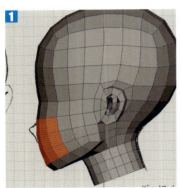

1 サイドビューで、赤い箇所のフェースを捨てる。ワイヤフレーム表示をサイドビューで確認して、もしエッジがずれているようなら、再びミラーしよう。

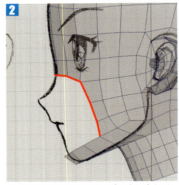

2 鼻の付け根やほほのカーブに少し合わせておくとよい。

3 穴の開いた部分のエッジをダブルクリックで選択し、［押し出し］を行う。ワールド軸に切り替えスケーリングして口のサイズにする。この段階でしわがないほうが後が楽だ。［エッジ フローの編集］を使って修正する。

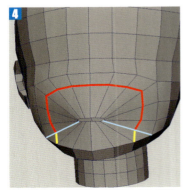

4 赤いラインをエッジループ挿入。リング状に入れてしまわないこと。黄色ラインの分割を足し、水色ラインを捨てる。口の放射ラインを無駄に増やさないために行った。

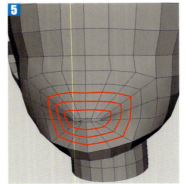

5 同心円状のエッジループを3本挿入する。［エッジ ループを挿入］ツールの［複数のエッジ ループ］設定「3」ならば、簡単に3本入れられるが、［マルチカット］のエッジループで挿入でもOK。

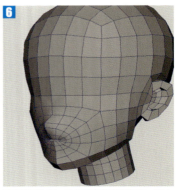

6 スカルプトツールと頂点移動を行い、フォルムを整えていく。鼻のでっぱりを作り始める。自分の作りたいフォルムは見えているだろうか？ フィギュアの写真などを見ながら作ろう。

アニメキャラデザインは眼球の制御がテクニカル要素大！ | Lesson 1：アニメキャラ

小さな口をしわなく作る
細やかな感性と集中力を総動員せよ

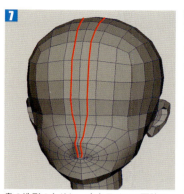
鼻の造形のために、中心ラインの両脇に1列ずつエッジループを入れる。後ろの首までエッジが入っても構わない。ここでもエッジフローやリラックスなどを使い滑らかに。

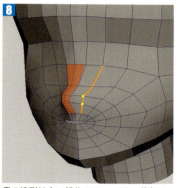
鼻の造形は赤い部分のフェースと、黄色い頂点の落差で作る。

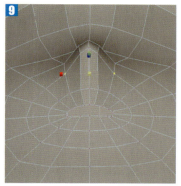
鼻や口のフォルムは常にこのアングルで、頂点の流れをよく見ることが、上手に作るコツだ。特に分割が集まった口の穴は、ガタつきが出やすい。次に押し出しをするのでエッジフローで、滑らかになるように注力しよう。

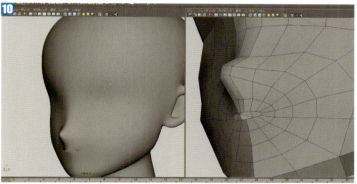
サブディビジョンプロキシを作成して、滑らかなスムーズメッシュを見ながらていねいに頂点を移動して修正する。[1/2]のプロキシではなく、[ミラー動作]は[なし]だ。重なってしまうので、2画面にしてパースカメラももう1つ作成。[選択項目の分離]を使って、ローメッシュとスムーズメッシュを別表示にすること！

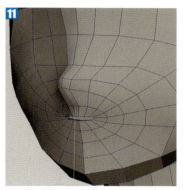
形が整ったら、口の穴を押し出しして奥行きを作る。厚みを作るためなので、いつものようにラッパ状にもう一度押し出しをすること。形がとれていないままここに進んではダメだ。

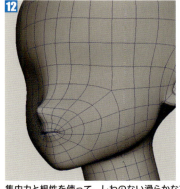
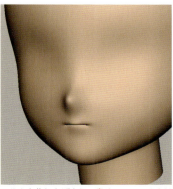
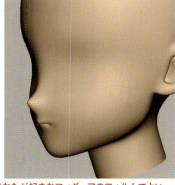

集中力と根性を使って、しわのない滑らかなフォルムを作り上げよう。鼻や口のフォルムはあなたが好きなフィギュアのフォルムでよい。必要なら分割を足そう（私は小さな唇のために1列リングを追加した）。このキャラは口が小さいため、放射状のしわがかなりできやすい。口のフォルムに対して安易にスカルプトツールを使わないように！ ツールの強さを極力弱くして根気よくフォルムを整えるか、頂点移動でていねいに修正する根気強さが必要だ。ほほの丸みや目がある位置からの鼻方向へのつながり、口の脇からあごにかけてのラインなど修正しなければいけない場所はたくさんあるぞ！

199

Chapter 04：フェイス －応用－

STEP 3　アニメキャラの特徴の大きな目をモデリングする

このステップでは、目のモデルをアイホールのエッジから作成する。
作成方法はとても簡単ですぐできる。しかし、ていねいに頂点を並べる意識が足りないと、ぼこぼこになりやすい。ぼこぼこになってもスカルプトツールで簡単に直せるでしょ、と高をくくっていると目のモデルがなかなか滑らかにならずに苦しむことになるぞ！

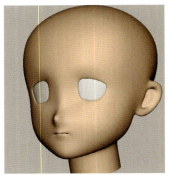
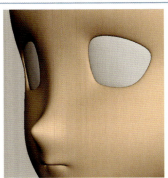

1

モデルを半分捨て、サブディビジョンプロキシを作成する。

2
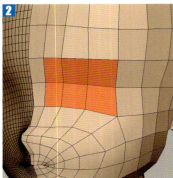
画像の赤い部分のフェースを6枚捨てる。

3
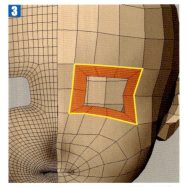
今開けた穴のエッジを選択し、[押し出し]する。必ず[ワールド軸]に切り替えて[スケール]で内側に面を作ること。

4
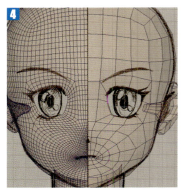
穴の形をだいたいイラストに合わせる。このイラストのバランスのまま作っても立体的にかわいいのかまだ判断できないが、とりあえず合わせてみよう。後で目の形は修正できる。

5
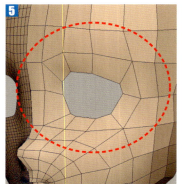
目の穴のフォルムの周りも、必ず整える。カメラを回して、フォルムの崩れを直さなければ台無しになるよ！

6
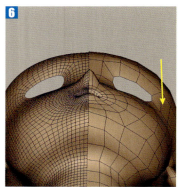
目の穴が頭部の丸みに沿ったフォルムになるように、頂点を移動して整えよう。目じり側（黄色矢印）を凹ませるとほほ側の丸みと頭部の丸みがうまくつながる。

200

アニメキャラデザインは眼球の制御がテクニカル要素大！ Lesson 1：アニメキャラ

カメラを回してシェーディングの陰影でガタつきを常に確認するクセをつけよう

心に刻めばうまくなる モデラー座右の銘

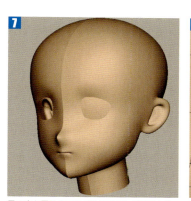

7
目の穴と周りのつながりはきれいだろうか？カメラを回して、いろいろな角度から確認して調整しよう。

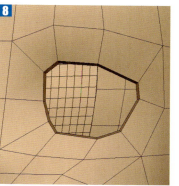

8
目の穴をほんの少し押し出しする。**ワールド軸でZ方向に押し出すだけでは、目じり側が鋭角になってしまうので、X方向移動やスケールを使って、同じ距離・角度に押し出すこと。**

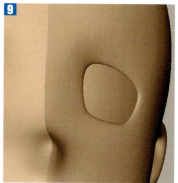

9
アニメキャラなので、まぶたの厚みという概念はないが、今の押し出しでこのようにエッジの部分が立体になる。この後、眼球を作ってから、奥行き部分の押し出しもする。

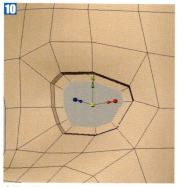

10
今押し出しでできたエッジ（黄色）を再び押し出しする。今度は奥ではなく、面を張る感じだ。ワールド軸でスケールのセンターで縮小する。きもちZ方向に引っぱる（後ほどつくる目のモデルの丸みのため）。

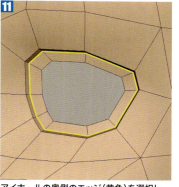

11
アイホールの奥側のエッジ（黄色）を選択し、別オブジェクトとして抽出する。エッジ選択＞［デタッチ］、オブジェクト選択＞［抽出］。**必ずヒストリを捨てる。**

12
別オブジェクトになった。（説明のために白にしてある）内側のエッジをさらに同じ手順で押し出しした後、［穴を埋める］を使用する。

13
ほんのり盛り上がっているフォルムになるように、頂点を移動して修正する。**アイホールのエッジのラインがガタついていると、筋が出てしまう。その場合は顔側も一緒に直すこと。**

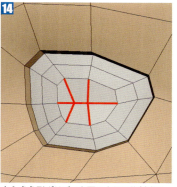

14
中心多角形ポリゴンを図のように分割する。

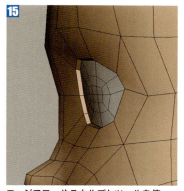

15
エッジフローやスカルプトツールを使って、滑らかな表面になるように整えよう。外周の頂点がガタガタのままだと滑らかには決してならない。ツールや機能だけに頼らず頂点で修正すること。

201

Chapter 04：フェイス －応用－

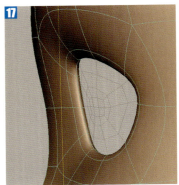
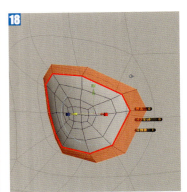

16 顔のアイホールのエッジを奥に押し出しする。この画像のようにほんの少しでよい。スケールで広げる。同じ角度、同じ厚みになるように調節すること。

17 スムーズメッシュプレビューで見るとこのようなやわらかい厚みになる。スケールで広げることによってこの厚みができるのだ。**だからまっすぐ押し出すだけではいけない。**

18 目のモデルの外周エッジ（赤ライン）を押し出しする。少し丸みが出るように押し出しするといいだろう。
※画像のマニピュレータは旧バージョンのものです。

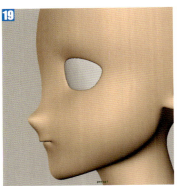
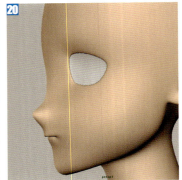
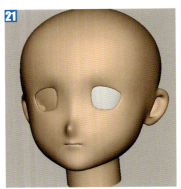

19 頂点移動とスカルプトツールで、滑らかに整える。少し奥に目オブジェクトを移動してもいいだろう。

20 試しにへこんだバージョンも作ってみた。好みがあるので、目のテクスチャを配置してから、モデルを修正してもいいだろう。

21 （ジオメトリの）ミラーでマージして顔モデルを左右対称にする。**目モデルはUVマッピングをしてからコピーするのでまだしなくてよい。**

STEP 4 目をUVマッピングし、シェーダを作成する

目のイラストが入るとやっとアニメキャラらしくなる。
UVマッピングを今までやってきたことのない初心者の人には、この書籍は不親切かもしれない。モデリングに特化した内容に絞っているので、ぜひ別のところでUVエディタの使い方などをマスターしてほしい。しかし瞳に関しては、このステップだけで作成できるので安心だ。

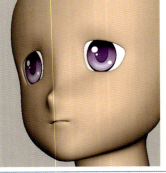
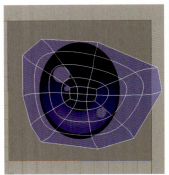

> アニメキャラデザインは眼球の制御がテクニカル要素大！　　Lesson 1：アニメキャラ

絵が描けないならブラシで描くな
選択範囲とぼかしで描け

心に刻めばうまくなるモデラー座右の話

アニメキャラの瞳のイラストは、顔の印象を決定づける大事な画像であり、デザイン性や完成度が要求される。私が描いたダウンロード画像でもよいし、自分で描いてもよい。絵心よりも Photoshop などの加工技術があれば、好きなキャラの目を参考にだれでも作れる。実際私は円形選択範囲しか使っていない。つまりブラシで描かなくても十分美しい瞳のイラストは作れるのだ。ブラシで描いて小学生レベルの絵になっている悲惨な学生をよく見るよ！

瞳の画像は3枚ある。ハイライトなしの瞳、ハイライトのマスク画像、瞳にハイライトが描き込まれた画像だ。

最後の画像だけでよいと思うかもしれないが、ハイライトはシェーディング（陰）を持ってはいけないため、瞳とは別の質感になる。多くのクリエイターがハイライトを別ポリゴンで作るのは、その理由からだ。だが別ポリゴンで作成すると、瞳の動きと連動させる必要があるため、難易度がぐっと上がってしまう。

Lambert シェーダのアンビエントカラーの V 値を 1 にすればライトの影響を受けない明るい質感になる。レイヤシェーダに、瞳とハイライト用の２つの Lambert シェーダを組み込めば簡単に作ることができるぞ。ぜひ、試してみてほしい。

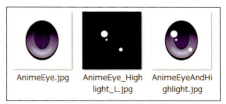

※瞳にハイライトが描き込まれた画像は、右用もあります。

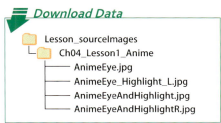

1 新しくLambertシェーダを作成し、カラーにチェッカテクスチャを貼る。
UVエディタで[チェッカ タイル]を表示させることもできるが、モデルを選択していない時もチェッカ表示させるためにシェーダを作る。

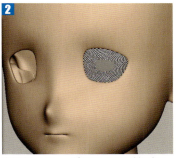

2 今作成したシェーダを目モデルに割り当てる。これは UV マッピングした時に画像にゆがみがないか確認するためだ。チェッカがゆがんでいれば UV を直す。UV マッピング時には必ず行う作業。

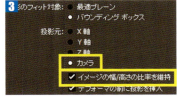

3 目モデルに対し、[UV＞平面]（UV＞Planar）のオプションを開く。**投影元を最初に設定すると後で編集が楽になる。斜めのモデルなので[カメラ]がおすすめだ。[イメージの幅/高さの比率を維持]**（Keep image width/height ratio）**にチェックを入れると、ほぼモデルの比率で UV を作ってくれるのでこれは必須だ。**

4 カメラ（画面）を目モデルのだいたい正面に配置したら、投影を実行する。
チェックがきれいに並んだはずだ。

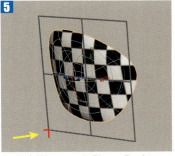

5 カメラを回して、polyPlanarProj マニピュレータが目モデルに対して水平になっているか確認し、回転して修正する。回転するには角の赤十字をクリックすると回転できるようになる。

6 新しくLambertシェーダを作成し、カラーにハイライト付きの瞳テクスチャを貼る。**ファイルテクスチャは絶対に［フィルタタイプ］を［オフ］にすること！フィルタがかかるとレンダリング時に絵がぼけるぞ！**

203

Chapter 04：フェイス －応用－

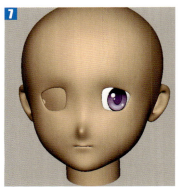

7

目モデルに、今作成したシェーダを割り当てる。私の場合は、位置がずれているようだ。目は左右両方配置してからバランスを取る方がよいので、まず先に左目を作る。

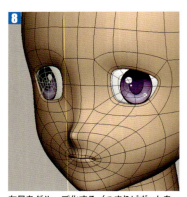

8

左目をグループ化する（つまりピボットを原点にする）。複製して、[スケール X] に −1 を入力すれば、ミラーコピーができる。ハイライトが対称になってしまったが、後で直すのでよい。

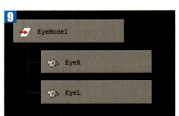

9

左目と右目をグループ化し直す。空になったグループノードは捨ててよい。
右モデルにネガティブな数値が入っているので、必ずフリーズし法線も反転しておこう。
同じ目のモデルだからといって、この 2 つを結合するようなバカなまねは絶対しないこと。
このモデルには別々のシェーダ（テクスチャ）をつけないといけないからだ。そして左右の目の動きは別々でないといけないためでもある。

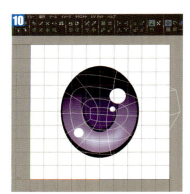

10

両方の目を選択して、UV エディタを立ち上げる。両目同時に UV を編集しないと同じ配置の UV でなくなってしまうためだ。

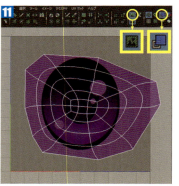

11

白い画像はワイヤの表示が見にくい。
[イメージを暗く表示]ボタンをオンにする。
[UVのシェード]ボタンをオンにしてもよい。
左と（裏を向いている）右が重なって紫の表示になる。

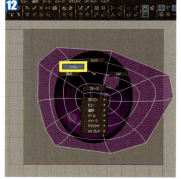

12

[シェル] 選択で、左右目モデルの UV をシェルで選ぶ。スケールや移動ツールで、キャラを見ながら位置を整える。UV が大きくはみ出ると画像が切れてしまう。その場合は画像側を縮小して調節しよう。

13

UV を小さくスケールすれば、瞳は大きくなる。左に移動すれば右に瞳は動く。好みのサイズにして、必ず正面を見ている位置に配置すること。

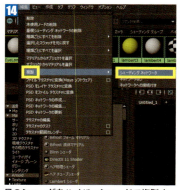

14

目のシェーダをハイパーシェードで複製する。必ず [シェーディング ネットワーク] を選ぶこと。ファイルも複製してくれるからだ。複製してできたシェーダを右目に割り当てる。

15

複製されてできたfile2には、左右を反転してある画像
「AnimeEyeAndHighlightR.jpg」を貼ろう。ハイライトが対称でなくなる。

204

アニメキャラデザインは眼球の制御がテクニカル要素大！　　Lesson 1: アニメキャラ

よく知らないツールや機能は
Mayaヘルプマニュアルで必ず確認

STEP 5　瞳を動かすシステムを作る

まず何のノードのどのアトリビュートをいじると目の画像が動くのか、確認してみよう。
ファイルテクスチャの下位ノードのplace2dTextureノードを選択する。
チャンネルボックスで[フレームの移動]（Translate Frame）の[U]を動かすと左右に、[V]を動かすと上下に画像が移動する。 確認してみてほしい。

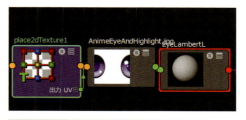

ただし移動しすぎると、反対側から瞳のイラストがまた現れてしまう。これは[ラップU][ラップV]にチェックが入ってオンになっているので、画像が繰り返されるためだ。
後の手順で繰り返しを修正するので今はそのままでよい。

この仕組みが理解できたら、目線の移動は簡単だ。
しかし問題はplace2dTextureノードが画面で選択できないということだ。画面上で目線を移動できるシステムを作りたい。

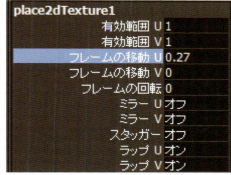

[フレームの移動 U]に数値を入れたら、このように瞳が移動した。ファイルテクスチャのアイコンも移動しているのがわかる。移動しすぎると反対側から画像が繰り返されて現れる。[ラップ]をオフにするだけではだめなので、後の手順で修正する。

ここからそのシステムの作り方を教えていこうと思うのだが、私はとっても不安だ。
システムはドリブンキーを設定するだけのとてもシンプルなものだが、キャラクターリギングの授業でそのドリブンキーの設定方法を教えると、ほとんどの学生が混乱して、「できません、できません」と言うのだ。
もしうまくいかなくてもグラフエディタで簡単に修正できるのだけど、初心者にはドリブンキーの概念が難しいらしい。もしあなたがキャラクターリグを組んだことがあるなら何の心配もいらない。
しかしドリブンキーの設定やグラフエディタ（Graph Editor）と言われて「は？ なにそれ？」と思うのなら、無理にシステムを作る必要はない。上の説明のようにplace2dTextureノードを選択して[フレームの移動]をいじればいいだけなのだから。

ドリブンキーの設定は、動かす側（ドライバ）の指定アトリビュートによって、動かされる側（ドリブン）の指定アトリビュートを自由にコントロールできる。数値に規則性がなくても構わない。2点の指定があればその間を補間する。つまり「キー」なのだ。「キー」なのでグラフエディタで補間を編集できる。アニメーションのキーの概念がないと、ドリブンキーの設定は理解できないだろう。

※以降、機能そのものに変更がない場合は、旧バージョンの画面キャプチャを掲載しています。ご了承ください。

205

Chapter 04：フェイス －応用－

前ページで説明したように繰り返しを解除するため［ラップ U］と［ラップ V］のチェックを外す。

ラップを解除すると、グレー色が出てきてしまう。これはテクスチャノードの［既定のカラー］の色なのだ。

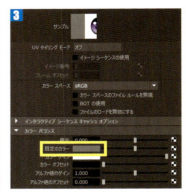

［既定のカラー］の色を瞳の周りと同じ色にする。この画像の場合は「白」だ。瞳以外に描き込みがある場合は、レイヤテクスチャを使用しないとダメかも。

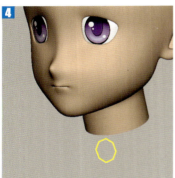

コントローラーとして使用する NURBS カーブの［円］(Circle) を作成する。90 度立てておく。
リニアにしてカクカクにしたり、見た目は自由だ。［ロケータ］などでも OK だ。

フロントビューで瞳画像の正面に置く。サイドビューから見て、扱いやすい少し離れた場所に置く。［eyeCtrl_L］というような名前をつけておこう。

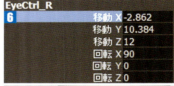

複製して［移動 X］の数値の頭に［−（マイナス）］をつける。右側の同じ場所に移動したはずだ。**複製が終わったら必ずトランスフォームのフリーズを行うこと（重要）！**

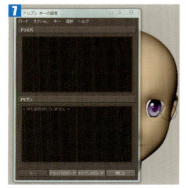

アニメーション (Animation) メニュー セットから［キー＞ドリブン キーの設定＞設定］(Key > Set Driven Key > Set) を選ぶ。

左目のカーブを選択し［ドライバのロード］ボタンをクリックする。ハイパーシェードで左目の place2dTexture を選択し［ドリブンのロード］ボタンを押す。

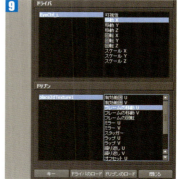

ドライバ側は［移動 X］、ドリブン側は［フレームの移動 U］を選び、［キー］ボタンを押す。
これで基本位置にキーがつけられて固定された。ウィンドウはまだ閉じないこと。

アニメキャラデザインは眼球の制御がテクニカル要素大！　　Lesson 1：アニメキャラ

質感、テクスチャ、レンダリング、リグ
静止画だけでも学ぶことはまだまだある

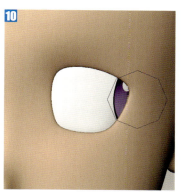

必ず先にカーブを動かす。次に［フレームの移動 U］を動かす（バーチャルスライダ機能を使うと楽だ）。画面のような配置がよいだろう。そして［キー］ボタンを再び押す。

2つの数値を必ずメモっておこう。右側の目に左右対称の同じ数値を入れられなくなるからだ。カーブを左右に移動して、目が動くかどうかを確認する。動かなければ最初からやり直し。

今度は反対方向だ。メモった数値のマイナス数値が楽だ。必ずドライバを移動してからドリブンを移動する順序を守って［キー］を押すこと。数値だけ入れて押し忘れると意味がないぞ！

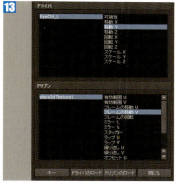

左右が終わったら、今度は上下だ。ドライバは［移動 Y］、ドリブンは［フレームの移動 V］だ。同じ手順でやってみよう。まずは基本位置に戻して0の状態で［キー］を押すこと！

XとY両方にセットできたら、このように斜めにも移動できるということだ。

右側も同じ手順、同じ数値でセットドリブンキーを設定する。まずドライバとドリブンをロードし直すところからだ。選択するアトリビュートを間違えないように注意すること。

残念ながら、このシステムのまま2つのカーブをグループ化したノードでは、瞳は動かない。それがなぜかわかる人はもっと高度なシステムを作ってみよう。

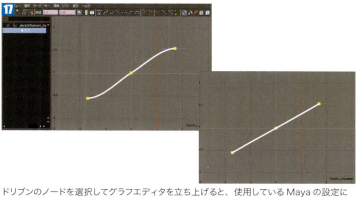

ドリブンのノードを選択してグラフエディタを立ち上げると、使用している Maya の設定によっては、カーブがフラット接線になっていることもある。静止画レベルなら問題ないが、アニメーションで使う予定の人は注意すること。リニア接線に直しておこう。コントロールカーブ側でスピードコントロールするのが、アニメーションの原則だ。

207

Chapter 04：フェイス －応用－

アイラインやまつ毛はモデリングで作る

まゆ毛やアイラインはテクスチャで描くものだと思っている人も多い。しかし画像は解像度に依存するので、目の周りの画像をくっきりさせたいならそれなりのサイズが必要になる。
リアルと違い、ぼかす必要がないのだから、モデリングで作ってしまおう！ 実はNURBSカーブを使えば簡単に作れてしまうのだ！

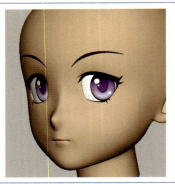

押し出しにはポリゴン作成法とNURBS作成法の2種類ある

最終的にはもちろんポリゴンになるのだが、ポリゴンの押し出しとNURBSの押し出しでは利点が違う。
状況によって2つを使い分けよう。キャラに応用する前に必ず、スフィアなどで試してみること！
テーパを優先するか、作り始めの自由度を優先するかで、どちらか決めるとよい。

ポリゴンの押し出し

■■利点■■

- フェースを押し出す機能なので、元あるモデルの一部分から押し出したいときは便利。
- テーパとツイストが使用できる。
- テーパ機能はかなり優秀だ。**アトリビュートエディタで[カーブのテーパ]を使用すれば、太さをグラフカーブで編集できる。** まゆ毛など簡単に作れる。

■■欠点■■

- ポリゴンフェースから作成する。プリミティブオブジェクトの中には、円形のプレーンは存在しないため、円柱を作るなら最初に円形プレーンをモデリングしなければいけない。
- カーブの形に沿って押し出しはするが、エディットポイントとは連携していない。つまり分割の位置は分割数で決まってしまうため、カーブのエディットポイントの位置で分割はしてくれない。
- 押し出しされた後、1つの形状になっているため、最初のプレーンのヒストリはない。つまり元プレーンを編集しても押し出し面は影響を受けてくれない。

最初に作るフェースの形は重要だ。最初のフェースをヒストリとして持っていないので、後から太さを変えるのは頂点移動となりかなり非効率。
ポリゴン側はオブジェクト選択では押し出しできない。必ずフェース（またはエッジ）選択とカーブ（こちらはオブジェクト選択）を選択して押し出しすること。

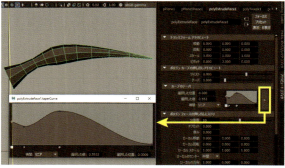

テーパの数値のみなら、視点から終点に向かって均一に細く（太く）できる。[カーブのテーパ]を使用すると画像のように太さをグラフでコントロールできる。カーブの横にある[>]ボタンを押すと拡大ウィンドウが立ち上がる。

Lesson 1:アニメキャラ

アニメキャラデザインは眼球の制御がテクニカル要素大!

NURBSモデリングはポリゴンモデラーの心強いサポーター

心に刻めばうまくなるモデラー座右の銘

NURBSの押し出し

■■利点■■

- チューブの作成は、プリミティブのNURBSサークル(円)を利用すると簡単だ。
- 一番大きな利点は、プロファイルカーブとパスカーブがヒストリでつながっている点だ。NURBSは作成されるオブジェクトと作るカーブが別物なので、こういうことができる。**プロファイルカーブを編集するとチューブモデルも変形するので、サイズや分割が不確実でも始められる。**
- エディットポイントの位置が分割の位置になる。本体から抽出したカーブを使用し、本体と分割をぴったり合わせたいときはかなり便利だ。

■■欠点■■

- テーパがないため、不均一の太さはエッジをスケールするなどの手作業が必要になる。これは大きな欠点だ。

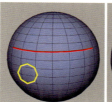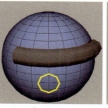

オプションにより、プロファイルカーブの位置や角度にこだわらないで始められるのが大きな点だ。プリミティブのサークルで始めれば、サークルのヒストリも使用できる。サークルの[セクション数]を変更するだけで、六角柱から四角柱に変えることも簡単にできる。もちろん頂点移動で複雑なプロファイルに後から変更できる。

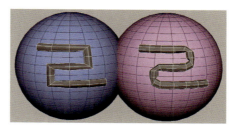

左:NURBS押し出し
右:ポリゴン押し出し
ポリゴン側はカーブのエディットポイントで分割を生成しない。このモデルは球体のエッジからパスカーブを作成した。なのでNURBSの方は球体の分割位置とぴったり合っている。

NURBSの押し出しのオプション設定はPart.1を参照。 関連 ➡ P.016 [作成(2) Create]

顔(元のモデル)にぴったり沿ったカーブを作るには?

ポリゴンエッジをカーブ化する方法と、元モデルをライブにしてカーブ(CVまたはEP)を元モデルに吸着させながら自由に描く方法がある。キャラに応用する前に必ず、スフィアなどで試してみること!

エッジをカーブに変換する

エッジを選択して、
[修正>変換>ポリゴン エッジをカーブに]
(Modify > Convert > Polygon Edges to Curve)
を実行するだけで簡単にエッジと同じ箇所のカーブができる。その時[次数](Degree)を[1 一次](Linear)にすると、頂点の位置がエディットポイントとして作成されるのだ。

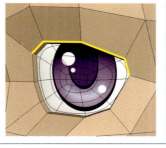

カーブを使えれば、NURBSからポリゴンモデリングが作成できる。なのでエッジをカーブ化するこの機能は様々なところで役に立つだろう。

モデルの表面にカーブをスナップさせる

顔オブジェクトを選択し、ステータス ラインにある磁石のアイコン[ライブ サーフェス]をクリックする。モデルがライブになると、カーブをそのモデルの表面にスナップさせて描くことができる。[CV カーブ ツール]よりも[EP カーブ ツール]で描くことを勧める。CVはカーブの位置から離れているためだ。モデルのワイヤが緑になっているときはライブ状態だ。解除するには再度実行する。

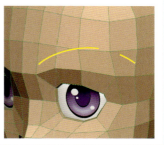

ローメッシュに描くと切れて見えるが、カーブが中にめり込んでいるだけだ。
EP(またはCV)を表面にスナップするだけの機能なので、後でカーブを修正すればよい。

209

Chapter 04：フェイス －応用－

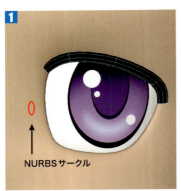

1
上まぶたのアイラインとなるまぶたのエッジをカーブにする。NURBSサークルを作成し、NURBSの押し出しを実行。サークルの形を整えてモデルの厚みや幅をだいたい決める。

2
エッジを追加して好みの形状に整えよう。NURBSの押し出しをポリゴンで出力すると、頂点がつながってない列ができる。頂点すべてを選択してマージしておこう。

3
同じ手法で他のラインを作る。まつ毛は円錐で作るのが便利だ。全部別オブジェクトでよい。サーフェスシェーダならハイライトがないため、つなぎ目は見えないからだ。

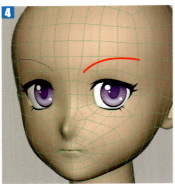

4
顔モデルをライブにしてまゆ毛カーブを描く。右側はバランスを見るためのインスタンスコピーだ。まゆ毛で「凛々しい」「のほほん」などの性格が表現できるので好きな形にすること。

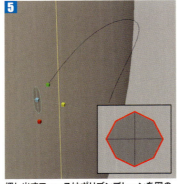

5
押し出すフェースはポリゴンプレーンを図のように、まず円形に調整して使用する。まゆ毛の始まりの位置に移動し、スケーリングする。NURBSカーブはエディットポイントを表示しないとポイントスナップができないので注意。

6
ポリゴンの押し出し機能［カーブのテーパ］を使用し太さを整える。元のフェースより太くしたいときは、［選択した値］に1より大きい数字を入力すればよい。形を整えて完成だ。

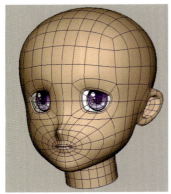
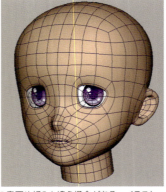

瞳やアイラインを入れると、バランスが自分の意図や好みと違う場合がある。イラストのトレースではバランスをとれないためだ。あなたも好みにこだわって修正しよう！私は左のモデルから、右のモデルに修正した。フォルムだけでなく、目の周りや鼻の分割も数が足りないと判断し、追加している。

完成！アイラインやまゆ毛でイメージがだいぶ変わる。実はガールモデルも、まつ毛やメイクアップによって別人のようになるのだ。

Part.2
キャラクターモデリングレッスン

Chapter 05：ボディ - 基礎 -
Lesson 1： ベースボディ
ベースボディの基礎モデリングでプロポーションを作れ！

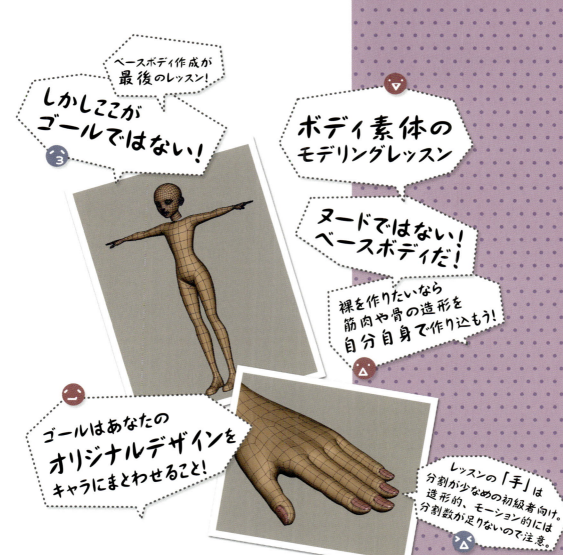

Chapter 05：ボディ －基礎－

Lesson 1 ベースボディの基礎モデリングでプロポーションを作れ！

フェイスモデルとは違い、このボディ（身体）は完成形のヌード（裸）ではない。洋服や装備を着せる前の素体（ベースボディ）である。プロポーションは重要だ。シンプルなプロポーションに対して「ファッション＆装備デザイン」を加えていけばバランスが崩れにくいからだ。プロポーションを意識しないでファッションのデザインをモデリングしても、デッサンが狂いまくるだけだ。

ベースボディの重要性

この書籍では、最終的にはあなた自身がオリジナルを作ることを目的として書いた。そのキャラが持つオリジナリティは「デザイン」で表される。「デザイン」は制作者やキャラによって多種多様なのでこの本でそれはレクチャーしない。
今回作る「ベースボディ」がこの書籍の最後のレッスンだ。
しかし「ベースボディ」といっても、ヌード（裸）の完成形ではない。もし裸を作るのであれば、鼻や耳と同じように、体の骨や筋肉の造形を細かく作り込まなければならない。
この「ベースボディ」は、体に「デザイン」をまとう「素体」という意味だ。基本のプロポーションを作るのが目的なのだ。
バスト（おっぱい）もその1つで、衣服によって造形が違うので素体として作る必要はない。

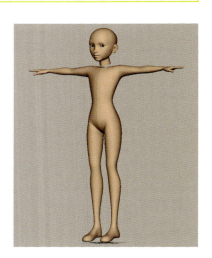

オリジナルデザイン参考例

これらのキャラクターは、ガールのフェースモデリングとヌードボディのモデリングのレッスンを受けてきた学生が、最終的にオリジナルキャラクターにしてレンダリングした作品だ。彼らは1年生で、Mayaを初めて触ってから約半年後に作った、初めてのキャラクターなのだ。
まったく同じレッスンで作ったとは思えないほど、オリジナリティに富んでいる。
やはり最終的にはデザインだ。あなたがあなたらしいキャラクターを作り上げるには、キャラクターの素体の上に、あなたのデザインを乗せてほしい。

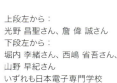

上段左から：
光野 昌聖さん、詹 偉 誠さん
下段左から：
堀内 李緒さん、西嶋 省吾さん、
山野 早紀さん
いずれも日本電子専門学校
CG映像制作科の授業作品

212

ベースボディの基礎モデリングでプロポーションを作れ！ Lesson 1: ベースボディ

さぁ本当のキャラクターデザインを始めよう
髪型とファッションはあなた次第だ

身長に合わせてイメージプレーンを配置する

この画像のプロポーションは、1つの参考例だ。自分で描いたり、正面とサイドで描かれたあなた好みの画像があれば、もちろんそれでも構わない。

多くの初心者は、画像なしでプロポーションを作り、横から見たときに平面的な体つきを作ってしまう。たくさんのヘタクソモデルの多くはそれが原因だった。

今回のレッスンは、ガイド画像があれば初心者でも簡単にプロポーションを作れる。このレッスンで作成してきた学生はみんなきれいな体つきを作ることができた。ガイド画像の力は相当なものなのだ。

このボディモデリングは最終形態ではないので、まずはこの画像でプロポーションを作り、ラティス機能を使って自分好みのバランスに後から変えてもまったく問題はない。

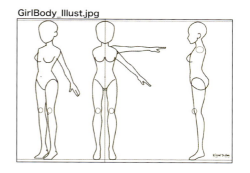

Download Data
Lesson_sourceimages
 └ Ch05_Lesson1_Body
    ├ GirlBody_Illust.jpg
    └ GirlBody_Imageplane.tif

ガールモデルとアニメモデル、どちらを使ってもよいので好きな方のできあがりシーンを立ち上げよう。

その時には必ず不要なノードを捨てておくこと。ゴミがたまったままではだめだ。

[ファイル>シーン サイズの最適化]
(File > Optimize Scene Size)
をかけて見えないノードのごみを取るのを勧める。その時オプションには全部チェックを入れよう。

ガールモデルがアニメモデルより完成度が低く感じられるのは、まゆ毛やまつ毛、メイクアップがないせいだ。すべてが足されるとすごい美人に変身する。現実の女性と同じだ。

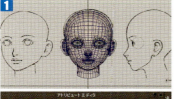
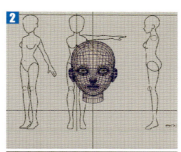

アウトライナなどで、frontカメラに貼ったImagePlaneノードを選択し、アトリビュートエディタを開く。イメージプレーンをボディのものと入れ替える。

画像のようにフォルダから選び直すだけだ。
※注意：再びイメージプレーンの[作成]ボタンを押すと、画像が2枚重なってしまうぞ！
サイトビューも同じ画像を貼り直す。

今回のこの女の子キャラは、リアルな人間とは違うので、実際には寸法はテキトウでよいと思うかもしれないが、メリットが大きいので実寸で作成する。

関連 → P.003
[コレもタイセツコラム サイズとグリッド]

[作成>測定ツール>距離ツール]
(Create > Measure Tools > Distance Tool)
を使用する。原点に1つ。Y軸上の適当な箇所にもう1つ、ロケータを配置する。必ずグリッドスナップすること！2番目のロケータのチャンネルボックスの[移動 Y]に、155といれる。身長155cmの小柄な女の子だ。

213

Chapter 05：ボディ －基礎－

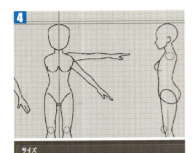

1m55cmということは、1センチピッチのグリッドでは見にくい。グリッドサイズを5センチ間隔にしよう。

関連 P.003
[コレもタイセツコラム サイズとグリッド]

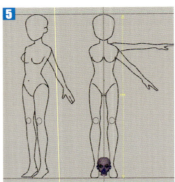

イメージプレーンを選択し、移動ツールとスケールツールを使用して位置とサイズを調節する。
イラストの足元のラインは原点軸に、頭の上のラインが155センチ位置だ。

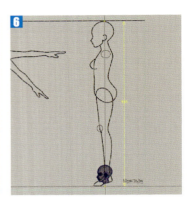

同じ数字をサイドビューのイメージプレーンにも入力する。サイドビューの中心位置は、決まりはないがヒザの真ん中辺りになるようにしておこう。距離ツールは削除してよい。

眼球、目頭の肉、頭部モデル、視線のロケータをグループ化する。その時、画面上で選ぶと、元々ある階層が崩れるので、アウトライナで選んでグループ化すること。

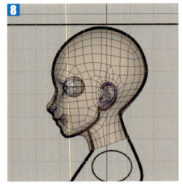

グループノードを移動とスケーリングで、イラスト画像の位置とサイズに合わせる。
移動やスケール値を1つのノードに入れておけば、後から修正しやすい。

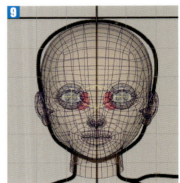

頭の形や首の太さがイラストと違っても気にしなくてよい。**首の太さは体を作っていくと自然とぴったりのサイズがわかるので、とりあえず現状のまま保留にする。**

 上半身のベースを作成する

上半身のもっとも重要なモデリングポイントは体の丸みだ。
よく四角形から体を作る学生を見かけるが、丸みが足りずに角ばったフォルムになってしまっていることがある。
今回はデザイン画をトレースして作成する方法なので、初心者でもきれいなフォルムを簡単に作ることができる。
今回、肩はTポーズの位置で作成する。腕から指はTポーズのほうがモデリングは楽だ。Aポーズにしたい人は造形後ジョイントで回転して修正するとよい。

ベースボディの基礎モデリングでプロポーションを作れ！

Lesson 1：ベースボディ

オリジナルデザインを作る前に まずはファッションや装備の資料を集めまくれ

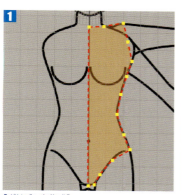

1 ［ポリゴンを作成］（Create Polygon）ツールを使用し、首の付け根の中心から、股の中心まで、画像の箇所をクリックしてメッシュを作成。中心の頂点はY軸上にスナップする。

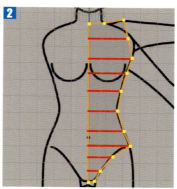

2 画像のように、［マルチカット］を使い、頂点の位置からほぼまっすぐに分割する。必ずツールを滑らせて、先ほど作った頂点から真横に分割を入れること。

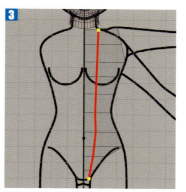

3 画像のように縦に分割を入れる。首の付け根の頂点から始めるが、股下は頂点からずらして四角ポリゴンにしよう。一気に分割が入らない場合は、ていねいに1列ずつ分割を入れよう。

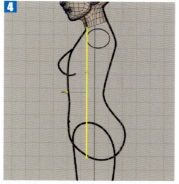

4 サイドビューで上図のように首の付け根の位置にまっすぐ移動する。こういう場合、［中央にピボットポイントを移動］（Center Pivot）した方が楽に移動できる。

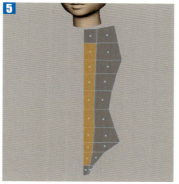

5 上図のように上と下のフェースを残し、中心側のフェースを選択する。

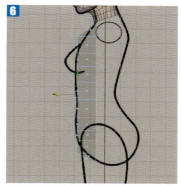

6 サイドから見て今選んだフェースを、お腹の辺りに合わせてまっすぐ移動する。押し出しではなく移動しているだけだ。

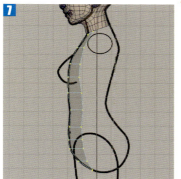

7 サイドでまず前面の頂点をイラストに合わせる。頂点は絶対に上下に移動してはいけない。上下の頂点位置は決まっているからだ。次に側面のラインの頂点を体の厚みに合わせる。

モデリングポイント

バスト（おっぱい）は、ベースモデルでは作る必要はない。

バストは衣服によってフォルムが違う。水着を着ていればバストのフォルムを作らなければいけないだろうし、ジャケットなど硬い素材の衣服ならば、素材が作るバストのフォルムを作らなければいけない。

また、重要なのは、どのような大きさや形のバストであっても、骨格の上に乗っているという点だ。もし、丸くてふっくらしたバストを作る場合は、押し出しではなくベースモデルにスフィアを合体すればきれいに作れるのだ。

学生作品の一例。
最終的にデザインしたい形状によって、バストもフォルムが決まってくる。

Chapter 05：ボディ －基礎－

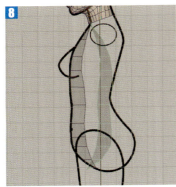

8
今のオブジェクトをデュプリケート（複製）し、[スケールZ]の数値に「−（マイナス）」を入れて反転させる。

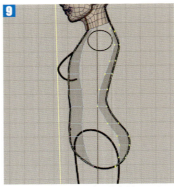

9
前面と同じように、今度は背中側のラインに沿って頂点を平行に移動する。ちなみに私はこの段階で、丸みの強い箇所は幅を広く、平らに近い場所は幅を狭く頂点位置を調節している。

10
法線方向を確認する。もし画像のように内側を向いていたら、法線を反転する。

 P.027　[コレもタイセツコラム 法線]

11
結合して、肩の部分を[ポリゴンに追加]（Apend to Polygon）でつなぐ。
※[ポリゴンに追加]は通称アペンドと呼ばれ、以降「アペンド」と表記があった場合は[ポリゴンに追加]を意味する。

12
胴体の脇にもアペンドで面を作る。首、腕、脚の付け根部分には面を作らないこと。

13
股下にも2枚フェースを作る。

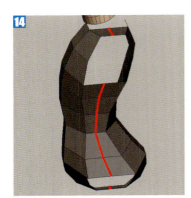

14
今入れたフェースの中心にエッジループを挿入する。[マルチカット]をCtrl+中マウスボタンクリックで使用し、中心にエッジループを入れる。

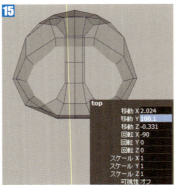

15

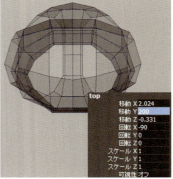

もしトップビューで見たときに、モデルが切れて見えていたら、それはカメラがモデルの途中にあるということだ。topカメラを選択して、身長（この場合155）より大きいサイズにしないと頭まで表示できない。リアルサイズで作る場合カメラ位置も気にかけなければいけない。上の画像は頭部をレイヤで消してある。修正も終わっているので今のあなたのモデルと違うはず。

216

ベースボディの基礎モデリングでプロポーションを作れ！

少ない分割でプロポーションを作る
作り込みではなく全体のバランスが重要だ

16 体の丸みに合わせて頂点を修正する。インスタンスコピーを作れば確認しやすい。

一応サイドとフロントの画像を載せておくが、実際に丸みを作るときは、サイドやフロントは参考にできない。

サイドやフロントのイラストにシルエットの位置を合わせることは簡単にできるが、丸みに関しては、パースビューを回して丸みや厚みを感じながら調整しなければならないからだ。

これがもっとも初心者が苦手とするところだ。

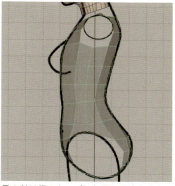
足の付け根のカーブに無理に頂点を合わせないこと。おしりの丸みが自然ではなくなってしまう。腕の付け根のカーブもイラストの円に合わせてはいけない。あの円はただのイメージだ。

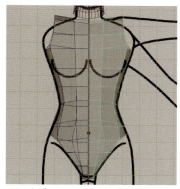
フロントビューでも足の付け根に無理やりカーブを合わせようとすると、側面イラストとカーブの位置が違うので混乱するだろう。

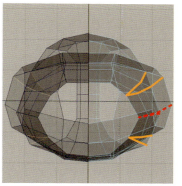
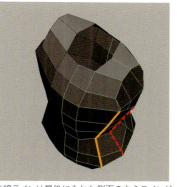

上の3枚のオレンジラインをよく見ること。赤の点線ラインは最後に入れた側面の中心ラインだ。
丸みをうまく作るコツは一番最初に作ったライン（オレンジライン）を内側に移動するように修正すること！
丸みを意識しよう！ 側面の中心ラインと正面から見て同じ位置にあればあるほど、体が四角くなるぞ！
側面が平らになって四角い身体になっている人は、この部分をよく理解すること！

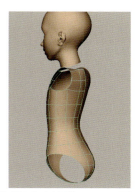

カメラを回して滑らかさや丸みを確認してモデリングしよう。おしりの割れ目はバストと同様、ベースモデルでは作らなくてよい。
分割ラインの追加や指定箇所にフェースを作るようなことは書籍の手順通りにやれば誰でもできる。
モデルの頂点を移動して美しいバランスや丸みや厚みを作れるようになるには、モデルを見て判断する力が必要だ。

Chapter 05：ボディ －基礎－

STEP 3 脚のベースを作成する

腕や脚を、体モデルの付け根から押し出しで作る方法を教えている人はたくさんいる。
しかし私は絶対に初心者にはおすすめしない。穴（またはフェース）の形で押し出された円柱は、きれいな円柱ではないからだ。最初からゆがんだフォルムで作ってしまうと、後の修正が大変になり、バランスを取るのが難しくなるのだ。

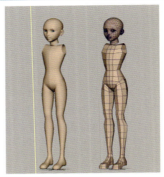
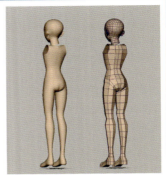

1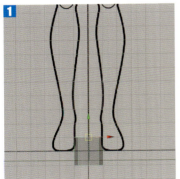
ポリゴンシリンダ（円柱）を作成する。
[半径]：5、[高さ]：10、[軸の分割数]：8、
[高さの分割数]：1、[キャップの分割数]：0、
に修正する。
ピボットを上部に持っていく。

2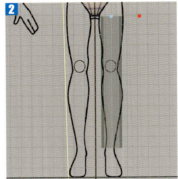
画像のような位置に配置し、足首あたりまでY軸方向にスケーリングする。
上面と底面のキャップのフェースは捨てる。

3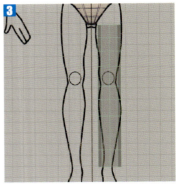
自分で必要だと思う箇所にエッジループを挿入し、エッジを追加する。

4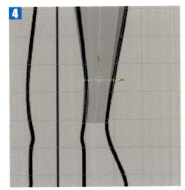
まずはフロントビューのみで、形を合わせる。スケーリングと移動を使用する。必ず頂点を列ごと選び、スケールも3軸同時にすること！
この段階でガタガタにしないためだ。

5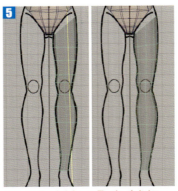
1キーで見ても3キーで見ても、大きくフォルムが変わらないように、修正する。ローメッシュをイラストに合わせると、スムーズをかけたときに細くなってしまう点に注意。

6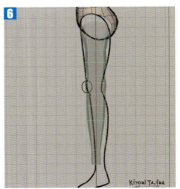
今度はサイドビューのみで形を合わせる。

ベースボディの基礎モデリングでプロポーションを作れ！

Lesson 1: ベースボディ

美しい形状が簡単に作れる手順を常に考えて自分自身に提案しよう

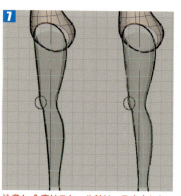

7 注意！今度はスケール軸は、Z方向しかつかんではいけない！！！
これがわからない人は三面＋パース画面でのモデリングがわかっていない！

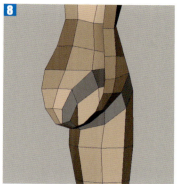

8 体と脚のモデルを結合する。隙間に［ポリゴンに追加］で面を作る。股のあたりが2か所多角形ポリゴンになってしまうが、とりあえずフェースを作る。

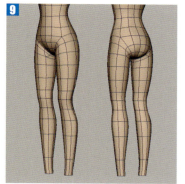

9 形状を修正する。足や腕がないと全身のバランスがとりにくいが、この段階でもきれいなフォルムを作り上げよう。ベースであって最終モデルではないので三角ポリゴンがあってもよい。

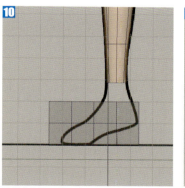

10 足部分を作るポリゴンキューブ（立方体）を作成する。［幅と高さ］：10、［深度］：20、［分割数］は2、2、4。イラストは靴のサイズが20cmのイメージ。イラストではなくバランスでサイズを決めてよい。

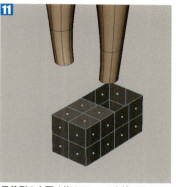

11 足首側の上面4枚のフェースを捨てる。その穴が足首の穴とつながることをイメージしよう。

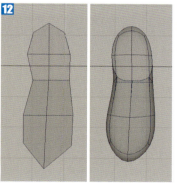

12 まずトップビューから見て、画像のように足の形になるように修正する。

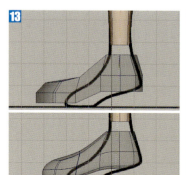

13 サイドから見て画像のように修正する。ヒールがない靴を履いているときは、かかとを下げるのではなく、全身を下げる。足が浮いているのは靴を作るときのイメージの場所だからだ。

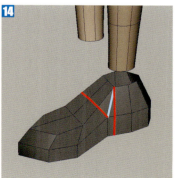

14 エッジを引き直す。赤ラインの分割を入れ、水色ラインを捨てる。反対側も同様に。底はつなげること。

15 フロントやパースから見て形を整える。素体なので作り込みはなく、だいたいのフォルムを作っておけばよい。裸足か靴なのかによって今後のフォルムが大きく変わる箇所だからだ。

219

Chapter 05：ボディ －基礎－

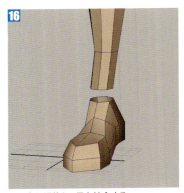
脚を含む胴体と、足を結合する。
体と脚の時もそうだが、この段階で肌色のシェーダを割り当てしている。しかし意味はそんなにないのでグレーのままでもよい。

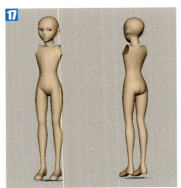
足首の隙間に［ポリゴンに追加］で面を作る。足と体がつながったので、バランスを整える。

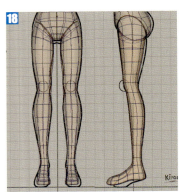
ちなみに私はイラストにぴったり合わせてはいない。イラストはただのガイドだ。パースビューで見ながら、自分の好みのフォルムに仕上げていこう。

腕のベースを作成する

腕は、Tポーズで作成する。モデリングの初期段階でAポーズにすると、すべての頂点を斜めに移動しなければならないので、形をとるのに苦労する。特に指を斜めから作り始めるのは至難の業だ。ただし、高いレベルを目指すなら、最終的には断然Aポーズだ。腕を水平に上げている状態は、人間にとって不自然なポーズで、洋服も肩周りがよれてしまう。
Aポーズにする場合は、モデリングが終わった後、一度バインドしてリグシステムも作ってしまう。その後鎖骨と腕のジョイントを回転して、バインド情報を捨て、脇の下のモデリングを修正する。そして再びバインドしてウェイトを再利用してスキニングする。……というように、スキニングやリグシステムの知識が必要なのだ。

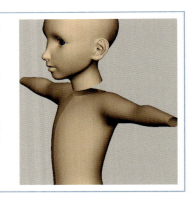

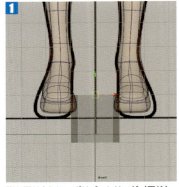
脚と同じように、ポリゴンシリンダ（円柱）を作成する。［半径］:5、［高さ］:10、［軸の分割数］:8、［高さの分割数］:1、［キャップの分割数］:0、に修正する。ピボットを上部に持っていく。

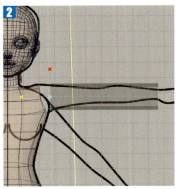
90度回転した後、画像の位置に配置し、手首あたりまでY軸方向にスケーリングする。上面と底面のキャップのフェースを捨てる。

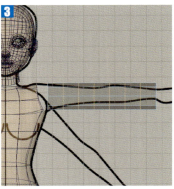
自分で必要だと思う箇所に［エッジ ループを挿入］ツールでエッジを追加する。キャップを捨てる前なら［高さの分割数］に6を入れてもよい（分割が6本でなければいけないわけではない）。

220

ベースボディの基礎モデリングでプロポーションを作れ！ Lesson 1: ベースボディ

ツールには様々な機能がある すべてあなたを助けるためのものだ

4
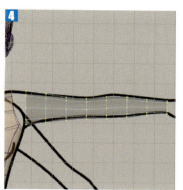
フロントビューで形を合わせる。イラストとぴったり合わせなくてよい。脚の時と同じように、ガタガタにならないように気をつける。今の段階ではだいたいのフォルムにしておく。

5
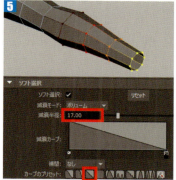
腕のフォルムの流れを作るために、手首を45度ねじる。ソフト選択機能を使用して、手首の1列の頂点だけ選択すれば、肘まで減衰して影響を与えられる。[減衰半径]は17くらい。

6
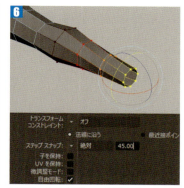
回転ツールのオプションを開き[ステップスナップ](Step Snap)を[絶対](Absolute)に変更し、45と入力する。手前方向に一度回転するだけで、肘まで減衰して45度回転できる。

7

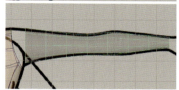
ローポリだけで形作るとスムーズが細くなり、スムーズで形作るとローポリが極端なフォルムになるので注意が必要だ。イラストはかなり簡略化してあるのでぴったり合わせてはダメ。

8
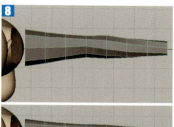

脚にはサイドビューにイラストがあったが、腕はトップビューのイラストはない。つまり自分で腕のフォルムを観察して形を修正する必要がある。

9
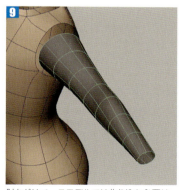
肘などはベースモデルでは作り込む必要はないが、肩から手首までの厚みの違いを、この段階である程度は表現できるようにしておこう。

10
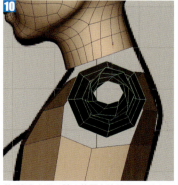
サイドから見て腕の位置を決める。これもガイドはないので、自分で位置を決めること。体と腕がつながってからも修正できるのでだいたいでよい。

11
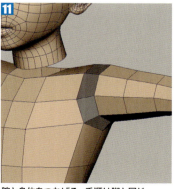
腕と身体をつなげる。手順は脚と同じ。今回は分割数が同じなので、近いエッジとつなげればいいだけだ。

12
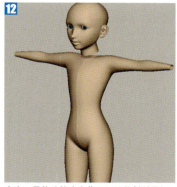
本当の骨格や筋肉を作るには分割が足りなさすぎるが、素体なので作り込むことよりもバランスを取ることに専念しよう。裸に近い服装なら様々な箇所を、デザインとともに作り込むだろう。

221

Chapter 05：ボディ －基礎－

手を作成する

服で隠れてしまう体や脚などとは違い、手は洋服を着ていても外に出ていることが多い。
なので今回は爪まで作ってしまう。もちろんグローブなどの装備を最初から作る予定であればそのフォルムで作っていくが、手モデルは他のキャラに差し替え可能な部位なので（もちろん性別や年齢による）、作っておいて損はないと思う。

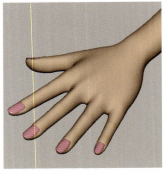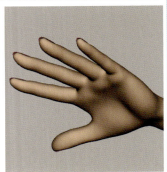

手は見慣れているので簡単だと思いがちだ！
しかしきちんと資料を見てフォルムをとらえなければ、かなりニセモノくさくなってしまうので注意！！
手のひらと指との位置関係など写真や自分の手を見て観察すること！
造形力をつけたいなら、空いている時間を使ってスケッチするのだ。
※多くのCG関連の就職試験にデッサンがあるのはそのためだ。

> 僕は絵が下手くそで…。やっぱり絵の練習はした方がいいでしょうか？

> 正直言って絵はうまいほうがいい。でも必要な能力は、絵をうまく描くことではなくて、構造や立体感、そしてきれいなラインを脳が実物から抽出して「感じられる」ようになること。だから絵の練習は必須だね。

 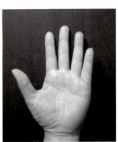 

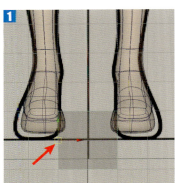
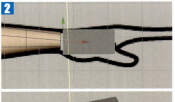
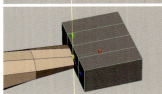
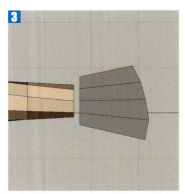

1 手のひら用のポリゴンキューブ（立方体）を作成する。［幅］：10、［高さ］：10、［深さ］：10、［デプスの分割数］：4
ピボットを左中心（赤矢印）に持っていく。

2 画像のように手首の前の位置に配置し、幅と高さをスケーリングする。

3 まず手首側の頂点をすべて選択し、手首より少し大きめにスケーリングする。指の付け根側は、斜めのラインになるようにトップビューで頂点を移動する。自分の手やWeb画像などを参考にしよう。

ベースボディの基礎モデリングでプロポーションを作れ！ Lesson 1: ベースボディ

本気でモデリングがうまくなりたいなら対象をクロッキーする習慣を

4
指を押し出しで作るのはダメだ！ 教本などでよく見るが、それはそのクリエイターに造形力があるからだ。穴の形状で押し出すと、きれいな丸みを作るのにとても苦労するぞ！

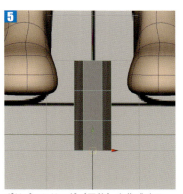

5
ポリゴンシリンダ（円柱）を作成する。
[半径]：2、[高さ]：10、[軸の分割数]：6、
[高さの分割数]：3、[キャップの分割数]：0。
ピボットを下の面に持っていく。
分割を6にすると指の上面が平らにできる。

6
底面フェースを捨てる。
この形状をスムーズしただけで、美しい丸みのある円柱ができるのがわかる。押し出しからでは円柱にするのは至難の業なのだ！

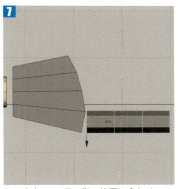

7
トップビューで見て指の位置に合わせて、太さと長さもだいたいでよいので調整する。上に平らなフェースを持ってきたいので、30度（360度÷6面÷半分）回転する（回転Y）。

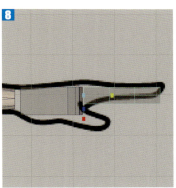

8
サイドから見て高さを合わせる。イラストはほとんど参考にならないが、長さは若干参考になるかもしれない。回転値が入っているので必ずフリーズする。

9
スムーズを見ながら作りたいので、サブディビジョンプロキシを作る。ハーフではなくフルで作り、適当な場所にスムーズモデルを移動する。

10
指の腹側より表の方が少し平らなので、上面のフェースをほんの少し下げる。

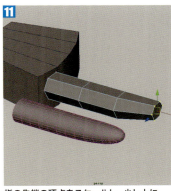

11
指の先端の頂点をスケールし、少し上に移動する。

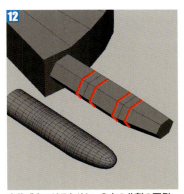

12
立体感をつけるために、2本の分割の両側に1本ずつエッジループを挿入し、分割を入れる。

Chapter 05：ボディ －基礎－

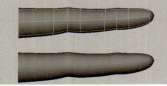

横から（この場合フロントビューで）見て、関節部分と指の筋肉のふくらみをこのように作る。

スムーズモデルを見ながら、滑らかでバランスのよい指になるように修正する。
思い込みで指の節を極端にガタガタさせるとゴツゴツした印象になるので注意。

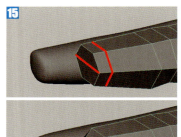

先端にエッジを追加し、スケーリングと移動で女の子（人形）らしい指先フォルムに整える。

> **モデリングポイント**
> 今回のキャラクターは人形のようなデフォルメなので、無理に爪を作る必要はない。
> しかし作るのなら、他の指を作る前にベースとなる指に爪を作ってしまった方が、ラクになる。

画像のこの部分のフェースを選択する。
最初に作るのは爪ではない！
爪がない肉の凹みだ。それを頭に入れて作ろう！

［押し出し］を使用し、オフセットまたはスケールで内側に放射状を作る。ワールド、ローカル軸を切り替えたり、スケールや移動などでこのような形状にしよう。

スムーズモデルを見ながらきれいな形に整えていく。必ず左右対称に作ること。
移動ツールの［シンメトリ：オブジェクトZ］でうまくいかない場合はスケールツールで頂点移動しよう。

形が整ったら、オレンジ部分のフェースを選択する。ここが爪になる部分だ。

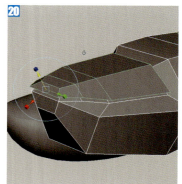

［メッシュの編集＞複製］（Edit Mesh ＞ Duplicate）を使用する。押し出しと同じようにマニピュレータが出るので、N方向（青矢印）に少し移動する。すると少し浮き上がる。ヒストリを捨て、プロキシも作り直す。

224

ベースボディの基礎モデリングでプロポーションを作れ！

Lesson 1: ベースボディ

構築手順を考える思考的作業
モデリングは造形力だけではできない

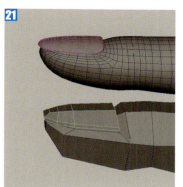

21 爪用に複製したフェースを上方向に押し出しして、爪の厚みを作る。（※法線方向は確認し、必要なら反転すること。）

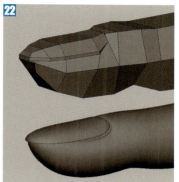

22 スムーズモデルを見ながら、きれいなフォルムになるように整える。爪の付け根を丸めたかったので、私は1本エッジループを爪と指モデル両方に追加した。

23 指はコピーで増やすので、ここで完成させてしまおう。指と爪は結合しないでグループ化する。**グループのピボットを必ず付け根に移動すること。**

24
中指：回転Y＝0
人差し指：回転Y＝-10
薬指：回転Y＝10
小指：回転Y＝20

topカメラの[回転Y]に-90と入れる。正面から見ることができるのでモデリングが楽になる。指のグループノードを複製する。各指のグループノードに回転値を入れ、バランスを取りながら、指の位置とサイズに変更していく。**スケールだけで長さを調節してはいけない。**爪のサイズが変わってしまう。回転しているので、**オブジェクト軸で頂点移動や頂点スケールをすること！**この指モデルはかなりのローメッシュなので、スムーズでプレビューしてバランスをとったほうがよい。

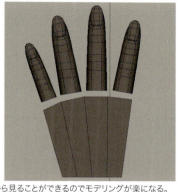

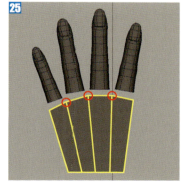

25 手のひら側のローメッシュを整える。指の真ん中（赤丸）に分割の角が来るように移動しておく。指と手のひらどちらを先にというわけではなく、両方少しずつバランスをとっていく。

サイドビュー：1キー表示

サイドビュー：3キー表示

26 サイドビューとパースビューを見ながら、各指の高さの位置を修正する。まっすぐ配置してしまいがちだが、手の丸みを意識して配置するだけでレベルの高いモデリングになる。

27

28 位置が整ったら、各指のフォルムをもう一度調整する。トップビューで、関節の太い箇所と細い部分を意識してフォルムを修正する。手のひらと結合した後では、各指はオブジェクト軸で頂点を移動できない。またシンメトリ：オブジェクトZも各指に対応はしない。**結合前の修正はとても楽なので、結合する前に修正を終わらせておこう。**ポリゴン数が少ないので1キーと3キーのメッシュ表示を切り替えながら作業しよう。**角度をつけていない中指を親指用に複製し、非表示に。**

225

Chapter 05：ボディ －基礎－

29
手首側のフェースを捨てる。画像のようにエッジループを挿入する。［マルチカット］のエッジループ挿入で OK。エッジフロー機能は位置がずれるのでこの段階では使用しない。

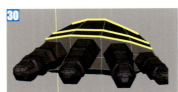

30
角張ったまま先に進んではいけない。手のひらモデルを、手の甲の丸みを意識して修正する。

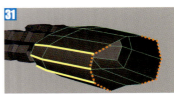

31
手の側面を、丸みを帯びるように修正する。初心者はとかく角張ったまま先に進みがちだ。ボディ作成時のP.217の修正の感覚と同じなのでもう一度目を通すとよいかも。

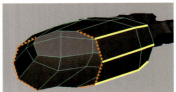

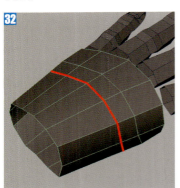

32
手のひら・手の甲の丸みを整えたら、もう1列エッジループを挿入する。エッジフロー機能は位置がずれるのでこの段階では使用しない。

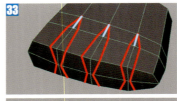

33
指の股を作るために、上図の赤ラインの位置に分割を入れる。上：手の甲側：水色のエッジを削除して四角ポリゴンにする。下：手のひら側：途中で止めて多角形でOK。シンメトリをオフにしないとカットできないので注意。

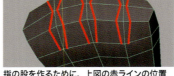

34
指がつながる部分のフェースを削除する。指をつなげるために六角形を意識して分割していたのだ。

35
手のひらと4本の指を結合する。必ずヒストリを捨てること！ 爪は結合せずにグループ化する。アウトライナで確認し結合前の不要なグループノードがあれば削除する。

36
手のひらの指穴と指側の付け根のエッジ（黄色）をダブルクリックでエッジループ選択し、［ブリッジ］でフェース（オレンジ）を作ってつなげる。ブリッジの［分割数］は0だ。ねじれるようなら［ブリッジ オフセット］で修正する。

37
他の指も同じように、ブリッジを使用してつなげる。ブリッジがうまくできないなら、アペンドで1枚ずつつなげてもかまわない。

ベースボディの基礎モデリングでプロポーションを作れ！　Lesson 1: ベースボディ

フォルムを感じる力を鍛えよう！
［観察］がへたくそスパイラルからの脱出への早道！

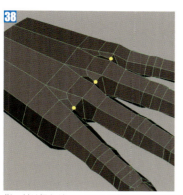

38 指の付け根などのフォルムを整える。付け根の太さが崩れたはずなので、付け根の太さを整える。黄色の点の頂点を下にさげて奥に引っ込ませると指の股（水かき）のフォルムができる。裏側も同様だ。指は現在六角形なので、こぶしを作るとできる骨のでっぱり（中手骨の先端）のフォルムは、作ることができない。今あるエッジだけでまずはフォルムを整えよう。

39 肌色とネイルに色をつけるとバランスがとりやすい。水かき部分を作ると指が長くなってしまうのがわかる。

40 親指がないとイメージがつかみにくいが、一度体とのバランスも確認してみよう。

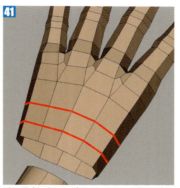

41 手の甲（と手のひら）にエッジループを2本追加する。

42 今入れたエッジループを利用し、厚みと丸みのバランスをとっていく。「バランスをとっていく」といってもイメージがわかないかも。後半の出来上がりのキャプチャ画像を参考にしよう。

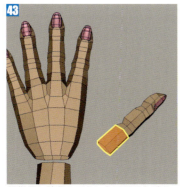

43 親指用に確保しておいたモデルと爪のグループノードを表示する。確保し忘れた場合は結合する前のシーンからインポートしよう。［回転X］：90、［回転Y］：-45を入力する。付け根のフェースを削除する。

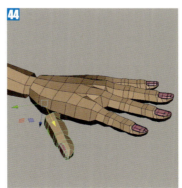

44 ［回転Z］には-10を入れ、手のフォルムをイメージして、おおよその位置に配置する。

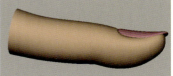

45 親指は他の指とフォルムが違う。よく観察してフォルムを変更する。**オブジェクト軸、シンメトリ：オブジェクトZを使用して、左右対称が崩れないように修正する。**キャプチャは次ページにもあるので参考にしよう。

227

Chapter 05：ボディ －基礎－

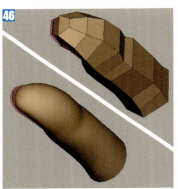
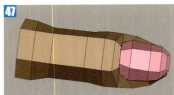

親指の特徴として「指先（末節骨）が反り返っている」「指の触球（指先の腹）が大きく膨らんでいる」「第一関節が一番幅広で2番目の骨（中節骨）のほうが細身」という点があげられる。その点を意識してフォルムを整えよう。

手のひらにつながるイメージを持って親指の位置を決める。他の指の時と同様、結合する前なら、オブジェクト軸で移動できる。この段階で位置をしっかり決めておくと楽だ。

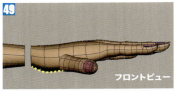

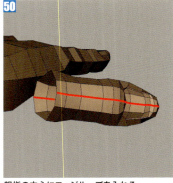

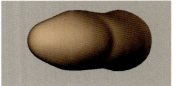

フロントビューとサイドビューでの配置サンプル。手を広げて下に落としているので、必然的に手のひらと水平の位置ではない点に注意。

親指の中心にエッジループを入れる。［マルチカット］のCtrlキー＋中ボタンだ。フォルムが整っているので、［エッジ フロー］に必ずチェックを入れよう。

中心にエッジを入れたために、脇のエッジと曲率が崩れ、中心部が尖ってしまった。指の腹側の黄色点線部分のエッジに対し［エッジ フローの編集］をかける。

親指がつながる部分のフェース4枚を削除する。

手と親指を［結合］する。親指表側の4枚を［ポリゴンに追加］（アペンド）でフェースを作りつなげる。説明のため赤いシェーダをつけている。

水色シェーダの箇所にアペンドで多角形フェースを作成する。アペンドで多角形でつなげる場合は、エッジ上に現れるピンクの矢印通りにエッジをクリックすること。

ベースボディの基礎モデリングでプロポーションを作れ！ Lesson 1: ベースボディ

がんばってる時は自分をもっとほめよう！
がんばれない時は自分を責めてはだめだ！

55 同じ手順で手のひら側もアペンドでつなげる。赤部分は四角形、水色部分は多角形にする。

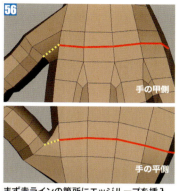

56 まず赤ラインの箇所にエッジループを挿入する。多角形ポリゴンでエッジループは止まるので、黄色点線ラインのようにカットしてエッジをつなげる。

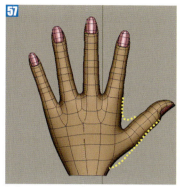

57 親指はすべて四角ポリゴンでつなげることができたが、私が作っているモデルは付け根のフォルムがとても悪い。皆さんはどうだろうか。フォルム修正は自分のモデルを見て判断し、適宜行ってほしい。

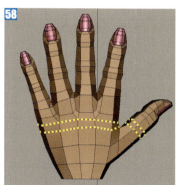

58 親指の付け根を修正するために、黄色点線部分のエッジを上に移動する。この時 **移動ツール設定の [トランスフォーム コンストレイント] を [エッジ] に設定して移動すること**。軸に関係なくスライドするように移動できる。

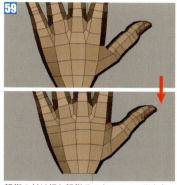

59 親指の付け根と親指そのもののフォルムを修正する。[トランスフォーム コンストレイント] が [エッジ] のままでは、うまく修正できない。この機能は必要な時に使うようにしよう。

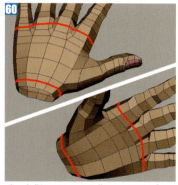

60 手の内側のフォルムを作るためにトポロジを組み直していこう。**赤ラインの箇所にエッジループを挿入する**。

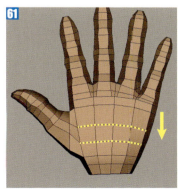

61 [トランスフォーム コンストレイント：エッジ] で手のひら側の4本のエッジを下におろす。エッジループで1列選択してはいけない。

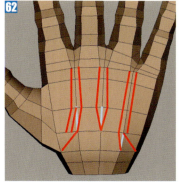

62 赤ラインのエッジを追加し、水色ラインのエッジを削除する。次のステップで指の付け根にエッジが入るので、黄色の点線部分の右に少しずらした。通常キャラクターモデリングはフォルムを整えながらエッジの追加や削除を行ってトポロジを修正していく。しかし書籍ではエッジの追加と削除の箇所の説明が明確でなくなるためフォルム修正は後回しにする。

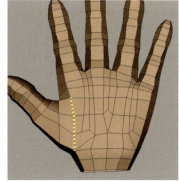

229

Chapter 05：ボディ －基礎－

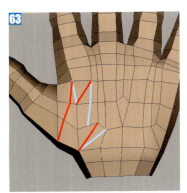

赤ラインのエッジを追加し、水色ラインのエッジを削除する。

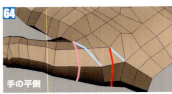

赤ラインとピンクラインのエッジを追加する。手のひら側の付け根から開始し、ぐるりと人差し指の脇までエッジを入れる。水色ラインのエッジを削除する。

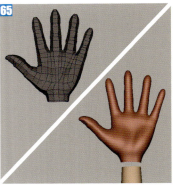

スムーズプロキシを作成し、滑らかさを確認しながらフォルムを作っていく。頂点移動やスカルプトツールなどを駆使すること。現在親指付け根に三角ポリゴンが2つあるが保留にしておいてよい。

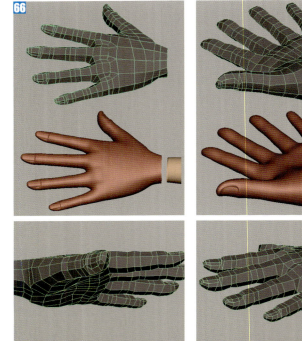
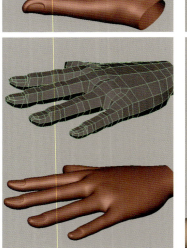
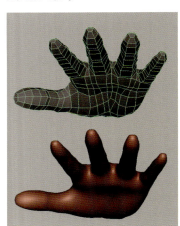
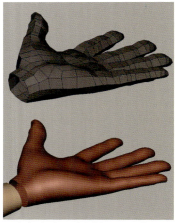

この少ない分割でもフォルムがとれているのがわかるだろうか。まずここを目指してほしい。フォルムを感じながら頂点を納得いくまで修正しなければこの書籍を通して学んだことに意味がなくなくなってしまう。そしてこの工程を通して体感してほしいのが「分割が足りなくて望んだフォルムが作れない箇所」だ。この書籍では今までエッジを入れる箇所を細かく指定してきたが、分割は「必要だから入れる」というモデリングの基本を思い出そう。「このフォルム&トポロジでOK！」な人は、親指付け根の2つの三角ポリゴンをリトポして四角にするだけだ。

230

作ることが辛い時も最後まで諦めなければ完成した喜びを味わえる！ がんばって！

以下のキャプチャ画像は、私が足りないフォルムのために分割を追加して仕上げたものだ。左ページのトポロジでは、手の甲側のこぶしを作るとできる骨のでっぱり（中手骨の先端）とそこからつながる腱、そして手のひら側の指の付け根の触球付近のフォルムを作るのに分割が足りないと判断した。左ページは手首の分割が12で、下画像は16だ。画像と同じように作る必要はない。むしろ同じにしようとするのではなく、**画像は参考程度に見て、自分で分割を組み直していこう。**それができればかなりモデリングが上達しているはずだ。

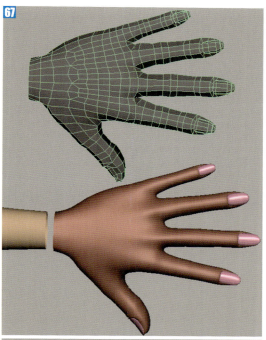
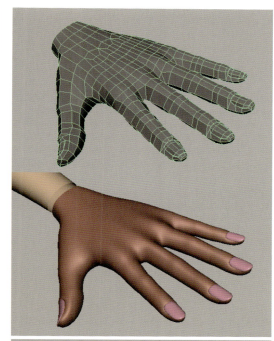
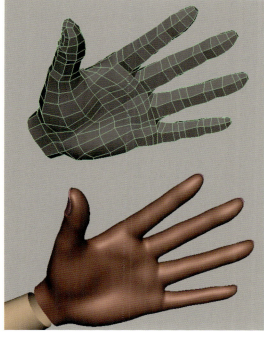

Chapter 05：ボディ －基礎－

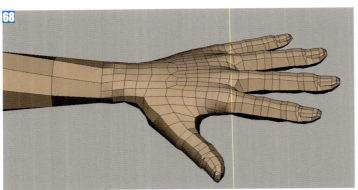

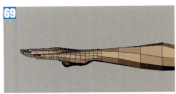

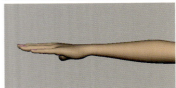

体と手のバランスを確認して、結合＆アペンドして腕と手をつなぐ。私の場合は、腕側の手首の分割が8、手側の手首の分割が16。つまり倍数なので、腕側の手首の各フェースの中心に、エッジフローを使って分割を追加した。その後ブリッジで腕と手をつないだ。
体側の分割数を合わせるかどうかは、腕や体をどのように作り込むかに関わってくる。この書籍では、体は作り込まず、バランスのためのベースボディで終了だ。

ベースボディは、全体のバランスを重要視して作成している。腕から手にかけてのフォルムや流れをきれいにバランスよく仕上げよう。

STEP 6　未完成という完成

この書籍でのレッスンはこれですべて終了だ。
「え？ 首つながってないけど？」「すっぱだか？」と思ったかもしれない。私は皆さんに、キャラクターモデリングの基礎を習得し、最終的にオリジナルデザインへ向かってほしいと思っている。この後は、あなたの好きなイメージでデザインする段階だ。ここから自由にモデリングした方が絶対にうまくなる。
レッスンがないからと、ここで投げ出して終了してはダメですよ。それでは今まで作ったこのキャラに価値がなくなってしまう。必ずデザインして仕上げよう！

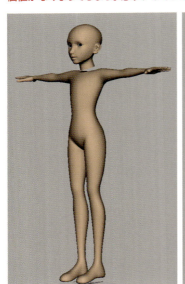

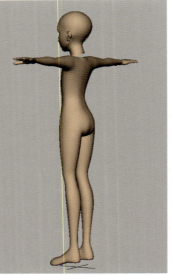

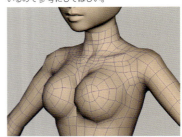

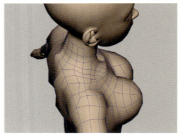

体の仕上げは、衣装によって異なる。右のモデルを表紙用に作り上げていったプロセスはPart.3「フィニッシュまでの制作過程実例」で公開しているので参考にしてほしい。

首の太さも体に合わせて、好みで修正しよう。首をつないでいない理由は、服（襟）によって造形が変わるからだ。もしヒールのない靴（または裸足）を作る場合は、つま先側をかかとと平らになるよう持ち上げ、全身とパーツをグループ化して下に下げよう。ここからラティスを使って全身のバランスを編集してしまうということもできる。

へたくそスパイラルからの脱出、そしてプロレベルへ

「書籍をなぞるように作成する」から脱皮しよう！

==キャラクターモデリングの基本は［必要なところに分割を入れる］つまり［フォルムが脳内でビジュアライズ（可視化）できている］ということ。==

この書籍の最後のレッスン：手や体のモデリングで、**「書籍をなぞるように作成する」から脱皮して「必要なフォルムのためにトポロジを構築する」**レベルへぜひ昇華してほしい。ツールや手順の前に「フォルムをイメージできているか」ということが、あらゆるモデリングでもっとも大切なことだ。そこが欠けていると、手順ばかりが重要だと思ってしまう。この段階で書籍しか見ないで手をモデリングしている人は、へたくそスパイラルからは脱却できない。なぜならフォルムを感じるには、たくさんの資料が必要だからだ。フォルムが脳内でビジュアライズできていない人には、作成手順やトポロジ構築など、それらを考えるための土台がないということだ。
初心者の第一歩が「手順を学んで作れるようになる」なのだが、そこで止まっては絶対にうまくはならない。
「フォルムがビジュアライズできている」─これがプロレベルへの道だ。

えー？ 裸だし首つながってないし、レッスンそこで終わりって、この本、手抜きじゃないっすか!?

申し訳ないけど手抜きではないのです。「自分の教育理念＆クリエイターを育てる」ってコンセプトで作りあげた書籍で、どこかの段階で本を見て作ることから脱却させなきゃって思ったタイミングがアソコだったわけ。

でも次に何していいのか、さっぱりわかりませーーん！ わーん！

…作りたいデザインはないの？「こういうものが作りたい！」って情熱がなかったら、クリエイターの道が閉ざされちゃうよ。

［ガール］モデリング、実は初心者には難易度が少し高め

この書籍のメインのキャラクターモデリングレッスンは、フォルム全体が人形のようにデフォルメされた、表紙に使われている［ガール］だ。
この書籍を個人で購入された方々は、「女の子が表紙」というところから、多くの人が「女の子を上手に作ってみたい」と考えているのではないかと思う。
［ガール］モデリングは、元々は私が教えている専門学校での1年生の教材だった。教材というものは、シラバス（授業スケジュール）と折り合いをつけながら、学生が効果的に学ぶことができ、かつ最終的には個々の学生が就職できるように、魅力的な作品へと発展させられる要素が多く含まれていなければいけない。つまり教材で女の子をモデリングさせる必要は特にコンセプトの中にはなく、単純に難易度としてこのキャラデザインの提案をしている。
右画像はパーツが大きくデフォルメされたモデルと、パーツがリアルな構造をもとに作られたものだが、オリジナルデザインのモデリングに入ったときに作業量がまったく変わることを理解していない学生が多い。特に衣装にはそれが顕著に現れる。そういう意味では、Part.2 Chapter 03 - フェイス上級 - からの発展性は、初心者には難易度が高めとなる。顔の作り方の難易度の話ではない。これはみなさんが自分でデザインした女性でも男性でも意味は同じで、デフォルメの量とモデルが持つ情報量を均一化させるということを意味している。

リアルに近い造形を取り入れた顔は、体や衣装の造形もそれに合わせないといけない。つまり上のデフォルメフェイスは、体や衣装・質感もデフォルメできる。

233

BONUS COLUMN オマケコラム

へたくそスパイラルからの脱出、そしてプロレベルへ

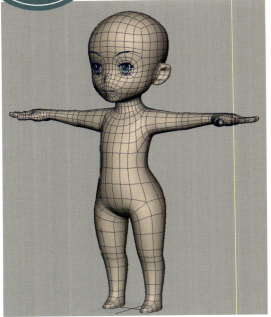 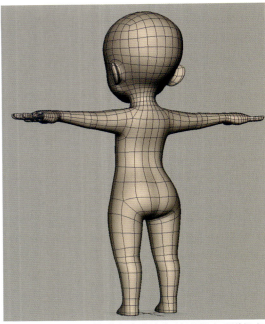

私の授業のデフォルメ量が多いキャラ。このボディは Part.2 Chapter 05 - ボディ基礎 - の発展形なので首と体をつなげるトポロジの参考にしてくださいね。

デフォルメ量の多いキャラはフォルムの情報量を削れる

[ガール] モデリングは顔の作り込みをしっかり作ると衣装のモデリングや質感、ヘアスタイルに至るまで、同じようにしっかり作り込まなければならず、課題制作の期間内でよい結果を出す学生が少なかった。
というわけで、第1版を出版した2年後には、実はこの[ガール]は授業で作っていない。(えーっ
代わりに授業で教えているのが、上の画像の[SD(スーパーデフォルメ)キャラクター]だ。デフォルメというのは、リアルな人間をデザイン的に簡略化することなので、右ページの女性と比べると、分割数は圧倒的に少ない。
もちろん分割数が少ないから作業量が減るという意味だけでなく、自分のデザインアイデアを[ルック]として再現する時に、情報量を削れるという意味が大きい。
みなさんのオリジナルキャラ制作の考え方の参考にしてほしい。

上)キャラのデフォルメに合わせて洋服類のテイストもデフォルメしているが、銃やベルトやブーツなどは細かく作り込まれている素晴らしい作品。
日本電子専門学校CG映像制作科
大野 吉恵さんの授業作品

モデリングの難易度は[フォルムが持つ情報量]。
情報量が増えれば、分割も必然的に多くなる。
またリアルに近い作り込まれたキャラになるほど質感や髪の毛なども作り込む必要が出てくる。

下)フィギュアのように全体をデフォルメしつつも、布地の柔らかさが伝わる、シンプルでもバランスの取れた魅力的な作品。
HAL東京ゲームデザイン学科
鈴木 絢賀さんの授業作品

フォルムの情報量が多ければ必然的に分割は多くなる

複雑なトポロジに見えるこのリアル系のボディでも、左のSDキャラと同じPart.2 Chapter 05 - ボディ基礎 - の発展形だ。フォルムが持つ情報量が多いと、分割も必然的に多くなる。最初から細かいわけではなく、自分が望むフォルムに必要ならば分割を足していく。ただし骨格や筋肉の流れを意識したトポロジを構築するためには多くのトライ＆エラーが必要だ。

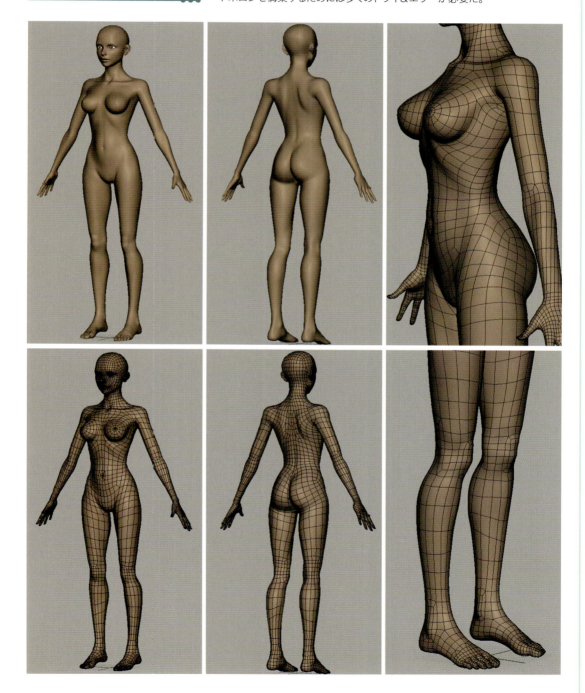

へたくそスパイラルからの脱出、そしてプロレベルへ

フォルムの情報量がモデリングの限界を超えたら法線マップへ

鍛えられたリアルな男性の肉体のフォルムは、女性の皮下脂肪とは厚さが違うため、はっきりと筋肉の隆起を表現しなければならない。下画像のモデルは、もうポリゴンでのモデリングでは筋肉を再現できないと判断した、途中段階のものだ。ここから先はこのモデルに対し、筋肉表現の詳細なスカルプティングを Mudbox 等で施したのち、法線マップをこのモデルに割り当てなければ再現できない。

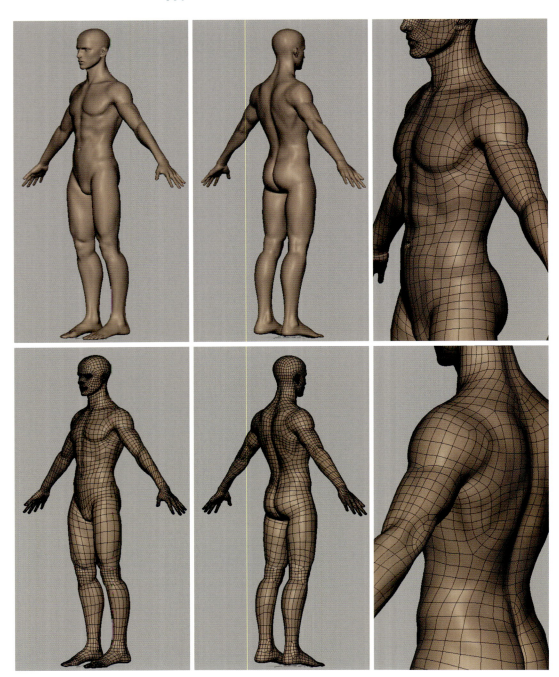

Part.3

フィニッシュまでの制作過程実例

第2版とMayaのバージョン	00
コンセプトワークとデザイン	01
体モデルの作り込み	02
テストレンダリングの設定	03
コルセットのモデリングとUVマッピング	04
綿レースの作成	05
コルセットのデザインと作り込み	06
付け襟の作成	07
ポージングのためのジョイントとバインド	08
最終デザインに向けた確認用ラフの作成	09
衣服のシワの表現	10
モデルの修正	11
顔のUVマッピング	12
肌の質感とテクスチャの作成	13
まつ毛の作成	14
髪の毛の作成	15
レンダリングとコンポジット	16
キャラクタークリエイトにおける精神論	17

表紙ビジュアルの制作過程だから**中級レベル**以上の**激ムズ内容**だよ

レッスンではないので制作テクニックの参考にしよう！

リギング、アニメーション、質感やテクスチャ、ライティングやレンダリングそしてコンポジット **テクニックてんこ盛り！**

美麗キャラ作成のコダワリ満載！

顔のUVマッピングはレッスンになってるから初心者でも勉強できるぞ

この制作手順はあくまで**静止画用！**アニメーション用のキャラとしてそのまま参考にはできないかな。

フィニッシュまでの制作過程実例

第1版表紙ビジュアル

Part.3 では、実際に私が表紙用ビジュアルを作成していく過程を通して、みなさんに様々なことをレクチャーしていこうと思う。

一般的には、ビジュアルが完成してからその行程をさかのぼって記事を書いていく。しかし今回私は、作りながら記事を書いていくスタイルを取っている。上の画像の女の子が完成したのは、「13 レンダリングとコンポジット」の前あたりだ。そこに行きつくまで、実際にかなり試行錯誤している。キャラの雰囲気もどんどん変わっていくのがわかると思う。

本当はこの作品を作る上でのテクニックをすべて教えてあげたいところだが、リギングやアニメーション、質感やテクスチャ、ライティングやレンダリング、そしてコンポジット、どれをとっても1冊本が書けてしまえるくらいに奥深い。なので私が「これだけは言いたい、教えたい！」と思う箇所だけに厳選した。たくさんのページを割き、様々なトピックを解説してはいても、残念ながら手順を追えば同じように作ることができる「レッスン」にはなっていない。

238

COMPLETE PROJECT

 ## 第2版とMayaのバージョン
表紙ビジュアルのレンダリング関連は、Maya 2016バージョン準拠で改稿

この書籍の第1版はMaya 2013で作成された。
第2版の［Part.1 必須モデリング機能＆ツール］と［Part.2 キャラクターモデリングレッスン］では、Maya 2017を基準に書き直した。第2版の執筆時期（2016年8月中旬）の段階ではMaya 2017はリリース直後だということもあり、しばらくはMaya 2016を使用する人も多いと考え、Maya 2017とMaya 2016の違いがある場合はその部分も記述している。

表紙ビジュアルもMaya 2013で作成したものだ。左ページ画像を作成していく過程を書いたこの［Part.3 フィニッシュまでの制作過程実例］の内容はレンダリング関連が多く含まれている。そしてレンダラはmental rayを使用している。

Maya 2017では、mental rayはNVIDIAからの提供となる。 執筆時期（2016年8月中旬）ではNVIDIAからはmental ray for Maya 2017のベータ版が提供されている。

今後製品版が無償になるのか有償になるのかも、この執筆時期には判明していない。

運悪くちょうどレンダラが変わっていく時期に執筆しているため、**書籍としてなるべく正確な情報を届けるには、レンダリング関連のみMaya 2016に沿った改稿がベストだと判断した。**

第2版表紙ビジュアル。衣装はテクスチャの色を変えレンダリングし直し、髪の毛と背景はコンポジットで色を変えている。衣装はテクスチャ画像に色をつけていないので、無限に色を変えられるという参考例でもある。髪の毛はコントラストやハイライトがきちんと作られていれば、コンポジットでいくらでも色を変えられるという実例でもある。このPart.3を最後まで読み通してもらえれば、色が簡単に変えられるように、設定そのものを工夫していることがわかってもらえると思う。

ビジュアルには［カラー管理］を使用していないため、数値に気をつけてほしい

Maya 2016を使用した私の授業では［カラー管理］（Color Management）機能を利用してsRGBガンマをレンダリングに使用している。レンダリングの専門書ではないのでリニアワークフローに関しては割愛させてもらうが、昨今のCGには必須なのでぜひ勉強してほしい。

画像は、私のクラスの1年生の質感の授業のものだ。同じ質感、同じライティングなのに、リニア出力が適切に処理されただけで、よりリアルな表示になることがわかる。Maya 2016のカラー管理は1年生でも扱えるような親切な設計になっているので、授業でもこのカラー管理を使用した正しい出力の状態を見てライティングと質感設計を行っている。さて問題なのが、この［Part.3 フィニッシュまでの制作過程実例］の内容では使用していないということだ。最終出力はかなりコンポジットに頼っている。**ファイナルギャザー関連やSSS等の数値は、カラー管理がオフの状態で作っている数値なので、その辺ご理解いただきたい。**

239

コンセプトワークとデザイン

コンセプト（作品の意図や目的）を決めれば、デザインがわき出てくる

今回の制作目的はこの書籍の表紙用ビジュアル画像を作成することだ。なので私は、キャラクターデザインよりも表紙のレイアウトを先に考えた。ここでは細かいパーツを描き込むことよりも、表紙デザインを考えることが最重要で、何度も描き直してここに至った。

デザインをする場合、最初にコンセプトを決める。
コンセプトがしっかりしていれば、それに合わせて発想できるだけでなく、見ている側にこちら側の意図を伝えることができる。
今回の制作例は書籍の表紙という特殊なものだ。あなたがこれから作るビジュアルの目的はこれとは違うはず。必ず明確にしよう。それによって、より効果的な表現ができる。
就活（CGデザイナー）用のポートフォリオなら、まず重要なのは「CG技術」、次に「ていねいな仕事やこだわり」そして「センス」を表現するべきだ。ただ作ったものをプリントすればいいと思っている人も多いが、作る前に技術的なところをどう盛り込んでいくかも考えてデザインするといいだろう。学生たちは皆キャラクターをTポーズで終わらせてしまう。そこまで作ったのなら、そのキャラの印象をもっとも表現しているポーズや構図でポスター的なビジュアルを作ることをおすすめする。
Tポーズのままではキャラクターに魂は入っていない。

表紙ビジュアルのコンセプトとアイデア、注意した点。
- キャラクターフェイスのレッスン本 >> 顔が魅力的に見える構図に。
- 男性キャラやアニメキャラなど盛りだくさん >> レッスンで使った作業画面を入れる工夫。
- 帯（※キャッチコピーなどが書かれた書籍を覆うように巻いた紙のこと）が下部分に来ることを想定して、重要な要素を紙面の3分の2に収める。
- タイトルを入れる部分を作る。

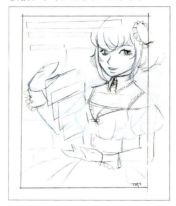

表紙デザインのラフ・スケッチ

キャラクターデザインを作ってから、ビジュアルデザインを考える順序でもよい。
このキャラクターの場合は、この書籍の売り上げにかかわる「表紙」に使うため、表紙のコンセプトをしっかり作る必要があった。しかしこの段階では、タイトルやサブタイトルは決まっていなかったため、場所だけ空けておいた。また、タイトルに使われる言葉のイメージもわからないので、カラーリングも保留にしておいた。

ところで、このスケッチの描き方なのだが、おすすめなので教えておきたい。
青芯のシャーペンでバランスを取っていき、黒芯のシャーペンで最終的なラインを描く。線を悩みながら描く人向けなのだ。

デザインは作業効率もふまえて考える

スケジュールがきつい場合、私は作業効率を上げるために、見えている部分しか作らない。このキャラクターは、表紙の中で魅力的に見えるポイントを中心にデザインした。時間がないので、足部分のデザインは考えてない。

また、デザインの中に、チャレンジしたい箇所と、制作時間がかかるために省略したい箇所をきちんと把握して盛り込むことが大切だ。
ファッション（服飾や装備）のデザインによって、モデリングやテクスチャの難易度がまったく変わる。
例えば、Tポーズで簡単にモデリングできる「着物の袖」は、手を下ろした途端、重力で肩を支点に垂れ下がる。その美しいシワのフォルムはnClothを使わなければならないだろう。布は必ず支えている箇所からシワができる。シワができにくい素材やデザインはモデリングが楽だ。
難易度がわからないのは、資料を集めて構造を理解していないせいだ。必ず作りたいと思っている衣服や装飾の資料を集めること！

今回私がこのデザインでチャレンジしようとしているところは、多量のギャザーとレースの表現だ。

COMPLETE PROJECT

ポリゴン分割やUVマッピングを考慮に入れてデザインし、作業効率を上げる

体モデルは服飾や装備のデザインによって分割できるという点を考慮に入れると、作業効率を上げることができる。

右の画像を見てほしい。**1** は顔のみのUVマッピングで、**2** は全身(脚は入っていない)のUVマッピングだ。**1** は顔部分だけなので、顔のテクスチャにたくさんのピクセルを使える。しかしもし同じ画像サイズでテクスチャを作った場合、**2** は顔のUVシェルが小さいため、アイメイクやまゆ毛などの描き込みがぼけてしまうだろう。同じレベルの描き込みにしたければ、**2** は相当大きな画像サイズになってしまう。

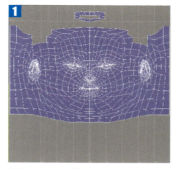 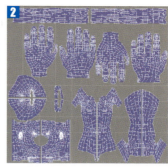

説明のために2種類のUVマッピングを並べてみたが、実は使用する目的は違う。**2** のUVマッピングはやけに手が大きいと不思議に思うかもしれないが、このUVマッピングはテクスチャ用ではない。**2** はバインドのスキンウェイトマップのエクスポート用だ。指のウェイト値は細かいので、必然的に手のUVシェルを大きくする必要がある。顔のUVシェルから口が外されて大きく扱われているのは、口の開閉がジョイントで制御されるためで、そこも大きく配置する必要があったからだ。

テクスチャの切れ目が少ない、様々なパーツが結合したモデルは、UVシェルも大きくなる。そして、UVエディタの範囲内に収まるポリゴンモデルの量が増えるほど、テクスチャのピクセル数を大きくしなければならなくなる、ということだ。

> Maya 2015から登場したUVタイル機能を使用すれば複数テクスチャを使用可能!

今回のビジュアル制作の2012年の時点では[UVタイリング]はMayaの標準機能にはなかったため使用していない。上図のように同一ジオメトリのUVをUVエディタの0〜1以外に配置しても、ファイルノードの[UVタイリングモード]を使用すれば、複数ファイルを同一ジオメトリにマッピングできる。これは画像の解像度を無駄に大きくしない素晴らしい機能!

また、UVだけでなく分割数も衣服や装備のパーツで制御できる。
頭部からの首の分割数や、手のひらからの手首の分割数はとても細かい。首から肩、腕から手がひと続きになったモデルでは、分割が全体的に細かくなる。わかりやすく言えば、露出が多い服装をデザインすると、体パーツをつなげる必要があるわけだ。
もちろんそれが悪いわけではない。
ベアトップ(胸から上の肩、腕、背中を露出させるトップス)は、セクシーな印象の女性になるからだ。

今回私は、かわいらしくセクシーな女の子をデザインしたかった。露出を多くしたいのだが、ポリゴン分割やUVマッピングの点で苦労して時間をかけてしまうよりも、効果的なデザインをすることでそれらを回避することに決めた。
独立した襟とカフスを取り入れることで、頭部と上半身、手を分断することができた。作業効率を高められ、それでいてオリジナリティの高いファッションデザインになったと思う。**3**
手の細かい分割を腕側にもってこなくなったというだけで、けっこう気が楽になる。
このように「作業量を減らしたいな」と思うところにわざと効果的なデザインを入れるのは、一挙両得なのだ。

服飾のデザインによって、このキャラクターの体モデルは、頭部(水色)、ボディ(ピンク)、手(緑)に分けることができる。Part.2 Chapter 05で作成した手首の細かい分割は、腕とつながす保留のままだが、カフスデザインによって肩まで分割を細かくする必要はなくなった。首と体も同様だ。
また、パープルのコルセット部分は体にフィットした造形なので、上半身を作り終えてからその部分だけ切り取って作ればよい。

241

フィニッシュまでの制作過程実例

02 体モデルの作り込み
ジョイントを使い、鎖骨と肩の位置を決める

今回のデザインでは、シースルーのオフショルダーブラウスを着せているため、肩や鎖骨が露出している。（※デザイン画での段階）
簡単に考えがちな人も多いが、女性特有の美しく華奢な造形を極めようとするなら、肩周りのモデリングはかなり難易度が高くなる。

Tポーズはリグ作成が楽だが、肩が特殊な位置になる。**日常的には、腕を肩の真横にまっすぐ上げているような状況は少ないのだが、リグ作成のときには便宜上、モデルをTポーズで作るケースは多い。**１
しかし力を抜いて自然に肩を下げたポーズで作った方が、肩の造形は美しくモデリングできる。
そのポーズがAポーズだ。２
最近では多くのキャラクターがAポーズをとっている。

また「肩」と言っても、腕の骨（上腕骨）だけで腕を水平に上げることはできない。
むしろ上腕骨は可動範囲が狭い。自分の肩や腕を動かしてみてほしい。肩を動かさずに腕を上げてみると、可動域の狭さがよくわかるはずだ。

CGでは、キャラクターのジョイントチェーンの中に必ず「鎖骨」を入れる。
人体は鎖骨ジョイントのピボットだけで回転するような簡単な構造ではないが、肩の付け根のジョイントよりも、鎖骨のジョイントで、肩の上げ下げを行うのだ。腕を下げると手の長さが明確になる。短かったので若干伸ばした。３ ４

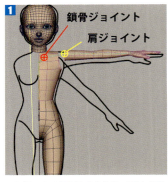

つながっていたモデルをまずパーツごとの別オブジェクトにした。ジョイントはまだリグ用ではないので、指などは作っていない。モデルの肩と腕の位置だけを確定するのが目的だ。私は何度も時間をかけてトライアンドエラーを繰り返し、この位置を割り出した。最終位置は、イラストのバランスを無視したものとなった。

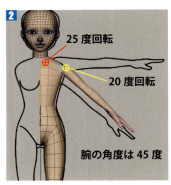

この段階で「バランス悪いのでは？」と思うかもしれないが、それはボディ側の形状があいまいなためだ。腋の下の形状は、通常のジョイントのスキニングでは美しく変形できない。アニメーションするならば、ここには補助ボーンを使った方がいいだろう。中途半端な回転値にしないのは、後でTポーズに戻して指のジョイントを作るからだ。

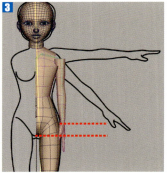

一般的に手首の位置が、股の位置のあたりになる腕の長さが美しいと言われている。鎖骨を回転して下げて、腕をヒップにつくくらいおろすと、腕が短いのがわかる。

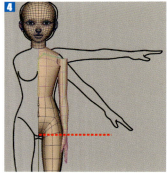

こういう場合、私はジョイントのスケールで長さを修正してしまう。肩ジョイントのスケールXのみを修正すれば、太さを変えず長くできる。

Aポーズでモデリングを始めるには、ジョイントをAポーズにしたベストな配置やサイズの状態でバインドを解除する。
しかし[スキンのバインド解除]（Unbind Skin）をデフォルトで実行するとバインド前の状態に戻されるので、今までの作業がまったく意味のないものになる。オプションを[ヒストリのベイク処理]（Bake History）に変更してバインド解除しよう。**このテクニックを覚えていれば、静止画用のポーズをジョイントで作った後、スキニングでできた崩れた形状は、モデリングで修正できるのだ。**

[スキンのバインド解除]をデフォルトのまま実行すると、バインド前の位置や形状に戻されてしまう。モデルのバランスのためのバインドなので、リグ用のバインドとは目的が違うのだ。

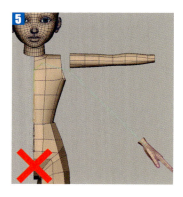

242

COMPLETE PROJECT

バストの位置と大きさは、スフィアで作成する

バストは、体モデルから押し出しで作成するよりも、ポリゴンのスフィアを配置した方が丸みをきれいに形作ることができる。スフィアの中心点を乳首として考え、フォルムを考えながら、先に回転しておくのがコツだ。
乳首は真正面を向いているわけではないので、正面から見て少し開き、上を向くように回転した。6

体と結合する前に、変形しておいて、合体してからの作業が楽になるように心がけた。
今回はヌードではないので、ブラで矯正して少し寄せて上げている形状、つまり、重力によって釣鐘型に変形した丸みをやや持ち上げたような形状にした。7

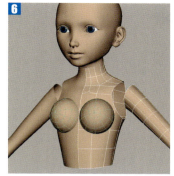 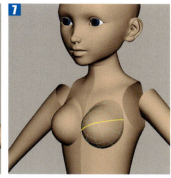

球体を好みのボリュームにして配置する。その時、眼球の配置のレッスンで学んだように、グループをインスタンスコピーして左右対称に見ながらバランスを取っていかなければいけない。

下着カタログなどを参考にしながら、バストのフォルムを整えた。今回私はこのバストから下着を作るので、黄色のラインをその分割エッジに利用することまでこの段階で考慮して、球体を回転してある。

バストの形状には個性がある。しかも骨や軟骨などもなく、ほぼ脂肪の塊なのでやわらかく、つけている下着やポーズによって形状が変わる。形を矯正しなければ、肋骨の丸みに沿って外側に流れる。相当大きな胸でない限り、矯正しなければ谷間はできないのだ。

私は何でも押し出しで形状を作ろうとする方法に反対だ。パーツごとに、そのフォルムにあったポリゴンの作成法を選ぶ。今回はプリミティブオブジェクト(球体)だ。
そして合体する前に、位置やサイズ、バランスを整えておく。そうすることで、きれいなフォルムを簡単に作れる。もちろん、十分整えたつもりでも必ず満足するとは限らないので、作りながら修正もする柔軟性も必要だ。

分割数の違うモデル同士を結合させることに慣れれば、形状に合わせた作成法を選択できるので、フォルム重視のモデリングができる。
エンピツモデルの時のように、最初から分割数を完璧に合わせなければいけないこともある。しかし人間などの有機体は、自由な分割でフォルムを作っていくモデリングなので、今回のように作り始めは多角形や三角形ポリゴンがあってもいいのだと思えば、かなり楽になるはずだ。
この例のバストとの結合は、バストに合わせた頂点数になるように、とりあえず胴体の方を分割しておき、その後でポイントスナップ(Vキー)で頂点位置を合わせてから、マージを行った。8

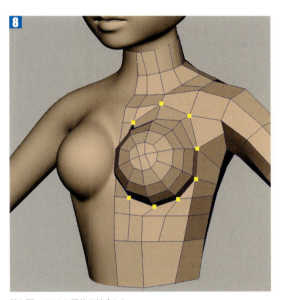

腕と肩、バストと胴体を結合した。
分割の違う複雑な形状を結合してマージするコツは、形を壊したくない方(この場合バストの球体モデル)の端の頂点に合わせて、胴体モデルを分割することだ。頂点数だけ合わせて流れを考慮して分割した後、Vキーでバストモデルの端の頂点にスナップする。後は普通にマージするだけだ。ここから複雑に分割するので、三角や多角形があっても気にせず、流れだけ合っていればよいのだ。

> 結合した後ならば[ターゲット連結](Target Weld)ツールを使えば、Vキーやマージを使う必要はない。私の場合は、結合する前にVキーで頂点位置を合わせている。

243

フィニッシュまでの制作過程実例

たくさんの参考資料を見ながら、見える部分を作り込む

たくさんの写真資料を見ながら、鎖骨や肩周りを作っていった。バストや肩のボリュームも調整した。首と手首は切れたままでよい。9 少ない分割のモデルを、徐々に、または大胆に分割を入れて細かな造形を作る。

私はここは理論ではなく、形を感じて楽しむ気持ちと、分割を整合させるためにパズルを楽しむ気持ちで、モデリングしている。
モデリングを楽しめなければモデラーとは言えない！

私はかなり感覚的にモデリングしているので、次に作った時にはきっと分割が違う。下に画像を載せておいたので女の子の体を作るときの参考にしてほしい。ただ、これが答えなわけではない。10 11 12 13

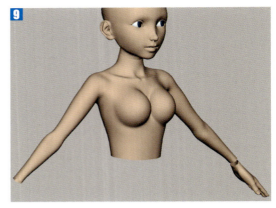

デザインのページでも説明したように、見える部分のみモデリングし、服飾によって切断できるところで別モデルにしている。

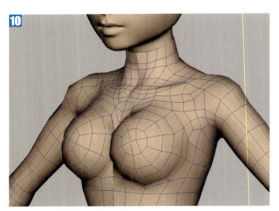

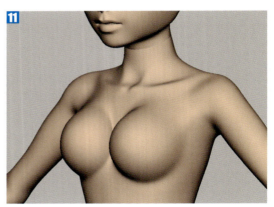

バストまわりと鎖骨や肩などの分割を増やし、形を作っていった。スフィアの分割数 10 をそれ以上増やさず、周りの細かな分割と一致するようにするのにはとても苦労した。なのでパズル的思考をフルに使って楽しみながら作業した。このバストは下着で矯正して寄せて上げた状態のフォルムなので、何もつけていない状態だと違和感がある。

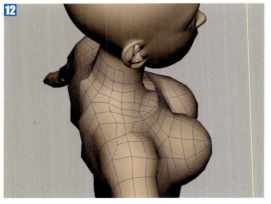

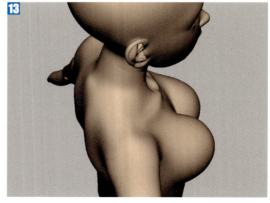

今回の表紙用ビジュアルプランの場合、背中は見えないので作る必要はないのだが、もしかすると角度を変えて撮影する可能性もあるので一応作っておいた。鎖骨や肩はこの画像を見るとたいして分割数を使っていないのがわかる。しかし一点一点の頂点を、私は大切に扱う。むやみやたらに細かくしなくても、へこむところとでっぱるところと、分割の流れに注力すればある程度のフォルムはできるのだ。

COMPLETE PROJECT

03 テストレンダリングの設定
デフォルトのままレンダリングしていては、モデルの検証ができない

私はかなり早い段階で、テストレンダリングはモデルがきれいに見えるように設定している。実際にはこのページの段階ではなく、鼻の穴を作っているレッスンでテストレンダリングは設定し終えている。鼻の穴の内部は影によって見え方が違うからだ。

右の画像 **1** はMayaのデフォルトレンダリングだ。
Mayaソフトウェアレンダリングなので、キャラに対してスムーズメッシュ表示をしていても、レンダリングするとローメッシュでレンダリングされる。
ライトを作成していなければ、デフォルトライトのディレクショナルライトが1灯適用されてレンダリングされる。環境光がなければ、暗いところは真っ暗で、見え方の立体感が損なわれてしまう。

同じモデルでもレンダリングでまったく見え方が違うのだ。初心者はモデリングやテクスチャリングが終わってからレンダリング設定をしなければいけないと思い込みがちだ。それでは美しいイメージの追求ができないと思わないかな？

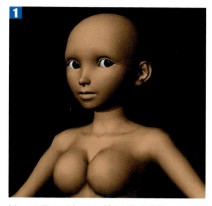

Mayaのデフォルトでレンダリングした状態。
3キー（スムーズメッシュ表示）はレンダリングに反映されない。ディレクショナルライトが1灯当たっているだけなので、立体感も美しくない。これでは質感やテクスチャを詰めながらモデリングすることはできない。

mental ray（メンタルレイ）の設定

※ Maya 2016 での設定となります。mental ray for Maya 2016 プラグインは Maya 2016 パッケージには含まれていませんので、別途ダウンロードする必要があります。

レンダラは [レンダー設定] (Render Settings) から [使用するレンダラ] (F.ender using) で選ぶことができる。**2**
mental ray（メンタルレイ：以下MRと省略）が選択項目になければ、[ウィンドウ>設定/プリファレンス>プラグイン マネージャ] (Window > Settings/Preferences > Plug-in Manager) から [Mayatomr.mll] の [□ロード] と [□自動ロード] にチェックを入れること。**3**
MRでレンダリングしてみよう。同じようにデフォルトライトだが、3キーのスムーズメッシュプレビュー表示になっていれば、レンダリングにもスムーズがかかっている。**4**

スムーズの細かさ（分割レベル）は、ポリゴンオブジェクトのShapeノードのアトリビュートの中にある [▼スムーズ メッシュ>プレビューの分割レベル] (Smooth Mesh > Preview Division Levels) で決めることができる。**5**
またスムーズの様々な設定は [▼OpenSubdiv コントロール] にあるので覚えておこう。

[使用するレンダラ] (Render Using) から [mental ray] を選ぶ。項目がなければ以下の設定をする。

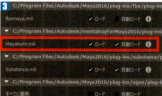

[ロード]と[自動ロード]にチェックを入れて[閉じる]でOKだ。

mental rayでレンダリングすれば、スムーズメッシュプレビュー表示が、そのままレンダリングされるという便利さ。
画像 **1** と違いがよくわからないって？それは私のモデリング技術が高いからだよ。うまいモデルはスムーズをローメッシュにしても形がほぼ同じなのだ。

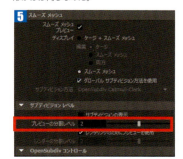

スムーズと同じアトリビュートがある。
スムーズメッシュプレビューでスムーズをかけるのであれば、ポリゴンのShapeノードのスムーズメッシュの項目に気を配ること。

245

フィニッシュまでの制作過程実例

ファイナル ギャザリング（Final Gathering）を使用する

私は必ず、テストレンダリング用のライティング設計の手順は、直接照明（ライト）から始めず、間接照明から始める。全体の明るさを決めてからライトをつけていくほうが効率的だからだ。

Mayaのmental rayの間接照明としてはフォトントレーシング（グローバルイルミネーション、コースティクス）とファイナルギャザリングが実装されているが、特に難しいライティングをここではしない。テストだからだ。
MRで初めてレンダリングする人は、私の手順通りにやってみてほしい。ただここではMRの詳しい情報は書かない。Mayaのオンラインヘルプなどでしっかり勉強しよう。

まず初めにファイナルギャザリングに設定する。
[レンダー設定＞精度タブ＞▼サンプリング＞間接拡散（GI）モード]
(Render Setting > Quality タブ > Sampling > Indirect Diffuse (GI) Mode) の
[ファイナル ギャザー] (Finalgather) を選ぶ。6

ファイナルギャザリング（以下：FGと省略）にチェックを入れただけでは、環境光としての明るさをどこからも引き出せない。私がまず設定する箇所は、**カメラの [▼環境＞バックグラウンド カラー]** (Environment > Background Color) だ。7
まずカラーを白にしてレンダリングしてほしい。
画像8のように真っ白になるならデフォルトライトがついてしまっている。
[レンダー設定＞共通タブ＞▼レンダーオプション＞□ 既定のライトの有効化]
(Render Setting > Common タブ > Render Options > Enable Default Light) の**チェックをオフ**にする。**ライトを作ってある人はライトを削除してほしい。**

FGの効果を簡単に確認するには、バックグラウンドカラーに色をつけるだけでよい。

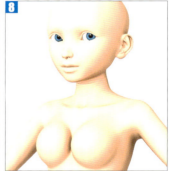

ライトを作っていない状態でこんなに明るくなるとしたら、デフォルトライトがついている状態だ。FGの効果だけ見たいので、必ずデフォルトライトのチェックを外すこと！ライトを作った人は捨てること！

画像9のような明るさになっただろうか？もしここで明るすぎるとしたら、肌のシェーダなどのアンビエントカラーや白熱光が明るくなっていないかを確認する。FGはアンビエントカラーと白熱光からも明るさ（色）を拾うからだ。

次にカメラのバックグラウンドカラーを0.5のグレーに設定する。画像10のようにかなり暗くなるが、ライトがない状態では明るくしすぎないのがコツだ。
これでまず環境光（FG）はおしまいにして、次に直接光（ライト）の設定をする。

ライトがないのにこのようにモデルを明るくすることができ、耳や鼻などの細かなディテールを詳細に見せてくれる。初めて使うと感動するのだ。

ただし、キーライトを作らないまま明るくしすぎてはいけない。この段階では、ライトの検証のために、バックグラウンドカラーをグレーにして明るさを抑えたほうがよい。

mental rayの精度を上げる

アンチエイリアスを含むシーン全体のサンプリング数を上げる。まずレンダー設定メニューの［プリセット＞プリセットのロード＞Production］(Presets > Load Preset > Production)を選ぶ。
デフォルトでは、［▼サンプリング＞全体的な品質］(Sampling > Overall Quality)が0.6となっている。テストではそのままでもよいし、ノイズが気になる場合はより数値を上げて（1〜2）、品質を上げる。もちろん上げればレンダリング時間は増えるので、検証の種類によって数値を変えるのがベストだ。 11

ディレクショナルライトを当てる

テストレンダリングなので演出は必要なく、角度情報だけで操作できるディレクショナルライトを使用する。
ライトの角度はとても重要だが、このテストレンダリングの最優先事項はモデルを立体的に見ることなので、角度に演出はいらない。私はたいていキャラクターをこの角度で見て確認するので、**ライトは斜め上から当てている。** 最終レンダリングではないので、角度を決め込む必要はなく、状況に応じてライトの角度は変えてよいのだ。

影を落とさないと、FGでせっかくできた鼻や口の奥の暗さもなくなり、立体感を損ねてしまう。 12
影は必ずレイトレースシャドウを落とすこと。 13
私は数年前から学生にはデプスマップシャドウは教えていない。レイトレースレンダリングが重くて実用的でなかった時代に使っていたものだからだ。

影がくっきりとしていると、影によってフォルムが見にくくなる。なので影にぼかしを入れてソフトシャドウにする。
［ライトの角度］(Light Angle)は10に設定した。それがシャドウエッジのぼかしの幅になる。

［シャドウ レイ］(Shadow rays)が1のままだと画像 14 のようにエッジが粒子状にざらつく。シャドウレイを上げていって粒子量を増やせばいいのだが、実にシャドウレイはレンダリングをかなり重くする。マシンスペックが低いと驚くほど時間がかかってしまう。テストレンダリングなのだから完璧なぼかしにしなくてもよい。10ずつ上げていって大体のところで妥協しよう。
今回私は40に設定した。 15
シャドウをソフトにすればするほど、シャドウレイを上げる必要が出てきてレンダリングは重くなる（覚悟がいる）と覚えておこう。美しいイメージにするにはレンダリングコストがかかるのだ。

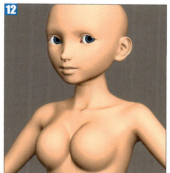

［ディレクショナルライト1灯だけでも、FGのおかげでこんなに立体的に明るくなるのがわかるだろう。ただし影をつけないと、鼻や口の中まで照射されてしまう。

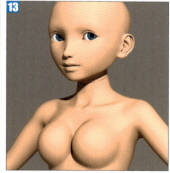

影を落とすと、モデルの立体感が増す。テストレンダリングで影を落とさない初心者がいるが、モデルの美しさを確認するためにも影は必須だ。

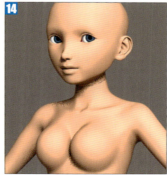

［ライトの角度］：10、［シャドウレイ］：1
エッジがざらついて使い物にならないのがわかる。シャドウレイは大きくするとレンダリング時間がかなり長くなるので、10ずつ大きくして満足のいく数値を見つける。

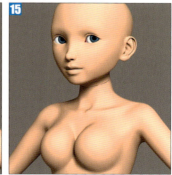

［シャドウレイ］：40に設定した。私のマシンスペックではこの画像（800ピクセル）でのレンダリング時間は13秒だ。ハードシャドウの時は4秒だったので、レンダリングがかなり長くなっているのがわかる。

フィニッシュまでの制作過程実例

イメージベースドライティング（IBL）を使用する

イメージベースドライティングとは、画像を使ってシーンを照射するテクニックだ。
テストレンダリングではライトを1灯しか当てていないので、若干立体感が物足りない。最終レンダリングでは、演出としてライトを何種類か用意するのだが、ここではまだ演出は必要ない。私はこの段階でイメージベースドライティング（以下IBLと省略）を使って、あらゆる方向からの複雑な光とカラーブリーディングをモデルに当てて立体感を増すことにしている。テストなのでぶっちゃけ必要はないが、瞳に映り込みが入ったりとモチベーションもあがるのだ。

レンダー設定の［Scene］タブを開き、［▼環境＞イメージ ベースド ライティング］の［作成］ボタン（Environment＞Image Based Lighting＞Create）
で作成すると、右の画像のように大きな球体が作られる。作られたノードに画像を貼ればよいだけだ。 16

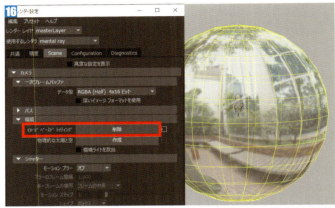

[mentalraylbl1]ノードは、シーン内にオブジェクトとして作られるノードだ。なので回転や移動をして画像を好みの向きに変えることができる。邪魔なら［可視性］（Visibility）をオフにすればよい。オフにしてもレンダリングには影響がない（IBLとして使われる）ので心配なし。

FGを使用するとバックグラウンドの色や明るさを変更するだけで、モデルが明るくなった（色がついた）。つまり、IBLを併用すれば画像の色や明るさがモデルを照射することになるわけだ。
HDRI（ハイダイナミックレンジイメージ）を使用すれば、画像が明るい部分の情報を正確に持っているため、より本物の光源に近い状態でモデルを照射してくれる。
ただし、Mayaのライトを使ってライティング設計するのであれば、IBLに使用する画像はHDRIでなくても、JPEGやTIFF（8 bit）でも構わないということを覚えておこう。

学生がVFXのHDRI作成実習で撮影＆作成した、教室前の廊下の画像をもらえたのでそれを利用することにした。 17
ネットで検索すれば、無料のHDRI画像がたくさん提供されている。検索してストックしておくと便利だ。

球体（IBLシェイプ）に貼って360度の背景になるように加工された画像だ。下に写っているのはカメラのパノラマヘッドだ。

レンダリングしてみると、ライトが強くなりすぎて、背景が写っている。 18
背景を消してレンダリングするには
[mentalraylblShape]の［▼レンダリング詳細＞□一次可視性］（Rerder Stats＞PrimaryVisibility）**のチェックを外せばよい。**
ディレクショナルライトの［強度］（Intensity）を少し下げて、明るさを微調節した。 19
テストとはいえ完成度が高いライティングなので、演出の必要がないモデリングならポートフォリオ用に使えるぞ。

背景色1色と違い、環境光が単調でなくなる効果がある。ライトと併用しているので少し明るくなりすぎた。背景もいらないだろう。

ディレクショナルライトの［強度］を下げて調節した。バックグラウンドの色はもうFGに影響しないので、好きな色をつけてよい。

248

COMPLETE PROJECT

 ## コルセットのモデリングとUVマッピング
体にフィットするパーツには、体モデルを利用する

体に密着している服飾パーツは、体モデルをコピーして利用すると楽だ。

コルセットのデザインにいちばん近いエッジを選んでデタッチし分離した後、いらないフェースは削除した。■1
布の厚みは必ず作るので、すべての頂点をほんの少し法線方向に移動して、体より若干大きめにした。

見えない部分の体モデルのフェースは、今はまだ捨てないが、最終的には捨ててしまう。体とコルセットのモデル同士の表面がかなり近い位置にあるのでチラチラとしたアーティファクトが現れる。■2

ここまで作業して、ブラ・デザインのラインは、バストを作った時のエッジでは納得できないことに気がついた。下着の雑誌を見ながら、そのフォルムに近づけようと、エッジを移動したり試行錯誤したのだが、フォルムが崩れてしまったので、ラインを先に決めてから投影することにした。
[カーブをメッシュに投影](Project Curve on Mesh)、[投影されたカーブでメッシュを分割](Split Mesh with Projected Curve)機能を利用した。■3
もちろんこの機能は、頂点数が意味なく増えるので、削除しながらきれいな分割になるように整えた。■4

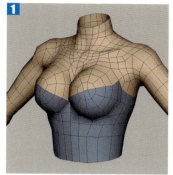
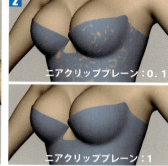

体モデルを分割したのではなくて、コピーしていらないところを捨てた。いま分離したエッジが最終的なデザインのラインではないからだ。

コルセットモデルを体モデルから数ミリしか大きくしてないので、アーティファクトが出てしまう。カメラの[ニア クリップ プレーン]を1にすれば、簡単に直る。

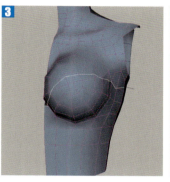
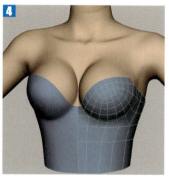

フロントビューで NURBS カーブを好みのフォルムに描いて投影した。この機能は、好みのエッジをばっちりとモデルに入れてくれるので、分割のイメージを先に作るのに利用できる。

投影エッジ周辺の分割はでたらめになる。フリルを入れる部分も考慮に入れて、ていねいに分割を修正した。メッシュの分割はフォルムのためだけでなく、次の作業のUVマッピングも考慮しなければいけない。

作り込む前に、ざっくりとUVマッピングしておく

モデルを細かく作り込む前に、UVマッピングをしておくと、頂点数が少ないので楽だ。 もちろん最終的にはまたUVマッピングを修正すると思うが、整ったUVシェルに分割しておけば、その間にエッジが足されるだけになる。
画像の伸び縮みを極力抑えたいので、[UV>自動](オプション：より少ないゆがみ)(UV > Automatic / Less Distortion) で、まずUVマッピングした。
画像にチェッカを貼るのは必須。 ■5 [チェッカ タイルの表示]機能でももちろん構わない。私は選択解除すると消えるその機能よりも、テクスチャのほうが好み。

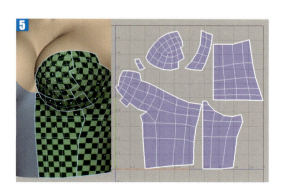

249

フィニッシュまでの制作過程実例

ところで洋服は生地でできていて、生地は平面だということに気がついているだろうか？ 平面の生地をパーツ分割したのがいわゆる型紙というものだ。

極論を言えば、洋服は型紙通りの形で UV シェルに展開すれば、まったく画像はゆがまない。 生地という平面を、分割されたパーツで裁断し、つなぎ合わす＝縫製することで立体的な洋服へと仕上がるのだから。

（ブラの）カップ部分は、実際の縫製を参考にシェルを分けた。これによりだいぶ歪みがなくなる。 6

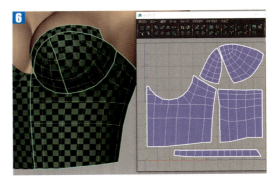

ゲームキャラではないので、テクスチャサイズや枚数に制限があるわけではない。なので私は「画像を歪ませない」ということを優先順位の一番にしている。とはいえ、立体を平面にするのだから、パーツを細かくしなければ歪むに決まっている。洋服モデルは型紙のように UV シェルを作っていけば歪まないので、とりあえず細かく分けた。分けすぎると今度はテクスチャを描くときに面倒になるのである程度は妥協しておく。

画像を歪ませない作業方法：

- Maya メニューの [UV] > [自動] [円柱] [平面] [球面] の中から、一番そのパーツに合うものを選ぶ。今回一番最初に全体を選んで [自動] マッピングした後、カップ以外の胴体部分のフェースを選んで [円柱] マッピングを行った。**どれを選べば歪みが少ないかということをもっとも重要視して選ぶことが大切。**
- [平面] や [自動] マッピングのオプションには、テクスチャを歪ませないような設定があるので、必ずオプションを確認する。
- 画像 7 のように、チェッカのゆがみやサイズを見ながら、ひとつひとつていねいに UV ポイントを移動している。[UV 展開ツール]（Unfold UV Tool）など、簡単に UV を修正できるツールはたくさんあるが、**歪みに関しては機能に頼るよりも、ゆがんだ場所の UV を少しずつ直したほうが結局きれいにできる、と私は思っている。** しかしそれはモデルやテクスチャの作成法にもよる。これから先に行う顔の UV 展開は、洋服と違い細かくパーツ分けできないので、UV 展開の手順はちょっと違う。

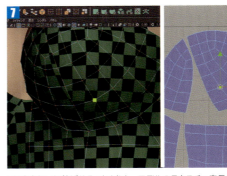

UV をきれいに並ばせることよりも、モデルのテクスチャ表示がなるべくきれいなチェッカになっていることの方が重要だ。
UV エディタ側の UV を上下左右に移動すると、チェッカの形やサイズが変わる。モデルのテクスチャ表示を見ながら歪んでいるところの UV を 1 つずつ動かす。

05 綿レースの作成
モデリングと同時にテクスチャを作る

コルセットのカップ部分には、綿レースを 3 段あしらうことにした。レースのようにテクスチャに依存したモデルの場合、テクスチャを作成してレンダリングしながら、デザインを確定していかないとイメージがつかめない。
初心者は、モデリングがすべて終わってから質感やテクスチャを制作する手順にとらわれがちだが、完成度を高めるためには、優先順位を見極めて臨機応変に作業した方が効率がよいのだ。

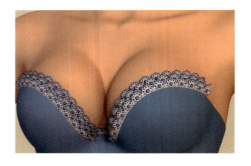

UVマッピングは布目に合わせて、まっすぐ揃えておく

レースのモデルは、カップ部分のエッジやフェースを利用して作成した。
一番上のレースモデルはカップの赤ラインのエッジを押し出しした。**1**
2番目と3番目のレースモデルは、カップのオレンジ部分のフェースを複製して作成した。**2**
最終的には分割を増やし、平らな面ではなく、波打つフリルの形状にするが、テクスチャをつける前に細かな造形をつけると手順が増えてしまうので、先にUVマッピングとテクスチャを作ることにした。
レースは縫い目に沿った布目なので、UVはまっすぐ揃えて、チェッカが伸び縮みしないように横方向のUV幅を調整しておく。 **3**

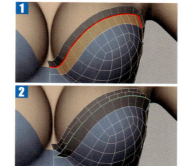
ブラのカップ部分のエッジやフェースを利用すれば分割数も同じだ。後からフリルにするので分割はかなり増えるが、縫い合わせの部分は密着した形状になる。

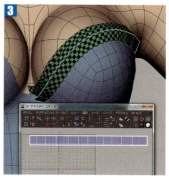
UVエディタの[位置合わせ](Align)ボタンを使えば、簡単にUVを揃えることができる。リピート画像を使うので、UVエディタの0〜1の範囲からはみ出ていてよい。

Adobe Illustrator & Photoshopを駆使して、図案とマスク画像を作成する

テクスチャ作成にPhotoshopを使う人は多いが、**Illustratorと併用すればもっと完成度や作業効率を高められるのでおすすめだ。**
Illustratorは、ベクター形式なので図形や文字などが作成しやすく、ビットマップ形式とは違い、解像度にこだわる必要もない。円のベジェを修正して逆涙型の円を作成した後、回転コピーで縁周りを作っていった。こういう作業は絶対にPhotoshopより楽だ。
あまり小さく作ると、画像がぼけてしまうので、図案を4列×2段に配置することにした。**端がぴったり合っていればリピート画像として使用できる。**
Illustratorの[オブジェクト>変形>移動]でガイドラインを4分割の位置に数値入力で移動する。Mayaと同じで数値入力はとても重要だ。**4**

Photoshopで、8つの図案すべてに修正を加える方法では作業効率が下がる。**[フィルタ>その他>スクロール]を使用すれば、コピーしたレイヤーに対してぴったりと数値移動できるのだ。** つまりこの画像は、横に256ピクセルスクロールするということだ。**5** **6** **7**

デフォルトのA4サイズで作成せずに、テクスチャサイズ（今回は1024ピクセル）の正方形で作った方が、Photoshopにぴったりのサイズでコピペできるのでおすすめだ。

1024平方ピクセルに図案は4列×2段あるが、Photoshopには図案の1ブロックしかコピペしない。この画像は最終画像ではなく、ここから作成したものをコピー&スクロールする。

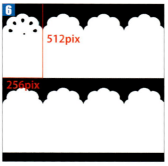
図案の1ブロックのサイズ（ピクセル数）がわかればスクロールで移動できる。

シェーダの[透明度]に貼るマップだ。この形状で抜かれる。

フィニッシュまでの制作過程実例

私はテクスチャのフォーマットは必ず JPEG（画質：最高）にしている。画質は問題なく使え、データが軽く、レンダリングも速い。

レースのサイズや歪みを確認するために、**まずはテスト用のシェーダのカラーに画像7を割り当てる。**
透明度マップも設定で画面に表示することは可能だが、カラーマップの方がクリアに表示されるからだ。8

透明度に先ほどのマップ7を貼ってレンダリングした。9
MRでレンダリングする場合、fileノードの[▼カラーバランス＞□アルファ値に輝度を使用]にチェックを必ず入れる。このチェックを入れないとMRでは画像を透明マップとして使用できないからだ。

刺繍部分は、糸の流れを意識してPhotoshopのブラシで描いた。10
マウスで描いてもそのテキトウさが味になると思い、ラフに描き上げた。1つだけ描いて7と同じ方法で複製した。
ついでにバンプマップも作成した。画像10にぼかしをかけて、盛り上がる箇所が白になるように白黒反転した。11
Mayaでは、バンプは複数モデルの法線方向を同じ向きにしないと凹凸が逆になるので、モデル側の法線は必ず確認する。

最終的なテクスチャができた後でも、何度もレースのサイズや位置を微調整した。そのためには画像をクリアに見るためのテストシェーダを作っておく。名前をつければマーキングメニューからすぐに切り替えて割り当てできる。

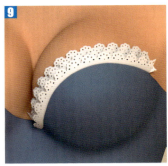

テストレンダリングのライティングに手を抜く人が多い。本番に近いレンダリングレベルにしておけば、影やファイナルギャザーの効果も確認できる。生地なので[拡散]は1に設定して白を際立たせた。FGを使っているので[アンビエント カラー]や[白熱光]には数値は入れない。

ズームしてみるとかなりテキトウに描いているのがわかる。しかしカメラから遠い、かなり小さいパーツなので、時間をかけすぎても意味がない。ズームダウンして確認し、雰囲気が出ていればOK。白地に黒で描いたが反転して使用した。

バンプマップは画像10に、ただ[フィルタ＞ぼかし（ガウス）]をかけただけだ。どんなに詳細に作っても、カメラから遠ければつぶれてしまう。レンダリングして雰囲気が出ていればこちらもOK。

画像に色は塗らない。Mayaのレイヤテクスチャで色をつけるのがコツ

配色は最後の最後まで悩んで調節したい。**画像のピクセルに色をつけると、微調整するときに塗りつぶしで色を変更し、何枚も画像を保存しないといけない。**
そういった面倒くさいやり方を選ぶと、デザインに妥協が生まれてしまう。
カラーアトリビュートにレイヤテクスチャを貼ればいいのだ。マッピング画像はマスク用なので白黒でよい。
画像10は上に乗っているレイヤの[アルファ]に割り当てる。カラーには何もマッピングせず、好きな色を選ぶだけだ。12
色には画像を使っていないので、微調整がとても簡単なのだ。13

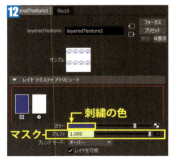

ゲーム系のテクスチャ作成しか知らないと、テクスチャをすべて画像として作らなければいけないと思い込む。レイヤテクスチャやレイヤシェーダは、マスクさえあれば、色や質感がMayaのアトリビュートで調整できる優れものだ。

Photoshopで色を塗りつぶさなくても、Maya側で無限に色を修正できる。もし知らなかったのなら確実に損をしている！

COMPLETE PROJECT

06 コルセットのデザインと作り込み
CG的に難しいところには、服飾のリアルなテクニックを効果的に採用

コルセット部分の作り込みは80%ほど完成した。**1**
この段階での配色は仮のものだ。前ページで説明したように、テクスチャ画像はすべてモノクロのマスクなので、Maya側のシェーダやテクスチャのカラーで再配色することができる。

モデリングやテクスチャよりも、時間がかかるのは「デザインの決定」だ。デザインが決まらなければ、モデリングもテクスチャも試行錯誤の時間がかかってしまう。しかし実は、デザインを悩んでいる時間がもっとも長い。
デザインイラストをそのままモデリングしても、3DCGとして効果的におしゃれでイケてるレンダリング画像になるとは限らない。
CGでは、簡単に作れてしまうのにうまく見えるものと、制作の手間がかかってもイマイチな仕上がりになってしまうものがある。そういった判断は作品をたくさん作った経験値によるので、実際には試行錯誤するしかない。特にファッションは、構造的なリアリティと、布の質感や重量感（シワや厚み）が重要になるので、なおさら難しいのだ。

今回私は、このコルセットモデルには、縫い目の上のステッチを入れないことにした。ステッチは、バンプマップか法線マップで表現しなければならない。生地のシワは後でMudboxでスカルプトし、モデルを法線マップとしてはき出すつもりなのだが、ステッチは均等に連続した糸の連なりなので手間がかかる。
ステッチをなくしたことを悟られず、効果的なデザインとして見せるために、縫い目部分にケミカルレースをあしらった。画像**2**の白い帯状のモデルだ。

また密着する形状の洋服は、ギャザーやダーツで凹凸を作るのだが、コルセットに細かな型紙の裁断で立体を作ることが多い。なるべくシワの描き込み作業を減らしたいので、生地の分割を増やした。それを効果的に見せるために、チュールレースを切り替え部分にあしらった。
このレースは手描きではなく、レースの素材集を利用して簡単に作ることができる。

コルセットの裾などの端の処理は、手っ取り早く作れるパイピングにした。ここはスカートのフワッとしたギャザーがくる部分なので目立たなくなる。**パイピングをあしらうと簡単に布の厚み感を作ることができる。これは私がよく使うモデリング手法で、エッジをカーブ化してNURBSサークル(円)を押し出しするだけで作ることができるのだ。**

最初に描いたイラストは、単なるイメージだったということをモデリングし始めると痛感した。ここまで作るのに、とにかくデザインを悩みぬいた。ネットの通販サイト、ストリートファッションの雑誌、自前の下着などを参考に、オリジナリティと説得力、そして作りやすいデザインに仕上げることができた。
CGは布のシワやよれを入れないと、固く仕上がってしまう。カッチリしたコルセットでも、やはりパープルの部分が固く感じる。スカルプトによる法線マップは最終仕上げの段階で作ることにした。

モデルとして作る箇所と、テクスチャで仕上げるところを見分けないと、すごい分割数になってしまう。初心者はそのへんの判断がなかなかできない。
例えば、編み上げ部分の穴が空いていないのがモデルを見るとわかるはずだ。ここには透明マップも貼っていない。
2種類の縁のレース部分は、透明マップで抜いているのでただの平面的なポリゴンだ。透明マップは重なるとレンダリングがけっこう重くなるのが難点だが、今回はレースを多用しているので仕方がないのだ。

253

フィニッシュまでの制作過程実例

チュールレースのテクスチャは市販のIllustrator素材集から作成

レンガや木目などのテクスチャは写真素材を利用することが多いし、レースのテクスチャも実物の写真素材から作る人もいるだろう。素材データは書籍としてたくさん売られている。Illustratorで使えるレースの素材集もDVD付きで3千円前後で販売されている。こうした素材集の大半は著作権もフリーなのがうれしい。

ぴったりのイメージがなかったので、素材集から好みのパーツを組み合わせて使うことにした。**Mayaでリピート画像として使えるように、Illustratorで、数値入力で移動コピーをした。**3

自分で作ると相当面倒くさいデザインも、素材集を購入すればよい。しかしみんな同じデザインになりかねないので危険ではある。パーツを組み合わせて工夫することにした。

赤く塗っているのではなく、アルファチャンネルも同時に表示しているだけだ。花柄の刺繍部分とチュールのメッシュ部分を分けておけば、Mayaで配色を変えることができるためだ。

Photoshopでは、チュールとレース部分を別レイヤーに配置している。チュール素材は、花柄の部分をマスクで抜いた。私は20年前のレイヤーがない時代からPhotoshopを使っているので、選択範囲は必ずアルファチャンネルとして保存しておく癖がついてしまった。4

Mayaのシェーダには、カラーマップとバンプマップにテクスチャを貼った。5 6 **UVシェルのサイズとレンダリングを見てレースのサイズを確認し、[繰り返しUV]を3にした。ゲーム用のテクスチャではないので、柄の大きさをリピート数で修正できるのだ。**5

place2dTextureノードを共有しているのは、[繰り返しUV]をテクスチャごとに設定する手間を省くためだ。ここでもレイヤテクスチャで配色して効率を高めている。
※キャプチャ画像はMaya 2013。Maya 2016ではこのようなスウォッチ中心の表示にするには2手間くらいかかる。試してみてね。

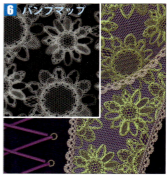

バンプマップは画像の選択範囲内でぼかしをかけただけで、まったく複雑なことはしていない。もちろんチュールと刺繍は別にぼかしした。簡単なのに立体感がよくでていて感動した。

蝶結びや編み上げは、1本のリボンを本当に結わく必要はない

初心者モデラーには、蝶結びのリボンは、1本のひも状のポリゴンモデルをリアルに結ばなければいけないと思い込んでいる人がたくさんいる。
そんな難しいことは私にも無理だ。
画像7はコルセットの中央にあしらった小さなリボンだ。正面から見ると結ばれているように見えるが、後ろから見るとすべて**パーツがバラバラなのがわかる。レンダリングで見えない部分に手を抜かないと、途方もなく時間がかかる。リアルにすべきは見た目のフォルムなのだ。**

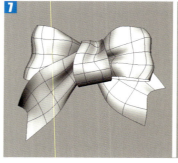

小さなパーツなので、完璧なリアルさを目指したわけではないが、それでも実物のリボンを観察して構造を把握しながら見える部分を作っている。作り始めはプリミティブのシリンダ（円柱）を半分に切ったものだ。フォルムのポイントを抑えれば、分割は少なくて済む。

COMPLETE PROJECT

07 付け襟の作成
モデリング作業時間は30分。構造を理解していれば簡単に美しく作れる

私は最初、この「制作過程実例」パートのページではモデリング手順を書くつもりはなかった。
しかし私が教えているクラスでは、キャラクターのボディを作り終えた後の課題として、オリジナルの服飾のモデリングをするのだが、多くの学生が就活には使えないようなレベルのモデリングをしてしまう。教えている側として、危機感を感じたので、このページがみなさんの服飾モデリングの助けになればと思う。

襟は、「こんな感じだな」と雰囲気でモデリングすると、体から離れすぎたり、立ち上がりがなく幼稚園の洋服みたいなフラットな襟になってしまう。
自分のデザインに襟をつけたのなら、必ず構造をよく観察してから作ってほしい。襟の構造を観察して理解できれば、服飾の他のパーツも同じように観察して理解できるはずだ。

私の今回のデザインは、通常のワイシャツに近い台襟つきのデザインだ。シャツの部分はない付け襟で、通常のワイシャツよりも襟が高い高襟にした。特殊な形なので、デザインそのものは参考にしないように。**1**

襟といってもいろいろな種類があるが、シャツタイプは首に沿って立ち上がりがある。ここを観察しない人が多い。だからペッタンコになる。そしてシャツには「台襟」がつくものが多い。**「台襟」とは襟の土台となる、首回りを覆う帯状の部分だ。この部分を先に作るのがコツだ。2 3 4**
私は右利きなので前合わせを左前で作ったほうがモデリングしやすい。しかしモデルは女性なので、後で右前にする。

襟を台襟のエッジから押し出しで作ると、台襟に沿ったきれいな形状にしにくい。台襟を複製して一回り大きくし、襟の角の形状を整えたほうが簡単に作れる。**5 6**

台襟にボタンが3つつくトレボットーニという襟高の襟デザインで、最終的に襟縁にフリルをつける。なので、一般的なシャツ襟のデザインではないが、作り方は同じだ。

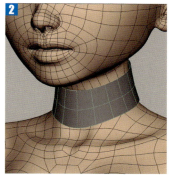
台襟の元となるモデルを、ポリゴンシリンダで作り始める。**首にフィットして作るのがコツ。**しかし通常の襟はこんなに高くないので勘違いしないように。

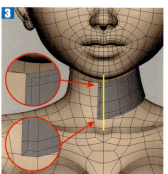
中心ラインにはボタンがつく。**つまり台衿は、重なり分だけ中心からはみ出るのだ。**フェースを半分捨てて、正面の端のエッジを横に押し出す。
角は必ず放射状に分割し直すこと！
スムーズすると丸まりすぎてしまうからだ。

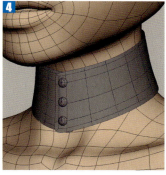
反対側は左右対称にするとモデルが重なってしまう。インスタンスコピーを少し後ろにずらしてバランスを確認した。しかし、最終的には左右非対称の形状にしなければいけない。ボタンはバランスを見るために置いた。

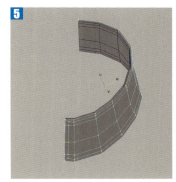
台襟モデルを複製する。頂点をすべて法線方向に移動して少し大きめに広げる。これで一回り大きい襟部分を作ることができる。襟を台襟のエッジから押し出すよりもきれいで簡単に作れる。

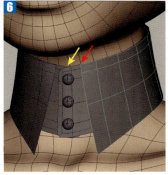
複製して作った襟モデルを好みの形状に変更する。私のデザインは襟の周りにフリルがつくので、始まりの部分は中心から少し離れている（赤矢印）。しかし通常の襟は、ほぼ中心の位置（黄矢印）から始まる。

255

フィニッシュまでの制作過程実例

台襟と襟モデルのフォルムが確定したら押し出しで厚みをつけていく。**厚みをつける前にフォルムを確定しておくことがポイントだ。**厚みをつける前のモデルを保険として複製して非表示にしておけば、形を修正したい時には厚みのないモデルを利用できる。７ ８ ９ 10

台襟モデルと襟モデルは、結合する必要はない。ゲーム用のモデリングテクニックばかりがネットや書籍で取り上げられているため、多くの初心者がとにかく結合して1つのモデルにしたがる。
1つのモデルをつなげて作る考え方から離れれば、より本物の構造に近く、そして楽にモデリングできるのだ。

襟モデルの厚みは、すべてのフェースを押し出しして作った。
しかし見えない裏側自体にフェースはいらない。初心者は衣服にすべて厚みをつけなければいけないと、二重のフェース構造を持った厚みをつけてしまう。洋服の内側のフェースはいらない。無駄なポリゴンが増えてデータを重くするだけだ。
厚みは洋服の端の部分の見えている部分だけで十分なので、端の部分の造形だけこだわればよいということを覚えておこう。

少ないメッシュのモデルに厚みをつけると、スムーズをかけた時に角が丸まりやすい。**尖った角を作りたいのであれば、角の近くにエッジを挿入する。** 11

そして初心者が忘れがちなのがフェース法線だ。
オブジェクトには必ず裏表がある。モデリング時には問題なくても、レンダリングに影響することが多々ある。
フェースが裏側を向いていると、miaマテリアルなどのmental rayシェーダなどは、映り込みや屈折が正確に計算されない。画像 12 のフェース法線がすべて表で、画像 13 がすべて裏だ。レンダリング結果がまったく違うのがわかるだろう。フェースを押し出しで作ると、裏表が逆になることがあるので必ず確認しよう。

7

台襟モデルを複製し反対側にコピーし結合、マージする。中心からはみ出たモデルなので、ミラー機能の対称複製が使えないことに注意。前合わせの重なりを修正する。

8

台襟のフェースすべてを内側（法線方向）に押し出す。ここでは厚み感を重要視して押し出すこと。内側の見えないフェースは捨ててもよい。

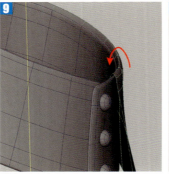

9

襟モデルのエッジを、台襟にめり込むように押し出しする。

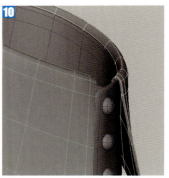

10

襟モデルのフェースをすべて押し出しする。今回私は外側（表側）に押し出しした。

11

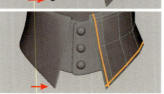

上画像は角の近くにエッジがないので角が丸まってしまった。今回は角をくっきりさせたいので、クロスするようにエッジを挿入した。

12

13

実際の襟の質感とは関係ないが、mia_Material_x マテリアルを割り当てした例。法線が内側を向いていると映り込みが表面に計算されないのがわかる。かなり盲点なので覚えておこう。

COMPLETE PROJECT

08 ポージングのためのジョイントとバインド
モデリングの効率化のために、作業の手順を変える

初心者はとにかく手順にこだわりすぎる。ポージングのためのジョイントやバインドも、モデリングがすべて終わってからでなければ、手を出さない。
10歩先を視野に入れながら、3歩先を見て歩く。
これがCG制作のコツだ。
目の前のことが終わらないと次のことを考えないのは、かなり非効率で失敗が多いのだぞ！

まだモデリングしていない服飾のパーツは、カフス部分と、フワッとしたパフスリーブのシースルーブラウスと同素材のスカート、髪留めの4か所だ。

このまま作業を進めると効率が悪い。
具体的に言うと

- **カフス→腕が45度の角度なので、その角度で作ると、ワールド軸が使えなくなる。** もちろんオブジェクト軸を使えばよいのだか、メッシュを抽出したり結合したりすればその角度のままローカル軸が作られ意味がない。腕は水平角度にしてからカフスを作った方が効率がよい。

- **ブラウス&スカート→腕の角度はもちろんだが、表紙デザインのポーズをさせて、より効果的な魅力あるデザインやボリュームにする必要がある。** なぜなら初期の設定イラストのまま作ったからといって、一枚の作品として、カメラアングルや構図的に魅力的になるとは限らないからだ。

- **髪留め→髪の毛を作りながら作成しないと位置やバランスが取れないので、一番最後の作成となる。** ※最終的に必要なしと判断し作成しなかった。

また画像 2 を見ると、元のイメージとはかなりバランスを変えているのがわかる。イメージ画像に描かれたボディバランスは簡易的なもので、絶対的なものでないことを理解してほしい。
頭部のサイズはレンダリングをしたものを見て、今回自分が求めているイメージにするためにサイズを縮小した。ただ首の太さや長さは元のサイズなので、元の首とスケールした頭部をつなげ直す作業をした。

肩がだいぶイラストより外側にあるが、アンダーバストが65cmくらいの華奢な体つきの場合、肩の骨が外側にせり出して見える。実際のファッションモデルの華奢な体や肩の骨の出方を参考にしてバランスを決めている。

この段階でできている部分だ。カフスは襟と同じデザインなので、続けて作れるのならその方がよい。しかし、斜めで作るよりも水平で作った方が作業が楽だ。なので次の作業は、腕を水平にすること。つまりジョイントを作り、バインドとスキニングを行った後、水平角度にする。スキニング作業は、ポージングのためにいつかは必要になる。作業手順を変更しただけで効率が上がるならその方がよいだろう。

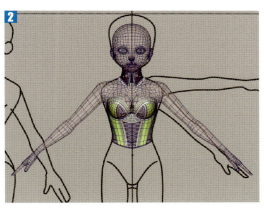

以前貼ったボディのイメージ画像と比べてみると、頭部のサイズがまるで違う。肩や腕の位置も違う。腕の位置はともかく、頭のサイズは作家（私やあなた）の作り出す世界観によって決まる。今回の表紙の女の子は、顔はお人形的だが体はモデル体型のような華奢で肩筋が出ているタイプにしたかった。頭が大きいとアニメ・マンガ的なものに抵抗がある人を惹きつけられないと考えたからだ。
なんて偉そうなことを書いたが、ホントは理由は後付け。その時の自分の感性に任せている。

フィニッシュまでの制作過程実例

ジョイントの構築

ジョイントやバインド、ウェイト調整、そしてアニメーションのためのリグシステム作成などは、基礎から応用まですべてをみなさんに理解してもらおうとすると本が1冊できるくらいの情報量だ。
基礎的なことを理解している前提で話を進めるので、人によってはちんぷんかんぷんだろう。**この制作過程実例のパートを読んだだけで、私が行ったジョイントやバインドを同じように自分で作れるようになれると期待しないでほしい。**

P.212の学生サンプルのように、デフォルトのTポーズで作品が終了するならモデリングと質感、テクスチャ、そしてレンダリングができればよい。就活にも十分使える。
しかし私のように最終目標がイラストレーションとしての静止画なのであれば、ポージングが必要で、ジョイントとバインドは必須だ。
またアニメーションが最終目標であれば、破綻のおきないスキニングとリグシステムが必要となる。

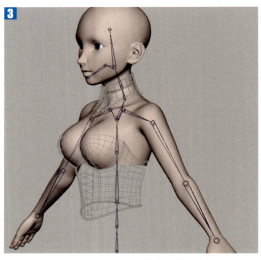

ポーズのために必要なジョイントを構築した。鎖骨と肩のジョイントは数値を入れて回転してある。つまり回転を0に戻せば、手は水平に戻る。あごにもジョイントを入れてある。これは今回、口を少し開いて微笑ませるためにジョイントで開くためだ。

画像**3**のようにまず胴体、首、頭部、そして腕のジョイントを作成した。
P.242の段階で、鎖骨と肩の位置は決めてある。最初から回転値を入れてあるので、回転値を0に戻せばいつでも腕は水平にできる。

指の骨を作っていないのは、Aポーズで指を作ると、ジョイントを斜め方向に構築しなければならず、無意味に難しくなるからだ。

肩と鎖骨ジョイントの回転値を0にすれば腕は水平になる。 **4**

手のモデルはこの段階ではバインドせず、手首ジョイントにペアレントコンストレイントをかけてある。
回転によって肩の形状が美しくなくなっても今は気にしない。今回は肩を上げるポーズにしないからだ。肩を水平にしたのはあくまでも指ジョイントの作成とカフスモデルの作成の制作工程を楽にするため。**5**

「あれ？ 手がレッスンのものと違う」と気がついた人は正解。第1版は指を閉じて作る作成法で、第2版はフォルムがとりやすく汎用性がある指を広げた作成法にすべて書き直した。なので第1版で作成したこのビジュアルは指を閉じている。

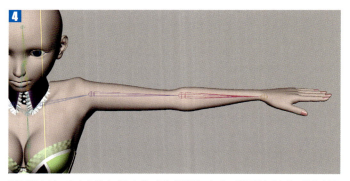

体モデルとジョイントをバインドした後、肩と鎖骨ジョイントの回転値を0にして腕を水平にした。手のひらモデルを手首ジョイントにコンストレイントすることで、同じようにモデルも水平になる。肩が形状的に破綻しているが気にしないことにした。

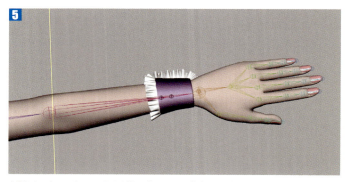

水平になったのでカフスモデルと指のジョイントを作成した。腕と手はジオメトリがつながっていないので、ジョイントもつなげないことにした。もちろんペアレントコンストレイントでつながっている。親指はグローバル軸に合わせてまっすぐ作成した後、親指の付け根のジョイントを回転させて指の曲がる向きに合わせる必要がある。
指を広げて作った人は、親指以外も同じようにジョイントを回転させなければいけない。

COMPLETE PROJECT

スキニング（ウェイト調整）の前にUVマッピングをする

私は17年ほど前のバージョン1.5からMayaを使っているが、バージョンアップで私を幸せにしてくれた機能ベスト5に入るジャンルがスキニングだ。スキニングの領域は今でも、バージョンが上がるたびに機能が向上している。一昔前までは、ウェイト値が保存できなかった。ということは、どんなにていねいにウェイト値を調整しても、バインドを解除したらまたその調整をやらなければいけない時代があったということだ。今考えると信じられない！

したがって初心者は、ジョイントとバインドを習得したら、ウェイト値を保存する方法、またはコピーする方法を同時に学ばなければいけない。

私はバインドのウェイト値を修正したら必ず[スキン＞ウェイト マップのエクスポート]（Export Weight Maps）を行う。これをやっておかないとバインドを解除した時に、またウェイト調整をしなければならないからだ。

スキンウェイトマップは、ジョイントごとにウェイト値を画像として保存する。UVマッピングが必要な理由はこれだ。

だからバインド前後のタイミングでUVマッピングする。ただテクスチャのためのUVマッピングとはルールが違うので、テクスチャ用のUVマッピングが利用できない場合はウェイト用にUVマッピングしなければいけない。

ウェイト用のUVマッピングは、テクスチャのものとは違い、自分で色を塗るわけではない。だから右にあげた3つのポイントのみクリアしていればよいのだ。しかしテクスチャのUVマッピングは、そのテクスチャによってルールを変えているはずだ。

例えば、リピート画像を使う、モデルの左右のUVを重ねて1つの画像で左右のデザインを共有する、といった具合だ。

テクスチャマップとウェイトマップのルールが違えば、UVマッピングが違う。そういう時はUVセットを2種類用意すればよい。9 10

[UV＞空のUVセットの作成]
（UV＞Create Empty UV Set）

または[UVをUVセットにコピー]
（UV＞Copy UVs to UV Set）

2つ以上のUVセットを持つモデルは必ずUVセットは切り替えて使うこと。

[UV エディタ]の[UV セット]（UV Sets）で名前を選択する。

スキンウェイトマップをエクスポートするためのルール

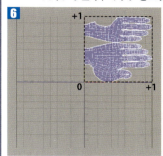
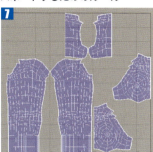

UVを0～+1のテクスチャ座標内に収める 6
コルセットの細長いレースで使ったUV（P.251 3）はリピート画像のため、わざと座標内からはみ出したUVマッピングだった。あのようなUVマッピングはスキンウェイトマップには利用できない。

UVシェルは絶対にオーバーラップさせない 7
頂点一点一点にジョイントのウェイト値が割り当てられている。なのでUV一点一点に白から黒の色が塗られて画像化するため、UVがオーバーラップ（重なっている）とウェイト値が正確に画像にならない。画像のように、[UVのシェード]（Shade UVs）表示を使用して重なっている箇所を確認するとよい。UVを移動するか、[UV展開ツール]（Unfold UV Tool）などを使って必ずオーバーラップを防がなければいけない。

UVひとつひとつに色がつけられるマップサイズにする 8
全身一体型のポリゴンモデルと手だけのモデルでは、同じ形状の手モデルだとしてもUV座標の中の手のUVシェルの大きさはまったく違うだろう。UVシェルが大きければ、マップサイズは小さくてもよいが、UVシェルが小さければマップサイズはかなり大きくしなければならない。
私は全身モデルの時はウェイト値の割り当てがされている部分のUVシェルを大きくする工夫をしている。（例：P.241 2）

テクスチャ用UVマッピング：
作成法はP.269

スキンウェイト用UVマッピング

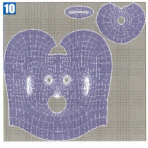

画像 9 10 は、今回のキャラクターの2つのUVセットだ。ウェイト側はウェイト値の分布が多い口と首あたりのUVをなるべく離して大きくしている。

259

フィニッシュまでの制作過程実例

スキニングの調整は2種類のツールを使う

美しく変形させるためのスキニングとリグの構築は、CGの中でももっとも難しいジャンルに入るかもしれない。Mayaを始めたばかりの人は、学校や専門書籍で基礎からしっかり勉強しなければ、習得するのは困難だろう。この書籍では基礎から詳しく書けないので、簡単なヒントだけ挙げておく。

スキンのバインドのオプションは［スキニング方法］（Skinning Method）を［デュアルクォータニオン］（Dual Quaternion）にするとよい。ねじれによって手首などが細くなるのを防ぐことができる。また［ウェイトを正規化］（Normalize Weights）は、［インタラクティブ］（Interactive）に必ずしている。ウェイト値は合計1にしておきたいからだ。
※もちろん状況により変更することもある。

Mayaにはスキニング用のツールや機能が何種類も用意されているけれど、私が好んで使っているのは［コンポーネント エディタ］(Component Editor) 11 と、［スキン ウェイト ペイント ツール］(Paint Skin Weights Tool) 12 だ。両方開いておいて状況によって使い分けている。

［コンポーネント エディタ］
頂点を選択して、ジョイントのセルに数値を入れる。ウェイト情報を数値で見ることができるので、数値の割り振りを簡単に行える。細かな数値ではなく、すっきりとした数値を入れることを心がけている。

［スキン ウェイト ペイント ツール］
ペイントは複雑なウェイトの分布の箇所に威力を発揮する。例えば［値］を0.2にし、［追加］で頂点をワンクリックすれば、2割のウェイトが乗る。「塗る」という発想はしないで、頂点をクリックするように使っている。頂点を選択し、［塗りつぶし］を使用すれば、一気に任意の数値を割り振れるので楽だ。

補助ボーンを利用して、形状の破綻を軽減する

今回の私の制作の目的は表紙用のビジュアルで、モーションをつける予定はない。**モーションをつけるのならば、形状の破綻を防ぐスキニングのシステムが必要だ。**しかし静止した状態で美しければいいわけで、ジョイントによって形状が崩れたり破綻したりしたところは、ポーズをつけてからポリゴンモデルそのものを修正すればよいのだ。

とはいえ、スキニングによって多少の崩れは防いでおきたい。

特に脇の下は、普通のスキニングではどうしても自然に下げることができない。 13
補助ボーン（インフルエンスオブジェクト）を使用して、体側の脇の下と腕側の脇の下を、腕をおろした時に下げることにした。14 15

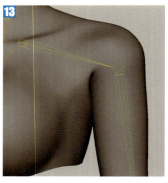

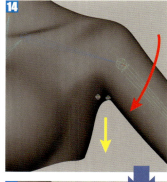

通常のジョイント数では腕をおろした時に、脇の頂点は回転するだけで下がることはない。なので脇の下が上方向にめり込んでしまい、きれいなフォルムにならない。

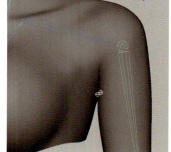

補助ボーン（インフルエンスオブジェクト）を体用と腕用に2個追加した。肩のジョイントが回転すると、補助ボーンが下に移動するようにドリブンキーがセットしてある。

COMPLETE PROJECT

09 最終デザインに向けた確認用ラフの作成
レイアウトとポーズのために、カメラを作る

今回のこの作品の最終目標は表紙デザイン用ビジュアルだ。最初にスケッチした鉛筆画はアイデアの方向性には使えるが、プロレベルの構図やバランスを決めるにはこの段階で最終デザインのための確認用ラフを作ったほうがよいと判断した。

ポーズを決める前に静止画のための準備をする。

(1) 最終レンダリング用のカメラを作成する。
(2) B5サイズを[レンダー設定>イメージ サイズ]に入力する。紙のサイズに合うようにレンダリングのサイズを決めたい場合は、[サイズの単位](Size units)を[センチ]にして、幅と高さを入力した後、適切な[解像度](Resolution)を設定する。この例では印刷用に300に設定した。
Mayaのイメージサイズのプリセットにあるb4、B5は日本の規格とは違うので注意。日本はJISで固定されたローカルサイズなので、同じB5と言っても欧米とは違うのだ。

(3) [幅/高さの比率の保持](Maintain width/height ratio)にチェックを入れる。最終レンダリングのサイズはかなり大きいサイズだ。テストレンダリングには時間がかかりすぎるので適さない。好みの幅と高さ(ピクセル)に数値を入れておく。私は高さ1500でテストレンダリングしている。
(4) 画像 ❶ のようにレイアウトを2ペインにする。レンダリング用カメラのビューに[解像度ゲート](Resolution Gate)を表示する。解像度ゲートの境界線を表示しないと構図のバランスが決められないので必ず行う。
(5) パネルのサイズとゲートのサイズが合わず、ゲートがはみ出て切れてしまうことがよくある。❷
この場合、カメラ(Shape)のアトリビュートの[▼表示オプション>オーバー スキャン](Display Options > Overscan)を大きくするとよい。❹ 周りの余白が広がるはずだ。❸

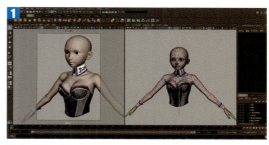

縦型のイメージサイズなので、4ペインでは見にくい。2ペイン(左右)にして、片側を作業用ビュー(perspやfront)として使う

解像度ゲートがはみ出ている例　解像度ゲートが収まっている例

解像度ゲートが、パネルの枠内に収まっていなくても気にしない初心者がいるが、ありえないっ！その人はレイアウトというものを理解していないのだ。
ただ設定箇所はなかなか見つけにくい場所にある。カメラシェイプのアトリビュートの下の方の表示オプションセクションにある。動画でも静止画でも必ず使うので覚えておくこと！

バインドポーズ(ジョイントの回転)にキーをつければ元のポーズに戻しやすい

モデルがジョイントで変形されていない初期の状態＝バインドポーズは重要だ！

まだ作っていない服のパーツや、髪の毛、まつ毛などを作るときにはそのポーズに戻したい。またブレンドシェイプで形状を変更する可能性もある。その場合にもバインドポーズのモデルが必要となる。

いきなりジョイントを回転してポーズをつけてはいけない。可動箇所(ジョイントと目のコントローラ)をバインドポーズのままにして、0フレーム目にキーをセットしておく。❺

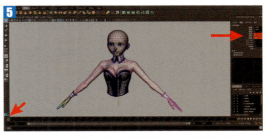

0フレーム目にバインドポーズで、可動箇所にキーを設定しておく。

261

フィニッシュまでの制作過程実例

ポーズをつけてレンダリングする

0フレーム目にバインドポーズでキーをつけたら、フレームを進めてポーズをつける。レンダリング用カメラのビューを見ながら、構図のバランス、魅力的なポーズを意識し、指先1つにもこだわってポージングとカメラアングルを決めていく。6
カメラの[焦点距離](Focal length)にも気を配ろう。遠近感も演出の1つだからだ。
自然に見えるように、このカメラの焦点距離は100にしてある。

ポーズをつけてからいちいちキーの設定をしていたのでは面倒くさい！ キーの設定し忘れも起こりがちだ。
[自動キー]（Auto Key）を先にオンにしておくと超便利なのでおすすめ。7

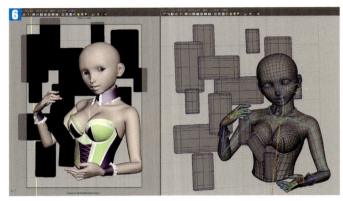

時間をかけてこだわって、構図とポーズを決める。後ろのパネルは背景イメージのために暫定的に入れたオブジェクトだ。このキャプチャは[旧式の規定ビューポート]で表示している。

自動キーは一度キーがついたアトリビュートの数値が変更された（動かした）場合に自動的にキーが入る便利な機能だ。

右下にある「くるり＋」デザインのアイコンが自動キーだ。

レンダリング画像にPhotoshopで加工＆ペイントしてイメージを固めていく

画像8がレンダリング画像だ。ライトも質感もまったく本番を意識していないので、薄暗く肌色も悪い。

そこにペイントと色調補正等で、アイデアを盛り込んでいく。9
Photoshopで加工するだけでこんなにイメージが変わるのだ！ テンション＆モチベーションが上がるので、私はこの作業が大好きなのだ！

かなり雑にペイントしているが、ラフ用なので、時間をかけて完璧なイラストレーションにするつもりはない。

次にモデリングするのが、スカートとブラウスなので、構図のバランスを意識した形状をデザインした。これですぐにモデリングに取りかかれる。
現在の唇の形が魅力的ではないので、ペイントして表情をつけてみた。これもモデリングで修正する予定だ。
髪型はとても大切だ。キャラクターのイメージを確定する要素だ。柔らかくエアリーな、今の流行の髪型をチョイスした。nHairで作成するので、アニメやマンガよりも現実の髪型を参考にした。

仕事ではなく自分の趣味や就活のための制作では、こういう作業はなかなかしないだろう。しかしこのラフデザイン作りが、次の作業の方向を明確にし、Maya上で試行錯誤する時間を軽減してくれる。この2枚を比べるとそれがはっきりわかると思う。この手のラフは必ず友達や知り合いに見てもらう。最近はSNSが利用できてずいぶん便利だ。人に見てもらうことはとても大切だ。アドバイスをもらったり、褒めてもらってテンションを上げるのだ！

画像をPhotoshopなどで加工するのであれば、Mayaでマスク用の画像を作らなければいけない。バックグラウンドとキャラを別々にレンダリングすれば、チャンネルがマスクとして使える。洋服と皮膚などを別々にマスクしたい場合は右画像のように、サーフェスシェーダ（Surface Shader）を使用して色分けしてレンダリングする。単色ならばPhotoshopで選択しやすいからだ。

262

COMPLETE PROJECT

10 衣服のシワの表現
モデリング以外の作成法も考慮に入れる

衣服を作るときの一番の問題点は「シワ」ではないだろうか。リアルに再現しようとすればするほど、どの技術を使用して表現するべきなのか、どこまで作るべきなのか悩むと思う。
今回以下の4つの作成方法を考慮に入れた。

- Ⓐ ポリゴンまたはNURBSによるモデリング
- Ⓑ nClothによるシミュレーション
- Ⓒ スカルプティング（Mayaのスカルプトツール及びMudboxなど）で作成したディスプレスメントマップによる変形
- Ⓓ スカルプティング（Mayaのスカルプトツール及びMudboxなど）で作成した法線マップによるバンプ

画像 1 は、Maya の nCloth によるダイナミックシミュレーションを使用して作成した布のサンプルだ。
画像 2 がシミュレーション前のモデルだ。細かい分割のシリンダ（円柱）に nCloth を適用し、リング状のモデルをパッシブオブジェクトとして設定してある。
中心に向かってリングが縮小するようにアニメーションをつけているので、シリンダが絞られていく。
思い通りの形状にさせるためには、メッシュの分割、nCloth の設定、パッシブオブジェクトの形状や設定などが重要で、設定を変えてはシミュレーションするという忍耐力も必要だ。今回のモデルでも一度テストしたが、ブラウスの縁のパイピングなど、細かなパーツが多く、適さないことがわかった。
nCloth は、シンプルな衣服には向いているので、物理計算によるリアルなシワを作る場合には利用したい。

画像 3 は、ローメッシュモデルのスムーズメッシュプレビューだ。実は画像 4 も 3 と全く同一のモデルだ。
ビューポート 2.0 のキャプチャ画像だが、法線マップで作られた細かな凹凸がきれいに再現されている。右下画像のモデルはこの細かなしわを作る目的のモデルで、別に緑色なのではなくワイヤフレーム画像だ。つまりかなり高解像度でスカルプティングしている。
スカルプティングの検証は顔モデルで行ったが、当然衣服のシワなどにも効果が発揮できるのがわかる。

画像 1 は nCloth でシミュレーションした例。画像 2 がシミュレーションする前（再生前）のモデルだ。布ものに、非常に簡単に威力を発揮してくれる頼もしい機能だ。ただし造形にこだわる場合は、設定と時間のかかる再生の繰り返しが何度も必要で、忍耐力も半端なく必要なのだ。

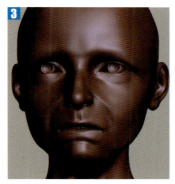 

3 元モデル。4 法線マップを元モデルに転写したもの。
右下画像は、元モデルにスムーズ（分割数 4）をかけたモデルのワイヤフレーム表示。これにスカルプティングを行った。

塗るように使えるツールでのスカルプティングは、ポリゴンモデリングでは表現できないような細かな造形を作ることができる。MudboxやZBrushなどの本格スカルプティングソフトでは、メッシュの分割数をいつでも自由に変更でき、分割数やスカルプト作業をレイヤに割り当てることができる。Maya のスカルプトツールは Maya 2016 で大幅に変更され、Mudbox と同じようなスカルプティングができる。しかし Maya のスカルプトツールは頂点がないところに効果はないので、この老女のしわのようなスカルプティングを行いたい場合は、右下の画像のようにスムーズで分割数を上げなければならない。Mudbox にしろ Maya でのスカルプティングにしろ、このような高解像度メッシュのまま使用するのは論外で、最終的に法線マップやディスプレイスメントマップとして出力し、Maya のマテリアル側でテクスチャを使用してサーフェスレリーフするのが一般的だ。

フィニッシュまでの制作過程実例

デザイン要素が高く、立体感&密着感の必要なものはポリゴンモデリングで作成

透ける素材の布でできたブラウスとオーバースカートは、ガーリーに仕上げるために、たっぷりと布を使い、ギャザーを寄せたデザインにしたい。
そのためギャザーによるシワの表現が課題だった。
nClothのシミュレーションとMudboxのディスプレイスメントマップを試してみたが、どちらもこのデザインを表現するには想像以上の試行錯誤と忍耐力が必要だったので、基礎に戻ってポリゴンモデリングで作成した。5

できあがったものを見ると難しそうに見えるが、たいして難しくはない。
シンプルな形状にどんどんエッジを足して、スムーズを見ながら頂点をぐいぐい引っ張ってシワを作っていくだけだからだ。
実はレンダリングもたいして重くない（透明マップはめっちゃ重いけどね）。
シミュレーションにはかなり分割が必要だし、ディスプレイスメントマップをきれいに出すにはかなりの精度が必要だが、このモデルは必要なところにしか分割がないからだ。

画像6 7 を見てみれば、さほどメッシュが細かくないのがわかるだろう。ただし顔モデルの作成とは違い、モデル同士が重なるほど頂点を引っ張っているので、ローメッシュは汚らしく、メッシュもねじれているので黒ずんでいる。それはスムーズを見ながら少ない分割で作ったためで、スムーズさえかければ問題はないと判断した。

初心者にはモデリングをすべて終えてから質感をつける人が多いが、私は必ずテストレンダリングをしながらモデリングしている。8
今回の場合、透ける素材なので「見え方」がとても重要だった。どんなにシワをつけたつもりでも、透け感のある素材はレンダリングしてみないと効果的なシワができているかどうかを判断できない。［サンプラ情報］(Sampler Info)ノード（P.303で説明）を使った時にどう見えるかのテストも必要だった。
ただ、レンダリング（質感）だけでは自分の求めるシフォン（織物の一種）的な透け感は、私の技術では出せなかったので、マスクを作ってコンポジットで作り上げることにした。

シミュレーションと比べたモデリングの利点は、造形が思い通りにできること。ディスプレイスメントマップと比べた利点は、見た目の通りにレンダリングできる点だろう。特に今回は透けた素材なので、この画面では見えない他パーツとの密着感が重要だった。密着感を作るにはやはり通常のポリゴンモデリングが一番適していた。

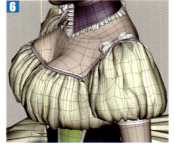 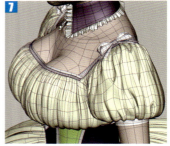

ポリゴンが黒ずむのはメッシュがねじれているから。顔と違い、スムーズしてきれいなら合格にした。nClothのシミュレーションでこの雰囲気を作るとなるとかなりの分割が必要だが、必要なところにしか分割を入れていないので、レンダリングも時間がかからない。

264

細かなシワは、スカルプティングソフトを使用し、法線マップで表現する

ギャザーによるシワは実際にモデリングすることで表現した。しかし、体に密着したコルセットなどに見られる、生地のよれによる細かなシワは、モデリングで作成するのは困難だ。
だからといってつるりとした表面のままでは、味気ない。
今回私は Mudbox でスカルプトしたものを法線マップとしてテクスチャ抽出し、Maya のバンプとして使用することにした。

9 10 11
法線マップを使用するにはバンプ 2D アトリビュートの［使用対象＞接線空間法線］(Use As > Tangent Space Normals) **に変更すればよいだけだ。**

Mudbox の作業画面。スカルプティングには慣れが必要だが、服のシワは比較的簡単にできるジャンルだと思う。Maya 2016 ならスカルプトツールを使用してもいいだろう。しかし私はスカルプティングに自信がないので、試行錯誤できる Mudbox のほうが好きだな。

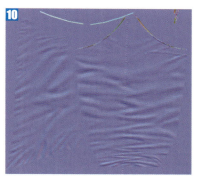

画像 10 は、Mudbox でスカルプトしたモデル 9 から、法線マップを抽出したものだ（一部分）。
バンプマップに適用すれば、右画像 11 のようにきれいな起伏を疑似的に作ることができる。編み上げの穴は Photoshop で描いたものだが、Mudbox に読み込んで、シワとともに法線マップとして抽出した。

ブラウスの縁にある別布のパイピング部分には、シングルステッチの縫い目と縫い目に伴うシワをスカルプトし、法線マップとしてバンプに使用した。
白い生地なのでほとんどレンダリングでは見えないし、糸目の感じがリアルではないが、あるとないとではぜんぜん完成度が違う。12
スカルプトをうまく行うコツは、必要なブラシ（スタンプ）を自分で作ることだ。
画像 13 はステッチの糸を作るスタンプだ。
画像 14 は小さなシワを作るスタンプで、へこみともり上がりが同時にできて滑らかに収束する形を考案した。
これ 1 本でシワは簡単にできた。

ブラシの形状（スタンプ）を自作すれば、一見難しく感じるスカルプト形状も簡単に作ることができる。
私は何度も試行錯誤を繰り返してこの 2 つのスタンプを作った。そういった手間を惜しまないことが、かえって制作時間を短縮させて良い結果を生むと覚えておこう。

フィニッシュまでの制作過程実例

Photoshopでバンプマップ及び法線マップを作成する

モデルの凹凸に基づいた法線マップを作成するには、その凹凸が作られた高解像度メッシュが必要だ。しかしその法線マップを作成するには、オーバーラップのない0〜1範囲内（またはUVタイル）のUVマッピングが必要となる。
画像15のフリル部分のUVマッピングは、0〜1範囲からはみ出させてリピート画像を貼っているため、スカルプティングには適さない。また、このようなパーツにわざわざスカルプティングする意味もあまりない。

画像16はバンプマップ用にPhotoshopでペイントしたものだ。結構テキトウなペイントだが、レンダリングした画像15を見ると、ギャザーで作られたシワがきちんと表現されているのがわかる。
2Dでペイントすることに慣れている人には、もっとも簡単な方法だろう。0.5のグレー地に凸を白、凹を黒で描いていけばよいだけだ。

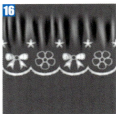

Photoshopで画像16を作成しバンプマップに割り当てた。結構テキトウなペイントだがレンダリングしてみると、いい感じでシワになっている。15
Mudboxを使用しなかったのは、このテクスチャはリピート用なので、UVが0〜1範囲に収まっていなかったためだ。

画像17は、Photoshop CC（2015）の機能を使って、白黒画像16に対して［フィルター＞3D＞法線マップを作成］しているウィンドウだ。
このビジュアルの作成当時はPhotoshop CS3を使用してたので、この機能は存在しなかった。とはいえ、白黒画像のバンプマップでも、このパーツレベルなら十分効果は確認できるので、まずは白黒画像で作成することから、皆さんも試してみるとよいだろう。

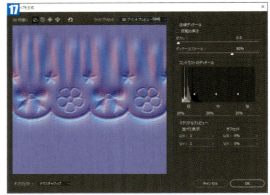

PhotoshopCCでは、画像から法線マップを作成できる。3Dではなく2Dから簡単に法線マップを作成できるのは、かなりうれしい。

11 モデルの修正
バインドされたモデルの修正をどうするか

バインドされたモデルは、ジョイントによって形状が変形する。
ジョイントを回転したときのモデルの形状が気に入らないからといって、モデルの頂点を直接移動することはしない。

通常アニメーション用キャラでは、ウェイト値の調整や補助ボーンの追加、ブレンドシェイプなどのデフォーマでの修正が一般的だ。静止画にしか使わないのであれば、ポーズをとったままヒストリを捨ててしまい、モデリングし直すという手もある。今回私は体（肘と脇）、手、顔の3つのモデルについて、3種類の修正方法を選んだので参考にしてほしい。

きれいにモデリングしても、多くの場合、ポーズをつけると形状が美しくなくなる。

静止画のみとして割り切る場合は、ポーズをつけてバインドを切って修正する

どんなに美しいモデルを作ったとしても、ウェイト値の修正だけでは美しいフォルムに変形することはまずないと思ってほしい。 **1**
ジョイントの回転によってモデルの形状が美しくなくなった場合、またはリアルな筋肉の動きからなる形状を作りたい場合は、補助ボーンの追加やデフォーマでの修正を行う。アニメーションが目的ならば必ず行わなければいけない。リギングやデフォーマの知識は、アニメーションのためだけでなく、モデルを美しく保ったまま変形するために必須だ。

今回は静止画が目的で、このキャラクターのジョイント&バインドの再利用の予定はない。
割り切ってしまえば簡単で、ポーズをつけた状態のモデルを修正するだけだ。 **2**

[スキンのバインド解除] (Ur bind Skin) オプションの [ヒストリ] (History) を [ヒストリのベイク処理] (Bake History) に変更して、ポーズを保ったままバインド解除する。
バインド情報がなければ、ただのポリゴンモデリングというわけだ。エッジも追加できるし、左右対称である必要もない。望みの形状にするだけなので、時間もたいしてかからない。
自由にモデリングすることができるのが最大の利点だ。

修正前

修正後

形状を自由に変形できるのだから、最終カメラアングルから見た、演出的に美しいフォルムにこだわって作ることができる。人形のようなキャラなので、あまり筋肉をつけずにしなやかな印象のフォルムに修正した。

ポーズを何度も修正しそうな手指は、補助ボーンで修正する

表紙デザインは、レイアウト的に「手の表情」が目立つ。
ポーズをとらせると、元のモデリングのままではあまり美しくないことに気がついた。
Chapter 05 で作成した手のモデリングはあくまで基礎だったので、お人形のようなイメージのするりとした、指先が少し反り返ったタイプのモデリングに作り直した（決してリアルに作ったわけではない）。しかし今回、指の表情は最後までこだわって修正したい部分だ。

ジョイントで再びポーズをつけたいので、バインドポーズに戻し [スキンのデタッチ] をしてからモデリングを修正した。
スキニングのウェイトはマップとして書き出ししてある。
フォルムを修正して完成した後、再度バインドし直す。しかし**指の関節部分の盛り上がりは骨格用のジョイントではできないので、関節部分に補助ボーンを作成した。**補助ボーンは [スケールY] のみのコントロールだ。つまり縦方向に膨らませているのだ。 **3 4**
その他の細かい部分は後述のブレンドシェイプを使用している。

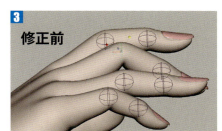

修正前

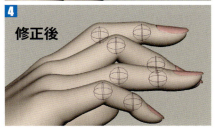

修正後

補助ボーンのスケールで関節を少し尖らせている。

フィニッシュまでの制作過程実例

ジョイントで変形させているモデルをブレンドシェイプで修正する

フェイシャルアニメーションには、ジョイントやデフォーマを使用するタイプと、ブレンドシェイプを使うタイプがある。そしてもっとも使われるのが、その2つを組み合わせたハイブリッドタイプだ。

今回のビジュアルは、実際にはフェイシャルを含めたアニメーションはないが、顔の表情はブレンドシェイプを絡めて修正していった。しかし後の**UVマッピング作業でモデルを半分にした場合、形状は全く同じでもトポロジ（簡単に言うと頂点に振られた番号）が別物になる。**

※Maya 2016 Extension2 (及びMaya 2017)では[シンメトリ UVツール] が新たに追加されたので、モデルを半分にしてUVマッピングする必要性は薄いだ。

トポロジが別物のジオメトリはブレンドシェイプが使用できないので、みなさんはリグやブレンドシェイプを作成する前にUVマッピングを終わらせておいたほうがよい。

でないとバインドやブレンドシェイプされたベースモデルに[アトリビュートの転送] 機能で、トポロジの違うモデルのUV情報を転送しなければならなくなり、さらにヒストリの順番を入れ替えるという手間も発生する。

モデリング作業だけでは実感がわかないかもしれないが、リグやデフォメーションを絡めた場合は制作の手順がとても重要になると覚えておこう。

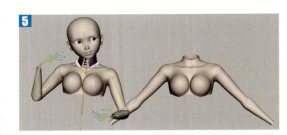

5 本体のバインド情報を捨てずに、形状をポリゴンモデリングで修正するには、最終的にブレンドシェイプを使用するとよい。ブレンドシェイプのターゲットシェイプは必ずバインドポーズの状態でコピーしなければいけない。問題なのは、ポーズをつけた状態でモデリングできないということだ。曲がった関節部分を修正したいのに曲げた状態でモデリングできないとすると・・・・考えただけで面倒くさい！

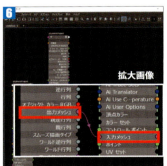

6 元モデルとターゲットモデルのShapeノードの[出力メッシュ]と[入力メッシュ]をつなげば上の問題は解決できる。
そのアトリビュートはTransformノードにはない。Shapeノードを選択して、ノードエディタで接続する。

ポーズをつけた状態でターゲットシェイプをモデリングする上級テクニック 〈便利 知ってると得〉

ジョイントで変形された（ポーズをつけた）モデルの状態で、形状を変形するには、元モデルのShapeノードの[出力メッシュ](outMesh)とコピーしたモデルのShapeノードの[入力メッシュ](inMesh)をつなぐとよい。

ジョイントでの変形を、コピーしたモデルに渡すことができる優れものだ。このテクニックは上級編だが、フェイシャルアニメーション用のターゲットを作るときにとても重宝している（今回は使用しなかった）。**5 6 7**
肘の分割数が足りなかったので、これ以上手をかけることはやめ、静止画用と割り切ったのだ。

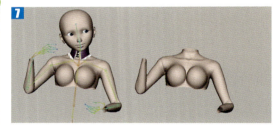

7 [出力メッシュ]と[入力メッシュ]を接続すると、このようにターゲットシェイプに元モデルの変形が引き渡される。この状態で修正を行えばかなり楽になるはずだ。ただし、修正が終わったら必ずバインドポーズに戻し、[出力メッシュ]と[入力メッシュ]の接続を切ること。切ってからブレンドシェイプを作成（実行）すること！ じゃないと変形情報がループして壊れる！

今回の顔の修正は口元だけで、口を開けるのにあごジョイントの回転は使っていないので、上記のテクニックは使用しない。普通にバインドポーズの元モデルをコピーして、ターゲットを作り、フォルムを修正しただけだ。

画像**8**に頭部が3つ並んでいるのは、口元の微調整を検証したからだ。元モデルをいじっているわけではないので、何個ターゲットを作っても問題ない。変形を上書きしないで済むので「前のがよかったな。トホホ」とならずに見比べることができる。

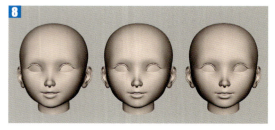

8 違いがまったくわからないって？ これがうまモデラーのこだわりなのだよ。

陰でフォルムが作られる部位の確認は、必ずレンダリングで行う

唇を少しでも開けているなら必ず歯を作らないといけない。なぜかヘタクソモデラーは、歯を作らない人が多い。まったく顔の印象が変わるというのに。

今回の私が作った歯はお見せできないほどテキトウだ。とはいえもちろん資料を見て作った。ただ歯茎や奥歯を作っていないだけで、レンダリングしながら作る本数を決めたのだ。 **9**

モデリング画面の画像 **10** とテストレンダリング画像 **11** を見比べてほしい。唇の印象がまるで違う。

陰で最終的なフォルムが作られる部分は、必ずレンダリングしながら確認してモデリングをしよう。最後に「あれ？ 全然イメージ違う・・・」となるぞ。

静止画なので見える部分だけ作った。キューブを変形して作ったもので、たいして時間をかけていないが、あるとないとでは大違い。絶対作ってください、お願いします、とみんなに頭を下げて懇願したいくらいだ。

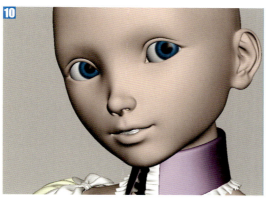

口の中が明るいので、歯が主張し、「ニーッ」という表情に見える。あまり品が無い。この印象が嫌で歯を作らない人が多いのかもしれない。

口の中に陰ができて、歯が目立たなくなっている。「みゅ〜」という口の形だ。最近の女の子たちが写真に撮られるとき、よくこの口元を作る。

12 顔のUVマッピング
メッシュを半分にしてUVマッピングの作業効率を上げる

[シンメトリ化 UV ツール]（Symmetrize UV Tool）という新機能が Maya 2016 Extension2（及びMaya 2017）で加わった。

新機能のこのツール名を知ってものすごい期待してしまったのだが、基本的にはモデルの半分の UV は普通に完成させなければいけない。完成してない側にペイントしながら位置情報をコピーしていくというものだ。言葉では理解しづらいと思うので、機能を知りたい人はヘルプにある動画を見てほしい。

基本的にその他の UV ツールや移動ツールは、Maya 2017 であってもシンメトリ機能はない。だから選択肢としては、モデルを半分にして UV マッピングするか、モデルは一体のまま UV の半分を完成させシンメトリ化 UV で半分コピーするか、この2択だと思う。

どちらを選択するかは、制作の手順的にモデルのトポロジ情報を変更していいかどうかで決まる。個人で制作している人は、**リグやブレンドシェイプの前に UV マッピングを終わらせておけば、モデルを半分にしても全く問題はない。**

モデルを半分にするということは、全く同じ形状でもトポロジ（頂点に振られた番号）情報が変更されるという意味だ。変更してはいけない場合は一体型でUVマッピングを。

フィニッシュまでの制作過程実例

フェイスモデルのUVマッピング・レッスン

ここからはレッスン形式でUVマッピングの制作手順をていねいに書いていくので、ぜひ参考にしてほしい。実際にはこのビジュアルを作ったMaya 2013でUVマッピングは完了しているのだが、改訂にあたって、Maya 2017の機能を使いすべて新しく書き起こした。もちろんMaya 2016にも完全対応している。

左右対称モデルの顔は、半分だけUVマッピングをしたほうが、断然作業効率が上がる。前ページで説明した通り、現段階ではUVは左右対称で修正できないためだ。[シンメトリUV]はただ単に半分のUV位置を対称コピーするだけの機能だからだ。

1 フェースを半分捨てる。

2 [UV＞円柱]（UV > Cylindrical）マッピングを実行する。実行したら[投影のセンター]アトリビュート（Projection Center）のXを必ず0にする。頭の中心で円柱の投影を行いたいからだ。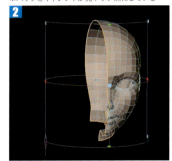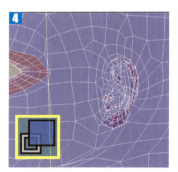

この顔のUVマッピングは、オーバラップ（重なり）をさせないタイプにする。
Mudboxなど3Dペイントでテクスチャを作る場合などは、UVはオーバーラップさせると正しく認識されない可能性が高い。Photoshopなどの2Dペイント系ではオーバーラップがあっても構わない。円柱マッピングだけでは、細かな部分がオーバーラップしている。次のステップではていねいにオーバーラップ部分を修正していく。

3 耳は複雑に重なっている。しかし耳のUVマッピングを、頂点の配列と近い状態にするのは不可能に近い。

[UV展開ツール]（Unfold UV Tool）を選択し、耳の上をクルクルと塗るようにドラッグする。
あっという間にもつれが解ける！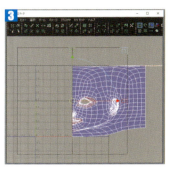

このツールだけですべての展開は終わらせられる。しかし楽だからと安易に使うと、モデル形状とUVマッピングの形状がかけ離れてしまう。

モデルの半分を捨てる。私は画面の右側作業が好きだが、左でもよい。

※バックをキャプチャが見やすい黒にしている

チャンネルボックスで［投影のセンター X］アトリビュートに0と入れるだけ。円柱マニピュレータが顔の中心に来る。

［円柱］マッピングで全体を展開した。顔のセンターがきちんと中心にあるのがわかる。この展開を土台にしてUVを修正していく。

［UVのシェード］（画像のアイコン）をオンにして、UVシェード表示にすれば色の濃さなどでオーバーラップが確認できる。

[UV展開ツール]
（Unfold UV Tool）

UVがオーバーラップしないように、UVメッシュをインタラクティブに展開してくれる。展開したい箇所をペイントのように塗るように操作できるので、ものすごい便利！「オリジナルのポリゴン メッシュをより厳密に反映するようにUV座標の位置を最適化するので、テクスチャの歪みを最小限にする」とヘルプでは言っている。私にはそこまで実感は…。サイズを変更はBキー＋ドラッグで。

あら、簡単！
なんて便利なツールなんでしょう！！

もちろん目の周りのもつれもあっという間に解くことができる。しかし目の周りはアイメイクを描く重要な箇所だ。3Dペイントで描く人はこれでもよいかもしれないけどね。

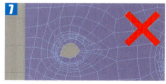

フォトショで描くことも考えて重要パーツはモデルに近い形にしたいよね〜。

COMPLETE PROJECT

4 まぶたの部分は裏返っている。裏返っている部分のUVは、目の穴の空いている空間に持ってくるように調整するとよいだろう。**8**

5 UVもループ選択できる（UVを1つ選択し隣のUVをShiftキー＋ダブルクリックで選択するとできる）。**一番外側のUVを1列選択する。9**

6 外側の1列のUVをスケールで内側に小さくする。
その隣の1列のUVも同じようにスケールで内側に小さくする。**10**

7 表紙ビジュアルのキャラは、目を開けた状態のUVマッピングを作成してテクスチャをつけてしまったのだが、目を閉じることを考えるならば、半目のようなまぶたの上を広げたUVマッピングにしたほうがいい。**11** 目を閉じる＝ポリゴンが広がるように移動するので、目を閉じたときにテクスチャが伸びてしまうからだ。

他の重なった箇所は、[UVグラブツール]（Grab UV Tool）と[UV微調整ツール]（Tweak UV Tool）で修正する。**12 13**
先ほどのUV展開ツールに頼るよりも、形を崩さず、ていねいな修正ができる。

UVの重なりをなくし、ていねいに配置していく。**14**
ある程度整ったら、モデルにチェッカを貼り、歪みも確認して修正する。**15**
歪みはそのまま2Dで画像を作成した時に反映されてしまうが、ある程度の歪みはどうしても出てしまうので多少は妥協が必要だ。
もし歪みを絶対に出したくないのであれば、3Dでペイントするしかない。
また歪みを表示させる機能もある（次ページで解説）ので合わせて使用してみよう。

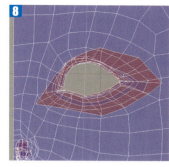
8 裏返っているまぶたの奥の部分のUVを、目の穴の空いている空間に縮小してしまえば、まぶたの形を崩さずに済むだろう。

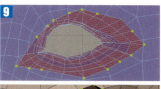

9 UVのループ選択は、UVエディタでもモデル側でもどちらでもできる。

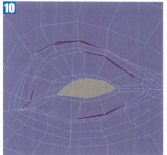
10 UVをスケールで縮小すれば、めくれ上がったオーバーラップ部分を小さくすることで、きれいに整えることができる。

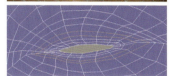
11 別キャラの目の周りのUVマッピング。メイクアップをするのなら、半目状態のUVマッピングにしたほうがいい。

12 [UV グラブ ツール]
（Grab UV Tool）

スカルプトでもXGenでも登場する、この［グラブ］系ツールは本当に便利だ。「グラブ＝つかむ」という意味で、つかんで引っ張る、移動するということだ。どのくらいの範囲を選択するかは、ブラシサイズ（Bキー＋ドラッグ）で決める。
うまく使うには、常にブラシサイズを意識するといいだろう。
このツールが登場して、私はUVマッピングが楽しくなったくらい優秀なツール。

13 [UV 微調整ツール]
（Tweak UV Tool）

ポインタに近いUVを勝手に選択してくれ、移動ツールのように使える。地味ながら作業効率を上げてくれる優秀ツール。普通にUVを選択して移動ツールを使っても同じと言えば同じ。でもなぜか、ちょっと好きになってしまう良さがある。UVグラブツールでUVを選択するストレスから解放された人は、その流れでこのツールを使うとよいだろう。

14 上記のツールを使ってていねいにUVを配置していく。

15 細かいチェッカを貼って歪みを確認する。もちろんチェッカタイルの表示を使用してもよい。

271

フィニッシュまでの制作過程実例

8 [UV の歪み] (UV Distortion) を表示してみよう。
耳が真っ赤なのがなぜか理解できれば、この表示の意味も理解できるはずだ。
今展開している目の周りもこの表示を見てある程度は伸び縮みを防ぐこともできる。**18**
しかしこの表示、神経質に白にしようとすると永久ループにはまるので注意が必要だ。もともと立体的なものを平面にしようとしているのだから、歪まないわけがない。歪ませないためには洋服の型紙のようにシェルを細かく分けるしかない。しかし皮膚のようにつながった表面をツギハギするのは邪道だよね。

9 鼻の穴も奥の方に広がり、オーバーラップしている。まぶたと違い穴が小さいので、奥の UV を小さくまとめるのは難しそうだ。今回は見えない部分の UV シェルを別にしてしまおうと思う。**19**

鼻の穴の中を見て、切ってもよさそうなエッジを見つけ、エッジループで選択する。**20**
画面キャプチャは、デフォルトマテリアル表示にしているのでグレーになっている。

[選択したエッジに沿って UV を分離] (Cut UVs along selection) ボタンをクリックし、エッジを切り離す。**21**
[テクスチャ境界の切り替え] (Texture Borders) ボタンをクリックして、切り離されているエッジは必ず確認するようにしよう。**22**

10 右ボタンクリックで [シェル] を選び、鼻の中を UV シェルを移動ツールで適当な位置に配置する。**23**

11 [UV 展開ツール] (Unfold UV Tool) を使用して、鼻の中の UV シェルのもつれを解く。**24**

16
[UV の歪み]表示
(UV Distortion)

[UV の歪み] をオンにすると右画像のような歪曲カラー表示になる。
[白] = UV が最適
[青] = 実際のフェースより伸びているのでテクスチャが縮む
[赤] = 実際のフェースより縮んでいるのでテクスチャが伸びる
という意味だ。
色によってどこの UV の画像が伸び縮みするのか視覚的にわかるので便利だ。

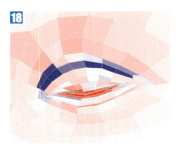

二重まぶたのフェースは広げているので青になっているが、アイラインを描き込むフェースはなるべく白に近くなるように心がける。

画像ではわかりにくいが、エッジループで選択した。エッジループなら、UV エッジを切り離した時に、別の UV シェルにできるからだ。

23
別々の UV シェルになっていれば、切り離して UV シェル単位で移動できる。

17

すべてを白にすることはできない。立体を平面にするということは、必ず歪みが発生するからだ。

19

鼻の中の部分は UV シェルがつながっていなくてもよさそうだと判断した。まぶたのように小さくまとめてもよいが、顔の重要パーツはフォルムに近い UV にしたいと思っている。

21

[選択したエッジに沿って UV を分離]
(Cut UVs along selection)

選択したエッジの UV を切り離す。とてもよく使う必須ツール。

22

[テクスチャ境界の切り替え]
(Texture Borders)

UV がどこで切れているか太い線で表示する。モデル側でも確認できる。

24

鼻の奥の UV シェルは形にこだわらないので、もつれやオーバーラップを修正するだけでよい。

COMPLETE PROJECT

12 UVの配置を崩したくない鼻の表面まわりのUVを選択する。**25**

UVを1つずつクリックして選択するのは面倒なので、［選択範囲ペイントツール］(Paint Selection Tool)でフェースを塗るように選択する。
Ctrl＋右クリックで［UVに＞UVに］で、選択項目の変換を行う。このやり方は作業効率を上げるのでぜひ覚えてほしい。**26**

13 選択したUVに対し、UVエディタメニューの［ポリゴン＞選択を固定］(Polygons > Pin Selection)を選び、影響を与えないようにする。**27**

 ［UVの固定ツール］(Pin UV Tool)で塗るように固定するほうが便利なのだが、このツールは**オーバーラップされた箇所も選択してしまうので今回は使用できない。**
※オプションの減衰タイプを［サーフェス］にすることである程度は調節できる。

14 鼻の穴回りのUVを［UV展開ツール］(Unfold UV Tool)を使ってもつれを解く。**28**

15 UVエディタメニューの［ポリゴン＞すべてを固定解除］(Polygons > Unpin Selection)を選び、UVのロックを解除する。UVをていねいに移動して配置を整える。**29**

16 唇部分はテクスチャを描き込む部分でもあるので、あまり元モデルから離れたUVマッピングにしたくないが、まぶたより難しそうだ。リップラインには気を配り、妥協してUVを展開するしかないだろう。**30**

めくれ部分すべてを内側に縮小はできなそうなので、一度別のUVシェルにする。画像**31**のエッジでUVをカットするが、実際にはそこでカットすると、2Dで絵を描いた時に絵の切れ目ができてしまう。しかし、作業のやりやすさを優先して、最初は**めくれ部分の始まりの部分でUVをカットしてシェルを移動する。 31 32**

UVを崩したくない部分（鼻の中の重なっている部分以外）のUVを選択する。

クリックして選択するのは面倒なので［選択範囲ペイントツール］を使用してフェースを選択し、UVに変換する。

固定(Pin)されたUVは青で表示される。

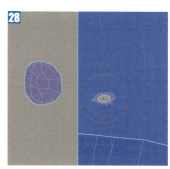

鼻の奥のUVシェルは形にこだわらないので、もつれやオーバーラップを修正するだけでよい。

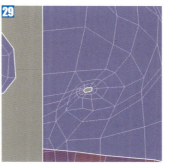

［UV展開ツール］だけではオーバーラップが直らない場合は、まぶたと同じ方法でていねいに修正する。

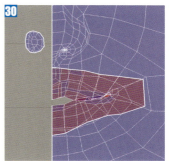

まぶたと違い、ポリゴンモデルのフォルムを壊さず展開するのは無理そうだ。リップラインを崩しすぎないような展開を心がける。

内側にめくれて広がる始まりの部分のエッジを選び、UVをカットする。一度離した方が作業が楽だからだ。

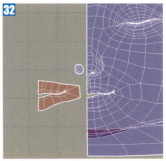

めくれ部分のUVシェルを外して横に置いておく。これで込み入った箇所の修正が容易になる。

フィニッシュまでの制作過程実例

17 唇部分のUVをていねいに移動して修正する。33

Mudboxなどの3Dでペイントするソフトやツールを使ってテクスチャを作るだけで、2Dペイント系ソフトを使わないのなら、UVの配列がモデルの配列と全然違っても構わない。その場合[UV展開ツール]だけでUVのオーバーラップを修正してもよい。私のやり方は手間がかかるが、Photoshopで描き込むことも考えているのだ。

18 めくれ部分の1列目を切り離す。34 UVを移動して裏返す。35

この時気をつけなければいけないのは、上唇UVは上に、下唇UVは下になければいけないということ。[UVを反転]機能も[UV展開ツール]も逆になるので使用できない。UVを1つずつ移動して裏返すこと。

19 口の中に2列入ることを考えて口の穴を広げる。鼻下とあごはテクスチャを詳細に描く場所ではないので**上唇全体を上に上げる感じで移動しよう（下唇も同様）**。36

20 本体とつながるエッジを1列選択する。[移動してUVの縫合]（Move and Sew UVs）ボタンをクリックしてアタッチする。37 39

21 口の最奥にあった大きなUVシェルも、裏返して縮小し、本体へつなげる。その時、[移動してUVの縫合]を使用し、本体側のUVが大きく移動して形が崩れてしまうのならば、Vキー移動でスナップさせて小さいパーツのUVを本体に合わせる方法を取る。同じ位置に配置できたら[UVの縫合]（SewUVs）すればよい。38 40

22 あごの下など、オーバーラップしている部分をUVを移動して修正する。41

33 口角がオーバーラップしているので、ていねいに修正してもつれを解く。

34 めくれ部分をUVカットして移動する。メインのUVシェルにつなぎ直すからだ。

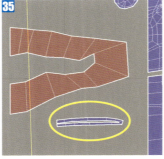
35 本体のUVシェルにつながる部分を、UVをひとつひとつ移動して逆向きにする（つまり青色にする）。

36 穴のUVを動かすのではなく、唇全体を開く感じで移動しないと、唇のUV間が狭くなってしまう。

37 [移動してUVの縫合]（Move and Sew UVs）
UVをアタッチする。大きいほうのシェルへ移動する。こちらをよく使う。

39 [移動してUVの縫合]を使用して、本体のUVシェルにつなげる。もちろん、きれいな配列になるように調整しながら。

38 [UVの縫合]（Sew UVs）
UVをアタッチするが、シェルの移動はない。離れている時は使用しない。

40 [移動してUVの縫合]をすると、形を変えたくないエッジも移動してしまう。それが嫌な場合は私はVキーで移動している。

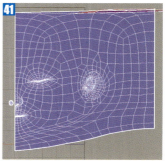
41 あごの下のオーバーラップは、[UV展開ツール]を使用するより、移動系のUVツールのほうが形を崩さず楽に修正できる。

COMPLETE PROJECT

23 髪の生え際の邪魔にならないあたりの UV エッジを画像のようにカットする。**42**

もし頭頂部や後頭部に分離しているエッジがあったら縫合しておくこと。UV エディタでは右画像の位置になる。**43**

24 ［UV 展開ツール］で変形させたくない箇所を［UV の固定ツール］(Pin UV Tool)でペイントする。**44**

25 ［UV 展開ツール］(Unfold UV Tool) を使って展開していく。

しかしずっとペイントし続けると、あご下（首の正面）まで丸く歪んだ配置になってしまう。**45** これは顔モデルの UV が左右両面あれば防げるのだが、今回はあご下（首の正面）をなるべくペイントしないように気をつけるしかない。画像を参考にして、細かくクリックしながらペイントしよう。**46**

26 顔の中心ライン上にある UV を、グリッドスナップで中心に揃える。

移動ツールのオプション：［コンポーネント間隔の維持］(Retain Component Spacing)をオフにしないと、複数UVをグリッドスナップできないので注意。

27 最終的には UV エディタの 0〜1 範囲の半分に収まっていないといけない。

先程［展開］した UV マッピング形状のまま使いたければ、スケールのピボットを中心位置にグリッドスナップして範囲内に収まるようにスケーリングすればよい。これで終了だ。**47**

しかし私は、テクスチャを描かない部分を無駄に大きく使いたくない。なのでテクスチャを描かない（重要でない）箇所の後頭部はシェルを分離して縮小した。後ろの首部分も枠内に入るように小さくした。**48**

例えば同じ 1024 平方ピクセルサイズに顔のマップを描いたとしたら、画像 **47** と画像 **48** では、まったく絵柄のサイズが違う。今回はメイク（化粧）が重要なので、**48** を採用した。

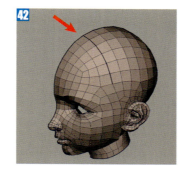

このUVエッジをカットすると、テクスチャのこの部分は離れる。テクスチャ的に重要な箇所はUVエッジを離してはいけない。

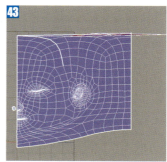

頭頂部や後頭部のUVの開き方には、クリエイターによって違う。自分が望むUVマッピングの形状を模索するのは大切なことだ。

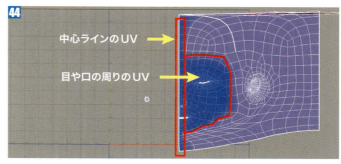

中心ラインのUV
目や口の周りのUV

［UV の展開ツール］で変形させたくない UV を［UV の固定ツール］で塗るように設定していく。こういう時は［UV の固定ツール］はとても便利だ。

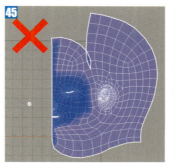

ドラッグし続けるように［展開］をペイントすると、意図しないフォルムでUVが展開されてしまう。

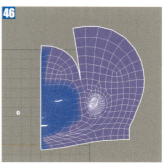

コツは、ずっとドラッグし続けないで、微調整をするように意識しながらトントンとクリックでペイントすることだ。

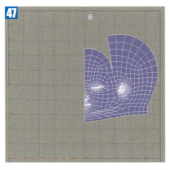

顔の中心でスケーリングして 0〜1 範囲の半分の中に収める。UVシェルがポリゴンメッシュと同じような比率でよいのなら、ここで半面のUVマッピングは終了だ。

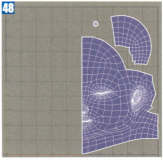

私はテクスチャを細かく描き込む箇所はなるべく大きなUVにしておきたい。画像 **47** と比べると「顔」部分のUVシェルがかなり大きいことがわかるだろう。

275

フィニッシュまでの制作過程実例

半分モデルをミラーし、UVを完成させる

28 Maya 2016 Extension2（及びMaya 2017）では、
［メッシュ＞ジオメトリのミラー］(Mesh＞Mirror Geometry)※Maya 2016
［メッシュ＞ミラー］(Mesh＞Mirror)※Maya 2017
のオプションに［UVの反転］(Flip UVs)という機能がついた。**49**

早速使ってみると、あれ？ そっちじゃないのにという状態になる。**50**
0.5の位置で反転してはくれないようだ。※バグというわけではない。
今回はMaya 2016を使用者に対応させることも含め、いつも私が行っている手順を書いていく。

29 ミラーを使用して左右一体型のモデルにする。**51**

30 モデル上でUVシェルを選択する。**52**
UVエディタでは重なっているので、モデル上で選択したほうが効率がよい。バラバラになっているすべての左側のシェルを選ぶ。

31 UVエディタツールバーの右上に、数値と矢印で簡単に移動をコントロールできるツールがある。
これはものすごい便利な機能で、特にタイリングの配置などに威力を発揮する。
［0.5］と入力し［＜］ボタンを押す。
すると簡単に0～1範囲の半分だけ移動できるのだ。**53**

32 選択したまま［反転U］(Flip U)ボタンをクリックして、裏返っていたシェルを表(青)にする。**54 55**

顔の中心のエッジは必ず［移動してUVの縫合］(Move and Sew UVs)でアタッチしなければいけない。スムーズをかけた時、分離しているエッジ部分が歪むからだ。

これで顔のUVマッピングは終了だ。UVの配置はテクスチャに影響を与えるので、手間を惜しまないように。本当に手間がかかるので。

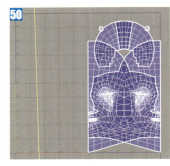

確かに反転する手間は省いてくれる。きっとそのうち、UVも0～1範囲内でミラーしてくれるようになるだろうと期待。

バージョンアップでオプションがいろいろ増えた。ヘルプで機能を確認するとよいですよ。

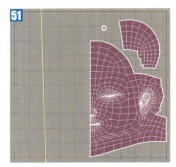

ミラーすると、このようにUVは裏表で重なる。赤と青が重なると紫色になる。新機能オプションは、単純にこれが反転した状態になるだけのようだ。

UVエディタではシェルは重なっているので選びにくい。モデル上でもUVシェルを選択できるのは、とてもありがたい。

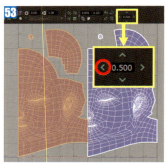

この機能があるおかげで、UVタイリングがとても楽になった。左手と右手を別のタイルにしても位置を全く同じにできる。位置が同じならば画像を反転コピーさせればよいからだ。

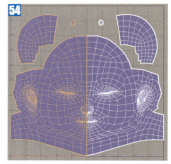

［反転U］(Flip U)
選択したUVの位置をU（左右）方向に反転する。もちろんV（上下）もある。

必ず中心エッジは縫合しよう。中心エッジを［移動してUVの縫合］すると中心位置は揃う。

276

COMPLETE PROJECT

13 肌の質感とテクスチャの作成
BlinnはMayaマテリアルの基礎だと思え

今回の作品は主に mental ray マテリアルを使用する。キャラの皮膚（頭部と体）にはSSSマテリアルを使う。後述のテクニックはその SSS マテリアルを中心に解説していくわけだが、今までキャラクターを作ったことのない人や、質感がまったくわからない人にとっては相当難易度が高い。しかし mental ray マテリアルや SSS が扱えないからといって、良い作品が作れないというわけではない。

重要なことはどうアトリビュートを扱い、どうマッピングを作っていくかだ。マテリアルのアトリビュートの数値が何を表現してくれるかを検証することは、シンプルなマテリアルでも複雑なマテリアルでも同じく必要だ。

右の画像は、今回作っている作品とかなりテイストが違うが、私が 2002 年頃に作った作品だ。Maya のバージョンは 4.0 あたりだろうか。あの頃は教員版でもPCとMayaのセットで100万円くらいした・・・（遠い目）。

この作品のマテリアルは、すべてBlinnだ。
ライトはディレクショナルライトが4つ、アンビエントライトが1つ。一発レンダリングでコンポジットはまったく行っていない。10 年前に実装されていた機能は、今の時代の基本機能だ。それだけで十分表現できるのだから、「mental rayはよくわからないから」と自分を偽ってはいけない、ということだ！
技術先行で質感をどうにかしようと考えるのではなく、「どう表現したいのか」をしっかりイメージしよう。自分の目が判断できなければ、質感は作れない。

ここではBlinnの基礎レッスンをするつもりはない。
しかしまったくの初心者の人たちのために、質感＆テクスチャリングの基礎概念を書いておく。

Maya のマテリアルアトリビュート＆スペキュラシェーディングアトリビュートには、アトリビュート名の横にカラーサンプルがあるものと、数値入力があるものの 2 種類ある。しかしどのアトリビュートもテクスチャを割り当てられる。数値入力のテクスチャは、その数値を色に置き換えて画像にするという意味だ。例えば、拡散してボケるハイライトと小さくて強いハイライトを同じモデルに使いたければ、Blinn の［偏心］(Eccentricity)にはハイライトサイズ、［スペキュラ カラー］(Specular Color)に強さの数値をマッピングすればよいのだ。「テクスチャ＝色」と考えがちだが、「テクスチャ＝数値」と考えないとカラーアトリビュートだけしか操作できないぞ。

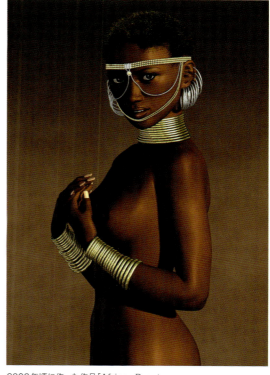

2002年頃に作った作品「African Beauty」。
質感を作るコツはスペキュラだ。実は体のカラーマップは描いていない。3Dテクスチャのソリッドフラクタルを貼っただけっていう手抜き。にもかかわらず、バンプによって散らされたスペキュラがいい感じの表現を与えている。レイヤシェーダを使っていないようなので、当時はまだ実装されていなかったのかもしれない。

10年も昔の作品なので、真似する必要はないが、基礎の部分の考え方が入っている。
［偏心］(Eccentricity) に貼ったテクスチャを見てほしい。肌の部分に 0.7、唇には 0.85 という数値を割り当てているテクスチャなのだ。唇は肌より固いハイライトにしているという意味だ。

277

フィニッシュまでの制作過程実例

SSSマテリアルを頭部と体に割り当てる

SSSと省略して呼ばれるが、正式名称はSubsurface Scattering（サブサーフェス スキャタリング）だ。
オブジェクトの内部で光が拡散するのを再現できる。光は人間の体の中を数センチ以上も進むことができる。しかし侵入した光は直進するのではなく、異なった向きに放射されるのだ。

それゆえにSSSはアトリビュートがてんこ盛りで、何をどう設定すればいいのかわからない。私はプログラマー寄りのクリエイターではなく、デザイナー寄りのクリエイターなので（笑）、mental rayやシェーダをアルゴリズム的に理解している人ではない。「これこれこういう理論だから、この数値は0.1にするべきだ」みたいな考え方はしない、…というかできない。「こんな風に見えてほしいから、この数値は0.1かなぁ」という進め方をしている。
だから検証は「目」で判断する。

[misss_fast_skin_maya]マテリアルを頭部と体に割り当てした。 1
デフォルトの設定のままレンダリングしてみたが、ん〜蝋人形みたい！ 2
多くの初心者が、このデフォルト状態からアトリビュートをいじって「わかんね！」となるのだが、どのアトリビュートがどう影響しているのかを知らないと、効果的に表現できないし、各アトリビュートに貼るテクスチャも、どう表現すればいいかわからないだろう。

私にはSSSのアルゴリズム的な正確な内容を書くことはできない。しかしネットを使って「SSS」などの単語で検索すれば、時間をかけて検証し、説明してくれている優しい人たちのサイトがたくさんヒットする。たくさん読んで理解を深めよう。

今回は私がどのように検証して、どのような過程で質感を詰めていったかというサンプル例を紹介する。アトリビュートの説明をいくら文章で読んでも、実際に自分のモデルとライトで検証しなければ意味がないので、やってみてね。

 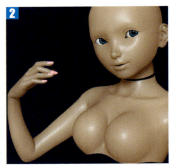

画面表示はレンダラによって違う。ビューポート2.0ではテクスチャ表示ができないようだ。旧式の規定ビューポートならば、テクスチャを作った後にマテリアルのアトリビュート[▼ハードウエア テクスチャリング＞テクスチャ チャンネル]で表示テクスチャを選択できる。赤いのはテクスチャがないため。

まずデフォルト設定のままレンダリングしてみた。これに近い設定のまま最終レンダリングに持って行っている学生をよく見るが、アホちゃうかと思ってしまう。デフォルトだからそれが人の皮膚の設定だと勘違いしているのかもしれない。どう見ても蝋人形だよね。

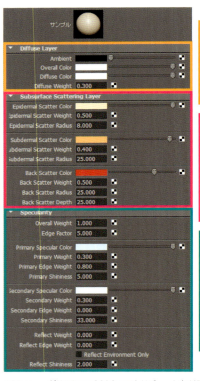

Diffuse（拡散）系アトリビュート
通常のLambertのカラーと同じように表面的な色をつける。Overall Colorはすべての計算に乗算されるので、下からの光を遮る。眉やメイクはここに描く。

Subsurface Scattering
（サブサーフェス スキャタリング）系アトリビュート
Epidermal＝表皮
Subdermal＝真皮
Back＝肉をまっすぐ貫通する光。皮膚や肉の光の透過を制御するセクション。挑戦すべきはここだね。

Specularity（鏡面反射）系アトリビュート
鏡面反射（ハイライト）を扱うセクション。PrimaryとSecondaryの2つ扱える。つまりハイライトを2層構造にできるわけ。エッジもコントロールできるのでフレネル反射効果も作れる。
Reflectは反射（映り込み）だ。

SSSシェーダはMaya 2016でアトリビュート名が日本語版対応になった。しかしMaya 2017ではmental rayはNVIDIAからの直接提供なので、日本語アトリビュート表示になるか、執筆の現段階では分からない。この書籍では第1版と同じ英語版での表記とします。

SSSシェーダ：英語アトリビュート名日本語対訳表

Diffuse ＝ 拡散	Epidermal Scatter ＝ 表皮の分散
Weight ＝ ウェイト	Subdermal Scatter ＝ 皮下の散乱
Depth ＝ 深度	Back Scatter ＝ 背面散乱
Radius ＝ 半径	Primary ＝ 一次
Overall ＝ 全体的な	Secondary ＝ 二次

278

キーライト以外を設定し、バックからの光でSSSのBack Scatterを調整する

検証する手順は、すべて0から足し算で進めていくことをすすめる。引き算では、どれが何に影響を及ぼしているのかがわかりづらいうえに、効果的にイメージを詰めていきにくいからだ。

まずSSSマテリアルの影響をすべて切っていく。スペキュラ系のアトリビュートはすべて0にする。
そしてSubsurface Scattering系のアトリビュートもすべて0だ。
ここから数値を上げていけば複雑に感じるアトリビュートを紐解くことができるし、最終的なテクスチャを描くときの指針になる。
ただ[Diffuse Color]は薄い肌色にしておいた。[Diffuse Weight]は0.3と影響を小さくしておいた。 3

レンダリングを始める前に、忘れがちでもっとも重要なのが、モデルの法線方向だ。 逆を向いているとMRではきちんと計算されないので、すべてのオブジェクトの法線方向をひとつひとつ確認し、裏返っているものは反転しなければいけない。

キーライトを消し、FGの影響がどの程度か見る。 4

SSSではバックライトが重要で、バックライトがなければ、Back Scatterの影響は出ない。バックライトを2つ追加した。右側の輪郭が明るくなっている。また左斜め後ろからのレンブラントライトも1つ追加した。 5 鼻の内側とかが光ってしまうので影は必ずつける。
ライトも足し算で考えたほうが美しく制御できると覚えておこう。

Back Scatter（背面散乱）の調整
後ろからの光を直接透過するアトリビュート群だ。
画像 6 を見ると凄まじく透過している。これは距離が合っていないということだ。MRは物体の大きさが重要で、DepthやRadiusは実際のサイズであることが多い。Webなどで情報を集めると、DepthやRadiusはミリ単位という話だ。しかし25ミリに見えない。25センチに見える。
[Scale Conversion]（スケールの変換）
アトリビュートを10倍にすれば25ミリになるのだろうが、**初期値の1のままで、[Back Scatter Radius/Depth]は、2.5にしてレンダリングした。** 7 耳と指先に光が透過しているのがいい感じだ。

デフォルトの状態から数値を変更して検証すると、様々なアトリビュートが曖昧になる。すべてのシェーダに言えるが、アトリビュートの検証は基本0から始めて足し算でやると理解しやすい。

FGのみ。テストレンダリングの時のまま、IBLにテクスチャが貼られている。
爪や眼球はとりあえずの質感なので、判断材料にはしていない。服を入れていないのはレンダリングコストを下げるためだ。

バックライト2つとレンブラントライト1つを追加。レンブラントライトとは斜め後ろ45度、上45度からのライトで、画家レンブラントが好んで使っていた照明だ。印刷では 4 との違いがよくわからないかもね。

まず[Back Scatter Weight]に1を設定。[Back Scatter Radius/Depth]にデフォルトで入っていた25を入れてレンダリングした。……ぎゃぎゃ。すっごい透過しすぎ。絶対25センチは透過している気がするね。ちなみにこの女の子は実寸（身長155センチ）で作っているので、Maya世界とのスケールは合っているはず。

ということで、[Radius/Depth]は1センチ換算で検証することにした。（※検証した結果だけで、実際のアルゴリズムを明確にしたわけではないので正しい情報とは言えない。）[Back Scatter Radius/Depth]に2.5を入れて再度レンダリング。耳と指先、超かわいいんですけど！ 最終的には数値を少し調整して耳に光が透過しすぎないように修正しようと思う。

フィニッシュまでの制作過程実例

メインライトを当て、SSSのその他のScatterを調整する

Subdermal Scatter（皮下の散乱）**の調整**
Back Scatterの感覚はつかめたので、次は真皮のSubdermal Scatterの設定値を探る。
まずオフにしていたメインライトをオンにして、Subdermal Scatterは0のままレンダリングした。これをもとに、どのように加算されていくのか見る。 8

まず［Subdermal Scatter Weight］」（以下 SS/Weightと省略）を1に設定。
［Subdermal Scatter Radius］（以下 SS/Radiusと省略）はデフォルト25では、大きすぎると［Back Scatter］で判断したので、1/10 の 2.5 でレンダリングした。カラーはデフォルトでついていたオレンジだ。これを基準に数値を検証する。 9
光が中で拡散しているのがわかる。明るくなっただけではなく、拡散が強い。そのため、ライトが作っていたコントラストを弱めているようで、平坦な印象を受けた。

［SS/Color］をサーモンピンクに変更し［SS/Radius］を2に変更してレンダリングした。 10 基本色の色はこの辺にしようと思う。

次に［SS/Radius］を0.5に変更してレンダリングした。
10 と 11 を比較してみるとシェーディングのコントラストに差があることがわかる。
透明感を出したいので［SS/Radius］は2前後にし、のちに［SS/Weight］で調整しようと思う。検証値の［SS/Weight］の1は当然のことながら大きすぎるからだ。

Epidermal Scatter（表皮の分散）**の調整**
次は表皮の Epidermal Scatter の設定値を探る。一度［SS/Weight］を0にする。カラーは暫定的にほんの少し黄色を入れた白だ。［ES/Weight］は1で検証する。
［ES/Radius］が2のもの 13 と、0.5のもの 14 を比べてみる。表面で光が強く拡散すると、立体感がかなりそがれてしまうのがわかる。やはり表皮は薄く設定しなければならない。

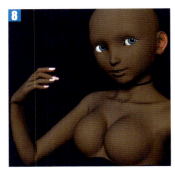
最初に作っておいたメインライトをオンにした。この肌の色はDefault Colorが30%乗った状態の色だ。Back Scatterもオンだ。

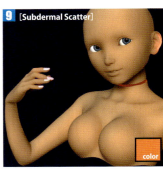
鼻のあたりを見ると色が明るくなったのではなく、拡散によってコントラストが失われているのがわかる。2.5はちょっと強いかな。

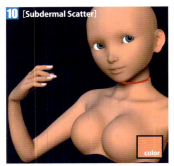
［Subdermal Scatter Radius］を2に変更。色味を自分の求めるイメージに近づけて検証する。しかし最終色ではなく、ここに白っぽい表皮が乗ることを忘れてはいけない。

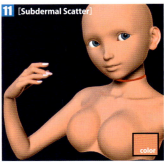
［Subdermal Scatter Radius］を0.5に変更。ライトのコントラストが現れて堅いイメージになる。半径を小さくすると、ザラつきも多く現れるようだ。

> Radiusを小さくしたらザラつきが出てきてしまった。MRは多くの場合、［サンプル数］を上げることで精度が上がり、ザラつきは軽減される。
> **SSSのサンプル数は**
> ［▼Lightmap > Samples］（ライトマップ＞サンプル数）**アトリビュートで設定する。** 12

デフォルトは64。2の累乗（次の数値は128）で設定する。

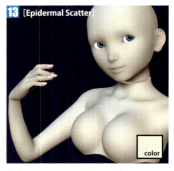
［Epidermal Scatter Radius］：2。拡散が強くかなりボケている。

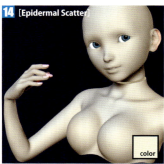
［Epidermal Scatter Radius］：0.5。鼻の周りを比べると違いがよくわかる。

3種類のSubsurface Scatterを混ぜる

前ページで検証した3種類のSubsurface Scatterのアトリビュート群を調整して、基本イメージのSSS質感を作った。15 16
各Weight値でバランスを決めた。もちろんテクスチャを描くためのガイドになる色や数値などだけであって、最終決定ではない。

長々と数値や色の設定を書いてきたが、リニアワークフロー（カラー管理）導入前の設定なのだ。つまり、これを参考に自分で検証しなければまったく意味がありません。

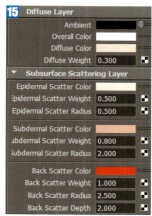
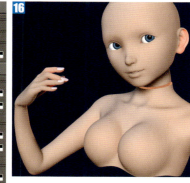

色の白い日本人をイメージした色。日本人といっても肌の色は様々。男の子は詳しくないと思うけど、ファンデーションは日本人向けブランドでも5色、7色当たり前。この子はピンクオークル系。

Specularityを検証する

Specularity群はスペキュラ（鏡面反射）を表現する。
Primaryは通常、幅広く柔らかいハイライトとして扱い、Secondaryは皮膚表面の油分や水分のハイライトとして扱う。聞き慣れない単語に戸惑う人もいるかもしれないが、Primaryは「初期の」、Secondaryは「2番目の」と知れば、ハイライトが2層なのがわかる。

Primary Specular（一次スペキュラ）の調整
[Edge Factor]と[Edge Weight]は後で検証するので一度0にする。
Weightは強さで、**Shininess**は値が大きくなるほど小さく鋭いスペキュラになる。
まずデフォルト設定だった数値を入れてレンダリングした。17若干スペキュラが硬いので私のイメージではない。
もう少し柔らかく弱いスペキュラにした。18スペキュラにマップを貼ると数値を変えなければいけないが、これを基準イメージとする。

スキンの反射には、ほぼ垂直に近い角度から見たとき（つまりエッジ）が最大になる、**フレネル反射**がある。[**Edge Factor**]（エッジ係数）はエッジ反射の幅だ。[**Edge Weight**]（エッジウェイト）で強さを調節する。
19 20

[Weight]：0.3、[Shininess]：5の設定。若干硬いのでプラスティックぽくなってしまう。※Shininess＝光沢

[Weight]：0.2、[Shininess]：3の設定。少し柔らかく弱くした。これを基準イメージとしてスペキュラマップを作ることにする。

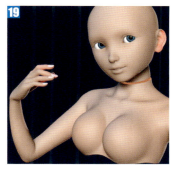
[Edge Factor]：5、[Edge Weight]：0.8の設定。デフォルトの設定で良い感じなのでこのままいく。数値を変えたものをレンダリングしたが、このサイズの印刷ではわかりにくそうだったので検証は割愛。

フレネル反射なし

フレネル反射あり

微妙な違いだがわかるだろうか。もともとエッジを強調するようなバックライトが当たっていたので、ハイライトが出ていてわかりづらいかな。自分で試してみてね。

フィニッシュまでの制作過程実例

Secondary Specular (二次スペキュラ) の調整
上に乗るハイライトは、油分や水分の反射だ。このハイライトは「皮脂」が多く分泌される箇所に出る。全体に強すぎるとまるでボディオイルを塗っているように見えてしまう。つまりカラーマップにテクスチャを貼らなければいけないということでもある。

まずはデフォルトで入っていた数値でレンダリングする。鼻の頭や唇などは、強いハイライトでいい感じだが、これを基準にはしたくない。21 テカリを抑えた柔らかい印象にしたいので、2番目のハイライトは弱めにした。22

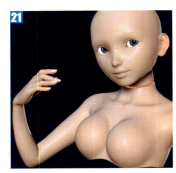
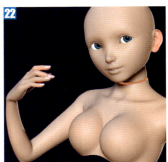

21 [Weight]: 0.3、[Shininess]: 33 の設定。Tゾーンの皮脂が強く分泌される場所にはこのくらいの数値でいいかもしれないが、全体的に油取り紙を貸してあげたいくらいテカってる。柔らかい印象の女の子はテカリ禁止。

22 [Weight]: 0.1、[Shininess]: 20 の設定。体はこれを基準にしてテクスチャを作っていこうと思う。顔に関しては目の周りやリップなど皮脂とは別のハイライトが来るので、ウェイトなど工夫が必要。

顔に使用するテクスチャマッピングを作成する

顔と体は、SSSの作成を同時進行で行わず、顔は顔、体は体と考えて質感を若干変えている。顔の表現がメインなので、まず顔をしっかり構築していった。

最終的なイメージは「リアル」ではなく「赤ちゃん肌」だ。女性は「肌質」をあまり感じさせない、人形や赤ちゃんのようなきめ細やかな肌になりたいと思っている。女性は毛穴とか皮膚細胞のガタつきとか、見せたくないんだよね。しかしCG業界ではリアルさを追求する傾向にあり、皮膚感を出すこと＝リアルという作風が多い。女性の私からすると「なんて皮肉！」と思ってしまう。今回私が追い求めているイメージは「人形のような女の子」だ。といっても「人形のような質感」ではない。きめが細かく、透明感があり、柔らかそうな「大人の赤ちゃん肌」だ。

テクスチャを描いてはレンダリング、修正してはレンダリングの繰り返しでモデリングよりも時間がかかってしまった。SSSはレンダリングに時間がかかるのでなおさら作業時間がかかる。

次のページで今回の顔のSSSに貼ったテクスチャと数値を説明するので、参考にしてほしい。

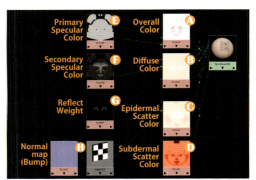

SSSの質感検証の時と同様、上から順番にテクスチャを作ったのではなく、ベースとなるものから作っていった。もちろんこれが正解ではないので、ネットや雑誌でテクニックを公開している人たちの考え方も参考にしてほしい。でも一番重要なのは、自分で検証して考えることだよね。

前ページで検証した数値の状態から、ベースになる色や質感の順にテクスチャを作成していった。もちろん、一度描いたもので満足するわけはなく、何度も検証を重ねて描き直して仕上げていく。各テクスチャを別々に描かずに1つのPhotoshopデータで作成した。そのためPhotoshopのレイヤーは70枚はある。レイヤーはグループ化して管理した。
すべて右半分だけ描き、簡単に左半分にコピーできるように「アクション」を作って作業効率を高めた。
画像サイズは基本1024×1024で、スペキュラ系は2048×2048、精度が必要なOverallだけ4096×4096と大きい。また、ぼかしたくない画像は、ファイルノードの[フィルタ タイプ]を[オフ]にするのを忘れずに。

テクスチャなし。スペキュラは0にしてここから検証を始めた。

[Subdermal Scatter Color] D

肉の色を意識してつけた。ただ皮膚の薄い部分はより赤く見える。Epidermalの厚みで制御するのは面倒くさいので、唇などSubdermalで濃い色をつけた。上の画像と比べると、唇に赤みがさしているのがわかる。また、鼻の奥を明るくしないために暗い色をつけている。

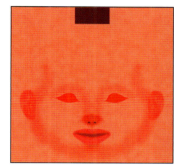 

[Weight]：0.8　肌の質感の土台となる。鼻の穴は、暗くしておかないと明るくなりすぎる。

[Epidermal Scatter Color] C

Epidermalの基本色は日本人の肌の黄色みをつけた。最初は色だけつけておき、最後の調整にテクスチャを作成した。ほほやあごにはピンクをつけた（これはチーク（頬紅）ではなく、肌の赤みだ）。目の周りや眉の上が白いのは、化粧品のコンシーラを使ってくすみを取るイメージだ。

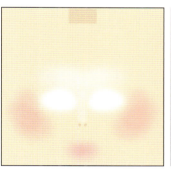 

[Weight]：0.5　目の周りなどくすみを取って明るくするとかわいらしい印象になる。

[Diffuse Color] B

もっと優しい明るさの肌にしないと、かなり日焼けしたような色になってしまう。メイクアップをする前のベースメイク（コンシーラとファンデーション）を塗った状態として仕上げる。やはりここでも目の周りだけ明るくするために白を塗っている。ガーリーメイクのための下地だ。

[Weight]：0.4、[Shininess]：5の設定。

283

フィニッシュまでの制作過程実例

[Overall Color] A

顔の印象の大部分を占めるメイクアップの部分だ。眉の形や角度、リップラインの形状、チークの入れ方、そしてアイメイク、すべてが「顔」をつくる重要な要素だ。男性陣はメイクアップの本で研究しないと奥が深すぎてよくわからないジャンルでもある。メイクは女性を別人にすることができる魔法なのだよ。

※チークやリップなど、最後の最後まで何度も描き直しているので、最終マップとは違う。

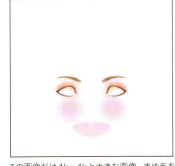

この画像だけ4k×4kと大きな画像。まゆ毛をぼかさないためにフィルタをオフにする。

[Normal map (Bump)] H

このキャラには肌質としてバンプを貼らないことにした。肌の細かな立体感をつける必要がないので、Mudboxで唇のしわだけをスカルプトして、法線マップとして抽出した。リアルタイプや男性キャラは、ここにしっかりとした肌質の凹凸が必要になる。

※[バンプ深度]（Bump Depth）は法線マップには使用できない。スカルプティングソフト側で深さを調節して画像にしなければならない。

この段階でははっきりと凹凸は出ない。バンプはスペキュラのためにあると思ってもいい。

[Primary Specular Color] E

プライマリスペキュラは、柔らかく優しいハイライトだ。ここでは部位によって強弱をつけてはいない。
しかしバンプマップで肌に凹凸をつけていないので、そのままではプラスティックのような均等なハイライトになってしまう。なので粒子状のテクスチャを貼った。

※作り方はP.286。

[Weight]：0.1、[Shininess]：3　粒子状のテクスチャを貼ることで、皮膚に凹凸があるように見せている。

[Secondary Specular Color] F

Tゾーンと唇に強くハイライトが出るようにしている。ただし、皮脂を抑えてテカリを極力なくしたベースメイクを目指しているので、かなりやさしく入れてある。普通はここで口紅の質感を作るが、グロスをたっぷり塗りたいので、このシェーダで表現するのは難しい。法線マップが唇のしわを作っているので、そのしわに沿ったハイライトになっているためだ。

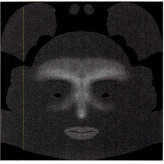

[Weight]：0.2、[Shininess]：25　唇部分にもっと強いハイライトをつければ口紅風になる。しかしグロスを塗った質感にするには、SSSマテリアルでは無理だろう。

COMPLETE PROJECT

[Reflect Weight] G

反射マップは、メイクアップの"ラメ"として使用することにした。いわゆるキラキラだ。パールシャドウでアイラインの外側を囲んでいる。特に目頭周りに強めに入れるのがコツっていうメイクテクだ。口紅にもラメを入れた。
ただ本当のラメと違い、反射なのでライトの当たる角度に依存し、思ったところが光らないというところが難点。

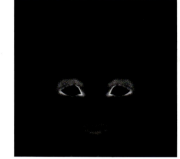 

Overallには白は乗らない。なので反射マップでキラキラを表現した。

**数値アトリビュートにマッピングするときは
[▼カラーバランス>□アルファ値に輝度を使用]（Color Balance > Alpha is Luminance）にチェックを入れること！**

リップグロスは別レンダーし、コンポジット（合成）で作成する

mia_materialの［追加のカラー］（Additional Color）にSSSを接続することもできるが、検証した結果、どうも望んでいるようにならなかった（SSSが明るくなってしまった）。そこに時間をかけても仕方がないので、コンポジットで解決することにした。

ハイライトや映り込みはグロスを塗った状態のイメージで歪ませたい。
なのでまずMudboxでスカルプトし、法線マップを作成した。23

質感にはmia_material_xを使用し、完全に透明で、唇だけにハイライトと映り込みが出るように［▼Reflection］の［Color］アトリビュートにテクスチャを貼った。24 レンダリングすると25のような画像になる。

SSS質感のレンダリング画像に、Photoshopで25の画像を描画モードの［スクリーン］で合成するだけで、画像26のような質感にすることができるのだ。いい感じ！

シーンをコピーして質感を変えたりせずに、レンダーレイヤを利用して、この質感用のレイヤを作成すればよいことも覚えておこう。※詳しくはP.301。

グロスをベタベタと塗ったような表面になるようにスカルプトした。これでハイライトと映り込みを歪ませることができる。

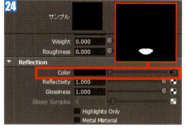

使用したmia_material_xは、ただの透明質感にして、反射だけをレンダリングする。すると画像25のように真っ黒の中にヌメヌメしたテカリの反射だけが浮かび上がる画像がレンダリングされる。Photoshopのレイヤーで［スクリーン］合成すれば、明るい部分だけを重ねることができる。
※画像26のようにアップで見ると、SSSで表現したラメやハイライトが、かなり大味だ。しかしこんなにアップで見る予定はないので問題はない。

285

フィニッシュまでの制作過程実例

体の質感には、3Dテクスチャを利用してノイズ感を出す

体には3種類のテクスチャを作成した。レンダリング画像 27 を見ると、皮膚の赤みがまだらになっている。またスペキュラも均一なハイライトではなく皮膚の表面の凹凸を表現するために、ノイズがかかっている。そのためのテクスチャだ。

表皮の［Epidermal Scatter Color］は、肘や胸元などの部位によって強調した赤みなので、Mudboxでペイントしたものだ。28

しかし粒子状やフラクタル状のようなテクスチャを全体的にまんべんなく描くのは面倒なので、Mayaのプロシージャ3Dテクスチャを利用した。
もちろんそのままその3Dテクスチャをカラーに接続したのではなく、一度2D画像としてイメージファイル化した後、Photoshopで加工用マスクとして使用したのだ。

［Subdermal Scatter Color］には、［ソリッド フラクタル］（Solid Fractal）を使用した。29
［Specular Color］には、［花崗岩］（Granite）を使用した。30
※このテクスチャは、PrimaryとSecondaryの両方に使用。

多くのクリエイターは、このような皮膚のテクスチャはきちんと描いている人の方が多い気がする。私は面倒くさがりなので、プロシージャでなるべくなんとかしたい人なのだ。

［Epidermal Scatter Color］

［Subdermal Scatter Color］

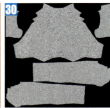
［Specular Color］

プロシージャテクスチャをUVに合わせたイメージファイルにするには

2Dでも3Dでもプロシージャテクスチャは、イメージファイルを利用せずに設定値からの計算のみでテクスチャを作ってくれるスグレモノだ。しかし、プロシージャテクスチャは画像ではないので、Photoshop等で編集したい場合には、イメージファイルに変換しよう。このテクニックを覚えておいて損はない！！
モデルと、プロシージャテクスチャが割り当てられたシェーダ、両方を選択しハイパーシェードの［編集＞ファイル テクスチャに変換（Mayaソフトウェア）］（Edit > Convert to File Texture (Maya Software)）を実行すればよい。
もちろんオプションには解像度やファイルフォーマットなどを設定する項目があるので、必ず設定してから実行すること。
複雑に接続されたシェーディングノードを使用するよりも、新しいLambertを使用したほうがエラーが出にくい。
また、完璧な状態のイメージファイルにしてくれると期待してもいけない。歪みが出る場合もあるので、そういう時私はPhotoshopの修復ブラシツールなどで修正している。

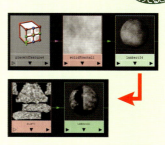
このようにUVマッピングに沿ってテクスチャをイメージファイルにしてくれるスグレモノだ。

COMPLETE PROJECT

2層モデルの眼球と、ハイライトの作成

眼球は顔モデリングの時に作成したモデルのままでも構わない。しかし今回は瞳をガラスのように屈折させることでより美しく表現した。31

画像32 33で説明しているように、瞳や白目が描き込まれたテクスチャが貼られたオブジェクトと、それよりほんの少し大きいサイズの映り込み&屈折用オブジェクトの2層構造にした。

テクスチャ用のオブジェクトは瞳の部分が凹になっている。
映り込み&屈折用オブジェクトの方は、反対に瞳部分が凸になっている。
屈折をつけないと、横から見たときに瞳が凹んで見えるので、必ずこのタイプの作り方をした場合は屈折をつけなければいけない。

ただ、美しい「目」を作る最大のテクニックは瞳のテクスチャと、ハイライトだ。この眼球のシステムを作っただけで美しくなるわけではない。31

眼球などにハイライトだけを出したい場合、2種類の方法がある。34 35 36

・ライト A
[拡散の放出] (Emit Diffuse)：オフ
[スペキュラの放出] (Emit Specular)：オン

・オブジェクト B
[サーフェス シェーダ] (Surface Shader) を使用する。強く映り込ませたい場合はカラーをスーパーホワイトにする（V値を1以上にする）。
そして**必ずオブジェクトのシェイプノードにある** [▼レンダリング詳細] (Render Stats) **と** [▼mental ray] **で影や可視性などを切るのを忘れずに行う**。非常に重要で、知らないと泣きを見るアトリビュートだ。35 36

板オブジェクトは画面上で邪魔なことが多いので、私は必ずNURBSプレーンで作成し、画面上の表示からNURBSサーフェスをオフにして画面から消している。

※レイヤで消すと映り込まなくなるため。

ハイライトをライトだけで作るのではなく、白い板を映り込ませると様々なハイライトを作ることができる。眼球テクスチャはPhotoshopで作成した。虹彩は放射状のぼかしを使用して作っている。すべてを手描きするようなことはせず、レイヤーを多用して作成している。

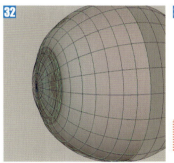

屈折をつけないと、このモデル画面のように横から見たときに凹んで見えるので注意。

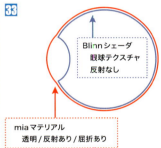

反射用の外側のモデルにmiaマテリアルを使った理由は、ハイライトと映り込みが同じ数値で簡単にリアルに作成できるからだ。

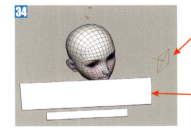

エリアライト A
無駄に明るくさせないために [拡散の放出] は切ってある。

NURBSサーフェス B
サーフェスシェーダのカラーのV値を3にして強く映り込ませている。

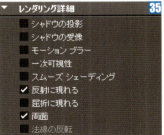

めちゃくちゃ重要な設定だ。マテリアルではなく、オブジェクトのShapeノードにある。MRの [ファイナル ギャザーの投影] を切らないと、ライトのように明るくなるぞ！

287

フィニッシュまでの制作過程実例

14 まつ毛の作成
nHair を NURBS カーブ＆モーションパスで制御する

※以降、機能そのものに変更がない場合は、旧バージョンの画面キャプチャを掲載しています。ご了承ください。

Mayaで作成できる「ヘア」には、nHairというNucleusのヘアシステムと、XGenというジオメトリインスタンサの2種類がある。今回のビジュアルはMaya 2013のnHairで作成されている。

ダイナミクスの制御は複雑で難しいと感じると思うが、今回のまつ毛にはダイナミクスという物理計算を行わず、配置や長さなどはNURBSカーブのモデリングで行っていく。もちろん1本1本まぶたにカーブを移植していくのではない。そんな面倒なことはしない。
モーションパスとアニメーション スナップショットを利用して、グラフエディタのアニメーションカーブで修正していくのだ。
なので「アニメーションはちょっと・・・」「グラフエディタなんて使ったことないや」なんて人にはかなり難易度が高くなってしまう。しかしマスターするとかなり簡単に美麗なまつ毛が作成できるので、覚えておいて損はない！

モーションパスとアニメーション スナップショット

まず、まつ毛の元となるNURBSカーブを作成した。注意点はピボットを必ず付け根の位置にすることだ。ピボットの位置がパスカーブに吸着するためだ。**1**

次に顔モデルをライブサーフェスにして、NURBSカーブをまぶたに吸着させながら、まつ毛を生やしたい箇所に作成する。**2**

まつ毛カーブとパスカーブを選択し
[コンストレイント＞モーション パス＞モーション パスにアタッチ]（Constrain > Motion Paths > Attach to Motion Path）**3**
重要なのがタイムレンジだ。それがまつ毛の本数になるので、何フレームのモーションパスにするか決めなければいけない。

次にまつ毛カーブのみを選択し
[視覚化＞アニメーション スナップショットの作成]（Visualize > Create Animation Snapshot）**4**
ここで重要なのが、[増分]（Increment）だ。
1に設定すれば50フレームのモーションを1フレームずつ、つまり51本のまつ毛カーブを複製してくれる。

モーションパスでの移動情報をもとに、まつ毛カーブが複製された。**5**
カーブの密度は、移動スピードとリンクする。グラフエディタを開いてカーブを確認する。**6**

サイドビューでカーブを描けば、まっすぐきれいに作成できる。最初のCVはグリッドスナップでクリック作成すれば、ピボットもグリッドスナップを利用して移動できる。

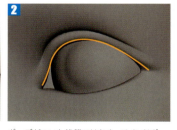
ポーズがついた状態ではなく、バインドポーズでカーブを作成しないと、反対側にまつ毛をコピーしにくい。若干生えている位置よりも長めだが、アニメーションで調整。

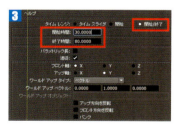
私は上まつ毛は50本に決めた。25フレームにポーズのキーがついているので、30～80フレームにモーションパスを設定した。

[高速（キーフレームの変更時のみ更新）]
(Fast (Update Only When Keyframes Change))
に設定すれば、キーを修正した時に、複製モデルの位置や角度、サイズを更新してくれる。

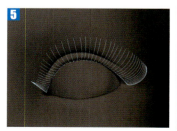
アニメーション スナップショットは、モデラーのための心躍るステキな機能！

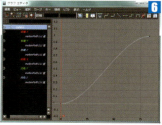
フラット接線なので、始まりと終わりが減速している。つまりそこはまつ毛の距離が近い。

アニメーションカーブを調整して、まつ毛の密度と長さを修正する

各まつ毛の位置は、モーションパスの[U値]（U value）についたキーの補間（接線）によって決まる。スピードが遅い場所はまつ毛間の距離が近く、スピードが速い場所は距離が離れる。
だからカーブの形を修正すれば、好みのバラつきを作ることができる。7 8

まつ毛の長さを変えたい場合には、スケールにアニメーションをつければアニメーションカーブで修正できる。
※しかしまつ毛カーブの丸みを修正するには、クラスターなどを使用しなけらばならない。

まつ毛の角度は、[フロント方向、アップ方向、サイド方向のツイスト]（front,Up,Side Twist）で決まるが、[回転XYZ]にキーを入れたほうが私は楽なので好きだ。なのでmotionPathノードの[追従]（Follow）をオフにして 9、まつ毛カーブの[回転]のXYZにキーを打っている。最初と最後のフレームで、まつ毛カーブを好きな角度にすればいいだけだ。10

最終的には画像10のように均等な角度ではなく、上がったり下がったり寄ったり離れたりとばらつくような細かなキー設定をする。しかしnHairを割り当てて状態を見ながら修正するほうがいいだろう。

アニメーションカーブを使用してスピードをコントロールしたことのない人には、意味がわからないだろう。モーションの始まりと終わりの時間と位置が決まっていれば、その間の物体の位置は補間されたカーブの形状によって決まる。位置はスピードに依存するということだ。アニメーションの基礎の基礎なので、私のクラスのアニメーションの最初に教えることだ。しかしそれがわかっていても、カーブを自由に修正する方法を知らない人もいる。
必ず［ウェイト付き接線］（Weighted Tangents）にして、［接線ウェイトの解放］（Free Tangent Weight）も行う。凄まじく重要なのに、あまり教えている本はないという現状だ。
画像 7 8 はU値でバラつきを制御し、スケールで長さを制御した状態だ。

モーションパスの［追従］を切る理由は、デフォルトのまつ毛をまずまっすぐさせたいからだ。でないとパスカーブの形状に沿ってガタついた状態を修正しなければならなくなる。
画像 9 は回転XYZがすべてゼロの状態だ。扇を開くように最初のフレームと最後のフレームの角度を決めてキーをつける。私はキーを打つのが面倒なので自動キーを使用している。扇状のZ回転だけでなく、XとYの回転も修正する。
とりあえずこの状態でnHairを割り当てし、細かなバラつきを作る回転アニメーションは最後の調整として保留にしておくことにした。

nHairを複製されたまつ毛カーブに割り当てる

NURBSカーブに直接nHairを作成することはできないので、まずポリゴンプレーンを作成する（分割数は1）。そのメッシュに対してヘアを作成する。

ポリゴンプレーンを選択し
［nHair＞ヘアの作成］（nHair＞Create Hair）オプションは画像11のように、［UとVの数］（U, V Count）を1に設定。［スタティック］（Static）をオフにして物理計算させないようにする。
するとポリゴンプレーンに毛が生える。12

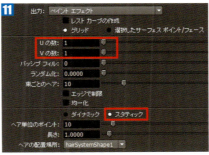

［ヘアの作成］オプション画面。
作成した後でもすべて修正できる。UとVの数はまつ毛カーブには適用されないが、ポリゴンプレーンに作成するヘアの数になる。デフォルトの10だと、モサモサ生える。

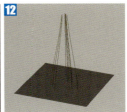

まつ毛に割り当てしたら用はないので、捨ててしまう。しかしアウトライナできちんとノードを選択しないと、まつ毛と共用しているデータまで捨ててしまうので注意。

フィニッシュまでの制作過程実例

アニメーション スナップショットで複製されたNURBSカーブをすべて選ぶ。**モーションパスをつけた元カーブは選んではいけない！**
[nHair＞ヘア システムの割り当て]
(nHair > Assign Hair System) を選ぶと、ポリゴンプレーンの時に作成された**[hairSystemShape1]** というノード名があるのでそれを選ぶ。
デフォルトの状態でまつ毛に毛が生えたはずだ。13

きゃあ！ モッサモサ！
ここから細かなアトリビュート修正で可愛いまつ毛にしていく。

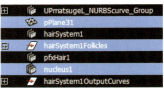

このタイミングでなくてもよいが、プレーンに生やしたヘアを削除したい場合は [hairSystem1Follicles] をグループごと捨てる。[nucleus1] ノードもnダイナミクスを使用しないので捨ててよい。

nHairの設定と細かな回転キーでまつ毛の表現を高める

nHairにはアトリビュートがいっぱいあるので難しく感じるかもしれないが、ダイナミクスを使用していないので、設定箇所はさほど多くない。

まず質感を設定する。まつ毛なのでハイライトのないブラックにした。
ヘアの質感は[hairSystemShape]の
[▼シェーディング] (Shading) セクションにある。14

生え方の設定、つまり本数や束の太さや毛の太さや長さのバラつきなどの設定は、
[▼束とヘアのシェイプ] (Clump and Hair Shape) セクションにある。細かいアトリビュートの意味はマニュアルにしっかり書いてあるので、きちんと読んで検証すれば誰でもできるはず。15

しかしヘアの設定だけでは均等になりすぎてまったくかわいくない。16

そこでモーションパスのカーブの回転に細かくキーをつける。するとこのようにランダム感や毛束感が生まれ、魅力的なまつ毛にすることができる。17
アニメーションカーブ18 だけ見ると面倒くさい感モリモリに見えるが、超ラクチンにできる。**まず回転のアニメーションカーブにチャンネルのベイクを使用して1フレーム毎にキーをつける。その後自動キーにチェックを入れ、画面上で適当に、フレームを移動しながらまつ毛カーブを回転するだけだ。**
複製カーブ51本はヒストリでつながっているのでヘアも自動で更新される。だから元カーブを回転するだけなのだ。

[シェーディング] は髪の毛と違い、黒でよいので楽だ。
[束とヘアのシェイプ] は大きく分けて2種類。Ⓐ 群は全体のシェイプを制御する。まずはここを設定するとよい。**[間引き]** (Thinning) **は長さのバラつきを作るので、まつ毛には必須項目だ。**Ⓑ 群はランプ（グラフ）を使用して、Ⓐ 群で設定した数値にスケールをかけることができる。グラフの左側が根元で、右側が毛先なので、[束の幅スケール] に画像のようなグラフをつけると、毛先が少しまとまるようになるということだ。

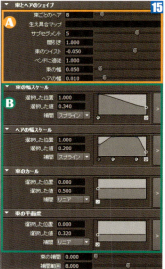

まつ毛が均等すぎると全然かわいくない。画像17 は、若干元カーブのフォルムを修正したが、長さ（元カーブのスケール）はランダムにしていない。各まつ毛の角度が違うので、長さがランダムになっているように見えるだけだ。
ちなみに画面表示を2分割にして [NURBSカーブ] と [ストローク] を別画面で見ると操作しやすいのでおすすめだ。

アニメーションカーブを見ると青ざめるが、グラフエディタ上で修正しているわけではない。自動キーなら、画面上で元カーブを回転しているだけで勝手にキーがつくからだ。

下まつ毛を作り、完成

上まつ毛と同じような方法で下まつ毛も作成する。下まつ毛の本数は少なく、回転のランダムなキーも入れていないので、上まつ毛より簡単だ。

頭部にジョイントを使用している場合は、まつ毛をペアレントコンストレイントしないと顔から離れてしまう。すべてのノードをまとめてコンストレイントするとうまく移動しないので、自分でいろいろ試すとよい。

下まつ毛は本数が少なく、かなり均等に近いが、そのほうがバラついた感じを出せる気がする。モーションパスやヘアシステムなどを使うと、画面上にいろいろ表示されるので、どの表示項目を切ると画面から消えるのか、これもいろいろ試してみるとよい。

左の画像は、Chapter 02のレッスンで作っただけの状態のキャラだ。右のキャラと比べると別物というか別人！（リアル女の子もメイクで別人になるけどね。）
初心者はモデリングを完成しただけで、満足してしまう人が多い！
私は、モデリングというのは CG のスタート地点だと思っている。質感やテクスチャによってキャラクターはまったく違うものになる。しかしやはりモデリングがダメダメでは意味がない。だからこの本を書いたわけ。ぜひ質感もマスターして魅力的なキャラを作ってほしい！ がんばれ！

15 髪の毛の作成
nHairのスタイリングにはNURBSモデルを使用する

キャラクターの髪の毛は、一昔前は映像用のキャラでも板モデルにテクスチャというのが一般的だった。ゲームはリアルタイム描画のため、今も板ポリゴン＋テクスチャで作成されている。その場合は透過マップで毛先等を抜いている。
あなたの作っているキャラがフィギュアタイプのルックならば、髪の毛をサラサラにつくる必要がないので、立体的なポリゴンモデリングで作成するといいだろう。
昨今では映像用の髪の毛はヘアシステムが主流になった。Mayaの基本機能だけでサラサラでリアルな髪の毛を作ることができる。

nHairで髪型を作る方法は、2種類ある。
A： モデル上でヘアを作り Nucleus ダイナミクスとヘアカーブを利用する方法
B： NURBSカーブにヘアシステムを割り当てる方法
今回はモデリングの延長にある、Bの方法で作成する。

ヘアスタイリングと質感はまったく別の難しさがある。この質感を出すためには、1回のレンダリングでは無理だ。P.304で簡単に説明しているので参考にしてほしい。

フィニッシュまでの制作過程実例

平面的なNURBSサーフェスでの作成法

まつ毛の場合はまぶたのきわにたった1列生えているだけだったので、とても簡単だった。
髪の毛＝ヘアスタイルの難しいところは、生えている面が広く、長さも流れも違い、ランダム性が高いところだ。
どうやったらなるべく楽をして、美しい髪型ができるか、私は1日試行錯誤した。

昔作ったキャラクターはクラシカルなボブスタイルの髪型で、NURBSの［ロフト］で作成したサーフェスを利用した。1 2 3
今風の毛先に遊びがあるスタイルにしたくなかったので、このようなシンプルな作成法で十分だったし、かなり時間が短縮できる作成法だった。
しかし今回は、ふんわりした長めのボブディにしたいので、このやり方は適さないと感じた。

ロフトで作成した時のサーフェスは、実際にはアイソパラムの数はかなり少ない。カーブを抽出する前に、サーフェスを再構築してアイソパラムの数を増やしたのだ。
サーフェスは平面なので、カーブにもランダム性は少ない。カーブの本数も少ないので、束に生える本数は100前後と多くしなければならなかった。
まとまったタイプの髪型ならこのやり方はけっこう楽に作れるので覚えておいてほしい。

チューブ状のNURBSサーフェスでの作成法

今回にひと束4本のNURBSカーブが抽出できる、チューブ状で作成する。

チューブはフォルムの調整が楽にできるように［押し出し］(Extrude)で作成した。注意点はプロファイルカーブとして使用するNURBSサークル（円）の［セクション］(Section)を4にすることだ。 後でカーブを抽出するときに4本のカーブになるからだ。5

押し出しで作成したチューブの形を調整する。根元が重なりやすいので根元は細めにし、毛先側も毛束がまとまるように細くした。6
作ったチューブに対し、前髪のブロックを意識して［移動］、［回転］、［スケール］にキーをつける。
まつ毛の時と同じように［視覚化＞アニメーション スナップショットの作成］(Visualize > Create Animation Snapshot)を使用してモデルをコピーする。キーをつけ直せば配置も自動で変わるので、手作業で複製＆移動を繰り返すよりずっと楽だ！ 7

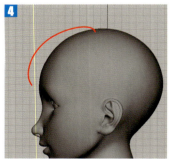

サイドビューで押し出し用のパスカーブを作成する。

NURBSサークル（円）を利用して、押し出しする。

NURBSの［押し出し］機能にテーパはないので、CVをスケールして根元や毛先を細くする。

スナップショットで作成する本数は、ヒストリの［増分］(Increment)で後からでも変更できるので超楽だ。

COMPLETE PROJECT

アニメーション スナップショットを利用して、大体のボリュームを作っていく。8
1つのチューブだけでは作れるわけないので、私の場合は7ブロックに分けてアニメーションさせた。

アニメーション スナップショットで複製されたチューブを変形していく。9
注意点は、ヒストリ[snapshot]を捨ててからCV移動をすること！ でないと意図しない方向にCVが移動し、Zキーでも元に戻らなくなる！

NURBSモデリングなんて、まったくできないよ！ という人は、ポリゴンモデリングで行ってもよいが、かなり面倒だ。
ポリゴンの場合は［修正＞変換＞ポリゴン エッジをカーブに］（Modify > Convert > Polygon Edges to Curve）でカーブを抽出する。11
しかしポリゴンメッシュからカーブを抽出する方法では、ローメッシュで作成している場合、カーブが離れた位置にできてしまう。また、エッジを変換する方法はわざわざエッジを選択しないといけないので、数が多いと大変なのだ。

毛先のカールをCVの修正だけで作るのはハンパなく面倒くさい。［デフォーム＞（作成）ノンリニア］（Deform > Create: Nonlinear）で変形するのが楽でよい。カールは［ベンド］（Bend）で13、ねじれたカールは［ツイスト］（Twist）で14 作ることができる。どちらもデフォーマのアトリビュートで曲がり具合などを設定するが、重要なのは、ハンドルの位置、角度、スケールでまったく変形が異なる点だ。

修正を重ねて、ヘアスタイルのベースとなるNURBSサーフェスを作り上げる。ある程度作ったら、nHairでどういうイメージになるか確認したい。15
NURBSサーフェスからNURBSカーブを抽出する方法は、［カーブ＞サーフェス カーブの複製］（Curves > Duplicate Surface Curves）だ。16
UまたはVを選ぶのだが、作り方によって違うので、毛の流れのアイソパラムがどちらかは調べないとわからない。Uで作って輪かのカーブができてしまったら、Vで実行し直すのが手っ取り早い。

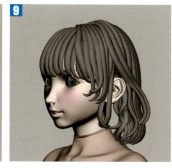

大事なことはその後に展開させる（モデリングで1本1本修正する）イメージを持って、密度と長さと全体のボリュームをここで決めることだ。この段階で綺麗に並べておけば、地肌側はあまり修正しなくて済む。

形状を変形させるだけでなく、必要ないチューブは捨て、必要なところには足していく。ただこの段階では、最終イメージはわからない。ある程度作ったら、nHairを作ってチェックしてまた修正するを繰り返す。

NURBSサーフェスからカーブを抽出した場合はアイソパラムとまったく同じ位置に作成されるので、チューブの形状とヘアカーブの形状が同じになる。10
ポリゴンメッシュからNURBSカーブを抽出した場合、ローメッシュのままではカーブが離れた位置に作成される。11 オレンジのラインがエッジで、赤ラインが抽出したNURBSカーブだ。スムーズをかければより近い位置に作成されるが、CVの数が2倍、4倍と増えてしまうのだ。

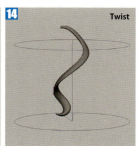

元モデルのゆるいカールは、押し出しするときのパスカーブの形状だ。ベンドは［上限範囲］（High Bound）を0にすれば、付け根側はカールしない。ツイストは［上限範囲］（High Bound）のみの回転で付け根は回さない。どちらもハンドルの位置、角度、サイズが重要だ。

たくさんのモデルは、きちんとブロックごとにグループ化して名前をつけておけば今後の作業を効率化できる。

カーブも必ずブロックごとにグループ化しておく。同じ名前をつけるとnHairが作成できないので注意。

293

フィニッシュまでの制作過程実例

nHairのヘアシステムを割り当てて、完成に向けて詰めていく

抽出したカーブに対し、nHairのヘアシステムを割り当てる。**17**
もちろんまつ毛の時と同じように、先にポリゴンプレーンにnHairは作成しなければいけない。ヘアの作成は、NURBSカーブにはできないからだ。
色、影、ハイライトは、最終的にはコンポジットして調整するので、これが最終イメージではない。つまりここの時点で質感を最終に近づけなくてもよいということだ。**18**
ここで一番大事なことは、[束とヘアのシェイプ] (Clump and Hair Shape) の調整で、毛の量やまとまり具合を決めること。
メインで使用する、つまり基準になるhairSystemShapeの数値をこの時点で決めておかないと、基本の髪型のモデリングを調整できない。

このNURBSチューブを使ったヘアスタイル制作方法の利点は、NURBSサーフェスの調整をすれば、サーフェスカーブの複製のヒストリを通じてヘアのシェイプを自動的に修正できるところ。
私は画面を2分割にし、ストローク表示の画面で毛束感をチェックしながら、サーフェス表示の画面でモデリングしている。**19**
NURBSサーフェスをまるごとレイヤに入れておき、レンダリングチェックするときは、そのレイヤを非表示にすればよいだけだ。

NURBSサーフェスをすべてグループ化したトップノードをジョイントにペアレントコンストレイントすれば、ヘアも同時にポーズをとる。**20**

バランスとフォルムに気を配りながら、必要なところには追加し、いらないサーフェスは捨て、作り込んでいく。**20 21**
このキャラはまず左半分だけ作り終え、右側にNURBSサーフェスを複製した。右側はカメラアングルから見て効果的になるようにていねいに修正していく。
後はバラついた細かな毛束サーフェスを作り、設定の違うhairSystemShapeを割り当てて追加すれば完成だ。

画面上では毛の細さなどはわからない。レンダリングをして、次の段階「もっとこうした方がいいな」という方向性を決める。私が教えている学生の多くは、全部NURBSを作り終えてから、ヘアを割り当て、それでおしまい、なんて人が多くいる。自分のCGのクオリティを上げるには、「検証」が大事なのだ。ちなみに左のレンダリング画像の肌はSSSではなくLambertを割り当てている。「何度も検証する」=「何度もレンダリングする」わけだから、必要ない箇所のレンダリングコストが高いと、時間がかかってしょうがない。特にSSSとシャドウのぼかしはレンダリング時間がものすごくかかる。
また**hairSystemはブロックごとに違うものを割り当てることを勧める。毛束(hairSystem)を1つしか使用しないと後から調整がしづらいからだ。**私は前髪、サイド、後ろの外側、後ろの内側の4種類のブロックに分けて、別々のhairSystemを割り当てた。

モデリングのレッスンでもさんざん言ってきたが、画面表示の切り替えは制作の基本だ。見たくないものはオフにする!「見やすいこと」=「作業がやりやすい」これをおろそかにしてはダメ!
CVの移動や回転などには[ソフト選択]の威力が発揮される。Bキー(ソフト選択切り替え)と、B+ドラッグ(ソフト選択範囲設定)のショートカットを使用することよって、作業効率がかなり上がる。

裾部分の毛束感が足りないので、縦ロールカールのサーフェスを[ノンリニア>ツイスト]で作成した。このロールだけNURBSサークルのセクションを8にして抽出カーブの本数を増やした。**NURBSサーフェスの利点は、再構築が楽なところだ。特に分割数(スパン数)は[サーフェス>リビルド] (Surfaces > Rebuild) でいくらでも変更できる。これはポリゴンにはない発想(機能)だ。**モデリング=ポリゴンと思っている人は損しまくりだ。ここでメインのフォルム **21** が決まったので、最終的に細かな毛束を追加して完成とした。

COMPLETE PROJECT
BONUS-COLUMN オマケコラム

XGenのヘアシステム

XGen（エックスジェン）とは

XGenは、Maya 2014 Extension から登場した比較的新しい機能だ。
XGenは、ヘアやファー、または木や花などのジオメトリを、ポリゴンメッシュの表面に並べることができるジオメトリインスタンサのことだ。
私の手元には自分のスキルアップのために作ったキャラのデータしかないので、XGenを知らないのであれば、ぜひ画像や動画を検索してみてほしい。画像検索するとわかるのが、髪の毛を作るという狭い範囲の機能ではなく、「みなさん、いろいろなものを並べていらっしゃる」ってことだ。

右画像は私の2015年の練習作品で、髪の毛、まつ毛、眉毛をXGenで作成している。レンダリング関連や毛の分量を完成させないまま終わらせてしまったので、表現力が若干足りなくて申し訳ない。

質感が完成していないサンプル画像で申し訳ないです。PCスペックが古いため、詳細なレベルでのレンダリングは時間がかかりすぎて、途中で投げてしまった記憶が…。
レンダラは mental ray を使用している。Maya 2017 の Arnold でも試してみたかったのだが、このヘアシェーダは xgen_hair_physical という mental ray 固有のシェーダだったため読み込むことができなかった。Maya 2017 では［ヘア物理シェーダ］（hairPhysicalShader）が Maya サーフェスシェーダリストにあるので、mental ray がなくても問題はない。

nHairとどちらがよいか

私はXGenを専門的に教えたり語れたりできるほど、正直使いこなしてはいない。右上の練習作品も、ネットのチュートリアル動画を必死に見まくって作ったものなので、作れはしたがマスターには程遠い。そんなXGen初心者の私だけれど、nHairと比べると圧倒的な機能と操作性に、これからはXGenに移行していくと思う。
nHairと比べ、XGenは決してやさしい部類には入らない。なぜならものすごい機能がたくさんあるからだ。奥が深すぎて、まだ私にはXGenを把握しきれていない。逆を言えば、多機能だからこそできることがたくさんある。
しかし使いやすい！ 望んでいることが実現しやすい！ でもレンダリングが重いかも。

XGenを生成したいポリゴンオブジェクトを選択して、XGenを立ち上げると 2 のようなウィンドウが立ち上がる。ウィンドウなどのアクセスはXGenシェルフを使った方が視覚的で使いやすい。メニューの場合は［モデリングメニューセット＞生成（Generate）］とわかりづらい。まず新しいディスクリプション（情報を格納するデータ）やコレクション（ディスクリプションを格納するフォルダ）を作ることから始める。
XGen専用のウィンドウには様々な機能がたくさんある。各アトリビュートには Ptex マップやプログラムを割り当てることができ、多機能だ。 3
ウィンドウは、機能がタブで分かれている。画像 4 は［ユーティリティ］タブだ。このように様々なツールや機能がてんこ盛り！

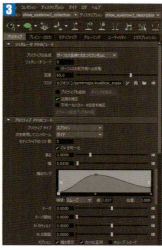

295

XGenのヘアシステム

髪の毛の作り方・概略

レッスンとして書けるほどの知識はないので、作り方の概略になってしまうが、参考にしてほしい。説明は作成手順の順番ではなく、XGenのイメージを持ってもらうための順番だ。

まずポリゴンメッシュに直接生成されるので、生やしたい箇所のメッシュを複製する必要がある。5

私が最も重要だと感じたのがUVマッピングだ。元々のモデルのUVマッピングを利用すると、UVエディタの範囲の中で小さいシェルになってしまう。XGenは様々なアトリビュートに直接ペイントする機能がある。同じピクセル数でも精度が上がるように、大きなシェルに作り直すことを強くおススメする。6

XGenのヘアスタイリングはガイドを作ってコントロールすることが基本。7
書籍で紹介したnHairのカーブからの生成との違いは、nHairの場合はカーブを中心にヘアが生成され、XGenの場合はポリゴンメッシュ全体に生えているヘアの流れを、ガイドを使って方向と長さをコントロールする点だ。
ガイドのコントロールがヘアスタイリングのキモなのだが、このガイドは非常によくできていて柔軟性も高く、修正系のツールも充実しているため、一見難しそうな髪型も簡単にできる。これがnHairよりも優れている理由の1つだ。8

XGenにはモディファイアという機能群があり、これも髪の毛をコントロールするのに欠かせない。
特に[束]（Clumping）機能は素晴らしく、まとまろうとする毛の特徴を作ることができる。10 11

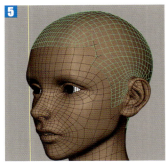

5 ヘッドモデルの髪の毛が生える部分のメッシュを複製した。このモデルはレンダリングしないのでスムーズをかけて、レンダリング時にレイヤで非表示にする。

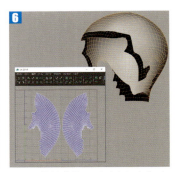

6 XGenは様々な情報にペイントすることができる。画像は生える箇所のマスクだ。私が最も重要だと思ったのがUVマッピング。元モデルのものを流用しないで大きめに作り直した。

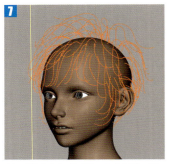

7 オレンジ色のラインが、XGenのガイドだ。これを見ると大変そうに思うかもしれないが、このガイドをコントロールする親切ツールがたくさんあり、ものすごい楽で自由度が高い！！

8 ガイドはスケールや回転でも容易に修正できる。また［スカルプトガイド］ツールが超優秀で、グラブツールのようにペイントするようにドラッグして変形できる！

9 ［モディファイア］タブから、［新しいモディファイアを追加］を選ぶと、画像（赤枠）のようなリストが現れる。このモデルでは、カット、ノイズ、束（3種）を追加している。9
画像 10 11 は、Clumping（束）をカラープレビュー機能を使用して、束のグループを視覚化したものだ。画像 10 は大きな毛束で、画像 11 はもっと細かく毛がまとまろうとする効果を作っている。
モディファイアは、何種類も作成して混ぜ合わせることができ、階層化されている。階層の順番を自由に変えられ、チェックボタンで効果を簡単に切ることもでき、使い勝手が抜群だ。

簡単に美しく再現できる[眉毛]

私はnHairで眉毛は作れない。もちろん1本1本NURBSカーブで配置していけばよいのだが、ものすごい作業量になってしまうためだ。眉毛は多くの人が「甘く見ている」造形だと思う。「下から⊥に向かって生えているだけ」と勘違いしている人が多いからだ。

XGenは、ガイドによってスプライン プリミティブ（生成される毛の正式名称）の流れや長さを簡単に修正できる。眉毛の生え方は、眉頭は丸く広がるように下から上へ、中間位置からは上からの流れの毛が合流する。そういったデリケートな流れを簡単にそして美しく再現できるXGenに出会えて私は嬉しい。12 13

XGenでは、どこに生やすかはペイントで設定するので、生成された毛の向きや形状を変えたい箇所にだけガイドを配置する。そうするとガイド周辺の毛がそのガイドに沿う形になるというわけだ。14 15

nHairではカーブの周辺に同量の毛を生やす仕様で、このようなリアルな眉毛を再現するのは非常に手間がかかり、どうしても妥協が出てしまう。XGenは生成された毛を見ながら、修正したい箇所にガイドを配置すればよいので、短時間で美しいリアルな眉毛を作ることができる。

複雑なリグシステムで制御する必要のない[まつ毛]

まつ毛に関しては、nHairでもXGenでも表現力にそんなに差はないような気がする。しかし生成方法がまったく違うので、どちらがよいかと言われたら、断然XGenだ。

まずnHairでまつ毛を作った場合、片目側が完成したとしても、反対側にコピーできるような機能がないため、複雑な階層になってしまったカーブを取り出して複製し……といった手順が必要になる。XGenでは、最初からペイントをシンメトリ設定することで、何の問題もなく生やす箇所を左右対称にできる。そしてガイドには左右対称にミラーコピーするツールがあるので、複雑な操作をする必要が全くない。

最も重要なのは、目を閉じるシステムとどのようにまつ毛を連動させるかだ。これがnHairでは泣かされるところだ。まぶたの開閉をジョイント制御にするのか、ブレンドシェイプにするのかでも全く変わってくる。

XGenの場合、毛が生えているのはポリゴンメッシュ上で、ガイドもそのメッシュの上に乗っている状態だ。つまり、メッシュが変形すれば、毛もガイドもついてくる！ジョイント制御でもブレンドシェイプであっても関係はない。まぶたを閉じれば勝手にまつ毛もついてくる。16 17 18 ただし、別モデルに生成しているはずなので、ラップデフォーマの知識は必要となる。

フィニッシュまでの制作過程実例

16 レンダリングとコンポジット
1回のレンダリングで完成などありえない！

「コンポジットって、キャラと背景を合成するって意味ですよね」と勘違いしているのなら、時代にそうとう取り残されている。ここでいうコンポジットとは、もちろんキャラと背景を合成することも含まれるが、加工用素材を別レンダリングして画像を編集し、完成度を上げていくことだ。

一昔前の学生レベルではいわゆる「一発レンダリング（Mayaのレンダリング画像のみ）」でポートフォリオに入れてしまう完成画像を作っていた。もしみなさんが「え？ レンダリング画像って加工しちゃっていいのですか？」という不思議な感覚を持っているのだとしたら、「加工＝ごまかしはMayaのスキルが低いと思われる」という先入観を持っているのかもしれない。わざわざこんなことを書くのは、今だにそんなセリフを学生から聞くからなのだ。

この画像では小さくしか写っていないが、黄色のブラウスはMayaではどうしても望んだ質感ができなかったので、あきらめてAEに託すことにした。Mayaはきれいな発色で白く透けるのが苦手だからだ。

コンポジットの目的は、Mayaの1回のレンダリングだけでは表現できない「要素」を追加しイメージを作り上げること。イメージの完成度をコンポジットによって上げていくのだ。
色の調整、スペキュラの強さ、発光、被写界深度…etc.「要素」と言っても、内容は無限にある。難しいのは「何が足りないか、何を追加していくのか」をクリエイター自身が認識していないと、要素のための素材を用意できないところだ。

手のアップ画像 1 2 を見比べてほしい。Adobe After Effects（以下AEと省略）でコンポジットした画像 2 は、元絵のMayaレンダリング画像 1 とまったく違うのがわかるだろうか。
（ここには写っていないが）手の中には発光したパネルがあり、その光とバックの青い色味を体が受けている状態を演出している。
「Mayaでできるのに手抜きじゃないですか？」と思ったかな？
甘い、あまーいっ！ このレンダリングは実は2時間弱かかる。「このぐらいの明るさかな？ こんな感じの色かな？」などの調整にいったいどのくらいの待ち時間が必要かわかるかな？
光用の素材のレンダリングは数分だ。AEのコンポジットでの色と明るさの調整は、あっという間だ。
下の画像 3 4 5 は、コンポジット用の素材だ。この画像をマスクとして使用して、元画像に修正を加えているのだ。（ネイルやブラウスにはもっと素材がある。）コンポジットはこのようなマスク素材を用意することが必要なのだ。

上の画像でも十分きれいなレンダリングだが、空間にマッチングする演出をAEによってつけ加えた。
ちなみにネイルのハイライトの出方がメインライトの角度では気に食わなかったので、AEで修正した。元画像ネイルのマスク内だけぼかし、Mayaで作成した別ハイライト（映り込み）画像を追加したのだ。AEでぼかしたおかげで、Mayaだけでは表現できない透け感が出た。

画像 3 ：アンビエントオクルージョン画像
画像 4 ：フレネル画像
画像 5 ：パネルを発光素材としたファイナルギャザー画像
これらはマスクとして使用する。つまりPhotoshopでいうところのチャンネル（選択範囲）ということだ。その選択範囲に対して様々な色調補正をかける。それがコンポジットの醍醐味だ。

298

PhotoshopとAfter Effects、どちらを使うか

前ページを読んで「あれ？ なんでAE使ってるの？ 静止画なんだからフォトショじゃないの？」と疑問に思った人も多いだろう。
私は比較的シンプルな合成はPhotoshop（以下PSと省略）**⑥を使用し、素材の数が多い複雑な合成はAEで行っている。** ⑧　AEをムービー編集だけに使用するのはもったいない！　ただ私はAEの操作はど素人で、自分の少ない知識の範囲内でしか使用できず、教えるレベルには達していない。それでもAEを静止画のコンポジット用ソフトとして強く勧めるのは以下の点だ。

・**配置した元画像はファイルデータのリンクだ。**
　［コンポジション］に配置した画像はあくまでソースであって、元画像はファイルをリファレンスのように読み込んでいる。なので位置やサイズを変更したとしても、画質が変わったりすることがなく、後からその数値をいくらでも編集できる。

・**チャンネル（マスク）を持ったままの画像をフッテージとして読み込むことができ、その画像に対して［トラックマット］でさらにマスクを追加できる。**

・**1つの［コンポジション］の中で様々な修正を加えた後、その［コンポジション］を別の［コンポジション］に入れ、ネスト化することができる。つまり複雑なレイヤーも単一ソースとして扱うことができ、それに対してまたエフェクトや修正をかけられる！ ネスト化されたコンポジションを編集したら、追加先のコンポジションでも自動的に変更がかかるのだ。**※複雑なコンポジットでなければPSの「スマートオブジェクト」で近いことができるかもしれません。

Adobe Photoshopでの合成サンプル
キャラクター、背景、Maya Fur を合成しているサンプル画面。ファーだけでも4枚ほど重ねている。PSの場合、画像⑥のようにレイヤーに対して描画モードと不透明度で下のレイヤーに重ねていく。重ねた状態の画像に対してさらに修正をかけたければ、いったんレイヤーを統合しなければならず、統合したものと元データの間にリンクはない。私はPSで作業する場合、画像⑦のように、チャンネルに多量のマスクを保存しておく。そうすれば選択範囲として呼び出せるからだ。
色調補正ならば、［新規調整レイヤー］機能で再調整できるが、フィルタにはこの機能は使えない。AEの場合は色調補正もフィルタも［エフェクト］機能なので、複数かけられ、後からいくらでも修正できるし、簡単に外すこともできる。

※これらのキャプチャ画像はAdobe Creative Suite 3 Production Premiumです。

コンポジションはタイムラインパネルにタブごとに管理されている。
この作品の場合、「オクルージョン合成」「リップ・ネイル修正」「まつ毛」「ガールヘアなし」「ヘア」「ガール合成」「パネル合成」「背景合成」などの種類（実際にはもっとたくさんある）を分けてコンポジションを作った。

髪の毛だけで10枚のレイヤーを合成している！　背景と合成した後でも、このヘアに対し「もう少し色を明るくしようかな」「ぼかしを足そうかな」と微調整や追加ができ、変更が加えられたコンポジションは、ネスト化先のコンポジション内でも自動で変更されている。

コンポジションもフッテージと同じように1つのソースとして扱える。

Adobe After Effectsでの合成サンプル　静止画をコンポジットするだけなので、タイムラインの時間の部分は見る必要がない。デフォルトの配置のままではビューアが横長で小さく使いづらいはず。インタフェースをカスタマイズしよう。

フィニッシュまでの制作過程実例

マスクとアンチエイリアスの罠「フリンジ」

コンポジットの基本なのだが、初心者がその知識を持たず作ってしまうのが「フリンジ」だ。

サンプル画像 9 10 11 で説明しよう。画像 9 は球体を黒バックでレンダリングした画像だ。今回はわかりやすく単色のサーフェスシェーダで使用した。画像 10 は一緒にレンダリングされるアルファチャンネル画像だ。PSで白バックに 9 の画像を 10 のマスク（反転）で黒バックを削除して合成した。合成した画像 11 の水色球の縁に黒いエッジが出てしまっている。これがフリンジだ。**背景と合成したキャラクターの縁に色が出ている作品をよく見るが、このフリンジの概念を知らないために起こった失敗例だ。**

アンチエイリアスの意味がわかっていれば、理解するのは簡単なはずだ。
ヘアは細いので顕著にフリンジが出てしまい、汚いイメージを作ってしまう。12 13

Photoshopでの解決法
PSでは［レイヤー>マッティング］で、レイヤーごとにフリンジを削除する。**その場合［フリンジ削除］ではなく［黒マット削除］［白マット削除］を選ぶこと。**
つまりMayaでのレンダリングはバックグラウンドカラーを黒または白にしないといけない。

After Effectsでの解決法 14
AEではフッテージを読み込む時のダイアログ［合成チャンネル - カラーマット］を選択すればよい。背景色をここで選ぶことができる。**PSより格段に楽な理由は、読み込む時にフリンジを除去できる点だ。**
※もちろん単色の背景色に限る。

Mayaでの解決法
Mayaはフリンジを除去するという概念ではなく、アンチエイリアスの端の部分まで色を塗ってしまう［プリマルチプライ］(Premultiply) をオフにするという選択がある。しかし合成の上級レベルの人向けだ。レンダー設定の中にチェックできるアトリビュートがあるので、興味のある人は探してみよう。

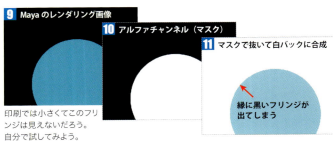

印刷では小さくてこのフリンジは見えないだろう。自分で試してみよう。

拡大して縁のピクセルを確認してみると理屈がよくわかる。元画像はアンチエイリアスによってバックの色と混ざったピクセルが作られている。マスクの色の濃さの違いは透明度に反映する。元のきれいな水色ではなく、黒が混ざったピクセルをその透明度で抜いているので、フリンジができてしまうのだ。

Aの黒っぽいピクセルをBのマスクの透明度で抜いたピクセルがCだ。
縁に黒っぽいフリンジが出る理由がわかったかな？

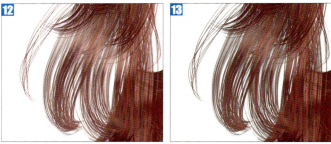

コンポジットの基本なのだが、多くの初心者がこの［フリンジ］を知らない。合成した画像を見て「なんで縁が黒っぽいのだろう？ ちゃんと抜いているのにな」と感じるのに「まぁいいか」と無視してしまうダメクリエイターも本当に多い。
髪の毛などは素材が細いので、アンチエイリアス部分がきれいに抜けていないとかなり汚くなってしまう。必ずフリンジは削除してほしい。

PSの場合は、レイヤーごとにマッティングを削除する作業が必要になる。しかしAEは読み込む時に自動で処理されるので、これだけでAEを静止画コンポジットソフトとして使用する価値があると感じる。

COMPLETE PROJECT

マルチレンダーパスとレンダーレイヤ

コンポジットするためには、Maya で素材を分けてレンダリングする知識が必要となる。

マルチレンダーパス ※mental rayのみ

レンダーパスは、シェーダを変更することなく拡散やスペキュラ、反射などを種類分けしてレンダリングできる、コンポジットのための素材分けレンダリングだ。今回の作品では、特に必要なレンダーパスがなかったので使用しなかった。使用方法はマニュアルにサンプルワークフローが載っているのでそれを勉強するとよいだろう。

画像15 は Part.2 の Chapter 01 で作成したエンピツモデルをレンダリング&コンポジットしたものだ。この作品では複数のレンダーパスを一気に出力した（つまりそれをマルチレンダーパスという）。レンダーパスの種類はたくさんあるので、必要なものを自由に選べばよい。

レンダーレイヤ

レンダーレイヤはマニュアルを読むとやることがいっぱいあって食わず嫌いな人も多いと思うが、コンポジットするなら必ずマスターしなければならない。

基本はとても簡単なので、誰でも簡単に扱える。まずはシンプルなことだけ覚えて使用してほしい。

- マスターレイヤは、今までレンダリングしていた情報。すべてのオブジェクトとマテリアルが含まれる。16
- マスターレイヤ以外のレイヤは、レイヤに入っているオブジェクトしかレンダリングしない。18
- レイヤごとに違うシェーダを自由に割り当てられる。もちろん他レイヤには影響しない。19
- サーフェスシェーダ（主に黒色）を利用すれば、マスク素材を自分好みに自由に作成できる。20
- アトリビュートをレイヤ別に変更するときは、アトリビュートの上で右ボタンクリック[レイヤ オーバーライドの作成] (Create Layer Override) をすれば、他のレンダーレイヤに影響を与えない。21

15 各素材をコンポジットした画像

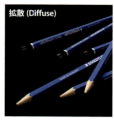
拡散 (Diffuse)

レンダーパスとして別々にレンダリングする理由は、完成度を上げるために、すべての要素をコンポジットソフトで調整するためだ。一発レンダリングではそれができない。床なしでエンピツオブジェクトだけレンダリングしたければレンダーレイヤも併用しなければいけない。

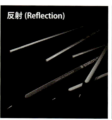
反射 (Reflection)

シャドウ (Shadow)

カメラ深度 (Camera Depth)

※実際にはもっとたくさんの画像をレンダーパスでレンダリングし、画像15 になった。

16

マスターレイヤでのレンダリング画像。16
マスターレイヤでのレンダリングは、いわゆるいつものレンダリングだ。髪の毛とまつ毛もマスターレイヤに入っているが、コンポジットするために、ディスプレイレイヤで非表示にしている。
ディスプレイレイヤでコントロールできるものはそれで構わないが、バッチレンダー等を使用して一括でその他のレンダーレイヤもレンダリングする時は、注意が必要だ。ディスプレイレイヤで非表示のものは他のレンダーレイヤに入っていても非表示になるからだ。
もし他のレンダーレイヤと共に一括でバッチレンダリングしたいのなら、髪の毛、まつ毛以外のすべてを選択して、新しいレンダーレイヤに入れればよい。

唇のスペキュラ画像 17
18
19

唇のスペキュラ 17 のために作ったレンダーレイヤを参考に見ていこう。
必要なキャラクターのモデルは頭部だけだ。しかしスペキュラと映り込みのためのレンダリングなので、ライトと映り込み用の板モデルも選択し、新しいレンダーレイヤを作る。これでこのレンダーレイヤではこのオブジェクトしかレンダリングしない。18
頭部にはリップグロスのスペキュラのために作成したシェーダを割り当てる。19
このように別のシェーダを割り当ててもマスターレイヤや他のレイヤには影響を与えることはない。

20

21

洋服のフレネル素材のレンダー画像。体の部分には黒いサーフェスシェーダを割り当てている。フレネルは [サンプラ情報] (Sampler Info) を使用して作成した。この画像は元画像16 の色調整のマスクとして使用。

レイヤオーバーライドを設定すると、アトリビュート名がオレンジ色になる。これで他レイヤに影響を与えない。

フィニッシュまでの制作過程実例

アンビエントオクルージョンは、ディテールをより立体的に表現できる必須コンポジット素材

アンビエントオクルージョン（以下AOと省略）とは、オブジェクトに当たる間接的または拡散するライトのブロッキングを指す。つまり、溝や隙間は光が拡散せずに暗くなるということ。これはライトの影だけでは再現できないので、普通のレンダリングだけでは、**オブジェクトの細かいディテールが不鮮明になってしまうのだ**。AO素材を元画像に追加することで、オブジェクトをより立体的に表現することができる。22 23

アンビエントオクルージョンの作成法

作成法は数種類あり、レンダーパスの利用やレンダーレイヤのプリセットからの作成などが挙げられるが、私はシェーダから作成している。シェーダから作成する理由は、1つのレンダーレイヤの中で複数のAOを作り、オブジェクトごとに数値を変えられる利点があるからだ。

Mayaのマテリアル［**サーフェスシェーダ**］(Surface Shader)と、mental rayカテゴリの［**テクスチャ**］から［**mib_amb_occlusion**］を作成する。

後は［mib_amb_occlusion］をサーフェスシェーダにコネクションするだけだ。24 そしてカメラの背景色は必ず白にしておくこと。

［Max Distance］（最大距離）を設定しよう

［mib_amb_occlusion］ノードには、［Max Distance］（最大距離）という重要なアトリビュートがある。簡単に言うとオクルージョンが計算される最大距離だ。

これをデフォルト値の0のままレンダリングすると画像26のように、シーン内すべてが影響範囲になる。**0のままレンダリングして、キャラクターを全体的にくすませてしまう初心者が多い**。

ポートフォリオにモデリングのディテールだけを魅力的に見せる場合には、画像26のようなイメージは有効だろう。しかしコンポジットでのAOの使い方としてはいただけない。

画像22はAOを追加する前の元画像だ。画像23はAOをコンポジットした画像だ。見比べてみてほしいポイントは、オフホワイトのリボン部分と唇だ。白っぽい質感の物体は立体感を出すのがとても難しい。Mayaの通常のレンダリングで白い物体に立体感を出そうと質感を調整すると、どうしてもグレイッシュになってしまう。AOの追加でディテールが鮮明になったのがわかるだろうか。また唇は、上唇と下唇の隙間にライトの影は落ちているが、隙間の立体感が乏しい。こちらも画像23のほうが、くっきりとした溝の暗さが追加され、より魅力的になっている。

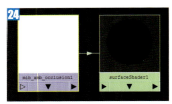

つなげるアトリビュートは、［**outValue → outColor**］（出力値→出力カラー）だ。
オブジェクトに割り当てするのは、サーフェスシェーダの方だ。

［Max Distance］のデフォルト値は0なので、そのまま使用してしまう人が多い。
また［Samples］はレイの数で、数を増やすと滑らかになる。2の累乗（16、32、64）で設定しよう。［Spread］は広がりとコントラストを設定できる。これも割と重要。

［Max Distance］：0　　［Max Distance］：2

［Max Distance］の値が0の画像26と、値が2の画像27を見比べてほしい。
0はゼロ（なし）になるわけではなく、シーン全体をサンプリングしている。Distanceの単位はたぶんセンチメートルだ。つまりキャラのサイズによって、AOをかけたい距離は変わってくる。同じ形状でも違うサイズのモデルでは、AOの効果は違うということだ。
この緑のおじさん（妖精）キャラの身長は43cmだ。

COMPLETE PROJECT

画像26と画像27を、マスターレイヤのレンダリング画像28に乗算だけで乗せてみた。画像26を乗算した画像29は、黒々として元イメージを損なっている。もちろん不透明度で調節すれば黒味は軽減することはできるが、全体的にかかったオクルージョンは元のきれいな発色を損なうことには変わりない。

画像27を乗算した画像30は、オブジェクトが近い（狭い）箇所のみを黒くしている。そのため細かなディテールアップを行いながら、元のきれいな発色は損なっていない。

透過マップとAO

今回の私の作品には、透過マップが多用してあり、最終的なオクルージョンマスク画像を作るためにかなり苦労した。
前ページ画像24はシンプルなAOのシェーディングネットワークだ。ここに透過マップを組み入れることはできない。[mib_transparency]ノードを組み合わせて複雑なネットワークを自分で組む必要がある。33

しかし[mib_amb_occlusion]では透過マップ部分を透明にできても、透明部分を反映させたAOを作れないのだ。31
透過マップをAOに反映させるためには[mib_fg_occlusion]を使用する。しかし今度は距離の設定ができない。32

最終的に、透過マップを使用したフリルやブラウスなどのオブジェクトは画像32をレベル補正で調整し、その他のオブジェクトは画像31を使用した。もちろんそれは各オブジェクトのマスクを使用して、コンポジットしたということだ。AOはディテールアップのためにとても重要なコンポジット素材なので、手を抜かずに作る必要がある。34

AOの話とは別だが、ブラウスに使用している透過マップは[サンプラ情報]（SamplerInfo）と組み合わせた[ランプ]（Ramp）テクスチャだ。布なのでカメラから垂直の角度の時は透明度を落とす必要があるからだ。
[samplerInfo]の[facingRatio]と[ramp]の[vCoord]を接続して使う。35
[透明度]につなげれば、カメラの角度で透明度を変えることができるのだ。

ディテールアップのためのAOだが、安易に乗せるだけでは元イメージを損なってしまう。[Max Distance]は、イメージを決める重要な数値であることがわかる。

[mib_amb_occlusion] / [mib_fg_occlusion]

[Max Distance]を持つ[mib_amb_occlusion]は便利だが、透過マップをAOに反映することができない。

[mib_fg_occlusion]は透過マップをAOに反映させることはできるが、距離を設定することができない。

「透明」「オクルージョン」とネットで検索すれば、組み方をていねいに解説してくれているサイトがいくつもある。

[サンプラ情報]を[ランプ]に接続し、透明度に使用している例。

1回のレンダリングでこの画像はできない。画像32は全体に黒すぎてそのままでは使用できないので、AEでレベル補正をかけた。

フィニッシュまでの制作過程実例

髪の毛は、質感を変えた多量のイメージをコンポジット

ヘアの質感について「こうすべき」というような設定はなく、むしろ様々な設定でレンダリングをしてコンポジットで詰めていくと、よりよい質感を作り上げることができる。

画像36 37 38 は今回レンダリングしたヘア素材の一部だ。ライトのシャドウのオンオフでセルフシャドウ（顔や体に落ちるシャドウではない）のあるものとないもの、根元から毛先のグラデーションがあるものとないものは必ずレンダリングしている。36

合成してみると前髪がスカスカだったので、Mayaで量を調節するのではなく、別にレンダリングして2D的にコンポジットすることで解決した。37

またハイライトもライトごとに別々にレンダリングした。38 **スペキュラ素材は重要で、シェーディング素材と別にレンダリングすれば、コンポジットで強さや柔らかさを後からコントロールできる。**画像38のレンダリング法は、単に髪の毛を黒に、スペキュラカラーを白にして、顔などのポリゴンモデルには黒のサーフェスシェーダを貼っているだけだ。

ヘアはシェーディングの設定がシンプルなので、一発レンダリングでは望んだような髪質にすることが難しい。

画像39のAEのレイヤーのように、描画モードの「加算」「比較（明）」「カラー比較（暗）」「スクリーン」を使用し、明度やコントラストの違う素材を重ねていけば、髪の毛の持つ立体感を自在に作り上げることができる。

髪の毛が顔や体に落とす影は、Mayaソフトウェアレンダリングではレイトレースシャドウは使えず、デプス（深度）マップシャドウしか使えない。**レイトレースシャドウが使いたければ、mental rayでレンダリングすること。**今回は影は落とさず、画像40のように髪の毛のマスクをぼかして若干移動して素材を作り、コンポジットした。41

今回レンダリングした髪の毛素材の一例

髪の毛素材を作る上で、実は「色」そのものは重要ではない。なぜなら色はコンポジットの段階で「色相・彩度」でいくらでも変更できるからだ。重要なのは「毛束のコントラスト」だ。コントラストの弱い一様な明度の素材は、後からコントラストを強めることができないからだ。コントラストが強い素材だけをただ用意すればいいというわけではない。コントラストが強いときれいな発色が損なわれているからだ。なのでそのような真逆の素材をかけ合わせて、コンポジット側で不透明度の割合や描画モードを自分好みに調整する。Maya側のヘアのシェーディングは複雑なことができないので、このようにたくさんの素材を「とりあえずいっぱい」レンダリングしてコンポジットで作り上げる方が、早く、美しく作成できるのだ。

「どの素材をどのように設定したのですか？」と聞かれても答えることができない。描画モードもこうすべきという考え方はなく、選んで結果を見て感覚的に判断しているだけからだ。

顔に落ちるシャドウ素材は、静止画なので2D的に処理している。今回は精細な影ではなく、髪があるところを暗くする程度の影だ。いらないところは黒く削り、ほしいところに白のペイントで加筆をしている。2Dなのでこの方法が可能だが、アニメーションには使えない。

304

キャラクタークリエイトにおける精神論
自分が生み出したキャラクターに愛を注ぐ

学生のキャラクターをチェックしている時に、よく私は「キャラに愛が足りないね」とか「魂が入ってないよ」などと、CG技術とは関係のない精神論を諭すことがある。

「それって具体的にどういうことですか?」と言われても、感覚的にそう感じることを具体的に説明するのは難しい。
しかし今回のこの書籍のモデリングレッスンの中でも、何度か「魂を入れる」という表現を使ってきた。自分が魂を入れることに注力しているときの技術をできるだけ説明したかったためだ。

キャラをある段階まで作ると、ただのCG技術の塊ではなく、命を持っている1つの生命として感じ始める時がある。私はその感覚にずいぶん助けられてきた。
キャラが一人歩きし始めるのだ。
そうなると私は「彼女」自身が望む「在り方」を一生懸命模索して、試行錯誤して、苦労しながら表現してあげる立場になる。
キャラに対し「作らせてもらっている」という意識にすらなることもある。
キャラに注ぐ「愛」とはそういうことだ。

私はこの彼女を、書籍の売上に関わる表紙ビジュアルとしての、ただのカワイコちゃんとして作ったわけではない。
制作中は毎晩寝る前に「どうか彼女が、作品作りに苦しむ
多くのクリエイターを助ける存在となりますように。
勇気と癒しを与える存在となりますように」
と願ってきた。
陳腐な話に聞こえるかもしれないけど本当だ。

彼女は強く優しい瞳であなたを見つめ、
こう語っている。

「がんばってね」

あなたが、制作の苦しみを乗り越え
素晴らしいクリエイターになることを
心から応援しています。

田島キヨミ

索　引

【英数字】

3キー	→スムーズ メッシュ プレビュー
3Dテクスチャ	286
Adobe After Effects	298, 299, 300, 304
Adobe Illustrator	251, 254
Adobe Photoshop	251, 252, 262, 266, 299, 300
AO	→アンビエントオクルージョン
Blinnシェーダ	069, 277
CV カーブ ツール	016
Cキー	012
CV (NURBS)	016
Backspaceキー	→エッジ/頂点の削除
Dキー	010
Deleteキー	→エッジ/頂点の削除
FG	→ファイナルギャザリング
imagesフォルダ	052
IBL	→イメージ ベースド ライティング
HDRI	248
Insertキー	→ピボット
Maya ソフトウェアレンダリング	245
Mayaのバージョン	129, 239
mental ray	245～248, 287
miaマテリアル	256, 285
MR	→mental ray
Mudbox	265
nCloth	263～264
nHair	288, 304
NURBSカーブ	016, 157, 249
NURBSサーフェス	016, 017, 292, 293
objデータ	190
place2dTextureノード	194, 205, 206
place3dTextureノード	194
prefsフォルダ	190
scenesフォルダ	052
sourceimagesフォルダ	052
sRGB gamma	→カラー管理
SSS	278～286
UV エディタ	204, 269～276
UV グラブツール	271
UV セット	259
UV タイル	241
UV 展開ツール	270
UV の固定ツール	273
UV の縫合	274
UV の歪み	272
UV マッピング	203, 241, 249～251, 269～276
UV 微調整ツール	271
XGen	295～297
Xキー	→グリッド スナップ
X線表示	004, 096

【あ】

アウトライナ	040
穴を埋める	027, 044, 059
アニメーション スナップショット	136, 288, 292
アニメーション スイープ	136
アペンド	→ポリゴンに追加
アンチエイリアス	300
アンビエントオクルージョン	298, 302, 303
移動して UV の縫合	274
移動ツール	008
イメージ プレーン	054, 055, 156, 213
イメージ ベースド ライティング	153, 248
インスタンス（コピー）	017, 089, 135
インタラクティブ作成	014, 036
インポート	→読み込み
ウェイト マップのエクスポート	259
エクスポート	→書き出し
エッジ/頂点の削除	023, 046, 122
エッジの選択	006, 038
エッジ フロー	020, 045, 086, 121
エッジ フローの編集	020, 086, 127
エッジ ループ	007
エッジ ループ選択	007, 038, 107
エッジ ループを挿入（ツール）	018, 019, 020, 084, 104, 121
エッジ ループの挿入（マルチカット）	018, 041, 060
円柱（マッピング）	270
押し出し	022, 023, 048, 070, 071, 157, 208
押し出し（NURBS）	016, 209, 292
オブジェクト軸	008

【か】

解像度ゲート	261
回転（NURBS）	016
書き出し	032, 166, 190
可視性	005
カメラ	002, 056, 216, 261
カメラベース選択	007
カーブ	→NURBSカーブ
カーブ スナップ	012
カーブをメッシュに投影	249
カラー管理	005, 239
既定のマテリアルの使用	004, 138, 141
旧式の既定ビューポート	019
境界エッジ	025, 125
距離ツール	003, 214
クイック選択セット	167
グラフ エディタ	207, 289, 290
グラブ ツール（スカルプト）	→スカルプト
クリッピング プレーン	003, 044
繰り返し	128
グリッド	003, 037, 214
グリッド スナップ	012, 013, 060
グループ化	043, 192, 214
結合	024, 040, 059
コピー&ペースト	032
コンバイン	→結合
コンポーネント エディタ	260
コンポーネント間隔の維持	013, 060, 071, 275
コンポーネント軸	009

Index

【さ】

サーフェス カーブの複製	293
サーフェス シェーダ	302
サブサーフェイス・スキャタリング	→SSS
サブディビジョン プロキシ	028, 043, 045, 061, 068, 126
サンプラ情報	303
ジオメトリのミラー	→ミラー
四角ポリゴン描画	013, 014, 015
軸方向	008, 069
自動(マッピング)	249
シーン サイズの最適化	190, 213
ジョイント	242, 258
焦点距離	002, 056, 180
シンメトリ	009, 058, 126, 140
スカルプト	030, 031, 129～133, 263
スキニング	259, 260, 266, 267
スキン ウェイト ペイント ツール	260
スキンのバインド解除	242, 267
スナップ	012
スムーズ	028, 043, 057
スムーズ ツール(スカルプト)	→スカルプト
スムーズ メッシュ プレビュー	028, 029, 043, 050, 125
スライス ツール	021, 041, 045
絶対トランスフォーム	013, 140
選択項目のハイライト	064
選択項目の分離	005, 126, 167
選択項目の変換	011
選択したエッジに沿って UV を分離	272
選択範囲ペイント ツール	006, 273
ソフト選択	007, 221

【た】

ターゲット連結	026, 042
中央にピボット ポイントを移動	010
抽出	024, 025, 166
ツールボックス	011
ツール設定	019
ディスプレイ レイヤ	005, 044
ディレクショナル ライト	247
テクスチャ境界の切り替え	272
テクスチャ表示	004
デタッチ	025, 166
投影されたカーブでメッシュを分割	249
投影マッピング	194
特殊な複製	017, 032, 089
トランスフォーム コンストレイント	009
トランスフォームのフリーズ	011, 135
ドリブン キーの設定	205～207

【な】

投げ縄選択ツール	006
ニア クリップ プレーン	003, 044
入力ボックス	013, 140, 157
入力(ノード)	036
ノンリニア(デフォーマ)	136, 293

【は】

バージョン	→Mayaのバージョン
バインド	→スキニング
バックグラウンド カラー(カメラ)	246
バックグラウンド カラー(画面)	054
バック フェース カリング	007
パネル レイアウト	004, 061
反転(UV)	276
バンプマップ	254, 266
ヒストリ	024, 036, 037, 040
ピボット	010, 039
ビューポート 2.0	019
ビュー変換	005
表示メニュー	005
ブーリアン	025
ファイナルギャザリング	153, 246
ファイル テクスチャに変換	286
フィルタ タイプ	203
フェースの一体性の維持	023
フェースのセンター表示	006, 022, 037
フェースの選択	006, 037
フェース法線	027
複製	032
複製(フェース)	024
プラグイン マネージャ	190, 245
プリミティブ	→ポリゴン プリミティブ
フリーズ	→トランスフォームのフリーズ
ブリッジ	026, 042
ブレンド シェイプ	268
プロジェクト	052, 053
分離	024
ヘア(システム)	→nHair、XGen
ペアレント化	043
ペアレント化解除	043, 124
ペアレント軸	008
平面(マッピング)	203
ベベル	027, 038
ポイント スナップ	012
法線	→フェース法線
法線軸	008, 045, 069
法線マップ	031, 236, 265, 266
保存	057
ポリゴン エッジをカーブに	209, 293
ポリゴン プリミティブ	014, 036
ポリゴンに追加	026, 042, 059, 168
ポリゴンを作成	014

【ま】

マーキングメニュー	011
マージ	017, 022, 026
マップの転写	031
マテリアルからオブジェクトを選択	167
マニピュレータの表示ツール	011, 021
マルチカット	018, 020, 040, 041, 045, 047, 060, 081
マルチレンダー パス	→レンダー パス

307

索 引

ミラー	027, 125, 276
メンタルレイ	→mental ray
モデリング ツールキット	019
モーション パス	288, 289

【や】

読み込み	032, 166, 190

【ら】

ライブ サーフェス	013, 209
ラティス(デフォーマ)	136, 193
ランプ (テクスチャ)	090, 091, 092
リビルド(NURBSサーフェス)	294
両面ライティング	027
リラックス ツール(スカルプト)	→スカルプト
ループ選択	007
レイトレース シャドウ	247
レイヤ	→ディスプレイ レイヤ
レイヤ テクスチャ	252
レンダー設定	245
レンダー パス	301
レンダー レイヤ	301
レンダリング詳細	287
ローカル軸	023
ロフト(NURBS)	016, 292

【わ】

ワールド軸	008, 009, 023
ワイヤフレーム	004
ワイヤフレーム付きシェード	004

■英語・日本語メニュー索引対応表

【A】

Absolute transform	→ 絶対トランスフォーム
Animated Sweep	→ アニメーション スイープ
Animation Snapshot	→ アニメーション スナップショット
Append to Polygon	→ ポリゴンに追加
Automatic (Mapping)	→ 自動(マッピング)
Axis Orientation	→ 軸方向

【B】

Backface Culling	→ バック フェース カリング
Bevel	→ ベベル
Boolean	→ ブーリアン
Blend Shape	→ ブレンド シェイプ
Border Edges	→ 境界エッジ
Bridge	→ ブリッジ
Bump Map	→ バンプマップ

【C】

Camera based selection	→ カメラベース選択
Center Pivot	→ 中央にピボット ポイントを移動
Clip Plane	→ クリップ プレーン
Color Management	→ カラー管理
Combine	→ 結合
Component (Axis)	→ コンポーネント軸
Component Editor	→ コンポーネント エディタ
Convert Selection	→ 選択項目の変換
Convert to File Texture	→ ファイル テクスチャに変換
Create Polygon	→ ポリゴンを作成
Cut UVs along selection	→ 選択したエッジに沿って UV を分離
CV Curve Tool	→ CV カーブ ツール
Cylindrical (Mapping)	→ 円柱(マッピング)

【D】

Delete Edge/Vertex	→ エッジ/頂点の削除
Detach	→ デタッチ
Display Layer	→ ディスプレイ レイヤ
Distance Tool	→ 距離ツール
Duplicate	→ 複製
Duplicate Face	→ 複製(フェース)
Duplicate Special	→ 特殊な複製
Duplicate Surface Curves	→ サーフェス カーブの複製

【E】

Edge Flow	→ エッジ フロー
Edit Edge Flow	→ エッジ フローの編集
Export	→ 書き出し
Extract	→ 抽出
Extrude	→ 押し出し

【F】

Face Normals	→ フェース法線
Fill Hole	→ 穴を埋める
Final Gathering	→ ファイナルギャザリング
Flip (UV)	→ 反転 (UV)
Focal Length	→ 焦点距離
Freeze Transformation	→ トランスフォームのフリーズ

【G】

Grab UV Tool	→ UV グラブ ツール
Grid	→ グリッド

【H】

History	→ ヒストリ

【I】

Image Based Lighting	→ イメージ ベースド ライティング
Image plane	→ イメージ プレーン
Import	→ 読み込み
Input(node)	→ 入力(ノード)
Insert Edge Loop	→ エッジ ループを挿入
Instance	→ インスタンス(コピー)
Interactive Creation	→ インタラクティブ作成
Isolate Select	→ 選択項目の分離

Index

【J】
Joint	→ ジョイント

【K】
Keep Faces Together	→ フェースの一体性の維持

【L】
Lasso Select Tool	→ 投げ縄選択ツール
Lattice	→ ラティス(デフォーマ)
Layer	→ ディスプレイ レイヤ
Layered texture	→ レイヤ テクスチャ
Legacy Default Viewport	→ 旧式の既定ビューポート
Loft	→ ロフト

【M】
Make Live	→ ライブ サーフェス
Merge	→ マージ
Mirror	→ ミラー
Modeling Toolkit	→ モデリング ツールキット
Motion Path	→ モーション パス
Move and Sew UVs	→ 移動して UV の縫合
MoveTool	→ 移動ツール
Multi-Cut	→ マルチカット

【N】
Near Clip Plane	→ ニア クリップ プレーン
Nonlinear	→ ノンリニア(デフォーマ)
Normal	→ 法線
Normal (Axis)	→ 法線軸

【O】
Optimize Scene Size	→ シーン サイズの最適化
Cutliner	→ アウトライナ

【P】
Paint Selection Tool	→ 選択範囲ペイント ツール
Paint Skin Weights Tool	→ スキン ウェイト ペイント ツール
Pin UV Tool	→ UV の固定ツール
Planar (Mapping)	→ 平面(マッピング)
Plug-in Manager	→ プラグイン マネージャ
Polygon Edges to Curve	→ ポリゴン エッジをカーブに
Polygon Primitives	→ ポリゴン プリミティブ
Project	→ プロジェクト
Project Curve on Mesh	→ カーブをメッシュに投影

【Q】
Quad Draw	→ 四角ポリゴン描画
Quick Select Set	→ クイック選択セット

【R】
Ramp (Texture)	→ ランプ(テクスチャ)
Rebuild (NURBS Surface)	→ リビルド(NURBS サーフェス)
Relative transform	→ 相対トランスフォーム
Repeat	→ 繰り返し
Resolution Gate	→ 解像度ゲート
Retain Component Spacing	→ コンポーネント間隔の維持
Revolve	→ 回転(NURBS)

【S】
Sampler Info	→ サンプラ情報
Sculpting	→ スカルプト
Select Objects with Materials	→ マテリアルからオブジェクトを選択
Selection Highlighting	→ 選択項目のハイライト
Separate	→ 分離
Set Driven Key	→ ドリブン キーの設定
Sew UVs	→ UV の縫合
Show メニュー	→ 表示メニュー
Show Manipulator Tool	→ マニピュレータの表示ツール
Slice Tool	→ スライス ツール
Smooth	→ スムーズ
Smooth Mesh Preview	→ スムーズ メッシュ プレビュー
Snap	→ スナップ
Soft Selection	→ ソフト選択
Split Mesh with Projected Curve	→ 投影されたカーブでメッシュを分割
Subdiv Proxy	→ サブディビジョン プロキシ
Sub Surface Scattering	→ SSS
Symmetry	→ シンメトリ

【T】
Target Weld	→ ターゲット連結
Toggle Texture Borders	→ テクスチャ境界の切り替え
Transfer Maps	→ マップの転写
Transform Constraint	→ トランスフォーム コンストレイント
Tweak UV Tool	→ UV 微調整ツール

【U】
Unbind Skin	→ スキンのバインド解除
Unfold UV Tool	→ UV 展開ツール
Unparent	→ ペアレント化解除
Use Default Material	→ 既定のマテリアルの使用
UV Distortion	→ UV の歪み

【V】
Viewport 2.0	→ ビューポート 2.0
Visibility	→ 可視性

【W】
Wireframe	→ ワイヤフレーム
Wireframe on Shaded	→ ワイヤフレーム付きシェード
World(Axis)	→ ワールド軸

【X】
X-Ray	→ X 線表示

著者プロフィール

第2版の執筆で1日も家から出られない地獄の夏休み(1か月半)が来るとも知らずに、春休みに西カリブ海クルーズ旅行で遊び呆けて執筆をサボっていた田島キヨミ先生

田島 キヨミ

略 歴

東京モード学園ファッションデザイン学部卒業。
キャラクタープロパティ関連商品等のアートディレクター、グラフィックデザイナー、3DCGデザイナーを経て、1999年より日本電子専門学校CG系学科、2014年よりHAL東京ゲームデザイン学科の2校でMayaを中心としたCG制作の非常勤講師として後進の育成にあたっている。神奈川県大和市在住。

キャラクターモデリング造形力矯正バイブル 第2版
へたくそスパイラルからの脱出!!

```
                                    2016年9月25日   初版第1刷 発行
                                    2018年4月25日   初版第2刷 発行
```

著 者	田島 キヨミ		
発行人	村上 徹		
編 集	堀越 祐樹		
発 行	株式会社ボーンデジタル	<制作協力>	
	〒102-0074	写真/モデル	Luis Mariano Paolino
	東京都千代田区九段南 1-5-5		Marcus Kenta Nomura
	九段サウスサイドスクエア		
	Tel: 03-5215-8671　Fax: 03-5215-8667	背景MELアドバイザー	浦 正樹
	www.borndigital.co.jp/book/	作品提供	学校法人 電子学園　日本電子専門学校
	E-mail: info@borndigital.co.jp		CG映像制作科 2011年度生
			CG映像制作科 2015年度生
装丁・本文デザイン	田島 キヨミ		高度コンピュータグラフィックス科
			2011年度生
DTP	中江 亜紀 (株式会社 Bスプラウト)		学校法人・専門学校HAL東京
印刷・製本	株式会社 東京印書館		ゲームデザイン学科 2014年度生

ISBN: 978-4-86246-353-1
Printed in Japan

Copyright © 2016 by Kiyomi Tajima and Born Digital,Inc. All rights reserved.

価格は表紙に記載されています。乱丁、落丁等がある場合はお取り替えいたします。
本書の内容を無断で転記、転載、複製することを禁じます。

■ ご注意
本書は著作権上の保護を受けています。論評目的の抜粋や引用を除いて、著作権者および出版社の承諾なしに複写することはできません。
本書やその一部の複写作成は個人使用目的以外のいかなる理由であれ、著作権法違反になります。本書の演習で使用されるダウンロードデータは、本書を読み進める目的以外で使用することはできません。各データは、それぞれのデータ制作者が著作権を有します。各データを著作権者の了解無しに第三者に配布することはできません。
また、データファイルの使用によって生じた偶発的または間接的な損害について、出版社ならびにデータファイル制作者は、いかなる責任も負うものではありません。

■ 責任と保証の制限
本書の著者、編集者、翻訳者および出版社は、本書を作成するにあたり最大限の努力をしました。但し、本書の内容に関して明示、非明示に関わらず、いかなる保証も致しません。
本書の内容、それによって得られた成果の利用に関して、または、その結果として生じた偶発的、間接的損傷に関して一切の責任を負いません。

■ 著作権と商標
本書に記載されている製品名、会社名は、それぞれ各社の商標または登録商標です。本書では、商標を所有する会社や組織の一覧を明示すること、または商標名を記載するたびに商標記号を挿入することは特別な場合を除き行っていません。本書は、商標名を編集上の目的だけで使用しています。
商標所有者の利益は厳守されており、商標の権利を侵害する意図は全くありません。